INSTRUMENTAL
ANALYSIS

기기분석

기기분석교재연구회

녹 문 당

머리말

기기분석은 학문 내용이 너무 깊고 방대하여 어느 정도까지 취급하는 것이 적당한가를 가늠하기 어렵다. 그뿐만 아니라, 기기분석이 필요한 과정도 전공학과에 따라 학점수가 다르기 때문에 어느 범위까지 취급할 것인가를 결정하기 더욱 어렵다. 일반적으로 기기분석 교재들은 두 학기용이고, 용어들이 낯설고 내용이 어렵고, 책의 분량이 너무 많다. 이 점을 고려하여 이해하기 쉬운 교재를 만들어 내놓게 되었다.

기기분석은 물리학, 수학, 화학의 기초를 닦은 학생들이 공부하는 경우에 쉽게 내용을 이해할 수 있는 분야이다. 그래서 이 책은 어려운 수식의 유도를 피하고, 원리의 응용에 치중하였다. 그러므로 이 책을 읽으면 분석기기를 조작할 때 왜 이러한 데이터를 얻을 수 있고, 어떻게 데이터를 해석하여야 하는 가를 쉽게 이해할 수 있다.

이 책은 먼저 고전적 부피분석과 무게분석방법을 배운 학생들에게 현대적 기기분석방법을 쉽게 이해하도록 편집하였다. 기기분석은 고전적 부피분석과 무게분석에 기초를 두고, 이들의 방법으로 확인된 표준물질을 기준물질로 사용하여 시료를 비교 분석하는 방법이다. 그러므로 부피분석과 무게분석을 먼저 알아야 하고, 그 방법의 오차 및 분석기구(피펫, 메스플라스크, 뷰렛 등)의 취급방법도 정확하게 알고 있어야 한다. 그렇지 않으면 기초지식이 없으므로 신뢰성있는 결과를 얻기 어렵다.

기기분석에 이용하는 용어는 거의 모두 외래어이므로 처음으로 듣는 용어가 많을 것이다. 괄호 속에 외국어의 원래 명칭을 넣어 쉽게 이해하게 꾸몄다. 여기에 사용한 용어는 대한화학회에서 제정한 것이다. 기기분석의 내용은 너무 방대하여 모두 설명할 수 없으므로 실험방법과 연습문제를 삽입하여 보충과 이해를 돕게 하였다. 여러 가지 기기의 사용방법은 같은 목적에 사용하는 기기라도 기기의 종류와 기기 제작회사에 따라 각기 사용방법이 다르므로 여기에서는 기기의 사용방법을 설명하지 않고 원리만 취급하였다. 기기의 조작방법은 기기를 구입할 때 따라오는 사용 지침서를 읽고 조작하는 것으로 충분하다고 생각한다. 각 장의 끝에 기기의 실험방법을 몇 가지 추가하였다. 실험을 함께 진행하면 기기의 이해에 더욱 보탬이 될 것이다. 실험을 하지 않아도 읽는 것으로도 많은 도움이 될 것이다. 기기분석의 원리를 기기들이 보이고, 알면 기기를 사용할 때에 재미있을 것이다.

저 자 씀

차 례

제4장 플라스마, 아크, 스파크의 원자방출분광법

제5장 적외선 흡수분광법

제6장 자외선과 가시선분광법

제7장 형광 및 인광광도법

제8장 핵자기공명분광법

제9장 질량분광법

제10장 X-선분광법

제11장 전기분석화학의 서론

제12장 전위차법

제13장 전기량법

제14장 전압전류법

제15장 전기전도도법

제16장 크로마토그래피법의 서론

제17장 기체 크로마토그래피법

제18장 고성능 액체 크로마토그래피법

제19장 그 밖의 여러 가지 크로마토그래피법

제20장 열분석

제21장 굴절률법과 편광법

부록

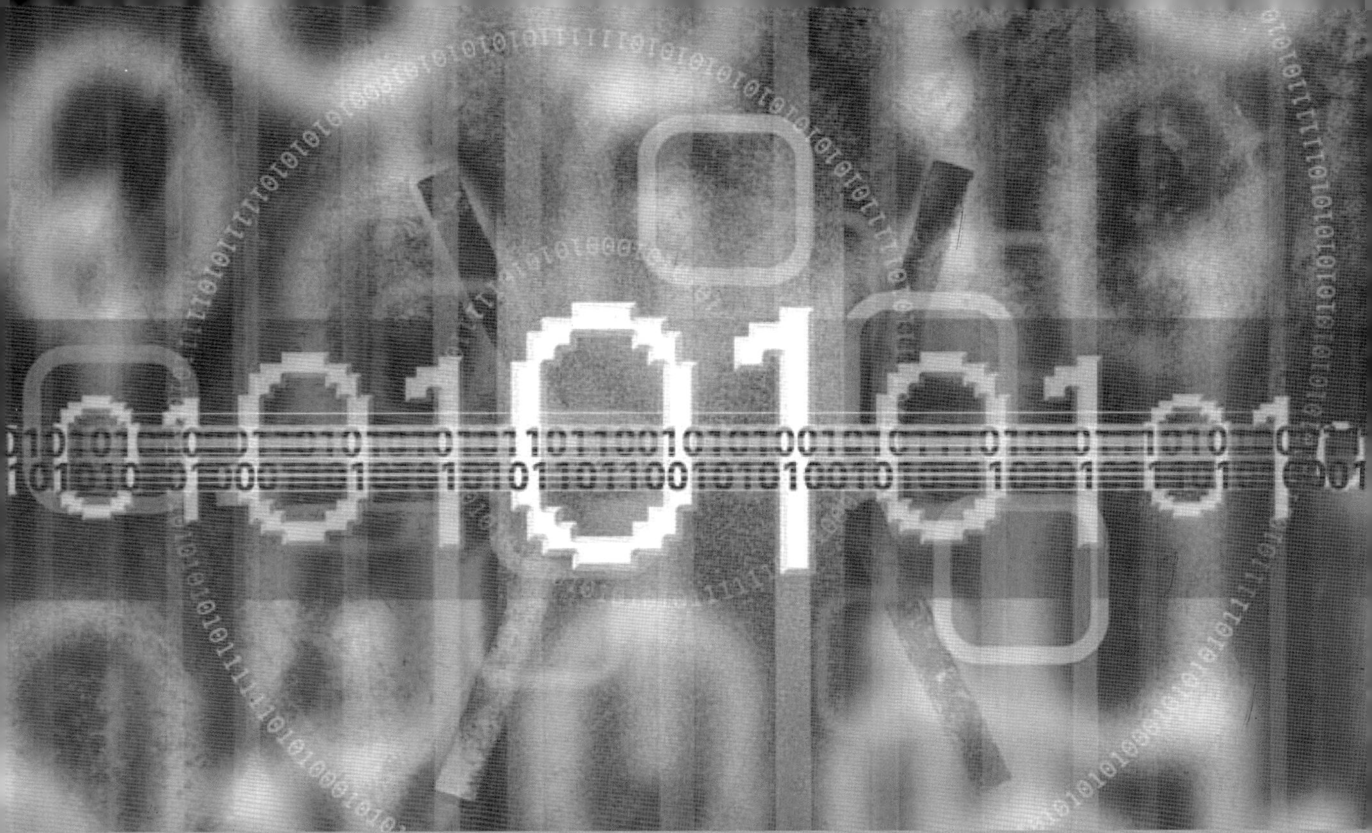

제1장 기기분석

분석방법은 고전적 무게분석방법과 부피분석방법 그리고 현대적 기기분석방법으로 크게 세 가지로 분류할 수 있다. 그 중에서 무게분석법과 부피분석법은 이미 저학년에서 충분히 배워서 기술적으로 유리기구와 화학저울의 취급방법을 숙달했을 것으로 믿는다. 이들의 취급에 숙달하지 못하면 아무리 비싸고, 고급스럽고, 정확한 분석기기를 사용해도 그 가치를 발휘할 수 없다. 그러므로 기기분석을 공부하기 전에 기초를 충분히 닦아야 한다. 그리고 이 책에서는 생략했지만 오차론을 철저하게 공부해야 한다. 왜냐하면, 자기의 실험결과를 자신이 비판할 수 있는 능력을 가져야 하기 때문이다. 그러나 이 교재에서 오차론을 강의하기에 지면이 모자란다. 그러므로 오차론도 분석화학 교재를 통하여 복습해야 한다.

이 책은 기기분석만 취급한다. 기기분석은 대략 세 부분으로 나눈다. 첫째는 크로마토그래피법이고, 둘째는 전기화학분석법이고, 셋째는 광학분석법이다. 그 밖에도 열분석법이 있다. 열분석법은 전화학분석법의 말미에 붙였다. 이와 같이 기기분석법을 대략 분류하지만, 그들의 방법 사이에 경계는 대단히 애매하다. 왜냐하면, 예를 들어 크로마토그래피법으로 분리한 다음 용출되는 화합물을 광학분석법이나 전기화학분석법으로 검출하기 때문이다. 그리고 전기적 방법으로 분리한 다음 광학적 방법으로도 검출한다. 그러므로 기기분석방법은 상호연관이 있다

기기분석은 일반적으로 고급학년의 교과과정에서 취급한다. 왜냐하면, 각 기기분석방법에서 취급하는 내용이 기초과정에서 배운 내용을 기초로 하여 응용하기 때문이다. 예를 들어 물리학의 응용은 기본이다. 일반광학, 전기물리, 유기화학, 양자역학을 알지 못하면 기기분석을 이해하기 힘들다. 공부는 재미가 있어야 한다. 모르는 것이 많으면 공부할 맛이 없다. 그래서 일반적으로 기기분석이 어렵다고 선택하지 않는 경향이 있다. 그래서 될 수 있으면 쉽게 설명하려고, 그리고 어려운 것은 다음에 미루고 쉽게 설명하려고 기획하였다.

광학기기를 이용하는 방법은 가시선분광법, 자외선분광법, 적외선분광법, 형광분광법, 인광분광법, 화학반응법, 불꽃원자화분광법, 전열원자화분광법, 플라스마분광법, 아크분광법, 스파크분광법, 핵자기공명분광법, X－선분광법, 방사화학분광법, 질량분광법 등으로 분류한다.

전기화학기기는 측정하는 방법이 전류, 저항, 전압 중의 어느 것을 측정하는가에 따라 전기전도법, 전위차법, 전기량법, 전해법, 폴라로그래피법, 전압전류법 등으로 분류한다.

크로마토그래피법은 물질을 분리하는 방법이다. 이동상 물질이 기체 혹은 액체인가에 따라 기체 크로마토그래피, 초임계 크로마토그래피, 액체 크로마토그래피로 분류하고, 정지상이 종이, 이온교환수지, 얇은층인가에 따라 종이 크로마토그래피, 이온교환수지 크로마토그래피, 얇은층 크로마토그래피 등으로 분류한다. 크로마토그래피법으로 시료를 분리한 다음에는 가시광선, 자외선, 적외선 등의 분광법, 질량분석법, 핵자기공명법으로 성분을 검출한다. 그리고 전기화학적 전위차법, 전기량법, 전압전류법 등을 이용하여 크로마토그래피법으로 분리한 성분을 검출할 수 있다.

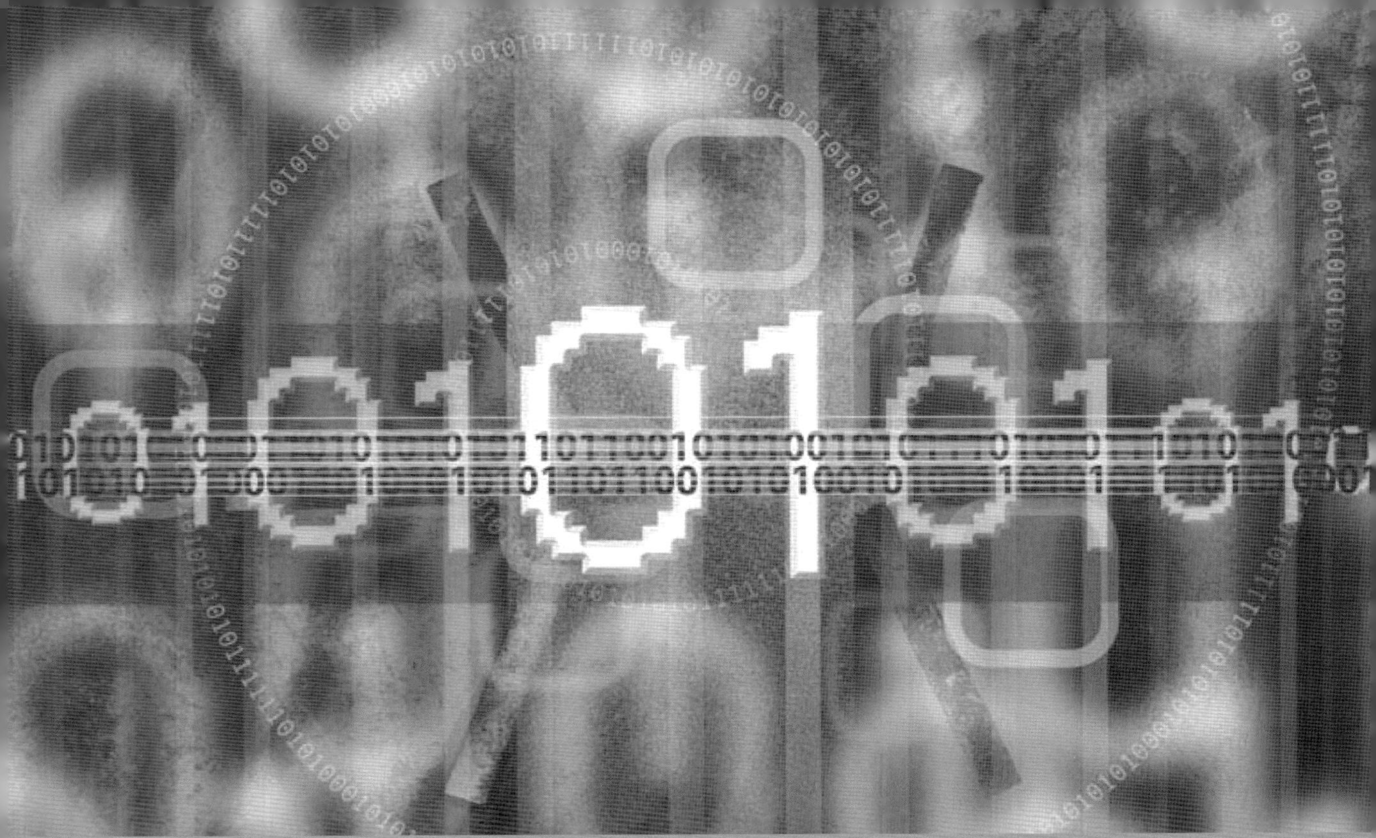

제2장 광학분광법의 서론

2장은 분광분석에 이용하는 모든 기기의 광학적 원리, 즉 빛의 파동성과 간섭현상을 설명하고 기기의 각 부분, 즉 광원, 파장 선택기, 시료용기, 복사선 검출기, 신호처리기에 대하여 설명한다.

여기서 취급하는 이유는 모든 광학분석 장치는 같은 원리를 응용하고 같은 부분장치를 기기에 사용하므로 미리 이곳에서 설명하는 것이 이점을 갖기 때문이다.

2.1 빛

빛은 광자(photon)라는 입자들이 대단히 빠른 속도로 공간을 지나는 한 에너지의 종류이다. 빛은 전자기복사선(electromagnetic radiation)이라고도 부른다. 이 뜻은 빛이 공간을 지날 때 그림 2－1(a)처럼 서로 90° 되는 자기장과 전기장으로 구성된다는 뜻이다. 이와 같은 빛은 그림 2－1(b)처럼 파동운동하면서 공간을 지난다. 파동운동은 진폭(amplitude) l, 진동수(frequency) ν, 파장(wavelength) λ, 파수(wavenumber) σ의 단어를 이용하여 설명할 수 있다.

2.1.1 빛의 파동성

진동수 ν는 1s 동안 진동수(cycle/sec)이고, 빛이 통과하는 물질과 관계없이 변하지 않고 일정한 값을 유지한다. 진동수의 단위는 Hz(hertz)이고, 1초 동안 사이클(cycle) 수를 뜻한다. 즉, 60Hz이면 1초당 60사이클의 진동을 의미한다. 빛이 물질을 통과하는 속도는 물질과 진동수의 두 가지에 따라 변한다. 파장 λ은 그림 2－1(b)처럼 파동의 두 개 극대점 혹은 극소점 간의 거리이다. 파장과 진동수를 곱한 값은 cm/s 단위를 갖는 빛의 속도, 즉 c에 상당한다. 파장을 표시할 때 X－선 및 짧은 자외선 영역은 옹스트롱(angstrom, 단위 1 Å =10^{-12}m)을 사용하고, 가시선과 자외선 영역은 나노미터(nanometer 단위, 1nm=10^{-9}m)를 사용하고, 적외선 영역은 마이크로미터(micrometer 단위, 1μm=10^{-6}m) 단위를 일반적으로 사용한다. 진공 중에서 복사선의

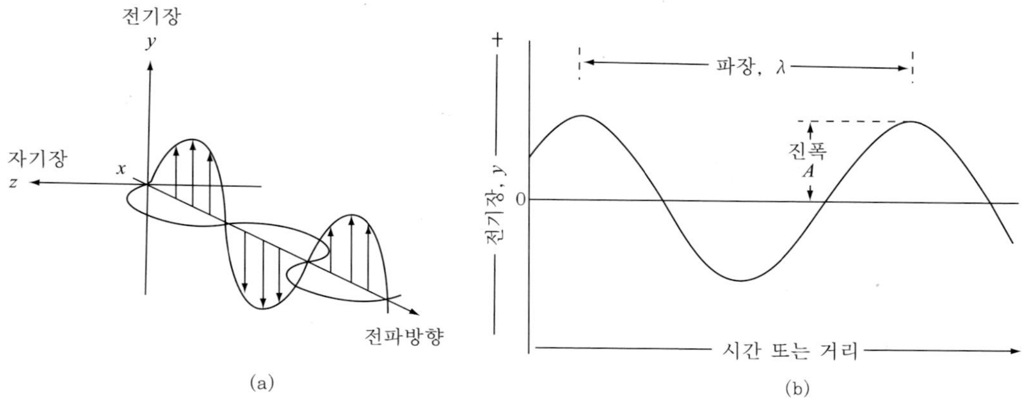

그림 2-1 ▸ (a) 평면편광 복사선의 자기장과 전기장, (b) 복사선의 진폭과 파장

속도는 진동수에 관계없이 c=2.99792×10^{10}cm/s의 일정한 값을 갖는다. 복사선이 매질을 통과할 때 속도값이 감소하는 이유는 매질 중 원자나 분자 중 전자와 빛이 상호작용하기 때문이다. 그러므로 $c=n\lambda\nu$으로 나타낼 수 있다. n은 빛이 통과하는 물질의 굴절률이다. 빛과 매질 간에 상호작용이 일어나면 빛의 속도감소와 함께 굴절률도 변하고 흡광, 발광, 인광, 형광도 발생할 수 있다. 파수 σ는 1cm에 들어 있는 파수이고, 진공에는 1/λ와 같다. 즉, $1/\lambda=\sigma$이다. 빛은 그림 2-2처럼 원자 또는 분자의 핵 또는 전자의 에너지상태 또는 분자의 진동상태에 따라 전자가 스펙트럼의 파장 영역이 각기 다르게 나타난다. 그림 2-2의 결과는 수많은 원자 혹은 분자에 따라 각기 다른 스펙트럼을 흡수하거나 발광한다는 뜻이다. 그러므로 소듐, 수은 혹은 텅스텐으로 만든 광원에서 나오는 빛은 원소에 따라 각기 다르게 나타나고, 고열의 연소불꽃에 철이나 구리금속을 넣으면 금속원소에 따라 각기 다른 색을 나타낸다.

기기분석은 이용하는 기기종류, 파장범위, 시료종류에 따라 파장을 진동수와 에너

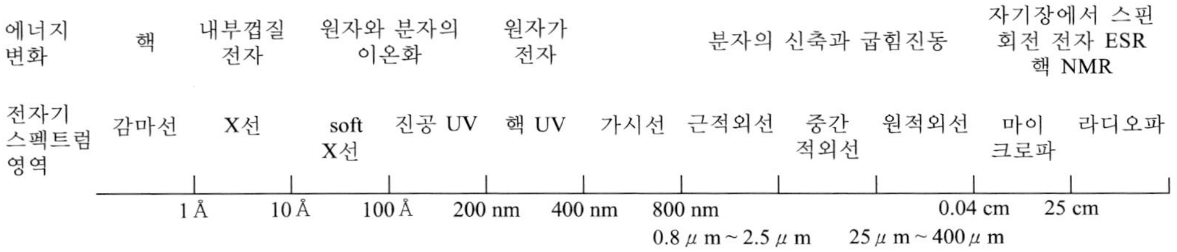

그림 2-2 ▸ 전자기 스펙트럼의 변화와 영역

지로 환산할 필요가 있다. 이 경우에 사용하는 각 환산인자는 다음 표 2－1과 같다.

빛은 음파처럼 여러 가지 빛이 합쳐 빛의 세기를 증가하거나 서로 상쇄하여 없앨 수 있다. 예를 들면, 여러 개의 종이에 같은 물감을 그린 다음 한 장만 보면 연하게 보이지만 여러 장을 겹쳐보면 진하게 보인다. 그리고 여러 가지 물감을 섞으면 본래의 색이 다르게 나타나는 것을 보았을 것이다. 이러한 현상을 빛의 간섭(interference) 현상이라 한다. 이 원리는 레이저의 빛이나 다른 광학기기 장치에 이용하고, 보다 우수한 기기장치를 만들 때 꼭 필요한 원리이다. 소리(음파)도 빛과 같이 간섭현상을 나타낸다. 한 사람이 작은 소리로 말하면 잘 들리지 않지만, 여러 사람이 말하면 크게 들린다. 일정한 소음을 내는 기기에 대하여 반대방향에서 같은 소음을 발생하면 상쇄되어 없어진다. 이것도 음파의 간섭현상이다. 합창단의 화음은 간섭현상이 나타내는 아름다움이고, 소리도 빛처럼 각기 분리되거나 합쳐질 수 있다.

표 2－1 ▸ 파장, 진동수, 에너지 사이의 환산인자

	nm	Å	cm^{-1}	eV	MHz	J*
nm		10	10^7	1.240×10^3	2.9979×10^{11}	1.986×10^{-16}
Å	1		10^8	1.240×10^4	2.9979×10^{12}	1.986×10^{-15}
cm^{-1}	10^7	10^5		1.240×10^{-4}	2.9979×10^4	1.986×10^{-23}
eV	1.240×10^3	1.240×10^4	8.0665×10^3		2.418×10^8	1.602×10^{-19}
MHz	2.9979×10^{11}	2.9979×10^{12}	3.3356×10^{-5}	4.1355×10^{-9}		6.626×10^{-28}
J	1.986×10^{-16}	1.986×10^{-15}	5.034×10^{22}	6.241×10^{18}	1.509×10^{27}	
분광범위	UV－vis	X선－UV	IR	X선－γ선	NMR	

*4.184 j = 1 cal

2.1.2 빛의 간섭현상

그림 2－1처럼 전자기복사선은 자기장과 전기장으로 구성되어 있고, 그들의 파동성질이 서로 겹쳐질 때 그림 2－3처럼 간섭현상을 나타낸다. 빛은 파동운동의 진폭이 클수록 센 빛이고, 진폭이 작으면 약한 빛이다. 그림 2－3에서 (1)과 (2)는 파동의 위상(phase)이 서로 완전하게 일치한다(in－phase). 이러한 경우는 $(1)+(2)=2A$의 상태로 되면서 진폭이 증가한다.

즉, (1)과 (2)가 합쳐지면 진폭이 두 배로 증가한다. $(1)+(2)=2A$의 경우를 최대

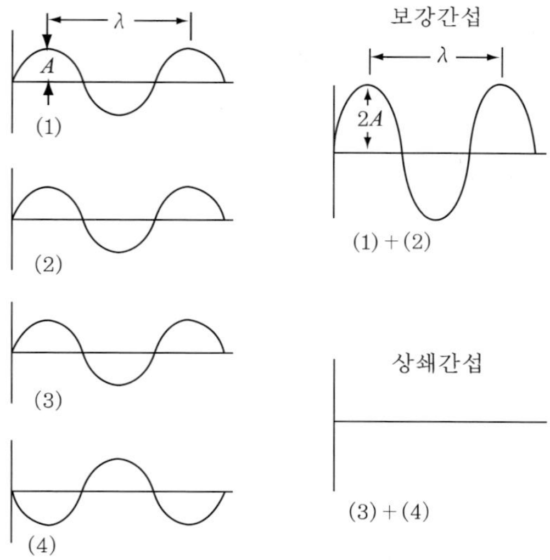

그림 2-3 ▸ 복사선의 간섭현상

보강간섭(maximum constructive interference) 현상이라 한다. 위상의 겹침 정도에 따라 2개의 파동이 합쳐진 빛 세기의 증감이 결정된다. (3)과 (4)는 파동의 위상이 완전히 다르다(out of phase). 그러므로 (3) + (4)는 0의 상태로 감소한다. (3) + (4) = 0의 경우를 최대상쇄간섭(maximum destructive interference) 현상이라 한다. 이와 같은 빛의 간섭현상은 첫째 레이저 빛처럼 센 단색광(monochrome)을 얻거나, 둘째 프리즘 또는 회절발 같은 단색화장치(monochromator)를 이용할 때, 셋째 FT 변환(Fourier Transform)을 이용할 때의 기본 원리이다.

2.1.3 복사선과 물질의 상호작용

복사선이 물질을 통과하는 속도는 물질 중 원자, 이온, 분자의 종류와 농도에 따라 각기 다르게 나타나고, 그 속도는 진공보다 느리게 나타난다. 이러한 현상은 복사선과 물질이 상호작용하기 때문이다.

물질의 굴절률(refractive index) n_i는 식 (2-1)과 같다.

$$n_i = \frac{c}{V_i} \tag{2-1}$$

이 식에서 하첨자 i는 어떤 진동수를 뜻한다. n_i는 굴절률, c는 진공 중 복사선 속도, V_i는 물질 중에서 복사선 속도이다. 특히, 용액에 파장보다 작은 입자들이 녹아 있으면 복사선은 본래의 빛 통과 진로와 같게 진행한다. 그러나 파장보다 큰 입자들이 용액 중에 분산되어 있으면 빛은 산란(scattering)된다. 이러한 산란광 현상은 입자의 크기와 모양을 연구할 때 이용한다. 굴절률은 설탕의 농도를 측정하는 경우처럼 물질의 농도를 측정할 때 이용한다. 공기와 용액처럼 굴절률이 서로 다른 두 가지 물질의 계면을 복사선이 지날 때 반사가 일어난다. 굴절률이 클수록 더 많이 반사된다. 분광법으로 분석할 때 시료용기, 단색화장치, 검출기를 복사선이 통과할 때마다 반사 손실이 생기므로 이들의 장치를 복사선의 통로에 놓는 각도는 대단히 중요하다. 그 중에서 특히, 시료용기는 입사복사선에 대하여 90° 위치에 정확하게 놓아야 측정 오차를 최소화할 수 있다.

빛이 어떤 물질의 표면에 닿으면 그 물질의 표면에 흡수되고, 그 물질의 원자나 분자의 전자를 들뜨게 만든다. 이것을 들뜬상태(excited state)라 하고, 들뜬상태는 즉시 흡수한 에너지를 잃어버리고 바닥상태(ground state)로 되돌아간다. 빛을 이용하는 여러 분광기기는 흡수하는 빛의 세기 혹은 들뜬상태에서 바닥상태로 되돌아가면서 내놓는 빛의 세기를 측정하는 원리에 기본을 두고 있다. 대부분의 물질은 들뜬상태에서 10^{-14}~10^{-13}s 동안 머문 다음, 10^{-7}~10^{-8}s 안에 바닥상태로 즉시 되돌아가지만 형광이나 인광을 발생하는 경우는 더 느리게 되돌아간다.

들뜬상태 ⇆ 바닥상태의 과정은 물질의 상태에 따라 다르다. 여기에서 물질의 상태는 원자상태와 분자상태를 뜻한다. 원자상태 중에서, 특히 증기상태의 원자는 원자간 거리가 멀기 때문에 1개의 독립 원자로 각기 존재한다고 가정한다. 원자의 전자 에너지 준위는 그림 2−4와 같다. 그림 2−4에서 $1s$는 핵에 가장 가까운 오비탈이고, $6f$는 가장 먼 오비탈이다. 그리고 핵에서 멀수록 각 오비탈의 좁은 에너지 간격에 유의하는 것이 중요하다. 에너지 간격이 좁으면 에너지를 흡수하여 들뜰 때 쉽게 전자들이 위쪽으로 이동한다.

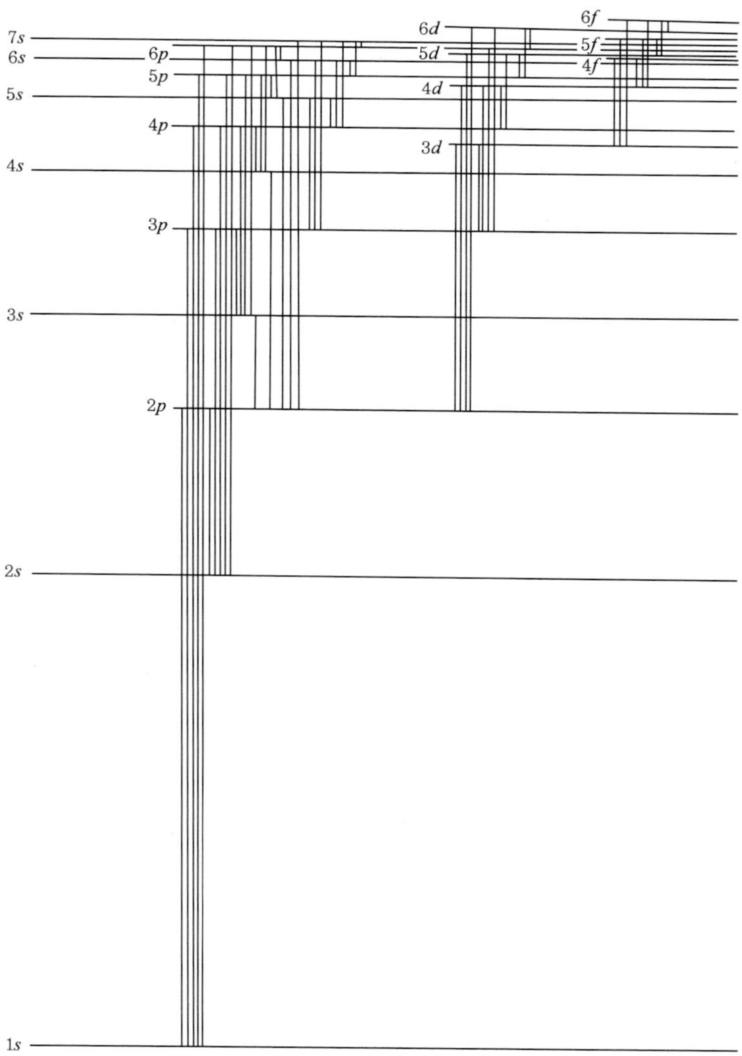

그림 2-4 ▸ 원자의 전자에너지 준위

분자는 여러 개의 원자집단으로 존재하므로 원자에 비하여 첫째 원자수가 많고, 둘째 원자 간 결합전자의 진동이 생기고, 셋째 간단한 분자는 회전운동이 생긴다. 그러므로 원자흡광에서 나오는 스펙트럼은 분자에서 나오는 스펙트럼보다 간단한 몇 개의 선 스펙트럼(line spectrum)을 그림 2-5(a)처럼 방출한다. 선 스펙트럼은 원자흡수분광법, 원자방출분광법, 유도쌍 플라스마분광법에 이용한다. 분자흡광에서 나오

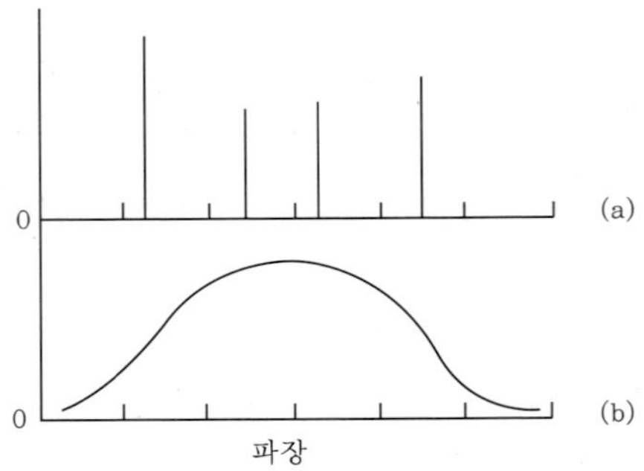

그림 2-5 ▸ (a) 선 스펙트럼, (b) 띠 스펙트럼

는 스펙트럼은 원자상태보다 복잡하므로 띠 스펙트럼(band 혹은 continuous spectrum)을 그림 2-5(b)처럼 나타낸다. 금속상태나 농축된 상태의 원자에서도 에너지 준위들이 겹치기 때문에 띠 스펙트럼을 나타낸다. 한 분자에 의한 흡수 또는 방출에너지는 식 (2-2)와 같다.

$$E = h\nu \qquad (2-2)$$

여기에서 h는 Planck 상수(6.63×10^{-27}erg · s)이고, 파장(λ)값을 대입하면 식 (2-3)과 같다. c는 빛의 속도이다.

$$E = \frac{hc}{\lambda} = \frac{286.000}{\lambda}(\mathrm{kcal \cdot mol^{-1}}) \qquad (2-3)$$

한 분자의 흡수에너지를 분자 구조면에서 살펴보면, 식 (2-4)와 같고 분자의 에너지 준위는 그림 2-6과 같다.

$$E = E_{\text{전자전이}} + E_{\text{진동전이}} + E_{\text{회전전이}} \qquad (2-4)$$

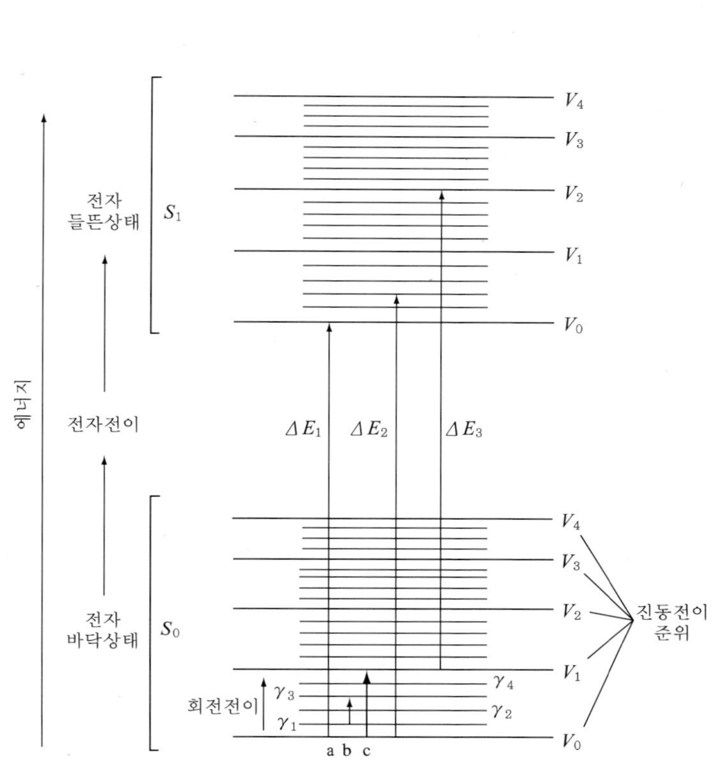

그림 2-6 ▸ 분자의 에너지 준위, (1) 전자전이, (2) 진동전이, (3) 회전전이

$E_{전자전이}$는 분자에 포함된 여러 개의 전자전이 에너지이고, 대략 0 ~ 100kcal/mol이다. $E_{전자전이}$는 가시선 및 자외선 영역의 복사선을 흡수할 때 생긴다. 예를 들면 분자의 전자전이는 그림 2-7과 같다. 그림 2-7에서 가장 낮은 곡선은 들뜨지 않은 바닥상태의 에너지 곡선이다. 점 A는 2원자의 핵 간 거리값이 최소의 경우이다. 2원자분자는 실온 25℃(298K)에서 절대온도 0 K보다 훨씬 높은 열을 흡수하거나 분자 간 충돌에 의해 $v=0$, $v=1$, $v=2$ … 상태로 변하고 A보다 약간 들떠 있고 핵 간 거리는 멀어져 있다. 이때 외부로부터 복사선을 흡수하면 위에 있는 곡선의 들뜬상태 에너지로 변한다. 실온에서 두 핵 간 평형거리는 $v=0$에 상당하는 진동에너지 준위의 경우이다. 그리고 모든 분자들이 실온에 있으므로 $v=0$의 에너지에 상당하는 분자들이 가장 많다. 그러므로 $v=0$에서 출발하는 흡수전이는 가장 센 흡수봉우리를 나타낸다. 이것은 그림 2-7의 오른쪽에 각기 $v=0$, 1, 3, 4에 상당하는 흡수봉우리를 선으로 연결하여 나타냈다. 흡수봉우리의 상대세기는 바닥상태의 분자로부터 들뜬

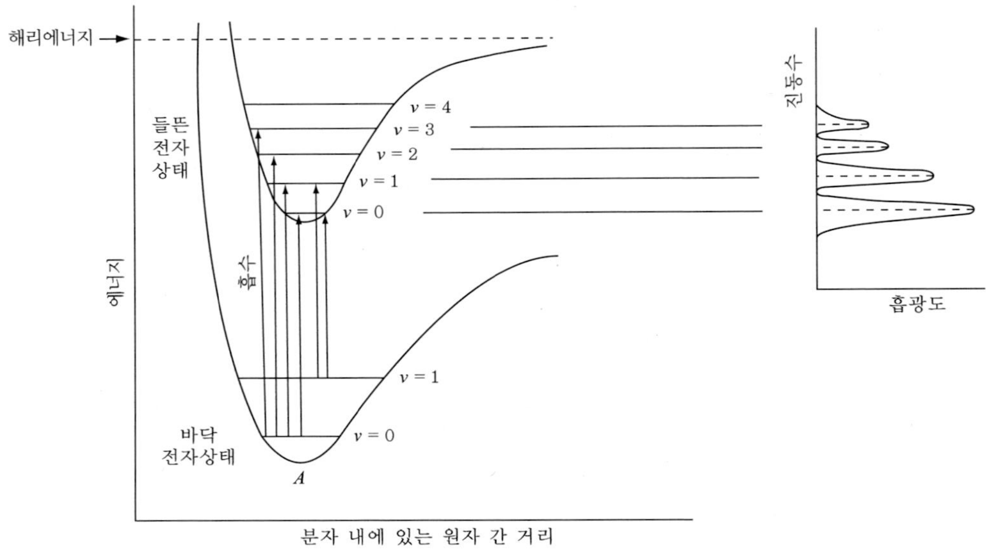

그림 2-7 ▸ 2원자분자의 에너지 흡수

는 분자의 상대적 입자수에 비례한다. 이때의 전자전이 운동은 핵운동보다 훨씬 더 빠르므로 핵 간 거리변화는 생기지 않는다. 에너지 흡수는 10^{-15}s 혹은 복사선의 진동주기 안에 완료된다. 그러나 센 에너지를 계속해서 흡수하면 들뜬상태의 핵 간 거리는 무한히 멀어지고 분자는 각 원자상태로 해리된다. 이때의 에너지를 해리에너지(dissociation energy)라고 한다.

$E_{진동전이}$는 대략 0~20kcal/mol의 에너지를 흡수할 때 생기고, 이 에너지값은 분자 중 원자의 결합진동에너지에 상당한다. 순수한 결합진동의 에너지 흡수는 적외선 영역에서 생긴다. $E_{진동전이}$를 흡수할 때는 $E_{전자전이}$보다 작으므로 $E_{전자전이}$를 발생하지 않는다. $E_{회전전이}$는 대략 0~5kcal/mol 정도이고, 작은 분자들은 $E_{회전전이}$에 의해 분자회전을 발생한다. 그러므로 전자전이를 발생할 때는 함께 진동전이와 회전전이를 수반하므로 스펙트럼이 너무 복잡해지고 기록기의 펜은 각각의 $E_{전자전이}$, $E_{진동전이}$, $E_{회전전이}$ 스펙트럼을 모두 각기 그려낼 수 없으므로 둥그스름하게 띠 스펙트럼으로 나타난다[그림 2-8(a)]. 사실은 둥근 띠 스펙트럼 안에 무수히 많은 스펙트럼이 포함된 상태이다. 자외선이나 가시선 흡수봉우리는 둥근 띠 스펙트럼으로 나타난다. $E_{진동전이}$는 $E_{전자전이}$보다 작은 에너지값이므로 전자전이 스펙트럼은 포함하지 않는다. 그러므로 좁

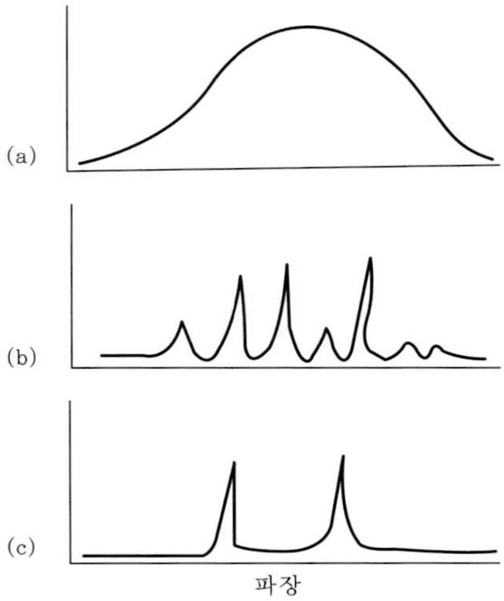

그림 2-8 ▸ 띠 스펙트럼. (a) $E_{전자전이}$ 스펙트럼, (b) $E_{진동전이}$ 스펙트럼, (c) $E_{회전전이}$ 스펙트럼

은 흡수봉우리만 그림 2-8(b)처럼 조밀하게 적외선 영역에 나타난다. 액체나 고체 시료의 경우는 분자회전을 방해하므로 $E_{회전전이}$는 검출하기 어렵다. 기체상태의 간단한 분자는 $E_{회전전이}$의 스펙트럼을 그림 2-8(c)처럼 나타난다.

어떤 원소의 전자나 핵이 센 자기장에 놓이면 전자나 핵 입자의 자기적 성질 때문에 새로운 에너지상태로 변한다. 이때 변환된 에너지는 대단히 작고 장파장(낮은 진동수)을 흡수할 때 이러한 변환이 생긴다. 핵은 10~200MHz의 라디오파, 그리고 전자는 1,000~25,000MHz의 마이크로파를 흡수할 때 에너지 변환이 일어난다. 핵의 에너지 전이는 핵자기공명(nuclear magnetic resonance, NMR)방법에, 그리고 전자의 에너지 전이는 전자스핀공명(electron spin resonance, ESR)방법에 이용한다.

2.2 빛을 이용하는 분석기기

빛을 이용하는 분석기기를 분광광도계(spectrophotometer) 또는 광도계(spectrometer)라고 한다. 이 기기는 (1) 안정한 빛을 발생하는 광원(light source), (2) 시료를 담는 용기(cuvette 또는 cell), (3) 일정한 단색광을 제공하는 장치(monochromator), (4) 빛을 검출하는 복사선 검출기(detector), (5) 검출기에서 나오는 신호를 읽는 장치 등의 다섯 가지 부분장치로 그림 2－9처럼 구성되어 있다.

분광기의 다섯 가지 부분장치는 정량하는 시료(액체, 고체, 기체)의 종류와 정량방법(형광법과 인광법)에 따라 그림 2－9와 같이 선형으로(a와 c) 또는 90°로(b) 배열하여 기기를 제작한다. 그러나 각 부분장치는 같은 종류를 이용하여 할 수 있다.

2.2.1 광원

광원(light source)은 빛을 발생하는 장치를 뜻한다. 예를 들어 전구에 전기를 통하면 빛이 나온다. 이것을 광원으로 이용할 수도 있다. 어떤 경우는 시료를 직접 전기적 방법이나 다른 방법으로 가열하여 나오는 빛을 광원으로 이용한다. 예를 들어 산소용접할 때 나오는 빛이나 전기용접할 때 나오는 빛도 광원으로 이용할 수 있고, 이때 나오는 빛은 금속의 재질에 따라 빛이 각기 다르게 나타난다.

자외선을 발생하는 광원은 중수소, 아르곤, 제논, 수은의 기체를 고압으로 채운 전구(lamp) 속에서 아크와 스파크 방법으로 고온상태로 가열하여 나오는 빛을 이용한다. 가시선 영역의 광원은 텅스텐 필라멘트로 만든 전등을 사용한다. 적외선 영역의 광원은 니크롬선, Globar(SiC로 만든 발열체), Nernst 백열램프를 이용한다. 그 밖에도 넓은 파장범위에 걸쳐 센 빛을 내는 레이저를 이용한다. 근래에 와서는 레이저를 널리 이용하고 있다.

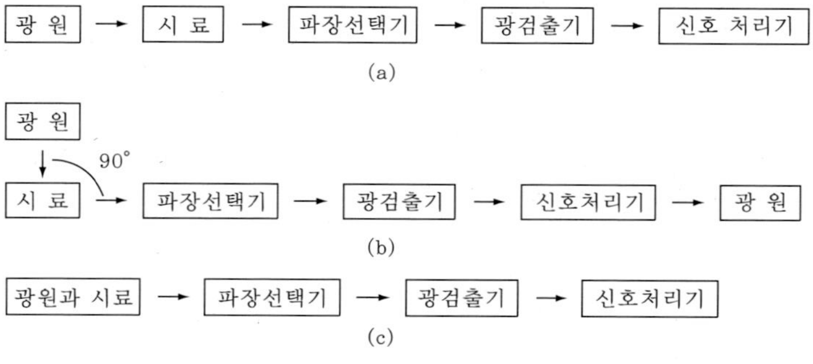

그림 2－9 ▸ 분광기 장치. (a) 흡광법, (b) 형광법, 인광법, 산란법. (c) 광방출법

레이저(laser, light amplification by stimulated emission of radiation의 약자)는 빛살이 대단히 세고 좁은 단색광(띠너비 0.1nm)이므로 자외선, 가시선, 적외선 영역의 광원으로 널리 쓰인다. 레이저의 파장은 레이저 발생관의 충진물에 따라 각기 다르다. 레이저는 첫째 기체 레이저(질소, 일산화탄소, 이산화탄소, 헬륨, 아르곤 등), 둘째 고체 레이저(루비, 사파이어 등), 셋째 반도체 레이저(비소와 갈륨, 규소, 네오듐 등), 넷째 색소 레이저(색소 혼합물), 다섯째 적외선 diode 레이저 등이 있다.

레이저 발생장치는 그림 2－10과 같다. 전기적 혹은 화학적 에너지 혹은 복사선 등의 에너지를 공급하는 펌핑(pumping)장치로부터 에너지를 흡수하여 레이저 발생관 충진물이 들뜬다. 다음에 한쪽으로 나오는 빛은 거울이 반사하여 레이저 발생관 내부로 다시 보낸다. 레이저 발생관에서 나오는 빛은 오목렌즈를 통하여 초점이 모아진다. 레이저 발생관은 고열을 발생하므로 냉각수로 식혀야 한다.

레이저의 발생은 그림 2－11처럼 첫째 에너지 펌핑(energy pumping), 둘째 자발방출(spontaneous emission), 셋째 유도방출(stimulated emission), 넷째 흡수(absorption)의 네 단계를 거쳐 레이저 빛살(light beam)이 나온다. 레이저 발생은 원통형 유리관을 사용한다. 유리관의 내부표면은 관 내부의 빛을 내부로 반사하여 외부로 나가지 못하게 반투명 은거울로 만들어졌다.

첫째 과정은 그림 2－11(a)처럼 레이저 발생관 외부로부터 내부의 충진물에 전류통과, 센 복사선 흡수, 화학반응 등을 통해 에너지를 공급하는 과정이다. 이때 레이저 발생 내부의 충진물은 에너지를 흡수하여 들뜬다. 외부에서 전류와 에너지(빛)를 공급하여 레이저관 충진물의 전자를 들뜬상태로 만드는 과정을 에너지 펌핑(pumping)이라고 한다. 이때 많은 열을 발생하므로 레이저 발생관을 냉각수로 식혀준다.

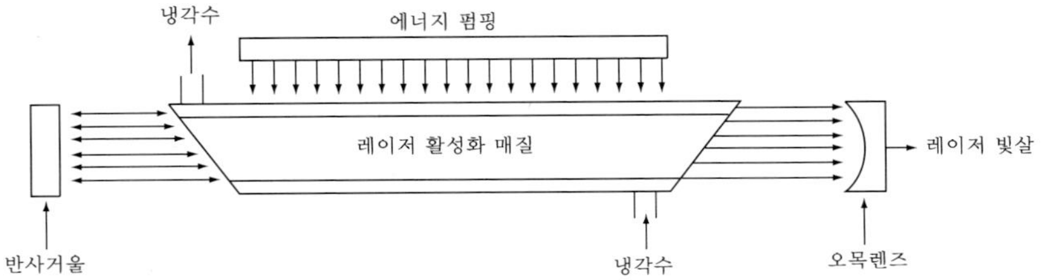

그림 2－10 ▸ 대표적 레이저 광원의 약도

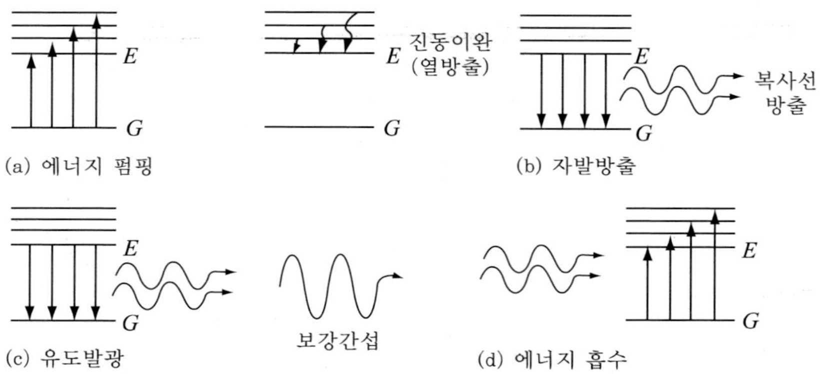

그림 2-11 ▸ 레이저 발생과정(G: 바닥상태, E: 들뜬상태). (a) 에너지 펌핑 : 전기적(전류), 화학적 혹은 복사선 등의 에너지를 공급하여 들뜬 다음 일부분은 진동이완하여 열을 내보낸다. (b) 자발방출 : 위상이 서로 다른 복사선을 방출한다. (c)유도발광 : 복사선이 보강간섭하여 센 빛(레이저)을 발생한다. (d) 에너지 흡수 : 바닥생태의 전자는 다시 에너지를 흡수하여 들뜬다.

둘째 과정은 그림 2-11(b)처럼 자발방출과정이다. 레이저 발생관 내부의 충진물 전자는 에너지 펌핑에 의해 들뜬상태로 변환된 다음 10^{-13}~10^{-14}s 후에 흡수에너지와 동일한 에너지를 복사선으로 자발적으로 방출하면서 바닥상태로 되돌아간다. 이러한 과정은 계속하여 일어난다.

셋째 과정은 그림 2-11(c)처럼 유도방출과정이다. 자발방출과정에서 발생되는 복사선은 반투명 은거울을 통화여 레이저 발생관으로 들어오는 입사광과 동일한 진동수를 갖기 때문에 유도방출복사선과 입사복사선은 보강간섭(constructive interference)을 일으켜 복사선의 진폭이 증가하고 센 빛을 방출하는 과정이다.

넷째 과정은 그림 2-11(d)처럼 앞의 자발방출과정에서 복사선을 방출하고 이완(relaxation)되어 바닥상태로 되돌아온 전자가 다시 외부의 복사선을 흡수하여 들뜬상태로 변하는 과정이다. 그러므로 레이저 발생은 펌핑→자발방출→유도방출→흡수과정을 반복한다. 이 반복과정 중 펌핑과정은 항상 바닥상태보다 들뜬상태의 입자수가 더 많이 존재한다. 이것을 상태분포반전(population inversion)이라고 한다.

2.2.2 파장선택기

물질의 색은 가시광 영역의 전자기 스펙트럼을 선택적으로 흡수하는 것과 관련있다. 눈에 보이는 색은 물질에 흡수되는 복사선이 아니다. 다시 말하면 색을 띤 용액에 흡수되지 않고 용액을 투과한 복사선만 눈에 보인다. 보색(complementary color)이라고 말하는 복사선의 색은 물질에 흡수되는 복사선의 색이다. 보색과 흡수색을 합치면 백색으로 된다. 파장, 물질의 색(투과광), 보색(흡수광)의 관계는 표 2－2에 나타나 있다.

광원이나 시료는 여러 가지 원소나 분자를 포함하므로 광원이나 시료를 가열하면 여러 가지 파장이 혼합된 복사선이 나온다. 태양광선을 프리즘에 통과시켜 빛을 분해하면 무지개처럼 여러 가지의 파장이 나온다. 이것은 태양을 구성하는 물질에서 나오는 빛과 태양빛이 대기 중 여러 원자와 분자에 흡수한 다음 발생하는 빛의 여러 파장이 혼합된 상태이다. 햇빛을 프리즘에 통과시키면 노랑, 파랑, 빨강 등의 색으로 분리된다. 이들을 각기 노란색 띠, 파란색 띠, 빨간색 띠라고 부른다. 그 띠(band)의 파장범위는 넓을수록 여러 가지 파장의 빛이 많이 섞인다. 분광법분석은 이용하는 파장범위가 좁은 빛일수록 흡광도 측정의 감도는 증가하고 선택적으로 시료를 분석할 수 있고, 시료의 농도와 측정값 사이에 직선관계를 잘 성립한다. 그러므로 될 수 있으면 순수한 빛의 띠를 분리하여 이용하려고 노력한다. 분광광도계는 순수한 센 빛의

표 2－2 ▸ 물질의 색과 보색

파장(nm)	물질의 색(투과광)	보색(흡수광)
< 400	자외선	
400～435	보라	노란색을 띤 초록
435～480	파랑	노랑
480～490	초록색을 띤 파랑	주황
490～500	파란색을 띤 초록	빨강
500～560	초록	자색
560～580	노란색을 띤 초록	보라
580～595	노랑	파랑
595～610	주황	초록색을 띤 파랑
610～750	빨강	파란색을 띤 초록
> 750	적외선	

띠를 가질수록 좋은 기기이고 값이 비싸다.

분광법 측정기기는 시료물질이 어느 파장의 빛을 가장 세게, 그리고 얼마나 흡수하는가를 측정하는 장치이다. 각 시료물질은 화학적 구조에 따라 최대로 빛을 흡수하는 파장(이것을 λ_{max}라고 한다)을 다르게 나타낸다. λ_{max}는 물질의 정성분석에 이용하고 λ_{max}에서 측정한 흡광도는 농도에 비례하므로 정량분석에 이용한다. 그러므로 시료물질에 좁은 파장의 빛을 연속적으로 변화시키면서 쪼여 흡광도를 측정한다[이것을 주사(scanning)라고 표현한다]. 연속적으로 단색광의 빛을 변화하면서 주사하는 장치를 단색화장치(monochromator)라고 한다.

단색화장치는 필터, 회절발 및 프리즘으로 구성되어 있다. 필터[그림 2－12(a)]는 첫째 투명한 2개의 유리판 사이에 젤라틴(gelatin)－유기물 색소 혼합물을 끼운 것, 둘째 액체 필터, 셋째 색유리, 넷째 간섭필터(interference filter)를 이용한다[그림 2－12(b)]. 첫째와 둘째는 오랫동안 사용하면 유기물 색소가 퇴색하는 단점이 있다. 그리고 첫째부터 셋째까지의 필터 투광도는 5~20%에 지나지 않으므로 필터를 투과한 빛은 대단히 약하고 필터를 통과한 빛의 띠는 35~50nm 정도로 대단히 넓다. 넷째, 그림 2－10(b)의 간섭필터를 사용하면 띠 너비는 10~17nm이고 40~60% 투광도를 갖는다. 간섭필터는 얇게 유리의 내벽을 은으로 도포한 2개의 유리판 사이(파장의 1/2)에 플루오르화마그네슘(MgF_2, 굴절률 1.38) 또는 플루오르화칼슘의 유전체를 채워 단색광을 얻는다. 유리판 사이에 간격은 필요한 파장의 1/2 되게 조절한다.

프리즘은 그림 2－13(a)처럼 입사광의 파장에 따라 복사선을 분산한다. 즉, 그림 2

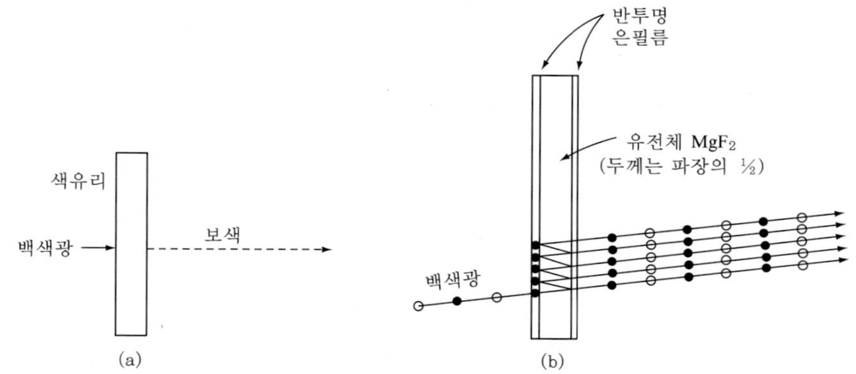

그림 2－12 ▸ (a) 색유리 필터, (b) 은(Ag)을 입힌 반투명판의 간격은 1/2 파장에 상당한다.

－13(a)의 위쪽(빨강) 400nm로부터 아래(파랑)의 800nm까지 파장에 따라 각각의 파장으로 분산된다. 분산된 파장을 이용할 때 입구슬릿(slit)과 출구슬릿을 설치하고 원하는 빛의 파장만 통과시키고 다른 파장의 빛은 차단한다. 그림 2－13(a)는 투광프리즘의 꼭지각이 60°(Cornu형)이고, (b)는 반사프리즘의 꼭지각이 30°(Littrow형)이다. 30° 프리즘은 뒷면을 알루미늄으로 도금하여 입사상을 반사시켜 60°와 같은 분산능(dispersive power)을 갖게 만들었다. 분산능은 동일한 세기를 갖는 2개 이웃 파장을 분명하게 분리하는 빛 분산장치의 척도이고, $R = \lambda/d\lambda$로 나타낸다. 프리즘의 분산능은 식 (2－5)와 같다.

$$R = t\left(\frac{dn}{d\lambda}\right) \qquad (2-5)$$

여기에서 t는 프리즘 밑면의 너비이고, n은 파장에 따른 프리즘 재질의 굴절률이다. 그러므로 프리즘은 밑면이 넓을수록 분산능이 크다. 즉, 클수록 좋다.

프리즘은 용융실리카, 석영, 유리의 재질을 사용한다. 프리즘은 짧은 파장을 더 잘 분산하고 긴 파장일수록 대략 800nm 이상 분산하지 못한다. 그러나 다음에 설명하는 회절발(grating)은 파장에 관계없이 일정하게 분산한다. 회절발은 그림 2－14처럼 투과형과 반사형의 두 가지 종류가 있다.

반사 회절발은 그림 2－14(a) 모양의 주형에 에폭시 수지를 부어 모양을 만든 다음 알루미늄을 진공 증착시켜 반사형으로 만든다. 일단 주형을 만들면 반복해서 수많

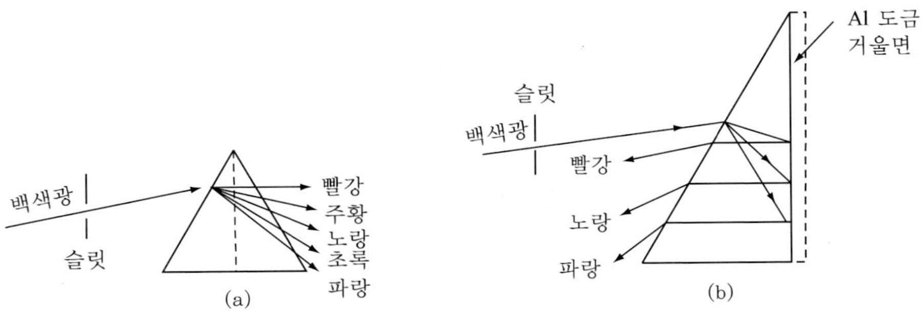

그림 2－13 ▸ (a) 꼭지각 60° 프리즘(Cornu형 투광프리즘)에 의한 빛의 분산, (b) 꼭지각 30° 프리즘(Littrow형 반사프리즘)에 의한 빛의 분산

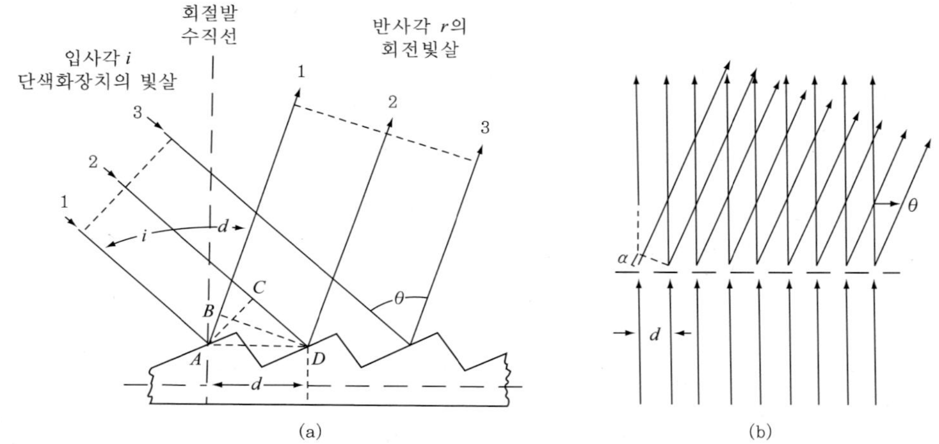

그림 2-14 ▸ 회절발. (a) 반사형 회절발(echella 회절발), (b) 투과형 회절발

은 회절발을 떠낼 수 있다. 최근에는 레이저 빛으로 선을 그어 우수한 회절발을 제작한다. 반사형 회절발의 각 선은 삼각형 모양이다. 그것을 groove라 하고, 1인치당 15,000~30,000 groove선이 그어져 있다. 그 선이 많을수록 좋다. 일반적으로 자외선 및 가시선 분광계는 600선/nm의 회절발을 사용한다. 회절발에 입사광이 닿으면 반사되면서 1, 2, 3의 반사빛살과 만나 보강간섭이 나타난다. 투과형 회절발도 그림 2-14(b)처럼 입사광과 회절광이 서로 만나 보강간섭이 생긴다. 슬릿을 반사빛살의 출구에 설치한 다음 회절각도를 변화시키면서 슬릿구멍을 통하여 보강간섭이 일어난 빛을 복사선의 단색광으로 이용한다. 그림 2-14(a)에서 입사광은 i이고, 반사각은 r이다. 이때 빛살 2는 1보다 ($\overline{CD}-\overline{AB}$)만큼 더 먼 거리를 진행한다. 이웃 빛살끼리 보강간섭이 생기려면 거리 차이값($\overline{CD}-\overline{AB}$)이 다음과 같이 입사광 파장 λ의 정수배, 즉 n만큼 되어야 한다.

$$n\lambda = (\overline{CD}-\overline{AB}) \qquad (2-6)$$

여기에서 n=1, 2, 3 …이고 n을 차수(order)라고 한다. 여기에서 ∠CAD는 i 각도와 같고 ∠BDA는 α 각도와 같다. 그러므로 삼각법에 따라 다음과 같다.

$$\overline{CD} = d\sin i \qquad (2-7)$$

여기에서 d는 반사표면의 선 혹은 groove 간의 간격이고 $\overline{AB}$는 다음과 같다.

예를 들어 $i=6.00$이고 cm당 2,000 groove선이 그어져 있으면 선 간격은 $d=1/200=5\times10^{-4}$cm이다.

$$\overline{AB} = -d \sin\alpha \quad (2-8)$$

여기에서 (−) 부호는 관례적으로 반사광을 나타낸다. 두 식을 합치면 보강간섭이 생기는 조건이다.

$$\begin{aligned} n\lambda &= d(\sin i + \sin\alpha) \quad (2-9) \\ &= d\sin\theta \end{aligned}$$

n=0이면 보강간섭이 일어나지 않는다. 백색광이 입사할 때 n=1의 파장은 다음과 같다.

$$\begin{aligned} \lambda &= d \sin \frac{i}{n} = \frac{(5\times10^{-4})(\sin 6.00°)}{1} \\ &= \frac{(5\times10^{-4})(0.1045)}{1} \\ &= \frac{0.5225\times10^{-4}}{1} \\ &= \frac{522.5}{1}\text{nm} \end{aligned}$$

n=2일 때 261.2nm, n=3일 때 174.2nm, n=4일 때 130.6nm이다. 차수에 따른 빛의 분산은, 예를 들면 그림 2−15(a)와 같고, 한 점을 통과하는 다색광을 프리즘이나 필터에 통과시켜 순수한 단색광을 얻는다. 빛은 1차수에 상당하는 복사선이 가장 세다. 예를 들면 그림 2−15(a)로부터 500nn 빛을 이용하려면 250과 166nm 빛을 필터로 제거하여야 한다. 반사형 회절발에 의해서도 그림 2−15(a)와 같은 원리에 의해 그림 2−15(b)와 같은 단색광을 얻는다.

회절발의 분산능(R)은 다음 식으로 나타낸다.

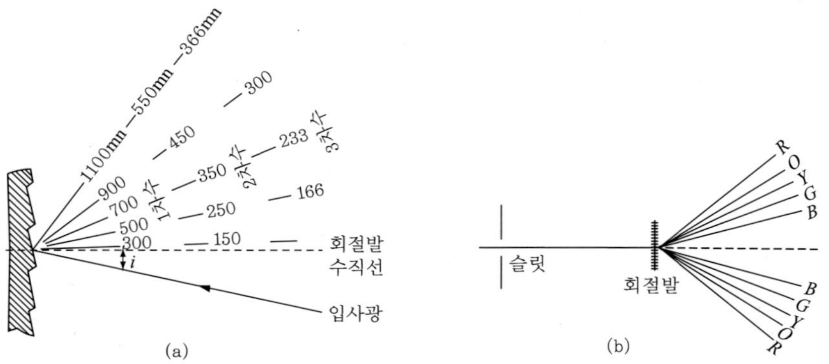

그림 2−15 ▸ (a) 반사형 회절발에 의한 복사선의 분산과 차수, (b) 투과형 회절발에 의한 다색복사선의 분산

$$R = \frac{\lambda}{d\lambda}$$

$$= nN \qquad (2-10)$$

여기에서 n은 회절차수이고 N은 회절발의 선(혹은 groove)수이다. 예를 들어 길이 15cm의 회절발에 600선/nm을 가질 때 1차수 분산 복사선의 분산능은 다음과 같다.

$$\mathrm{R} = nN = (15)(6{,}000) = 90{,}000$$

5400 Å 복사선이 분해되는 최소 파장간격은 다음과 같다.

$$R = \frac{\lambda}{d\lambda} = 90{,}000$$

$$d\lambda = \frac{5400}{90{,}000} = 0.06\,\text{Å}$$

슬릿은 2개 금속으로 빛의 통로를 조절하게 설계되어 있고, 슬릿너비는 분광광도계의 단색광 품질을 결정하는 중요한 부분이다. 대부분의 경우 프리즘이나 회절발의 회전각도와 일치되게 슬릿너비를 자동적으로 조절하게 설계되어 있다. 특히 주의할 점은 거울, 회절발, 프리즘을 만들 때 유리에 알루미늄이나 다른 금속을 입혀 만들기 때문에 염산, 질산, 암모니아와 같이 증기를 발생하는 물질을 사용하면 그 증기들이 단색화장치 속으로 들어가 거울을 손상시켜 기기를 못쓰게 만든다. 손으로 직접 조절하는 분광기의 경우는 슬릿너비를 좁게 조절할수록 유리하다.

2.2.3 시료를 담는 용기

시료를 담는 그릇을 셀(cell) 또는 큐벳(cuvette)이라고 부른다. 자외선 영역에 사용하는 셀은 석영이나 용융실리카로 만든 것을 이용하고 적외선 영역에서는 NaCl이나 KBr로 만든 셀을 이용한다. 가시광 영역에서는 유리셀을 이용할 수 있다. 이와 같이 각 파장 영역마다 서로 다른 재질로 만든 시료용기(cell)를 사용하는 이유는 다음과 같다.

첫째 시료에 측정하려는 복사선이 닿기 전에 시료용기에 모두 흡수되기 때문이다. 즉, 시료용기는 측정에 이용하는 복사선에 대하여 투명하여야 한다. 둘째 재질에 따라 복사선의 굴절률이 각기 다르기 때문에 입사복사선이 약화되어 사용할 수 없기 때문이다. 이와 같은 원리는 광원의 유리관, 프리즘, 회절발 시료용기, 검출기 보호용 뚜껑 등에도 모두 적용된다. 시료용기는 시험관처럼 원기둥 모양이 있고 또 한 가지는 한 변의 길이가 1.0cm 되는 직사각형 모양이 있다. 원기둥 모양은 Spectronic 20과 같은 분광기에 사용하는데 원형의 기벽에서 많은 반사가 일어나 오차를 발생한다. 직사각형의 시료용기를 사용하면 반사손실이 적다.

시료를 녹인 용매의 끓는점이 낮은 경우는 휘발에 의한 농도변화를 가져오고 염산, 질산, 암모니아처럼 휘발성 용액의 경우는 증발된 화합물이 기기장치를 부식할 염려가 있으므로 시료용기의 마개를 닫아야 한다. 특히 광학계의 거울과 반사프리즘은 알루미늄 금속을 얇게 진공 증착하여 제조하므로 화합물의 증기에 노출하지 않아야 한다.

시료용기를 씻을 때는 솔을 사용하여 문지르지 않아야 하고, 용매에 담그고 끓이지 않아야 한다. 기벽에 묻은 오물은 솜이나 휴지를 감은 막대기로 닦아내거나 용매로 녹여내야 한다. 시료용기는 건조시켜 사용하지 말고 측정하려는 용액으로 2~3번 가셔낸 다음 사용하여야 한다. 시료용기에 용액을 채울 때는 용기의 2/3 정도만 넣어야 하고, 절대로 넘치게 넣지 않아야 한다. 시료용기에 닿는 빛살의 위치는 밑에서 1/3 되는 위치를 통과한다.

2.2.4 복사선 검출기

처음에 분광기를 만들 때는 사람의 눈(550nm 부근에서 가장 민감하다)이나 사진필름을 이용하여 빛을 검출하였다. 육안을 이용하면 약 20%의 측정오차 내에서, 그리고 좋은 검출기를 이용하면 0.1%의 오차 내에서 정량할 수 있다. 빛의 검출기는 크게 두 가지로 분류할 수 있다. 그 중에서 한 가지는 광자(빛)에 감응하는 광자검출기이고, 다른 한 가지는 열에 감응하는 열검출기이다. 이러한 검출기는 물체이동에 의해 빛이 차단될 때 사용하는 경보장치, 빛을 이용하는 출입문의 개폐장치, 우주선의 지구 감시장치, 고화질 TV 수상기, 군용무기 등에도 사용한다.

광자검출기는 첫째 광전압전지(photovoltaic cell), 둘째 광전관(phototube, photoemissive tube), 셋째 광전자증배관(photomultiplier tube), 넷째 반도체 검출기(semiconductor detector, photoconductor), 다섯째 규소 다이오드(silicon diode) 등이 있다.

첫 번째로, 광전압전지(또는 반도체전지, semiconductor)는 그림 2−16(a)과 같다. barrier layer cell이라고도 부르는 이 검출기는 빛이 유리를 통하여 은이 얇게 증착된 산화구리 혹은 셀렌층에 닿으면 은과 셀렌 계면의 전자들이 들떠 collector electrode(−전극)으로 이동한다. 이때 +와 −의 양쪽 전극 간에 기전력이 생겨 10~100μA 전류가 흐른다. 이 전류세기 검출기에 닿는 광량에 비례하고 검류계(galvanometer)에 연결하여 읽는다. 셀렌은 300~700nm 사이의 가시광에 감응하고, 사람의 눈과 대단히 비슷하게 반응한다. 그 중에서도 500~600mm의 빛에 가장 민감하게 감응한다[그림 2−16(b)].

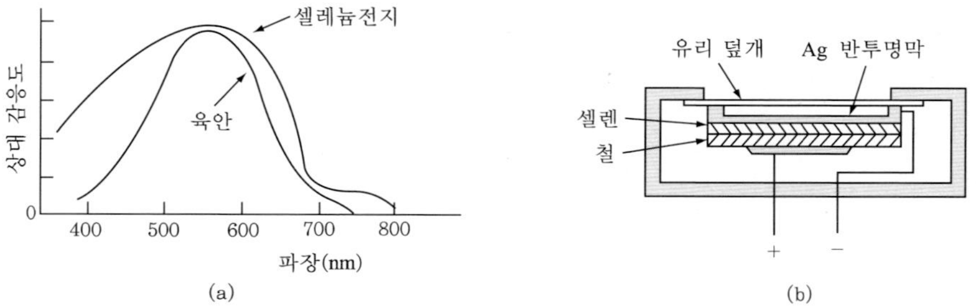

그림 2−16 ▸ (a) 광전압전지(barrier layer cell), (b) 셀렌 광전압전지(실선)와 사람 눈(점선)의 감응파장 범위

둘째로, 광전관은 그림 2－17과 같다. (a)는 구조이고, (b)는 감응하는 파장범위이다. 빛이 반원형의 음극 표면에 닿으면 음극에서 광전효과(photoelectric effect)에 의해 전자들이 튀어나와 중심에 위치한 양극에 모여 양쪽 전극 간에 전류를 발생한다. 음극과 양극은 진공관 안에 밀봉되어 있고, 음극표면은 이온화전위값이 작은 알칼리 금속이 도포되어 있다. 이온화전위값이 작은 금속은 빛에 의하여 쉽게 들떠 전자를 방출한다. 음극도포물질과 그들에 감응파장은 Ag－O－Cs(최대 감응파장 700~800nm), Cs_3Sb(400~600nm), Na_2KSb(300~400nm), Cs_2O(380~420, 700~900nm)이므로 파장 범위에 따라 적당한 검출기를 선택하여야 한다.

셋째로, 광전자증배관은 그림 2－18과 같다. 그림 2－18은 광전관의 단면도이다. 입사광이 광전관의 음극에 닿으면 광전효과에 의해 전자들이 튀어나온 다음 첫째 dynode(dynamic electrode의 약자)에 부딪친다. Dynode에 닿은 각 전자마다 3~5개의 전자를 방출한다. Dynode는 9~16개씩 배열되고 각 donode마다 차례로 30~100V씩 증가하는 전압을 걸어 전자를 가속한다. 이때 매우 안정한 높은 전압과 낮은 전류의 전기 공급장치가 필요하다. 광전자증배관은 대단히 약한 빛도 검출할 수 있을 뿐만 아니라 검출기 내에서 전류증폭 효과도 있다. 광전자증배관은 광전관으로 검출할 수 있는 빛보다 200배 약한 빛의 세기도 측정할 수 있다.

넷째, 반도체 검출기는 0.75~3μm의 근적외선 영역에 많이 쓰인다. 유리 또는 석영표면에 도포한 결정 반도체는 납, 카드뮴, 갈륨, 인듐의 황화물, 셀렌화물, 안티모

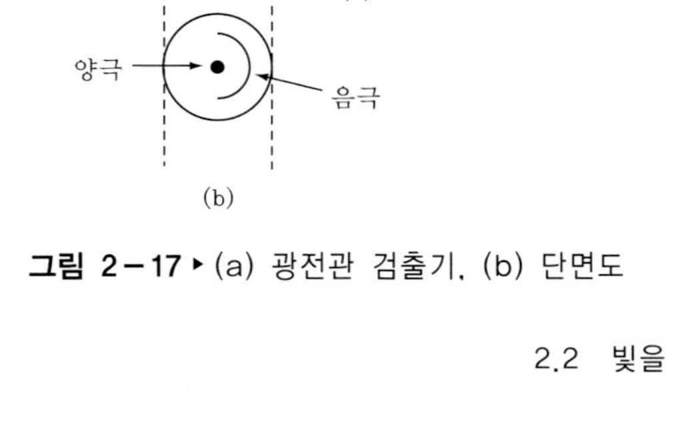

그림 2－17 ▸ (a) 광전관 검출기, (b) 단면도

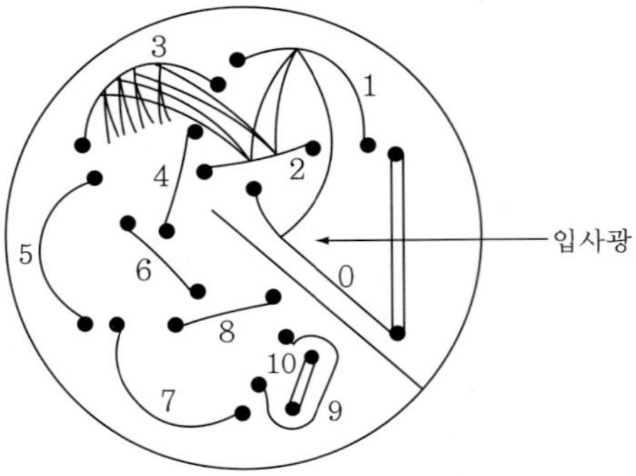

그림 2-18 ▸ 광전자 증배관.
O=광전관
1~9=Dynode(전자증폭전극)
10=양극

니화물이다. 이들의 화합물에 빛이 닿으면 전자들은 들떠 자유롭게 이동하므로 결정 반도체의 전기전도도를 증가한다. 전기전도도는 빛의 양에 비례한다.

다섯째, 규소 다이오드 검출기는 지름 20mm의 SiO_2 결정에 nm당 15,000개 이상의 광다이오드(photodiode)들이 배열되어 있다. 각각의 p형 광다이오드는 8μm만큼 떨어져 있고 SiO_2 절연체로 분리되어 있다. p형 반도체는 n형 반도체와 접촉되어 있다. p형 반도체층을 전자살(electro beam)로 주사(scan)하면 충전되어 커패시터(capacitor)처럼 거동한다. 이때 복사선이 n형 반도체에 닿으면 n형 반도체로부터 전자들이 p형 반도체로 이동하여 발생한다. 그러면 다시 전자살로 주사하여 p형 반도체를 충전하고, 그 충전전류는 신호로 전산기의 기억장치에 분리 저장한다. 각각의 신호는 각 스펙트럼의 세기에 비례한다. 이러한 검출기는 비디콘 관(vidicon tube)이라 하고 TV 브라운관과 비슷한 구조이다. 27mm의 비디콘 관을 검출기로 사용하면 단색화장치를 움직이지 않고 스펙트럼을 전부 동시에 측정할 수 있다. 단색화장치, 비디콘 관, 전산기로 구성된 복사선 측정장치를 광학 다중채널 분석기(optical multichannel analyzer)라 한다.

열검출기는 주로 적외선 영역에 이용한다. 열검출기를 이용하는 이유는 적외복사선의 세기가 약하고, 에너지가 작기 때문에 적외선 광자에 의해 물질 중의 전자를 이동하거나 전자를 방출하여 신호를 얻을 수 없기 때문이다. 복사선의 에너지 크기는 파장이 길수록 작다. 그러므로 에너지 크기는 자외선 > 가시선 > 적외선의 순서이다. 시료를 투과한 적외선 단색광이 검출기에 많이 도달할수록 온도가 증가하는 원리를 이용한다. 열검출기는 0.000001℃의 온도 변화도 검출할 수 있고, 정교하게 만들면 더 작은 온도 변화도 검출할 수 있다. 이 검출기는 전투기 격추용 사이드 와인더와 매몰된 온혈동물의 탐색에도 현재 이용되고 있다.

열검출기는 첫째 열전기쌍(thermocouple) 검출기, 둘째 볼로미터(bolometer) 검출기, 셋째 파이로 전기검출기(pyroelectric detector) 등이 있다. 열전기쌍 검출기는 이온화전위값이 서로 다른 Pt－Ag 혹은 Sb－Bi 금속으로 만든 가는 두 선을 용융하여 만든다. 혹은 그러한 양쪽 금속 중 한 금속원소를 다른 금속판에 진공 증착하고 열을 흡수하는 부분은 열흡수를 증가하기 위해 검은색으로 만든다. 한쪽 금속은 열의 기준을 잡기 위해 얼음 중탕에 담근다. 열을 흡수하면 이온화전위값이 낮은 금속으로부터 큰 전위의 금속으로 전자들이 흘러 전류를 발생하고 그 전류량은 빛의 양에 비례한다. 이것은 10^{-6}℃의 온도차를 검출할 수 있다. 볼로미터 중에서 반도체로 만든 것은 thermister라고 알려져 왔다. 볼로미터는 전기저항의 변화를 측정하는 검출기이다. 백금이나 니켈의 길고 가는 선 혹은 반도체를 이용한다. 이들도 열을 잘 흡수하게 검정색으로 칠해져 있다. 백금이나 니켈선은 적외선의 흡수열에 비례하며 팽창할 때 전기저항이 증가하고 반도체의 전기저항은 적외선의 흡수열에 비례하여 감소하는 원리를 이용한 검출기이다. 파이로 전기검출기는 탄탈산리튬, 티탄산바륨, 트라이글라이신황산염과 같은 결정염은 온도변화에 민감한 쌍극자 모멘트를 갖는다. 금속판 사이에 이 화합물을 놓았을 때 적외선이 닿으면 온도 감응 커패시터로 작용한다. 이때 변화된 커패시터는 적외선량에 비례한다.

2.2.5 신호처리기

검출기에서 나오는 전기신호값이 경우에 따라 너무 작을 때는 증폭하여야 한다. 그리고 직류신호를 교류로 또는 교류신호를 직류로 변환하거나 원하지 않는 신호의 성분을 걸러 제거하기도 하고 신호를 미분, 적분 또는 log값으로 환산하거나 수학적으로 계산한 값으로 표시한다. 이러한 종류의 신호처리기 중에는 디지털 계기(digital meter), 전위차계(potentiometer)의 눈금, 기록기(recorder) 등을 사용한다. 이와 같은 광학기기에서 빛을 보내거나 받을 때는 광섬유(때때로 광파이프라고 부른다)를 이용한다. 현재의 통신 케이블은 구리선 대신에 광섬유를 이용하고 있는데 이것은 광학기기에서 이용하는 것과 같은 재질의 물질이다.

광섬유는 0.5μm~0.6cm 지름을 갖는 polymethylmethacryl 재질로 되어 있고(굴절률 n=1.5), 이 섬유는 굴절률이 더 작은 중합체로 피복하여 빛이 외부로 새나가는 것을 방지한다. 이러한 도선은 통신 케이블뿐만 아니라 의료용 내시경의 도선, 이동식 분광기의 도선에도 이용되고 있다.

연습문제

[2.1] 슬릿(slit)을 이용할 때 슬릿너비와 빛의 세기를 설명하라.

[2.2] 회절발을 이용하여 단색광을 얻을 때 빛의 간섭현상을 설명하라.

[2.3] 선 스펙트럼(line spectrum)과 띠 스펙트럼(band spectrum)이 나타나는 이유를 설명하라.

[2.4] 파장영역에 따라 광원의 재질이 각기 다르다. 그 이유는 무엇이라고 생각하는가?

[2.5] 레이저 빛이 나오는 과정을 설명하라.

[2.6] 분자의 복사선 흡수와 방출을 설명하라.

[2.7] 회절발과 프리즘의 분산능을 비교 설명하라.

[2.8] 시료용기(cell)의 재질은 분광법에 따라 각기 다른 재질을 사용한다. 그 이유는 무엇인가?

[2.9] 각 검출기를 설명하고 분광법에 따라 서로 다른 검출기를 사용하는 이유를 설명하라.

[2.10] 분광법 분석은 왜 순수한 빛(판색광)을 사용하는가?

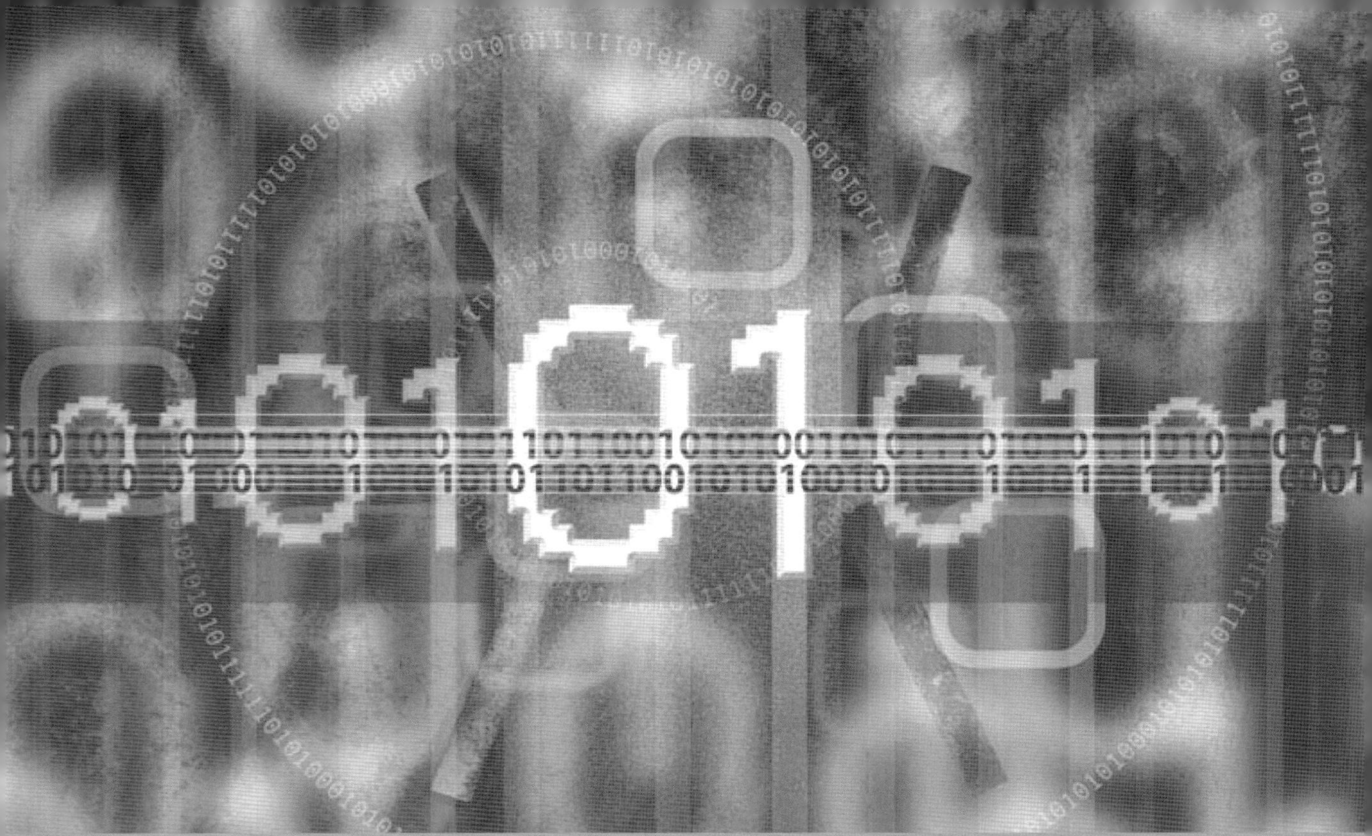

제3장 원자흡수분광법 및 원자방출분광법

원자흡광(또는 원자흡수)분광법(atomic absorption spectoscopy, AAS)과 원자방출(또는 원자방광)분광법(atomic emission spectroscopy, AES)은 원자나 이온이 복사선을 흡수 또는 방출하거나 형광을 내는 원리에 근본을 두고 있다. 여기에서 이용하는 복사선은 자외선과 가시선 범위(200~800nm)이다. 시료의 성분을 고온으로 가열할 때 기체상태의 원자나 이온은 복사선을 흡수하거나 복사선을 방출 혹은 형광을 방출하고, 이들을 측정하여 정성 및 정량분석에 이용한다. 약 70가지의 원소들을 ppm~ppb 농도까지 정량할 수 있다.

3.1 원리

이들 방법은 시료를 고온으로 가열하는 방법이므로 금속원자나 금속이온만 대상으로 삼는다. 이들 방법은 표 3－1처럼 실험방법에 따라 여러 가지로 분류한다. 표 3－1은 원자방출(atomic emission)법, 원자흡수(atomic absorption)법, 원자형광(atomic fluorescence)법의 세 가지로 구분할 수 있다. 더 상세하게 표 3－1처럼 구분하려면 원자화 방법에 따라, 그리고 전기적 방법에 따라 구분한다. 원자분광법에 이용하는 광로(optical path)와 장치를 구별하면 그림 3－1과 같다. 단색화장치와 검출기는 모두 똑같게 이용한다. 다만 시료원자화기 앞에 놓인 속빈음극등과 광원의 위치는 180° 혹은 90°에 따라 다르다.

그림 3－1(a)는 시료를 원자화한 다음 들뜨게 만들어 방출하는 빛의 세기를 측정하여 정량분석에 이용하고 스펙트럼을 분석하여 정성분석에 이용한다. 1족이나 2족은 낮은 온도에서도 들떠 빛을 내보내지만 전이원소들은 고온으로 가열하여야 하고, 이때 나오는 빛을 분석에 이용한다. 그림 3－1(b)는 시료를 원자화 에너지 준위까지 들뜨게 만든 다음 정량하려는 원소들이 흡수하는 파장과 동일한 파장의 빛을 속빈음극등에서 방출하게 만든다. 시료는 이 빛을 흡수하여 들뜨고, 이때 흡수한 광량을 측정하여 정량분석에 이용한다. 그림 3－1(c)는 원자화된 시료에 1차 광원에서 나온 빛을 쪼인다. 원자화 시료는 빛을 흡수하여 2차 광원의 역할을 한다. 90°에 위치한 단색화장치와 검출기는 1차 광원의 빛살 영향을 받지 않는다. 1차 광원에서 나온 빛

표 3-1 ▸ 원자분광법의 종류

원자화 방법	원자화 온도(℃)	기본원리	명칭과 약자
불꽃	1,700~3,150	흡수	원자흡수분광법 (atomic absorption spectroscopy, AAS)
		발광 (또는 방출)	원자발광(또는 방출) 분광법 (atomic emission spectroscopy, AES)
		형광	원자형광분광법 (atomic fluorescence spectroscopy, AFS)
유도결합 아르곤 플라스마	4,000~6,000	발광 (또는 방출)	유도쌍플라스마분광법 (inductively coupled plasma spectroscopy, ICP)
		형광	유도쌍형광분광법 (inductively coupled plasma fluorescence spectroscopy, ICPFS)
직류 아르곤플라스마	4,000~6,000	발광	직류아르곤플라스마분광법 (DC argon plasma spectroscopy, DCPS)
전기 열	1,200~3,000	흡광	전열원자흡광분광법 (electrothermal atomic absorption spectroscopy, ETAAS)
		형광	전열원자형광분광법 (electrothermal atomic fluorescence spectroscopy, ETAFS)
전기아크	4,000~5,000	발광	아아크발광분광법 (arc-source emission spectroscopy, ASES)
전기스파크	40,000(?)	발광	스파크발광분광법 (spark-source emission spectroscopy, SSES)

* 흡수 또는 흡광이라는 용어는 absorption의 영어에서 유래되었는데 복사선을 흡수한다는 뜻이다.

** 발광 또는 방출이라는 용어는 emission의 영어에서 유래되었는데 복사선을 방출(혹은 발광)한다는 뜻이다.

살은 직진하여 통과하기 때문이다. 2차 광원(시료 중의 원자)에서 나오는 형광세기를 측정하여 정량분석에 이용하고, 형광의 파장을 분석하여 정성분석에 이용한다.

3.1.1 시료의 원자화

금속원소들이 환원된 원자상태로 존재하면 귀금속을 제외한 나머지는 대단히 불안정

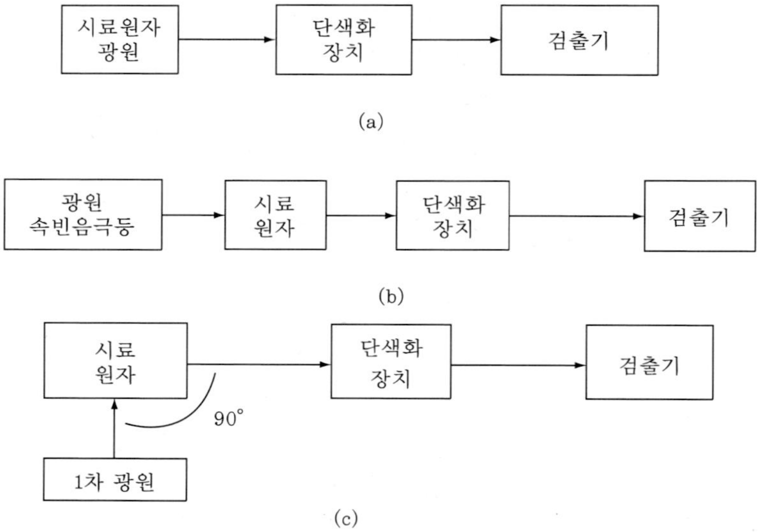

그림 3-1 ▸ 원자분광법. (a) 원자방출법, (b) 원자흡수법, (c) 원자형광법

하다. 즉, 금속원자의 최외각 원자가전자들은 원자핵의 인력권에서 멀리 있기 때문에 불안정하므로 다른 원자나 화합물에 전자를 주고 산화물이나 어떤 다른 안정한 화합물로 변한다. 예를 들면 철이나 양철판 표면의 아연, 구리 금속 등은 대기 중에서 산화물로 변하여 안정화된다. 이러한 금속산화물을 대기 중에서 실온으로부터 고온으로 가열하면서 화합물의 무게를 측정하면 점차로 감소하여 일정한 무게에 도달한다. 이것은 금속원자에 결합된 산소나 다른 결합 화합물이 열에 의한 진동운동 때문에 해리에너지에 도달하므로 금속원자로부터 분리되고 금속은 원자상태로 변하는 것을 의미한다. 높은 온도일수록 원자상태로 잘 환원된다. 이것을 원자화(atomization)라고 한다. 고온에서 다시 실온으로 식히면서 무게를 측정하면 산소는 금속원자에 다시 결합하므로 무게는 증가한다.

원자분광법은 효율적으로 원자화하려고 표 3-1처럼 여러 가지 방법으로 온도를 높이는 조작을 이용한다. 이 방법에 따라 분석법의 명칭은 여러 가지로 구분한다. 또한 이들의 분석기기도 시판하고 있다.

원자화장치는 시료용액을 연속적으로 공급하면서 안개처럼 작은 물방울로 만드는 분무(nebulization)장치와 일정부피의 시료용액을 대단히 작은 그릇에 넣고 전기적 아크나 스파크 방법으로 원자화하는 방법을 사용하고 있다. 어느 방법을 사용하더라도 원자화 과정은 시료 용액 → 분무화 → 고체－기체에어졸 → 용매증발 → 기체분자화 → 원자화 → 원자이온화 과정을 거친다. 이 과정에서 기체분자 → 원자화 → 원자이온의 3단계는 각기 들뜬분자, 들뜬원자, 들뜬이온으로 변하고 그들은 각기 스펙트럼을 방출한다.

3.1.2 원자 스펙트럼

원자구조는 그림 3－2(a)처럼 원자중심에 양성자들이 원자번호수만큼 존재한다. 그리고 양성자 주위의 주껍질 n=1, 2, 3, …에 각기 s, p, d, f의 부껍질을 갖는다. 그 부껍질에는 원자번호수만큼 전자들이 배열되어 있다. 각 주껍질에 있는 전자들이 에너지(복사선)를 흡수하면 그림 3－2(b)처럼 들뜬 다음 그림 3－3처럼 복사선을 다시 방출하면서 바닥상태로 되돌아온다. 이때 방출하는 복사선을 공명복사선이라 한다. 그러나 한편으로는 들뜬상태의 주위환경 때문에 흡수에너지를 모두 원자 밖으로 방

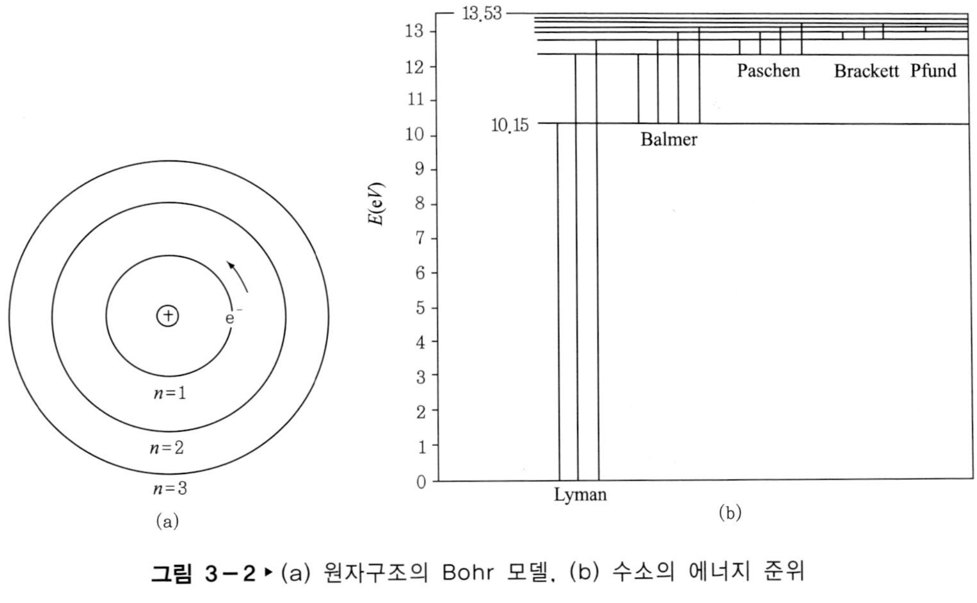

그림 3－2 ▸ (a) 원자구조의 Bohr 모델, (b) 수소의 에너지 준위

출하지 못하고, 원자 내에서 소비한 다음(비복사 이완) 일부분의 작은 에너지만 원자 밖으로 방출한다. 이때 방출 복사선을 형광이라 하고, 원자로부터 방출하므로 원자형광이라 한다.

원자의 n_1 주껍질에 있는 전자들이 n_2 주껍질로 들뜰 때 방출하는 파장은 식 (3−1)의 Rydberg 식을 이용하여 간단하게 계산할 수 있다. n_1과 n_2는 주껍질을 나타내는 정수이고 항상 $n_2 > n_1$ 이다.

$$\frac{1}{\lambda} = 109.678\text{cm}^{-1}\left(\frac{1}{n_1^2} - \frac{1}{n_2^2}\right) \qquad (3-1)$$

여기에서 109,678cm^{-1}은 Rydberg 상수이고, n_1과 n_2는 주껍질수이다.

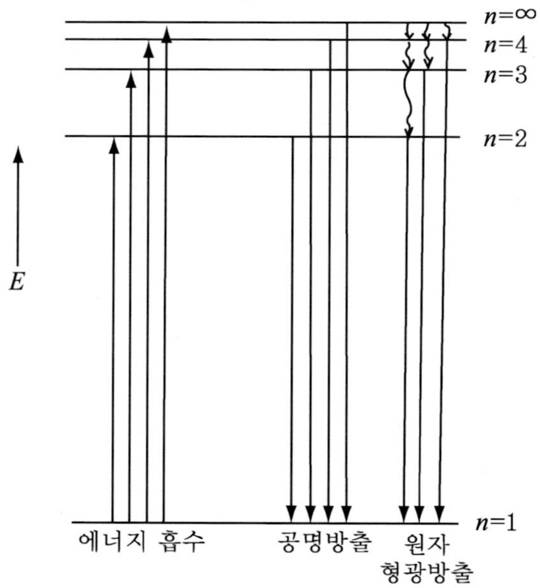

그림 3−3 ▸ 원자의 에너지 흡수, 공명방출, 그리고 원자형광방출

예 제 Rydberg 식을 이용하여 n_1=2로부터 n_2=4로 들뜨면 어떤 원자에서 발광하는 스펙트럼의 파장은 얼마인가?

▸ 풀 이

$$\frac{1}{\lambda} = 109{,}678\text{cm}^{-1}\left(\frac{1}{n_1^2} - \frac{1}{n_2^2}\right)$$

$$= 109{,}678\text{cm}^{-1}\left(\frac{1}{2^2} - \frac{1}{4^2}\right)$$

$$= 2.056\times10^4\text{m}^{-1}$$

이 값은 파장의 역수, 즉 $1/\lambda$이므로 다시 역으로 취하면 cm 단위의 파장을 구할 수 있다.

$$\frac{1}{\lambda} = \frac{1}{2.056\times10^4\text{cm}^{-1}}$$

$$= 4.864\times10^{-5}\text{cm}$$

이 값을 흔히 사용하는 nm 단위로 환산할 때는

$$1\text{cm} = 10^{-2}\text{m}$$

$$1\text{nm} = 10^{-9}\text{m}$$

$$1\text{nm} = 10\text{Å}$$

의 관계를 이용한다.

$$\lambda = 4.864\times10^{-5}\text{cm}\left(\frac{10^{-2}\text{m}}{1\text{cm}}\right)\left(\frac{1\text{nm}}{10^{-9}\text{m}}\right)$$

$$= 486.4\text{nm}$$

그림 3－4는 마그네슘원자로부터 나타나는 스펙트럼을 들뜬 에너지 준위와 함께 파장을 Å 단위로 나타냈다. Mg은 바닥상태에서 $[1s^2 2s^2 2p^6]3s^2$의 전자배열을 갖는다. 그리고 $[1s^2 2s^2 2p^6]$ 전자들은 내부전자이고, 대단히 안정하므로 들뜨기 어렵고 원자가전자는 최외각전자의 $3s^2$이다. 그림 3－4는 Mg원자들이 단일항상태(공명복사선)와 삼중항상태(형광방출)로 들뜰 때 파장과 Mg^+이온이 들뜰 때 각기 나타나는 복잡한 스펙트럼을 나타낸 것이고 각기 나타낸 선의 굵기는 스펙트럼의 상대세기를 표시한다.

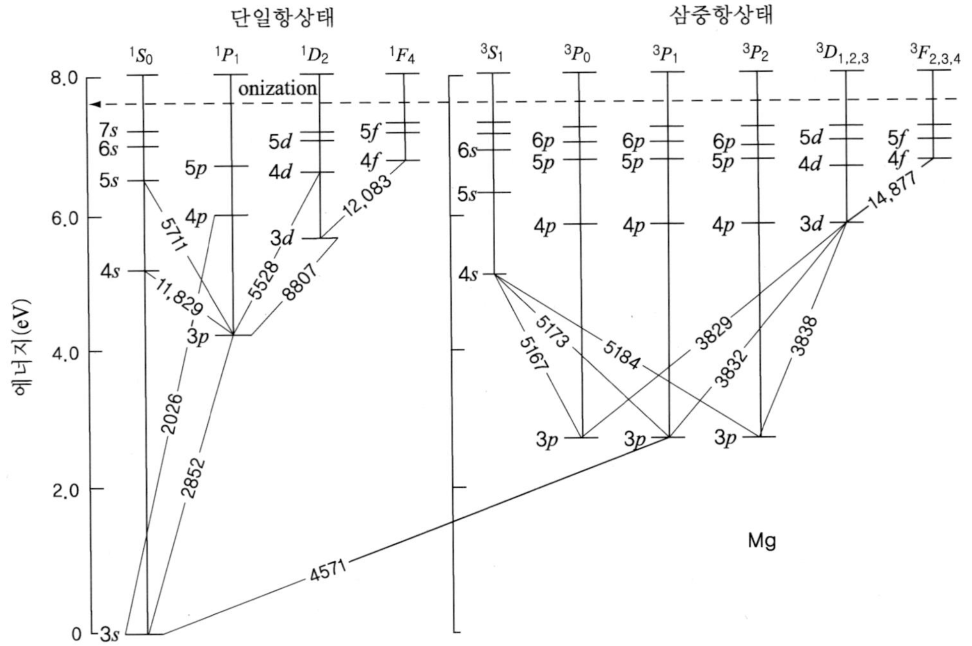

그림 3-4 ▸ Mg 원자의 단일항과 삼중항 들뜸에 의한 에너지 준위. 굵은선은 상대적으로 센 선이고, Mg를 정량할 때는 285.2 혹은 552.8nm 선을 이용한다.

그림 3-4처럼 Mg의 $3s^2$ 전자들이 바로 다음의 $3p$ 오비탈로 들뜰 때 2852Å 파장에 상당하는 복사선을 방출하고 $3p$ 오비탈로 들뜬전자는 5528Å 복사선을 방출하고 다시 $4d$로 들뜰 수도 있다. 이와 같이 $3s^2$ 전자들이 들뜰 때 필요한 2852Å 파장은 단색화장치가 필요없이 Mg원자를 직접 가열하여 2852Å의 파장을 얻을 수 있다. 그러므로 원자흡수분광법으로 Mg을 정량할 때 Mg으로, 그리고 Fe를 정량할 때 Fe로, 즉 각 원소를 정량할 때마다 그 원소를 음극으로 만든 광원을 사용한다. 그 광원을 속빈음극등(hallow cathode lamp)이라고 한다. 그러므로 예를 들면 50가지 원소를 정량하려면 50가지의 속빈음극등을 사용하여야 한다.

원자분광법에서 취급하는 스펙트럼은 원자화 원자로부터 발광하므로 대단히 좁은 선(line) 스펙트럼이다. 좁은 선 스펙트럼은 다음의 세 가지 이유 때문에 넓혀져 나타난다. 첫째, 시료를 빠르게 분무하여 원자화할 때 원자화 원자는 빠르게 움직이므로 좁은 원자선이 넓혀진다. 이것을 Doppler 효과라고 한다. 둘째, 선 스펙트럼을 방출하거나 흡수하는 원자들이 다른 원자나 이온과 충돌할 때 선 스펙트럼이 넓혀진다. 농도는 진할수록 압력이 커지고 충돌수도 커지므로 이것을 압력효과 또는 충돌효과라고 한다. 셋째, 온도효과이다. 온도 증가에 따라 원자화 비율이 증가하므로 선 스펙트럼이 넓게 나타난다.

원자화 장치의 온도는 높을수록 원자화되는 양이 증가한다. 그것을 Boltzmann 식으로 나타내면 식 (3－2)와 같다.

$$\frac{N_j}{N_0} = \frac{P_j}{P_0}\exp(-\frac{E}{kT}) \quad (3-2)$$

여기에서 N_i와 N_0는 들뜬상태와 바닥상태의 원자수, k는 Boltzmann 상수(1.38×10^{-23}J/K), T는 절대온도, E는 바닥상태와 들뜬상태 간의 에너지(joule) 차이, P_j와 P_0는 같은 에너지를 갖는 양자준위 상태수에 따라 변하는 통계적 계수이다. 이 식은 예를 들어 2500과 2510K에서 소듐의 $3p$ 바닥상태 원자수와 들뜬상태 원자수의 비를 계산하면 다음과 같다. E를 계산할 때는 $3p$에서 바로 다음의 $3s$로 전이할 때 나타나는 2개 소듐 방출선의 평균 파장에 상당하는 5893 Å을 사용한다. E는 joule로 계산할 때 환산계수를 사용한다.

예 제 2,500K와 2,510K에서 소듐의 $2p$ 바닥상태와 들뜬상태의 원자수비를 계산하라.

▸ **풀 이**

$$파수 = \frac{1}{5893\,Å \times 10^{-8}\,cm/Å}$$
$$= 1.697\times10^4 cm^{-1}$$

$$E_j = \frac{1.697\times10^4}{cm} \times 1.986 \times 10^{-23}\ J\ cm$$

$3s$ 준위는 2개, $3p$ 준위는 6개의 양자상태가 있으므로

$$\frac{P_j}{P_0} = \frac{6}{2} = 3$$

▸ 풀 이 식 (3－1)에 대입하면

$$\frac{N_j}{N_0} = 3\exp\frac{3.37 \times 10^{19} J}{1.38 \times 10^{-23} \mathrm{JK}^{-1} \times 2500\ \mathrm{K}^{-1}}$$
$$= 3 \times 5.725 \times 10^{-3}$$
$$= 1.72 \times 10^{-4}$$

0.017%만 들뜬다. 2,500K 대신에 2,510K로 바꾸면 다음과 같다.

$$\frac{N_j}{N_0} = 1.79 \times 10^{-4}$$

즉, 2,500K에서 2,510K로 10K의 온도 증가에 따라 바닥상태에서 들뜬상태로 들뜸 효율이 4% 증가한다. 알칼리 및 알칼리토 금속이 수소－산소의 불꽃 중에서 이온화되는 백분율은 각기 그림 3－5와 같다. 각 족은 원자지름이 클수록 이온화 백분율이 증가한다.

원자흡수법과 원자형광법은 들뜨지 않은 원자에 바탕을 두고 원자방출법은 이와 반대로 들뜬원자에서 나오는 방출선의 세기에 바탕을 두고 있다. 그러므로 원자흡수법과 원자형광법은 온도에 덜 의존하고 원자방출법은 온도에 많이 의존한다.

원자화 과정 중에 유기물 연료를 사용하면 OH, CN, C_2 및 금속의 수산화물, 산화물, 기타염류 때문에 넓은 흡수띠와 방출띠들이 생기고 그것 때문에 원자에서 생기는 좁은 선 스펙트럼이 가리워져 나타나지 않는다. 이러한 경우는 파장선택, 바탕(background)보정, 연소조건 변화 등의 방법을 이용하여 방해를 제거하여야 한다.

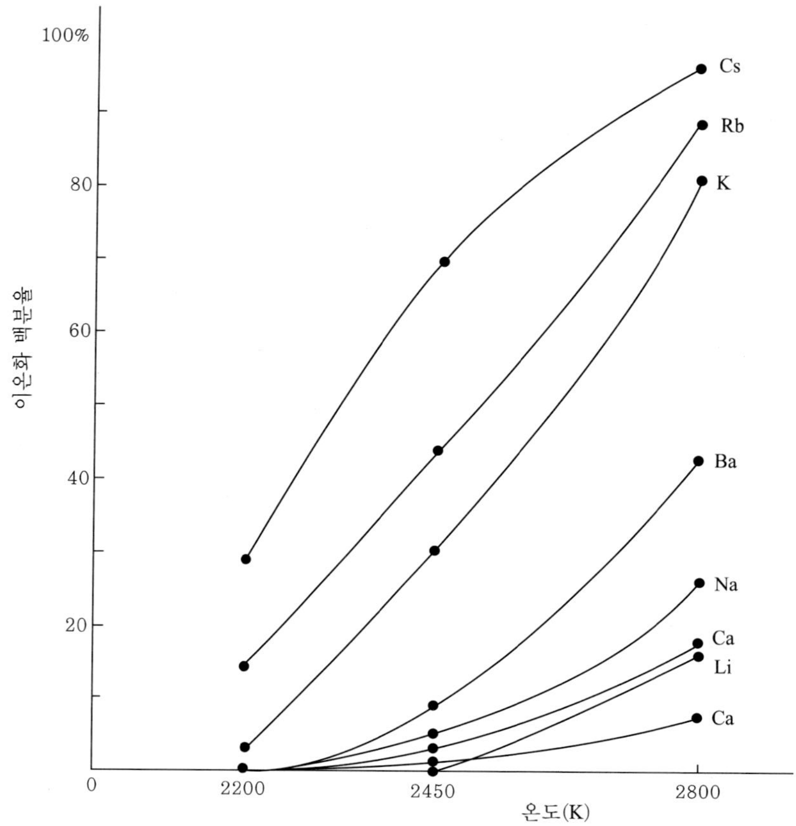

그림 3-5 ▸ 1족과 2족 금속의 이온화율

3.2 원자흡수분광법

3.2.1 원자흡수분광기

원자흡수분광기는 그림 3-6처럼 홑빛살과 겹빛살 기기로 구분할 수 있다. 그림 3-6(a)와 (b) 모두 바탕값을 보정하려고 속빈음극등의 위치는 두 장소에 자리 잡고 있다. 이 기기는 모두 Ebert형 광학기기이다. 광원에서 나온 빛은 토막틀(chopper 또는

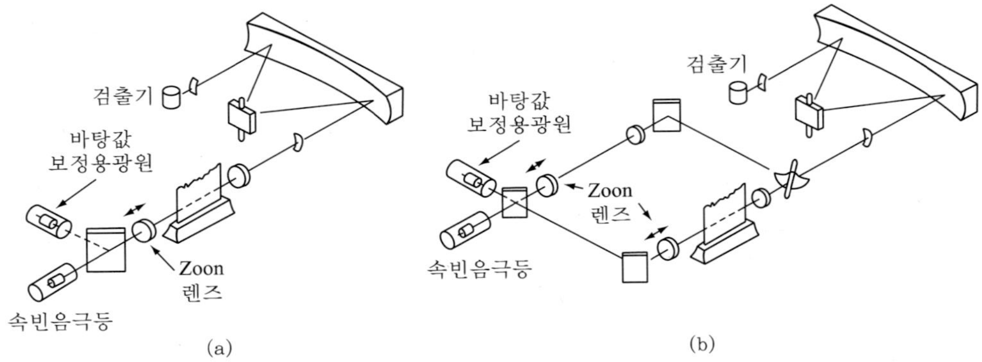

그림 3-6 ▸ Ebert형 원자흡수 분광광도계. (a) 홑빛살 모델, (b) 겹빛살 모델

retating sector mirror)을 이용하여 두 방향으로 나눈다.

3.2.2 원자화장치

원자화방법은 연료가스를 연소하는 불꽃 중 원자화 방법과 전지적 원자화방법을 사용하고 있다. 불꽃원자화방법은 재현성과 감도가 좋은 반면에 시료 소비량이 많고 연료와 함께 시료들이 빠르게 불꽃을 통과하므로 불꽃에 의한 원자화 효율이 적은 단점이 있다. 시료용액을 분무기로 분무하여 원자화할 때 가열불꽃이 필요하다. 불꽃온도는 표 3-2처럼 연료성분에 따라 온도가 다르므로 원자화의 용이성 여부에 따라 적당한 연료를 선택할 필요가 있다. 분무기에는 시료용액, 연료가스, 연료보조가스(산화제)가 들어가는 입구들이 각기 별도로 설치되어 있다. 분무기를 통하여 안개 같은

표 3-2 ▸ 연료의 종류에 따른 불꽃온도

연료	산화제	불꽃온도(℃)	최대연소속도(cms^{-1})
천연가스	공기	1,700~1,900	39~43
천연가스	산소	2,700~2,800	370~390
수소	공기	2,000~2,100	300~440
수소	산소	2,550~2,700	900~1,400
아세틸렌	공기	2,100~2,400	158~266
아세틸렌	산소	3,050~3,150	1,100~2,480
아세틸렌	산화이질소	2,600~2,800	285

미립자 용액만 불꽃으로 흡입되고 큰 입자의 용액 방울은 폐기관을 통하여 밖으로 버려진다.

불꽃은 그림 3-7처럼 네 가지로 구분할 수 있다. 불꽃을 이용하여 유리세공할 때와 밥을 지을 때도 가장 높은 온도를 이용하여야 연료효율이 좋고, 불완전 연소물질의 검댕은 생성하지 않는다. 도자기를 소성할 때 도자기에 칠한 전이금속산화물의 산화상태는 환원불꽃 혹은 산화불꽃 중 어느 부분에 닿는가에 따라 색이 변하므로(전이금속의 색은 산화상태에 따라 각기 다르게 나타난다) 불꽃의 구조를 확인하는 것이 대단히 중요하다. 연소지역은 연료를 연소하는 부분이고, 유기물이 연소하여 C_2와 CH 라디칼을 생성하므로 파란색을 나타내고, 불꽃 중 온도가 가장 낮다. 환원불꽃지역은 가장 높은 온도지역이다. 원자흡수분광법에서는 원자들이 환원불꽃지역에서 환원상태로 존재하므로 환원지역을 이용하여야 한다. 유리세공이나 가스불로 밥을 지을 때도 내부불꽃의 끝부분(불꽃높이의 2/3 부분)을 이용하여야 한다. 산화불꽃지역의 불꽃온도는 내부불꽃보다 낮다. 산화불꽃지역을 원자분광법에 이용하면 원자는 산화상태로 존재하므로 감도는 크게 감소한다.

불꽃원자화장치는 분무기(nebulizer), 사전혼합식 원자화기[premix atomizer 사전혼

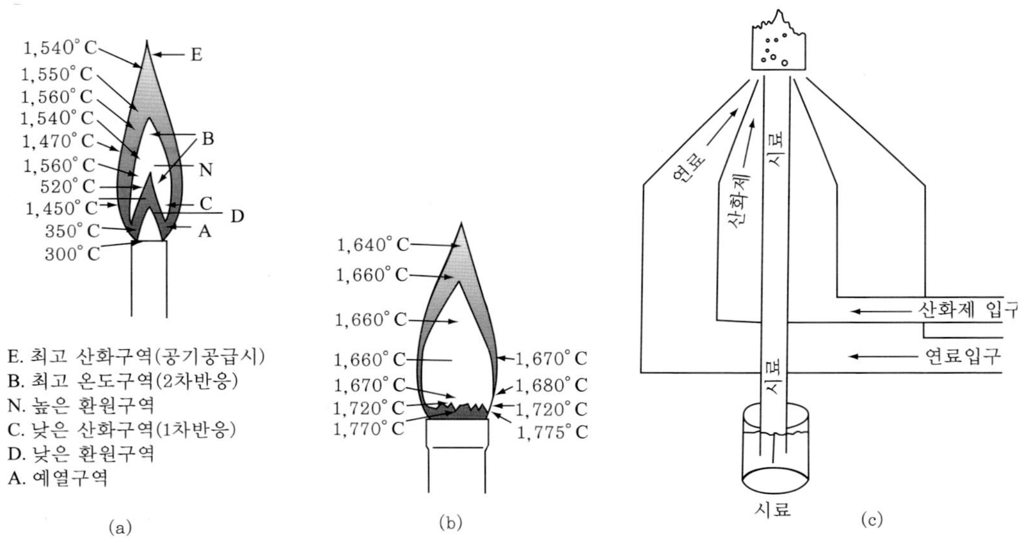

그림 3-7 ▸ 불꽃의 구조(인조가스를 연소할 때). (a) Bunsen type burner, (b) Meker burner, (c) 버너의 구조

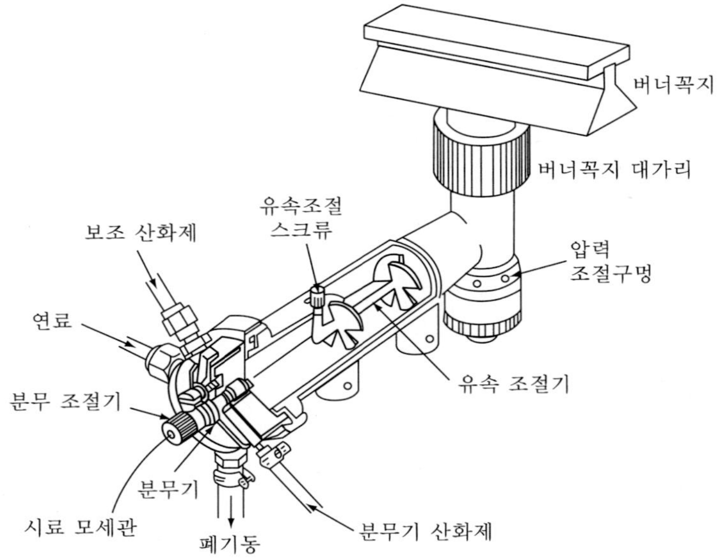

그림 3-8 ▸ 사전혼합식 원자화기(또는 사전혼합식 버너)

합식 또는 버너(premix burner)라고도 한다], 전열원자화기(electrothermal atomizer) 등의 세 가지를 사용한다. 그런데 분무기는 연료 소비량이 많고 용액 방울이 너무 커서 원자화 효율이 나쁘다. 그래서 근래는 그림 3-8과 같은 사전혼합식 원자화기(버너)를 사용한다. 시료용액은 모세관을 통하여 흡입한다. 흡입량은 분무 조절기로 조절한다. 연료, 보조산화제, 산화제 등은 각 흡입구를 통해 들어간 다음 시료용액과 섞여 작은 방울로 분무되어 버너 쪽으로 진행한다. 진행 중에 큰 방울은 빠르게 회전하는 2개 스크류 날개에 부딪쳐 낙하한 다음 폐기통으로 흘러나간다. 안개처럼 가는 방울만 연료와 함께 버너로 들어간 다음 연료는 연소되고 시료는 원자화된다. 사전혼합식 원자화기에서 시료들이 불꽃에 머무는 시간은 10^{-4}s이고, 시료 소비량은 0.5~10μL/s10^{-10}~10^{-13}g) 정도이다. 사전혼합식 원자화기는 다음에 설명하는 ICP 다음으로 원자화 반응이 잘 일어나는 장치이다. ICP는 1~2%, 전기열 방법은 5~10% 정도로 원자화된다.

전기열 원자화기(electrothermal atomizer)는 그림 3-9와 같다. L'vov는 이 장치를 발명한 소련의 과학자이다. 길이 5cm, 지름 1cm의 흑연관을 전기연결 단자에 설치한다. 수시로 교체할 수 있다. 0.5~10μL의 시료를 넣은 흑연 보트를 재현성 있게 중

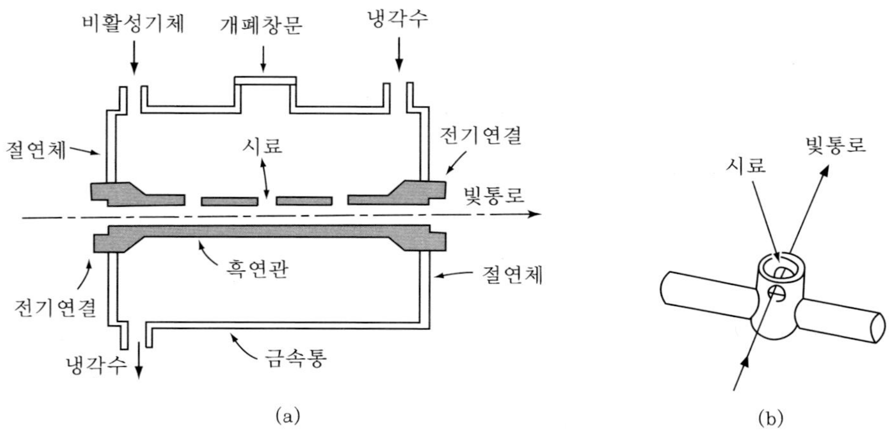

그림 3−9 ▸ (a) Perkin−Elmer corp. 흑연 원자화기 28mm×8mm. 텅스텐 마이크로보오트에 액체 혹은 고체시료를 놓는다. 물로 냉각하고 아르곤 기체를 이용한다. (b) Varian 흑연 원자화기. 9mm×3mm. 시료용량 10∼25mL. 시료는 흑연 컵 안에서 미리 직접 화학처리할 수 있다.

앙에 놓을 때 로봇을 사용한다. 시료량도 자동적으로 보트에 주입한다. 흑연관의 외부와 내부는 가열할 때 흑연연소를 방지하려고 비활성기체의 분위기를 생성한다. 전기열 원자화기는 μL의 시료용액을 낮은 온도에서 증발한 다음 전기로 가열하여 고온에서 회화한다. 수백 암페어의 직류를 통과시켜 2,000~3,000℃로 가열하여 원자화한 다음 속빈음극등에서 나오는 단색광을 원자 입자에 통과시켜 검출기로 검출한다. 전기열 원자화기에서 원자화 원자들은 1s 이상 머문다. 원자화장치 중 전기열 원자화기는 원자화 효율이 가장 우수하다. 전기열 원자화기는 원자흡수법, 원자형광법 및 ICP에서 사용하고 원자방출법은 들뜨기 비율(N_j/N_0)이 낮기 때문에 사용하지 않는다.

3.2.3 속빈음극등

그림 6−10의 속빈음극의 내부는 정량하려는 원소로 칠해져 있다. 음극과 양극 간에 300V의 전압이 걸리면 속빈음극등의 내부에 1~1.5기압으로 채운 비활성기체(Ne 또는 Ar)가 이온화된다. 생성된 Ne^+ 또는 Ar^+이온과 전자는 속빈음극의 내부벽과 빠른 속도로 부딪쳐 음극 내부의 금속이 원자상태로 극소량이 튀어나와 들뜨고 각 원자의

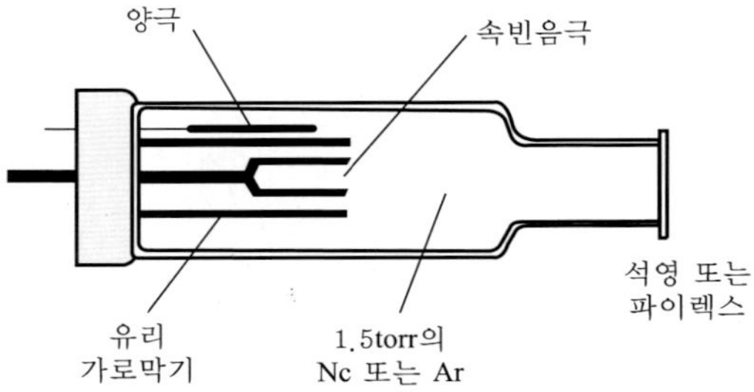

(a)

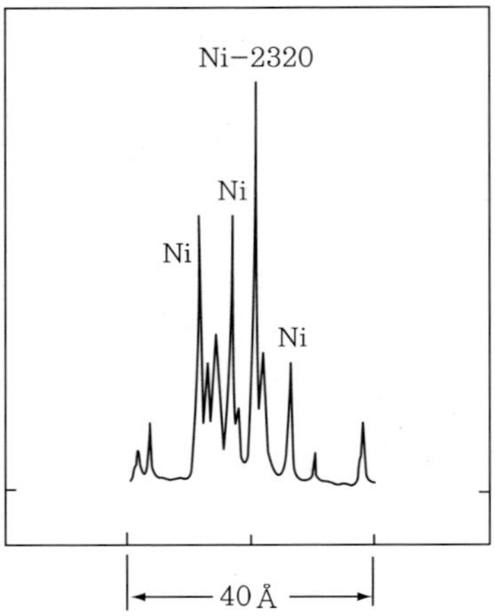

(b)

그림 3-10 ▸ (a) 속빈음극등, (b) 니켈 속빈음극등에서 나오는 스펙트럼. 불꽃 중의 니켈은 2320 Å 스펙트럼을 흡수한다.

특유한 스펙트럼을 0.002~0.0005nm의 너비로 방출한다. 이때 양쪽 전극 간에 5~20mA의 전류가 흐른다. 음극 표면에서 튀어나온 금속원자는 음극으로 되돌아간다. 음극은 두 가지 이상의 금속으로 구성된 속빈음극등도 있다. 이 스펙트럼은 별도의 단색화장치를 거치지 않고 불꽃 중 원자화되어 정량하려는 원소에 흡수된다. 원자화 원자에 흡수되는 양은 Beer 법칙에 따른다. 속빈음극등 이외에 전극 없는 방전관도 사용하고 있지만 신뢰도 없는 것이 단점이다.

3.3 원자흡수분광법의 응용

3.3.1 원자흡수분광기

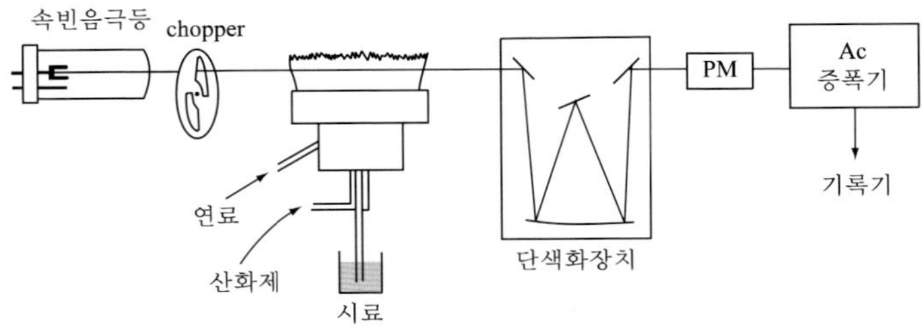

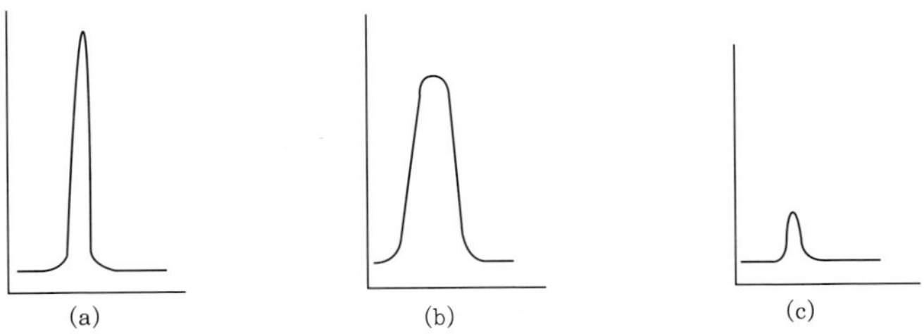

그림 3－11 ▸ 원자흡수분광법 과정에서 흡수복사선 세기의 변화. (a) 속빈음극등의 방출선 세기, (b) 원자의 흡광세기, (c) (a)－(b)의 차이값

원자흡수분광법(AAS)은 앞에서 설명한 원자화기를 이용하여 시료를 원자화까지만 혹은 유기물로부터 유리되어 자유상태 원자로 변하는 에너지 준위까지만 들뜬 다음 속빈음극등에서 나오는 빛을 흡수하여 들뜬다. 그림 3－11 겹빛살 광도계의 속빈음극등 광원에서 나온 복사선은 광원 앞의 구멍 뚫린 회전반사거울판을 통하여 한 번은 시료불꽃에 통과하여 검출기에 닿고[그림 3－11(b)], 한 번은 시료불꽃에 통과하지 않고 검출기에 닿는다[그림 3－11(a)]. 자동적으로 (a)값의 세기로부터 (b)값의 세기를 뺀 값[그림 3－11(c)]이 계측기에 나타난다. (c)값은 Beer 법칙에 따른다. 이미 설명한 바와 같이 원자에 흡수되는 빛의 진동수는 입사광 진동수와 일치할 때만 흡

수 가능하다. 그러므로 정량하려는 원소는 동일한 금속으로 만든 속빈음극등의 광원에서 나오는 빛을 흡수한다.

3.3.2 스펙트럼의 방해

속빈음극등에서 나오는 원자방출선은 대단히 좁으므로 다른 원자 방출선과 0.1Å 이상 겹치지 않으면 서로 방해하지 않는다. 그러나 알루미늄(3082.15Å)과 바나듐(3082.11Å)의 방출선처럼 서로 방해하는 경우도 있다. 이러한 경우는 겹치지 않는 다른 방출 스펙트럼을 이용하여 오차를 피할 수 있다.

또 다른 스펙트럼 방해는 매트릭스(matrix)와 용매분자의 넓은 흡수띠에 의한 좁은 원자 스펙트럼의 가림(shielding)이다. 특히 CaOH 흡수띠에 의한 바륨선(5536Å)의 방해는 가장 확실하게 나타나는 좋은 예이다. 이런 경우는 아세틸렌과 공기를 사용하는 대신에 산화질소를 사용하면 CaOH 분자들이 분해되므로 바륨을 방해 없이 정량 가능하다.

또 다른 스펙트럼의 방해는 시료 중 Ti, W, Zr 같은 내화물의 난용성 화합물이 진한 농도로 함유된 경우 파장보다 큰 입자를 생성하므로 선 스펙트럼이 산란되어 오차를 초래한다. 이러한 경우는 연료/산화제의 비율 변화 혹은 방해물질을 시료와 표준용액에 같은 조건으로 첨가하여 방해 영향을 제거할 수 있다. 이와 같이 첨가하는 물질을 복사선 완충제(radiation buffer)라고 한다. 매트릭스 방해를 보정하는 방법은, 첫째 서로 이웃에 있는 두 가지 스펙트럼의 세기를 측정하여 보정하는 2선 보정법이다. 둘째, 보조광원(중수소등이나 자외선 광원)을 사용하여 속빈음극등 복사선 세기와 보조광원 세기를 교대로 측정한 다음 보조광원 세기 변화를 속빈음극등 세기에서 빼서 보정하는 방법이다. 셋째, Zeeman 효과와 Smith Hieftie 바탕보정법이다(연습문제 참조).

3.3.3 화학적 방해

화학적 방해 중에서 첫째는 휘발성이 작은 화합물 생성이다. 예를 들어 칼슘정량에 황산이나 인산이 용액 중에 존재하면 칼슘은 음의 편차를 나타낸다. 마그네슘과 알루미늄이 공존해도 서로 음의 편차를 나타낸다. 그 이유는 칼슘의 경우 황산이나 인산과 안정한 염류를 생성하고, 마그네슘과 알루미늄은 안정한 합금을 만든다. 그러므로 이들의 염류나 합금은 원자화 효율이 좋지 않다.

방해를 방치하는 방법은 (1) 높은 온도의 불꽃사용과, (2) 해방제(releaing agent)의 사용이다. 예를 들어 칼슘을 정량할 때 인산 방해를 방지하려고 칼슘보다 안정한 인산염을 생성하는 스트론튬이나 란탄을 과량으로 첨가한다. 마그네슘을 정량할 때 알루미늄 방해를 방지하려고 스트론튬이나 란탄을 위와 같은 이유로 첨가하면 마그네슘을 해방시키고 알루미늄과 안정한 화합물을 생성하여 방해를 방지한다.

둘째는 보호제(protective agent)의 사용이다. 예를 들어 EDTA와 APDC(1－pyrrolidine carbodithioic ammonium salt)를 사용하면 분석물질과 안정한 휘발성 화합물을 만들어 방해를 피하고, 불꽃 중에서 연소되어 EDTA는 제거된다. EDTA는 칼슘을 정량할 때 알루미늄, 규소, 인산, 황산 등의 방해를 제거한다. APDC는 8－hydroxyquinoline과 마찬가지로 칼슘과 마그네슘을 정량할 때 알루미늄의 방해를 제거한다.

셋째는 이온화 억제제의 사용이다. 정량하려던 원소들이 함유된 용액에 큰 전자농도를 제공하는 물질[이온화 억제제(ionization suppressor)]을 첨가하여 시료의 이온화를 억제하는 방법이다. 예를 들어 스트론튬을 정량할 때 칼슘의 첨가와 스트론튬을 정량할 때 산화제로 공기 대신 이산화질소를 사용하면 감도는 크게 향상된다.

3.3.4 AAS의 정량방법

시료조제는 불꽃분광법의 경우에 용액상태로 만들어야 한다. 용액상태로 만드는 방법은 금속용기로부터 오염을 피하기 위하여 테프론 그릇에 시료와 산을 함께 넣고 스테인레스 통에 밀폐한 다음 가열하는 방법, 산화제산(황산, 질산, 과염소산)으로 산화법, 연소법, 용융법 등이다. 전열 원자화 방법으로 고체시료(식물조직, 동물조직, 무기화합물)와 액체시료(혈액, 석유제품, 유기용매) 등을 직접 정량할 수 있다. 비소, 안티모니, 주석, 셀레늄, 비스무트, 납, 인 등은 수소화물을 만들어 직접 기기에 도입하여 정량할 수 있다. 무기－유기금속화합물은 유기용매에 추출되므로 유기용매와 함께 직접 정량에 이용할 수 있다. 금속이온은 6장에서 설명할 검정선법과 표준물첨가법을 이용하여 정량하되 표준물은 시료의 조성과 비슷한 성분과 농도일수록 오차를 적게

표 3-3 ▸ 각 원소의 정량분석 감도

원소	불꽃, AAS	전열, AAS	불꽃, AES	AES, ICP	불꽃, AFS
Al	30	0.005	5	2	5
As	100	0.02	0.0005	40	100
Ca	1	0.02	0.1	0.02	0.001
Cd	1	0.0001	800	2	0.01
Cr	3	0.01	4	0.3	4
Cu	2	0.002	10	0.1	1
Fe	5	0.005	30	0.3	8
Hg	500	0.1	0.004	1	20
Mg	0.1	0.00002	5	0.05	1
Mn	2	0.002	5	0.06	2
Mo	30	0.005	100	0.2	60
Na	3	0.0002	0.1	0.2	−
Ni	5	0.02	20	0.4	3
Pb	10	0.002	100	2	10
Sn	20	0.1	300	30	50
V	20	0.1	10	0.2	70
Zn	2	0.00005	0.0005	2	0.02

a) AAs = atomic absorption spectroscopy, AES = atomic emission spectroscopy
AFS = atomic fluorescence spectroscopy, ICP = inductively coupled plasma

b) Nanogram/milliliter = 10^{-3} μg/mL = 10^{-3} ppm

발생한다. AAS, AES, AFS의 각 정량방법에 대한 감도를 비교한 결과는 표 3-3과 같다.

3.4 불꽃방출분광법(AES)

원자의 지름이 큰 원소는 핵과 최외각전자 간의 인력이 약하므로 쉽게 들떠 발광한다(그림 3-5 참조). 특히 1족과 2족 원소들과 전이원소들이 그러하다. AES의 기기장치는 AAS와 같은 것을 사용할 수 있다. 불꽃 중에서 들뜬원자에 의해 특유한 스펙트럼을 방출하는 세기를 측정하고, 그 세기는 농도에 비례하고 Beer 법칙에 따른다. AES는 AAS에서 이용하는 속빈음극등이 필요없다. AES는 시료 속에 많은 원소들이 함유되어 있는 경우 그림 3-12처럼 각 원소로부터 많은 스펙트럼이 나올 수 있다. 이때 2장에서 설명한 다중채널분석기(multichannel analyzer)를 AES에 부착시

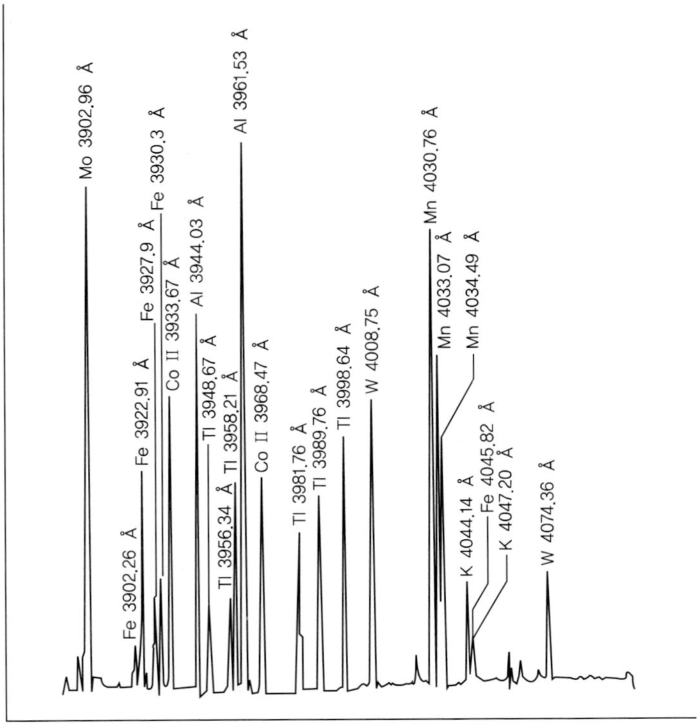

그림 3-12 ▸ 388.6~408.6nm 다원소 불꽃 스펙트럼

켜 1분 내에 10개 정도의 원소를 동시에 분석할 수 있는 이점이 있다. 다중채널분석기를 이용하면 20nm 안에 들어 있는 선 스펙트럼(그림 3-12는 388.6~408.6nm 사이의 8개 원소 스펙트럼)을 동시에 측정 가능하고 0.14nm 간격의 두 선을 분리 측정할 수 있다.

AES에서 생기는 방해는, 첫째 AAS와 비슷하게 분자띠에 의한 선 스펙트럼의 가림과, 둘째 화학적 방해가 있다. 특히 화학적 방해는 보다 저온의 불꽃 중 원자에 의한 들뜬원자 스펙트럼의 자체흡수(self-absorption) 때문에 방출선 세기들이 약해지는 경우이다. 그리고 뜨거운 영역에 있는 입자는 차가운 영역의 입자보다 빠르게 움직이므로 Doppler 넓힘도 생기는 경우도 있다. AES의 분석법은 AAS와 비슷하다.

AAS와 AES를 서로 비교하면, 첫째 AES는 불꽃이 광원 역할을 담당하고, AAS는 각 원소를 정량할 때마다 각기 다른 속빈음극등의 광원이 필요하다. 그리고 AES는 좋은 품질의 단색화장치가 필요하지만 AAS는 속빈음극등의 방출선이 좁으므로

AES만큼 단색화장치의 품질이 좋지 않아도 사용할 수 있다. 둘째, AES는 파장 선택 연료/산화제의 비율이 중요하다. 셋째, AES에서 띠 스펙트럼에 대한 바탕보정은 쉽고 정확하게 수행할 수 있다. 넷째, AES는 AAS보다 숙련된 기술이 필요하다. 다섯째 화학적 방해는 두 가지 방법이 같지만 AAS는 스펙트럼선의 방해가 적고 AES는 방해요인을 쉽게 찾아낼 수 있다. 검출한계는 원소에 따라 각기 다르다(표 3－3 참조). 일반적인 분광광도계와 AAS, AES, AFS의 광로 차이점은 그림 3－1을 참고하라. 광원과 시료의 위치에 유의하고 AFS에서 광원－시료셀－단색장치의 90℃ 위치에 유의하여야 한다.

3.5 원자화 형광분광법

AFS는 AAS나 AES보다 십여년 늦게 출발하였고, 기기도 몇 개만 시판되고 있다. 이것은 AFS 방법이 좋지 않기 때문이 아니고, AAS나 AES 방법이 상대적으로 볼 때 더 많이 개발되었기 때문이다. 전열 원자화에 바탕을 둔 AFS는 5~10개 원소에 대하여 감도가 양호한 반면에 다른 원소들에 대하여는 감도가 좋지 않고, 유용한 농도범위가 좁은 것으로 알려져 있다. 광원은 전극 없는 방전관과 레이저를 이용한다. AFS는 윤활유, 바닷물, 생체시료, 흑연, 곡물 중의 금속분석에 이용하고 있다.

3.6 실험

3.6.1 원자흡수분광법에 영향을 주는 인자들

원자흡수분광법에 영향을 주는 불꽃온도, 분무속도, 용매, 원소의 화학적 형태, 불꽃 중 측정높이, 버너와 분무기의 종류, 연료산화제 비율에 따른 불꽃, 불꽃 중 원소의 이온화 정도로 시험하면서 농도변화에 따른 흡광도측정법과 표준물첨가법으로 구리를 정량한다.

시료를 원자흡수분광법으로 분석할 때 고온으로 가열한다. 용매를 증발한 다음 불꽃은 화학결합을 해리하여 자유금속원자로 만든다. 자유금속원자는 각 원소의 특성에 따라 빛을 흡수한다. 각 원소들이 흡수하는 파장띠는 좁고 거의 일정하다. 들뜨지 않은 원자는 빛을 흡수한 다음 원자가전자를 들뜬상태로 만든다. 이와 같은 빛을 흡수하면 본래 빛의 세기는 감소한다. 흡수된 빛의 세기는 원소의 농도에 비례한다. 불꽃 중에는 바닥상태 원자들이 들뜬상태 원자보다 더 많이 존재한다. 그러므로 바닥상태 원자들은 빛을 흡수하여 들뜬 다음 빠른 속도로 바닥상태로 되돌아온다.

감도(sensitivity)와 검출한계(detection limit)의 두 가지 용어는 기기성능을 정량적으로 설명할 때 사용한다. 원자흡수분광기의 경우 감도는 1% 백분율흡수 또는 0.0044 흡광도를 나타내는 수용액 중 시험 원소의 농도로 정의한다. 이것은 μg/mL 당 1% 흡수로 나타낸다. 검출한계는 바탕 노이스 수준의 두 배 신호를 나타내는 농도로 정의한다.

원자흡수분광법에서 생기는 방해는 다음과 같다.

1. 금속산화물과 내화화합물에서 생기는 분자방출광
2. 고체입자 또는 증발되지 않은 용매 방울에서 생긴 빛 산란 또는 빛 흡수
3. 많은 원자들은 뜨거운 불꽃에서 이온화하므로 이온화 방해를 유발하고, 이온화되지 않은 원자만 존재한다고 가정하므로 이온을 생성하면 낮은 흡광도를 나타낸다.
4. 내화화합물 생성
   ① 시료 중 음이온의 시험원소와 반응하여 내화화합물을 생성하면 흡광도를 감소한다.
   ② 시료원소들이 불꽃 중에서 산소와 반응하여 하이드록실 이온을 생성하면 흡광도를 감소한다.

몇 가지 인자들이 불꽃에 도착하는 물질량에 영향을 준다.

1. 물질을 불꽃에 분무하는 속도 : 이것은 일반적으로 기체압력과 점성의 영향을 받는다.

2. 분석물질의 정성 : 용해된 고체의 고농도는 흐름속도에 영향을 주고 분무기를 통하여 느리게 이동하게 만든다.
3. 용매선택 : 몇 가지 유기용매는 흡광도를 2~4배 증가한다. 유기용매는 한편으로 표면장력이 물보다 작으므로 분무효율을 개선한다.
4. 용매의 표면장력 : 표면장력이 더 작을수록 더 작은 방울을 생성한다. 사전혼합식 버너(premix burner)는 시료 방울이 더 작을수록 불꽃에 더 많이 도달한다. 전체 소비버너(total consumption burner)는 더 많은 시료를 연소한다.

기기 : 기록식 원자흡수분광기

Cu, Zn, Ca 속빈음극등
압축기체 : NO_2 기체, 아세틸렌기체, 조절밸브
피펫 : 2개 10mL, 20mL, 25mL, 30mL, 50mL
부피플라스크 4개의 100mL와 1000mL 부피플라스크
분액깔대기 4개의 250mL

시약

황산구리($CuSO_4 \cdot 5H_2O$) 용액, 0.4g/L
염화마그네슘($MgCl_2$) 용액, 5.0μg Mg/mL
염화주석(Ⅱ)($SnCl_2$) 용액, 5.0μg Sn/mL
에탄올 또는 프로판올(20%)
메틸아이소부틸키톤(MIBK)
ammonium pyrolidine dithiocarbamate(APDC)
(1% W/V 20% ethanol)
칼슘 1000μg Ca/mL 모액
14.7M H_3PO_4(85% W)
염화포타슘

방법

A. 기기 변수의 조절

1. 기기조작 순서에 따라 기기를 설치하라. 구리 속빈음극등을 설치하라. 모든 전압과 전류개시계를 0에 놓고 전원을 넣는다. 적절한 전류, 슬릿너비, 구리측정파장을 조절한다. 구리는 아셀틸렌을 사용할 때 324.7nm에서 측정한다. 30분 이상 속빈음극등을 가온하고 버너에 불붙이고, 개끗한가를 확인한다. 처음에 기체, 그리고 다음에 아세틸렌을 흐르게 조절한다. 아세틸렌이 탱크에 15psi 이하로 남아 있으면 미량 아세톤이 있으므로 절대로 더 이상 사용하지 말라.
2. 버너높이 : 불꽃이 엷은 노란색으로 되게 기체압력 공기와 아세틸렌을 조절한다. 그 다음 아세틸렌 압력을 진한 노란색으로 되게 조절한다. 노란색은 연료가 많은 것을 나타내고, 불꽃에서 연소하지 않은 탄소입자 때문에 노란색을 나타낸다. 깨끗한 불꽃에는 항상 과량 산소가 존재한다. 그리고 불꽃색은 파란색이다. 5μg/mL 구리용액을 분무하고, 324.7nm에서 흡광도를 기록하라. 최대흡광도를 얻게 파장을 조절하라. 단색화장치는 이제 정확하게 구리 흡수파장에 설치되었다. 버너높이 조절기로 버너높이를 조절하여 속빈음극등에서 나오는 빛살이 버너끝(불꽃 밑바닥) 위를 통과하게 조절한다. 증류수를 이용하여 기기눈금이 0으로 되게 조절한 다음 5μg/mL 구리용액의 흡광도를 측정한다. 버너높이를 대략 6단계로 낮추면서 각 높이마다 흡광도를 측정한다.

   불꽃에서 측정한 흡광도를 측정높이에 대하여 점시하라. 그래프로부터 최적높이를 선택하라.

3. 연료/공기의 비율 : 일정한 공기압력 조건에서 아세틸렌 압력을 많은 연료량(노란색 불꽃)으로부터 적은 연료량(파란색 불꽃) 쪽으로 조절하라. 각 단계마다 5μg/mL 구리용액의 흡광도를 기록하고, 구리의 최대감도를 나타내는 아세틸렌 압력을 결정하라.

   일정한 아세틸렌 압력조건에서 공기압력을 많은 쪽으로부터 적은 양쪽으로 조절하라. 5μg/mL 구리용액을 사용하여 최적 공기량과 연료량을 결정하라.

불꽃의 측정높이와 흡광도, 아세틸렌 압력과 흡광도, 공기압력과 흡광도를 각기 점시한 그림으로부터 최저 버너높이와 연료/공기비율을 결정하라.

B. **구리정량**

일반 검정선법 : 구리 모액[0.40g $CuSO_4 \cdot 5H_2O$/L(100μg Cu/mL)]을 이용하여 1.25, 5, 10μg Cu/mL 용액을 각기 만들어라. 이 둘의 용액은 구리 모액(100μg/mL) 10mL를 부피플라스크(100mL)에 넣고 눈금까지 묽힌다. 이 용액은 10μgCu/mL이다. 10μg Cu/mL 용액을 10, 25, 50mL씩 부피플라스크(100mL)에 넣고 눈금까지 묽힌다.

작고 깨끗한 비커에 증류수를 넣고 불꽃에 분무하라. 기록계의 바탕선이 0으로 되게 조절하라(기록계를 사용하는 경우). 다섯 종류의 구리용액을 작고 깨끗한 비커에 옮겨라. 각 용액을 최적 공기압력과 아세틸렌 압력조건의 불꽃에 분무하되 각 용액이 일정한 흡광도에 도달할 때까지 계속해서 분무하라. 각 구리용액을 바꿔 분무할 때마다 증류수를 분무하여 바탕선이 0으로 되게 조절하라. 마지막으로 구리시료용액을 불꽃에 분무하고 흡광도를 측정하라.

구리농도(μg/mL)에 대한 흡광도의 검정선을 그림 3－15처럼 작성하고, 미지시료용액의 농도를 정량하라.

표준물 첨가법 : 작고 깨끗한 비커에 들어 있는 미지 구리용액(대략 1~10μg/mL) 10mL에 구리 모액(100μg/mL) 0.2mL를 가하라. 이 용액은 미지 구리농도보다 2μg/mL 증가할 것이다.

미지 구리용액을 10mL씩 취하여 구리 모액이 0.4, 0.6, 0.8, 1.0mL씩 들어 있는 비커에 각기 넣어라. 미지시료의 농도는 4, 6, 8, 10μg/mL씩 증가할 것이다.

증류수를 이용하여 기기의 바탕선을 0으로 조절한 다음 미지용액과 미지용액에 구리표준용액을 첨가한 용액을 분무기로 불꽃에 분무하라. 각 구리용액을 바꿔 분무할 때마다 중간에 증류수를 분무하여 바탕선을 0으로 조절한다.

각 농도에 대한 흡광도를 그림 3-16처럼 작성하고 미지시료 중 구리농도를 정량하라.

C. 서로 다른 원소의 감도비교

각 이온이 5.0μg/mL씩 함유된 Cu(Ⅱ), Mg(Ⅱ), Sn(Ⅱ) 용액의 감도를 비교하라. 각 용액마다 적어도 세 가지 농도의 용액을 사용하라. 각 이온은 가장 민감한 공명파장에서, 그리고 적절한 슬릿너비에서 측정하라.

각 원소의 분석감도, 즉 0.0044 흡광도를 나타내는 농도를 계산하라.

D. 용매영향

혼합용매 영향 : 100μg/mL Cu/Ml 구리 모액을 (1) 물, (2) 20% 에탄올-물 또는 프로판올-물, (3) 50% 에탄올-물 또는 프로판올-물로 묽혀 각기 1.25, 5μg Cu/mL 용액을 만들어라.

324.7nm 파장과 0.2nm 슬릿너비에서 공기-아세틸렌 불꽃을 이용하여 5μg Cu/mL 구리표준용액을 분무하여 흡광도를 측정한다. 증류수를 기준용액으로 사용하라. 다음에 20% 알코올용액을 측정한다. 불꽃은 앞의 과정처리 노란색이 없어지게 다시 조절한 다음 측정한다.

용매추출 : 이 방법은 시료 화학종의 농도증가에 목적이 있다.

0, 0.05, 0.10, 0.20μg Cu/mL 수용액을 만들어라.

각 용액을 pH 5~7 되게 조절한 위의 구리용액을 100mL씩 취하여 분액깔대기에 넣는다. 1% APDC 5mL를 넣고 구리용액과 섞은 다음 MIBK를 10mL씩 가하고 2분간 흔들고 놓아둔다. 낮은 유기용매층을 작은 비커에 옮기고, 324.7nm 파장과 0.5nm 슬릿너비를 이용하라. 각 구리수용을 이용하여 검정선을 작성하라. 분무기를 MIBK로 씻고 최대신호를 얻게 공기-아세틸렌을 조절한 다음 유기용매 추출액을 분무한다. 각 구리용액의 흡광도를 측정한다.

한 모눈종이에 사용한 모든 용액의 검정선을 그려라. 방법 B의 수용액 검정곡선도 여기에 그려라. 어느 용매가 가장 예민한 감도를 나타내는가.

E. 검출한계

0.005, 0.015, 5μg Cu/mL 수용액을 만들어라.

324.7nm 파장과 1.0nm 슬릿너비와 5μg Cu/mL 용액을 사용하여 공기－아세틸렌 불꽃으로 기기를 조절한다. 기기를 5분간 가온한 다음 물을 2분간 분무한다. 기기는 최대적분 시간과 최대 눈금확장을 유지하게 조절한다. 물을 분무하고 흡광도를 읽어라. 0.005μg Cu/mL 용액과 바탕시험용 물을 교대로 분무하여 적어도 물은 11번 구리는 10번 이상 읽는다. 0.025μg Cu/mL 용액도 물을 분무하여 적어도 10번 이상 읽는다.

처음에 두 번 나타나는 바탕시험(첫째와 세 번째 봉우리) 평균을 계산하라. 이 값을 첫 번째 구리용액(두 번째 봉우리)값에서 빼라.

이와 같은 방법으로 각기 10가지 구리용액의 바탕값을 구하라. 10가지 값의 표준편차를 계산하라. 검출한계를 다음 식으로 계산하라.

$$\frac{2 \times \text{농도} \times \text{표준편차}}{\text{평균}} = \text{검출한계}$$

검출한계값은 잡음수준(noise level)의 두 배라고 추정한다. 첫째로 잡음높이를 측정한다. 그 다음에 바탕용액과 0.015μg Cu/mL 용액의 평균봉우리 높이를 측정하라. 응답이 선형이면 어떤 농도에서 신호값이 잡음수준의 두 배인가?

F. 방해실험

칼슘정량의 이온화 방해 : 어떤 원소의 이온은 중성원자와 다른 파장의 빛을 흡수한다. 더 쉽게 이온화되는 원소를 과량으로 첨가하면 불꽃 중에서 더 많은 자유전자를 만들어 이온평형을 이동하므로 분석대상 원소는 무의미하게 이온화한다. 이 실험은 두 가지 농도에서 칼슘신호에 대한 포타슘 영향을 측정한다.

(a) 8μg Ca/mL와 200μg Ca/mL 용액을 만들어라. $CaCl_2$ 를 이용하라. 각 용액은 0, 1.0, 100, 1000μg K/mL을 함유하게 만들어라. KCl을 이용하라
(b) 포타슘을 함유하지 않은 8μg Ca/mL 와 200μg Ca/mL 용액을 만들어라. 422.7nm와 0.2nm 슬릿을 이용하라. 공기－아세틸렌 불꽃을 이용할 수 있지만 NO_2－아세틸렌 불꽃을 이용하면 더 좋은 결과를 얻는다.
(c) 8μg Ca/mL 용액을 빠른 속도로 분무하라. 증류수로 0점을 조절하라. 각 시료의 흡광도를 측정하라. 200μg Ca/mL 시료용액을 이용하여 대단히 느린 속도로 분무하라. 각 시료용액을 분무하고, 흡광도를 측정하라.

흡광도를 % 흡광도로 환산하라. 같은 종이에 첨가 포타슘 농도에 대한 흡광도를 점시하라. 그래프로부터 이온화 효과의 극복에 필요한 최소 KCl 양을 결정하라.

칼슘정량의 인산방해 : 알칼리토금속의 원자흡수신호는 불꽃 중에서 비교적 비휘발성 화합물(예를 들어 파이로인산칼슘)을 생성하는 인산 같은 음이온 존재하에서 감소한다. 이러한 종류의 화학적 방해는 용매에 의해 감소된다. 왜냐하면 더 작은 입자들이 분무기 내부에서 생성되기 때문이다. 작은 입자들은 불꽃에서 더 쉽게 증발한다. 불꽃이 뜨거울수록 더 많이 증발한다. 이 실험은 50% 에탄올 중에서 인산이 칼슘정량을 방해하는 실험이다.

95% 에탄올 50mL에 200μg Ca/mL($CaCl_2$를 사용) 되게 칼슘을 함유한 용액에 각기 인산(85%, 14.7*M*)을 0, 0.1, 0.3, 1.0, 3.0, 10.0mL씩 넣고 물로 100mL 되게 묽힌다. NO_2－아세틸렌 불꽃(2,990K)과 공기－아세틸렌 불꽃(2,500K)을 사용하라.

422.7nm 파장과 0.2nm 슬릿을 사용하라. 인산과 에탄올을 함유한 적당한 바탕시험용액을 사용하여 바탕선을 0으로 조절하라. 첫 번째로 NO_2－아세틸렌 불꽃을 사용하고, 그 다음에 공기－아세틸렌 불꽃을 이용하여 흡광도를 측정하라. 같은 그래프 종이에 공기－아세틸렌과 NO_2－아세틸렌에서 얻은 Ca/PO_4 몰비의 log값을 칼슘농도에 대하여 점시하라.

3.6.2 불꽃 없는 원자흡수분광법에 의한 공기, 물, 물고기 중 수은정량

수은은 휘발성 때문에 보통의 불꽃에서 비효율적으로 원자화된다. 이 실험은 불꽃 없는 원자흡수분광법으로 수은을 정량하는 방법을 실험한다. 이 실험은 세계적으로 유명한 황제영 박사가 발표한 내용이다. American Laboratory, International Scientific Communications, Inc., Fairfield, Conn., Dec. 1970. ibid, August, 19074, 12th Annual Eastern Analytical Symposium, Nov. 1970.

수은은 불꽃방출법으로 정량할 수 있지만 검출한계는 미량검출에 충분하지 않다. 그러므로 공기시료는 수은을 먼저 과망간산포타슘으로 산화시켜 수은이온을 용액에 모은다. 그 다음 수은염은 염화주석(Ⅱ)을 이용하여 원소 수은으로 환원한다. 원소 수은(바닥상태 Hg)은 휘발성이고 아르곤을 용액에 통기하면 수은증기는 셀을 통하여 환류된다. 수은은 253.6nm에서 흡광도를 측정한다. 수은은 1ng/mL 이하도 검출할 수 있다.

기기 : 원자흡수분광기

소결유리를 부착한 수은측정용 셀 그림 3-13 수은측정용 세정장치
유량계

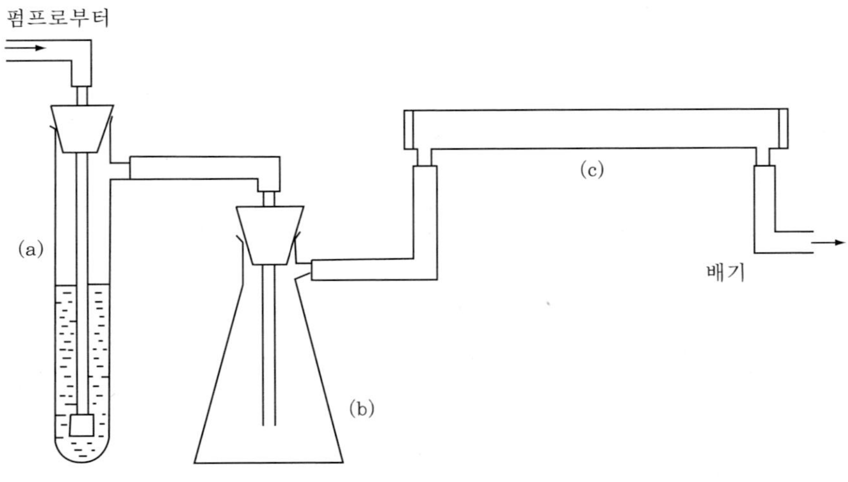

그림 3-13 ▸ 수은측정용 장치

분무기 또는 공기펌프
피펫 0.5, 1.0, 2,0, 4개 5mL
실린더(100mL)

시약

아르곤
염화주석(Ⅱ) 용액(10%), $SnCl_2$ 10g을 9*M* H_2SO_4 1mL와 물에 녹여 100mL 되게 녹인다(사용할 때 만든다).
과망간산포타슘 용액(10%)
hydroxylamine hydrochloride(1.5*M*) $NH_{42}OH \cdot HCl$ 10g을 100mL 물에 녹인다.
수은 모액 0.5*M* H_2SO_4 100mL에 염화수은(Ⅱ) 0.1354g을 녹여 1L 되게 녹인다(100μg Hg/mL). 사용할 때 모액을 1 : 100으로 묽혀 사용한다(1μg Hg/mL).
6*M* HNO_3
물시료
공기시료

방법

A. 공기시료 포집

그림 3－13 장치에 6*M* HNO_3 5mL, 9*M* H_2SO_4 5mL, 10% $KMnO_4$ 2방울, 탈염수 90mL를 넣는다. 용액이 무색으로 변하면 과망간산포타슘용액을 더 첨가한다. 세정장치 입구를 유량계에, 그리고 출구를 분무기 또는 공기펌프에 연결한다. 유속은 10~15L/hr(또는 0.2L/min)로 조절한다. 최초의 시료수집 시간을 기록하고 가끔 유속을 조사하면서 적어도 3hrs 동안 시료를 포집한다. 유속과 시료포집 시간으로부터 공기포집 부피를 계산하라.

B. 수은정량

원자흡수용기 : 그림 3－13에 불꽃 아닌 원자흡광 용기를 나타낸다. 아르곤 유속은

일정하게, 그리고 순탄하게 분무하도록 충분하게 유지하여야 한다. 소결유리 기포 발생기를 시료그릇에 사용할 수 있다. 흡광용기[그림 3−13(c)] 니크롬선과 석면으로 둘러싸서 가온하여야 한다. 니크롬선은 변압기에 연결하고 약 70℃로 가온한다. 흡광용기를 가온하는 목적은 흡광용기에 응축되는 수분제거에 있다. 그렇지 않으면 염화칼슘 알갱이를 넣은 에어졸트랩으로 대치할 수 있다.

검정곡선 작성 : 시료를 분석하기 바로 전에 검정선을 작성하라. 그림 3−13(a) 반응용기에 탈염수 90mL, 6*M* MNO_3 5mL, $KMnO_4$ 2방울 넣는다. 각기 1μg Hg/mL 용액을 0.5, 1.0, 2.0, 5.0mL씩 넣고 15초 동안 섞는다. 과망간산은 유기 및 무기화합물을 산화하고 녹이므로 용액은 항상 착색되어 있어야 한다. 무색이면 과망가니즈산을 몇 방울 더 넣는다. 9*M* H_2SO_4 5mL와 1.5*M* hydroxylamine hydrochloride 5mL 넣고 섞은 다음 맑아질 때까지 30초 동안 기다린다. 과망간산 색이 아직 남아 있으면 hydroxylamine hydrochloride를 더 넣어라. 10% $SnCl_2$ 5mL 넣고 즉시 마개를 닫는다. 10초 후 아르곤 기체를 통기하여 수은을 측정용기로 내보낸다. 흡광도를 측정하라. 같은 방법으로 적어도 두 번 바탕시험하라. 측정용기는 용액이 바뀔 때마다 아르곤 기체로 바탕선에 도달할 때까지 통기한다. 바탕시험값을 보정하고 검정곡선을 그려라.

공기시료 분석 : 공기시료를 그림 3−13(a) 시료플라스크에 옮긴다. 1.5*M* hydroxylamine hydrochloride 5mL를 섞은 다음 용액이 맑을 때까지 30초 기다린다. 10% $SnCl_2$ 5mL를 넣고 마개를 닫은 다음 10초 기다린다. 아르곤을 통기하면서 흡광도를 측정한다.

바탕시험값을 보정하라. 시료 중 수은함량을 검정선으로부터 결정하라. 수집한 시료부피로부터 실험실 공기 중 수은함량을 μg/L 단위로 환산하라.

물시료 분석 : 수돗물과 강물을 이 방법으로 수은분석할 때 이용할 수 있다. 그렇지 않으면 탈염수에 염화수은(Ⅱ)을 첨가하여 만들 수 있다. 수돗물은 1ng/mL 혹은 2 이하를 함유하므로 90mL 시료는 0.1μg/mL 이하(거이 검출한계)를 함유한다. 표준물과 같은 방법으로 90mL 물을 세 번씩 취하여 시료로 이용하라. 바탕시험값을

보정하라.

물고기 시료 중 수은 분석 : 물고기 1g을 10mL H_2SO_4와 섞고 50~60℃에서 처리한다. 과산화수소 3mL를 넣고 완전히 탈색한다. 5% 과망간산포타슘을 붉은색이 남을 때까지 넣고 여분의 과산화수소를 제거한다. 시료를 25mL 되게 묽힌다. 농도에 따라 적당량을 취한다(0.5ng/g 농도 이하이면 또 다른 검정선을 작성하여야 한다). 1.5*M* hydroxylamine hydrochloride 5mL를 넣고 용액이 맑아질 때까지 닫고 10초 기다린 다음 아르곤을 통기한다. 흡광도를 측정하고 수은을 정량한다.

3.6.3 원자흡수분광법에 의한 식품 중 칼슘, 철, 구리정량

이 실험은 원자흡수분광법으로 식품 중 몇 가지 금속이온의 미량을 정량한다. 식품은 산으로 처리하여 금속이온을 녹이고 정량한다.

기기 : 원자흡수분광기, Cu, Fe, Ca 속빈음극등

부피플라스크 : 13개 100mL, 2개 5mL
삼각플라스크(250mL)
실린더(100mL)
피펫 : 2개 1mL, 2개 3mL, 3개 5mL, 4개 10mL, 1개 20mL
깔대기 60mm
거름종이 whatman NO. 1

시약 : 8*M* HCl 1500mL

산화란타늄(La_2O_3), 58.64g La_2O_3에 탈염수 50mL와 HCl 250mL를 넣고 La_2O_3을 녹인다. 탈염수로 1L 되게 묽힌다.
구리 모액(1000μg Cu/mL) 1g Cu 금속을 1 : 1 HNO_3-H_2O 50mL에 녹이고, 1%(V/V) HNO_3로 1L 되게 묽힌다.
칼슘 모액(500μg Ca/mL), 1.249g $CaCO_3$를 물 50mL에 넣고 $LaCO_3$이 녹을 때까지 HCl 10mL를 가하고, 1L 되게 묽힌다.

철 모액(1,000μg Fe/mL), 철사 1,000g을 1 : 1 HNO_3-H_2O 50mL에 녹이고, 0L 되게 탈염수로 묽힌다.
식품시료 : 곡물, 밀크, 과일, 야채

방법

A. 분석시료 조제

삼각플라스크(250mL)에 시료 2g을 넣고 8*M* HCl 250mL를 넣는다. 5분간 서서히 끓이고, 식힌 다음 탈염수 10mL를 가한다. 거름종이에 거르고 부피플라스크(50mL)에 옮긴 다음 눈금까지 탈염수로 묽혀 철과 구리정량에 이용한다. 칼슘을 정량할 때는 이 용액 10mL를 취하여 부피플라스크(50mL)에 넣고, 10mL를 취하여 부피플라스크(50mL)에 넣고, 8*M* HCl 20mL와 란타늄 용액 10mL를 넣은 다음 눈금까지 묽힌다. 란타늄은 칼슘이 인산과 착물을 방지한다. 인산칼슘착물은 칼슘의 원자화를 방해한다.

B. 칼슘정량

검정선 : 칼슘 모액(500μg/mL)을 10mL 취하고, 부피플라스크(100mL)에 넣고 눈금까지 물로 묽힌다. 이 용액은 50μg Ca/mL이다. 이 용액은 Ca 검정선 작성에 이용하라. 칼슘 표준용액을 2, 5, 10, 20mL씩 취하여 부피플라스크(100mL)에 각기 넣고, 8*M* HCl 50mL와 란타늄 용액 20mL를 각 플라스크에 넣고, 눈금까지 물로 묽힌다. 표준용액은 매일 만들어라. 불꽃에 분무하여 검정선을 작성하라.

식품 시료분석 : 방법 A에서 조제한 시료용액을 불꽃에 분무하라. 흡광도값이 검정선 범위에 들면 그대로 측정하라. 검정선 범위보다 진하면 묽혀 분석한다. 묽힐 때 10mL를 취하여 부피플라스크(100mL)에 넣은 다음 8*M* HCl 45mL와 란타늄 용액 18mL를 넣고 탈염수로 눈금까지 묽힌다.

C. **철정량**

검정선 : 철 모액(1,000μg Fe/mL) 10mL를 부피플라스크(100mL)에 넣고 눈금까지 물로 묽힌다. 이 용액을 1, 3, 5, 10mL씩 취하여 부피플라스크(100mL)에 각기 넣는다. 8*M* HCl 50mL를 각기 넣고 탈염수로 눈금까지 묽힌다. 흡광도를 측정하라.

식품시료분석 : 방법 A에서 조제한 시료를 분석하라. 진한 농도이면 시료용액을 10mL 취하여 부피플라스크(100mL)에 넣고 8*M* HCl 45mL를 넣은 다음 물로 묽힌다.

D. **구리정량**

검정선 : 철 모액을 묽히는 방법과 같은 방식으로 구리 모액을 취하고, 1, 3, 5, 10 μg Cu/mL 표준용액을 만들어 검정곡선을 작성하라.

식품분석 : 방법 A에서 조제한 시료를 분석하라. 농도가 너무 진하면 묽혀 사용하라.

연 습 문 제

[3.1] 다음의 용어를 설명하라

(1) 원자화 (2) 속빈음극등 (3) 원자형광 (4) 표준물첨가법

[3.2] 원자흡광과 원자발광의 근본적 차이를 설명하라.

[3.3] 원자화의 화학적 과정을 설명하라.

[3.4] 원자발광분광법으로 정량할 수 있는 원소는 어떤 것이고, 그 이유는 무엇인가?

[3.5] 어떤 원자의 $n=3$ 오비탈로부터 $n=5$ 오비탈로 들뜰 때 발생하는 복사선의 파장을 nm와 cm 단위로 계산하라.

[3.6] 마그네슘을 2,000K와 2,500K에서 가열하였을 때 N_j/N_0를 각기 계산하고 2,000K보다 2,500K에서 몇 % 더 많이 들뜨는가를 계산하라.

[3.7] 다음의 문헌을 읽고 바탕보정방법을 요약하라.

S. B. Smith Jr. and G. M. Hiefie, *Apply. Spectrosc.,* 1983, 37, 419: *Science* 1983, 220, 183.

[3.8] 다원소 동시분석기에 대하여 다음의 문헌을 읽고 요약하라.

K. W. Busch and G. H. Morrison, *Anal. Chem.,* 1973, 45(8), 712A ; J. D. Winefordner, J. J. Fitzgerald and N. Omenetto, *Apply Spectrosc.,* 1975, 29, 369.

[3.9] 규소 다이오드 비디콘관(silion diode vidicon tube)에 대하여 다음의 문헌을 읽고 요약하라.

K. W. Busch, N. G. Howell ang G. H. Morrison, *Anal. Chem.,* 1974, 46, 575.

연습문제

[3.10] 알칼리토금속은 어떤 음이온과 결합하여 원자흡수를 감소한다. 어떤 음이온이 방해하는가? 방해하는 이유는 무엇인가?

[3.11] 원자흡수분광기는 다른 UV－VIS 분광기에 비하여 시료부분 다음에 단색화장치를 놓는다. 그 이유는 무엇인가?

[3.12] 원자흡수 스펙트럼선은 용액에 녹은 분자흡수 스펙트럼에 비하여 왜 좁은가?

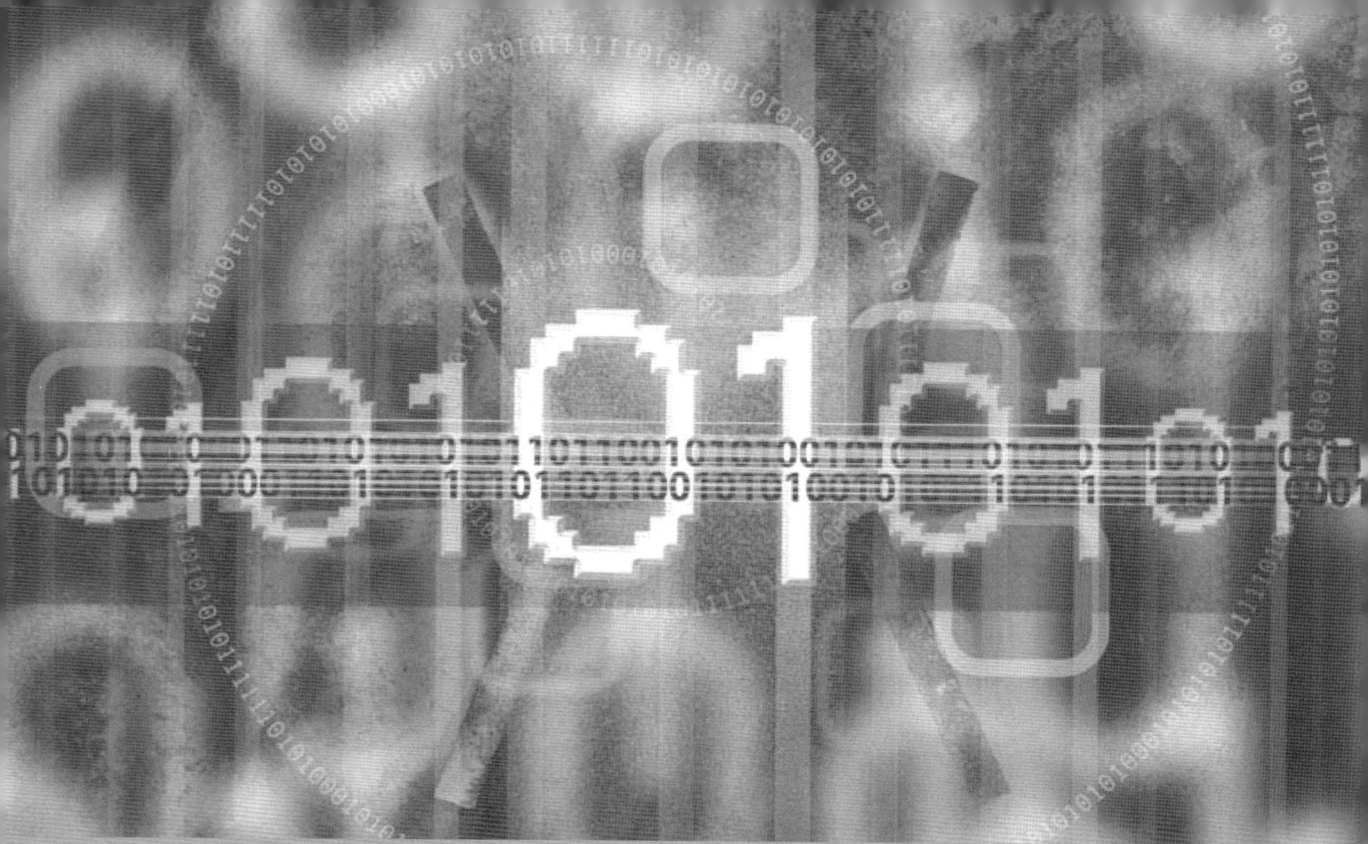

제4장 플라스마, 아크, 스파크의 원자방출분광법

이 장에서는 3장에서 설명한 방법보다 높은 온도에서 원자화할 수 있는 유도결합플라스마(inductively coupled plasma, ICP), 직류플라스마(direct current plasma, DCP), 전기 아크, 전기 스파크의 분광법에 기초를 둔 분석법을 설명하겠다.

이 방법들은 시료를 고온으로 가열하므로 3장과 마찬가지로 금속원소를 정량할 때만 이용한다. 플라스마, 아크, 스파크 방법은 3장의 불꽃 및 전기열 방법에 비하여 다음과 같은 이점이 있다. 첫째, 높은 온도에서 시료를 직접 가열하므로 공존하는 원소의 방해를 적게 받는다. 둘째, 들뜨기장치를 이용하여 많은 원소를 동시에 정량할 수 있다. 셋째, B, P, W, U, Nb 같은 내화성 화합물(내열성이 있고 산－염기처리에 내부식성이 있고 잘 분해되지 않는 화합물)을 분석할 수 있다. 넷째, 감도는 3장의 방법보다 더 좋다. 그러나 3장의 방법은 4장의 방법보다 기기값이 싸고 실험조작비가 적게 들고 덜 숙련된 사람도 잘 조작할 수 있는 이점이 있다.

4.1 플라스마, 아크, 스파크 분광법의 비교

플라스마 방법은 아크와 스파크 방법보다 첫째 원자화의 재현성이 크고, 둘째 10배 이상의 정밀도를 얻을 수 있고, 셋째 장치가 간단해서 값싸다. 아크와 스파크 방법이 플라스마 방법보다 좋은 점은, 첫째 고체시료를 용액으로 만들지 않고 직접 고체를 가열하여 정량할 수 있고, 둘째 가열온도가 더 높기 때문에 내화성 화합물, 광물, 유리, 합금 등을 고체상태에서 직접 정량할 수 있다. 그러므로 분석기기의 선택은 분석시료의 상태에 따라 적당한 기종을 선택하여 구입하여야 하는 것이 대단히 중요하다.

플라스마, 아크, 스파트 방법에서 방출되는 스펙트럼은 띠 스펙트럼(band spectrum)과 선 스펙트럼(line spectrum)으로 나타난다. 2장에서 설명한 바와 같이 띠 스펙트럼은 분자의 들뜸 때문에 방출된다. 시료 중 SiO_2, 용매 중 OH, 대기 중 CO_2와 질소에 의해 생성되는 CN, 시료 중 금속산화물 혹은 금속수산화물 등에 의해 넓은 띠 스펙트럼이 나타나므로 정량하려는 원소로부터 나타나는 선 스펙트럼은 띠 스펙트럼에 의해 가리워져 읽을 수 없게 된다. 그리고 스파크의 경우는 가열온도가 대단히 높기 때문에 AAS와 같이 원자상태로부터 스펙트럼이 나오지 않고, 이온상태로부터 스펙트럼이 나온다.

4.2 플라스마 분광광도법

4.2.1 ICP 광원

플라스마(plasma)는 진한 농도의 양이온과 음전하를 띤 전자를 포함한 전기전도성 기체의 혼합물이다. 이때 양전하와 음전하의 합은 거의 0에 가깝다. 분석방법에 이용하는 아르곤(argon) 플라스마는 아르곤 원소들이 10,000℃의 고온에서 이온화되어 생성된 Ar^+이온과 전자들이 전기전도성 화학종이고, 여기에 시료에서 생기는 시료금속이온과 전자의 혼합물이 약간 추가로 포함된다. 전기전도성 물질이 없으면 유도결합플라스마는 생기지 않는다. 플라스마로부터 일단 생성된 아르곤이온은 유도결합플라스마 광원으로부터 충분한 에너지를 흡수하여 이온화 과정이 계속 일어나 플라스마를 지속할 수 있는 10,000K 온도를 유지한다. 계속해서 아르곤을 흘려주어야 플라스마 상태를 유지한다. 아르곤 플라스마 광원장치는 세 가지 종류를 이용한다.

첫째는 아르곤 기체 흐름 주위의 라디오파 유도코일에 몇 암페어의 전류을 흐르게 만드는 dc(직류)전원을 사용하는 광원(DCP)이고, 둘째는 아르곤 기체의 흐름을 통하여 센 라디오파를 보내주는 라디오파 발생장치의 광원(ICP)이다. 셋째는 마이크로파를 이용하는 방법인데 이것은 아직 연구 중에 있다. 이들 세 가지 중에서 ICP 광원은 감도가 좋고 정량할 때 방해가 작다는 점이고, DCP 광원은 간단하고 값싼 것이 장점이다.

ICP 광원은 ICAP(Induction－Coupled Argon Plasma)라고도 부르며 그림 4－1과 같은 장치를 이용한다. 윗부분의 플라스마 발생부분은 석영으로 만든 3개의 원통관을 통하여 시료와 아르곤 기체가 섞인 에어졸 혹은 증기상태의 혼합물이 들어간다.

상단에 있는 라디오파 유도코일은 보통 구리관으로 만들어져 있고, 유도코일의 중심공간(시료와 아르곤 기체의 혼합물이 통과하는 통로)이 집중적으로 가열되어 플라

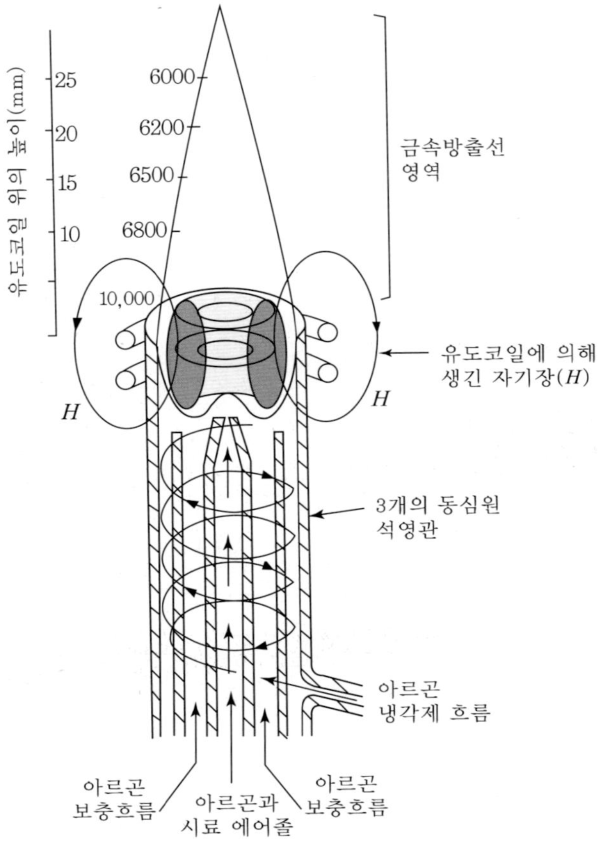

그림 4-1 ▸ ICAP(Induction-Coupled Argon Plasma)의 단면도

스마로 된다. 유도코일관은 냉각수를 항상 환류시켜 유도코일이 녹는 것을 방지한다. 플라스마의 온도는 그림 4-1의 유도코일 높이(mm)에 따라 표시하였다. 온도는 대단히 높기 때문에 둘째 관을 통하여 냉각제로 쓰이는 아르곤 기체를 통과시켜(5~15L/min.) 플라스마의 열이 바깥 석영관에 전달되는 것을 차단한다.

또 다른 ICP 광원과 시료주입은 그림 4-2와 같은 장치를 이용한다. 시료는 에어졸, 증기, 미세한 분말을 도입할 수 있다. 이것은 AAS의 분무기와 같은 원리를 이용하여 시료용액을 도입한다. 고체와 액체시료는 초음파 장치로 에어졸화할 수 있다. 시료용액은 아르곤 기체의 고속 흐름(0.3~1.5L/min.)에 따라 흡힙되어 에어졸 상태의

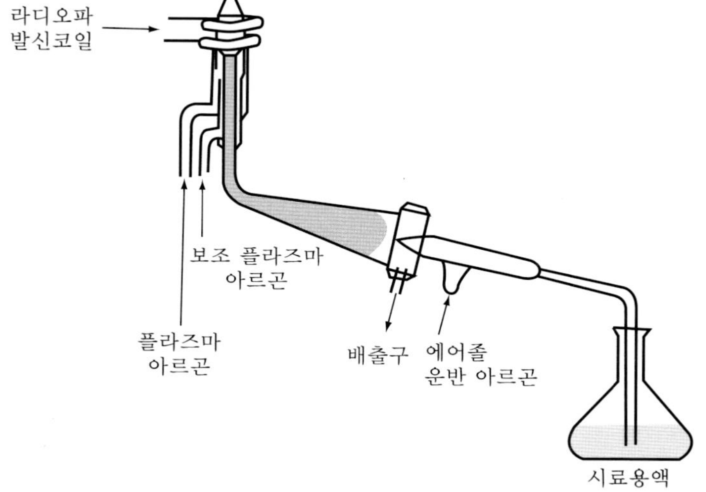

그림 4－2 ▸ ICP 광원과 시료주입

미세입자(안개상태)들이 플라스마 속으로 운반되고 큰 입자는 폐기통으로 배출된다. 플라스마 속 액체 및 고체시료를 도입하는 또 한 가지 방법으로서 전기열 증기화 방법을 겸용하면 넓은 농도범위에 걸쳐 선형적으로 검출되고 방해물이 적고 여러 원소를 동시에 측정 가능한 이점이 있는 반면에 이 방법은 감도가 낮다.

플라스마는 매우 센 백열상태이고 중심부는 불투명하고 불꽃 모양의 꼬리를 갖는다. 스펙트럼은 유도코일의 15~20mm 높이에서 측정한다. 이 위치는 아르곤으로부터 나타나는 스펙트럼이 없으므로 정량하려는 금속으로부터 나타나는 스펙트럼을 측정하기에 가장 알맞은 높이이다. 시료는 4,000~8,000K의 온도범위에서 약 2ms 동안 머문다. 이때 들뜬원자에 의해 나타나는 스펙트럼을 측정하여 정량에 이용한다.

ICP 광원의 이점은 첫째 비활성기체(아르곤 기체) 중에서 원자화만 가능하고, 이온화되는 비율이 대단히 작고, 둘째 분석원소들이 화합물을 생성하지 않고, 셋째 원자수명이 길고, 넷째 플라스마 단면의 온도분포가 거의 균일하고, 다섯째 넓은 농도범위에 걸쳐 검정곡선이 성립한다는 점이다. ICP 방법으로 분석하는 원소의 파장 및 방해원소는 표 4－1과 같다.

표 4-1 ▸ ICP 발광분석에 이용하는 분석선과 방해원소

원소	파장(nm)	방해원소
Ag	328.068 I	Fe, Mn, V
Al	308.215 I	Mn, V
As	193.696 I	Al, Fe, V
Au	242.795 I	Fe, Mn
B	249.773 I	Fe
Ba	455.403 II	Cr, Ni, Ti
Be	313.042 II	OH, Y, Ti
Bi	223.061 I	Cu, Ti
Br	827.244 I	
C	193.091 I	Al, Mn, Ti
	247.856 I	Fe, Cr, Ti, V
Ca	393.366 II	V
Cd	228.802 I	Al, Fe, Ni
	226.502 II	Fe, Ni
Ce	418.669 II	?
Cl	837.597 I	
Co	228.616 II	Cr, Fe, Ni, Ti
Cr	267.716 II	Fe, Mn, V
	357.869 I	?
Cs	455.536 I	Cr, Fe, Ti, V
Cu	324.754 I	OH, Ca, Cr, Fe, Ti
Dy	353.170 II	Mn, V
Er	337.271 II	Cr, Fe, Ni, Ti
Eu	381.967 II	Ca, Cr, Fe, Ti, V
F	658.652 I	
Fe	259.940 II	Mn, Ti
Ga	417.206 I	Cr, Fe, Ti
Gd	342.247 II	Cr, Fe, Ni, Ti
Ge	265.118 I	Cr, Fe, Mn, Ti, V
Hf	477.336 II	Cr, Fe, Mg, Mn, Ni, V
Hg	253.652 I	Fe, Mn, Ti
Ho	645.600 II	Cr, Fe, Ti
I	206.16 I	?
In	451.151 I	Ar, Fe, Ti, V
Ir	322.078 I	?
K	766.490 I	Ti
La	379.478 II	Ca, Fe, V
Li	670.784 I	V, Ti
Lu	261.542 II	Al, Ca, Cr, Fe, Mn, Ni, V
Mg	279.553 I	Fe, Mn
Mn	257.610 II	Al, Cr, Fe, V
Mo	202.030 I	Al, Fe
Na	588.995 I	Ti
Nb	316.995 I	Ca, Cr, Fe
Nd	401.225 I	Ca, Cr, Ti
Ni	231.604 I	Fe
Os	290.906 I	?
P	213.914 I	Al, Cu
Pb	220.353 I	Al, Cr, Fe
Pd	363.470 I	Ar, Fe, Ni, Ti
Pr	422.525 I	Ca, Fe, Ti, V
Pt	265.954 I	Cr, Fe, Mg, Mn, V
Rb	780.023 I	Ti
Re	197.313 II	Al, Ti
Rh	343.489 I	V
Ru	240.272 II	Cr, Fe, V
S	182.04 I	?
Sb	217.581 I	Al, Fe, Ni
Sc	361.384 II	Cr, Cu, Fe, Ti
Se	196.090 I	Al, Fe
Si	288.158 I	Cr, Fe, Mg, V
Sm	359.260 II	Cr, Fe, Ti, V
Sn	189.980 II	
	283.999 I	Al, Cr, Fe, Mg, Mn, Ti, V
Sr	421.552 II	Ca
Ta	240.063 II	Cr, Cu, Fe, V
Tb	350.917 II	Cr, Fe, Ti, V
Te	214.280 I	Al, Fe, Ti, V
Th	401.913 II	Ca, Cu, Mn
Ti	334.941 II	Ca, Cr, Cu, V
Tl	190.864 II	Al, Ti
	377.572 II	Ca, Fe, Ni, Ti
Tm	346.220 II	Ca, Cr, Fe, Ni, V
U	385.958 II	Ca, Cr, Fe
V	292.402 II	Cr, Fe, Ti
	309.311 II	Al, Cr, Fe, Mg
W	207.911 II	Al, Cu, Ni, Ti
Y	371.030 II	Ti, V
Yb	369.419 II	Ca, Fe, Mn, Ni, Ti, V
Zn	213.856 I	Al, Cu, Fe, Ni, Ti, V
Zr	339.198 II	Cr, Fe, Ti, V

4.2.2 DCAP 광원

직류아르곤 플라스마(DCAP, Direct－Current Argon Plasma) 광원은 그림 4－3과 같다. 이것은 흑연으로 만든 양극이 양쪽에 있고 시료와 아르곤 혼합물이 음극을 향하여 흐른다. 젯트 광원은 3개의 전극이 Y자를 거꾸로 놓은 모양이다. 2개 흑연 양극이 양쪽에 있고, 텅스텐 음극은 반대쪽에 있다. 플라스마는 음극과 양극이 순간적으로 접촉하여 생성되고 14amp 이하의 전류가 양쪽 극 사이에 흐르면서 아르곤이 이온화한다. 표면온도는 약 5,000K이고 내부는 10,000K 범위이다. 시료는 들뜸영역으로 분무되어 원자화되고 들떠 나타내는 스펙트럼을 측정하여 정량한다. DCAP 광원은 ICP 광원보다 첫째 스펙트럼선이 적고, 둘째 감도는 한 단위 정도 낮고, 셋째 흑연전극은 몇 시간마다 바꿔야 한다.

4.2.3 플라스마 분광광도계

플라스마 분광광도계는 두 가지 종류가 있다. 그 중에서 첫째는 정량하려는 원소의

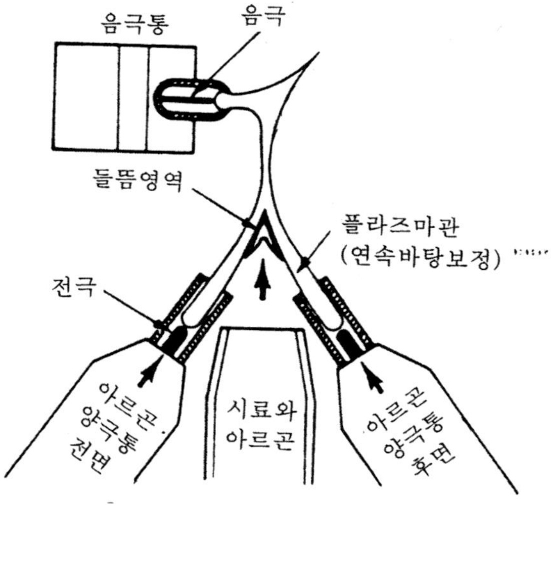

그림 4－3 ▸ Y 모양의 DC 아르곤 플라스마 광원

스펙트럼을 순차적으로 측정하는 기기(순차측정기기)와 둘째는 동시에 여러 방출 스펙트럼을 측정하는 기기(동시측정기기)이다. 이들의 기기는 180~900nm 영역의 자외선 및 가시선 스펙트럼을 측정한다. 유용한 스펙트럼은 500~600nm보다 짧은 파장에서 측정하므로 500~600nm 이상은 거의 사용하지 않는다. 그 대신에 인, 황, 탄소 같은 비금속원소들은 짧은 파장(170nm) 영역의 스펙트럼에서 측정한다. 순차측정기기(sequential instrument)는 스펙트럼을 1개씩 순차적으로 측정하는 기기이다. 이 기기는 간단하고 가격도 싸다. 1개씩 스펙트럼을 측정할 때는 만족스런 S/N비를 얻을 때까지 수초 동안 한 스펙트럼의 위치를 머무를 수 있다. 회절발은 175~460nm와 460~900nm 범위에서 각기 1개씩 2개를 이용하고, 0.007nm씩 이동하면서 스펙트럼을 측정한다. 기기는 일반적으로 그림 4－4(a) Wadsworth와 (b) Eagle 광학장치를 이용한다.

다중채널 측정기기(multichannel instrument)는 그림 4－5와 같은 측정기기를 이용한다. 플라스마 광원에서 나온 빛살은 거울에 반사되어 Rowland원에 위치한 슬릿을 통해 입사한 다음 Rowland원에 설치한 오목 회절발에서 반사 회절된다. 반사 회절발에 의해 분산된 복사선은 일정한 파장에 설치된 미리 정해진 슬릿을 통해 나온다. 각 슬릿을 통해 나온 단색광은 각 슬릿마다 설치된 광전자증배관에 검출된 다음 마이크로프로세스 컴퓨터에 수록된다. 이러한 다중채널 기기는 다음에 설명하는 아크와 스파크 광원에도 사용한다. 이 기기는 분산능을 향상하기 위한 회절발에 프리즘을 함

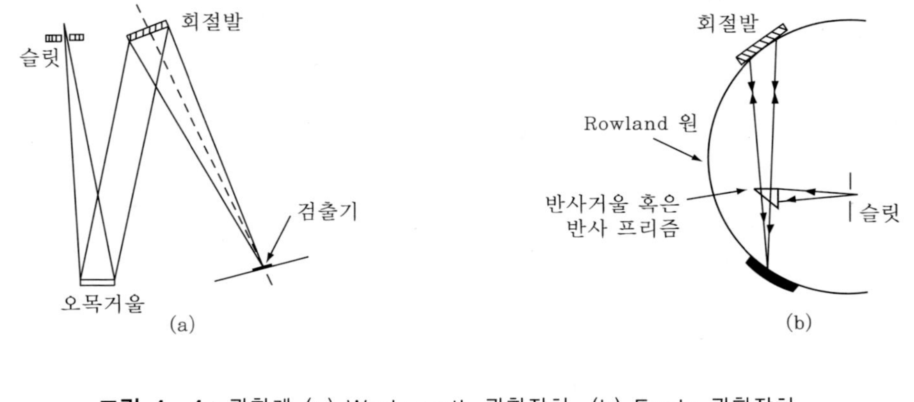

그림 4－4 ▸ 광학계 (a) Wadsworth 광학장치, (b) Eagle 광학장치

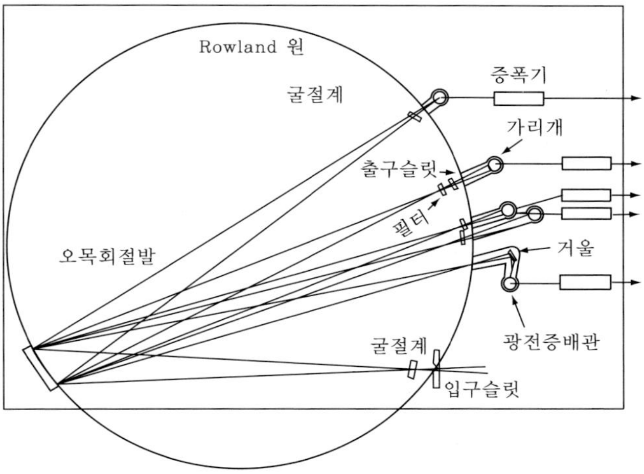

그림 4-5 ▸ Paschen-Runge형 다중채널 자동검출 ICP-AES

게 사용하는 기종과 FT 기종들이 시판되고 있다.

시료의 분석방법은 AAS에서 설명한 시료조제 및 검정선 작성법과 같다. 최선의 결과를 얻으려던 15~20분간 플라스마 광원을 가열하여 열적 평형에 도달한 다음 분석하여야 하고, 2개 이상 표준물을 이용하여 주기적으로 검정하여야 한다. 그리고 시료 매트릭스(matrix)의 영향을 많이 받으므로 이것을 고려하여 보정하여야 한다. ICP 광원은 DCAP보다 검출한계 면에서 조금 더 좋지만 DCAP는 기기값이 더 싸고 유지비는 덜 든다.

4.3 아크 광원과 스파크 광원 방출분광법

아크(arc)와 스파크(spark) 광원은 몇 nm 간격으로 분리된 두 전극 사이의 아래쪽 전극에 액체나 고체시료를 놓고 전기를 통과시켜 아크 혹은 스파크를 일으켜 시료 성분을 들뜨게 만든 다음 방출하는 스펙트럼의 세기를 측정하여 정량하고 스펙트럼의 위치(파장)을 측정하여 정성분석에 이용한다.

4.3.1 시료

시료는 고체, 액체, 기체의 종류를 모두 이용할 수 있다. 못이나 철사 같은 금속시료의 경우 지름 0.3~0.6cm의 둥근 기둥 모양으로 만들되 전극이 닿는 부분은 뾰족하게 만든다. 한쪽의 전극은 흑연봉을 이용한다. 비전도성 시료(토양, 광석, 산화물, 유기 및 무기화합물)는 전기를 잘 통하게 탄소분말과 섞어 그림 4－6과 같이 오목한 구멍이 파져 있는 전극에 충전하여 사용한다. 시료의 농도가 너무 진할 때도 탄소분말을 섞어 묽힌다. 상대전극(counter electrode)은 한쪽 끝이 뾰족하다. 분말시료는 아크나 스파크할 때 날아가므로 탄소와 섞어 작은 덩어리로 만들어 분석한다. 액체시료는 전극의 컵 부분에 넣고, 증발 건조하거나 다공성 흑연전극에 흡수시켜 분석한다. 액체를 그대로 분석할 때는 그림 4－6의 마지막에 있는 회전전극을 이용한다.

4.3.2 광원

광원으로 사용하는 그림 4－6의 시료전극과 상대전극 사이의 간격은 수mm 되게 유

그림 4－6 ▸ 흑연전극. 아래는 시료를 담은 전극이고, 위는 상대전극이다. 열전도를 감소하려고 목을 좁게 만들었다. 네 번째는 액체용 전극이고, 상대전극이 회전한다.

지한다. 아크 광원은 처음에 양쪽 전극 사이에 낮은 전류를 흘려 스파크를 발생한다. 스파크를 통하여 2개 전극 간에 생긴 양이온 때문에 전류흐름이 생긴 다음에 아크는 계속해서 생긴다. 아크를 발생할 때 탄소전극 사이에서 흑연과 공기 중 질소가 결합하여 생긴 CN띠들이 350~420nm 사이에 진하게 나타나므로 이 영역에 나타나는 몇 가지 원소의 스펙트럼은 읽을 수 없다. 이 경우는 두 전극의 주위에 이산화탄소, 헬륨, 아르곤 같은 비활성기체의 분위기를 생성하여 방지할 수 있다. 아크 광원은 스파크, 플라스마, 불꽃 등의 광원보다 정밀도가 나쁘지만 미량성분은 감도가 좋다.

DC 아크 광원은 10~25V에서 5~30amp를 흘려 4,000~6,000K를 얻는다. 시료는 고온에서 증발되고 고온 방전에 의해서 들뜬다. DC 아크 광원의 온도는 빠르게 상승한다. 이때 시료는 폭발하여 도망가기 쉬우므로 재현성이 없다. 그 대신에 감도는 높으므로 정성분석에 좋다.

AC 아크 광원은 DC 아크 광원보다 높은 전압(2,200~4,400V)이 필요하다. 60Hz 전원에서 매초당 120회 이상 +와 − 전극이 바뀐다. 재현성과 안정도는 DC 아크보다 좋지만 감도는 좋지 않다. AC 스파크 광원은 아크 광원보다 정밀도와 안정도가 좋지만 감도는 제한받는다. 처음은 10kV에서 그 다음은 50kV로 자동적으로 승압된다. 전류는 처음에 1,000amp 흐르다가 점차 0amp로 감소되고 다시 높아졌다가 감소하는 주기를 되풀이한다. 평균 10분의 수amp가 흐른다. 전극부호는 10~100μs마다 +와 −극성이 바뀐다(1,000~2,000회/s). 온도는 약 40,000K로 상승하므로 원자와 이온상태에서 모두 스펙트럼을 복잡하게 방출한다. 그래서 이 방법은 정성분석에 이용하기 어렵다.

Microprobe 광원은 현미경에 루비 레이저를 부착하여 이용한다. 약 지름 50μm의 작은 면적을 눈으로 확인하면서 레이저 빛으로 그림 4−7처럼 두 전극 사이에 증발시켜 스파크법으로 들뜨게 만들어 분석한다.

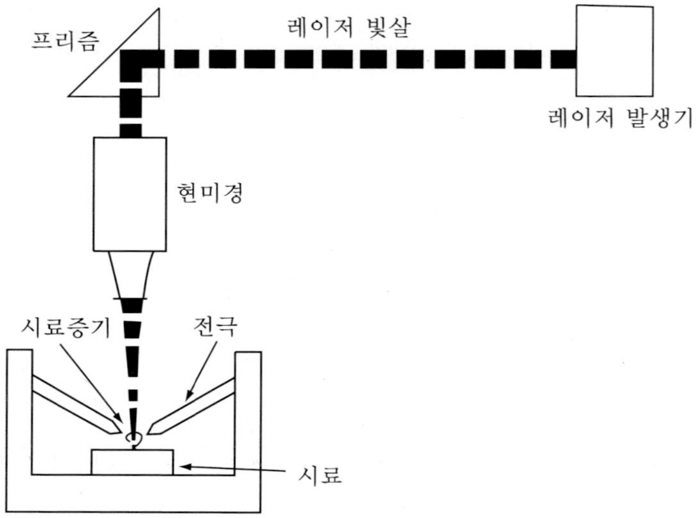

그림 4-7 ▸ 레이저 microprobe(한국 Jarrell-Ash Co. 제공)

4.3.3 아크 혹은 스파크 방출분광기와 분석방법

아크 혹은 스파크 방출분광기의 구조는 그림 4-5와 같은 Rowland원 광학계의 분광기를 사용한다. 검출기는 사진건판을 사용하는 경우와 광전증배관을 이용하는 경우들이 있다.

사진건판을 검출기로 사용할 때는 Rowland원의 오목한 반사 회절발에서 분산된 빛이 닿는 Rowland원의 주위에 유리 혹은 합성수지로 만든 사진건판을 놓고 광원에서 나온 분산 스펙트럼을 사진으로 찍고 그림 4-8처럼 현상한다. 사진건판상의 처음 스펙트럼 파장은 회절발의 각도 변환기에 나타나 있다. 사진건판에 표준물질의 스펙트럼을 먼저 찍은 다음 시료물질의 스펙트럼을 찍는다. 사진건판에는 몇 개의 시료사진을 함께 찍을 수 있다. 스펙트럼 위치를 확인하여 정성분석에 이용한다. 각 스펙트럼의 흑화도(darkness)는 densitometer로 측정하여 정량분석에 이용한다. 사진 필름상의 흑화도는 진한 농도일수록 흑색으로 변하고, 묽은 농도일수록 연하다. Densitometer는 사진건판의 좁은 스펙트럼에 각기 빛을 보내고 투광도를 측정하는 기기이다. 사진건판을 이용하는 경우 건판을 보관하고 현상하는 조작이 번거롭고 사진현상의 조건에 따라 흑화도값이 변하므로 정량분석에 별로 이용하지 않고 정성분석에만 이용하고

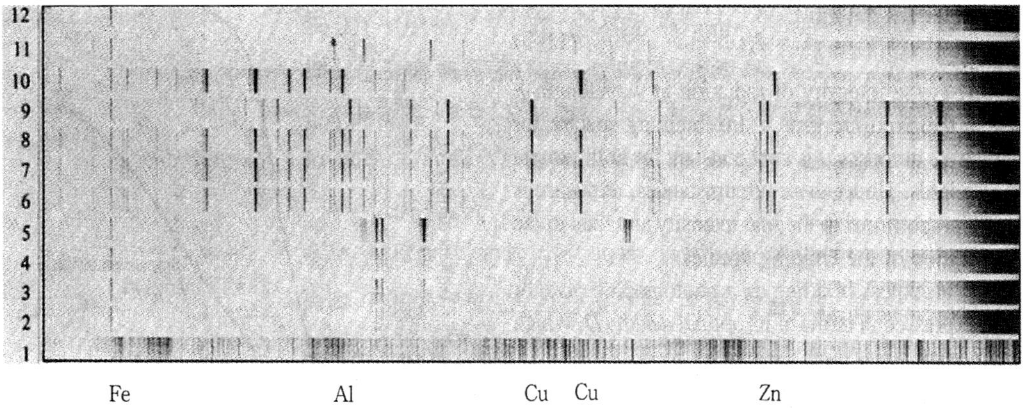

그림 4-8 ▸ Rowland 원형 회절발 분광기가 사진건판에서 얻은 스펙트럼

있다. 1족과 2족은 ppb 이하까지, 그리고 그 밖의 금속원소들은 10~100ppb 정도로 검출할 수 있다. 시료는 예비처리하지 않고 직접 사용할 수 있으므로 정성분석에 편리하다.

정량분석할 때는 시료를 20~300s 동안 5~30amp의 전류로 아크상태로 만들어 완전히 증발하고 광전자증배관으로 각 원소의 스펙트럼 세기를 측정하다. 그림 4-8 Rowland원의 각 출구슬릿 위치에 각 스펙트럼에 따라 70개까지 광전자증배관을 배치할 수 있다. 즉, 70개 원소를 함께 정량할 수 있다.

정량분석할 때는 들뜨는 조건과 사진현상 조건 등을 항상 일정하게 조절하기 어렵기 때문에 시료물질에 내부표준물(internal standard)을 넣고 함께 분석한다. 내부표준물은 시료와 표준물에 일정량씩 섞는다. 원소의 상대세기와 분석원소의 상대세기비를 계산하여 농도측정에 이용한다. 두 가지 스펙트럼의 세기는 서로 선형적 비례관계에 있다. 내부표준물은 항상 같은 농도이고, 분석원소와 비슷한 성질(특히 휘발성)이고 거의 같은 방출선을 방출하고, 이온화에너지도 비슷한 것이 좋다. 용액시료의 경우는 일정 부피를 가할 수 있으므로 편리하다. 고체시료의 경우는 가장 많이 함유된 원소를 내부표준물로 선택한다. 분말시료는 내부표준물을 분말상태로 가하되 완전히 섞어 사용한다.

정량분석에 이용하는 표준시료는 검정선 작성에 필수적이다. 표준시료는 화학적 조성과 물리적 상태들이 분석시료와 비슷해야 한다. 표준시료들이 용액일 때는 순수한 시료를 녹여 만들고, 합금일 때는 일정한 성분비로 용융하여 만든다. 우리나라에서도 한국표준과학기술원 화학부에서 품질이 우수한 기체, 용액, 고체은 표준시료를 연구하여 시판하고 있으며 한국자원연구소 분석부에서도 암석표준시료를 연구하고 있다. 미국 국립표준국에서도 금속, 합금, 광물의 표준시료를 시판하고 있다. 지질조사용 표준광물시료와 토양시료도 미국에서 시판하고 있다.

이미 앞에서 설명한 표준물첨가는 항상 가장 많이 사용하는 방법이다. 그 밖에 반정량방법(semi－quantitative analysis)은 표준시료를 얻기 어려운 경우에 사진건판법으로 정량할 때 주로 사용하는 방법이다.

4.4 방출분광법의 실험

4.4.1 노출시간의 영향

매트릭스로 사용할 건조한 Al_2O_3 1g을 달고, 무수 황산구리 분말을 가하여 0.1% Cu 분말을 만들어라. 이것을 방출분광사진기(emission spectrograph)의 흑연전극에 채우고 3분간 스파크하여 사진건판에 스펙트럼을 기록하라.

다음에 다시 시료를 흑연전극에 채우고 1, 3, 5, 7, 10, 20, 25분간 노출하여 스펙트럼을 기록하라. 324.7와 327.4nm에서 방출선의 세기를 측정하라. 각 방출선의 세기를 노출시간에 대하여 점시하라. 일정한 시간이 지나면 방출선 세기는 증가하지 않고 바탕값만 증가한다.

4.4.2 매트릭스의 영향

Al_2O_3 분말을 무수 황산구리 분말과 섞어 0.01, 0.05, 0.1, 0.2, 0.5, 0.7, 1.0% Cu 분말을 만들어라. 각기 흑연 전극에 넣고 3분 노출하라. 324.7과 327.4nm에서 방출선 세기를 측정하고, 구리농도에 대하여 점시하라. 방출선 세기는 한 최고점을 통과

한다. 이들의 가역선(reversible line)이라 한다.

위의 실험에서 (a) MgO, (b) SiO_2, (c) 금속 Al 분말을 Al_2O_3 대신에 매트릭스 분말로 사용하여 다시 실험하라. 매트릭스 화합물이 변하면 다른 조건이 일정하여도 구리에서 나오는 방출(광)이 변하는 것에 유의하라. 이것이 매트릭스 효과이다.

연습문제

[4.1] ICP와 DCP의 차이점과 장단점을 설명하라.

[4.2] 아크법과 스파크법의 차이점과 장단점을 설명하라.

[4.3] 내부표준물의 조건은 무엇이고, 왜 내부표준물을 사용하는가?

[4.4] 아크법과 스파크법은 정성분석과 정량분석에 어떻게 응용되는가?

[4.5] 플라스마 광원 장치를 설명하라.

[4.6] 다음의 문헌을 읽고 플라스마 방출기기를 요약하라.
K. W. Busch and L. D. Benton, Anal. Chem., 1983, 55, 445A.

[4.7] 방출사진법 불꽃 광도계법은 어떻게 다른가? 이러한 차이는 검출 가능한 원소수에 어떤 영향을 주는가 ?

[4.8] 다음처럼 각 시료의 방출선 세기를 측정했다. 검정곡선을 작성하라.

시료농도	방출선 세기	시료농도	방출선 세기
0.0	15	6.0	57
2.0	29	8.0	71
4.0	43	10.0	83

검정곡선은 시료농도값이 0일 때 왜 0점을 지나지 않는가? 몇 가지 시료의 방출선 세기를 다음처럼 측정했다. 각 시료의 농도를 계산하라.

시료	방출선 세기	시료	방출선 세기
A	20	D	41
B	33	E	75
C	60		

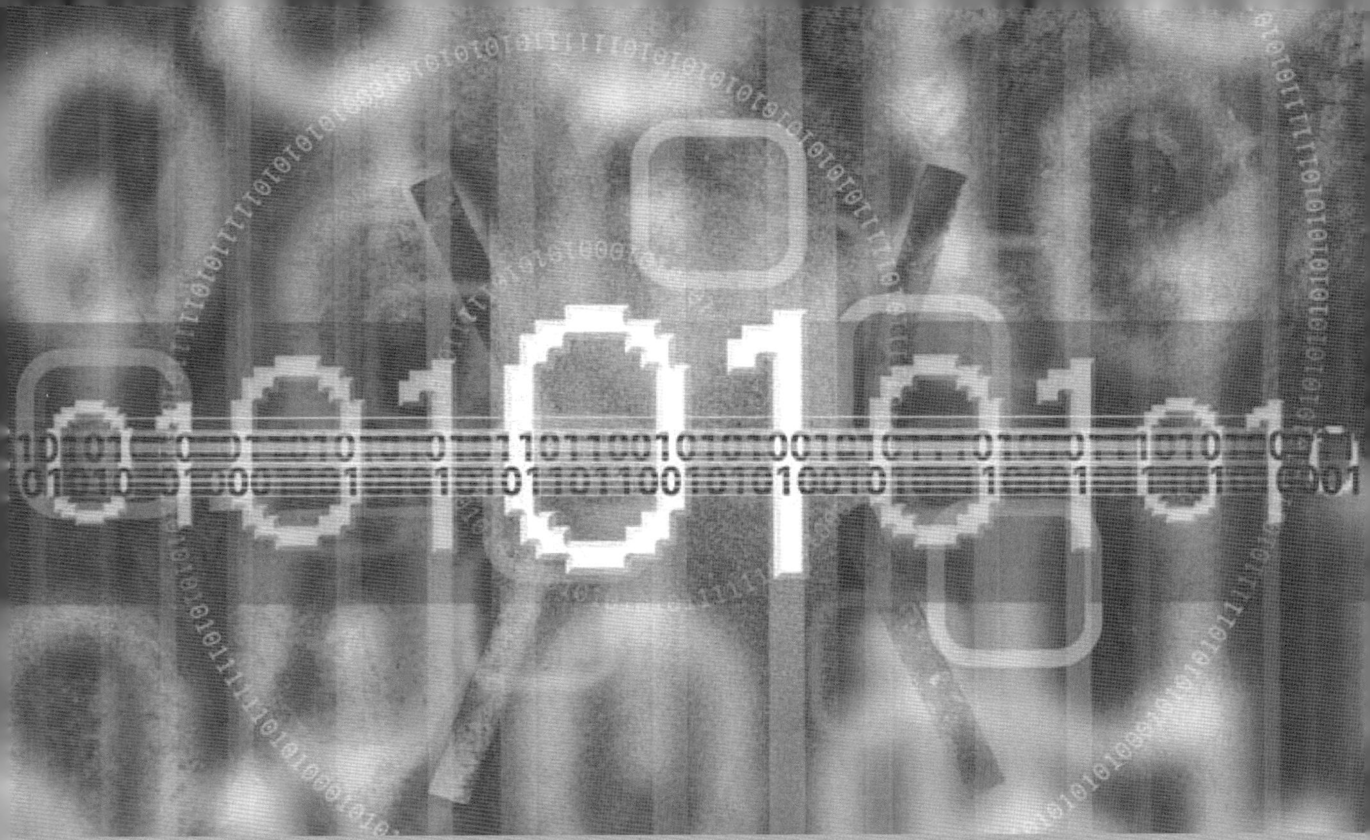

제5장 적외선 흡수분광법

적외선 영역의 스펙트럼은 0.78~1,000μm(1μm=10^{-6}m=10^{-4}cm=1,000nm=10,000Å) 혹은 12,800~10cm^{-1} 파수의 복사선을 포함한다. 이러한 넓은 적외선 범위의 복사선은 파장 단위 이외에 파수도 함께 사용한다. 적외선 범위는 편의상 근적외선(near－infrared), 중간적외선(mid－infrared), 원적외선(far－infrared)으로 나눈다. 그 중에서 가장 많이 사용하는 스펙트럼 영역은 2.5~1.5μm 파장(4,000~670cm^{-1} 파수) 범위이고, 이들을 간단하게 나타내면 표 5－1과 같다.

적외선 분광법은 정성 및 정량분석에 모두 이용하지만 주로 정성분석에 많이 이용하고 유기물과 무기물에 모두 이용한다. 중간적외선은 복잡하게 나타나고, 극대와 극소 봉우리(peak)를 많이 나타내므로 물질의 확인에 필요한 독특한 지문(finger print)을 제공한다.

5.1 적외선 흡수분광법의 이론

분자들이 에너지를 흡수할 때 들뜬상태로 변환되는 사실을 2장에서 이미 설명하였다. 들뜬상태로 변환할 때 분자들은 식 (2－4)와 같이 세 가지 에너지 전이를 나타낸다. 에너지 전이에 필요한 에너지 크기순서는 $E_{회전전이}<E_{진동전이}<E_{전자전이}$이다. 전자전이 에너지는 분자들이 에너지를 흡수하여 화학결합에 참여한 전자[δ전자, π전자, n전자(비결합전자)]들이 다른 에너지 상태로 전이할 때 필요한 에너지이다. 어떤 분자들이 적외선 영역 복사선을 흡수하면 그 에너지는 $E_{전자전이}$를 나타내는 에너지보다 작으므로 $E_{진동전이}$와 $E_{회전전이}$의 변화만 생긴다. 적외선은 $E_{진동전이}$와 $E_{전자전이}$들이 함께 일어나기에 충분한 에너지이지만 액체나 고체상태는 분자회전이 불가능하고 기체상태만 회전 가

표 5－1 ▸ 적외선 스펙트럼의 영역

영역	파장(λ) nm	파수(σ) cm^{-1}
근적외선	0.78~2.5	12,800~4,000
중간적외선	2.5~50	4,000~200
원적외선	50~1,000	200~10
많이 사용하는 영역	2.5~1.5	4,000~670

능하므로 고체나 액체시료에서 얻은 스펙트럼은 $E_{진동전이}$에 상당한다고 보아야 한다.

5.1.1 쌍극자 모멘트의 변화

$E_{전자전이}$의 변화 때문에 그 분자는 쌍극자 모멘트(dipole moment, 즉 분자의 전하분리값=전하 간의 거리×전하)의 변화를 발생한다. 예를 들어 다음과 같은 염화수소 분자의 경우

$$\overset{\delta^{+}}{\mathrm{H}} \;\text{———————}\; \overset{\delta^{-}}{\mathrm{Cl}}$$

염소는 수소보다 전자밀도가 더 크므로 HCl 분자는 극성을 띠고 쌍극자 모멘트를 갖는다. HCl 분자의 신축운동(stectching vibration)이 일어나면 함께 쌍극자 모멘트 변화를 수반한다. 쌍극자 모멘트의 －와 +전하 분포변화에 따라 전기장이 생기고, 이 전기장은 적외선의 전기장과 상호작용한다. 여기에서 상호작용한다는 뜻은 적외선의 진동수와 분자의 진동수가 일치할 때 분자는 적외선을 흡수하여 진동하는 진폭이 증가하고 에너지 준위가 변한다는 것이다. 즉, 분자의 진동수와 입사광의 진동수가 일치할 때만 입사광을 흡수하고 일치하지 않으면 그대로 통과한다. 이것은 UV, VIS, IR, NMR 등 모든 분광법에 똑같은 원칙이 적용된다. 그러므로 광원에서 나오는 백색광을 모든 파장(진동수 또는 파수)으로 분산된 다음 시료에 주사할 때 시료들이 입사광을 흡수하면(시료와 입사광의 진동수가 일치하면) 투광도는 감소한다. 그리고 시료가 입사광을 흡수하지 않으면(시료와 입사광의 진동수가 일치하지 않으면) 시료를 그대로 통과하므로 투광도는 증가한다(그림 5－1). 비대칭 분자가 질량중심 주위로 회전할 때도 쌍극자 모멘트 변화를 나타냈다. 그러나 O_2, H_2, N_2, X_2와 같은 동일핵종 분자는 회전운동할 때 쌍극자 모멘트 변화를 나타낸다. 이러한 분자들을 적외선 흡수 비활성(IR absorption inactive)이라 하고 C－O와 H－Cl 같은 분자는 적외선을 흡수하므로 적외선 흡수 활성(IR absorption active)이라고 한다.

적외선 스펙트럼의 예는 그림 5－1과 같다. 자외선 및 가시선 영역에서 파장단위를 사용하지만 적외선 스펙트럼을 나타낼 때는 파수(σ) 혹은 파장(μm)과 투광도를 사용한다.

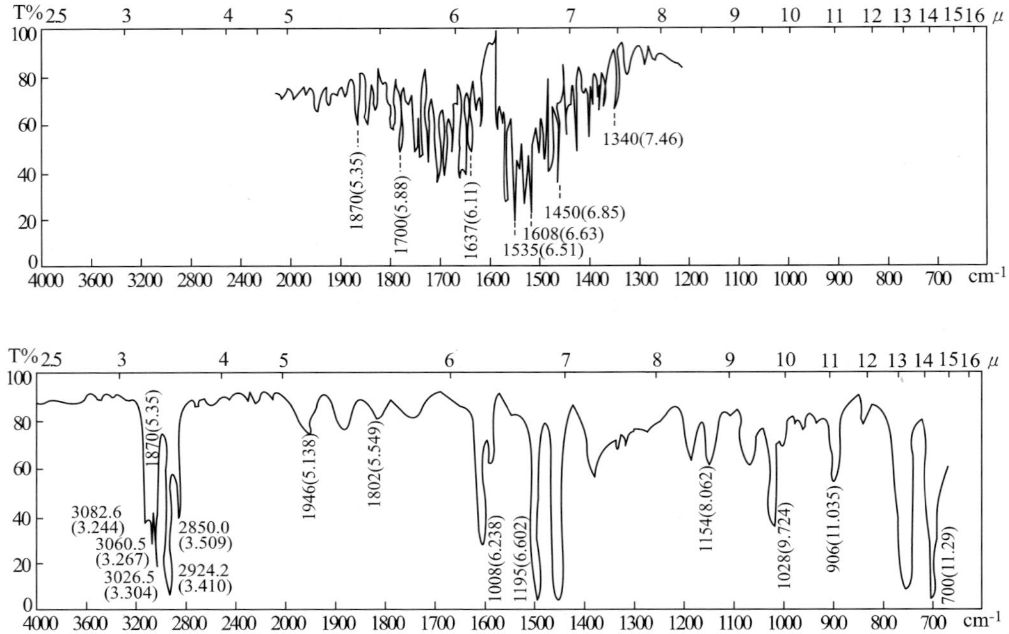

그림 5-1 ▸ 적외선 스펙트럼. (a) 대기 중의 수분 스펙트럼, (b) 적외선 분광광도계의 흡수띠. 참고용으로 사용하는 Polystyrene 스펙트럼

5.1.2 분자의 적외선 흡수

염화수소와 같은 분자들이 적외선을 흡수하면 그림 5-2에서 실선으로 표시한 바와 같이 비조화 운동(anharmonic motion)을 시작한다. 그림에서 $E_{진동전이}$는 0, 1, 2, 3, 4와 같이 정수의 에너지 준위를 갖고 0.5, 1.5와 같은 에너지 준위는 갖지 않는 것이 원칙이다. 즉, $\Delta\nu=\pm1$의 값을 갖는다. 이것을 선택규칙이라 한다. 상온에서 거의 모든 분자는 0의 진동상태에 있다. 염화수소 분자는 2,782cm^{-1}보다 크거나 작은 파수의 복사선과 진동상태가 일치하지 않으므로 흡수하지 않고 2,782cm^{-1}에서만 흡수 봉우리를 나타낸다. 이때 H-Cl 분자들이 기체상태이면 $E_{회전전이}$에 상당하는 흡수봉우리도 함께 나타날 것이다. 그림 5-2에 나타낸 0의 에너지 준위에서 2의 에너지 준위까지 들뜰 때 2,782+2,679=5,461cm^{-1} 에너지를 흡수한다. 분자들이 광자를 흡수한 다음 ν=2 이상으로 들뜨는 것을 배음 혹은 배진동전이(overtone 혹은 overtone transition)라 한다. 배음이 나타날 확률(ν=2 이상)은 작으므로 배음은 약한 흡수세기를

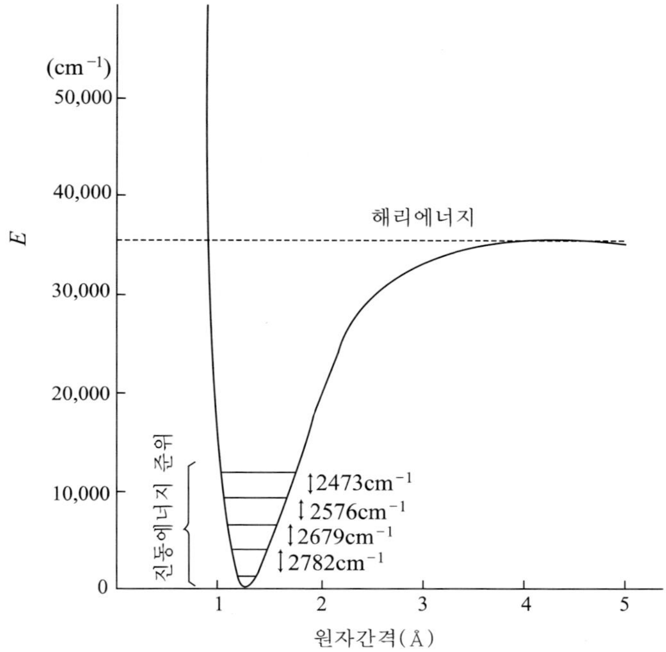

그림 5-2 ▸ H-Cl 분자의 에너지 준위. $1cm^{-1}$은 2.86cal/mol에 상당한다.

나타낸다.

5.1.3 3원자 이상의 복잡한 분자진동

H-Cl 같은 2원자 분자진동은 H-Cl 결합의 신축진동(stretching vibration, 늘어났다가 다시 본래의 상태로 되돌아가는 반복운동)뿐이다. 그러나 3원자 이상의 복잡한 분자는 진동 중심원자들이 여러 개이고, 중심원자 간에 상호작용이 일어나므로 다원자 분자일수록 스펙트럼이 복잡하다.

분자진동은 신축운동과 굽힘진동(bending vibration)의 두 가지로 분류할 수 있다. 신축운동은 대칭(symmety)진동과 비대칭(asymmetry)진동으로 분류한다. 굽힘진동은 첫째 가위질운동(scissoring 혹은 symmetrical in-plane bending), 둘째 앞뒤흔듬진동(wagging 혹은 out-of-plane bending), 셋째 꼬임진동(twisting 혹은 torsion 혹은

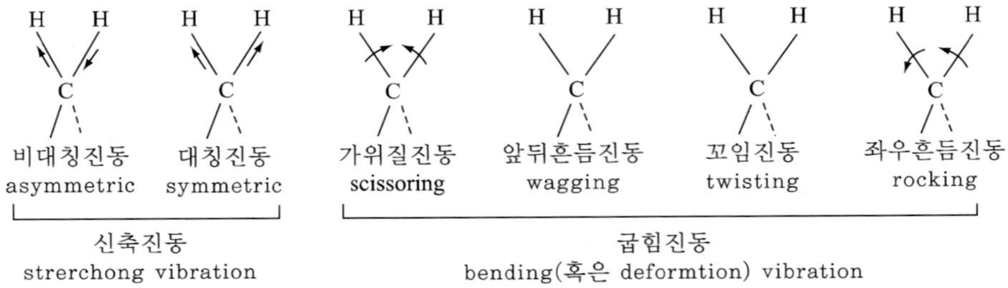

그림 5－3 ▸ 분자의 진동운동. +는 종이면에 대한 수직 앞방향, －는 종이면에 대한 수직 뒤방향, 점선결합은 종이면에 대한 뒤방향

out－of－plane bending), 넷째 좌우흔들진동(rocking 혹은 asymmetrial in－plane bending)으로 분류한다. 진동상태는 그림 5－3과 같다.

그림 5－3과 같은 진동을 진동방식(vibration mode)이라고 한다. 다원자 분자들이 얼마나 많은 진동방식을 가질 것인가는 다음과 같이 계산하여 알 수 있다.

분자를 구성하는 한 원자를 한 점의 위치로 나타낼 때 한 벌(set)의 x, y, z 3개 좌표값이 필요하다. 그러므로 N개 원자로 구성된 분자는 전체 $3N$개 한 벌의 좌표값이 필요하다. 각 좌표값은 다원자 분자 중 한 원자의 1자유도(degree of freedom)에 상당한다. 그러므로 N개 원자로 구성된 분자의 운동은 $3N$ 자유도를 갖는다. 이등변삼각형 구조의 H_2O 분자를 예로 들면 3개 원자로 구성되므로 다음과 같이 $3 \times 3 = 9$ 자유도를 갖는다. 다원자 분자의 가능한 진동수는 다음과 같이 계산할 수 있다.

① x, y, z의 3축 방향으로 분자 무게중심의 이동운동[병진운동(translational motion)이라 한다]
② x, y, z의 3축 방향으로 분자 무게중심 주위의 회전운동
③ 다른 원자에 대한 각 원자의 상대적 운동, 즉 각 원자의 개별적 진동, H_2O 분자의 경우, O－H 대칭 신축운동, H－O－H 굽힘진동, O－H 비대칭 신축진동의 세 가지 기준진동(normal vibration)

진동운동은 원자 간 상호운동을 수반하므로 H_2O 같은 비직선분자는 $3N-6$ 자유도를 갖는다. CO_2 같은 직선분자는 결합축 주위의 회전이 불가능하므로 회전운동 2자

유도를 갖는다. 그러므로 직선분자는 $3N-5$의 자유도를 갖는다. 자유도의 내용은 다음과 같다.

	선형분자 O=C=O	비선형분자 H−O−H
병진운동	3	3
회전운동	2	3
진동운동	$3N-5$	$3N-6$
전 체	$3N$	$3N$

실제로 이러한 기준진동 방식은 모두 흡수봉우리를 나타내지 않는다. 그 이유는 첫째 분자 대칭운동은 쌍극자 변화동이 같은 에너지를 갖는 경우가 있고, 셋째 적외선 흡수세기는 약한 경우가 있고, 넷째 진동에너지 범위는 기기의 측정범위를 벗어나므로 계산값보다 적은 수의 봉우리만 나타내기 때문이다.

분자의 진동운동 중에서 2원자 분자의 신축진동은 첫째 단순조화운동이라 가정한 역학적 모델의 설명방법과, 둘째 양자론적 설명방법의 두 가지 방법이 있다.

(1) 분자운동의 역학적 설명

두 가지 설명방법은 모두 같은 결론에 도달할 수 있다. 첫째의 단순조화운동(simple harmonic motion)은 그림 5−4에 비조화운동과 함께 그림으로 나타냈다. 그림 5−4에서 점선으로 나타낸 조화진동의 진폭 $+A$와 $-A$로 각기 나타냈다. 우선 용수철에 질량 m의 물체가 매달려 조화운동을 한다고 가정하자. 그림 5−4에 나타낸 용수철의 평형점(0)에서 y거리만큼 이동한 다음 본래의 상태로 돌아가는 복귀력은 Hooke 법칙에 따라 식 (5−1)과 같다.

$$F = -ky \qquad (5-1)$$

F는 복귀력, k는 용수철의 탄성에 따르는 힘상수(force constant)이다. 용수철이 평형점에 정지할 때(2개 원자 간 거리값이 0일 때)의 퍼텐셜 에너지는 0이다(그림 5−4). 용수철을 누르거나 잡아당기면 퍼텐셜 에너지는 질량이동에 필요한 값만큼 증가한다. 즉, 물체를 y로부터 $(y+dy)$만큼 움직이면 퍼텐셜 에너지는 $(F\times dy)$에 상당하는 dE만큼 변한다.

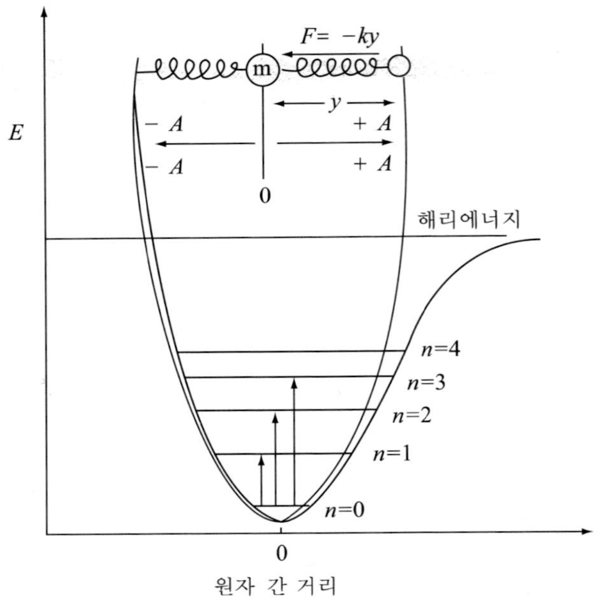

그림 5－4 ▸ 비조화진동자(실선)와 조화진동자(점선)의 에너지 준위

$$dE = -Fdy \qquad (4-2)$$

식 (5－1)과 (5－2)를 합치면

$$dE = ky \cdot dy \qquad (4-3)$$

평형점 0와 y 사이를 적분하면

$$E = \frac{1}{2}ky^2 \qquad (4-4)$$

식 (5－4)에서 유도한 퍼텐셜 에너지 곡선은 그림 5－4의 조화진동과 같다. 용수철을 최대의 진폭으로 잡아당기거나 누를 때 퍼텐셜 에너지는 최대값을 갖고, 그 후는 점차 감소하여 평형점에서 0으로 변한다.

물체의 운동을 시간 t의 함수로 나타내면 Newton 법칙에 따라 $F=ma$이다. m은 질량이고, a는 가속도이다. 가속도는 시간에 대한 거리의 2차 도함수이므로 이것을 식 (5－1)에 대입하고 풀면 진동수를 얻을 수 있다.

$$\upsilon = \frac{1}{2\pi}\sqrt{\frac{k}{m}} \tag{5-5}$$

용수철에 m_1과 m_2의 2개 질량이 매달린 경우 m 대신에 환산질량(reduced mass) μ로 치환할 수 있다. μ는 분자의 무게중심값이다.

$$\mu = \frac{m_1 m_2}{m_1 + m_2} \tag{5-6}$$

그러므로 조화진동자의 진동수는 식 (5－7)과 같다.

$$\begin{aligned} \nu &= \frac{1}{2\pi}\sqrt{\frac{k}{\mu}} \\ &= \frac{1}{2\pi}\sqrt{\frac{k(m_1+m_2)}{m_1 m_2}} \end{aligned} \tag{5-7}$$

(2) 분자운동의 양자론적 설명

식 (5－7)에서 양자화 분자 진동 에너지는 식에 나타나 있지 않지만 이 식을 조금 수정하면 둘째의 양자역학적 방법으로 유도할 수 있다. 즉, (5－8)로 고칠 수 있다.

$$E = \left(\nu + \frac{1}{2}\right)\frac{h}{2\pi}\sqrt{\frac{k}{\mu}} \tag{5-8}$$

여기에서 ν는 그림 5－2처럼 0, 1, 2, 3 … 정수의 진동양자수이다. $E = h\nu$이므로

$$E = h\nu = \frac{h}{2\pi}\sqrt{\frac{k}{\mu}} \tag{5-9}$$

또는

$$\nu = \frac{1}{2\pi}\sqrt{\frac{k}{\mu}} \tag{5-10}$$

복사선을 파수 σ로 나타내면

$$\begin{aligned}\sigma &= \frac{1}{2\pi c}\sqrt{\frac{k}{\pi}} \\ &= \frac{1}{2\pi c}\sqrt{\frac{k(m_1 + m_{2)}}{m_1 m_2}}\end{aligned} \tag{5-11}$$

여기에서 σ=흡수봉우리의 파수(cm^{-1}), c는 빛의 속도(3×10^{10}cm/s), m_1과 m_2는 원자 1과 2의 원자량, k는 힘상수이고, 결합이 일정한 거리로 늘어날 때 필요한 힘이다. 단일결합의 경우는 대략 3×10^5~8×10^5dyne/cm이고, 평균값은 5×10^5dyne/cm(즉, N/m)이다. 이중결합과 삼중결합은 단일결합의 힘상수값보다 각기 2배 혹은 3배이다.

예 제 C=O의 신축진동에 상당하는 파수의 파장을 계산하라.

▸ 풀 이 이중결합의 힘상수는 1×10^5dyne/cm이다. 탄소의 질량은

$$m_1 = \frac{12\times10^{-13}\,\text{kg/mol}}{6.0\times10^{23}\,\text{atom/mol}} = 2.0\times10^{-26}\,\text{kg}$$

산소질량은

$$m_2 = \frac{16\times10^{-3}\,\text{kg/atom}}{6.0\times10^{23}\,\text{atom/mol}} = 2.7\times10^{-26}\,\text{kg}$$

환산질량은

$$\mu = \frac{2.0 \times 10^{-26} \times 2.7 \times 10^{-26}\,\mathrm{kg}}{(2.0 + 2.7) \times 10^{-23}\,\mathrm{kg}} = 1.1 \times 10^{-26}\,\mathrm{kg}$$

파수를 계산하기 위해 식 (5－11)에 대입하면

$$\begin{aligned}\sigma &= 5.3 \times 10^{-12} \sqrt{\frac{1 \times 10^{6}\,\mathrm{N/m}}{1.1 \times 10^{-23}\,\mathrm{kg}}} \\ &= 1.6 \times 10^{3}\,\mathrm{cm}^{-1} \\ \lambda &= \frac{10^{4}}{1.6 \times 10^{3}} \\ &= 6.3\ \mu\mathrm{m}\end{aligned}$$

실제로 분자에 결합된 C=O 작용기는 1,500~1,900cm^{-1} 혹은 5.3~6.7μm에서 적외선 스펙트럼을 나타난다.

실제로 분자는 작은 퍼텐셜 에너지의 경우에 계산값과 비슷하지만 큰 에너지의 경우 조화진동자의 규칙적 운동에서 벗어난다. 즉, 그림 5－4의 실선처럼 비조화운동을 계속하다가 신축운동이 지나치면 원자 간 거리가 무한히 멀어져 해리된다. 비조화진동자의 에너지 곡선은 결합상태, 원자의 종류, 쌍극자 유발 정도, 진동방식 등에 따라 조화진동 곡선에서 벗어난다.

5.2 적외선의 흡광도 측정

5.2.1 적외선 분광광도계

적외선 분광광도계는 그림 5－5와 같이 자외선 및 가시선 분광광도계의 구조와 큰 차이가 없다. 2장에서 광원, 검출기, 광학계통 등에 대하여 이미 설명하였다. 다만 광원, 검출기, 프리즘, 회절발 등의 빛 통과 부분(창문)은 적외선이 투과할 수 있게 투명하여야 한다. 즉, 적외선의 흡광도와 굴절률이 작아야 한다. 적외선 영역에 사용하는 재질은 표 5－2 및 그림 5－6과 같다. 특히 이들의 재질에 수분이 함유되어 있으면 적외선의 모든 파장에 걸쳐 물분자의 흡수 스펙트럼이 그림 5－6(a)처럼 나타나므로 수분이 흡수되지 않게 혹은 수분을 제거 후 사용하여야 한다.

겹빛살 적외선 분광광도계는 시료빛살과 기준빛살의 두 가지 광로를 갖는다[(그림 5－6(b)와 (c)]. 한쪽은 시료셀에 의해 적외선 입사광이 많이 흡수되므로 소량의 투과광만 검출기에 닿고, 기준셀은 시료셀에 비하여 적외선을 많이 흡수하지 않으므로(셀의 자리는 비어 있으므로) 100% 투광도의 빛이 검출기에 닿는다. 그러한 경우 양쪽 검출기에 의해 발생되는 전류값의 차이는 너무 크기 때문에 스펙트럼을 기록종이에 그릴 때 기록용 펜을 적당한 위치(1,800cm^{-1} 부근의 위치)에서 약 80% 투광도 되게 조절할 수 없다. 실제로 KBr 셀을 이용하여 적외선 스펙트럼 그릴 때 미리 1,800cm^{-1}에서 투광도를 80% 되게 조절한 다음 적외선 전체 범위의 스펙트럼을 그리기 시작한다. 거의 끝날 때에 적외선 스펙트럼이 잘려 나타나는 경우가 있다. 그러한 경우 기준빛살의 세기(광량) 조절은 빛살 감쇠기(beam attenuator)를 사용한다. 빛살 감쇠기는 머리 빗는 빗살 모양을 갖추고 있기 때문에 감쇠기의 기울기 각도가 클수록 투과광을 감소한다.

5.2.2 시료 취급법

적외선 흡수 스펙트럼을 할 때 기체, 액체, 고체의 시료상태에 따라 시료취급 방법이

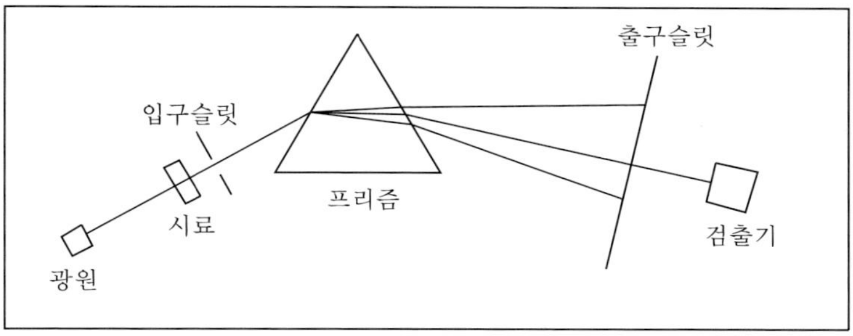

(a)

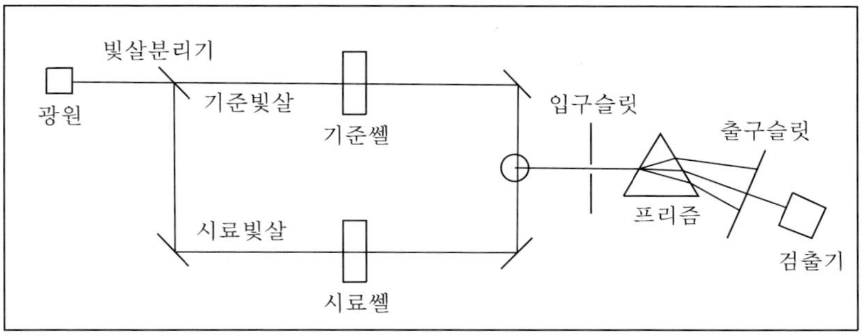

(b)

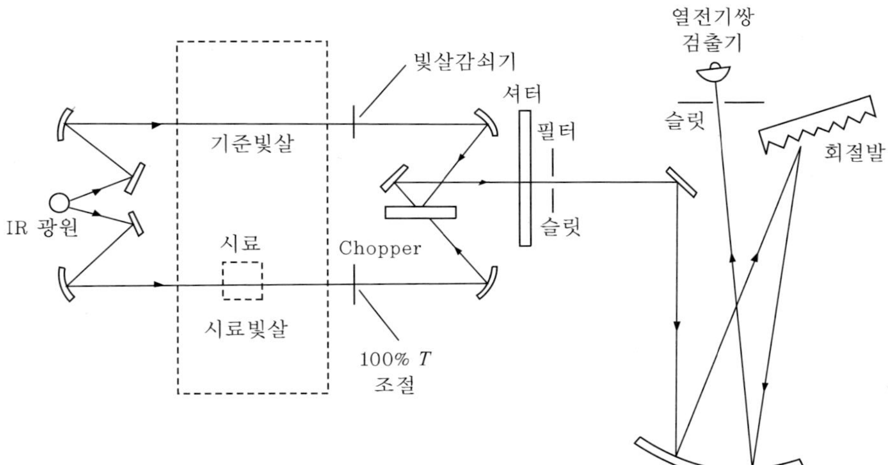

(c)

그림 5-5 ▸ 적외선 분광광도계. (a) 홑빛살 분광광도계, (b) 겹빛살 분광광도계, (c) 겹빛살 분광광도계(Beckman Acculab 8 Model, 한국동영화학 제공)

표 5-2 ▸ 적외선 투과 재질

재질	투명한 파장범위(μm)	투명한 파수범위(cm^{-1})	굴절률 (2μm에서)
NaCl	0.25~16	40,000~625	1.52
KBr	0.25~25	40,000~400	1.53
AgCl	0.40~23	25,000~435	2.0
AgBr	0.50~35	20,000~286	2.2
CaF_2	0.15~9	6,670~1,110	1.4
CsI	1~50	10,000~200	1.67
Ge	0.50~11.5	20,000~870	4.0
Si	0.20~6.2	50,000~1,163	3.5
Al_2O_3	0.20~6.5	50,000~1,538	1.76
polyethylene	16~300	625~33	1.54

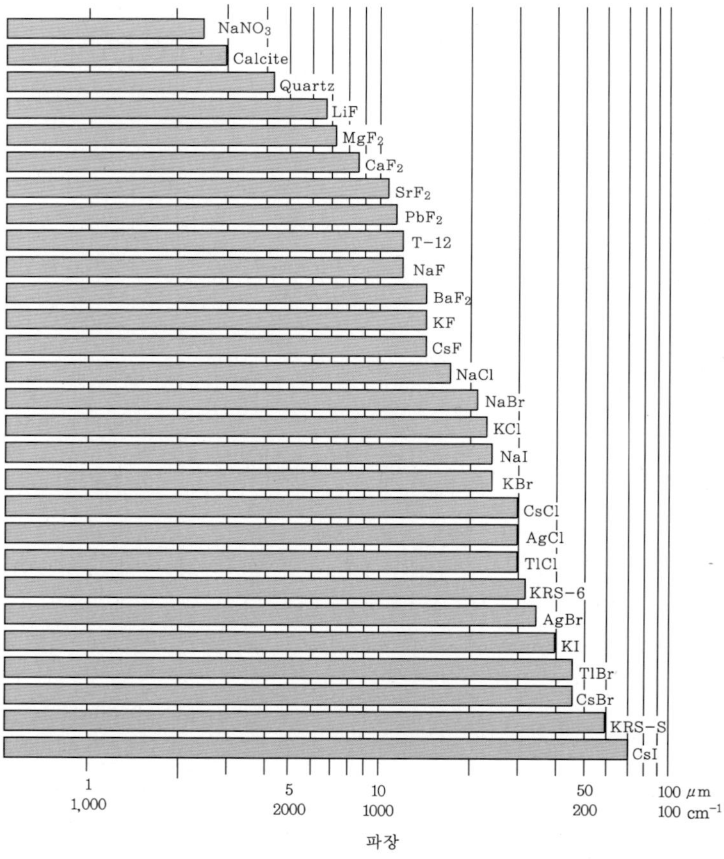

그림 5-6 ▸ 적외선 투과 재료. 회색부분은 적외선에 투명하고, 사용할 수 있는 영역이다.

다르다. 다성분 혼합시료의 경우 증류, 추출, 크로마토그래피법 분리, 화학반응 처리 등의 전처리를 통해 분리하는 것이 시료물질의 스펙트럼 해석에 유리하다. 조성이 복잡한 시료는 스펙트럼의 해석이 대단히 어렵다. 고체시료는 DISC법과 PASTE법의 두 가지 방법으로 측정한다. DISC법은 KBr, KCl, KI, NaCl 같은 할로젠화 알칼리 화합물을 매트릭스(matrix)로 사용한다. 이들의 화합물은 수분을 흡수하여 O－H 스펙트럼을 나타내므로 이 매트릭스만 사용하여 바탕시험을 하여야 하고, 매트릭스는 건조 후 사용한다. 시료조제는 DISC의 지름이 10mm일 때 시료 0.5~1mg을 매트릭스(100mesh 입자 크기의 KBr 분말을 주로 사용한다) 100mg과 혼합하여 agate mortar에서 가는 분말로 만든다. 그림 5－7과 같은 DISC 성형 가압기에 넣고 진공펌프로 8~5ton/cm^{2}으로 가압하면서 약 5분간 유지하여 투명한 DISC를 얻는다. 감압하지 않으면 DISC가 불투명하여 빛의 투과율은 감소한다. 가압할 때는 유압기(hydraulic press)를 이용하는 것이 편리하다.

PASTE법은 가는 분말시료와 mulling agent(일반적으로 nujol이라는 상품명의 점성이 큰 유동성 파라핀－포화 탄화수소 화합물을 사용한다)를 같은 양씩 취하고 agate mortar에서 미분말로 만든 다음 두 장의 DISC 사이에 넣고 혹은 한 장의 DISC에 칠하고 건조하여 적외선 스펙트럼을 측정한다. nujol은 그림 5－8과 같이 메틸렌 혹은 메틸기를 나타내므로 시료의 스펙트럼을 읽을 때 조심하여야 한다. nujol 이외의 용매를 사용할 때는 그림 5－9의 적외선 투과영역을 참고하여 사용하여야 한다. nujol 스펙트럼이 방해되면 fluorube(고분자 할로젠화물)를 대신에 사용할 수 있다.

액체시료는 앞에서 설명한 용매들과 적절한 비율로 섞어 그림 5－10 혹은 5－11과 같은 셀에 넣고 적외선 스펙트럼을 측정한다. 그림 5－10은 납 혹은 테프론의 spacer 두께에 따라 시료두께(시료량)가 변한다. 그림 5－11은 시료량을 편리하게 변화시킬 수 있는 정량분석용 셀이다.

기체시료는 그림 5－12와 같은 셀을 사용한다. 시료를 정량적으로 셀에 넣을 때는 압력계와 진공계 냉각장치에 연결하여야 할 것이다. 묽은 기체시료는 기체 셀 속에 그림 5－13처럼 반사거울을 설치하여 적외선 광로의 길이를 증가하거나 1m 이상의 셀을 만들어 사용할 수도 있다.

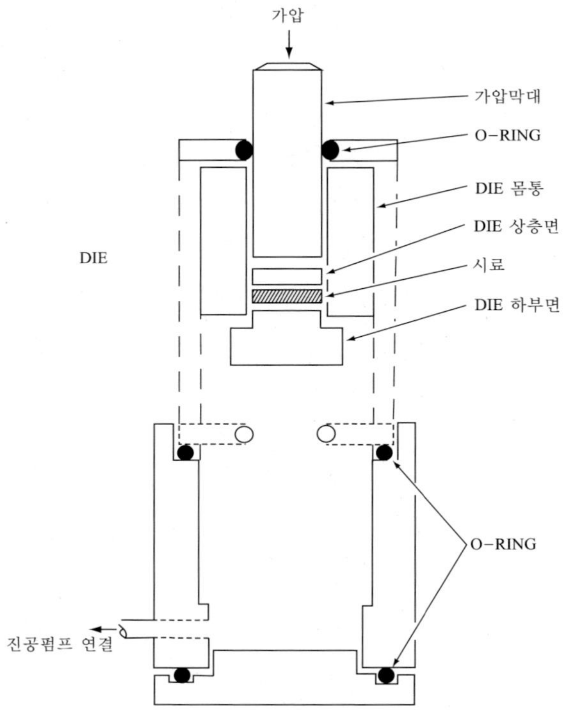

그림 5-7 ▸ KBr DISC를 만드는 DIE. 실선은 고정위치, 굵은 점섬은 DIE를 움직이는 행로

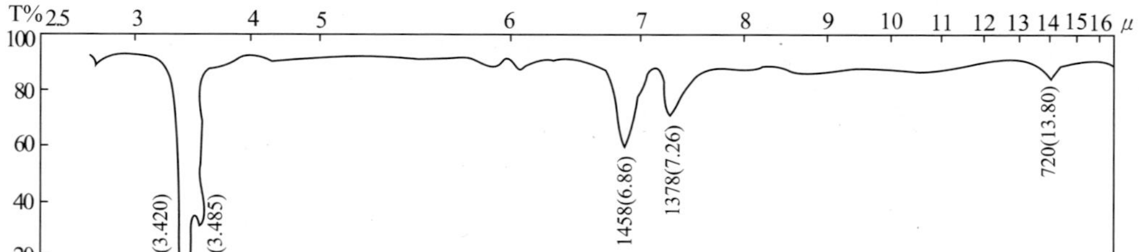

그림 5-8 ▸ nujol의 스펙트럼(흡수띠는 methylene과 methyl기) 때문에 나타난다.

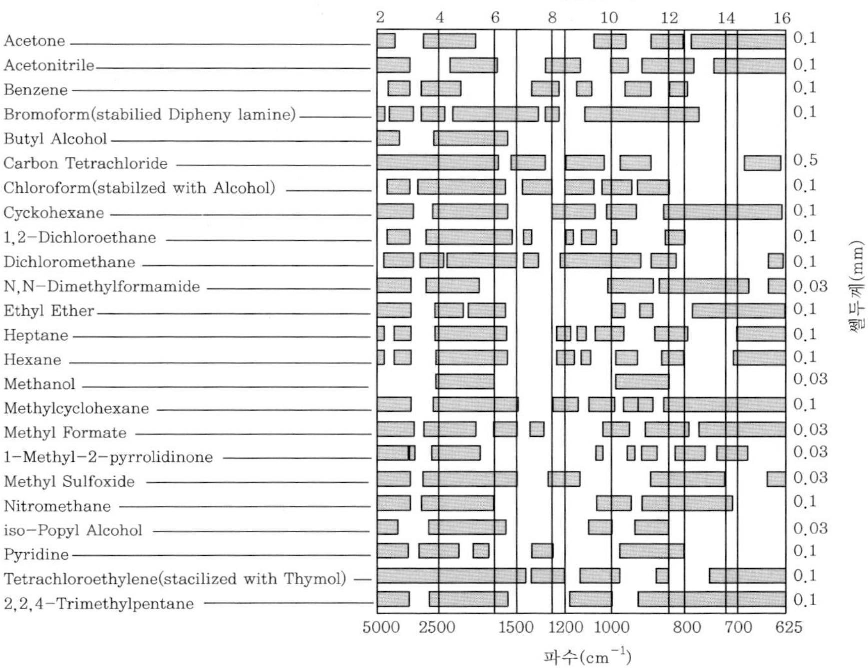

그림 5-9 ▸ 유기용매의 적외선 투광영역. 직사각형 부분은 적외선 투광영역, 오른쪽 수치는 셀의 두께(mm)이다.

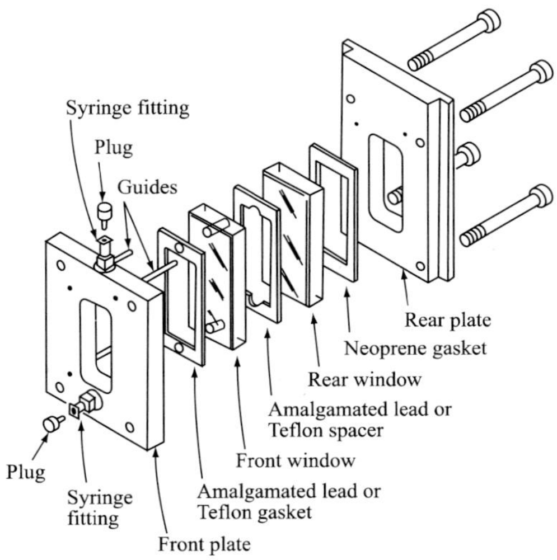

그림 5-10 ▸ 액체 시료용 적외선 분광광도계 셀(한국동명과학 제공)

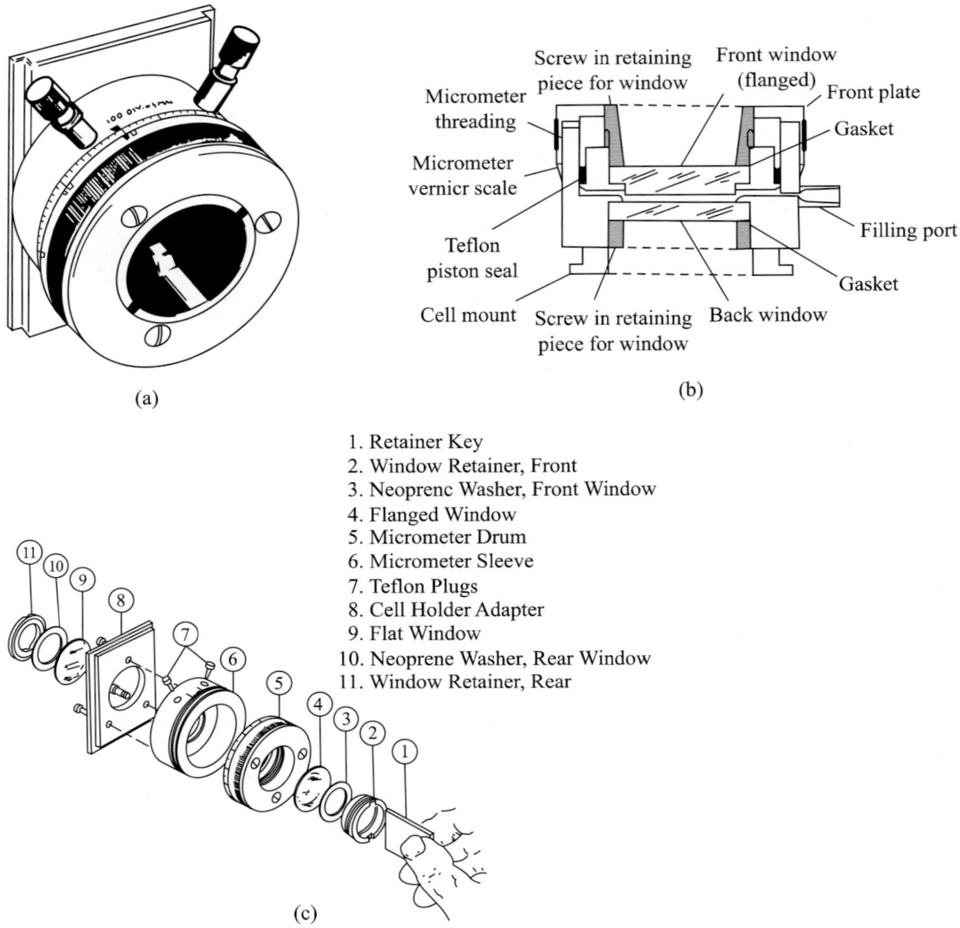

그림 5-11 ▸ Variable path-length cell(액체시료용). (a) 겉모양, (b) 단면도, (c) 분해도

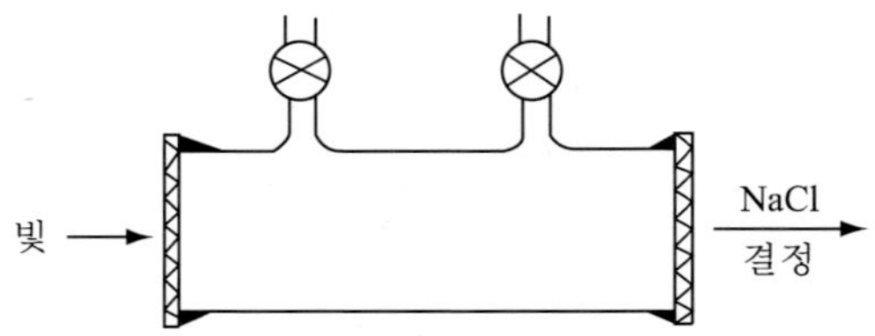

그림 5-12 ▸ 기체셀

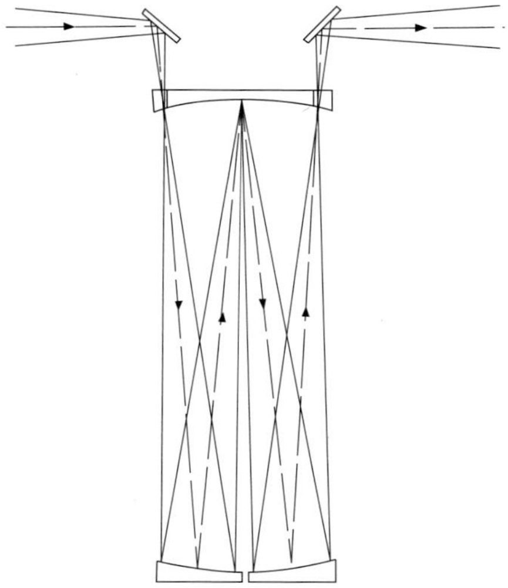

그림 5-13 ▸ 적외선 광로를 증가시킨 기체셀

5.2.3 정성분석

적외선 흡수 스펙트럼은 분자의 진동에 바탕을 두고 있다. 그러므로 분자 내에 있는 모든 원자의 화학적 작용기와 관련있는 스펙트럼을 나타낸다. 1,200cm^{-1} 파수 이하는 분자의 특성을 나타내는 지문영역(finger-print region)이다. 시료는 표준물질의 지문 영역 스펙트럼과 비교하여 같은 물질인가의 여부를 확인할 수 있다. 1,200cm^{-1} 파수 이상은 작용기의 스펙트럼을 나타내므로 이 영역을 작용기 영역(group frequency region)이라 한다. 그림 5-14에 두 가지의 영역을 나타냈다.
여러 가지의 원자에 나타나는 스펙트럼의 영역은 식 (5-7)이나 (5-11)을 이용하여 신축진동 파수를 계산할 수 있다. 그리고 이들이 나타나는 흡수띠의 위치는 Colthup (연습문제 3)에 의해 발표된 내용과 같다. 이 그림에서 약자는 ν = 신축진동, V_{as} = 비대칭 신축운동, V_s = 대칭 신축운동, δ = 굽힘진동, νs = very strong, s = strong, w = weak, vw = very weak를 위미한다.

무기화합물의 원자단도 유기화합물처럼 적외선 흡수띠를 나타낸다. 표 5-3은 무기물 원자단의 적외선 흡수띠다. 유기화합물과 다르게 무기화합물은 적외선 영역에서 적외선 흡수를 나타내지 않는 경우가 많다. 무기화합물은 물에 잘 녹기 때문에 KBr

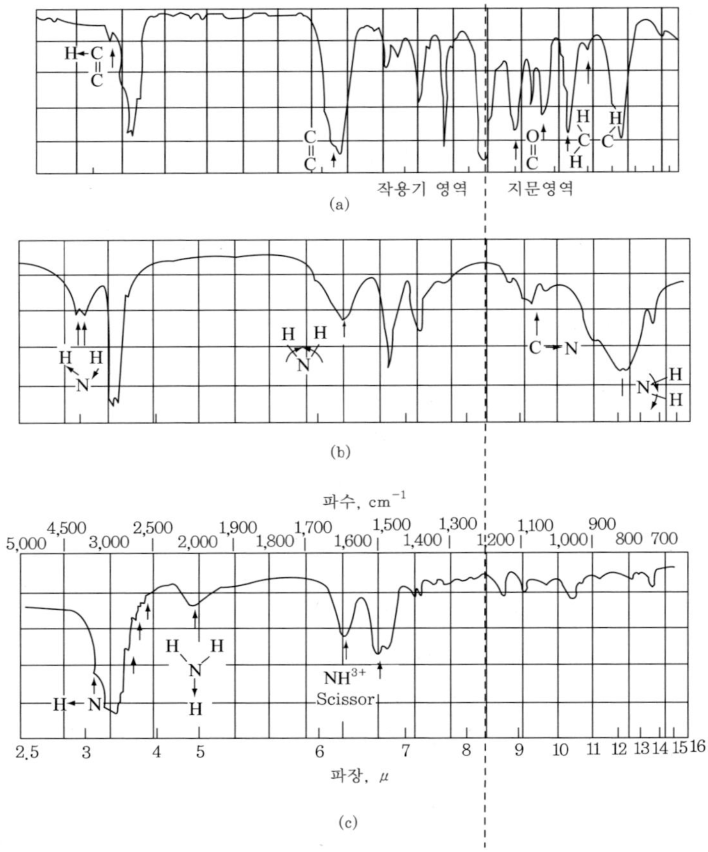

그림 5–14 ▸ 적외선 스펙트럼. (a) vinyl–2–methoxyethyl ether, (b) n–hesylamine, (c)) n–hexylamine hydrochloride

법이나 nujol법으로 스펙트럼을 측정한다. 금속이온은 무기분석법으로 분석하고 원자단은 적외선법으로 분석하는 것이 편리하다. 예를 들어 SO_4(Ⅱ), SO_3(Ⅱ), S_2O_5(Ⅱ) 음이온은 nujol법으로 분별하여 정량할 수 있다.

기체상태의 시료는 낮은 압력에서 회전전이 스펙트럼을 수반하는 미세구조를 나타내고, 액체 및 고체상태는 분자회합 상태의 스펙트럼을 나타낸다. 용액상태는 용매효과에 의한 흡수띠 이동을 나타난다.

유기 및 무기화합물을 막론하고 모든 화합물은 시료상태(기체, 액체, 고체), 용매,

표 5-3 ▸ 무기화합물 작용기의 적외선 흡수띠

작용기	파수 cm^{-1}(파장 μm)	세기
BH_4^-	2,400~2,200(4.2~4.5)	s, 몇 개 봉우리
	1,130~1,040(8.8~9.6)	s
BrO_3^-	850~740(11.8~13.5)	vs
	450~390(22.2~25.6)	s*
	380~350(26.3~28.6)	s*
CO_3^{2-}	1,530~1,370(6.5~7.3)	
	890~800(11.2~12.5)	m
	740~670(13.5~14.9)	**
HCO_3^-	3,300~2,000(3.0~5.0)	
	1,930~1,840(5.2~5.4)	w
	1,700~1,600(5.9~6.3)	
	1,420~1,400(7.0~7.1)	s
	1,000~940(10.0~10.6)	m
	840~830(11.9~12.0)	m
	710~690(14.9~15.6)	m
	670~640(14.7~15.6)	w
ClO_3^-	1,050~900(9.5~11.1)	vs
	630~610(15.9~16.4)	s*
	530~470(18.9~21.3)	s*
ClO_4^-	1,150~1,050(8.7~9.5)	vs
	660~600(15.2~16.7)	s*
CrO_4^{2-}	950~800(10.5~12.5)	s
$Cr_2O_7^{2-}$	990~880(10.1~11.4)	s
	840~720(11.9~13.9)	s
	380~350(26.3~28.6)	w
CN^-	2,230~2,130(4.5~4.7)	s
CNO^-	2,250~2,180(4.4~4.6)	s
	630~590(15.9~17.0)	m
CNS^-	2,200~2,000(4.5~5.0)	s
	490~420(20.4~23.8)	doublet
$^-C{\equiv}O^+$	2,100~2,000(4.8~5.0)	s
HF_2^-	2,100~2,050(4.8~5.0)	m
	1,600 부근(6.3 부근)	s
	1,230 부근(8.1 부근)	s
IO_3^-	830~690(12.1~14.5)	s
	420~300(23.8~33.3)	
MnO_4^-	950~870(10.5~11.5)	vs
	400~370(25.0~27.0)	w**
NH_4+	3,330~3,030(3.0~3.3)	vs
	1,480~1,390(6.8~7.2)	vs
N_3^-	3,400~3,150(2.9~3.2)	s
	2,150~2,020(4.7~5.0)	w
	660~620(15.2~16.1)	w
NO_2^-	1,400~1,170(7.1~8.5)	s

표 5-3 ▸ 무기화합물 작용기의 적외선 흡수띠(계속)

작용기	파수 cm^{-1}(파장 μm)	세기
NO_2^-	840~800(12.0~12.5)	
NO_3^-	1,810~1,730(5.5~5.8)	w*
	1,520~1,280(16.6~7.8)	s
	860~800(11.6~12.5)	m
NO^{2+}	1,410~1,370(7.1~7.3)	s
NO^+	2,370~2,230(4.2~4.5)	s
NO^+(배위화합물)	1,940~1,630(5.2~6.1)	s
NO^-(배위화합물)	1,170~1,050(8.5~9.5)	s
PO_4^{3-}	1,120~950(8.9~10.0)	s
	650~540(15.4~18.5)	m**
HPO_4^{2-}	2,400 부근(4.2 부근)	s
	1,900~1,600(5.6~6.3)	s
	1,450~1,250(6.9~8.0)	m
	1,200~830(8.3~12.0)	s
	580~530(17.2~18.9)	
$H_2PO_4^-$	2,400 부근(4.2 부근)	m
	1,300 부근(7.7 부근)	m
	1,100 부근(9.1 부근)	s
	900 부근(11.1 부근)	w
	560~530(17.2~18.9)	m
	450 부근(22.2 부근)	m
$S_2O_3^{2-}$	1,010~990(9.9~10.1)	s
	690~640(14.5~15.6)	s
	570~530(17.5~18.9)	w
$S_2O_3^{2-}$	1,175 부근(8.5 부근)	s
	1,090~1,040(9.2~9.6)	m
	990~970(10.1~10.3)	s
	660~650(15.2~15.4)	m
	570~560(17.5~18.9)	m
	540~510(18.5~19.6)	m
SO_3^{2-}	1,090~990(9.2~10.1)	s
	660~610(15.2~16.4)	s
	520~470(19.2~21.3)	m
SO_4^{2-}	1,210~1,040(8.3~9.6)	vs
	680~570(14.7~17.5)	m
HSO_4^-	900~850(11.1~11.8)	s
	620~600(16.1~16.7)	m
	580~560(17.2~17.9)	m
	480~450(20.8~22.2)	m
규산	1,100~900(9.1~11.7)	s
규산염	470~460(21.3~21.7)	s
UO_2^{2+}	940~900(10.6~11.1)	

* 봉우리 이동, ** 나타나지 않을 때도 있다.

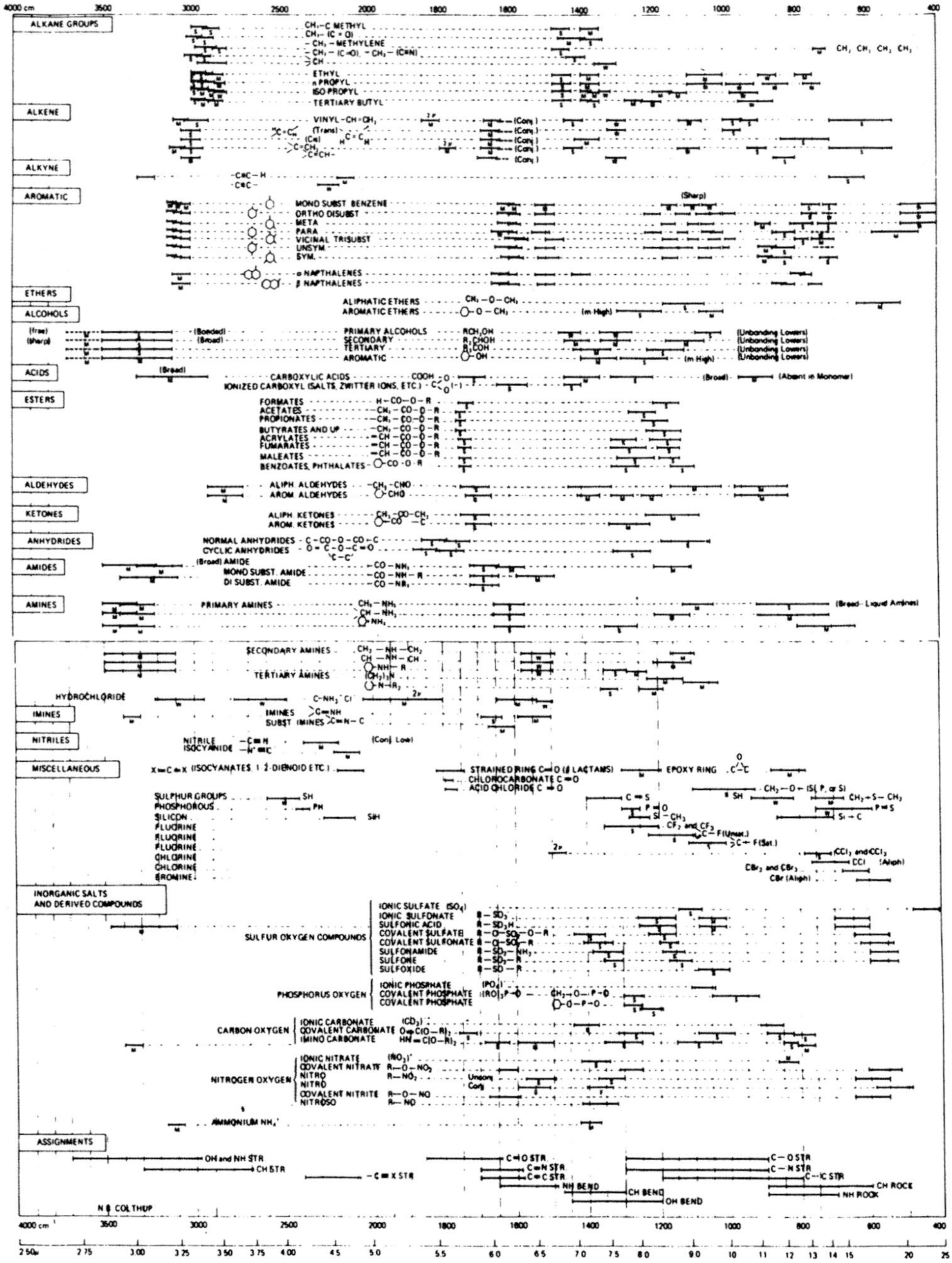

그림 5-15 ▸ 적외선 흡수띠

농도, 온도, 분자 내부구조[전자상태, 유전효과(inductive effect), 메조메리 효과(mesomeric effect), 쌍극자장 효과(dipolar field effect), 짝지음 효과(coupling effect)] 등에 따라 흡수띠의 위치들이 변한다.

스펙트럼을 해석할 때 Colthup 표를 이용하여 원자단 및 구조를 추정하면 편리하다. 스펙트럼은 큰 파수(4,000cm^{-1})부터 시작하여 작용기를 확인한다. 또 한 가지 방법은 표준물 스펙트럼과 비교하거나 전산기를 이용하여 탐색한다.

5.2.4 ATR법

ATR(Attenuated Total Reflectance)법은 이름 그대로 적외선 빛살이 어떤 물체를 반사하면서 통과할 때 흡수되면 투광도를 감소하고, 흡수되지 않으면 빛살을 반사하는 원리를 이용한 방법이다. 복사선이 더 조밀한 물체(A)로부터 덜 조밀한 물체(B)로 통과할 때 A의 굴절률을 n_1, 그리고 B의 굴절률을 n_2라고 하면 $n_1 > n_2$이므로 그림 5−16의 2 빛살처럼 B 물체를 침투할 것이고, 빛살과 B 물체의 진동수가 일치되면 흡수도 일어날 것이다. 그러나 만약 $n_1 < n_2$이면 그림 5−16의 1 빛살처럼 침투하지 못하고 모든 빛살을 반사할 것이다. 그러므로 ATR법에서는 KRS−5(TlBr/TlI의 혼합결정, n=2.4), Ge(n=4.0), Si(n=3.4), As_2Se_3(n=2.8), 사파이어(n=1.8)처럼 큰 굴절률의 결정물질을 사용한다. 그 중에서 As_2Se_3는 물에 불용성이다. 시료물질의 침투 깊이는 빛살의 파장, 두 가지 물질의 굴절률, 입사광의 각도(θ)에 따라 각기 다르다.

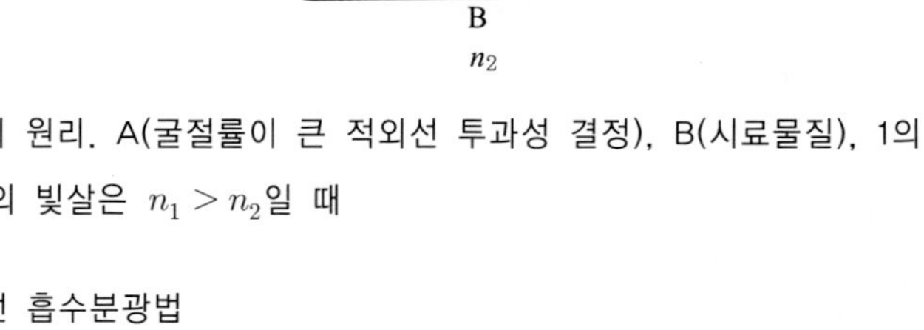

그림 5−16 ▸ ATR의 원리. A(굴절률이 큰 적외선 투과성 결정), B(시료물질), 1의 빛살은 $n_1 < n_2$일 때, 2의 빛살은 $n_1 > n_2$일 때

ATR법은 불용성, 불용융성, 파괴 곤란한 탄성물질, 점성물질 등의 적외선 흡수 스펙트럼을 측정할 때 편리하게 이용하는 방법이다. 예를 들면 가황고무, 고분자물질, 우레탄 폼, 합성피혁, 열경화성 수지 등이다. 둘째, 얇은 표면층만 분석할 때 유용하다. 예를 들면 페인트, 니스, 래커와 같은 표면처리 도료 또는 이것의 시간 경과성 변화, 접착테이프, 절연테이프, 종이, 금속, 가죽 등의 표면처리제, 표면 변화 연구 등에 유용하다.

측정방법은 그림 5-17과 같은 방법으로 측정한다. 액체시료를 측정할 때는 용매에 녹지 않는 결정을 용액에 담그어 측정한다. 고체분말과 테이프 같은 시료는 공기층이 없게 결정에 밀착한다. 적외선 흡수 스펙트럼을 측정할 때 입사광의 각도는 최선의 스펙트럼을 얻도록 변화할 필요가 있다. 결정은 일반적으로 KSR-5를 이용한다.

5.3 FT-IR 분광광계

분광광도법의 감도를 향상하기 원할 때 FT(Fourier Transformation)방법을 이용한다. FT방법은 IR뿐만 아니라 거의 모든 분광법에 사용하는 방법이다.

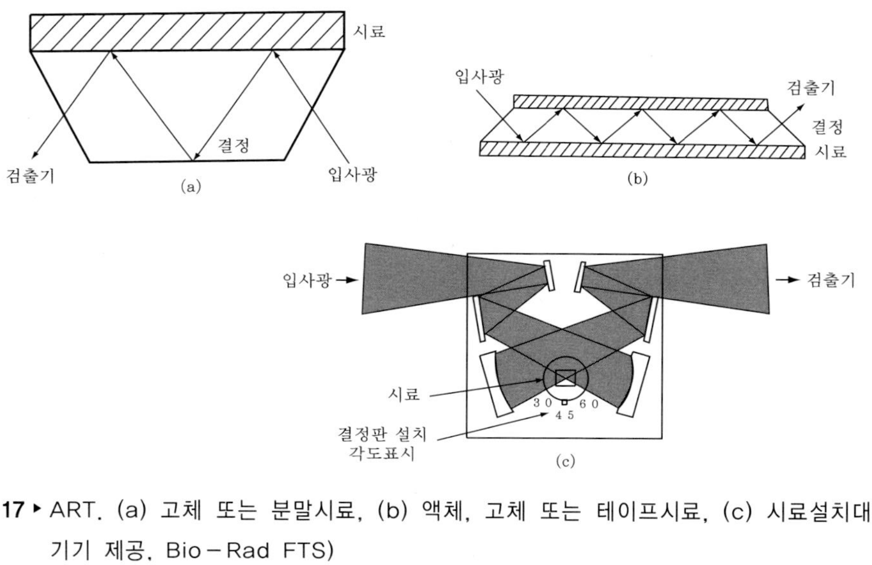

그림 5-17 ▸ ART. (a) 고체 또는 분말시료, (b) 액체, 고체 또는 테이프시료, (c) 시료설치대(선일기기 제공, Bio-Rad FTS)

FT－기기는 1891년 Michelson에 의해 개발된 간섭계(interferometer)를 주로 사용한다. 광원은 파장범위에 따라 보통의 세라믹 광원도 사용하지만 적외선 범위에서는 헤륨－네온 레이저를 사용한다.

간섭계에 사용하는 빛살분리기(beam splitter)는 입사광의 1/2를 투광하고, 나머지 1/2은 반사하게 45°로 기울어져 있고, 재질은 KBr 결정 위에 저마늄이 얇게 증착되어 습기로부터 KBr을 보호하게 설계되어 있다. 이것을 적외선에 대하여 물론 투명하다. 검출기는 2장에서 설명한 반도체 검출기 또는 규소 다이오드를 사용한다.

Michelson 간섭계는 그림 5－18과 같다. 광원에서 나온 빛살은 빛살분리기에 의해 빛살의 1/2 고정된 거울에 닿고 다시 반사되어 시료를 통과한 다음 검출기에 닿는다. 나머지 빛살의 1/2은 정확하게 조절된 거리를 앞뒤로 반복운동하는 거울에 닿고 다시 반사되어 빛살분리기를 통과한 다음 검출기에 닿는다. 결과적으로 광원에서 나온 빛살의 1/2만 검출기에 닿고 1/2은 광원으로 되돌아간다. 이동거울은 마찰 손실 없는 공기 베어링이나 윤활유 없이 사용하는 베어링에 의해 움직인다. 이것은 그림 2－3과 같은 원리이다. 그림 5－18에서 이동거울이 0의 위치에 있을 때 거리는 $M=F$이과, 이때 두 가지 빛살의 위상이 일치하므로 빛살분리기를 통하여 검출기로 향하는 빛살은 그림 5－19(a)처럼 최대보강간섭(maximum constructive interference)을

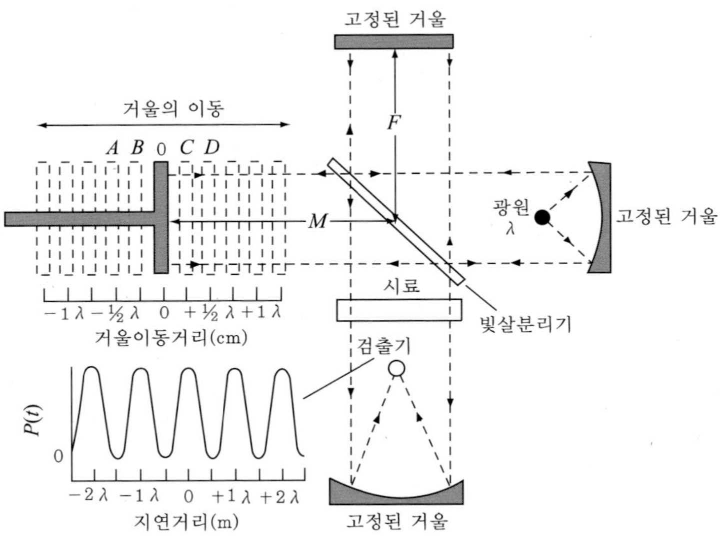

그림 5－18 ▸ Michelsom 간섭계의 원리

생성한다. 이동거울이 1/4λ(그림 5－18 *B*와 *C*의 위치)만큼 움직이면 그림 5－19(b)처럼 최대상쇄간섭(maximum destructive interference)이 생성된다. 이동거울이 *A*와 *D* 쪽으로 더 많은 거리를 움직이면 다시 최대보강간섭이 생긴다. 이동거울이 계속해서 움직이면서 생성하는 파형은 그림 5－18의 연속진동 모양을 가진다. 그림 5－18에서 *M*과 *F*의 빛살 진로차이, 즉 2(*M*－*F*)를 지연(retardation)인자 δ라고 한다. 지연인자 δ에 대하여 검출기 신호의 세기를 도시한 그림을 인터페로그램(interferogram)이라 한다. 단색광의 인터페로그램은 그림 5－18의 cosine 그림처럼 나타난다(항상 극대값으로 나타나므로 sine 곡선이 아니다). 이 cosine 곡선은 거울이동 거리, 즉 시간 지연인자 δ에 따른 검출기의 신호세기를 도시하였기 때문에 y축에 $P(t)$라는 값을 취하였다. *P*는 세기(power)이고, (*t*)는 시간을 뜻한다. 보통의 자외선, 가시선, 적외선 스펙트럼은 진동수(파수, 파장) 변화에 대한 검출기의 신호 세기를 도시한다. 그러므로 앞의 것을 시간지배 분광법(time domain spectroscopy)이라 하고, 후자를 진

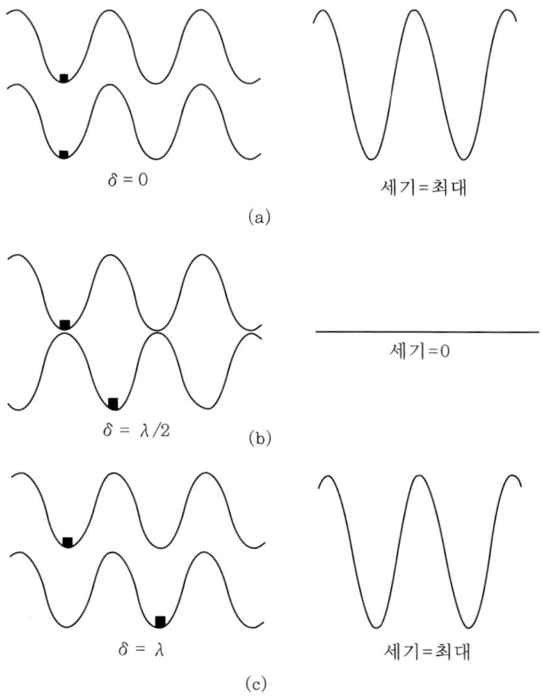

그림 5－19 ▸ 고정거울(실선)과 이동거울(점선)이 광로 차이에 따른 빛살의 위상 차이와 지연인자 δ의 변화. 지연인자 $\delta = n\lambda$일 때 최대 신호세기를 측정 가능하다.

동수(혹은 파수, 파장)지배 분광법(frequency domain spectroscopy)이라고 한다. 인터페로그램은 시간지배법으로 나타난다.

주사형 간섭계는 이동거울이 V_M cm/s의 일정한 속도로 움직이므로 인터페로그램의 진동수 f는 식 (5－12)와 같이 나타낸다.

$$f = \frac{2V_M \text{ cm/s}}{\lambda \text{cm}} \tag{5-12}$$

여기에서 λ는 입사광의 파장(cm)이고, 계수 2는 반사과정의 복사선 광로의 2배이기 때문이다. 파장 대신에 파수 δ를 사용하면 식 (5－13)과 같다.

$$f = \frac{2V_M}{c} V \tag{5-13}$$

ν는 진동수, c는 빛의 속도(3×10^{10}cm/s), V_M은 거울이동속도이다. V_M은 항상 일정하므로 f는 ν에 정비례한다. 움직이는 거울이 달린 간섭계로 변조하여 얻는 진동수 범위는 4,000~625Hz 범위이다.

예 제 2.5~16μm(1.2×10^{14}~1.91×10^{13}Hz)의 적외선을 0.5cm/s로 움직이는 거울이 장치된 간섭계로 변조하여 얻은 진동수 범위는 얼마인가.

▸풀 이

$$f_1 = \frac{2\times0.5\text{ cm/s}}{2.5\,\mu\text{m}\times10^{-4}\text{cm}/\mu\text{m}} = 4{,}000\text{ Hz}$$

$$f_2 = \frac{2\times0.5}{16\times10^{-4}} = 625\text{ Hz}$$

일반적으로 5,000~400cm^{-1} 영역에서 1~0.01cm^{-1}의 분해간격(resolution interval)을 갖는다. 예를 들어 500~5,000cm^{-1} 영역에서 3cm^{-1}의 분해간격을 갖으면 분해요소(resolution element) m은 5,000~500cm^{-1}/3cm^{-1}=1,500이다. 각 분해요소의 투광도를 기록할 때 0.5초 걸리면 4,500cm^{-1}의 스펙트럼 측정에 12분 30초 걸린다. 일반적으로 FT－IR 분광기를 이용하여 모든 스펙트럼을 완전하게 얻을 때 약 60초 걸

린다. 일반적으로 분해간격이 작을수록 미세구조의 스펙트럼을 얻을 수 있다. 적외선 스펙트럼의 품질은 분해요소뿐만 아니라 검출기의 신호(signal)와 잡음(noise)비의 두 가지 요인에 따라 결정된다. 잡음 중에서 시료의 약한 신호를 구별하려면 여러 번 신호를 측정하여 평균하여야 한다. 즉, S/N비와 주사수(반복해서 측정한 횟수) n은 $S/N \propto n^{1/2}$의 관계가 있다. 즉, 여러 번 측정할수록 좋다. FT－IR 분광기는 모든 진동 수영역을 1회 측정할 때 0.1~1초면 충분하다. 그러나 실제로 약 60초 걸리는 이유는 많은 수의 n을 취할 때 시간이 필요하기 때문이다. 모든 적외선 스펙트럼을 3,600번 반복 측정하면 신호 평균에 의해 1회 측정할 때보다 $(3600)^{1/2}=60$배 더 향상된 S/N비를 얻을 수 있다.

FT－간섭계는 각기 주사 인터페로그램을 모두 디지털(digital)화하여 1차 기억장치에 저장한 다음 평균화 인터페로그램을 2차 기억장치에 저장한다. 약 32회 주사(약 60초) 후에 2차 기억장치에서 평균화된 인터페로그램을 홑빛살 스펙트럼으로 만들기 위해 FT한다. 그 다음 3차 기억장치에 기억된 홑빛살 시료 스펙트럼은 이미 4차 기억장치에 저장된 바탕시험값(background)과 비교하고, 비례값을 계산하여 겹빛살 스펙트럼으로 기록기에 기록한다. 바탕시험값은 하루동안에 1회 취하면 충분하다. 5차 기억장치는 기준 스펙트럼을 저장하는 여분의 기억장치이다. 시료를 넣고 약 2분이면 FT－IR 스펙트럼을 얻을 수 있다.

FT－IR 분광기에 의해 얻은 스펙트럼은 분산형 IR 분광기에 비해 잡음이 없기 때문에 선명하고 간단하게 나타난다. 예를 들면 수용성 시료를 물에 녹인 다음 스펙트럼을 얻더라도 물분자 스펙트럼의 방해 없이 시료만의 스펙트럼을 얻을 수 있다. 종래의 분산형 IR 분광기를 사용할 때는 물처럼 IR 범위에서 흡수하는 용매를 사용할 수 없었다. FT－IR법을 사용하면 유기용매와 고체 매트릭스 등의 영향도 제거할 수 있는 장점이 있다.

5.4 실험

5.4.1 알데하이드와 키톤의 스펙트럼

알데하이드와 키톤은 c=0 신축진동띠를 1,870~1,540cm^{-1}(5.35~6.5μm)에서 나타낸다. c=0 띠는 물리상태, 이웃 치환기, 컨쥬게이션, 수소결합, 고리 스트레인의 영향을 받는다. 지방족 알데하이드는 1,740~1,720cm^{-1}(5.75~5.82μm)에서 흡수하고, α-탄소에 전기음성 치환기를 가지면 c=0 흡수진동수는 증가한다.

예를 들어 알세트알데하이드는 1,730cm^{-1}, 그리고 tichloroacetaldehyde는 1,768cm^{-1}에서 흡수한다. 카보닐 원자단과 결합한 이중결합 컨쥬게이션은 카보닐 흡수 진동수를 감소한다. 방향족 알데하이드는 더 낮은 진동수에서 나타난다.

키톤 카보닐 원자자는 상당하는 알데하이드보다 약간 낮은 진동수에서 나타난다. 포화지방족 키톤은 약 1,715cm^{-1}(5.83μm)에서 나타나고, 이중결합 컨쥬게이션과 내부 수소결합은 더 낮은 진동수로 이동하게 만든다.

기기

적외선 분광광도계

pellet press

시약

KBr

benzaldehyde

cinnamaldehyde

n-butyraldehyde

benzophenone

cyclohexanone

actophenone

방법

6가지 시약의 스펙트럼을 그려라. Pellet로 만들 때는 KBr과 시료를 100 : 1의 비율로 섞어 파장보다 작은 두께의 pellet을 갖는다. pellet을 만들 때 진공장치를 이용하여야 투명한 pellet을 만들 수 있다. 액체시료는 0.015~0.025mm 두께를 유지하여야 좋은 스펙트럼을 얻을 수 있다.

문제

1. 각 화합물의 카보닐 흡수진동수를 측정하고, 각 스펙트럼의 화합물 구조를 쓰라.
2. 300cm^{-1}과 675~750cm^{-1}에서 발견되는 흡수띠의 구조를 확인하라.
3. Cyclohexaue의 2,900과 1,460cm^{-1}에서 나타나는 구조를 확인하라.
4. 알데하이드의 카보닐 진동수를 비교하라.
   Cinnamaldelyde와 benzaldehyle의 카보닐 원자단 흡수진동수에 관한 컨쥬게이션과 방향족의 영향을 $n-$benzaldehyde와 비교하여 설명하라
5. 고분자 필름의 적외선 스펙트럼을 그린 다음 작용기를 확인하라.

연습문제

[5.1] 2,000과 2,500(cm^{-1})를 파장(μm)으로, 그리고 10.0과 2.5파장(μm)을 진동수로 확인하라.

[5.2] C=N과 C−O 신축진동의 적외선 흡수봉우리의 예상 진동수를 계산하라.

[5.3] 그림 5−15는 다음의 연구 논문에서 발췌한 내용이다. N. B. Cplthup, *J. Opt. Soc. Am.,* 1950, 40, 397의 논문을 읽고 요약하라.

[5.4] 빈 셀의 광로 길이를 *b*(cm)라 하고, 빈 셀에 적외선을 통과시키면 빛의 간섭현상에 의해 파동이 나타난다. 파수 σ_1과 σ_2의 사이를 주사할 때 n개의 주기를 나타내면 빈 셀의 길이 *b*(cm)는 다음과 같다.

$$b = \frac{n}{2(\sigma_1 - \sigma_{2)}} \text{cm}$$

파장으로 나타내면 다음과 같다.

$$b = \frac{n(\lambda_1 \times \lambda_2)}{2(\lambda_1 \times \lambda_2)} \text{cm}$$

λ_1은 3,200cm^{-1}이고 λ_2는 200cm^{-1}이다. 그리고 $n=12$개의 주기를 나타낸다. 빈 셀의 광로길이를 계산하라.

[5.5] 0.20cm/sec의 속도로 움직이는 거울이 장치된 간섭계로 700nm의 가시선, 그리고 16μm(4.34×10^{14}~1.9×10^{13}Hz)의 적외선으로부터 얻은 신호의 진동수를 계산하라.

[5.6] 적외선 분광기의 프리즘은 어떤 재질로 만드는가? 그 물질을 사용하는 이유는 무엇인가?

연습문제

[5.7] 적외선 흡수 스펙트럼으로 1차, 2차, 3차 알코올을 어떻게 확인할 수 있는가?

[5.8] 홑빛살과 겹빛살의 적외선 흡수분광법을 비교하라.

[5.9] 지금까지 배운 지식을 이용하고, 비색계의 부분품을 참고하여 다음의 빈칸을 채워라.

	비색계	UV 광도계	VIS 광도계	IR 광도계
광원	백열등이나 텅스텐등			
단색화장치	색필터			
시료용기	유리 또는 플라스틱			
시료두께	1～10cm			
기록계	갈바노미터			
파장범위	400～80nm			

[5.10] 유기분자의 진동방식을 설명하라.

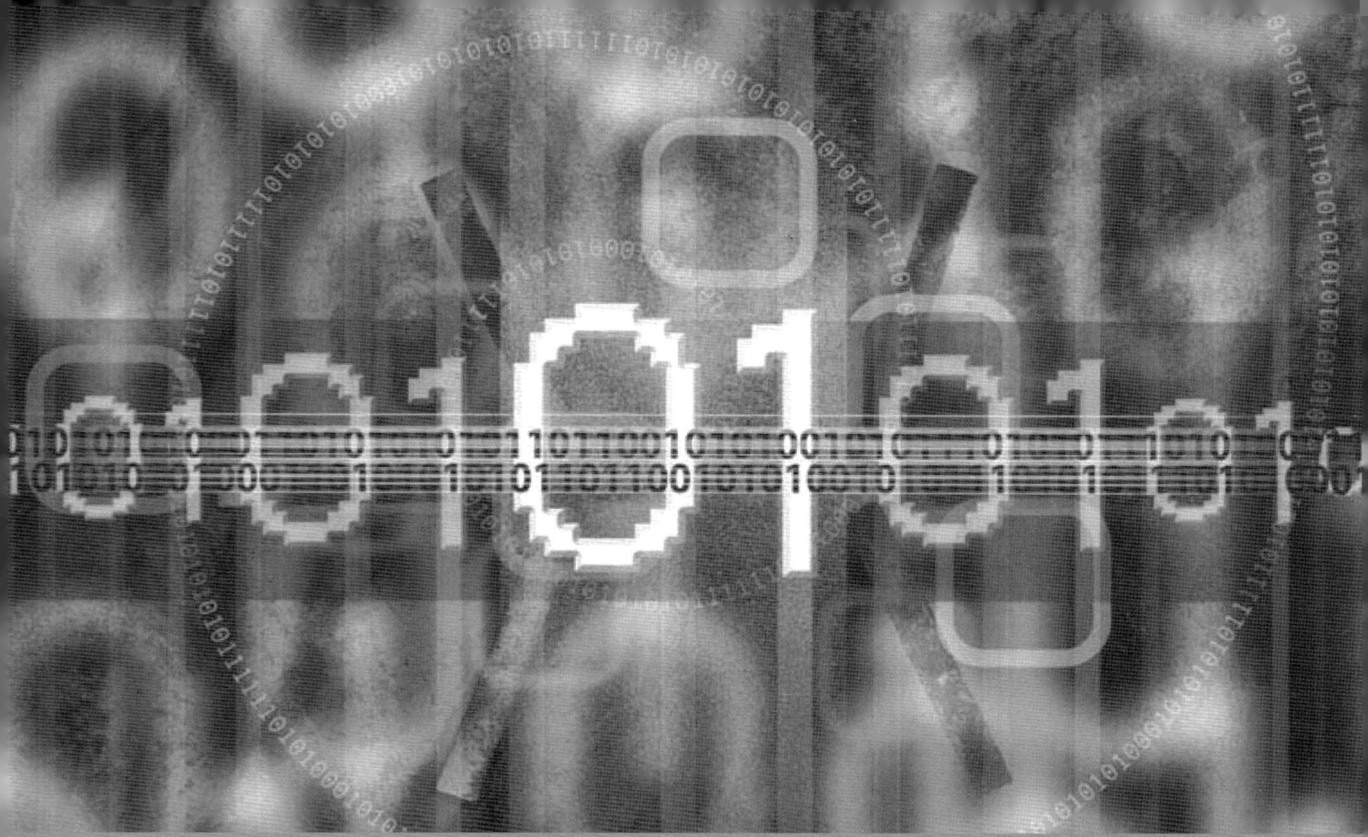

제6장 자외선과 가시선분광법

이 장은 자외선과 가기선 영역의 분광법을 취급한다. 자외선 영역은 200~400nm이고, 가시선 영역은 400~800nm 영역이다. 200nm 이하 영역은 진공 자외선 영역이라고 한다. 이 영역은 대기 중 수분 및 이산화탄소 등 화학적 성분과 반응하는 스펙트럼을 나타내므로 그 영향을 배제하려고 진공상태에서 측정한다. 자외선과 가시선 영역은 복사선의 성질이 다르기 때문에 측정기기는 비슷한 것처럼 보이지만 각 부분품은 재질이 전혀 다르다.

자외선과 가시선 영역은 화학분석에 가장 널리, 그리고 많이 사용하는 영역이다. 그러므로 지루할 만큼 길게 많은 분량을 설명에 이용할 것이다. 자외선과 가시선 영역은 주로 파장단위(nm)를 사용한다.

6.1 흡수분광법의 원리

색안경을 쓰면 센 빛이 안경에 입사한 다음 적은 양의 빛만 안경을 투과하여 눈에 도달하므로 안경을 쓰지 않을 때보다 어둡게 보인다. 이때 같은 물질로 안경을 얇게 혹은 두껍게 만들면 얇은 경우는 광자(빛)을 적게 흡수하고 두 배 두껍게 만든 안경은 두 배 더 많은 광자(빛)을 흡수하고 투과광은 그것에 반비례할 것이다. 셀(cell)을 통하여 복사선이 투과할 때도 그림 6－1(a)처럼 입사광의 흡수에 비례하여 투과광이 감소한다. 그림 6－1(a)에서 처음에 입사광이 첫째 셀의 기벽에 닿으면 반사손실이 생기고, 둘째 셀의 기벽을 통해 시료셀 중의 용액을 통과하면서 굴절한다. 복사선은 서로 다른 매질이나 농도를 통과할 때 굴절한다. 셋째, 용액 중 입자들이 입사광의 파장보다 크면 입자에 의해 빛이 산란된다. 넷째, 빛이 직진하여 다시 셀의 기벽에 닿으면 첫째의 경우처럼 반사와 굴절이 생긴다. 그러나 용액 중 파장보다 큰 입자들이 없으면 산란은 일어나지 않는다. 시료셀은 환경오염물의 측정처럼 대단히 묽은 농도의 기체나 용액을 측정할 때 100cm 이상 셀도 사용한다.

그림 6－1(a)는 빛살이 $b$cm 두께의 셀에 들어 있는 농도 c의 용액을 통과하기 전(P_0)과 후(P)를 나타낸다. 이때 투광도(transmittance)를 T라 하면 빛살이 용액을 통과하기 전과 후의 빛세기는 식 (6－1)처럼 나타낼 수 있다.

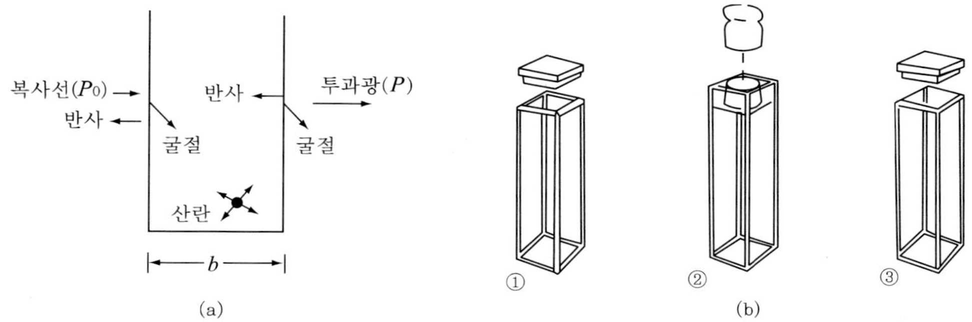

그림 6-1 ▸ 셀을 투과하는 복사선. (a) 복사선의 셀 투과 중 변화, (b) 셀의 종류 ① 양쪽 두면이 불투명한 용기. 자외선이나 가시선 분광기에 사용한다. ② 용매의 증발을 방지하는 마개 달린 용기, ③ 사면이 투명한 용기. 형광이나 인광 측정에 이용한다.

$$T = \frac{P}{P_0} \qquad (6-1)$$

빛살이 용액에 흡수된 양을 흡광도(absorbance) A라 하고 흡광도와 투광도는 식(6-2)와 같은 관계를 갖는다.

$$A = -\log T = \log \frac{P_0}{P} \qquad (6-2)$$

투광도값과 흡광도값은 그림 6-2와 같은 관계의 값을 갖는다.

흡광도의 셀의 길이 b와 셀에 들어 있는 화학종의 농도 c에 비례한다.

$$\begin{aligned} A &= abc \\ &= \varepsilon bc \end{aligned} \qquad (6-3)$$

이때 a는 흡광계수(absorption coefficient)라 하고, b와 c값이 표시하는 단위에 따라 다르게 나타난다. 즉, b를 cm 단위로 그리고 c를 g/L로 나타내면 흡광계수라 표시한다. b를 cm로, 그리고 c를 mol/L로 나타내면 몰흡광계수(ε, molar absorption coefficient)라 표시한다. 흡광도값이 큰 분자의 ε값은 크고, 각 분자마다 고유한 ε값을 갖는다. $A = abc$ 혹은 $A = \varepsilon bc$의 관계를 Beer 법칙이라 한다. 일반적으로 셀의

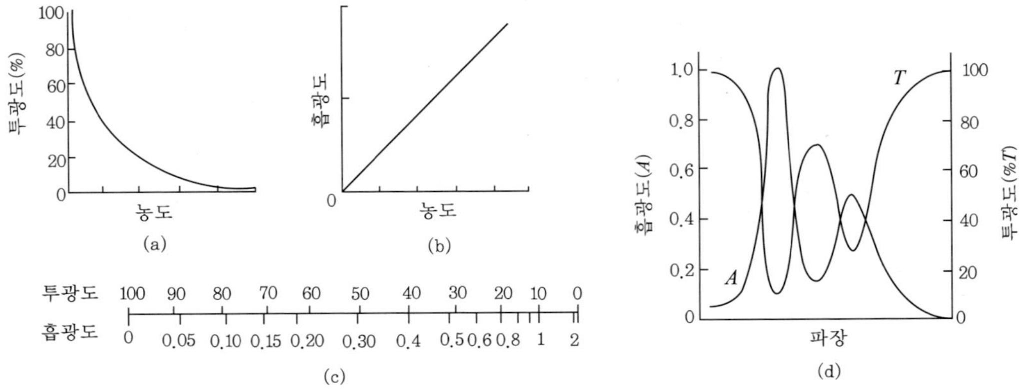

그림 6-2 ▸ 투광도와 흡광도의 관계. (a) 농도-투광도 관계, (b) 농도-흡광도 관계, (c) 분광광도계의 나타나 있는 투광도와 흡광도의 눈금표시

길이는 1.0cm이고 항상 일정한 것을 사용한다. 그러므로 흡광도 A는 계수 a 혹은 ε와 농도 c의 곱에 비례한다. 계수 a 혹은 ε는 화합물질에 따라 결정되고 화합물질이 다르면 흡광계수도 다르다. 실제로 광도계를 이용하여 어떤 물질을 정량할 때 동일한 셀(길이 1.00cm)을 반복하여 사용하고 동일한 물질을 농도만 변화시키면서 흡광도만 측정한다. 그러므로 $A = abc$ 혹은 $A = \varepsilon bc$에서 a 혹은 ε와 b는 일정하다. 그러므로 Beer 법칙($A = abc$ 혹은 $A = \varepsilon bc$)은 $A \approx c$이다. 즉, c의 값(농도값)을 그래프 x축에, 그리고 y축에 A를 취하면 그림 6-2(b)와 같은 직선이 성립한다. 이 직선을 검정곡선(calibration curve)이라 하고 표준물질의 농도를 이용하여 작성한다. 이때 농도는 mol/L, g/L 혹은 다른 편리한 %농도를 이용할 수 있다.

그림 6-2(a)는 농도에 대한 투광도 측정값을 점시(plot)한 결과이다. 즉, 투광도는 농도에 대하여 비례값을 나타내지 않는다. 그러므로 정량분석에 이용하지 않는다. 그림 6-2(b)는 농도에 대한 투광도 측정값을 점시한 결과이다. 이 경우에도 흡광도는 농도에 비례하므로($A \approx e$) 직선을 성립한다. 그림 6-2(c)는 흡광도와 투광도의 관계를, 즉 $A = -\log T = \log P_0/P$의 관계를 나타낸 결과이다. 그림 6-2(d)는 분광광도계를 이용하여 농도에 대한 투광도와 흡광도를 측정한 결과이다. 이 경우에 서로 반대로 나타나는 것에 주목하라. 자외선 및 가시선분광법은 흡광도를 이용하고, 적외선분광법은 투광도를 측정하여 이용한다.

일반적으로 분광광도계를 이용하여 정량할 때는 UV-VIS범위에서 흡광도를 읽고 투광도는 읽지 않는다. 투광도는 그림 6－2(a)처럼 직선이 성립되지 않기 때문이다. 흡광도는 유효숫자 3개 이상 얻게 항상 0.100 이상의 값을 읽어야 한다. 그리고 용액이 너무 진하면 직선이 성립되지 않고 직선에서 벗어나 곡선으로 변한다.

Beer 법칙은, 첫째 너무 진한 농도일 때 성립되지 않는다(Debye－Hückel 법칙). 일반적으로 0.01M 이상의 용액 중 화학종 간의 평균거리는 더 묽은 용액상태보다 더 가깝기 때문에 화학종 간의 전하분포 변화가 생겨 몰흡광계수는 작아진다. 이러한 원인 때문에 직선으로부터 음수의 오차를 발생한다. 예를 들어 methylene blue 같은 색소와 클로로필 같은 거대분자는 단위체(monomer)들이 회합하여 집합체(oligomer)로 변한다. 용매를 바꾸거나 농도를 묽히면 집합체는 해리되어 단위체로 변하므로 기대하는 Beer 법칙에서 크게 벗어난다. 둘째는, 굴절률 변화에 따라 몰흡광계수 ε값이 변한다. 굴절률은 진한 농도일수록 큰 값을 가지며 농도에 비례한다. 셋째는 화학적 편차 때문에 Beer 법칙에서 벗어난다. 예를 들어 $Cr_2O_7^{2-}$이온은 산성에서, 그리고 CrO_4^{2-}이온은 염기성에서 생긴다. 산성에서 염기성용액으로 변화하면 용액의 농도는 2배로 증가하고, 그 반대이면 2배로 감소한다. 이와 같은 현상은 용액의 산－염기농도를 일정하게 유지하는 것이 대단히 중요하다는 사실을 설명하고 있다. 넷째, 다색복사선(polychromatic radiation)의 영향에 의한 편차이다. 그림 6－3(a)는 어떤 물질에 대한 흡수 스펙트럼이다. 흡광도를 측정할 때 가장 큰 흡광도를 나타내는, 즉 가

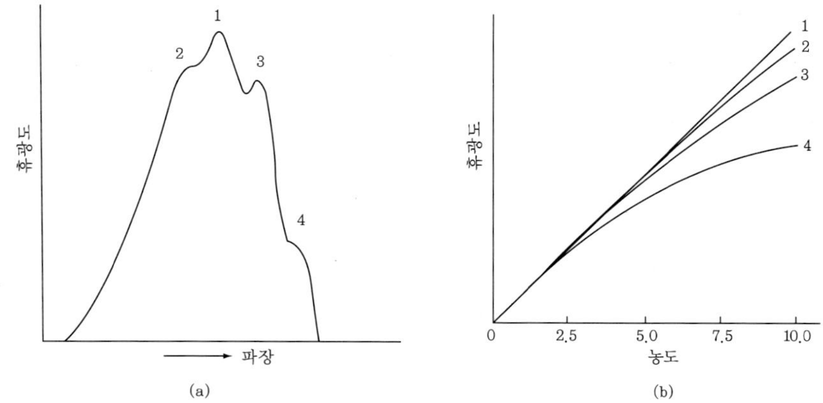

그림 6－3 ▸ Beer 법칙에서 벗어나는 몰흡광계수의 영향. (a) ε값의 크기 1>2>3>4. 1의 위치는 λ_{max}이다. (b) Beer 법칙에서 벗어남의 크기

장 큰 ε값을 갖는 1의 파장에서 측정하여야 그림 6−3(b)의 1에 상당하는 직선을 얻을 수 있다. 그렇지 않고 그림 6−3(a)의 2, 3, 4의 파장에서 측정하면 그림 6−3(b) 2, 3, 4와 같이 Beer 법칙에서 벗어난다. 다섯째는 산란광(scattering light)과 떠돌이 빛(stray light)에 의한 기기적 편차이다. 산란광은 기기 내부의 칠이 벗겨지거나 틈새를 통한 반사 산란광 때문에 생긴다. 출처불명의 빛을 떠돌이 빛이라 한다. 이들 빛은 시료용기를 통과하지 않고 직접 검출에 닿아 양수의 편차를 유발한다.

6.2 분광광도계의 장치

분광광도계는 광원 → 단색화장치 → 시료용기 → 검출기 → 계측기를 거치는 동안 빛살이 한 방향 혹은 두 방향으로 나누어지는가에 따라 홑빛살(single beam) 광도계 혹은 겹빛살(double beam) 광도계로 그림 6−4와 같이 분류한다. 겹빛살 광도계는

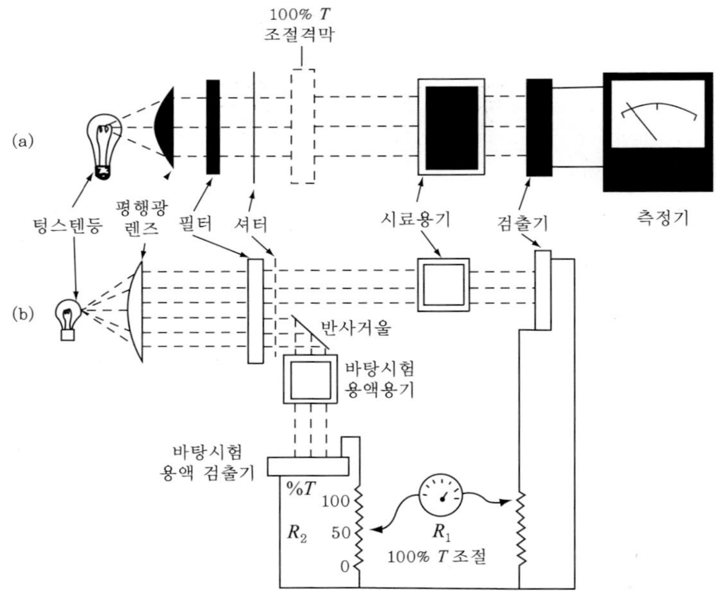

그림 6−4 ▸ 홑빛살과 겹빛살 광도계. (a) 홑빛살 광도계, (b) 겹빛살 광도계

항상 한 광원에서 나오는 복사선을 그림 6－4(b)처럼 반사거울을 이용하여 1/2을 반사하거나 혹은 빛살 반사기(chopper)를 이용하여 전체의 빛을 교대로 반사하는 방법을 이용한다. 2개의 검출기로부터 나오는 출력 차이를 증폭하여 계측기(meter) 혹은 기록기(recorder)로 나타낸다. 그림 6－5에서는 $\lambda_1 > \lambda_2$이다. 그리고 그림 6－5의 (a)와 (b)는 60°[cornu형 프리즘(bunsen형 단색화 장치)이라고도 한다] 프리즘[그림 2－

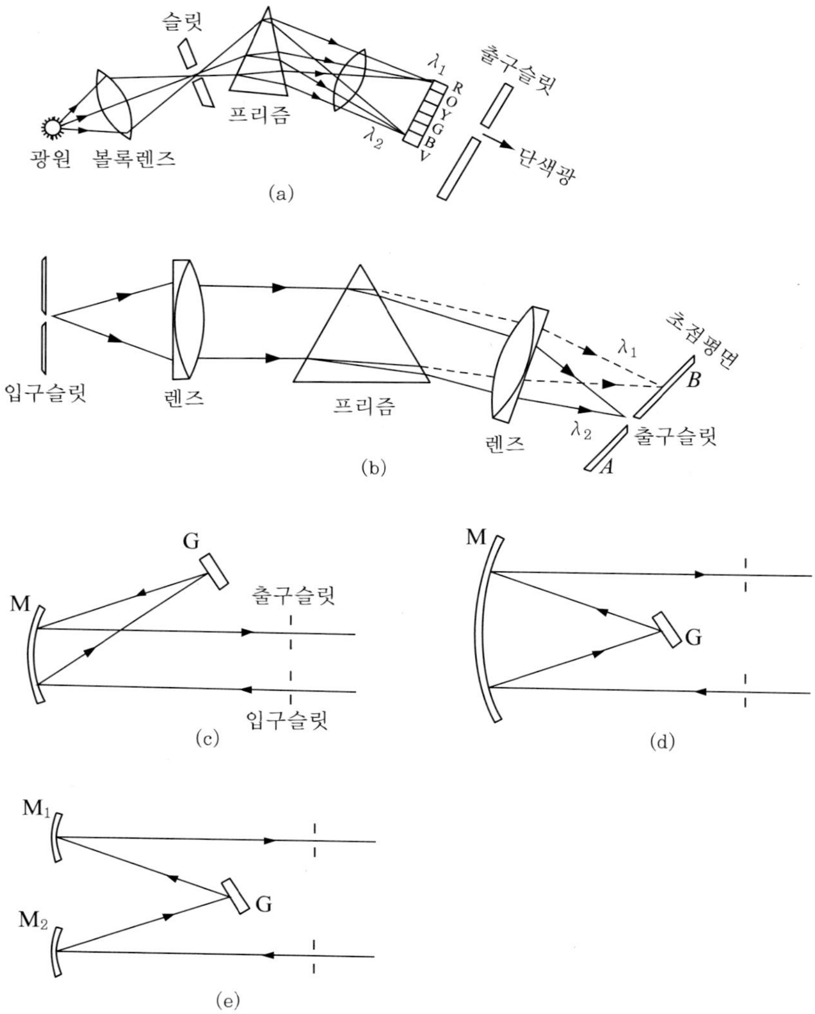

그림 6－5 ▸ (a) Cornus형 프리즘 단색화장치($\lambda_1 > \lambda_2$), (b) Bunsen형 단색화장치($\lambda_1 > \lambda_2$), (c) Littow형, (d) Ebert형, (e) Czerner－Turner형, G=회절발, M=거울

13(a)]이고, (b)는 bunsen형 단색화장치를 이용한 광도계이다. 30° 프리즘은 Littow형 [그림 2−13(b)]이라 한다. (c)(d)(e)는 회절발을 이용하여 단색광을 얻는 빛의 통로를 나타낸 그림이다.

실제로 광도계를 이용하여 파장을 자동적으로 변화하면서 스펙트럼을 주사(scan)할 때 프리즘이나 회절발의 각도를 변화하여 출구슬릿을 통해 단색광을 내보낸다. 즉, 프리즘이나 회절발의 각도변화는 파장변화를 의미한다. 그림 6−6은 가장 많이 판매

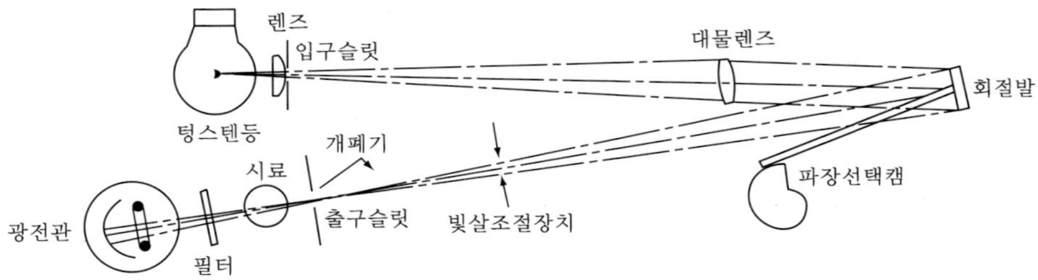

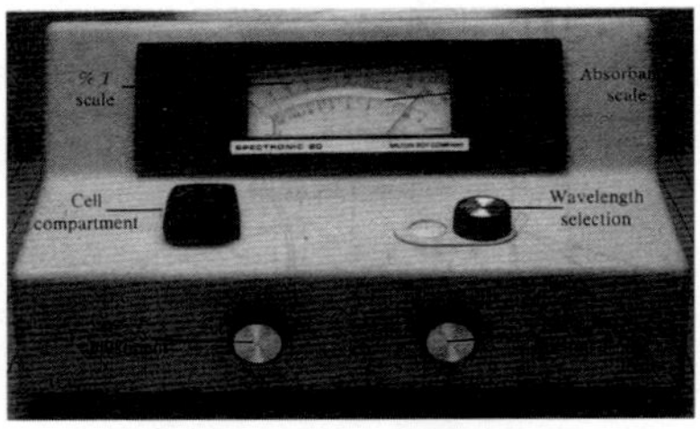

그림 6−6 ▸ Spectronic 20 분광광도계(한국 Won Corp. 제공)

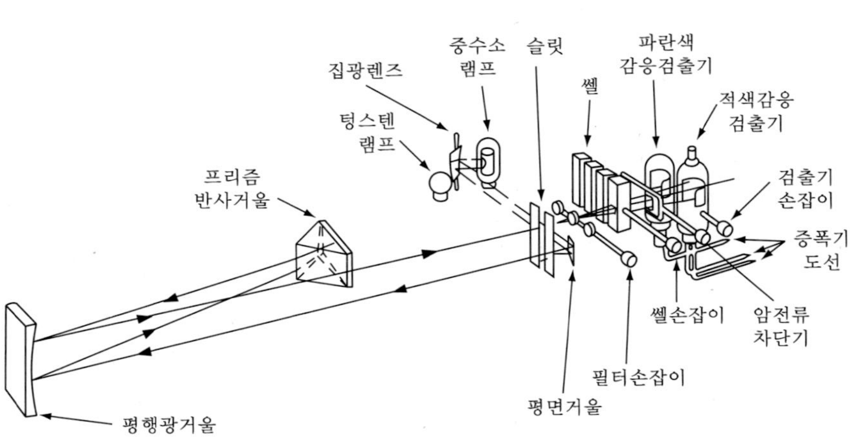

그림 6−7 ▸ Littrow형 프리즘 분광광도계(한국동영과학 제공)

된 간단한 spectronic 20 가시선 분광광도계이다. 회절발의 각도를 변화시키는 캠(cam)을 이용하여 파장을 변화하게 설계되어 있다.

그림 6－7은 Littrow형 프리즘(30°)을 이용하고 광원과 검출기는 가시선 범위의 텅스텐 램프와 빨간색 감응 검출기를, 그리고 자외선 범위의 중수소 램프의 광원과 파란색 감응 검출기를 장치한 분광광도계이다. 시료용기(cell)는 4개 들어 있다.

그림 6－8은 광섬유를 이용한 탐침(probe)형의 한 예이다. 광섬유는 그림 6－9와 같은 구조로 구성되어 있다. 광섬유를 이용할 때는 셀을 별도로 사용하지 않아도 흡광도를 측정할 수 있다.

측정하려는 시료용액이 담겨 있는 비커나 큰 탱크에 긴 줄로 연결한 거울이 달린 끝[이것을 탐침(probe)이라고 한다]을 담근다. 텅스텐 광원으로부터 빛이 광섬유를 통해 탐침으로 보내면 시료용액을 통과하고 거울에서 반사한 다음 다시 반사광 통로를 거쳐 증폭기－검출기로 들어간다. 탐침부분은 pyrex 유리 혹은 합성수지 등으로 만든다. 밀봉유리관과 거울면 사이는 1mm부터 10cm 간격을 갖는다. 빛의 통로길이는 빛이 거울에 닿은 다음 반사되므로 그림 6－8의 셀 길이는 2배로 곱한 길이에 상당한다. 측정장치는 연구실이나 편리한 장소에 설치한 다음 광섬유를 연결하고 먼 장소까지 탐침을 연장하여 측정할 수 있는 장점이 있다. 그림 6－10은 다중채널 분광광

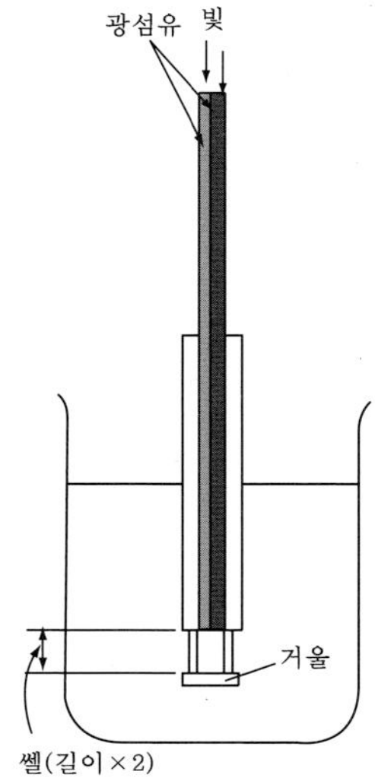

그림 6－8 ▸ 광섬유 탐침

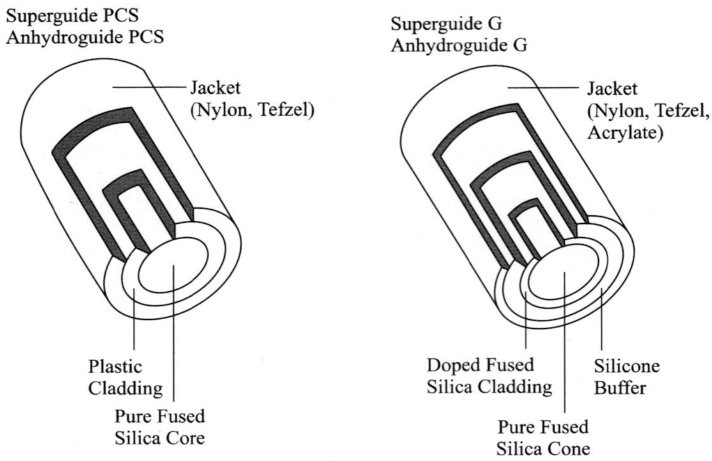

그림 6-9 ▸ 광섬유의 구조[한국 명진 크리스텍(주) 제공]

도계에 사용한 예를 든 그림이다.

분광광도법은 기기설계, 파장영역, 광원의 세기와 안정도, 검출기의 감도, 슬릿의 너비, 분석물질의 농도, 기기의 잡음(noise) 등에 의해 우발오차(accidental error)를 발생한다. 그 중에서 슬릿을 많이 열면 흡광도와 투광도에 영향을 주므로 항상 일정한 상태에서 실험하여야 한다. 자동적으로 슬릿너비를 조절하는 광도계는 광원의 광

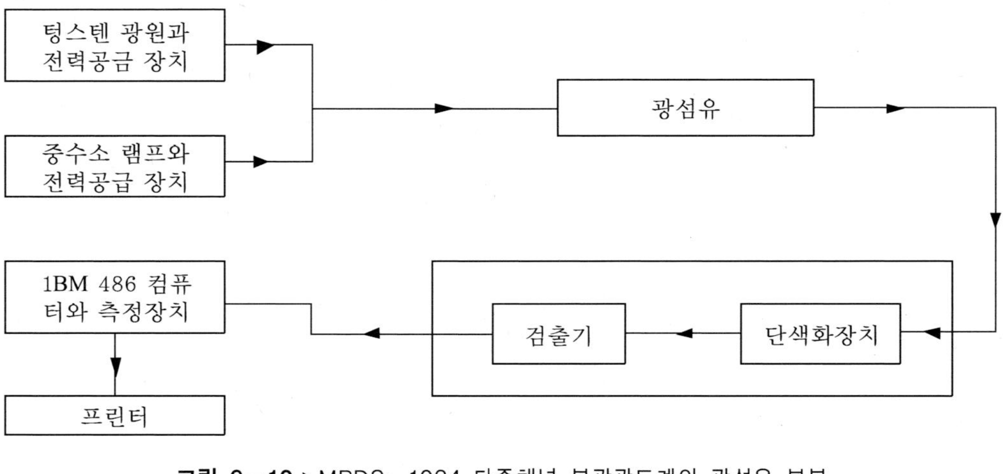

그림 6-10 ▸ MPDS-1024 다중채널 분광광도계의 광섬유 부분

량이 약하게 발광하는 파장부분에서 슬릿너비를 넓게 열고 세게 발광하는 파장부분에서는 슬릿너비를 좁게 열리게 조절되어 있다.

6.3 자외선과 가시선 분광광도계의 응용

6.3.1 화학종의 흡광원리

앞에서 Beer 법칙을 $A=abc$라고 설명할 때 a는 c흡광계수라는 용어를 사용하였다. 이때의 농도는 %, g/L 혹은 mg/L로 표시한다. 또 한편으로는 농도를 mol/L라는 용어로 표시할 수 있다. 이때는 mol/L 용액의 흡광량이라는 뜻에서 몰흡광계수(ε)라고 한다. 실제로 1mol/L 농도는 너무 진해서 측정할 수 없으므로 일반적으로 10^{-3}~10^{-6} mol/L 정도로 묽힌 용액을 이용하여 측정한 다음 묽힌 배수만큼 다시 곱하면 1mol/L 용액이 셀 속에 들어 있을 때의 몰흡광계수값을 구할 수 있다. 즉, 어떤 화학종이 들어 있는 1.00×10^{-3}mol/L 용액의 흡광도값이 0.234일 때 1/1,000mol/L로 묽혔으므로 1mol의 ε는 $0.234\times1,000=234$이고, 어떤 화학종이 들어 있는 1.00×10^{-6} mol/L 용액의 흡광도값이 0.156일 때 1mol 용액은 $0.156\times10^{6}=1.56\times10^{5}$의 ε값을 갖는다. 이와 같이 몰흡광계수는 화합물에 따라 0~10^{5}까지 변하고, 큰 몰흡광계수 화학종은 빛(광자)를 많이 흡수한다.

M이라는 화학종이 어떤 에너지의 복사선을 흡수하면 다음과 같이 들뜬다.

M	+	빛	→	M^*
바닥상태의 분자				들뜬상태의 분자

이때 분자는 10^{-8}~10^{-9}s 동안 들뜬 다음 다시 흡수한 에너지와 똑같은 에너지를 열 혹은 복사선으로 내보내면서 바닥상태로 되돌아간다.

$$M^* \quad \rightarrow \quad M + \text{에너지}$$

이 과정을 이완과정(relaxation process)이라고 한다. 이완과정에서 내 놓은 에너지는 열 혹은 빛이다(그림 2－6 참조). 이때 열 혹은 빛은 너무 적은 양이므로 측정할 수 없다. 흡광도측정법은 첫 번째의 들뜨기 과정(M+에너지→M^*)에서 일정한 파장을 갖는 빛을 M에 쪼인 다음 M에 의해 흡광되고, 남은 투과광의 양을 측정하여 M이 들뜰 때 필요한 에너지를 측정한다.

셀에 들어 있는 화학종은, 첫째 폼알데하이드 분자(그림 6－11)처럼 분자의 비결합전자(n), 단일결합전자[σ(시그마)전자], 이중 혹은 삼중결합전자[π(파이)전자]들이 빛을 흡수하여 들뜬상태로 변한다. 둘째, d와 f오비탈 전자의 들뜸(excitation) 및 전하이동(charge－reansfer)전자의 들뜸은 서로 구별하여 나타난다. π, σ, n 전자는 그

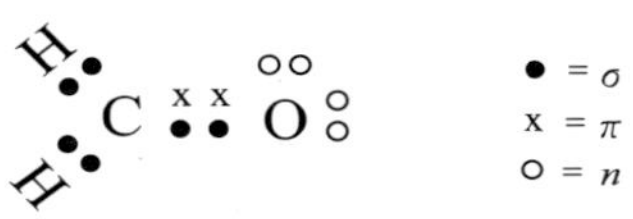

그림 6－11 ▸ 폼알데하이드(formaldehyde)분자의 전자구조

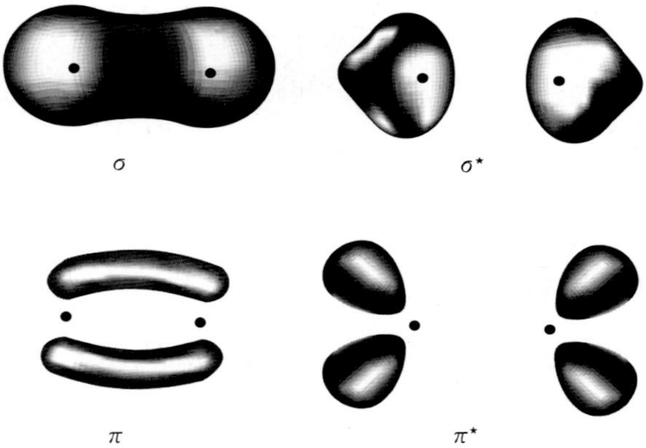

그림 6-12 ▸ 결합성 σ와 π전자의 반결합성 상태전이

림 6－11처럼 각기 분자오비탈의 이중 및 삼중결합전자, 단일결합전자, 비결합전자를 지칭한다. 결합성 σ와 π전자들이 에너지를 흡수하면 그림 6－12 형태의 반결합성 전자(*로 표시)로 들뜬다. 이들의 MO 전자들이 에너지를 흡수하면 그림 6－13처럼 각기 에너지 간격이 서로 다른 반결합성 σ*와 π* 에너지 전자로 들뜬다. 키톤 분자를 예로 든 전자의 전이는 그림 6－14와 같다(전자전이 상태에 유의하라). $\sigma \to \sigma^*$ 전이는 180nm 이하의 센 에너지를 갖는 진공자외선을 흡수하는 경우에 나타난다. $n \to \sigma^*$ 전이는 150~250nm 영역의 복사선을 흡수할 때 200nm 이하의 흡수봉우리(absorption peak)를 나타낸다.

$n \to \pi^*$ 전이와 $\pi \to \pi^*$ 전이는 자외선 및 가시선을 흡수한 다음 200~700nm 영역에 흡수봉우리를 나타낸다. 유기화합물의 발색단(chromopore, 이중결합전자, 삼중결합전자, 비결합전자를 갖는다)도 이 영역에서 흡수봉우리를 나타낸다. 그러므로 화합물의 전자구조를 보면 자외선과 가시선 영역에서 흡수봉우리가 나타날 것인가의 여부를 짐작할 수 있다. 화합물이 색을 띠면 가시광 영역에서 흡수 스펙트럼을 나타낸다. 방향족 화합물의 발색단과 함께 조색단(auxochrome, －OH, NH_2 , －SH 등)이 결합되어 있으면 조색단 그 자체는 흡광하지 않는 작용기이지만 발색단의 흡수봉우

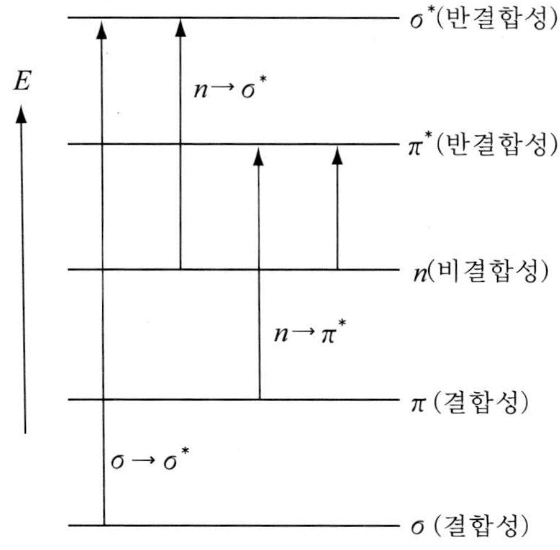

그림 6－13 ▸ 분자오비탈의 에너지 준위와 오비탈 간 가능한 전자전이

리 세기를 증가하게 만들고, 긴 파장 쪽으로 이동하게 만든다. 그 이유는 π^* 에너지 상태를 안정화하여 에너지를 낮게 만들기 때문이다.

유기용매에 어떤 화합물을 녹일 때 용매 유기화합물의 전자 간 상호작용에 따라 최대 흡수파장(λ_{max})은 짧은 파장쪽 이동(hypsochromic shift 혹은 blue shift) 혹은 긴 파장쪽 이동(bathochromic shift 혹은 red shift)을 나타낸다. 이것을 용매효과(solvent effect)라고 한다. 예를 들어 첫째 $n\rightarrow\sigma*$ 전이는 용매의 극성이 클수록 (H_2O, Et－OH 등) λ_{max}은 짧은 파장쪽으로 이동한다. 그 이유는 비결합전자와 극성용매의 수소원자 간에 수소결합을 생성하여 비결합전자는 안정화되고 에너지는 낮아지기 때문이다. 둘째 $n\rightarrow\pi*$ 전이와 $\pi\rightarrow\pi*$ 전이는 용매의 극성이 클수록 λ_{max}은 짧은 파장쪽으로 30nm까지도 이동한다. 이것은 $n\rightarrow\sigma*$와 같은 이유 때문이다. 유기화합물은 Woodward rule에 의하여 컨쥬게이션(conjugation)에 따라 λ_{max}의 이동을 예상할 수 있다. 그러므로 어떤 화합물의 λ_{max}을 측정할 때는 용매의 조성에 따라 변하므로 조심하여야 한다. $n\rightarrow\pi*$ 전이는 ε값이 10~100, $n\rightarrow\sigma*$ 전이는 100~3,000이고 $\pi\rightarrow\pi*$ 전이는 1,000~10,000이다. ε값이 클수록 복사선을 많이 흡수하고 검정곡선의 기울기 각도값이 크므로 광도법으로 정량하기에 적당하다. 무기화합물은 음이온의 경우에 $n\rightarrow\pi*$ 전이에 의해 200~400nm 영역에서 흡수봉우리[질산(313nm), 탄산(217nm), 아질산(360, 280nm) 아지드(230nm)]를 나타낸다. 첫째와 둘째 전이원소들은 $3d$와 $4d$ 전자의 흡광에 의해, 그리고 란탄족과 악틴족은 $4f$와 $5f$ 전자의 흡광에 의해 흡수봉우리를 나타낸다.

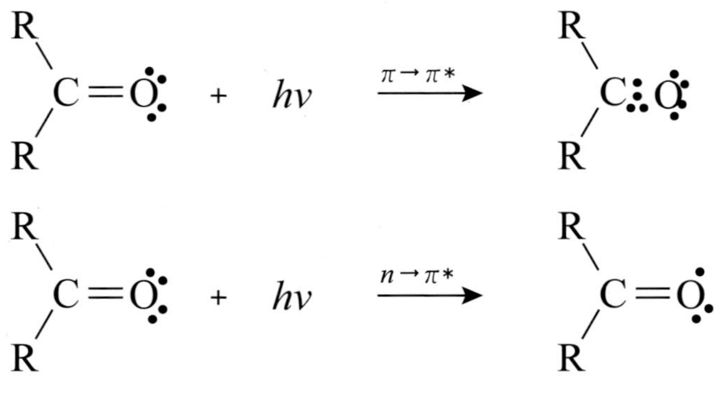

그림 6－14 ▸ 키톤 분자의 $n\rightarrow\pi*$와 $\pi\rightarrow\pi*$ 전이

전하이동흡수(charge transfer absorption)는 ε값이 크므로(>10,000) 정량분석에 많이 이용한다. 전하이동 착물(complex)은 착물의 성분이 전자주개와 전자받개의 성질을 가져야 한다. 리간드(전자주개)의 전자들이 들어 전자받개로 작용하는 금속이온(전자받개)의 오비탈로 이동할 때 흡수 스펙트럼이 나타난다. 그러나 Cu(I)/ 혹은 Fe(Ⅱ)/*o*－phenanthroline 착물은 리간드들이 받개이고, 금속이온이 주개이다. 들뜬상태에서 이와 같은 전자이동 착물 생성은 산화－환원과정의 생성물이라고 설명할 수 있다.

정량분석에 이용하는 거의 모든 광학기기 분석방법은 Beer 법칙에 기본을 두고 있다. Beer 법칙을 적용하려면 우선 정량하려는 화학종이 빛을 흡수하여야 한다. 예를 들면 용액 중에 Fe(Ⅱ), Ni(Ⅱ), Cu(Ⅱ) 이온이 소량 녹아 있을 때 가시선을 대단히 약하게 흡수하지만 철은 *o*－phenanthroline, 니켈은 dimethylglyoxime, 구리는 diethyldithiocarbamate 등을 착화제(complexing agent)로 넣고 착물로 만들면 가시선 영역에서 세게 흡광하는 화학종으로 변한다.

화학종을 정량분석하려면 첫째 화합물의 최대흡수파장(λ_{max})을 알아야 한다. 그림 6－3의 4처럼 λ_{max}이 아닌 파장에서 측정하면 우선 파장을 설정할 때마다 생기는 약간의 오차 때문에 큰 흡광도의 오차를 발생하고, 검정곡선의 기울기도 변한다. 둘째, 정량하려던 화학종의 흡수 스펙트럼은 용매의 종류, pH, 온도, 농도, 방해물질의 존재 등에 따라 영향받으므로 정량실험할 때마다 항상 실험조건을 같게 유지하여야 한다. 실험하는 조작순서도 같은 방법으로 되풀이하여야 한다. 셋째 흡광도를 측정하는 셀은 재질의 굴절률 때문에 가시선 영역에서 유리셀을 이용하고 자외선 영역에서 석영셀을 이용하되 긁히거나 부식되지 않도록 조심하고 오물이 묻어 있으면 솜으로 제거하거나 적당한 용매를 묻힌 렌즈 닦는 종이로 닦아 제거한다. 셀 속의 용매를 건조하려면 전기건조기에 넣을 때 팽창계수의 차이 때문에 파손될 우려가 있고, 팽창계수 때문에 빛의 통로길이에 오차를 발생한다. 또한 그와 같이 건조할 필요도 없다. 물이 묻어 있으면 알코올이나 아세톤으로 가셔낸 다음 헤어드라이어로 건조해서 사용한다. 또는 측정하려는 시료용액이 충분하면 시료용액으로 셀을 3~4번 헹군 다음 측정한다. 빛이 통과하는 방향의 유리면에 손이 닿지 않게 주의한다. 즉, 빛이 통과하지 않는 면을 잡아야 한다.

6.3.2 검정곡선을 이용한 정량방법

(1) 최대흡수파장(λ_{max})의 확인

정량방법에 제시한 λ_{max}값을 그대로 이용하지 말고 사용하려는 기기를 이용하여 다시 확인해야 한다. 왜냐하면 각 기기마다 약간씩 기기오차를 갖기 때문이다. 우선 분광광도계에 전기를 연결하고 광원 스위치를 연결한다. 약 5분간 warming-up한 다음 바탕시험용액이 들어 있는 셀을 넣고 투광도를 100% 되게 조절한다. 그 다음에 바탕시험용액 대신에 측정하려는 시료용액이 들어 있는 셀을 넣고 λ_{max}에 파장을 설정하고 파장 조절기를 돌리면서 최대의 흡광도를 나타내는 파장을 측정하여 기록한다.

(2) 검정곡선의 작성

정량분석할 때마다 바탕시험용액을 반드시 만들고, 이것을 대조액으로 사용하여야 한다. 바탕시험용액은 시료를 분석조작할 때 시료를 포함하지 않은 별도의 같은 크기의 비커를 준비한 다음 시료조작 순서와 똑같은 분석조작을 거쳐 만든 용액이다. 예를 들어 시료를 포함하지 않을 뿐이지 시료를 녹이는 산이나 알칼리 용액의 mL수, 끓이는 시간, 방치하는 시간, 시약을 넣는 순서, 묽혀주는 방법, 추출방법 등을 똑같게 거치면서 만든 다음 이것을 바탕시험 용액으로 사용한다. 분별없이 증류수나 유기용매 등을 바탕시험용액으로 사용하지 않아야 한다. 일정한 표준시료를 취하고 녹여 묽힌 다음 6개 메스플라스크에 표준시료용액을 일정량씩 취하여 넣는다. 이때 한 메스플라스크에는 바탕시험용액을 넣는다. 표준시료용액을 취하여 넣을 때 한 번씩만 피펫으로 취하여 넣는다. 예를 들어 15mL 필요할 때 10mL와 5mL의 2개 피펫을 사용하면 측정오차를 발생하여 검정곡선(calibration curve)이 성립되지 않는 경우도 있다.

표준시료용액과 바탕시험용액을 정확하게 취하여 넣고 정량방법의 조작순서에 따라 조작을 완료한 다음 바탕시험용액을 셀에 넣고 미리 측정한 λ_{max}에 분광광도계의 파장눈금을 설정한 다음 투광도 눈금을 100% 되게 조절한다. 그 다음에 6개 메스플라스크에 들어 있는 표준시료용액을 차례로 셀에 넣고 흡광도를 측정하여 기록한다. 모눈종이를 이용하여 x축에 표준시료용액의 농도값을 놓고, y축에 흡광도값을 놓는다. 표준시료용액의 농도값에 대한 각 흡광도를 점시하여 그림 6－15와 같은 검

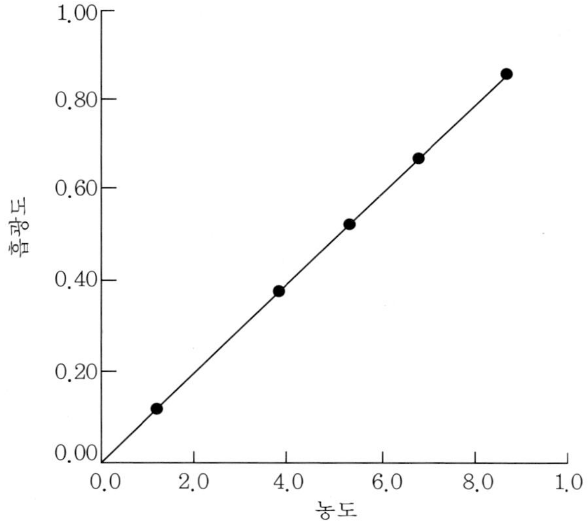

그림 6-15 ▸ 검정곡선

정곡선을 구한다. 흡광도값이 0.1 이하의 경우는 작은 유효숫자를 가지므로(2개 이하) 너무 묽은 용액의 이용을 피하여야 한다. 용액이 너무 진하면 흡광도를 점시한 검정선이 곡선으로 변하므로 곡선을 형성하는 부분의 이용을 피하여야 한다. 검정선은 이용할 수 있는 실험부분만 직선으로 나타내고, 이용할 수 없는 부분(흡광도가 0.1 이하 되는 부분과 곡선으로 되는 부분)은 점선으로 연결한다. 검정선은 45°의 물매(slope)값을 갖는 것이 이상적이고 항상 λ_{max}값도 함께 기입하는 것이 바람직하다.

시료물질을 정량할 때는 정량방법의 조작순서와 똑같이 시료를 처리하여 조작한다. 다음에 검정선을 작성할 때와 같은 λ_{max}에서 흡광도를 측정한다. 그 다음에 검정곡선에서 측정한 흡광도에 대한 농도값을 x축에서 읽고 함량을 계산한다.

6.3.3 표준물 첨가를 이용한 정량방법

검정곡선을 이용한 흡광도법 정량은 일상분석(routine work)할 때와 시료물질에 포함된 성분 화학종이 방해하지 않을 때 편리하게 이용할 수 있는 방법이다. 검정곡선은 순수한 물질을 이용하여 작성한다. 그러나 토양, 광석, 금속 등의 성분을 분석할 때 방해성분의 영향을 많이 받는다. 이러한 경우에 표준물첨가법(standard addition method)을 이용하면 오차를 줄이면서 정확하게 정량할 수 있다. 표준물첨가법은 두 가지 방법을 이용할 수 있다. 첫째 방법은 실험적 방법이다. 같은 부피의 시료용액을 6개 이상의 메스플라스크에 취하여 넣고 표준용액을 각기 다르게 일정량씩 첨가한 다음 일정한 부피로 묽혀 측정하는 검정곡선 방법이다. 이 방법은 시료용액이 충분한 경우 이용하는 방법이다. 둘째 방법은 계산법이고, 시료용액의 충분하지 않는 경우에 이용할 수 있는 계산방법이다. 시료용액을 한 번 취하여 측정하고 여기에 표준용액을 일정량씩 계속해서 조금씩 첨가하면서 측정하는 방법이다.

표준물첨가법을 이용하는 계산방법은 다음과 같다. 농도를 알 수 없는 시료용액(C_x)의 일정부피(V_x)에 한 번 취하여 메스플라스크(V_t)에 넣고 표준용액의 부피(C_s)를 V_d씩 증가하면서 넣고 발색시켜 흡광도를 측정한다. 이때의 흡광도 A_s는 식 (6－4)와 같다. 여기에서 ε는 몰흡광계수이다. 하첨자 s는 표준용액, 그리고 x는 시료용액을 표시한다. b는 셀의 길이(1.0cm)이다. 식 (6－9)에 따라 시료용액의 농도를 계산한다. 계산방법이 복잡하면 일상분석 할 때 다음에 설명하는 실험법으로 정량할 수 있다.

$$A_s = \frac{\varepsilon b V_x C_x}{V_t} + \frac{S_b V_s C_s}{V_t} \qquad (6-4)$$

A_s를 V_s의 함수로 도시하면 직선이 성립한다.

$$A_s = m V_s + b \qquad (6-5)$$

여기에서 기울기 m과 교점 b는 다음과 같다.

$$m = \frac{\varepsilon b C_s}{V_t} \qquad (6-6)$$

그리고

$$b = \frac{\varepsilon b V_x C_x}{V_t} \qquad (6-7)$$

그리고

$$\frac{b}{m} = \frac{V_x C_x}{C_s} \tag{6-8}$$

그러므로

$$C_x = \frac{b C_s}{m V_x} \tag{6-9}$$

표준물첨가법을 예를 들면 다음과 같다.

표준물첨가법에서 검정곡선을 이용하는 방법은 다음과 같다. 첫째는 일정부피의 시료용액만 흡광도를 측정한다. 두 번째부터는 표준용액을 일정량씩 증가하면서 시료용액에 첨가한 다음 흡광도를 측정한다. 적어도 6개 이상 시료용액+표준물첨가용액을 만들어 흡광도를 측정한다(그림 6−16처럼). 모눈종이의 y축에 흡광도값을 취하고 농도는 x축에 취한 다음 점시하면 그림 6−16과 같은 모양의 그래프를 얻는다. 시료용액은 이미 측정성분을 포함하므로 그래프의 y축은 0에서 벗어난 값이 나타난다. 직선을 점선으로 외연장하여 x축과 만나는 점이 시료용액에 함유된 성분의 값[바탕

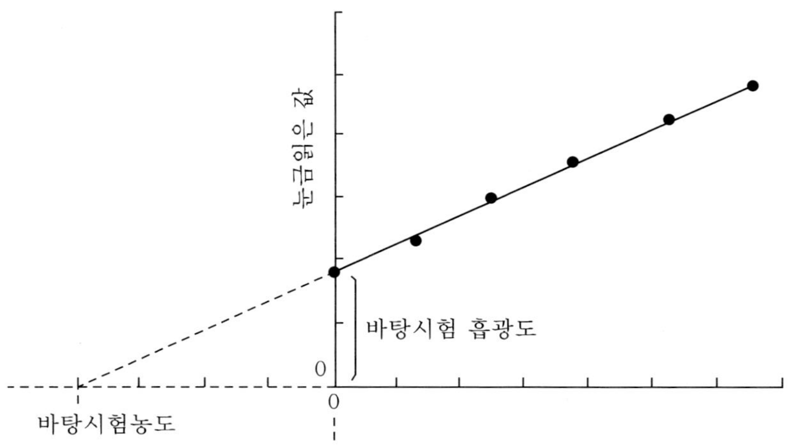

그림 6−16 ▸ 표준물첨가법에 의한 검정곡선

시험값(background value)]에 해당하는 농도이다.

표준물첨가법은 기기분석의 모든 분석방법에 사용할 수 있는 방법이다. 그 중에서도 특히 원자방출분광법과 유도쌍 플라스마분광법 등에 중요하게 응용한다. 표준물첨가법은 특히 매트릭스 효과(matrix effect, 매트릭스가 정량분석에 미치는 영향)의 평가와 미량분석에 좋은 방법이다. 매트릭스(matrix)는 분석성분을 제외한 시료의 모든 성분을 뜻한다. 그러나 이 방법도 검정곡선의 직선이 성립되는 농도범위 내에서 정량하여야 한다.

예 제 그림 6－16의 값을 직선방정식($A = mx + b$)에 대입할 때 b는 0.2412이고 m =0.03820이라 하면 흡광도 A는 얼마인가.

▸ 풀 이

$$A = 0.03820\,V_s + 0.2412$$

이 값을 $C_s = bC_s / m\,V_x$에 대입하면 다음과 같다.

$$C_x = \frac{0.2412 \times 11.1}{0.03820 \times 10.00} = 7.01\,\text{ppm Fe(II)}$$

6.3.4 착물의 조성측정

착물의 조성을 연구할 때 착물의 합성에 참여하는 물질의 조성비를 변화시키면서 λ_{max}에서 흡광도를 측정하여 조성을 결정할 수 있다. 이때 연속변화법(continuous variation method), 몰비법(molar ratio method), 기울기법(slope ratio method)을 이용할 수 있다. 그 중에서 연속변화법으로 가장 확실하게 조성을 결정할 수 있다. 몰비법은 착물의 해리도값이 클 때 조성비가 확실하게 나타나지 않는다. 이들의 방법을 이용할 때 금속이온과 리간드(ligand)의 λ_{max}은 착물의 λ_{max}과 겹치지 않아야 하고 서로 겹치는 경우는 이 방법을 이용할 수 없다.

(1) 연속변화법

M(금속이온)과 L(리간드)이 결합하여 ML_n 착물을 생성할 때 조성이 복잡하면 성분비는 결정하기 어렵다. 이온결합 화합물의 경우는 생성된 염을 건조한 다음 성분을 분석하여 성분비를 알 수 있다. 그러나 예를 들어 $[Fe(SCN)]^{2+}$의 경우는 $[Fe(SCN)]Cl_2$와 같은 염을 생성하므로 성분비를 알기 어렵다. 그러나 분광법을 이용하면 한 가지 화학종만 생성할 때 편리하게 조성과 생성상수를 결정할 수 있다. 예를 들어 $Fe_2(SO_4)_3$염과 KSCN염을 각기 1.0×10^{-5}mol/L 되게 0.1M 질산용액에 녹인다. 두 가지 용액을 10 : 0, 9 : 1, 8 : 2, 7 : 3, 6 : 4, 5 : 5, 4 : 6, 3 : 7, 2 : 8, 1 : 9, 0 : 10의 몰비로 섞은 다음 $[Fe(SCN)]^{2+}$ 착물의 λ_{max}=520nm에서 각 용액의 흡광도를 측정하여 점시(plot)하면 그림 6－17과 같다.

두 직선은 5 : 5, 즉 1 : 1 몰비에서 만난다. 그러므로 1 : 1 착물, 즉 $[Fe(SCN)]^{2+}$ 착물이다. 그림 6－17에서 A와 A_m 간의 흡광도 차이는 $[Fe(SCN)]^{2+}$의 해리도 때문에 생긴다. 이것을 이용하여 전체 해리도를 구하는 방법은 다음의 몰비법에서 설명한다.

(2) 몰비법

금속 M과 리간드 L이 ML 착물로 생성할 때 M의 농도는 일정하게 유지하면서 L 리간드 화합물 용액을 0, 1, 2, … 10의 몰비로 되게 첨가한다. 이 용액을 착물의 λ_{max}에서 흡광도를 측정한 다음 몰비를 x축에 놓고, y축에 흡광도를 취하여 점시하면 그림 6－18과 같다. 두 직선의 외연장선이 만나는 점에서 수직선과 x축이 만나

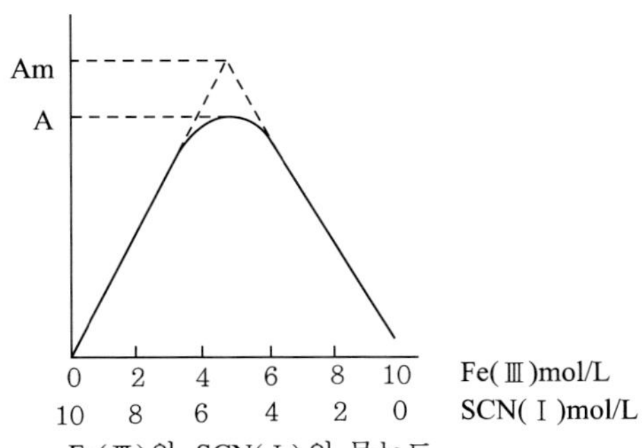

그림 6－17 ▸ 연속변화법

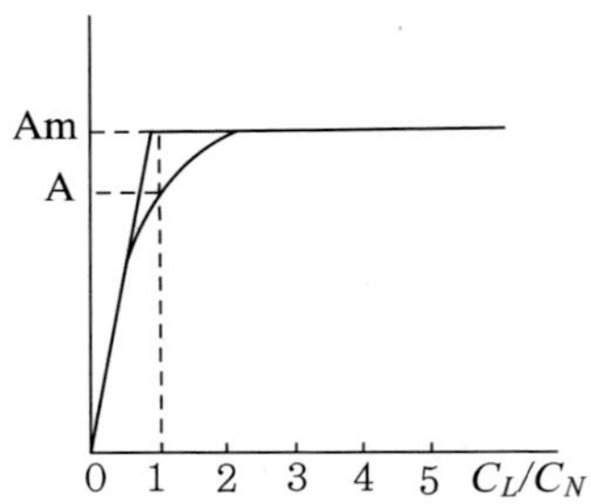

그림 6-18 ▸ 몰비법과 평형상수 측정

는 점이 착물생성의 몰비이다. 그러므로 1 : 1 착물을 생성한다. A_m은 착물이 전혀 해리되지 않는 경우를 가정할 때 흡광도이고, A는 해리되는 착물의 실제 흡광도이다. 그림 6-17처럼 그림 6-18도 A_m과 A의 차이는 착물의 해리도에 상당한다. ML 착물이 해리되지 않을 때 ML의 농도를 C라고 하면 C는 전체 금속이온농도 C와 같다. 그러므로

$$[\mathrm{ML}] = \frac{A}{A_m} \cdot C \qquad (6-10)$$

$$[\mathrm{M}] = [\mathrm{L}] = \mathrm{C} - [\mathrm{M\,L}\ _n] \qquad (6-11)$$

$$= C\left(1 - \frac{A}{A_m}\right)$$

이때 착물의 해리상수 K_a는 다음과 같다.

$$K_a = \frac{[\mathrm{M}][\mathrm{L}]}{[\mathrm{ML}]} = \frac{\left(1 - \frac{A}{A_m}\right)^2 C^2}{\frac{A}{A_m} \cdot C}$$

$$= \frac{\left(1 - \frac{A}{A_m}\right)^2}{\frac{A}{A_m}} \cdot C \qquad (6-12)$$

6.3.5 해리상수의 측정

HI의 산해리상수 K_a는 식 (6－13)과 같다.

$$K_a = \frac{[H^+][I^-]}{[HI]} \quad (6-13)$$

HI와 I^-의 흡광도는 각기 A_a와 A_b, 그리고 HI와 I^-이 함께 섞인 용액의 흡광도는 A, 그리고 해리되고 남은 HI농도는 $(1-x)$, 그리고 I^-의 농도를 x라고 하면 식 (6－14)가 성립한다.

$$A = A_a(1-x) + A_b x \quad (6-14)$$

그리고 다음과 같으므로

$$K_a = \frac{[H^+]x}{1-x}$$

$$x = \frac{K_a}{[H^+] + K_a} \quad (6-15)$$

식 (6－14)의 x에 대입하면

$$A = A_a\left(\frac{[H^+]}{[H^+] + K_a}\right) + A_b\left(\frac{[K_a]}{[H^+] + K_a}\right) \quad (6-16)$$

그러므로

$$K_a = \frac{A - A_b}{A_b - A}[H^+] \quad (6-17)$$

$(A - A_b) = (A_b - A)$, 즉 $A = (A_a - A_b)/2$일 때 $K_a = [H^+]$이고 pH로부터 pK_a를 구할 수 있다.

예를 들어 $1.0\times10^{-3}M$ 지시약 5mL를 취한 다음 각기 완충용액을 넣고 100mL 되게 묽혔다. λ_{max}=525nm에서 흡광도를 측정했을 때 다음과 같다고 가정하면 이 값은 그림 6－19와 같다.

pH	2.0	3.0	4.0	5.0	5.5	6.0	6.5	7.0	8.0	9.0
흡광도	0.69	0.69	0.69	0.61	0.48	0.28	0.11	0.02	0.01	0.01

염기성 해리상수 K_b는 식 (6－18)과 같다

$$K_b = \frac{[I^+][OH^-]}{[IOH]} \tag{6-18}$$

그림 6－19로부터 pOH=8.15이고, $K_b = 10^{8.15}$이다.

6.3.6 두 가지 혼합성분의 동시 정량

두 가지 성분이 혼합된 용액은, 첫째 각 성분의 표준용액을 이용하여 각 λ_{max}에서

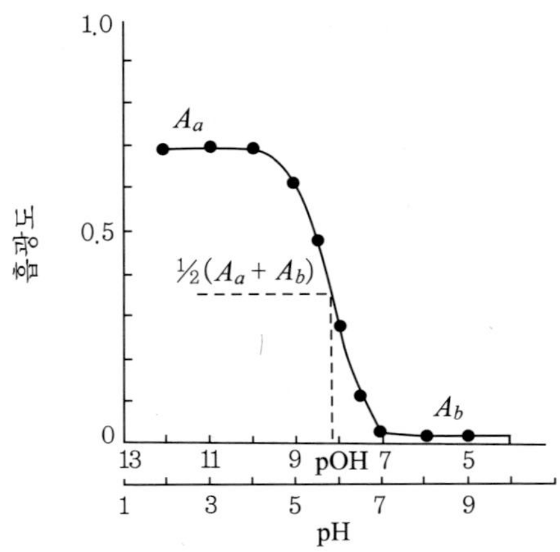

그림 6－19 ▸ 흡광도법에 의한 해리상수의 측정

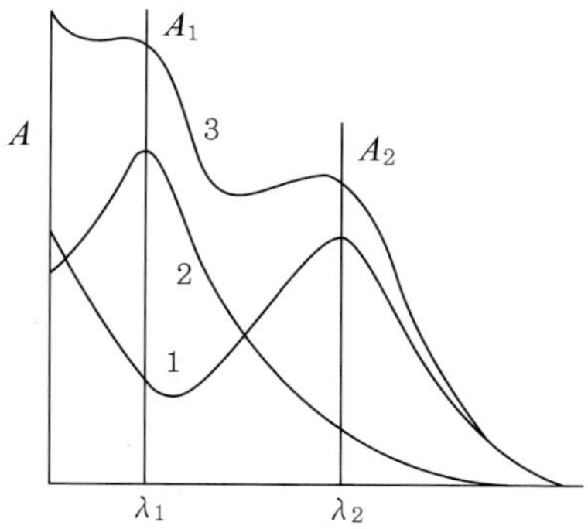

그림 6－20 ▸ 혼합성분의 흡수 스펙트럼

흡광도를 측정한 다음, 둘째 흡광계수를 계산한다. 셋째, 혼합용액 중 각 성분에 상당하는 λ_{max}에서 흡광도를 측정하고, 넷째 식 (6－19)와 (6－20)을 이용하여 각기 함량을 계산한다.

그림 6－20에서 흡수곡선 3의 λ_1과 λ_2 흡수봉우리에서 측정한 흡광도 A_1과 A_2를 곡선 1과 2의 흡광도를 합친 값이라고 할 때 x 성분의 농도를 C_x, λ_1에서 측정한 흡광계수를 ε_{1x}, 그리고 λ_2에서 측정한 흡광계수를 ε_{2x}라 하고 y 성분에 대한 각각을 C_y, ε_{1x}, ε_{2y}라 하고 셀의 길이를 1.0cm라고 가정하면 식 (6－19)와 (6－20) 같은 연립방정식이 성립한다. 이 식에서 ε값은 표준용액의 흡광도를 측정하여 계산한다. 미지수는 C_x와 C_y뿐이다.

예 제 니켈과 코발트의 과염소산염 혼합용액을 395와 510nm에서 흡광도를 각기 측정할 때 다음과 같은 값을 얻었다.

	농도(mg/L)	흡광도(395nm)	흡광도(510nm)
니 켈	3.07	0.225	0.013
코발트	1.17	0.015	0.127

과염소산 용액 중의 니켈과 코발트 혼합시료를 395와 510nm에서 흡광도를 측정한 값이 각기 0.140과 0.063일 때 각 성분의 농의 농도는 얼마인가.

▸ 풀 이

$$\varepsilon_1 = \frac{0.225}{3.07} = 0.073, \quad \varepsilon_2 = \frac{0.013}{3.07} = 0.004$$

$$\varepsilon_{1y} = \frac{0.015}{1.17} = 0.013, \quad \varepsilon_{2y} = \frac{0.121}{1.17} = 0.103$$

그러므로

$$C_x = \frac{\varepsilon_{2y} \cdot A_1 - \varepsilon_{1y} \cdot A_2}{\varepsilon_{1x} \cdot \varepsilon_{2y} - \varepsilon_{2x} \cdot \varepsilon_{1y}} \tag{6-19}$$

$$= \frac{0.103 \times 0.140 - 0.013 \times 0.063}{0.073 \times 0.013 - 0.004 \times 0.103}$$

$$= \frac{0.0136}{0.00747} = 1.82 \text{ mg/mL}$$

$$C_y = \frac{\varepsilon_{2x} \cdot A_1 - \varepsilon_{1x} \cdot A_2}{\varepsilon_{2x} \cdot \varepsilon_{1y} - \varepsilon_{1x} \cdot \varepsilon_{2y}} \tag{6-20}$$

$$= \frac{0.004 \times 0.140 - 0.073 \times 0.063}{0.004 \times 0.013 - 0.073 \times 0.103}$$

$$= \frac{-0.00404}{-0.00747} = 0.54 \text{ mg/mL}$$

6.4 실험

6.4.1 분광광도계의 감응과 스펙트럼 관찰

자동기록 분광광도계는 광원에서 나오는 파장변화와 파장변화에 따른 검출기의 감응 변화를 보정하려고 빛통로의 슬릿간격을 변화시켜 일정한 빛의 세기를 유지한다. 다시 말하면 빛이 약한 부분은 슬릿(slit)을 넓게 열고 빛이 센 부분은 좁게 열어 기록 종이에 빛의 세기를 일정하게 나타낸다.

그러나 자동기록장치를 갖추지 않은 수동식 광도계, 예를 들어 spectronic 20 같은 광도계는 광원에서 나오는 파장변화와 파장변화에 따른 검출기의 감응변화를 보정하는 장치가 없다. spectronic 20은 모든 파장에서 유효띠 20nm 되게 슬릿을 교정하였다. 이 실험은 수동식 광도계를 이용하여 검출기의 감응도를 측정하고 가장 예민한 감응을 나타내는 파장을 확인한다. 예를 들어 spectronic 20에 사용하는 광전관 표면은 세슘-안티모니 금속을 도포하였고 400nm 파장에 가장 예민하게 감응한다.

방법(1) 광전관 검출기의 감도

1. 광도계의 전원에 연결하고 스위치를 10분 이상 켜 놓고 예열한다.
2. 빈 시료셀의 뚜껑을 덮고 계기의 눈금이 0%T 되게 증폭기 조절 손잡이로 조절한다. 필요할 때마다 0%T 되게 조절한다.
3. 시료셀에 2/3 되게 증류수를 넣는다. 빛 조절기를 이용하여 광전관 검출기에 닿는 광량을 최소로 되게 조절한다. 빛 조절기는 V-모양이다. 이것을 앞뒤로 움직이면서 빛을 차단하거나 통과시켜 광량을 조절한다. 증류수를 넣은 시료셀을 광도계에 넣고 0%T 되게 조절한다.
4. 파장을 500nm에 고정한다.
5. 빛 조절기를 이용하여 눈금바늘이 90%T 되게 조절한다.
6. 파장조절기를 돌려 파장변화에 따른 감응도를 조사한다. 어느 파장에서 가장 세게 감응하는가를 측정한다. 그 파장에서 100%T 되게 조절한다.
7. 증폭기 조절기와 광량조절기를 더 이상 조절하지 말고, 350nm부터 5nm 간격으로 파장을 감소하면서 625nm까지 광전관 감응을 측정한다.
8. 모눈종이의 y축에 광전관 감응값, 그리고 x축에 파장을 취하고 각 값을 도시하라.

방법(2) 가시선 스펙트럼 관찰

1. 시료셀에 흰종이를 넣고 종이평면은 시료셀에 닿는 빛에 대하여 90° 위치 되게 놓는다.
2. 620nm부터 595nm까지 5nm씩 파장을 변화시키면 종이에 나타나는 색을 기록

한다. 이때 계측기의 바늘이 눈금을 넘지 않게 광량조절기로 빛의 세기를 감소하라.

3. 파장변화에 따른 색 이름을 표로 만들어라.

문제

1. 실험에 이용한 광도계는 어느 색에 가장 예민하게 감응하는가?
2. 광도계의 여러 가지 조절장치는 무엇에 이용하는가?
3. 유효띠 너비를 20nm로 일정하게 유지하고 실험하였다. 작은 감응도 부분은 슬릿을 넓게, 그리고 예민하게 감응하는 부분은 좁게 조절하면 파장변화에 따른 감응곡선은 어떻게 변하는가?

6.4.2 검량선 작성

실험

1. 0.005*M*에서 질산크로뮴(Ⅲ) 보관용액을 작은 비커에 약 100mL 취한 다음 4개 부피플라스크(25mL)에 각기 5, 10, 15, 20mL씩 취하여 넣고 눈금까지 물로 묽혀 0.0100, 0.0200, 0.0300, 0.0400*M* 되게 용액으로 만든다.
2. 0.1880*M* 질산코발트(Ⅱ) 모액을 작은 비커에 약 100mL 취한 다음 4개 부피플라스크(25mL)에 각기 5, 10, 15, 20mL씩 취하여 넣고 눈금까지 물로 묽혀 0.0376, 0.0752, 0.1128, 0.1504*M* 되게 용액으로 만든다.
3. 0.0100*M* 질산크로뮴(Ⅲ) 용액과 0.1504*M* 질산코발트(Ⅱ) 용액을 이용하여 6.4.1 방법(2)에 따라 가시선 영역에서 파장변화에 따른 흡광도 곡선을 그림 다음 흡수봉우리들이 나타나는 각 파장을 확인한다.
4. 각 질산크로뮴(Ⅲ) 용액(0.0100, 0.0200, 0.0300, 0.0400*M*)을 앞의 실험에서 확인한 각 흡수봉우리에서 흡광도를 측정한다. 한 장의 모눈종이에 y축에 흡광도, 그리고 x축에 농도를 취하여 각 흡수봉우리에서 측정한 값으로 0점을 지나는 검정곡선을 그린다. 실험점 이상은 연장하지 않는 것이 원칙이다. 검정곡선의 기울기는 45°에 가까울수록 오차값이 작다.
5. 각 질산코발트(Ⅱ) 용액(0.0376, 0.0752, 0.1128, 0.1504*M*)은 앞의 코발트 용

액 측정에서 확인한 각 흡수봉우리에서 흡광도를 측정한다. 한 장의 모눈종이에 y축에 흡광도, 그리고 x축에 농도를 취하여 각 흡수봉우리에서 측정한 값으로 0점을 지나는 검정곡선을 그린다. 실험점 이상은 연장하지 않는 것이 원칙이다.

6. 0.0500M 질산크로뮴 용액 20mL과 0.1880M 질산코발트 용액 20mL를 비커에 취하여 섞은 다음 파장변화에 따른 흡광도 곡선을 그린다. 각 흡수봉우리를 실험 4와 5의 흡수봉우리와 비교하여 어떤 화학종에 속하는 봉우리인가를 확인하라.

문제

1. 어떤 흡수봉우리를 이용하여 검정곡선을 그리는 것이 가장 좋은가? 그 이유는 무엇인가?
2. 두 가지 혼합용액을 흡광광도법으로 정량하는 방법을 설명하라.
3. Beer 법칙을 설명하라.

6.4.3 착이온의 조성과 해리도상수 측정

연속변화법으로 Fe(Ⅲ)－sulfosalicylate 착물의 조성과 해리상수를 측정한다.

방법 1

0.01M sulfosalicylic acid(용액 A)와 0.01M 질산철(Ⅲ)(용액 B)를 다음처럼 섞고 0.01M 과염소산 용액으로 50mL 되게 묽힌다.

A		B	A		B
1mL	+	9mL	7mL	+	3mL
3mL	+	7mL	9mL	+	1mL
5mL	+	5mL			

20분 후에 5mL+5mL 혼합용액을 가시선 범위에서 증류수를 바탕용액으로 이용하여 파장변화에 따른 흡광곡선을 측정하라. 최대흡수파장은 어떤 파장에서 나타나는가?

최대흡수파장에서 증류수를 바탕용액으로 사용하여 다섯 가지 용액의 흡광도를 측정하고, 그림 6－17처럼 연속변화법 곡선을 그려라.

문제

1. 실험에서 얻은 연속변화법 곡선으로부터 식 (6－12)를 이용하여 착물의 해리상수를 계산하라.
2. 연속변화법과 몰비법의 장단점을 비교하라.
3. 이 실험은 왜 산성용액에서 실시하는가?

6.4.4 인(V)의 흡광광도법 정량

인(V)은 phosphovanadomlybdate(황색)로 만들어 정량하는 방법과 phosphomoliybdate를 청색으로 환원하여 정량하는 방법이 있다. 다음에 각 정량방법을 소개한다. 이것을 읽은 다음 검량선을 작성하고 최대흡수파장을 확인하고 폐수시료 중 인을 정량하라.

1. phosphovanadomolybdate 착물(황색)을 이용한 정량법

이 방법은 V(V)와 Mo(VI) 존재하에서 인산은 황색착물을 만든다. 0.5~1N, 질산, 인산, 과염소산, 그리고 황산 중에서 발색한다.

시약

5% ammonium molybdate 용액

ammonium vanadate : 2.5g을 따뜻한 500mL 물에 녹이고, 식힌 다음 질산 20mL를 넣고 1L 되게 묽힌다.

방법

1~20ppm 인을 함유하는 중성시료 용액에 6M HNO_3 10mL, vanadate 용액 10mL, molybdate 용액 10mL를 넣고 100mL 되게 물로 묽힌다. 30분 후 460nm에서 측정한다. 이 착물은 butylol, amylol, benzylol, cyclohexanol, ethyl acetate

로 추출하여 정량할 수도 있다.

일반적으로 정량방법은 위와 같이 설명한다. 그러나 이와 같은 정량방법은 산의 영향을 받으므로 산농도를 어떤 범위 안에서 조절하고 검량선은 1~20ppm 이내의 인 농도범위에서 작성하고(분광기의 감도에 따라 농도범위는 변한다) 최대 흡수파장은 460nm 근처에서 나타나므로 측정하는 분광기를 이용하여 다시 확인하고, 측정하라는 뜻이 담겨 있다. 유기용매로 추출하면 정량감도는 더 좋다.

2. phosphomolybdate 환원법(청색)

phosphomolybdate를 환원하면[Mo(Ⅵ)→(Ⅴ)] 청색으로 변한다. 산도의 영향을 받으므로 황산 0.75~1.25*N* 범위에서 환원하고 830nm 근처에서 측정한다.

시약

(1) 10*N* 황산 중 2.5% $Na_2MoO_4 \cdot 2H_2O$ 용액

(2) 0.15% hydrazine sulfate 수용액

혼합용액 (1) 용액 25mL와 (2) 용액 10mL를 섞고 100mL 되게 물로 묽힌다.

방법

1~20ppm 인을 포함한 중성 시료용액 25mL에 혼합용액 20mL를 넣고 50mL 되게 묽힌다. 물 중탕에서 10분 끓이고 식힌 다음 830nm에서 측정한다. 클로로폼에 20% butanol을 섞은 유기용매로 추출하여 310nm에서 측정하면 감도 좋고 방해이온 없이 대단히 선택적으로 정량할 수 있다.

6.4.5 자외선 영역에서 벤젠 스펙트럼 측정

느슨한 결합전자들은 자외선 에너지를 흡수하여 스펙트럼을 나타낸다. 그러므로 포화탄소수소, 알코올, 에터는 자외선을 흡수하지 않지만 올레핀, 아세틸렌, 카복실산, 에스터, 아마이드, 옥심은 근자외선보다 짧은 파장을 흡수한다. 알데하이드, 키톤, 지방족 나이트로 화합물, 질산 에스터는 근자외선을 흡수하지만 흡수세기는 대단히 약하

다. 그러나 컨쥬게이트 이중결합, 벤젠계열, 퀴논계열, 아조, 다이아조, 나이트로, 나이트릴 에스터는 비교적 큰 몰흡광계수를 갖는다. 친자주개 원자단이나 발색단이 추가로 결합하면 근자외선 영역으로 흡수파장이 이동한다.

■ 실험

기기

이중빛살 분광광도계

시약

cyclohexane, benzene

방법

1. 시료용기에 cyclohexane을 넣고 한쪽은 빈 용기를 놓고 스펙트럼을 285~245nm에서 그려라.
2. 건조한 시료용기에 한 방울의 벤젠을 기벽에 닿지 않게 조심하면서 용기 바닥에 놓고 용기의 뚜껑을 닫고, 285~245nm에서 벤젠 증기의 스펙트럼을 그려라.
3. 시료용기에 1/3 되게 벤젠용액을 넣고 뚜껑을 닫은 다음 285~245nm에서 벤젠 액체의 스펙트럼을 그려라.

문제

1. 벤젠은 용매상태보다 증기상태에서 왜 미세한 스펙트럼을 나타내는가?
2. 벤젠증기와 사이클로헥산의 스펙트럼을 비교하고 왜 차이를 나타내는가 설명하라.

연습문제

[6.1] 발색단의 컨쥬게이션(conjugation)에 대하여 다음 문헌을 읽고 요약하라.
R. M. Silverstein, G. C. Bassler and T. C. Morill, *Spectrophtometric Identification of Organic Compounds*, 5th ed., New York : Wiley, 1991.

[6.2] 다음 논문은 Beer 법칙에 대한 내용이다. 논문 내용을 요약하라.
F. C. Strong, *Anal. Chem.*, 1952, 24, 338

[6.3] 다음 논문을 읽고 여러 가지 표준물첨가법을 설명하라.
M. Bader, *J. Chem. Educ.*, 1980, 57, 703

[6.4] $1.00 \times 10^{-3} M$ EDTA 용액으로 납과 비스무트 용액을 흡광도 측정 셀에 넣고, pH 2에서 적정하여 240nm에서 다음과 같은 측정값을 얻었다.

mL	0.50	1.00	1.50	2.00	2.25	2.50	3.00	3.50	4.00	4.25	4.50	5.00
흡광도	0.01	0.02	0.03	0.04	0.07	0.09	0.14	0.19	0.24	0.26	0.26	0.26

모눈종이에 점시하고 비스무트에 대한 첫째 종말점과 납에 대한 둘째 종말점을 구하라. Pb와 Bi－EDTA 착물의 안정도 상수는 각기 18.04와 22.8이다.

[6.5] 구리(Ⅱ)는 5－슬포살리실산과 pH에 따라 각기 다른 착물을 생성한다. 실험에 따라 다음과 같은 값을 얻었다. 측정값을 연속변화법으로 점시하고 조성비를 결정하라.

구리의 물분율		0.1	0.2	0.3	0.4	0.5	0.6	0.7	0.8
흡광도	pH 9	0.19	0.38	0.55	0.44	0.33	–	–	–
	pH 5	–	0.21	0.30	0.38	0.40	0.38	0.33	0.38

[6.6] 염기성 용액 중 중크로뮴산포타슘(K_2CrO_4)의 λ_{max}은 372nm이다. $3.00 \times 10^{-5} M$ 용액은 1.00cm 셀을 사용할 때 입사광의 71.6%를 투광한다.

(1) 흡광도는 얼마인가?

(2) 몰흡광계수는 얼마인가?

(3) 3.0cm 셀을 사용할 때 투광도는 몇 %인가?

연습문제

[6.7] 어떤 화합물의 몰흡광계수는 λ_{max} 450nm에서 2.45×10^3L/mol cm^{-1}이다. 1.0cm 셀에 그 용액을 넣고 흡광도를 측정했을 때 25% 감소했다. 농도는 얼마인가?

[6.8] Beer 법칙에서 벗어나는 다섯 가지 이유를 예를 들어 설명하라.

[6.9] 자외선과 가시선 분광계의 광원, 셀, 검출기, 흡광 화학종에 대하여 차이점을 설명하라.

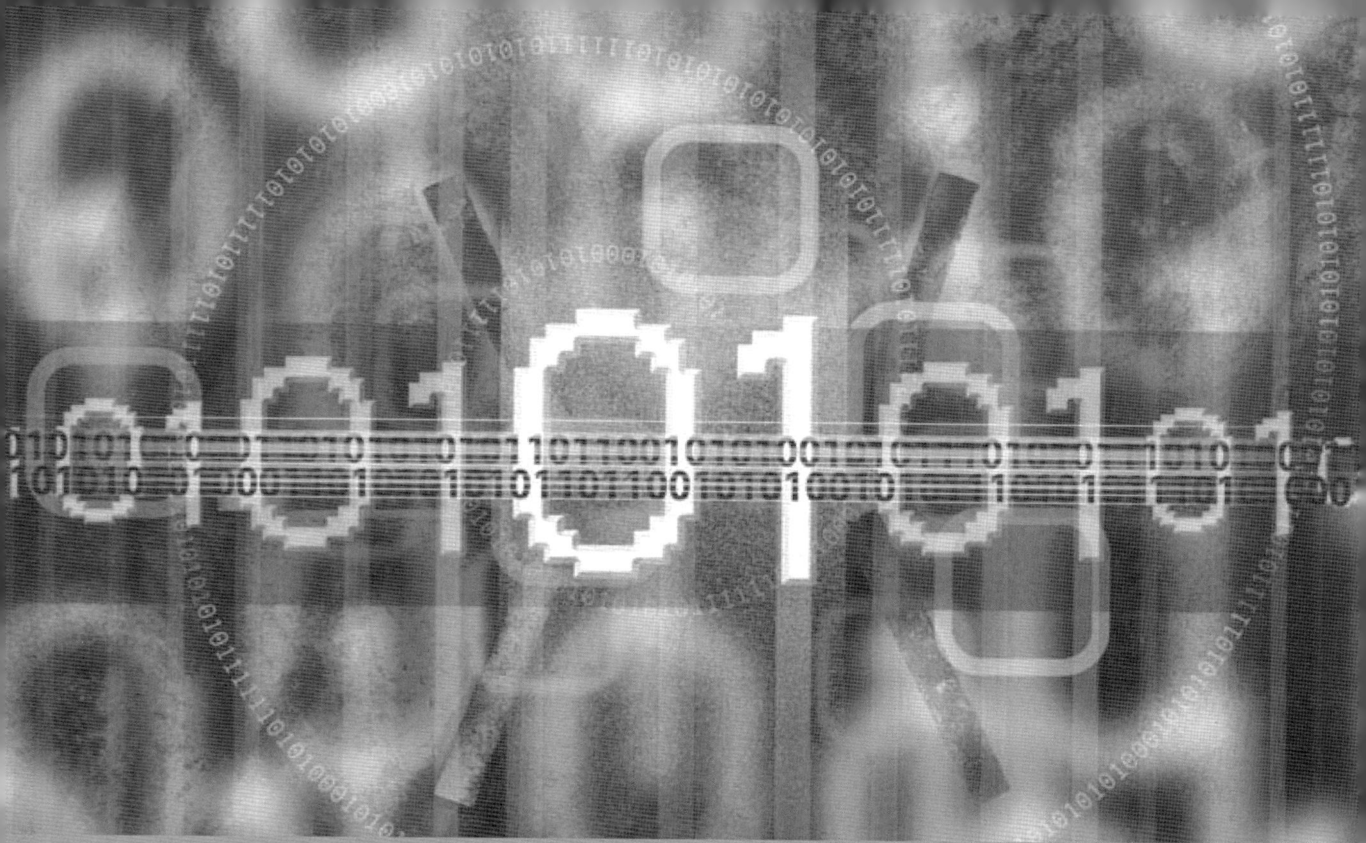

제7장 형광 및 인광광도법

어떤 화합물이 자외선과 가시선 에너지를 흡수하면 형광이나 인광을 발생한다. 이 빛을 측정하여 정성분석이나 정량분석에 이용하는 방법을 루미네센스(luminescence)법이라 한다. 또 한 가지 루미네센스법은 어떤 물질에 산화제를 반응시켜 산화반응이 일어날 때 발생하는 빛을 측정하는 방법이다. 이것은 화학발광법이라고 부른다.

루미네센스법은 자외선과 가시선 분광법보다 1,000배 이상 감도가 좋기 때문에 ppb 정도의 농도까지 분석할 수 있고 선택적으로 분석할 수 있는 장점이 있는 반면에 루미네센스 복사선을 내는 화합물이 흔하지 않기 때문에 흡광법보다 적게 이용되고 있다.

7.1 형광 및 인광의 발생

일반적으로 원자나 분자들은 들뜰 때 흡수한 일정한 파장의 빛을 바닥상태로 돌아갈 때 파장변화 없이(에너지 변화 없이) 그대로 방출한다. 예를 들어 증기상태 소듐원자의 가장 바깥껍질의 $3s$ 오비탈 전자들이 589.6 혹은 590.0nm의 빛을 흡수하면 $3p$ 오비탈로 들뜬 다음 10^{-5}~10^{-8}s 후에 589.6 혹은 590.0nm의 빛을 발출하면서 바닥상태로 되돌아간다. 이와 같이 흡수한 빛의 파장을 변화시키지 않고 그대로 다시 방출하는 복사선을 공명복사(resonance radiation)라 하고, 형광이 나오면 공명형광이라 한다. 형광과 인광의 차이는 바닥상태의 전자스핀과 단일항상태(singlet state), 삼중항상태(triplet state)의 에너지 차이에서 발생한다.

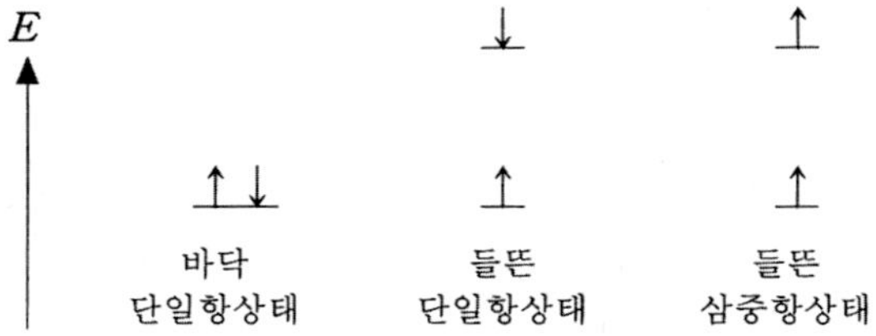

원자의 전자배열은 바닥상태처럼 분자화합물의 전자들이 짝지어 있으면 단일항상태라 한다. 자유라디칼의 바닥상태처럼 1개만 있으면 이중항상태(doublet state)라 한다. 바닥 단일항상태의 전자들이 방향을 바꾸지 않고 들뜨면 들뜬 단일항상태이고, 들뜬

전자스핀 방향이 바뀌면 들뜬 삼중항상태라 한다. 들뜬 단일항상태에서 다시 바닥 단일항상태로 되돌아올 때는 형광을 발생하고, 들뜬 삼중항상태에서 바닥 단일항상태로 되돌아올 때는 인광을 발생한다. 일반적으로 인광은 형광보다 수명이 길다. 전자스핀이 오비탈에 전자의 스핀방향이 짝지어 있으면 스핀방향이 짝지어 있지 않으므로 자석에 대한 인력이 없고[자기장이 없다는 뜻에서 반자기성(diamagnet)이라 한다], 이중항상태와 들뜬 삼중항상태는 스핀방향이 짝지어 있지 않으므로 자석에 대한 인력이 있다[자기장에 끌린다는 뜻에서 상자기성(paramagnet)이라 한다]. 반자기성과 상자기성은 자석에서 자성이 나타나는 원리와 똑같다. 반자기성과 상자기성은 원자의 전자배열의 경우에도 똑같게 나타난다. 그러므로 화합물에 의해 형광이나 인광이 나타나는 동안에 상자기성을 띠고, 루미네센스가 없어지면 반자기성으로 변한다.

2원자분자의 광흡수는 그림 2−7과 5−2에서 이미 설명하였다. 그림 7−1에 흡수에 의한 공명복사선이 나타나는 것 이외에 들뜬전자의 진동에너지 손실에 따라 형광과 인광이 발생한다. 그림 7−1에서 에너지 크기는 흡수 > 형광 > 인광의 순서이다 ($E = h\nu = hc/\lambda$). 복사선 파장이 길수록 에너지는 작다. 그러므로 흡수한 복사선보다

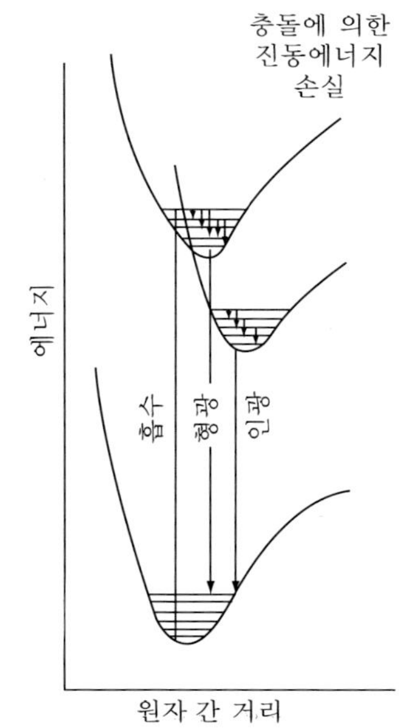

그림 7−1 ▸ 2원자분자의 에너지 준위와 형광−인광의 발생

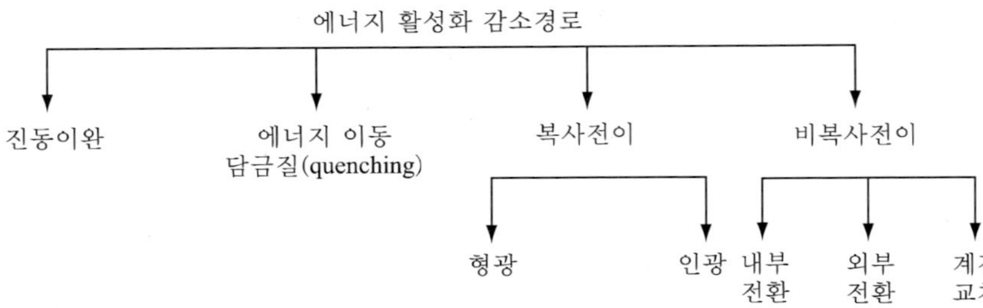

그림 7－2 ▸ 비활성화 과정

형광파장은 더 길고 인광파장은 형광파장보다 더 길다. 이와 같이 흡수파장보다 긴 파장의 방출을 stokes shift라고 한다. 이와 반대로 흡수파장보다 짧은 파장의 방출을 anti-stokes shift라고 한다.

그림 7－2는 그림 7－1을 더 상세하게 나타낸 그림이고, 이 그림을 Jablonski diagram이라고 한다. 이 그림은 들뜬상태가 비활성화되는 공명흡수, 형광, 인광의 발생과정을 상세하게 서로 비교하는 에너지 준위의 그림이다.

7.1.1 들뜬상태의 에너지 소실과정

들뜬분자로부터 바닥상태로 되돌아갈 때 그림 7－2와 같은 과정을 거친다. 그 과정을 요약하면 그림 7－3과 같다. 그림 7－2에서 복사선을 흡수하는 과정은 위방향의 가는 선으로 표시했다. 단일항 들뜬상태로부터 형광을 발생하면서 바닥상태로 되돌아오는 과정은 아래방향의 굵은선으로 표시했다. 삼중항 들뜬상태로부터 인광을 발생하면서 바닥상태로 되돌아오는 과정은 아래방향 점선으로 나타냈다. 각각의 에너지 준위 사이에 진동이완은 짧은 아래방향 화살표로 나타냈다. 그 밖에도 내부전환, 외부전환, 계간전환의 과정이 있다.

진동이완(vibrational relaxation)은 분자의 들뜬과정 중 전자들이 에너지를 잃고 어떤 에너지 준위에 머무는 과정을 의미한다. 들뜬분자와 용매의 충돌 때문에 전자의 진동에너지를 잃는다. 이때 에너지는 열로 방출되어 용매분자에 흡수되므로 용매의 온도는 상승한다. 진동이완에 의해 가장 낮은 들뜬상태에 도달한 다음 형광을 발생하면서 바닥상태 중의 어떤 에너지 준위로 돌아온 다음 다시 진동이완한다.

내부전환(internal conversion)은 비복사전이(radiationless transfer)과정이고 들뜬분자들이 복사선을 방출하지 않고 분자 내부에서 에너지를 소실하고 바닥상태로 되돌아가는 과정이다 예를 들면 다음과정에서

$$M \xrightarrow{E = h\nu} M^* \xrightarrow{Q} MQ^* \text{ (들뜬착물, excited complex)}$$

M분자에 의해 $E = h\nu$의 에너지를 흡수하면 M*(들뜬분자)로 변하고, M*에 대하여 어떤 소광제(Q, quencher, 에너지 흡수제)를 가하면 들뜬상태의 착물(excited complex)을 생성한다. 들뜬분자의 최대흡수파장과 소광제의 최대흡수파장은 서로 가까울수록 소광제의 역할을 효율적으로 수행한다. 즉, 에너지 준위들이 서로 같거나 비슷할수록

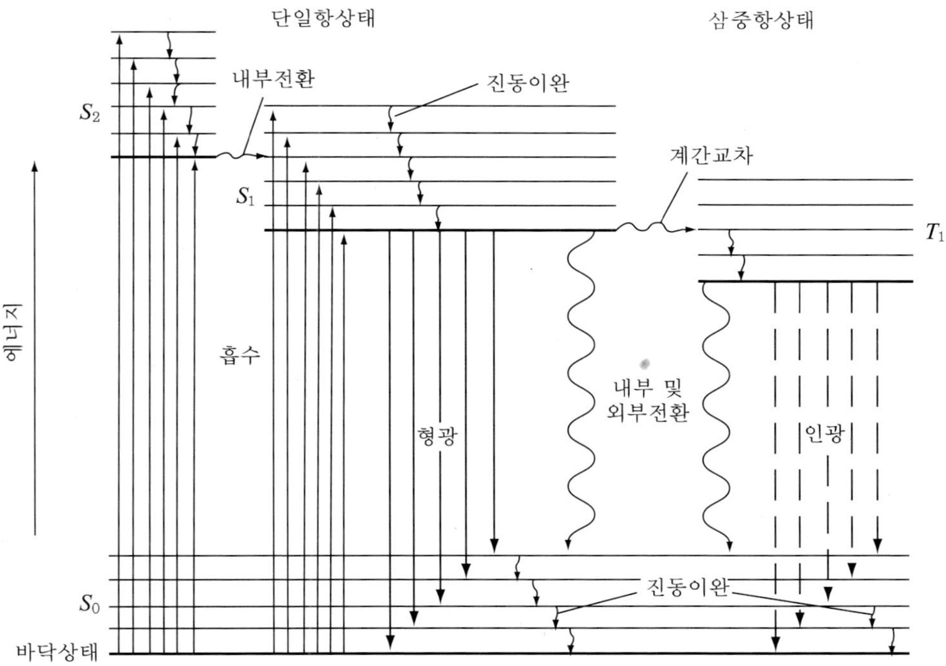

그림 7-3 ▸ 광루미네센스 계통도(Jablonsti diagram)

내부전환이 잘 생긴다. 들뜬분자 M*의 주위에 들뜨지 않은 동일한 M분자들이 접근하면 M*M라는 excimer(excited polymer의 약자)를 생성한다. excimer와 들뜬착물은 내부전환의 한 가지 예이다. 또 한 가지 예는 어떤 분자에서 발색단에 의해 흡수된 에너지가 분자 내의 약한 결합으로 전환되어 결합이 절단되는 경우이다. 이것을 유발분해(predissociation)라 한다.

외부전환(external conversion)도 비복사 전이과정의 한 가지이다. 들뜬분자와 용매 혹은 다른 용질 간에 에너지 전이를 생성하는 과정이다. 외부전환이 생기면 형광세기는 감소한다. 그러므로 입자 간의 충돌빈도를 감소하려면 온도를 낮추고 용액의 점도를 증가하여야 한다.

교간교차(intersystem crossing)도 비복사 전이과정 중의 한 가지이다. 이 과정은 들뜬전자의 스핀이 반대방향으로 변한다. 그리고 준위 상호 간의 에너지 준위들이 같거나 비슷할 때 교간교차 확률이 증가한다. 그림 7-2에서 단일항상태와 삼중항상태의 에너지 준위는 같다. 이러한 경우는 스핀이 반대방향으로 잘 변한다. 아이오딘과 브로민 같은 무거운 원자를 함유하는 분자와 산소분자와 같은 상자기성 화학종이 용액에 녹아 있을 때 계간교차과정이 잘 생기고, 그 대신에 형광세기는 감소한다.

에너지 이동 퀜칭(energy transfer quenching)은 들뜬분자에 어떤 용매나 매질을 첨가할 때 에너지 전이에 의해 들뜬상태들이 바닥상태로 변하는 과정이다. 형광과 인광을 발생하는 복사전이(radiation transfer)도 비활성화 과정이다. 이러한 과정을 모두 그림 7-3에 요약하였다. 흡수와 형광 스펙트럼은 서로 대칭적 모양이고, 형광과 인광은 세기만 다를 뿐 서로 스펙트럼 모양이 비슷하게 나타난다. 그리고 들뜨기, 형광, 인광의 파장크기 순서로 각 스펙트럼에 나타난다.

7.1.2 형광과 인광세기의 요인

첫째, 형광이나 인광세기는 양자 수득률에 따라 영향받는다. 어떤 화합물로부터 형광 또는 인광의 발생효율을 양자수득률(quantum yield) 혹은 양자효율(quantum efficiency)이라 한다. 일반적으로 fluorescein의 양자수득률을 1로 잡고 형광이나 인광을 내지 않는 화합물은 0으로 잡는다. 가장 낮은 들뜬 단일항상태로부터 얻은 양자수득률 ψ는 식(7-1)과 같다.

$$\Psi = \frac{k_j}{k_f + k_i + k_{ec} + k_{ic} + k_{pd} + k_a} \quad (7-1)$$

이 식에서 k_f는 형광 또는 인광 발생량, k_i는 계간교차, k_{ec}는 외부전환, k_{ic}는 내부전환, k_{pa}는 유발분해, k_d는 해리이고, 이들 과정의 최저 들뜬 단일항상태에서 비활성화될 때 나오는 형광 또는 인광 발생량이다. 모든 k는 각 과정의 속도상수이다. 식 (7－1)에서 k_f값이 크고 다른 k값이 작을수록 형광 또는 인광 방출은 증가한다. k_f, k_{pa}, k_d는 화합물의 구조에 따라 결정된다.

둘째, 형광이나 인광은 에너지 전이상태에 따라 영향받는다. 분자에 의해 200nm이하의 짧은 파장의 복사선을 흡수할 때 유발분해 혹은 해리되기 때문에 형광이나 인광은 발생하지 않는다. $\sigma \rightarrow \sigma^*$로 들뜰 때 200nm 이하의 복사선을 흡수하므로 $\sigma^* \rightarrow \sigma$로 전이할 때 형광이나 인광은 발생하지 않는다. $\pi \rightarrow \pi^*$와 $n \rightarrow \pi^*$ 전이의 경우만 형광이나 인광을 발생한다. 그 중에서도 $\pi \rightarrow \pi^*$의 몰흡광계수는 $n \rightarrow \pi^*$보다 100~1,000배 더 크다. 그러므로 이중결합 또는 삼중결합 화합물에서 형광이나 인광을 발생한다. 들뜬상태의 수명(life time)은 $\pi \rightarrow \pi^*$의 경우 10^{-7}~10^{-9}s이고 $n \rightarrow \pi^*$는 10^{-5}~10^{-7}s이다. 수명이 짧을수록 k_f는 크다. k_i는 $n \rightarrow \pi^*$보다 $\pi \rightarrow \pi^*$의 경우에 더 작다. 왜냐하면 단일항 삼중항상태 간의 에너지 차이가 크므로 $\pi \rightarrow \pi^*$ 들뜬상태의 전자들이 짝풀림(unpair)할 때 더 큰 에너지가 필요하기 때문이다.

셋째, 분자구조에 의해 형광이나 인광세기는 영향받는다. 가장 센 형광이나 인광을 내는 $\pi \rightarrow \pi^*$는 벤젠고리 화합물계이고, 지방족이나 지방족고리 화합물계의 $\pi \rightarrow \pi^*$ 전이는 조금 더 약하다. 벤젠고리 수가 많고 축합 정도가 클수록 양자효율이 크다. 벤젠고리에 치환기들이 결합하면 봉우리 파장이 변하고 할로젠 원자들이 치환된 경우는 원자번호의 증가에 따라 형광이나 인광의 세기는 감소한다. 비결합전자를 갖는 원자나 원자단이 결합해도 형광이나 인광세기는 감소한다.

넷째, 분자구조의 경직성(regidity)도 형광이나 인광세기에 영향을 준다. 경직성이 클수록 형광이나 인광이 세게 나타난다. 즉, flourene과 biphenyl의 양자효율은 각기 1.0과 0.2이다.

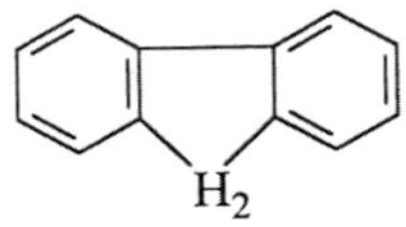

fluorene

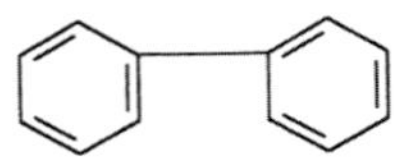

biphenyl

Biphenyl은 들뜰 때 양쪽의 벤젠고리들이 단일결합에 의해 회전운동할 수 있지만 fluorene은 경직되어 있기 때문에 회전운동이 불가능하다. 형광 염료를 옷감이나 고체표면에 흡착할 때 형광세기를 증가하는 것도 분자구조의 경직성과 관련이 있다. 유기 킬레이트제들이 금속과 결합할 때도 같은 이유 때문에 형광세기를 증가한다. 분자의 경직성이 감소하면 k_{ic}는 증가하고 비복사 과정에 따라 비활성화된다.

다섯째, 온도증가와 용매의 극성 증가에 따라 형광이나 인광세기는 감소한다. 온도가 증가하면 분자의 충돌횟수가 증가하여 에너지를 잃고 비활성화되기 때문이다. 용매의 극성이 증가하면 $n \rightarrow \pi^*$ 전이가 생기므로 형광세기는 감소한다.

여섯째, 용액에 녹은 산소의 상자기성이므로 들뜬전자의 홀전자와 짝을 생성하고, 상자기성은 계간전환을 증가하고 들뜬분자를 삼중항상태로 소광(quenching)하므로 형광세기를 감소한다.

일곱째, 어떤 농도의 흡광도값이 0.05 이하일 때 형광세기는 농도에 비례하고 $A =$ 0.05 이상이면 자체소광(self-quenching)과 자체흡수(self-absorption) 때문에 음수 편차가 생긴다. 자체소광은 들뜬분자 간의 충돌에 의해 비복사전이를 생성한다. 자체흡수는 방출과 흡수파장이 겹칠 때 생기고, 방출빛이 용액을 통과하는 도중에도 자체흡수가 일어난다. 그 밖에 pH에 따라 어떤 분자는 이온화하기 때문에 형광세기의 영향을 받는다. 그 정도는 분자에 따라 다르다.

7.2 형광과 인광 측정기기

루미네센스 중에서 형광을 측정하는 간단한 기기를 형광계(fluorometer)라 하고 더 복잡하고 정교한 기기를 형광 분광광도계(spectrofluorometer)라 한다. 간단한 모형이 그림 7-4에 나타나 있다. 그림 7-4에서 복사선은 시료셀에 입사하여 흡수되고 남

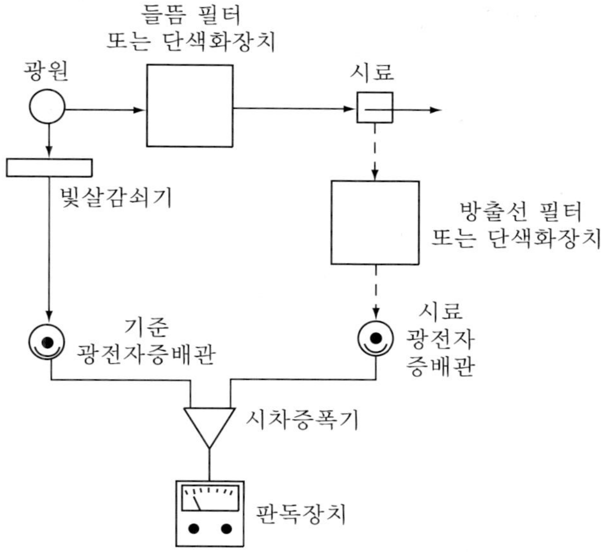

(a)

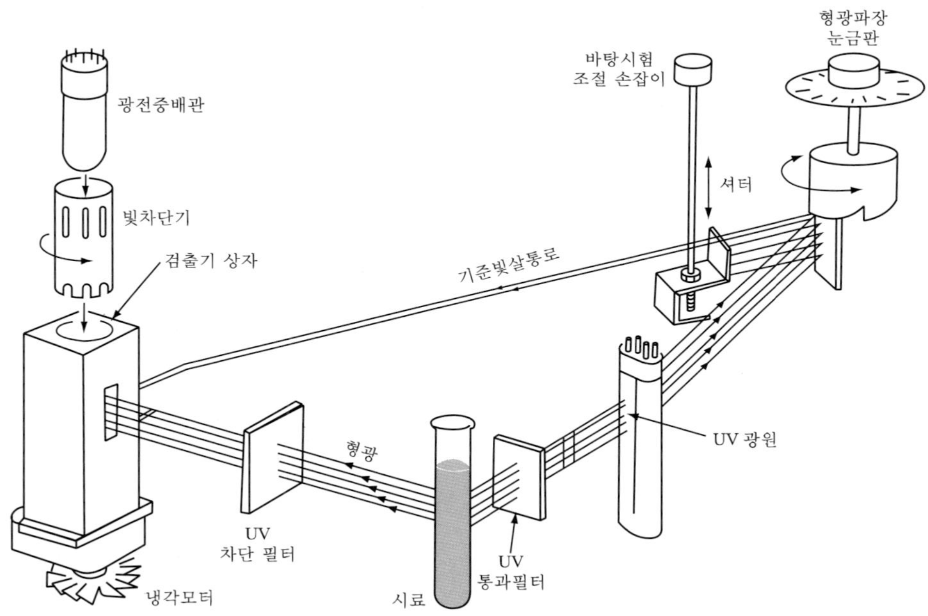

(b)

그림 7-4 ▸ (a) 형광광도계의 약도, (b) Turner Model 110 형광계(한국 Won Corp. 제공)

은 빛은 그대로 통과한다. 셀에 들어 있는 시료에 흡수된 빛은 시료를 들뜨게 만들고 시료 자체로부터 발광하는 형광이나 인광은 입사광의 영향을 전혀 받지 않는 90° 위치에서 측정한다는 사실이 중요하다.

그림 7－4(a)는 한 광원에서 나온 빛이 두 방향으로 나누어진 다음 한쪽의 빛은 시료셀을 통과하지 않기 때문에 더 세다. 그러므로 양쪽의 빛 세기를 거의 비슷한 세기로 조절하기 위하여 센 빛살 쪽의 빛을 빛살조절기 혹은 빛살감쇠기(light beam attenuator)로 조절한 다음 검출기(기준 광전자증배관)에 닿는다. 다른 한쪽의 빛살은 단색화장치→시료셀→단색화장치→검출기(시료용 광전자증배관)를 통과한다. 양쪽 검출기에 닿는 빛 세기의 차이는 자동적으로 계산되어 미터기에 나타난다. 시료셀을 통과하기 전의 단색화장치는 광원에 나온 빛 중에서 시료물질이 가장 많이 흡수하는 파장(λ_{max})을 선택하여 그 빛을 시료셀에 쪼이기 위하여 혹은 광원에서 나오는 여러 가지의 빛을 차례로 주사하기 위해 시료 앞에 단색화장치를 놓았다. 시료셀 뒤에 다시 배열한 단색화장치는 시료가 들뜬 다음 제2차 광원처럼 시료 자체로부터 많은 형광 스펙트럼이 나온다. 그 스펙트럼 중에서 가장 센 형광 스펙트럼의 λ_{max}을 선택하려고 혹은 형광 스펙트럼을 차례로 주사하려고 뒤에 놓았다. 간단하게 말하면 앞의 단색화장치는 시료물질을 들뜨게 만드는 파장의 변화에, 그리고 뒤의 단색화장치는 형광발광 스펙트럼을 얻을 때 이용한다. 그림 7－4(b)는 Turner model 110 형광계이다. 그림 7－4(a)보다 간단한 모델이고, 필터를 이용하여 파장을 선택한다.

형광의 λ_{max}세기는 용매의 성분과 조성비율, 농도, 공존성분, 경과시간에 따라 변함으로 주의가 필요하다. 그림 7－5의 들뜸 스펙트럼(excitation spectrum, 그림 7－5 실선)은 시료셀 앞의 단색화장치를 이용하여 시료에 닿는 입사광의 파장을 변화시키면서 주사하고, 시료셀 뒤의 단색화장치는 일정한 파장[시료를 자외선이나 가시선 분광광도계로 흡수 스펙트럼을 그렸을 때 최대흡수파장(λ_{max})을 나타내는 위치의 파장]에 놓고 스펙트럼을 그렸을 때 얻은 스펙트럼이다. 이 들뜸 스펙트럼은 흡광 스펙트럼과 모양이 비슷하다.

그림 7－5의 형광발광 스펙트럼(fluorescence emission spectrum)의 최대 들뜸 스펙트럼의 파장에 시료셀 앞에 있는 단색화장치의 파장을 고정시키고, 그것에서 나오는 일정한 파장의 빛을 시료에 쪼이면서 시료셀 뒤의 단색화장치를 변화시키면서 주사하여 얻은 스펙트럼이다. 형광발광 스펙트럼은 형광 스펙트럼이라고 간단하게 말하

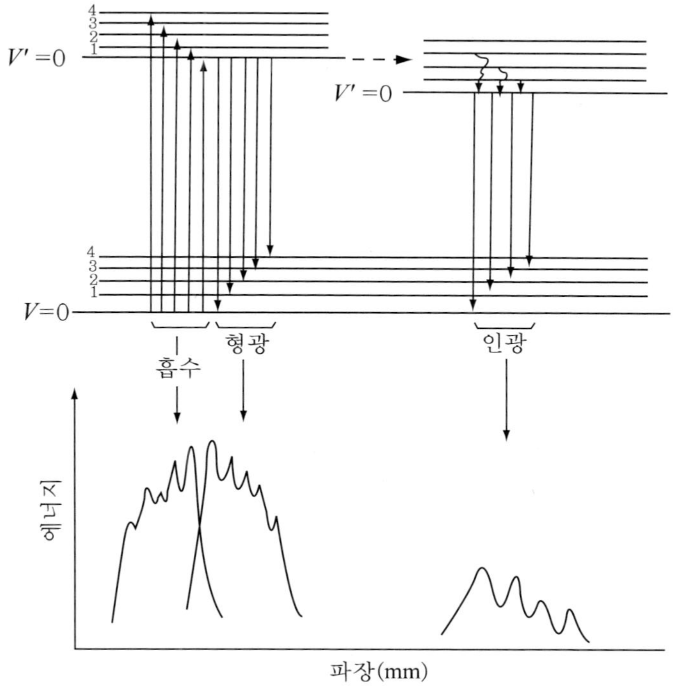

그림 7-5 ▸ 들뜸 스펙트럼(왼쪽 실선), 형광방출 스펙트럼(중간 점선), 인광방출 스펙트럼(오른쪽 점선)의 발생과 상호 간의 파장관계

는 경우도 있다. 형광 스펙트럼의 세기는 시료의 농도에 비례한다. 따라서 이것을 측정하여 정량분석에 이용한다. 형광 스펙트럼을 측정한 다음 더 긴 파장에서 주사하면 인광발광 스펙트럼을 얻는다. 그러므로 형광 및 인광 스펙트럼을 얻으려면 시료물질의 최대 흡광파장과 최대 들뜸파장을 정확히 측정하여 단색화장치에 설정하여야 한다. 형광세기를 측정할 때마다 최대 들뜸파장값의 설정에 오차가 있으면 형광세기의 측정에 큰 오차가 발생한다.

들뜸 스펙트럼과 형광 스펙트럼은 서로 거울상의 유사성을 갖는다. 그리고 들뜸 스펙트럼(왼쪽), 형광 스펙트럼(중간), 인광 스펙트럼(오른쪽)의 순서는 그림 7-5의 파장 순서대로 나타난다. 형광보다 인광이 더 긴 파장에서 나타나는 이유는 단일항상태의 에너지가 삼중항상태의 에너지보다 더 크다는 것을 의미하고, 이것을 이용하여 이러한 형광물질의 단일항상태와 삼중항상태의 에너지를 $E=h\nu$식을 이용하여 계산할 수 있다. 형광 및 인광계에 사용하는 광원은 빛의 세기가 클수록 시료는 빛을 많이 흡수하고 크게 들떠 형광을 많이 내므로 저압 수은등이나 고압 제논, 아크, 레이저를 광원으로 많이 이용한다.

시료로부터 2차 발광하는 형광(1차 발광은 광원이다)은 360°의 모든 방향으로 퍼져나가지만 90° 위치에서 측정하는 빛은 광원에 나오는 시료의 입사광과 투과광의 영향을 받지 않는다. 그러므로 시료를 담는 셀은 4각형의 모든 면이 투명한 유리 또는 실리카로 만든 원형 또는 정방형이어야 한다. 자외선이나 가시선 흡광광도계에 사용하는 셀은 정방형의 양쪽면이 불투명한 것이 특징이다. 근래에 시판되는 형광계는 광원에서 단색화장치까지 혹은 검출기까지 광섬유로 복사선을 유도하는 장치도 시판되고 있다.

형광의 세기를 측정한 값은 광원의 세기, 광전자증배관의 성능, 시료의 농도, 경과시간, 용존산소의 농도, 용매의 종류와 조성에 따라 각기 다르게 나타나고 λ_{max}도 변하므로 형광계는 표준물과 비교 측정하여 표준화할 필요가 있다. 이 목적으로 첫째는 0.001mol/L 황산 퀴닌 용액을 실험실에서 만들어 기준물질로 사용할 수 있다. 이 용액은 350nm의 복사선에 의해 들뜨고 450nm에서 형광을 발광한다. 둘째 Perkin−Elmer 회사는 한 벌의 형광 표준물질을 안정한 고체로 만들어 시판하고 있다. 이것은 보관과 이용에 편리하고 필요한 파장영역에서 쉽게 표준화할 수 있다.

인광을 측정할 때 사용하는 인광광도계는 형광광도계를 그대로 이용할 수 있는데 두 가지의 부속품이 더 필요하다. 한 가지는 시료에 교대로 빛을 쪼이면서 적당한 시간이 흐른 다음 인광세기를 측정하는 장치이고, 다른 한 가지는 액체질소의 온도에서 측정하여야 하므로 액체질소를 담을 수 있으면서 실리카(석영)셀이 붙어 있는 Dewar 플라스크 장치들이 필요하다.

7.3 형광법의 응용

루미네센스법 중에서 형광법은 자외선이나 가시선 분광광도법보다 1~1,000배 더 감도가 예민한 특징이 있는 반면에 정확도와 정밀도는 2～5배 정도 떨어진다. 그리고 인광법은 형광법보다 덜 정밀하다.

형광법에 의한 무기물의 정량은 두 가지 방법이 있다. 첫째는 금속이온을 형광－발생용 유기물 리간드(ligand, 전자를 금속이온에 주거나 받아 결합하는 화합물)와 착물을 만든 다음 추출분리하여 형광을 측정하는 방법이다. 이때 사용하는 리간드는 O, N, S처럼 비결합전자를 갖는 유기화합물을 사용한다. 둘째는 음이온 분석에 이용하는 방법이고, 음이온이 형광－발생용 리간드와 결합한 비율에 따라 형광이 감소하는 원리를 이용하는 방법이다. 무기물의 정량에 쓰이는 형광법의 예는 표 7－1에 있다. 리간드는 모두 $\pi \rightarrow \pi^*$ 전이 가능한 π전자를 가져야 한다. 형광법으로 정량할 수 있는 이온은 전이금속 아닌 원소, 예를 들면 Al, 알칼리토금속, 음이온 등에 응용한다. 왜냐하면 전이금속은 첫째 상자기성이고, 삼중항상태로 계간전이하여 인광이 나타나는 경향이 있다. 둘째, 전이금속은 에너지 준위들이 조밀하므로 내부전환하여 비활성화되는 경향이 있다.

유기물의 형광분석법은 여러 가지의 이중결합과 삼중결합을 갖는 유기물, 효소, 보조효소, 의약품, 식품, 스테로이드, 바이타민 등의 200가지 이상의 분석에 이용하고 있다. 이 방법은 감도와 선택성이 좋기 때문에 이 분야에서 특히 값싼 기기이고, 효율적으로 이용하고 있다. 형광법은 다음 두 가지의 문헌에 상세하게 실험방법이 소개되어 있으므로 참고하기 바란다.

(1) A. Weissler and C. E. White, *Handbook of Analytical Chemistry*, L. Meites, Ed., pp 182~196, New York, McGraw-Hill, 1963.

표 7－1 ▸ 무기물의 형광법 정량

이온	시약	측정형광(nm)	감도(mg/L)
Al^{3+}	Eriochrome Black RC	590	0.25
Cd^{2+}	2－(2－Hydroxyphenyl)	Yellow	0.04
	benzoxazole		
Ca^{2+}	Calcein	420	0.06
Zn^{2+}	Oxine	580	0.4
Sn^{4+}	Flavanol	470	0.1
Li^{+}	Oxine	580	0.2

(2) *Molecular Lurninescence Spectroscopy*, S. G. Schulrnan, Ed., Part 1, Chapter 1,3 and 5, New York, Wiley, 1985. F. V. Bright, *Anal. Chem.,* 1988, 60, 1031A

그 밖에 루미네센스를 이용하는 방법으로서 화학발광(chemiluminescence)이라는 방법이 있다. 이것은 화학반응에 의해 들뜬 화학종이 생성된 다음 바닥상태로 되돌아 가면서 발광하는 원리를 이용하는 방법이다. 생물체가 발광하는 것은 반딧불, 바다팬지(pangsy), 해파리, 박테리아, 갑각류, 원생동물 등이 있고 이들은 생체발광(bioluminescence)이라 한다. 화학방괄을 이용하여 대기 중 NO, SO^2, H^2S을 1ppm까지 형광분석하는 방법이 있다 그리고 Luminol이라는 시약을 이용하여 아미노산, 신경가스, 살충제, 헤미틴(hemitin), 나프롤, $-NO^2$, $-NH^2$, $-OH$를 갖는 벤젠 화합물 등을 화학발광법으로 측정하여 편리하게 분석하고 있다.

7.4 실험

형광법으로 들뜨기 형광(excitation fluarescence) 스펙트럼을 주사(scan)할 때 시료에 입사되는 빛의 파장은 UV－VIS 영역에서 최대흡광도를 파장과 동일하여야 측정하는 화합물이 가장 많은 에너지를 흡수할 수 있다. 그러므로 들뜨기 형광을 측정하기 전에 UV－VIS 광도계로 흡수곡선을 그려 최대흡수파장을 확인해야 한다.

형광(fluorescence emission)을 측정할 때 입사파장은 최대 들뜨기 형광 스펙트럼 파장을 사용하여야 화합물을 가장 많이 들뜨게 만들어 형광방출을 측정할 수 있다. 형광방출광을 일반적으로 형광이라고 한다. 이 형광은 너비가 대단히 좁으므로 파장을 고정할 때 큰 주의가 필요하다. 그렇지 않으면 큰 오차를 발생한다.

그러므로 형광계로 형광세기를 측정할 때, 첫째 최대흡수파장을 고정하고, 들뜨기 형광 스펙트럼을 얻는다. 둘째, 최대 들뜨기 형광 스펙트럼을 고정하고, 형광방출(형광) 세기를 측정한다. 그러므로 형광계를 이용하여 형광을 측정할 때 최대흡수파장, 최대 들뜨기 형광파장, 최대 형광방출 파장이 필요하다.

7.4.1 형광계를 이용한 acetylsalicylic acid와 salicylic acid의 정량

Acetylsalicylic acid(spirin, 약자 ASA)는 가수분해하여 salicylie acid(약자 SA)로 가수분해한다. 대부분의 아스피린은 어느 정도 SA를 항상 함유한다.

ASA와 SA의 용액에 아세트산을 가하면 두 가지 물질의 형광세기값이 증가한다. ASA와 SA의 적당한 용매는 1%의 아세트산－클로로폼이다. 검정선은 ASA의 경우 5μg/mL까지, 그리고 SA의 경우 7.5μg/mL까지 1% 아세트산－클로로폼 용매를 이용하여 간단한 필터 형광계로 검정곡선이 성립한다. ASA와 SA의 들뜸 및 방출 형광은 각기 275, 330, 300, 460nm이다.

기기

필터 형광계(수은등을 장치한 Turner model 110 같은 형광계)
부피플라스크 8개 25mL, 4개 100mL
피펫 1개 5mL, 4개 10mL, 1개 15mL, 1개 20mL
거름종이 1장

시약

acetylsalicylic acid(ASA)
salicylic acid(SA)
아스피린 알갱이
클로로폼
1% 아세트산－클로로폼
benzoic acid
2.22×10^{-3}M ASA(0.40g/L) 되게 1% HAc－$CHCl_3$에 녹인 용액
5.43×10^{-3}M SA(0.75g/L) 되게 1% HAc－$CHCl_3$에 녹인 용액
2.22×10^{-5}M ASA(4.0μg/L) 되게 1% HAc－$CHCl_3$에 녹인 용액
5.43×10^{-5}M SA(7.5μg/L) 되게 1% HAc－$CHCl_3$에 녹인 용액

실험

1. ASA 검정곡선 작성

   4.0μg/mL ASA 용액을 4개 부피플라스크(25mL)에 각기 5, 10, 15, 20mL씩 취하여 넣고 눈금까지 1% HAc－$CHCl_3$ 용액으로 채운다. 1% HAc－$CHCl_3$ 용액을 바탕용액으로 사용하여 275nm 빛을 쪼이고, 330nm에서 형광을 측정한다. ASA 검정곡선을 작성하라.

2. SA 검정곡선 작성

   7.5μg/mL SA 용액을 4개 부피플라스크(25mL)에 각기 5, 10, 15, 20mL씩 취하고 눈금까지 채운다. 1% HAc－$CHCl_3$ 용액을 바탕용액으로 사용하여 300nm 빛을 쪼이고, 460nm에서 형광을 측정한다. SA 검정곡선을 작성하라.

3. 시료분석

   3~5개 아스피린 알갱이를 가루로 만든 다음 400mg 분말을 취하여 부피 플라스크(100mL)에 넣는다. 1% HAc－$CHCl_3$를 사용하여 녹이고 눈금까지 물로 묽힌다. 거른 다음 300nm 빛을 쪼이고, 460nm에서 SA의 형광을 측정하고 검정곡선으로부터 SA 함량을 계산하라.

   ASA 함량은 1% HAc－$CHCl_3$로 10배, 100배, 1,000배 혹은 더 이상 묽힌 다음 275nm 빛을 쪼이고, 300nm에서 ASA 형광을 측정하고 검정곡선으로부터 ASA 함량을 계산하라.

문제

1. 검정곡선은 선형인가? 아니면 오차는 왜 생기는가?
2. 형광을 측정할 때 시간이 지나면 왜 형광세기값이 감소하는가?

7.4.2 계면활성제의 임계 미셀농도(CMC)

Sodium dodecyl sulfate(SDS)의 CMC(critical micelle concentration)는 acridine orange 염료를 표지물로 사용하여 형광방출 측정방법으로 측정한다.

함암제 반응방식의 모델로 미셀을 이용하거나 그 반응속도에 미치는 미셀영향은 지난 몇 년 동안 전기전도도법과 표면장력 방법으로 측정했다. 현재는 acridine orange를 표지물로 사용한다. 그러므로 계면활성제 용액의 CMC는 형광계 혹은 UV−VIS 분광광도계로 측정한다. Acridine orange 염료농도는 일정하게 유지하고, sodium dodecyl sulfate(약자 SDS) 농도를 변화한다. 형광 % 측정값을 SDS 농도에 대하여 점시하면 S 모양 곡선이 생긴다. S 모양의 중간이 CMC이다. 이와 같은 형광세기 증가는 수용액으로부터 소수성 미셀 결합자리로 염료환경의 변화에 상당한다. CMC 이하에서 염료와 계면활성제 분자들이 응집하여 덩어리를 만든다. CMC는 미셀생성을 시작하는 농도이다. 미셀 콜로이드는 작은 많은 분자들이 약한 2차 결합힘으로 함께 붙잡혀 있는 집합체이고, 분자콜로이드(한 거대분자 입자)는 아니다. 이러한 입자의 콜로이드 성질은 형광 acridine 염료들이 형광성 아닌 계면활성제에 흡착하게 만든다[*J. Dhem. Ede*. 55., 342(1978)].

기기

형광계

부피플라스크(25mL) 10개

피펫 1, 2, 4, 6, 8, 10, 12, 14, 16mL

시약

$5.9\times10^{-3}M$ acridine orange 용액 100mL

$0.025M$ sodium dodecylsulfate 용액 100mL

방법

1. acridine orange($5.9\times10^{-5}M$)을 2mL씩 10개 부피플라스크(25mL)에 넣는다. sodium dodecylsalfate 용액($0.0205M$)을 위의 9개 부피플라스크(25mL)에 각기 1, 2, 4, 6, 8, 10, 12, 14, 16mL씩 넣고 눈금까지 물로 묽힌다.
2. acridine orange만 포함하는 용액을 바탕시험용액으로 사용한다. 492nm를 들뜨기 파장으로, 그리고 525nm를 형광방출 파장으로 이용하여 각 용액의 형광 %

를 측정한다. 형광계 대신에 가시선 흡광광도계를 이용하여 500nm에서 측정할 수도 있다.

3. 형광 %를 sodium dodecylsulfate에 대하여 점시하고 S 모양 곡선의 중간점을 측정하라. 문헌에 따르면 중간점 값은 25℃에서 $8.1\times10^{-3}M$이다.

문제

1. 미셀은 무엇인가? 왜 미셀을 생성하는가?
2. 콜로이드는 무엇인가? 왜 콜로이드를 만드는가?

7.4.3 Thiamine 산화에 의한 수은정량

수은(정량은 thiamine을 산화하여 예민한 형광성 thiochrome으로 만드는 형광측정에 바탕을 둔다. 수은(Ⅱ) 화합물은 형광물질이 아니지만 thiamine을 thiochrome으로 산화하기 전후의 thiochrome 농도를 측정하여 간접으로 수은을 정량할 수 있다. CN^-, I^-, S^{2-}, EDTA 그 밖에 24종류의 양이온과 음이온들은 형광을 감소하므로 방해한다. 형광세기는 시료용액 중 10~200μg Hg/mL 범위에서 검정곡선을 성립한다. Thiamine은 염화수은(Ⅱ)에 의하여 산화된다.

기기

형광계

부피플라스크(10mL) 8개

피펫 1개 0.5, 2개 1mL, 2개 2mL, 1개 3mL, 1개 4mL, 2개 5mL

시약

붕산 완충용액(pH 7.7)

$3\times10^{-5}M$ thiamine 용액(매일 새로 만든다)

수은 미지용액 1ng Hg/mL(중성), 진한 용액을 묽혀 만든다.

수은 보관용액 $HgCl_2$를 200ng/mL 되게 만든 용액

방법

1. 6개 부피플라스크(10mL)에 수은 보관용액(10ng/mL)을 0.5, 1.0, 2.0, 3.0, 4.0, 5.0mL씩 취하여 표준용액으로 사용한다.
2. 7번 플라스크에 미지수은용액 5mL를 취하고, 붕산 완충용액(pH 7.7) 2mL를 넣는다. 8번 플라스크(수은 없는 바탕시험용)에도 완충용액 2mL 넣는다.
3. 눈금까지 물로 묽히고 어두운 실온에서 1시간 혹은 90℃에서 10분 산화반응을 진행한 다음 식힌다. 375nm을 들뜨기 파장으로 이용하고 440nm에서 형광방출을 측정한다.
4. 형광 %를 ng Hg/mL에 대하여 점시하여 검정곡선을 작성하고 미지시료용액 중 수은을 정량한다.

문제

1. Hg(Ⅱ)에 의하여 thiamine이 thiochrome으로 산화되는 반응을 쓰라.
2. Thiochrome의 어느 부분이 형광을 발생하는가.

연습문제

[7.1] 다음 용어를 설명하라.

(1) 형광 (2) 인광 (3) 공명형광

(4) 단일항상태 (5) 삼중항상태 (6) 화학발광

[7.2] 형광들뜸 스펙트럼과 형광방출 스펙트럼의 차이를 설명하라. 어느 것이 흡광 스펙트럼과 비슷한가.

[7.3] 이중결합이나 삼중결합을 갖는 리간드들이 금속이온과 착물을 생성할 때 착물을 추출 분리하지 못하는 경우도 있다. 이때 용액의 형광세기를 측정하면 금속이온의 농도와 비례하는가. 그 이유를 설명하라.

[7.4] 형광분광법의 장점과 단점을 설명하라.

[7.5] 형광광도계에 시료셀을 놓는 위치는 광원에 대하여 90° 각도에 있다. 이유는 무엇인가.

[7.6] 형광의 세기에 영향을 주는 인자는 무엇인가.

[7.7] Jablomski diagram을 그려라.

제8장 핵자기공명분광법

7장까지는 자외선에서 적외선까지 파장영역(10^{-6}~$10^{-1}cm^{-1}$)을 이용하는 분광광도법의 기기를 설명하였다. 8장에서는 적외선 다음으로 파장이 더 긴 라디오파 영역(10^{1}~$10^{3}cm^{-1}$)의 분광법을 설명하겠다. 이 영역은 파수로서 10^{-1}~$10^{-3}cm^{-1}$ 영역에 속하고 진동수(ν)는 4~600MHz 영역에 속한다. Hz는 hertz의 약자이고, 1주기(cycle)는 1Hz이다. M은 Mega의 약자이고, 10^{6} 단위의 접두사이다. 작은 진동수의 경우 Hz 단위 이외에 cps(cycle per second)도 함께 사용한다.

8.1 NMR 분광법의 원리

8.1.1 NMR의 이론

원자핵에 있는 양전하의 양성자(proton)는 그림 8－1처럼 회전축을 중심으로 스핀(spin)운동한다. 이 경우에 그림 8－2와 같이 도체의 루프(loop)를 통해 전류가 흐르는 경우처럼 자기장(magnetic field)을 생성하고, 스핀운동 축 방향에 따라 자기모멘트(magnetic moment) 혹은 자기쌍극자(magnetic dipole)를 갖는다. 그 예를 그림 8

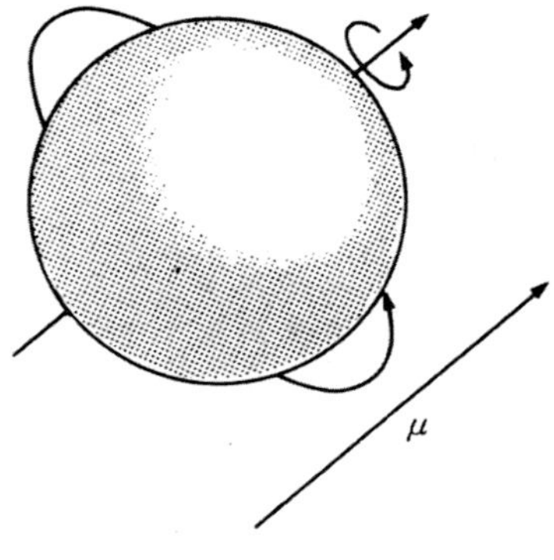

그림 8－1 ▸ 핵전하의 스핀운동은 자기장을 생성하고, 회전축을 따라 자기모멘트 μ를 갖는다.

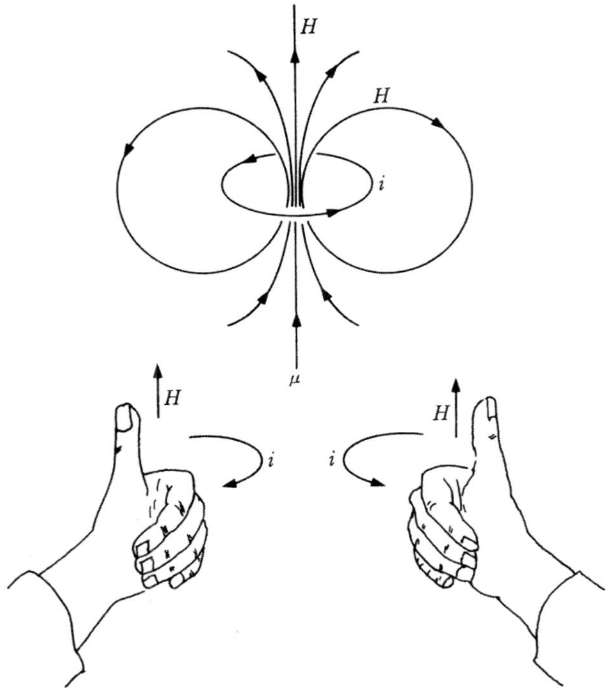

그림 8-2 ▸ 전류-자기장의 핵의 왼손-오른손 법칙

-2에 나타냈다. 핵을 미시적으로 고려하면 그림 8-2처럼 오른쪽 법칙과 함께 왼손 법칙도 적용된다. 이때 핵전하의 모양, 핵전하의 수, 핵자(nucleon)의 형태에 따라 스핀 양자수(spin quantum number) I는, 0. 1/2, 1, 2/3 ⋯ 와 같은 반정수값(half-intergral value)을 갖는다. 핵의 스핀운동에 따른 스핀 양자수는 다음과 같이 세 가지로 분류한다.

1. I=0(스핀운동하지 않는 핵) : 양성자와 중성자는 모두 짝수이다. 이들은 자기모멘트를 갖지 않고, 자기적 성질을 띠지 않으므로(자기적으로 비활성이므로) NMR에 검출되지 않는다. 예를 들면 $^{12}_{6}C$과 $^{16}_{8}O$이다.

2. I=1/2[스핀운동하는 구형(sphere) 전하, 그림 8-1] : 이러한 핵은 자기모멘트를 갖지만은 전기적 사중극자(electric quadrupole)를 갖지 않는다. 이 핵들은 홀

표 8-1 ▸ 핵스핀 양자수

양성자수	중성자수	스핀수	예
짝수	짝수	0	$^{12}_{6}CI$, $^{16}_{8}O$, $^{32}_{16}S$
홀수	짝수	1/2	$^{1}_{1}H$, $^{15}_{7}N$, $^{19}_{9}F$, $^{31}_{15}P$
짝수	홀수	1/2	$^{13}_{6}C$
홀수	홀수	1	$^{2}_{1}H$, $^{14}_{7}N$
홀수	짝수	3/2	$^{11}_{5}B$, $^{79}_{35}B$
홀수	홀수	5/2	$^{127}_{53}I$

수 양성자 혹은 홀수 중성자를 갖지만 양성자와 중성자 모두는 홀수는 갖지 않는다. 이들은 NMR에 대단히 중요하고 다음과 같은 순서에 따라 많이 취급하다.

$$^{1}_{1}H > ^{13}_{6}C > ^{19}_{9}F > ^{31}_{15}P > ^{15}_{7}N$$

NMR 측정의 90% 이상은 $^{1}_{1}H$를 측정 대상으로 취급한다.

3. $I > 1/2$[스핀운동하는 비구형(nonsphere)전하] : 이들의 핵은 자기쌍극자와 전기 사중극자를 모두 갖는다. 예를 들면 다음과 같다.

$$I = 1 : ^{2}_{1}H,\quad ^{14}_{7}N,\qquad I = 3/2 : ^{11}_{5}B,\quad ^{35}_{17}Cl$$
$$I = 2 : ^{36}_{17}Cl,\ ^{58}_{27}CO,\quad I = 5/2 : ^{25}_{12}Mg,\ ^{27}_{13}Al,\ ^{17}_{8}O$$

몇 가지 대표적 핵과 그들의 스핀 양자수는 표 8-1과 같다.

NMR 이론은 양자역학적 방법과 고전역학적 방법의 두 가지로 설명할 수 있고, 두 가지 이론은 모두 같은 결론에 도달한다. 양자역학적 이론은 에너지상태를 고려한 흡수이론을 전개할 때 유용하고 고전역학적 이론은 에너지 흡수과정의 물리적 모형과 측정방법의 설명에 유리하다. 두 가지 방법을 함께 섞어 설명하면 혼란을 일으킬 염려가 있으므로 두 가지 이론을 각기 설명하겠다.

8.1.2 NMR의 양자역학적 설명

$I>0$의 스핀 양자수를 갖는 장기성을 띤 핵은 외부자기장을 걸어줄 때 그 자기장과 서로 반응하여 각기 에너지 준위에 상응하는 서로 분리된 방향(orientation)을 다음과 같이 갖는다. 이것을 스핀 양자수(spin quantum number)라고 한다.

$$I, I-1, I-2, \ldots, -I$$

일정한 핵은 $2I+1$의 에너지 준위(방향)을 갖는다. 예를 들어 $I=1/2$일 때 $2(1/2)+1=2$의 방향을 갖는다. 이것은 그림 8−3(a)처럼 자기장에 작은 자석을 놓은 것과 같다. H_1^1의 경우는 그림 8−3(b)처럼 $I=1/2$이므로 두 가지 방향을 갖는다.

양전하를 띤 핵 스핀이 회전운동할 때 생기는 자기쌍극자(혹은 자기모멘트라고 한다) μ는 스핀축 방향에 따라 배향한다. 이때 스핀과 자기쌍극자 μ의 상호작용 때문에 생기는 자기양자수(magnetic quantum number) m값은 스핀양자수와 다음과 같은

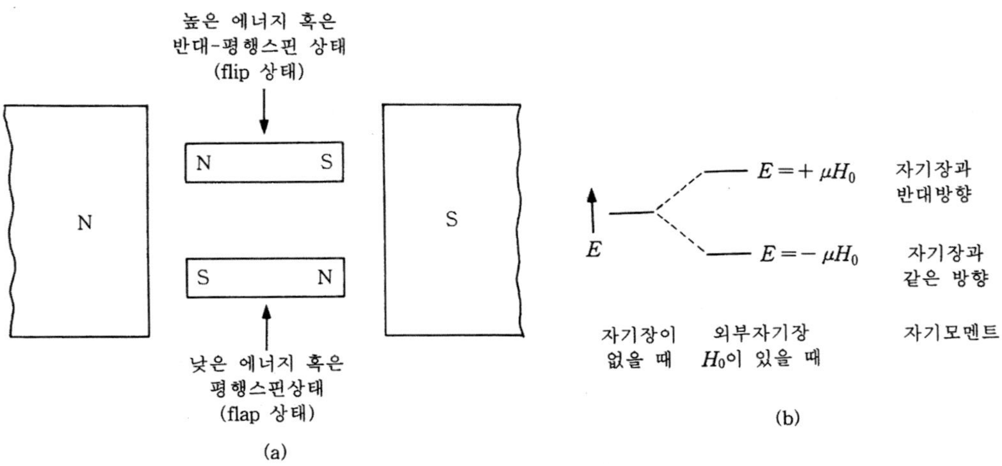

그림 8−3 ▸ (a) 큰 자석 사이에 작은 막대자석이 놓인 상태는 $I=1/2$의 핵이 외부자기장에 놓인 상태와 비슷하다. 자석의 극이 서로 이끌리면 낮은 에너지상태(평형 스핀상태)이고, 자석과 극이 서로 반발하면 높은 에너지상태(반대 평형상태)로 변한다. (b) $I=1/2$의 양성자스핀이 자기장이 spin−down(flap) 상태와 자기장에 있는 때의 spin−up(flip) 상태의 에너지.

관계에 있다.

$$m = I, I-1, I-2, \ldots, -I \quad (8-1)$$

핵의 입자(스핀들이 외부 자기장에 놓이면 스핀 혹은 자석 사이에 작은 막대자석을 놓은 것처럼 외부자기장에 평행하게 배향한다. 이때 핵 스핀의 쌍극자모멘트 μ와 외부자기장 세기 H_0에 따라 핵 스핀은 식 (8-2)와 같은 에너지를 갖는다.

$$E = -\mu H_0 \quad (8-2)$$

즉 원자핵 입자의 에너지는 (2I+1)개의 일정한 값을 갖고 그들의 에너지는 식(8-2)와 같은 값을 갖는다. 그러므로 스핀수가 많고 자기 양자수가 크면 그들의 값에 따라 각 원자핵의 입자는 식 (8-3)과 같은 에너지를 갖는다.

$$E = -\frac{m\mu}{I}\beta H_0 \quad (8-3)$$

여기에서 외부자기장 세기 H_0는 gauss(G)라는 세기의 단위로 나타낸다. β는 핵 마그네톤(nuclear magneton) 상수이고, 5.051×10^{-24}erg G^{-1}값을 갖는다. m은 자기양자수이다. μ는 핵 마그네톤 단위로 나타낸 핵 입자의 자기모멘트이고, 양성자의 μ는 2.7927 핵 마그네톤이다.

예를 들어 $I=1/2$ 양성자(^1H, ^{19}F, ^{31}P)의 자기양자수는 각기 +1/2과 -1/2이므로 각 에너지는 다음과 같다.

$$m = +\frac{1}{2}\text{일 때 } E = -\frac{1/2(\mu\beta H_0)}{1/2} = -\mu\beta H_0$$

$$m = -\frac{1}{2}\text{일 때 } E = -\frac{-1/2(\mu\beta H_0)}{1/2} = +\mu\beta H_0$$

이러한 두 가지 에너지상태는 스핀축이 외부자기장에서 배향할 수 있는 양자에너지이고, 이것을 나타내면 그림 8-4와 같다. 그림 8-4(a)에서 낮은 에너지상태($m=$ 1/2)의 자기모멘트 벡터는 자기장과 같은 방향으로 배향하고, 높은 에너지상태($m=-$

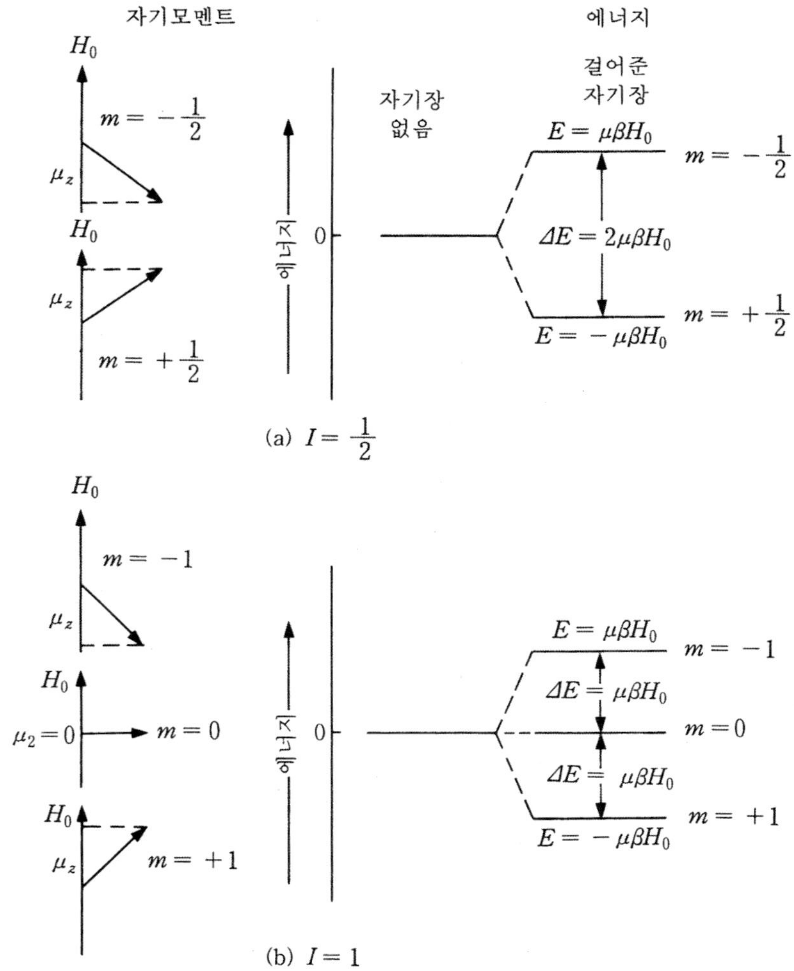

그림 8−4 ▸ 외부에 걸어준 자기장의 세기 H_0에 놓인 핵 스핀의 자기모멘트 배향과 에너지 준위

1/2)의 자기모멘트 벡터는 자기장과 반대방향이다. $m = 1/2$과 $m = -1/2$의 에너지 차이는 $\Delta E = 2\mu\beta H_0$이다.

또 한 가지의 예를 들어 스핀 양자수 $I = 1$의 경우(^2H, ^{14}N) 그림 8−4(b)처럼 에너지 준위는 $m = 1$, 0, −1과 같이 세 가지이고, 에너지 차이는 $\mu\beta H_0$이다. 일반적으로 에너지 차이는 식 (8−4)로 나타낸다.

$$\Delta E = \mu\beta\frac{H_0}{I} \qquad (8-4)$$

NMR 측정에서 낮은 에너지 준위로부터 높은 에너지 준위로 들뜨려면 UV, VIS, IR 경우처럼 ΔE에 상당하는 $h\nu$의 진동수를 흡수하여야($E = H\nu$) 평행스핀 배향을 반대스핀 배향으로 바꿔 들뜰 수 있다. 즉, 식 (8－5)에 상당하는 진동수를 흡수하여야 한다.

$$h\nu = \mu\beta\frac{H_0}{I} \qquad (8-5)$$

대부분의 NMR 기기들은 14.092G의 자기장을 갖는 자석을 이용한다. 이 자기장에서 양성자핵은 어떤 진동수의 라디오파를 흡수하는가? 식 (8－5)로부터

$$\nu = \frac{2.7927 \times 5.051 \times 10^{-24} \times 14.092}{6.6256 \times 10^{-27} \times 1/2}$$

$$= 60.0 \times 10^{6}\text{Hz} = 6.0\text{MHz}$$

즉, 양성자 핵 스핀은 일정한 14.092G 자장 중에서 매초당 60.0×10^6회(60MHz=60Mcps)의 스핀운동을 계속한다.

외부자기장의 영향이 없을 때 핵 스핀의 자기양자 상태 에너지는 $m=+1/2$과 $m=-1/2$이 같게 분포되어 있다. 그러나 자기장에 놓이면 낮은 에너지상태($m=+1/2$)가 더 많다. 실온상태의 열에너지는 이러한 에너지차보다 몇 단위 더 크므로 자기효과를 상쇄한다. 그래서 실온에서 낮은 에너지상태의 핵이 약간 더 많다(＜10ppm). 이와 같이 약간 더 많은 상태의 핵 스핀이 라디오파를 흡수하고 들뜨므로 NMR 측정을 가능하게 만든다. 만약 $m=+1/2$과 $m=-1/2$ 에너지의 핵 스핀 상태수가 같으면 라디오파의 흡수와 방출이 같으므로 알짜흡수(net absorption)는 없고 따라서 NMR 측정은 불가능하다.

8.1.3 NMR의 고전역학적 설명

스핀운동하는 핵의 하전입자들이 외부자기장에 놓일 때 그 핵이 라디오파를 흡수하는 과정과 신호측정과정은 고전역학적 세차운동(Lamor's precession) 모델을 이용하여 설명하는 것이 편리하다.

첫 번째로 나침반의 자석 바늘을 보자. 자석을 이용하여 나침반 바늘의 방향을 순간적으로 조금 변위시키면 다시 복귀하면서 남북의 축주위 평면상에서 흔들린다. 두 번째로 남북의 축주위로 자석을 빠르게 회전하면 나침반 바늘은 자석을 따라 평면에서 벗어나 회전운동을 계속한다. 핵 입자도 외부자기장에 놓이면 이것과 같은 회전운동을 계속한다. 이것을 세차운동이라 하고, 그 모델은 그림 8－5와 같다.

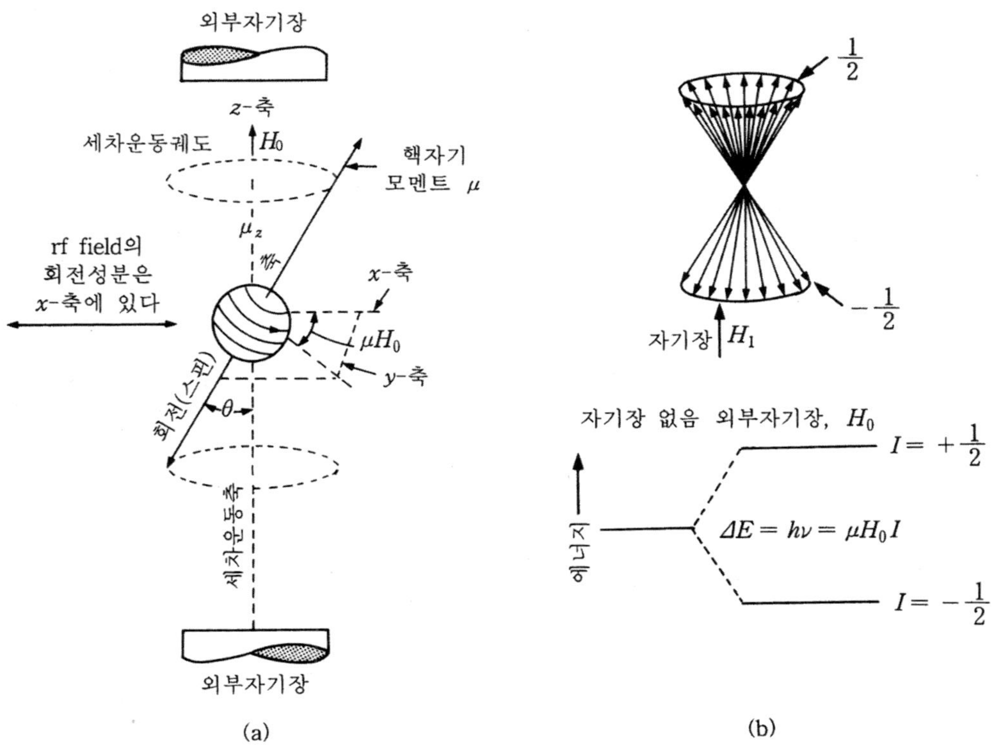

그림 8－5 ▸ (a) 외부자기장에 놓인 핵의 스핀운동, (b) I=1/2 핵의 에너지 준위(아래)와 I=1/2 핵의 배향(위)

세차운동의 각속도(angular velocity)는 외부자기장의 힘에 정비례하고 외부자기장에 놓인 회전체의 각운동량(angular momentum)에 역비례한다. 외부자기장에 놓인 핵 입자는 외부자기장의 세기 H_0와 핵 입자의 자기모멘트를 곱한 $\mu\beta H_0$의 힘을 받는다. 각운동량은 $I(h/2\pi)$이다. 그러므로 세차운동속도는 식 (8-6)과 같다.

$$\omega_0 = \frac{2\pi\mu\beta}{Ih}H_0 = \gamma H_0 \tag{8-6}$$

여기에서 γ는 자기회전비(magnetogyric ratio 또는 gyromagnetic ratio)라는 상수이고, 회전입자의 자기모멘트와 각운동량의 비를 나타내는 상수이다.

$$\begin{aligned}\gamma &= \frac{\mu\beta}{I(h/2\pi)} \\ &= \frac{2\pi\mu_0}{hI}\end{aligned} \tag{8-7}$$

1개 양성자에 대한 자기회전비 γ을 계산하면 다음과 같다.

$$\begin{aligned}\gamma &= \frac{(2)(3.1416)(1.41\times10^{-23}\text{erg/gauss})}{(6.6256\times10^{-27}\text{erg/sec})(1/2)} \\ &= 2.674\times10^{4}\text{gauss}^{-1}\text{sec}^{-1}\end{aligned}$$

식 (8-6)을 2π로 나누면 세차운동 진동수(Larmor frequency) ν_0로 바꿀 수 있다.

표 8-2 ▸ NMR에서 빈번하게 취급하는 핵입자의 여러 가지 재료

핵	μ erg $\text{gauss}^{-1}\times10^{23}$	γ gauss^{-1} $\text{sec}^{-1}\times10^{-4}$	ν 1409 gauss Mc
^{1}H	1.410	2.674	60.0
^{11}B	1.357	2.573	19.25
^{13}C	0.357	0.6721	15.1
^{19}F	1.326	2.515	56.4
^{31}P	0.5708	1.082	24.3

$$\nu_0 = \frac{\omega_0}{2\pi} = \frac{\gamma H_0}{2\pi} \tag{8-8}$$

식 (8－7)과 (8－8)을 합치면

$$h\nu_0 = \frac{\mu\beta H_0}{I} \tag{8-9}$$

이 식 (8－9)는 양자역학적 설명의 식 (8－5)와 같다. 즉, $\nu_0 = v$ 이다. 이것을 식 (8－8)에 넣으면 스핀운동 입자의 흡수 진동수와 자기장 세기의 관계를 식 (8－10)으로 얻을 수 있다.

$$\nu = \frac{\gamma H_0}{2\pi} \tag{8-10}$$

그림 8－5(a)는 핵의 세차운동이 외부자기장 μH_0의 영향을 받을 때와 라디오 진동수를 흡수 및 방출하는 모델이다. (b)의 위 그림은 핵이 외부자기장에 놓였을 때 $I=+1/2$과 $I=-1/2$의 배향을 나타내고, (b)의 아래 그림은 그림 8－4처럼 외부자기장이 없을 때 $I=+1/2$과 $I=-1/2$ 배양의 에너지차는 없고, 외부자기장에 놓이면 $\Delta E = h\nu = \mu H_0 I$의 에너지 차이가 생긴다는 것을 나타낸다. NMR에서 취급하는 핵입자의 자료는 표 8－2와 같다.

그림 8－5의 세차운동 입자의 퍼텐셜에너지 E는 식 (8－11)과 같다.

$$E = -\mu_z H_0 = -\mu_z H_0 \cos\theta \tag{8-11}$$

핵이 라디오파를 공명흡수하면 $\cos\theta$값이 변한다. 즉, 에너지를 흡수하면 자기장으로 배향된 자기모멘트($I=1/2$)는 반대방향으로 바뀐다($I=-1/2$). 자기쌍극자의 방향이 반전하려면 첫째 외부자기장의 직각 방향으로 자기적 힘이 작용하여야 하고, 둘째 세차운동 쌍극자와 동일한 위상의 원형성분을 가져야 한다. 즉, 세차운동 입자의 진동수와 라디오파 진동수가 일치하면 공명흡수하여 들뜨고($I=+1/2$에서 $I=-1/2$로 변한다), 다시 가역적 복사선을 방출하고 바닥상태로 되돌아간다($I=+1/2$에서 $I=-1/2$로 변한다).

8.1.4 이완과정과 포화

핵 스핀이 라디오파를 흡수하여 들뜬 다음 다시 바닥상태와 되돌아가는 과정을 이완과정(relaxation process)이라고 한다. UV, VIS, IR 과정처럼 핵이 공명흡수 에너지차에 상당하는 라디오파를 방출하고 바닥상태로 되돌아갈 확률은 대단히 드물고, 또한 방출에너지를 측정할 수도 없다. 핵이 복사선 방출 없이 에너지를 잃는 과정을 5장에서 설명한 것처럼 비복사과정(radiationless process)이라고 한다. 비복사과정은 핵이완과정(nuclear relaxation process)이다. 실온에서 바닥상태에 있는 핵입자는 들뜬상태보다 약 10ppm 정도 더 많다. 센 복사선에 노출되면 모든 핵입자들이 들뜨므로 흡수신호는 0으로 감소한다. 이것을 포화(saturation)라고 한다. US, VIS, IR에서도 가끔 포화현상이 나타난다. NMR에서 포화현상이 나타나면 감도는 크게 저하된다. 포화효과를 감소하는 방법은, 첫째 광원(라디오파 발생)의 세기를 감소하고, 둘째 비복사 이완속도를 증가시켜 포화효과를 감소하는 방법이다. 들뜬상태의 수명은 0.1~1s 값이 적당하다. 핵이완과정은 스핀－격자(spin－lattice)이완과 스핀－스핀(spin－spin)이완이 있다.

스핀－격자이완에서 격자(분자)는 고체, 액체, 기체를 막론하고 원자로 구성된 핵의 큰 그룹을 지칭한다. 이러한 집단은 진동운동과 회전운동에 의해 보다 낮은 에너지 상태의 스핀으로 격자 에너지를 전이한다. 이 경우의 시간을 이완시간 T_1이라 한다. T_1은 들뜬상태에서 낮은상태로 되돌아올 때 필요한 반감기의 척도이다. 첫째, 고체와 큰 점도의 액체시료는 T_1값이 크다. 고온에서 진동운동과 회전운동이 증가하면 이동도가 증가하므로 T_1값은 감소한다. 둘째, 홀스핀전자를 갖는 원소를 포함한 시료는 T_1값이 작다. T_1값이 작으면 흡수선 너비는 넓어진다.

스핀－스핀이완은 T_2로 표시한다. 스핀－스핀이완은 그림 8－6과 같이 시간이 지남에 따라 들뜬 스핀 에너지가 이웃에 존재하는 스핀으로 변환하여 스핀방향이 차례로 변하는 것을 의미한다. 그러나 입자수 분포의 알짜변화는 없다. 결정질 고체와 큰 점성의 액체는 T_2값이 대단히 작고(10^{-4}s) T_2값이 작을수록 스펙트럼은 넓게 나타난다. 고체는 스펙트럼이 너무 넓기 때문에 분해능이 나쁘다.

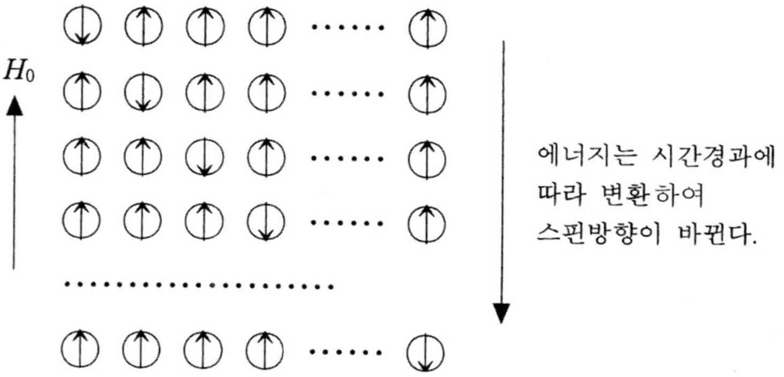

그림 8-6 ▸ 스핀-스핀이완

8.1.5 흡수측정

앞에서 설명한 UV, VIS, IR 흡수분광법은 일정한 세기의 복사선을 시료에 통과시켜 복사선 세기를 측정하고, 그 차이로부터 흡광도를 알아냈다. NMR에서도 같은 방법을 이용하지만 라디오파 흡수체(바닥상태의 핵입자)는 들뜬상태보다 10ppm 정도만 더 많이 존재하므로 입사광의 감소를 정확하게 측정하기 어렵다. 그래서 NMR 분광기는 흡수신호의 투과세기를 측정한다.

그림 8-7에 라디오파 발생원(x축)과 외부자기장(z축), 검출기(y축)가 있고 xyz축

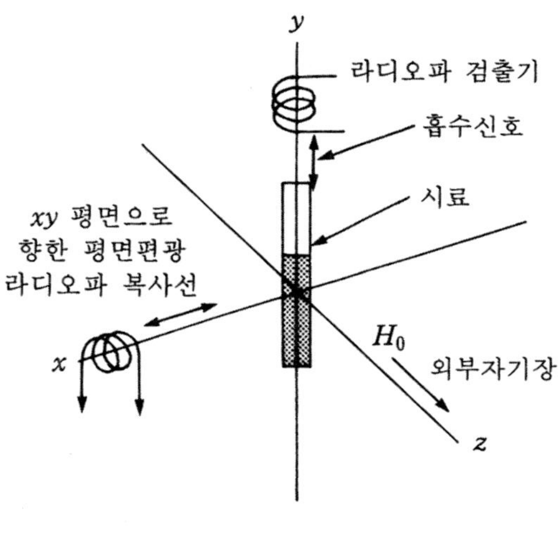

그림 8-7 ▸ NMR의 흡수신호 측정

이 만나는 중심에 시료를 놓는다. 라디오파는 라디오파 발생장치로부터 xz 평면으로 평면편광되어 나오고, 검출기 코일은 라디오파 평면편광에 대하여 직각의 y축에 있다. 외부자기장을 걸어줄 때 이용하는 자석은 z축에 놓인다. 시료를 중심에 놓고 라디오파를 보내면 시료에 흡수되고, 그 세기는 y축 방향의 검출기 코일에 감응하여 측정된다. 흡수 스펙트럼은 두 가지 방법으로 측정한다. 첫째 UV, VIS, IR 분광법은 회절발이나 프리즘을 사용하여 복사선 진동수를 변화시킬 수 있지만 라디오파는 분산하는 장치가 없으므로 양성자(수소)측정을 위한 1kHz부터 ^{13}C와 ^{19}F 측정에 필요한 10kHz까지 라디오파를 차례로 발진하는 가변 주파수 발신기를 사용하는 방법을 이용한다. 이 방법으로 얻은 스펙트럼은 그림 8－8(a)와 같다. 둘째 일정한 진동수의 라디오파 발신기를 사용하면서 자기장 H_0을 연속적으로 변화시키는 방법도 이용한다. 일정한 핵에 대한 진동수와 자기장 세기 H_0는 정비례하므로[식 (8－10)] H_0도 흡수 스펙트럼의 x축값으로 사용할 수 있다. 둘째의 방법으로 얻은 스펙트럼은 그림 8－8(b)와 같다. 최근에는 진동수와 자기장을 모두 변화시킬 수 있는 NMR 기기를 시판하고 있다.

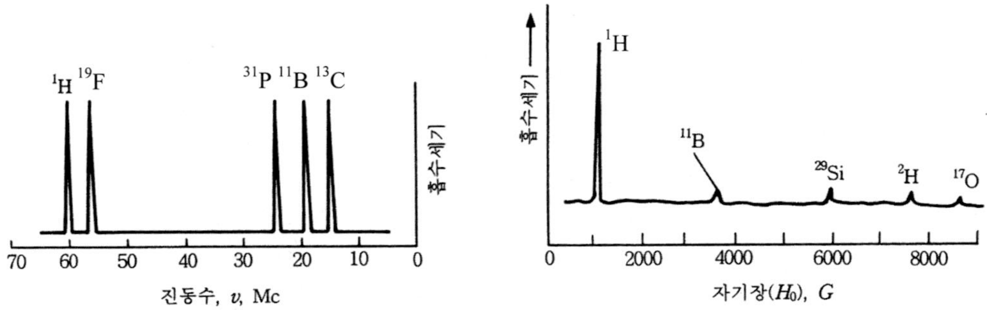

그림 8－8 ▸ NMR 흡수 스펙트럼. (a) 진동수 변화법($H_0 = 14.092$G), (b) 외부자기장 변화법(진동수 5MHz)

8.2 핵자기공명 분광기

8.2.1 NMR 기기

NMR 기기는 고분해능과 넓은-선형 기기(wide-line instrument)의 두 종류가 있다. 고분해능기기는 7,000G 이상의 큰 자기장을 사용하고, 미세구조 스펙트럼은 핵의 화학적 환경에 따라 결정된다. 그림 8-8은 넓은-선형 기기를 이용하여 얻은 저분해능 스펙트럼의 예이다. 넓은-선형 기기는 원소의 정량분석과 물리적 환경 연구에 유용하다.

NMR 기기는 다음과 네 부분으로 구성되어 있다.

1) 균일하고 센 자기장을 갖는 자석
2) 대단히 작은 범위의 자기장을 연속적으로 변화할 수 있는 장치(Helmholtz coil 혹은 sweep coil)
3) 라디오파(RF) 발신기
4) RF 검출기

자석은 셀수록 좋다. 왜냐하면 첫째 화학적 이동(chemical shift)은 자기장의 세기에 비례하므로 스펙트럼을 읽기 쉽고, 둘째 자기장이 셀수록 흡수신호는 세게 나타내기 때문이다. 셋째, 자기장이 셀수록 잡음비율이 작아지므로 소량의 시료를 사용할 수 있다. 자석은 영구자석이나 전자석을 이용한다. 전자석은 첫째 자석의 세기를 0에서 최대값까지 변화시킬 수 있고, 둘째 한 가지 핵종을 각기 다른 자기장에서 측정 가능하므로 자기장에 의존하는 화학적 이동과 자기장 세기에 크게 영향받지 않는 스핀-스핀 상호작용을 구별 가능하다. 단점은 정교하여야 하고 고가이다. 영구자석은 항온을 유지하기 어렵고 자장세기를 변화할 수 없다.

RF 발신기는 외부자기장에 대한 수직방향의 평면 내에서 회전운동하는 라디오파 신호를 내보내서 핵에 공명흡수시켜 들뜨게 만든다. RF 발신기는 전파 송신기와 같다. 자기장 변화기는 세차운동하는 핵이 회전자기장과 일치되어 공명흡수하게 만들려면 세차운동 진동수나 회전자기장의 진동수 중 어느 한쪽을 변화시켜 서로 일치되게 조절하여야 한다. 세차운동 진동수를 변화시키려면 외부자기장세기를 변화시켜야 하고, 회전자기장 H_0의 회전 진동수를 변화할 때는 전파 발신기의 진동수를 변화시킨다. 시판하는 NMR은 대부분이 외부자기장 변화 방법을 사용하고 있다. 자기장 변화는 첫째 자석의 양쪽 극에 감은 코일의 직류 변화법이고, 둘째 외부자기장, Helmhortz coil, 시료의 세 가지를 동일축상에 놓고 Helmhortz coil의 직류를 변화하는 방법이다. 첫째 방법은 자기장 변화 속도가 느리므로 별로 사용하지 않고, 둘째 방법을 주로 사용한다. 그 구조는 그림 8－9와 같다.

검출기는 자성을 띤 시료에 RF 신호를 통과시킬 때 흡수와 분산(dispersion)의 두 가지 현상이 나타난다. 실제는 분산보다 흡수 스펙트럼 측정법을 많이 이용한다(상세한 내용은 연습문제 8.3의 문헌을 참고하라). 그림 8－9에서 시료 시험관에 감은 코일 검출기는 라디오파 발신기와 직각으로 설치한다(그림 8－7). 신호세기는 대단히 약하므로 10^5배 이상 증폭하여야 한다.

8.2.2 실험방법

양성자 측정용 시료는 바깥지름 5mm, 길이 20cm 정도의 유리관에 약 1% 시료용액

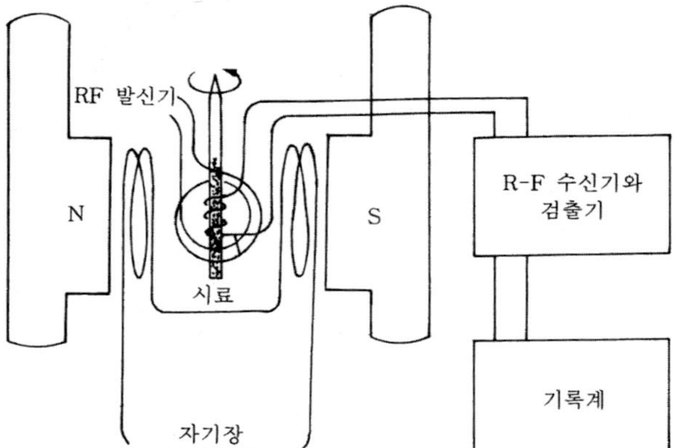

그림 8－9 ▸ NMR분광기

을 넣어 측정한다. 양성자를 측정할 때는 보통 0.15M 0.2mL를 사용한다. 시료의 회전속도는 0.5cps의 분해능이 필요할 때 2~3회전/s 정도가 필요하다. 양성자 NMR에서 스펙트럼의 기준물질은 테트라메틸실란[tetramethlsilane, 약자 TMS, $(CH_3)_4Si$]을 사용한다. TMS는 화학적으로 비활성이고, 12개 양성자가 구면상에 분포하므로 자기등방성이고, b.p. 27℃이고, 유기용매와 잘 섞이고, 1개의 스펙트럼만 나타내므로 TMS를 기준물질로 가장 많이 사용한다. TMS는 수용액에 녹지 않는다. 수용액을 사용할 때는 TMS 대신에 sodium 2,2－dimethyl－2－silapentane－5－sulfonate[약자 DSS, $(CH_3)_3SiCH_2CH_2CH_2SO_3Na$]를 기준물질로 사용한다. NMR에 사용하는 용매는 양성자 없는 CCl_4이 이상적이고, 그 밖에 CS_2, $CHCl_3$, $CDCl_3$ 등을 사용할 수도 있지만 이때는 약 0.1ppm 정도를 보정해야 한다.

8.3 NMR의 응용

8.3.1 핵의 화학적 분위기

시료는 수많은 하전체(양성자와 전자)를 포함하고 있다. 각 하전체는 자기장의 영향을 받는다. 예를 들어 이중결합의 짝전자는 알짜자기장이 없지만 자기장을 걸어주면 짝전자는 그림 8－10처럼 전자순환(circulation)을 유발하여 외부자기장에 반대되는 작은 편재자기장(local magnetic field)을 생성한다. 이것은 그림 8－10처럼 외부자기장으로부터 어느 정도 핵을 가리므로(shielding) 반자기성 가림(diamagnetic shielding)이라 한다. 걸어준 외부자기장 $H_{외부}$에 놓인 핵은 가리어지는 정도만큼 $H_{외부}$보다 작은 유효자기장 H_0에 놓인다.

$$H_0 = H_{외부} - \sigma H_{외부} = H_{외부}(1-\sigma) \tag{8－12}$$

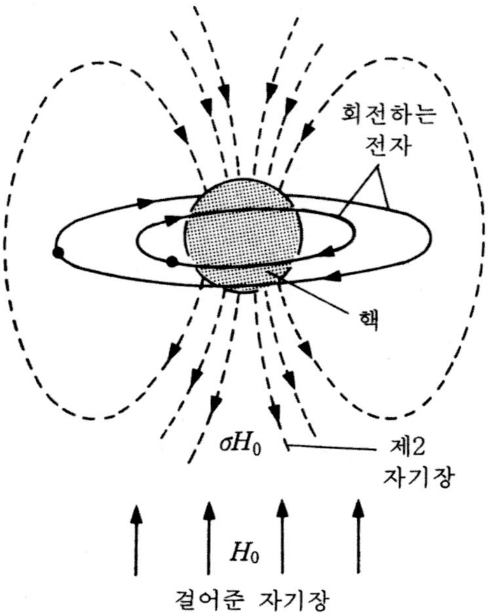

그림 8－10 ▸ 독립 수소원자의 전자는 외부자기장에 의하여 유발된 외부자기장과 반대방향으로 편재된 제2 자기장을 생성하여 양성자를 가린다(반자기성 가림). H_0=외부자기장, σH_0=전자순환에 의하여 생성된 제2 자기장

여기에서 H_0는 공명흡수되는 유효 자기장이고, σ(sigma)는 가림 파라미터(shielding parameter)이다. σ는 핵 주위의 전자밀도(화합물의 구조)에 따라 결정된다. 예를 들어 고립 양성자는 σ값이 0이다. CH_3CH_2OH(에틸알코올)의 CH_3기, CH_2기, OH기는 각기 고립 양성자의 공명값 H_0보다 $H_{외부}$ 자기장을 걸어주어야 공명흡수된다. 그러므로 원자단의 종류에 따라 각기 다르게 그림 8－11처럼 나타난다. 그림 8－11의 (a)는 저분해능 NMR, 그리고 (b)는 고분해능 NMR로 측정한 CH_3CH_2OH 용액의 스펙트럼이다. (a)의 각 스펙트럼 면적은 수소수에 비례한다(1 : 2 : 3). 수소를 중수소로 치환하면 수소의 스펙트럼이 없어진다. $-CH_2$의 봉우리들이 4개로 나타나는 미세구조는 화학적 이동과 함께 나타내는 스핀－스핀 분리효과(spin－spin splitting effect) 때문에 이웃의 －OH와 $-CH_3$의 편재 자기장 효과에 따라 4개로 나타난다.

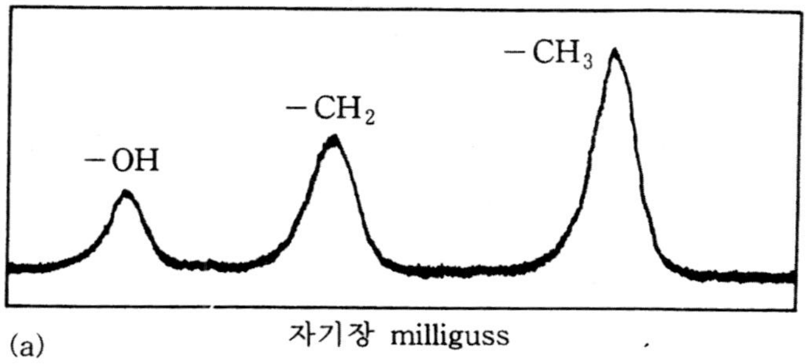

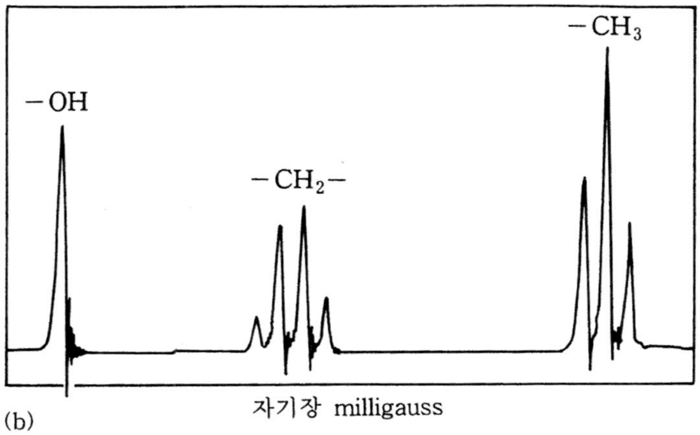

그림 8−11 ▸ 60MHz 라디오파에서 CH_3CH_2OH의 (a) 저분해능 스펙트럼 분해능($1/10^6$), (b) 고분해능 스펙트럼 분해능($1/10^7$)

8.3.2 NMR 스펙트럼의 눈금표시

NMR 스펙트럼의 x축 눈금은 자기장 변화 코일에 흐르는 직류를 이용하여 miiligauss 정도로 변화시킨 값이고, y축은 RF신호의 흡수세기이다. 시료의 공명 흡수봉우리 위치는 TMS 혹은 DSS를 시료와 함께 측정하여 계산한다.

TMS 기준물질의 공명선을 나타낼 때 필요한 자기장 세기는 식 (8−12)를 이용할 수 있다.

식 (8−12)를 고쳐쓰면

$$\sigma_{기준} = \frac{H_{기준(TMS)} - H_0}{H_{기준(TMS)}} \qquad (8-13)$$

시료의 공명흡수는 다음과 같은 관계에 있다.

$$\sigma_{시료} = \frac{H_{시료} - H_0}{H_{시료}} \qquad (8-14)$$

$H_{시료}$는 시료의 공명 흡수봉우리가 나타날 때 필요한 자기장 세기이다. 그러므로 이동 파라미터 δ(delta)는 다음과 같다.

$$\delta = (\sigma_{기준(TMS)} - \sigma_{시료}) \times 10^6 \qquad (8-15)$$

식 (8－13)과 (8－14)를 (8－15)에 대입하면

$$\delta = \frac{H_0(H_{기준(TMS)} - H_{시료})}{H_{시료} \cdot H_{기준(TMS)}} \times 10^6$$

실제로 $H_{시료}$와 H_0는 거의 같으므로 $H_0/H_{시료}$의 비는 거의 1이다. 그러므로

$$\sigma \cong \frac{H_{기준(TMS)} - H_{시료}}{H_{기준(TMS)}} \times 10^6$$
$$= \frac{\nu_{시료} - \nu_{기준(TMS)}}{\nu_{기준(TMS)}} \times 10^6 \qquad (8-16)$$

60MHz, 14.092G의 NMR에서 TMS을 이용할 때는 다음과 같다.

$$\delta \cong \frac{\Delta\nu}{60 \times 10^6} \times 10^6 = \Delta\nu/60\text{ppm}$$

δ는 단위 없이 ppm으로 나타내는 화학적 이동값이다. 40－, 60－, 100－MHz 중 어느 자석을 사용하든 간에 일정한 봉우리의 δ값은 같은 값을 나타낸다. 그리고 모

두 1~12범위의 값을 갖는다.

또 다른 화학적 이동값은 τ(tau)값으로 표시한다.

$$\tau = 10 - \delta \tag{8-17}$$

그림 8-12에서 TMS 기준물질을 중심으로 δ와 τ의 값은 반비례로 나타나 있고, 이 때 외부자기장은 60MHz(14.092G)의 일정한 세기로 자기장이 걸려 있고, 미소한 자기장의 세기 변화에 따라 편재자기장이 생기거나 가리어진다.

NMR 흡수위치는 정확하게 측정하기 어려우므로 기준 스펙트럼에 대하여 상대적으로 측정한다. 벤젠 양성자의 흡수 위치는 60MHz에서 측정할 때 TMS 신호로부터 433단위에 나타났다. 60MHz, 120cps에서 되풀이하여 측정할 때 본래의 흡수선보다 120cps 많거나 작은 위치에서 새로운 봉우리(side band)가 나타났다. 벤젠 흡수선은 TMS로부터 몇 ppm만큼 분리되어 있는가. 그들은 60MHz에서 240cps만큼 분리되어 있다. 즉, 240/60=4.00ppm이다. 간단한 비례관계에 따라 TMS로부터 벤젠 흡수선의 분리는 433/60=7.22ppm에 상당한다.

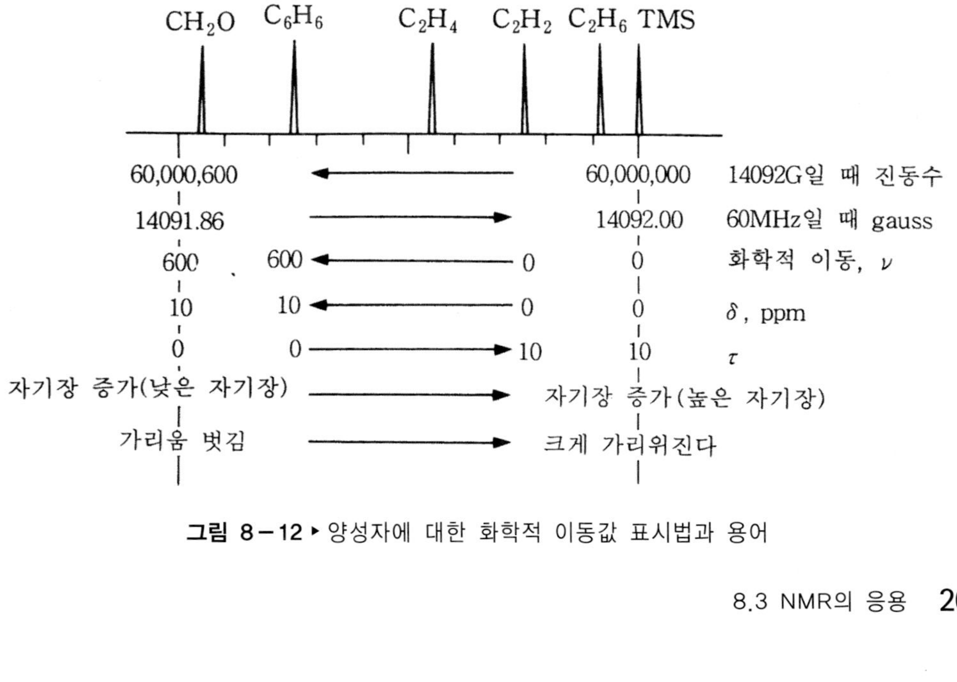

그림 8-12 ▸ 양성자에 대한 화학적 이동값 표시법과 용어

예 제 n-propyl alcohol은 벤젠 기준물에 대하여 60MHz에서 측정할 때 +352.3cps에서 나타난다. 벤젠 기준물에 대한 n-propyl alcohol의 δ, τ, cps는 얼마인가?

▸ 풀 이 벤젠에 대한 상대적 가림 값은 다음과 같다.

$$\frac{352.3}{60} = 5.87\,\text{ppm}$$

벤젠은 TMS로부터 6.73ppm만큼 낮은 자기장에서 나타난다. 그러므로

$$\delta = 0.00 - (-6.73 + 5.87) = 0.86\,\text{ppm}$$
$$\tau = 10.00 - 0.86 = 9.14\ \text{ppm}$$

40MHz에서 측정하면 벤젠 기준물질에 대하여 다음과 같은 위치에서 공명흡수선이 생긴다.

$$352.3\left(\frac{40}{60}\right) = 234.8\,\text{cps}$$

TMS를 기준물질로 사용할 때 용매의 상대적인 화학적 이동값은 표 8-3과 같다.

표 8-3 ▸ TMS 기준물질에 대한 상대적 화학적 이동값

	상대적 이동값	
	δ 값	τ 값
클로로폼	7.25	2.75
벤젠(내부기준)	7.27	2.73
벤젠(외부기준)	6.73	3.27
사이클로헥산	1.49	8.51
TMS	0	10.00

8.3.3 화학적 이동

(1) **편재 반자기 전류효과**

화학적 이동은 편재 반자기 전류효과(local diamagnetic current effect) 때문에 나타난다. 그리고 편재 반자기효과는 전자의 순환운동(세차운동)에 의해 외부자기장에 반대방향으로 자기장이 나타난다. 그러므로 2차로 생성된 유발 편재자기장에 놓인 핵은 본래의 외부자기장보다 작은 자기장의 영향을 받는다. 이때 핵은 1차 자기장(외부자기장)으로부터 가리어진다. 그러므로 공명흡수하려면 외부자기장을 증가시켜야 한다. 이 원리는 그림 8－10을 이용하여 이해할 수 있다.

핵의 가림 정도는 핵 주위의 전자밀도와 관계있다. 핵은 주위 원자단의 전기음성도가 클수록 가림이 적다. 예를 들어 메틸기에 결합한 원자의 전기음성도가 클수록 가림 효과는 감소한다. 예를 들면 다음과 같다.

	CH_3-H	CH_3-I	CH_3-Br	CH_3-Cl	CH_3-F	CH_3-CH_3	CH_3-N	$<$	CH_3-O
$\delta =$	0.2	2.2	2.7	3.0	4.3	0.9	2.2		2.5

산성 양성자(H^+)는 전자밀도가 매우 작기 때문에 반자기성 가림이 작다. 그러므로 낮은 자기장에서 공명흡수 스펙트럼이 나타난다. 이와 같은 이유로 알코올은 메틸기보다 하이드록시기가 낮은 자기장에 나타난다. TMS의 양성자 스펙트럼도 규소원자가 상대적으로 전자 양성이라는 이유 때문에 높은 자기장에 나타난다고 설명할 수 있다.

(2) **자기 비등방성 효과**

이중결합이나 삼중결합 화합물의 스펙트럼에 나타나는 양성자의 위치는 편재 반자기성 전류효과만으로 설명 불가능한 경우가 있다. 다음은 산성도의 증가순서(양성자 결합원자단의 전기음성도 증가순서)로 나열하였다. 이때 δ값은 그렇지 않다.

산성도 :	CH_3-CH_3	$<$	$CH_2=CH_2$	$<$	$CH=CH$
δ값 :	0.9	$<$	5.8	$>$	2.9

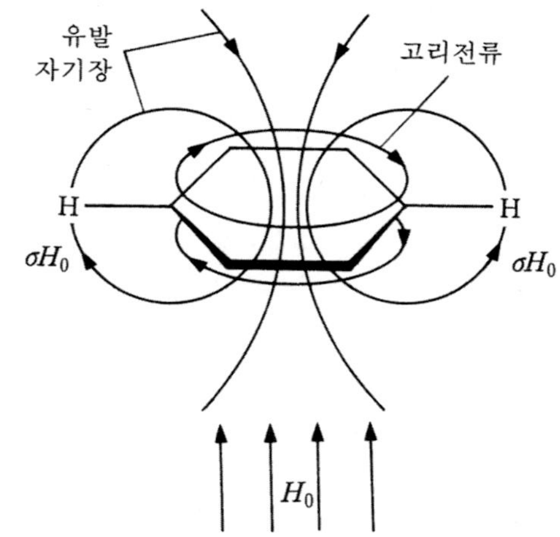

그림 8－13 ▸ 전류효과에 의해 생성된 방향족 양성자의 비등방성 가림

그리고 알데하이드의 양성자($\delta \sim 10$)와 벤젠의 양성자($\delta \sim 7.3$)도 원자단의 전기음성도에서 기대하는 화학적 이동보다 훨씬 낮은 자기장에 나타난다.

화학적 이동에 대한 다중결합의 영향은 화합물의 비등방성 자기장(magnetic anisotropy) 때문에 나타난다. 비등방성이라는 용어는 그림 8－13처럼 외부자기장과 반대방향의 2차 자기장이 다중결합 화합물에 의해 생성된다는 뜻이다. 결정질 방향족 화합물의 자기화율(magnetic susceptibility : 외부자기장에 의해 유발되는 물질의 자기화 정도)은 외부자기장에 대한 전화순환 고리의 배향과 그것에 의해 유발된 2차 자기장에 의해 결정된다. 즉, 외부자기장에 대한 전자순환고리 배향과 유발된 2차 자기장의 배향은 반대방향이다(그림 8－13~15).

비등방성은 그림 8－13~15에 나타나 있다. 고리전류의 면은 외부자기장에 대하여 수직이고, 이때 외부자기장은 π전자를 고리 주위로 순환하게 유도한다(즉, 고리전류를 생성한다). 이 결과에 의해 코일에 전류가 흐르는 것처럼 외부자기장에 대하여 반대방향의 2차 자기장이 생긴다. 그러나 2차 자기장(유발자기장)은 벤젠고리의 양성자에 자기적 영향을 준다. 그 영향은 그림 8－13처럼 2차 자기장과 같은 방향으로 작용한다. 따라서 방향족 양성자는 RF(radio－frequency)를 공명흡수할 때 더 낮은 외부자기장이 필요하다. 이와 같은 효과는 벤젠고리의 배향이 외부자기장에 대하여 변하거나 없어지면 저절로 상쇄된다.

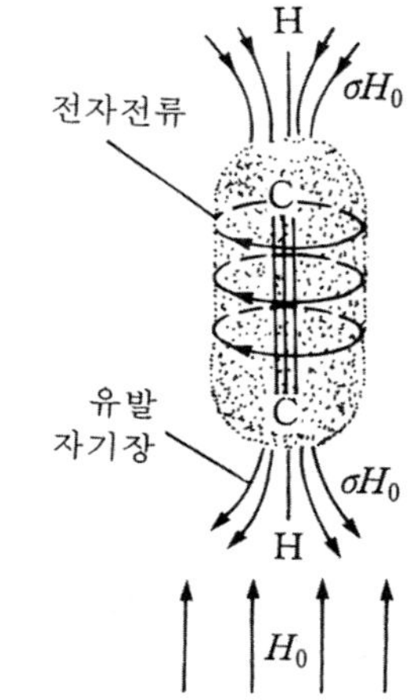

그림 8-14 ▸ 아세틸렌(삼중결합)분자의 비등방성 가림

그림 8-14(a)에서 전자들은 아세틸렌 삼중결합축 주위에 대칭상태로 분포되어 순환한다. 이중결합에서는 이러한 대칭적 분포순환이 나타나지 않고, 그림 8-15와 같은 전자순환이 생긴다. 아세틸렌의 양성자는 그림 8-14(a)와 같은 배향에서 가림을 받는다. 가림 효과는 대단히 크기 때문에 양성자의 산성도에 의한 가림 벗김(deshielding)과 외부자기장에 대한 수직방향[그림 8-15(b)]에 의한 가림 벗김을 상쇄하고도 남을 정도이다.

그림 8-15(a) olefin(ethlyene 또는 cabonyl)계는 그림 8-13과 같은 설명을 적용

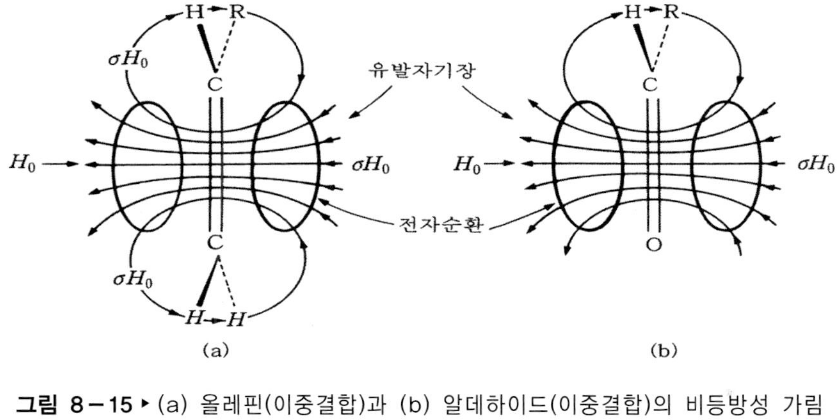

그림 8-15 ▸ (a) 올레핀(이중결합)과 (b) 알데하이드(이중결합)의 비등방성 가림

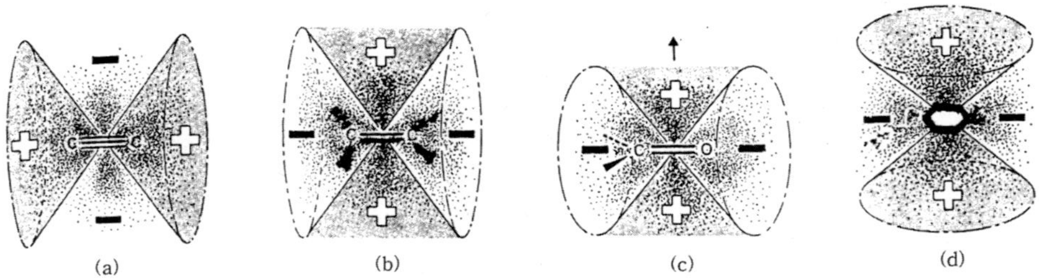

그림 8-16 ▸ 화학결합의 자기비등방성에 의해 생긴 가림 마디면을 나타내는 원추형 모델. +표시 공간은 가림, 그리고 -표시 공간은 가림 벗김을 나타낸다. (a) acetylene, (b) olefins, (c) aldehyde, (d) aromatic ring

할 수 있다. 그림 8-15와 같은 외부자기장과 2차 자기장이 서로 반대방향으로 배향할 때 결합축에 대한 평행평면(종이면에 대한 수직평면)의 좌우에 π전자(π전자구름)들이 순환한다. 즉, 그 평면 내에서 유발된 전자순환에 의해 유발된 2차 자기장은 외부자기장과 반대방향이고, 양성자에 대하여 외부자기장을 증가하게 만든다. 이러한 가림 벗김 현상은 반자기성 효과로부터 예상되는 값보다 큰 δ값 쪽으로 공명흡수선을 이동하게 만든다(그림 8-12 참조). 그림 8-15(b)의 알데하이드는 화학적 이동값이 비정상적으로 대단히 크다. 그 이유는 반자기성 효과와 가림 벗김 효과가 함께 나타나기 때문이다.

그림 8-13~15까지 영향을 주는 여러 가지의 효과를 요약하면 그림 8-16과 같다. +표시 공간은 각각의 결합에 대한 가림을 나타내고 -표시 공간은 가림 벗김을 나타낸다. C-C 단일결합 δ전자의 비등방성 효과는 대단히 작으므로 고려하지 않았다. 그림 8-13~15까지 영향을 주는 효과들을 요약하면 원추형 축상의 +공간은 최대 가림 효과를 나타내고, 결합으로부터 거리가 멀수록 효과는 급하게 감소한다. 그리고 원추형에서 같은 거리에 있는 -공간은 최대의 가림 벗김 효과를 나타낸다. 그러므로 외부자기장에 대한 결합화합물의 배향은 크게 영향을 준다. 화학적 이동과 구조의 상호관계는 표 8-4와 같고, 양성자의 화학적 이동은 표 8-5와 같다.

8.3.4 스핀-스핀 분리

지금까지 분자에 포함된 한 양성자에 대해서만 설명하였고 다른 양성자는 고려하지

표 8-4 ▸ 유기화학물의 수소에 대한 스펙트럼 위치

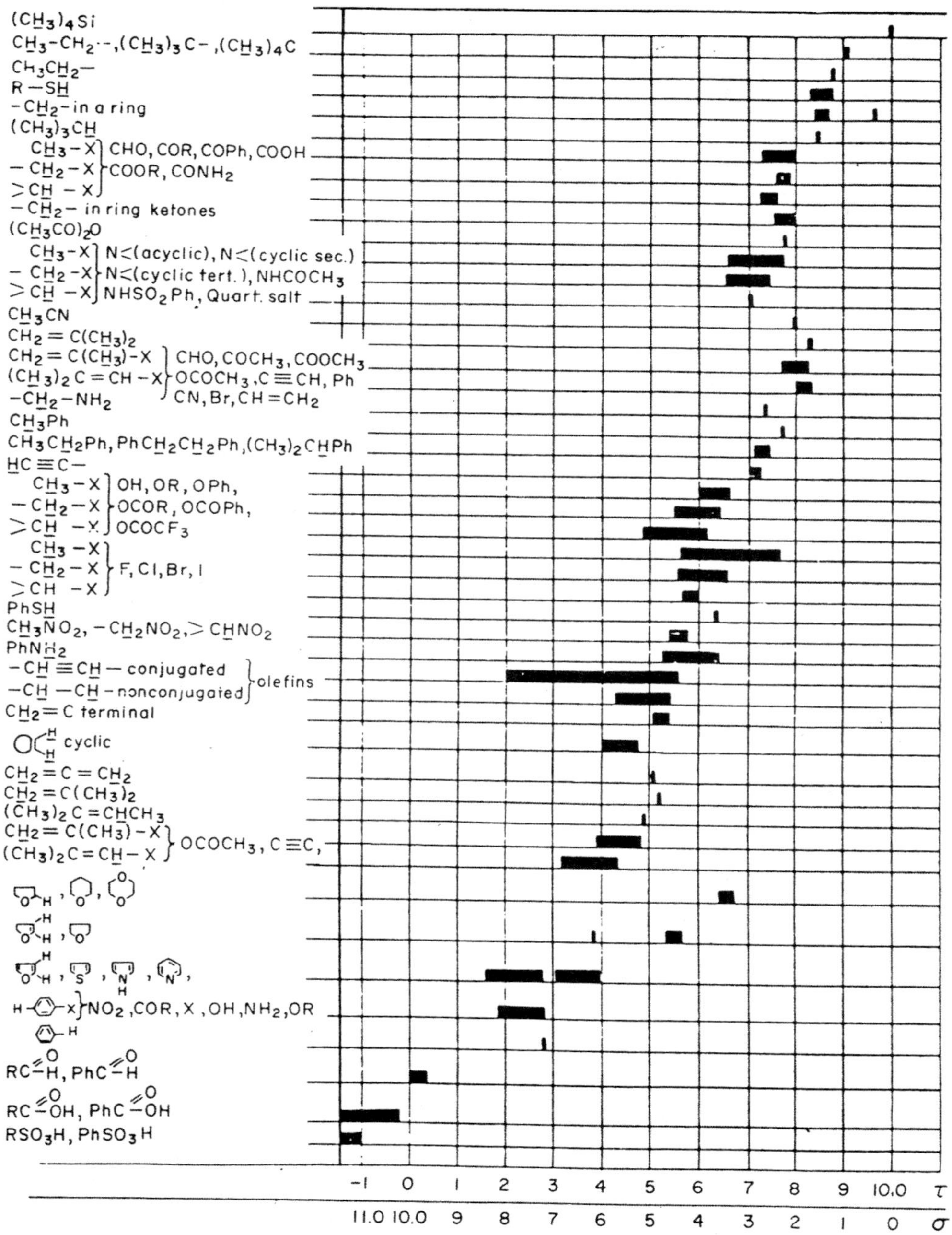

표 8－5 ▸ 양성자의 화학적 이동

Methy 양성자		Methylene 양성자		Methine 양성자	
	δ		δ		δ
양성자	ppm	양성자	ppm	양성자	ppm
CH_3-C	0.9	$-C-CH_2-C$	1.3	$C-CH-C$	1.5
$CH_3-C-C{=}C$	1.1	$-C-CH_2-C-C{=}C$	1.7		
CH_3-C-O	1.4	$-C-CH_2-C-O$	1.9	$-C-CH-C-O$	2.0
$CH_3-C{=}C$	1.6	$-C-CH_2-C{=}C$	2.3		
CH_3-Ar	2.3	$-C-CH_2-Ar$	2.7	$-CH-Ar$	3.0
CH_3-CO-R	2.2	$-C-CH_2-CO-R$	2.4	$-C-CH-CO-R$	2.7
$CH_3-CO-Ar$	2.6				
$CH_3-CO-O-R$	2.0	$-C-CH_2-CO-O-R$	2.2		
$CH_3-CO-O-Ar$	2.4				
$CH_3-CO-N-R$	2.0	$-C-CH_2-O-R$	3.4		
CH_3-O-R	3.3	$-C-CH_2-O-H$	3.6	$-C-CH-O-R$	3.7
		$-C-CH_2-OAr$	4.3	$-C-CH-O-H$	3.9
CH_3-OAr	3.8	$-C-CH_2-O-CO-R$	4.1		
$CH_3-O-CO-R$	3.7	$-C-CH_2-N$	2.5	$-C-CH-O-CO$ $-R$	4.8
CH_3-N	2.3	$-C-CH_2-NO^2$	4.4	$-C-CH-N$	2.8
CH_3-C-NO_2	1.6	$-C-CH_2-C-NO^2$	2.1	$-C-CH-NO_2$	4.7
$CH_3-C{=}C-CO$	2.0	$-C-CH_2-C{=}C-CO$	2.4		
$-C{=}C(CH_3)-CO$	1.8	$-C{=}C(CH_2)-CO$	2.4		
		$-CH_2-C-Cl$	1.8	$-CH-C-Cl$	2.0
CH_3-C-Cl	1.4	$-CH_2-Cl-Br$	1.8	$-CH-C-Br$	1.9
CH_3-C-Br	1.8	$-CH_2-Cl$	3.4	$-CH-Cl$	4.0
CH_3-Cl	3.0	$-CH_2-Br$	3.4	$-CH-Br$	4.1
CH_3-Br	2.7				

양성자	δ, ppm	양성자	δ, ppm
$-CH{=}CH_2$	5.3		
$=C{=}CH-$	5.1	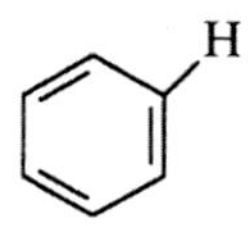	7.2
$-C{=}CH-$(cyclic)	5.3		
$R-C{\equiv}C-H$	3.1		
$Ar-H$	9.0~7.0	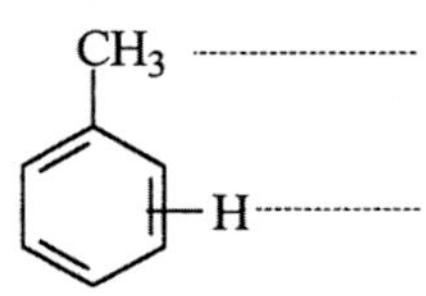	2.3
$-C{=}CH-CO$	5.9		
$-CH{=}C-CO$	6.8		7.1
$R-CHO$	9.9		
$Ar-CHO$	9.9	$CHCl_3$	7.25
$H-CO-O-$	8.0	H_2O	≃5.0
$H-CO-N$	8.0		

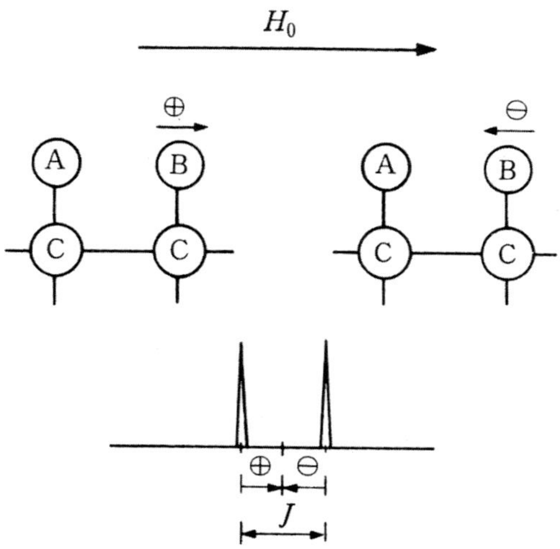

그림 8−17 ▸ 공명 양성자 A에 대한 양성자 B의 배열효과. +자기장의 A 공명흡수선을 낮은 자기장으로 이동시키고 자기장의 배열은 A 공명흡수선을 높은 자기장으로 이동시킨다.

않았다. 지금부터는 분자의 모든 양성자를 함께 고려해 보자. 그림 8−11에 에틸알코올의 고분해능 스펙트럼에서 모든 양성자는 각기 분리되어 나타났다.

위와 같은 현상은 한 그룹의 핵이 다른 그룹의 핵공명에 주는 상호작용의 영향 때문에 생긴다. 예를 들어 그림 8−17을 이용하여 설명해 보자. A와 B 양성자는 이웃 탄소원자에 결합되어 있다. B자기장이 외부자기장과 같은 배향 혹은 반대로 배향하는가에 따라 B에 의해 생성된 편재자기장에 따라 A의 유효 자기장이 증감한다. A의 공명흡수선은 B의 배향에 따라 좌우로 이동한다. 어떤 시료 중 A와 B 양성자수는 대단히 많을 수 있다. 두 가지 배향 간의 분배비는 근본적으로 같다(다음의 CH_2와 CH_3의 스핀배향 참조). 그림 8−17에서 이중선은 높은 자기장과 낮은 자기장 쪽으로 이동하여 나타나 있다. 이때 B 양성자는 A에 의해 분리된다. 그림 8−11처럼 3중선 혹은 4중선으로 분리될 때 선 간격은 모두 같고 간격은 cps 단위로 나타내고, 이것을 상호작용의 짝지음상수(coupling constant) *J*라고 한다. 다중선의 면적은 서로 정수비를 유지한다. Methyl기의 3중선 경우에 면적비는 1 : 2 : 1이고, methylene기의 4중선 경우는 1 : 3 : 3 : 1이다.

에탄올분자의 메틸렌에 결합된 2개 양성자는 네 가지의 스핀상태 조합(combination)을 가질 수 있다. 그리고 시료 전체는 이와 같은 조합이 같은 수로 분포한다. 네 가지의 스핀상태는 다음과 같다. 스핀방향에 주목하라.

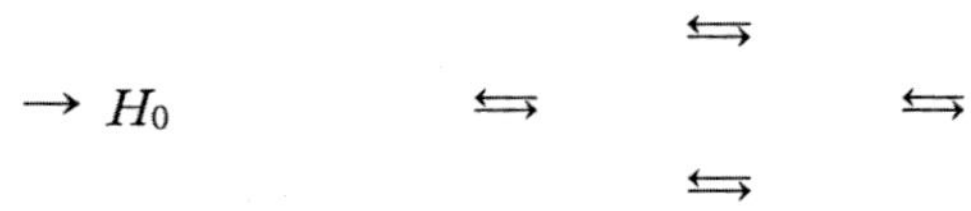

자기장방향

메틸렌 양성자의 가능한 스핀방향

이웃 탄소원자에 결합한 메틸 양성자에 대한 자기효과는 메틸렌기의 양성자 조합에 의해 순간적으로 결정된다. 만약 동일한 배향의 스핀짝이 외부자기장에 대해 반대방향이면 메틸 양성자에 주는 유효 외부자기장은 약간 감소하고, 공명흡수하려면 조금 더 높은 자기장쪽 이동(upfield shift)이 필요하다(높은 자기장쪽 이동이 일어난다).

한편 동일한 배향의 스핀짝이 외부자기장과 같은 방향이면 낮은 자기장쪽 이동(downfield shift)이 일어난다. 그래서 서로 반대방향의 짝스핀은 양성자공명에 영향을 주지 않는다. 그러므로 3개 봉우리의 분리가 생기고, 중간 봉우리는 2개의 스핀조합이 관여하므로 다른 2개 봉우리보다 2배 더 크다.

메틸렌(CH^2) 봉우리에 주는 메틸기의 3개 양성자 효과를 보자. 메틸 양성자의 가능한 스핀조합은 다음과 같다.

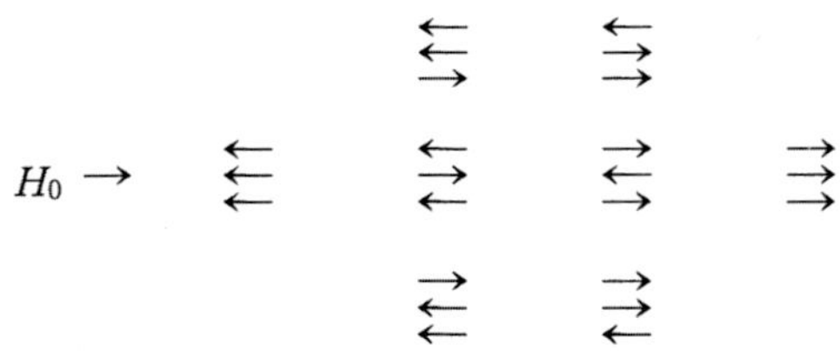

가능한 스핀조합은 8개이다. 이들 중에서 같은 자기효과를 갖는 3조합의 그룹은 2개이다. 그러므로 메틸렌 봉우리의 면적비는 1 : 3 : 3 : 1의 4개 봉우리로 분리된다.

8.3.5 NMR 스펙트럼의 해석

NMR 스펙트럼은 다음과 같은 종류의 정보를 제공한다.

1. 화학적 이동 전자분위기에 바탕을 둔 양성자의 종류를 확인할 수 있다.

2. 스핀－스핀 분리무늬는 이웃 양성자의 확인에 도움을 준다.
3. 봉우리 면적(혹은 봉우리 세기)은 일정한 공명흡수선을 나타내는 양성자수에 비례한다.

스핀－스핀 분리무늬(pattern)의 해석은 1차 스펙트럼(1st order spectrum)과 2차 스펙트럼(2nd order spectrum)으로 분류한다. 1차 스펙트럼은 비교적 단순하고 상호작용하는 핵 그룹 간의 화학적 이동이 그들의 짝지음상수 J에 비해 큰 스펙트럼이 대상이다. 다시 말하면 1차 스펙트럼은 $\Delta\nu(\text{cps})/J$ 값이 20보다 큰 경우이다. 그러나 $\Delta\nu/J$ 값이 10 이하인 경우도 해석 가능하다. 예를 들면 그림 8－11에서 메틸과 메틸렌 봉우리의 J 값은 7Hz이고, 2개 다중선 그룹 간의 거리는 140Hz이다. 그러므로 1차 스펙트럼의 좋은 보기이다. 2차 스펙트럼의 해석은 더 복잡하고 어려우므로 더 이상 취급하지 않겠다. 그러나 자기장이 커질수록 $\Delta\nu$도 증가하지만 J는 그렇지 않으므로 높은 자기장 기기로 측정한 스펙트럼보다 해석하기 쉽다.

1차 스펙트럼에 대한 규칙 :

1. 동등한 핵은 서로 작용하지 않고 다중선 봉우리를 나타내지 않는다. 에탄올의 메틸기에 결합한 3개 양성자는 이웃 메틸렌 양성자를 스친－스핀 분리하지만 자체끼리는 스핀－스핀 분리하지 않는다.
2. 짝지음상수 J 값은 서로 거리가 멀수록 감소하고 3개 결합보다 더 많이 분리되어 있으면 J 값은 나타나지 않는다.
3. 한 흡수띠 다중도는 이웃 원자에 결합한 자기적으로 같은 상태의 양성자수에 의해 결정된다. 즉, $(n+1)$개로 나타난다. 그러므로 에탄올의 메틸렌 양성자 다중도는 이웃 메틸기의 양성자수에 의해 결정된다. 즉 (3+1)이 나타난다.
4. B원자에 결합한 양성자가 이웃 A와 C원자에 결합한 양성자와 같지 않을 때 B의 양성자가 A와 B의 양성자에 의해 자기적 영향을 받으면 B의 양성자 다중도는 $(n_A+1)(n_C+1)$과 같다. n_A와 n_C는 A와 C에 각기 결합한 같은 양성자의 수이다.
5. 다중선의 상대적 면적은 흡수띠를 중심으로 좌우대칭이고 $(x+1)^n$ 식을 전개할 때 항의 계수에 비례한다. 이 규칙의 응용은 표 8－6과 같다.

표 8-6 ▸ 1차 다중선의 상대세기(I=1/2)

동등한 양성자수, n	다중도(n+1)	상대봉우리 면적
0	1	1
1	2	1 1
2	3	1 2 1
3	4	1 3 3 1
4	5	1 4 6 4 1
5	6	1 5 10 10 5 1
6	7	1 6 15 20 15 6 1
7	8	1 7 20 35 35 21 7 1

6. 짝지음상수 J 값은 외부자기장과 무관하다. 그러므로 가까운 화학적 이동 봉우리는 쉽게 구별된다.

2차 스펙트럼은 짝지음상수값이 보통 20 이하이고, 화학적 이동은 1,000 이상의 값을 갖는다. $\Delta\nu/J=7$ 이하는 2차 스펙트럼 해석의 규칙이 적용되지 않는다. 복잡한 스펙트럼을 해석할 때는, 첫째 자기장을 증가시켜 화학적 이동을 증가한다. 이때 짝지음상수 J 값은 변하지 않는다. 그러므로 더 센 자석을 이용하면 복잡한 스펙트럼을 2차 스펙트럼으로 바꿀 수 있다. 둘째, 분자 내의 1개 이상 양성자를 중수소로 치환하면 치환 양성자봉우리는 없어지므로 간단해진다. 셋째, 화학적 이동 시약을 이용하여 흡수봉우리를 큰 진동수 범위로 분산시켜 중첩된 흡수봉우리로 분리하여 쉽게 해석할 수 있다. 이동시약은 dipivalomethanato praseodymium(Ⅲ) complex[약자 $Pr(DPM)_3$] 혹은 DPM-Eu complex[약자 $Eu(DPM)_3$]을 사용한다. 이 착물은 CCl_4, $CDCl_3$, C_6D_6와 같은 비극성 용매에 녹여 사용한다. 넷째, 스핀 풀림에 의해 스펙트럼을 간단하게 만들어 스펙트럼의 해석을 쉽게 만든다. 이 방법은 이론이 복잡하므로 전문서적을 참고하길 바란다.

8.3.6 NMR의 응용

NMR은 중요한 응용 중의 첫째는 유기물, 금속-유기물, 생화학 분자 등의 구조 확인이고, 둘째는 흡수 화학종의 정량분석이다.

화합물의 구조확인은 NMR 이외에 IR, MASS 등과 같은 방법을 함께 사용하여야 한다. NMR 스펙트럼의 특징은 봉우리 면적이 핵의 수에 비례한다는 점이다. 이때는 표준물도 필요없다. NMR에 의한 정량분석은 진통제 혼합물의 분석, 약품, 식품, 용매, 화학약품 중 수분정량, 양성자 이외에 다른 ^{19}F, ^{31}P 등 동위원소의 정량이다. NMR의 감도는 본래 예민하지 못한 것이 결점이었다. 1970년대 이후 FT－NMR이 생산되면서 감도는 크게 증가하였고, ^{13}C에 대하여도 FT－NMR을 이용하게 되었다. FT－NMR은 스펙트럼을 시간 지배형으로 측정한다.

8.4 실험

8.4.1 양성자 NMR 스펙트럼, 화학적 이동, 짝지음상수

이 실험은 NMR의 몇 가지 응용을 소개하고, 화학적 이동과 짝지음상수를 설명한다. 가솔린의 정성분석은 서로 다른 분자의 수소 분위기를 나타낸다. 벤젠과 에탄올 혼합물 중 에탄올의 정량분석은 스펙트럼 적분을 경험할 것이다.

A. 화학적 이동에 대한 전기음성도 영향

양성자의 화학적 이동과 스핀－스핀 분리의 이론을 참고하라. 알킬할로젠화물의 전기음성도 증가는 ppm 단위의 낮은장(down field) 화학적 이동을 증가한다. 염소, 브로민, 아이오딘으로 합성된 에틸할로젠화물의 Pauling 전기음성도에 대하여 τ_{CH_3}와 τ_{CH_2}를 점시한 그림으로부터 ethyl fluride의 τ값을 추산할 수 있다.

방법

$CDCl_3$에 ethyl chloride, ethyl bromide, ethyl iodide를 각기 7% 되게 녹인 용액

의 양성자 NMR 스펙트럼을 그려라. 각 용액은 기준물질로 몇 방울의 TMS를 함유하여야 한다. 세 가지 할로젠화합물의 $\delta_{1,}$ τ, J 값을 표로 만든 다음 τ_{CH_3}와 τ_{CH_2}값을 각 할로젠원자의 Pauling 전기음성도에 대하여 점시하라. 전기음성도는 F=4, Cl=3.0 , Br=2.8, I=2.5이다. Ethylfluoride의 스펙트럼을 추정하고 τ와 J 값을 지적하라.

B. 벤젠과 메탄올 혼합물의 정량

벤젠의 화학적 이동은 에탄올의 화학적 이동보다 낮은 장이다(벤젠 7.4 ppm vs TMS, 에탄올의 OH 5.2 ppm). 그러므로 에탄올과 벤젠의 혼합물의 NMR를 정량적으로 분석할 수 있다.

방법

다음 각 용액의 NMR 스펙트럼을 그려라.

(1) NMR 시험관에 $CDCl_3$에 10% 되게 에탄올을 섞은 용액 0.5mL와 TMS 2방울

(2) NMR 시험관에 $CDCl_3$에 10% 되게 벤젠을 섞은 용액 0.5mL와 TMS 2방울

(3) 에탄올과 벤젠의 미지혼합물 0.5mL와 TMS 2방울

각 스펙트럼을 조심스럽게 적분하라

에탄올과 벤젠이 각 스펙트럼의 봉우리 면적을 비교하고 각 성분의 백분율을 계산하라.

C. 가솔린의 양성자 NMR 스펙트럼 : 정성분석

가솔린의 수소는 NMR로 분해할 수 있는 적어도 서로 다른 다섯 가지 분자 분위기에 존재한다. 그 다섯 가지는 다음과 같다.

(1) 방향족 고리에 결합한 양성자

(2) 불포화탄소에 결합한 양성자

(3) 방향족 고리에 직접 결합한 CH_2 또는 CH_3 원자단

(4) 불포화탄소의 이웃 CH_3 또는 CH_2

(5) 정상(normal), 가지(branch), 고리 알케인계

방법

2개 NMR 시험관에 TMS 2방울과 $CDCl_3$ 0.5mL를 가한다. 한 시험관에 한 상표의 가솔린 0.03mL를 넣는다. 다른 시험관에 다른 상표의 가솔린 0.03mL를 넣는다. 각 시료의 NMR 스펙트럼을 그려라. 약간의 봉우리들이 충분히 넓지 않으면 수직눈금을 6배 확장하라. 각 스펙트럼 봉우리의 화학적 이동을 측정하고, 각 봉우리와 관련있는 양성자 형태를 확인하라.

8.4.2 양성자 NMR에 의한 APC 정량분석

아스피린(aspirin), 펜아세틴(phenacetin), 카페인(caffeine)을 함유하는 진통제는 일반적 의약품이고, APC와 PAC처럼 여러 가지 이름으로 시판되고 있다. APC의 세 가지 성분을 동시에 정량하는 방법은 많은 노력이 필요하다. APC의 정량은 UV−VIS 방법[*Anal. Chem.,* 23, 953(1951)]IR 방법[*Anal. Chem.,* 23, 957(1951)], NMR 방법[*Anal. Chem.,* 35, 1682(1963)]이 있다.

APC의 상대적 정량방법은 (1) 카페인 표준물을 이용하여 적분기를 검정하는 표준물 비교법, (2) 미지물질의 스펙트럼만 사용하여 각 성분의 상대무게 %를 결정하고 카페인 %+아스피린 %+펜아세티 %를 100% 되게 규격화(normalizalition)하는 절대법의 두 가지 종류가 있다. 60MHz NMR을 사용하여 스펙트럼을 그려라.

방법

A. 각 성분의 스펙트럼 측정

3개 NMR 시험관에 아스피린, 카페인, 펜아세틴을 1% TMS($CDCl_3$에 섞은 용액) 1mL와 함께 각기 넣는다. 각 시험관 내용물의 스펙트럼과 적분값을 구한다. 이들의 스펙트럼은 겹치지 않아야 한다.

B. 미지시료의 정량분석

클로로폼으로 몇 번 헹궈 씻은 2개 NMR 시험관을 준비하라. 한 시험관에 정확하게 분말 APL 시료 100mg를 달아 넣어라. 아스피린은 $CHCl_3$에 난용성이므로 100mg을 넘지 않아야 한다. 또 다른 시험관에 순수한 카페인 50mg을 정확하게 달아 넣는다. 각 시험관에 1% TMS($CDCl_3$) 1mL를 넣고 마개를 닫는다.

카페인 표준용액으로 기기의 감도와 분해능을 조절한다. 기기 카페인 용액의 스펙트럼과 적분값을 취한다. 가능하면 빠르게 기기 파라미터를 바꾸지 않고, 카페인 시험관을 미지시료관으로 대치하고 주사한 다음 적분값을 취하라.

방법 A의 스펙트럼으로부터 각 성분의 봉우리를 확인하고, 봉우리마다 양성자수를 측정하라. 정량분석에 사용하는 각 성분의 봉우리를 선택하라.

다음 두 가지 방법으로 카페인, 펜아세틴, 아스피린의 %(무게)를 결정하라. 그리고 두 가지 방법의 결과를 비교하라.

1. 표준물 비교법 : 적분값의 비교에 카페인 표준물을 사용하라. 그리고 각 성분의 % 값을 결정하라.
2. 절대법 : 미지물질의 스펙트럼만 사용하여 각 성분의 상대적 %를 결정하고, 카페인 %+아스피린 %+펜아세핀 %의 합계를 100% 되게 규격화한다.

연습문제

[8.1] 스핀 양자수 I 값이 각기 0, 1, 1/2, 3/2, 2, 5/2일 때 에너지 준위를 계산하라.

[8.2] $I=1$과 $I=3/2$일 때 핵의 방향과 자기장 중에서 핵의 에너지 준위를 그림 8－5(b)와 같이 그려 나타내라.

[8.3] 다음 문헌을 읽고 NMR 검출기의 두 가지 종류에 대하여 설명하라.

(1) N. Blomergen, E. M. Purcell, R. V. Pound, *Phys. Rev.,* 1948, 73, 679.

(2) F. Bloch, W. W. Hansen, M. Pachard, *Phys. Rev.,* 1948, 73, 460.

[8.4] 다음의 문헌은 진통제 혼합물의 분석에 관한 논문이다. 논문을 읽은 다음 다른 분석방법과 장단점을 비교하라.

D. P. Hollis, *Anla. Chem.,* 1963, 35, 1682.

[8.5] 다음의 문헌은 여러 가지의 식료품, 종이, 농산물 중의 수분정량법을 연구한 논문이다. 논문을 읽고 다른 분석방법과 장단점을 비교하라.

T. M. Shaw and R. H. Elsken, *J. Chem. Phys.*, 1950, 18, 1113 ; *J. Apply. Physics*, 1955, 26, 315 ; T. M. Shaw, R. H. Elsken and C. H. Kunsman, *J. Assoc. Offic. Agr. Chemists,* 1953, 36, 1070.

[8.6] NMR의 계통그림을 그린 다음 각 부분을 설명하라.

[8.7] 외부에서 걸어준 자기장 β_0는 어떻게 변하는가?

[8.8] 화학적 이동이란 무엇인가? TMS와 어떻게 비교하는가?

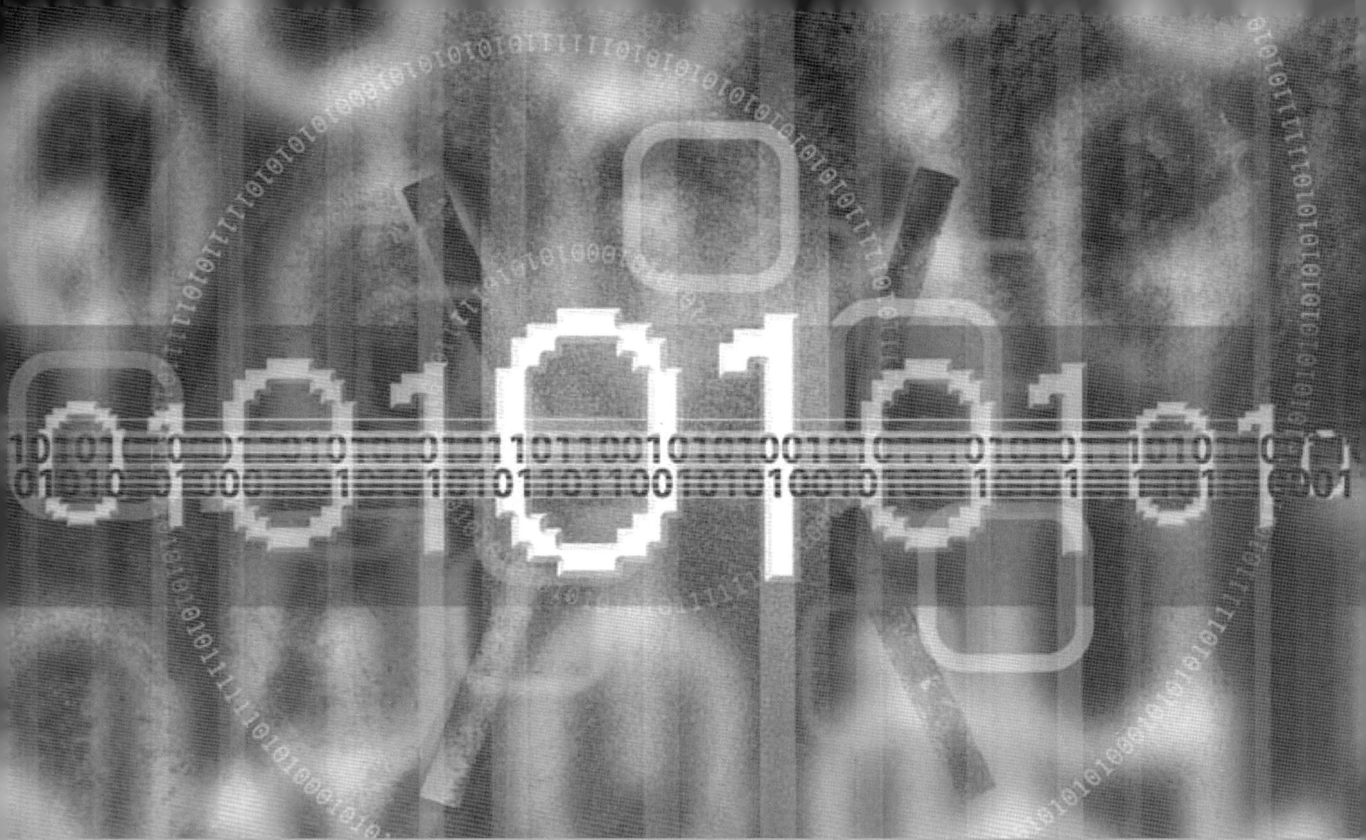

제9장 질량분광법

질량분광법(mass spectrometry)은 여러 가지 성분의 시료를 기체상태로 이온화한 다음 자기장 혹은 전기장을 통해 각 이온을 질량/전하의 비에 따라 분리하여 질량 스펙트럼을 얻는다. 이 방법은 유기물과 무기물의 정성 및 정량분석에 이용할 뿐만 아니라 화합물의 구조분석, 미량분석, 환경오염분석, 분자량 측정 등에 이용하고 있다. 특히 이 방법은 적외선법, 핵자기공명법, X－선회절법과 함께 화합물의 구조해석에 필수불가결한 분석방법이다. 최근에는 질량분석법을 표면분석, 원자와 분자 화학종의 확인, 고체의 성분 확인, 기체와 액체 크로마토그래피의 검출기 등에 이용하여 응용범위를 넓혀가고 있다.

9.1 기기장치

질량분석기의 부분장치는 그림 9－1과 같다. 시료주입 시스템, 이온발생장치, 질량분석기, 검출기의 네 가지 부분은 시료를 이동하게 만들려고 단계별로 차례로 점점 더 센 진공상태를 유지한다. 진공상태는 시료도입 부분이 10^{-5}torr이고, 점차 더 센 진공을 유지하다가 마지막 검출기는 10^{-4}~10^{-8}torr 정도로 유지한다.

질량분석기는 첫째, 기체상태의 μmol 시료를 10^{-5} torr 압력의 이온화실(ionization chamber)로 도입한다. 둘째, 진공방법을 이용하여 기체시료를 검출기 방향으로 흐르게 진공을 유지하면서 가열된 음극 필라멘트에서 양극 쪽으로 발사되는 전자흐름과 시료들이 충돌하여 양이온으로 이온화된다. 이때 시료분자는 음이온보다 양이온이 더 많이 생긴다. 셋째, 양이온은 첫 번째 슬릿에 높은 음전압을 걸어 음이온과 분리하고, 다음의 슬릿에 수백~수천 전압을 걸어 가속하여 이온 분리실로 보낸다. 넷째, 전기장 혹은 자기장이 걸려 있는 약 10^{-7}torr의 곡선이온 분리실을 양이온들이 통과하면서 이온의 질량/전하 비에 따라 분리된 다음 출구슬릿에 모인다. 다섯째, 출구슬릿을 나온 이온은 검출기(혹은 수집전극＝collection electrode라고 한다)에 검출된다. 수집전극에서 발생된 이온전류는 증폭되어 자기장 세기 혹은 가속전압의 함수로 기록된다.

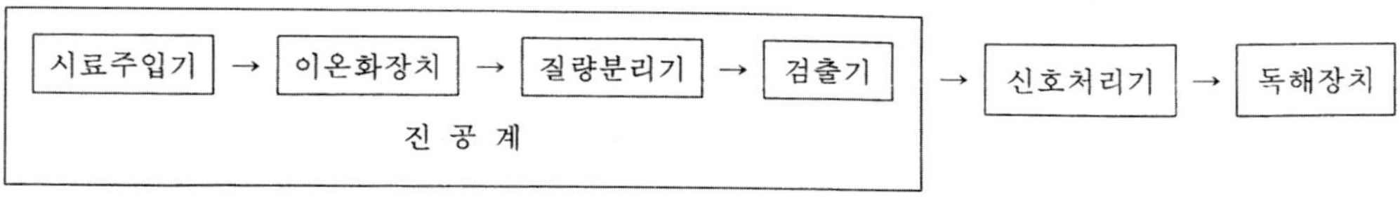

그림 9-1 ▸ 질량분석계의 계통도

9.1.1 시료도입장치

시료는 배치식(batch type : 자동적 연속방법이 아니고 수동적으로 한 번 처리하고 다시 시료를 주입한 다음 처리하는 방법) 도입방법, 직접도입방법, 기체 또는 액체 크로마토그래피 도입방법의 세 가지 형태가 있다. 시료도입장치는 그림 9-2와 같다.

배치식 도입법(batch inlet system)은 그림 9-2와 같은 장치를 사용하는 대표적 방법이다. 약 500℃ 이하의 끓는점을 갖는 화합물에 이용할 수 있다. 상온과 상압에서 높은 끓는점을 갖는 물질이라도 크게 감압하면 끓는점이 낮아진다. 기체시료의 경우는 부피측정기를 통하여 일정량을 도입한다. 액체시료는 미리 갈륨(Ga)이나 수은으로 덮혀 있는 유리 거르개(glass filter) 위에 μmol의 시료도입기구를 통해 넣는다. 이와 같은 방법으로 기체화하여 도입된 기체상태의 시료는 1~3L의 가열 시료 저장용기(시료의 끓는점이 150℃ 이상이면 350℃ 유지)에 넣는다(10^{-4}~10^{-5}torr 진공으로 유지한다). 그림 9-2와 같은 저장용기는 끓는점이 500℃ 이하의 화합물에만 적

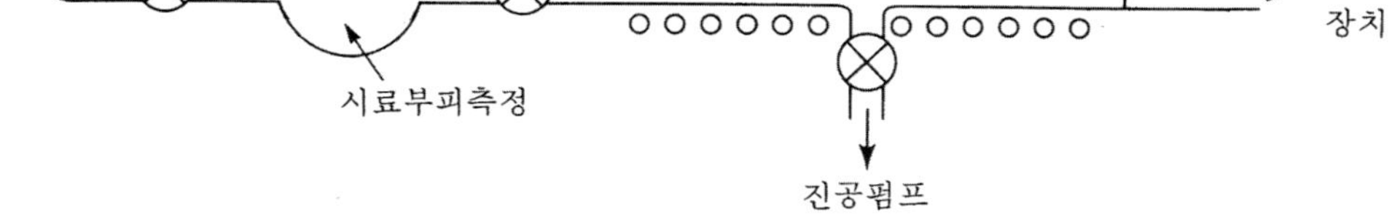

그림 9-2 ▸ 시료도입장치

용된다. 기체시료는 지름 0.005~0.02mm의 작은 백금구멍을 통해 이온화한다. 도입 방법은 시료 저장실의 진공상태(10^{-4}~10^{-5}torr)보다 이온화장치의 진공상태가 더 커야 시료기체들이 흡입되어 들어간다. 백금으로 작은 구멍을 만든 이유는 기체입자의 통과 때문에 마모되는 것을 방지할 수 있기 때문이다.

시료 직접도입장치(direct probe inlet)는 비휘발성 액체, 열에 불안정한 화합물, 고체시료 등에 사용한다. 이러한 화합물은 진공상태의 용기에 넣고 가열 증발하여 소량의 기체시료를 이온화장치로 직접 도입한다. 이 장치는 몇 μg의 시료만 사용해도 분석에 충분한 양이다.

크로마토그래프 도입장치(chromatographic inlet system)는 크로마토그래프를 통해 μg 정도의 시료량을 분리하여 용리기체(헬륨)로 용리한다. 용리된 무거운 시료 성분은 용리기체로부터 분리 후 이온화장치로 도입한다. 이때 그림 9－3과 같은 분리기를 이용한다. 그림 9－3(a)는 다공성 분리기(porous barrier separator) 혹은 용출액 분리기(effluent splitter)라고 한다. 소결 유리관을 통해 운반기체와 시료 혼합물을 고압으로 도입하면 시료보다 작은 크기의 운반기체는 소결 유리관의 작은 구멍을 통해 밖으로 나가고 시료만 질량분석기의 이온화실로 도입된다. 그림 9－3(b)를 제트식 분리기(jet/orifice separator)라고 한다. 이 장치의 원리는 야구공 같은 무거운 공을 던지면 직진운동하지만 스펀지공 같은 가벼운 공은 직진운동 거리가 짧은 원리를 이용한 것이다. 용리기체는 헬륨같이 가벼운 비활성원소의 기체를 이용한다. 유리로 만든 그림 9－3(a) 장치에서 제트식으로 헬륨기체와 He보다 무거운 시료를 함께 분무하면 스키머(skimmer)를 향해 50% 이상의 시료는 도입되고, 그리고 가벼운 헬륨기체는 직진운동에서 벗어나 진공펌프에 의해 밖으로 뽑아낸다.

그림 9－3(c)는 투과막을 이용한 분자분리기(molecular separator)라고 한다. 시료와 운반기체 혼합물은 지름 1cm 금속관 위의 실리콘막을 통해 시료만 투과하고 운반기체는 밖으로 배기된다. 이때 시료는 약 3×10^{4}torr L/s의 농도로 질량분광기의 이온화실로 도입된다.

9.1.2 이온화장치

순수한 시료는 시료도입장치를 통해 이온화실로 도입한 다음 이온화된다. 전하를 띤

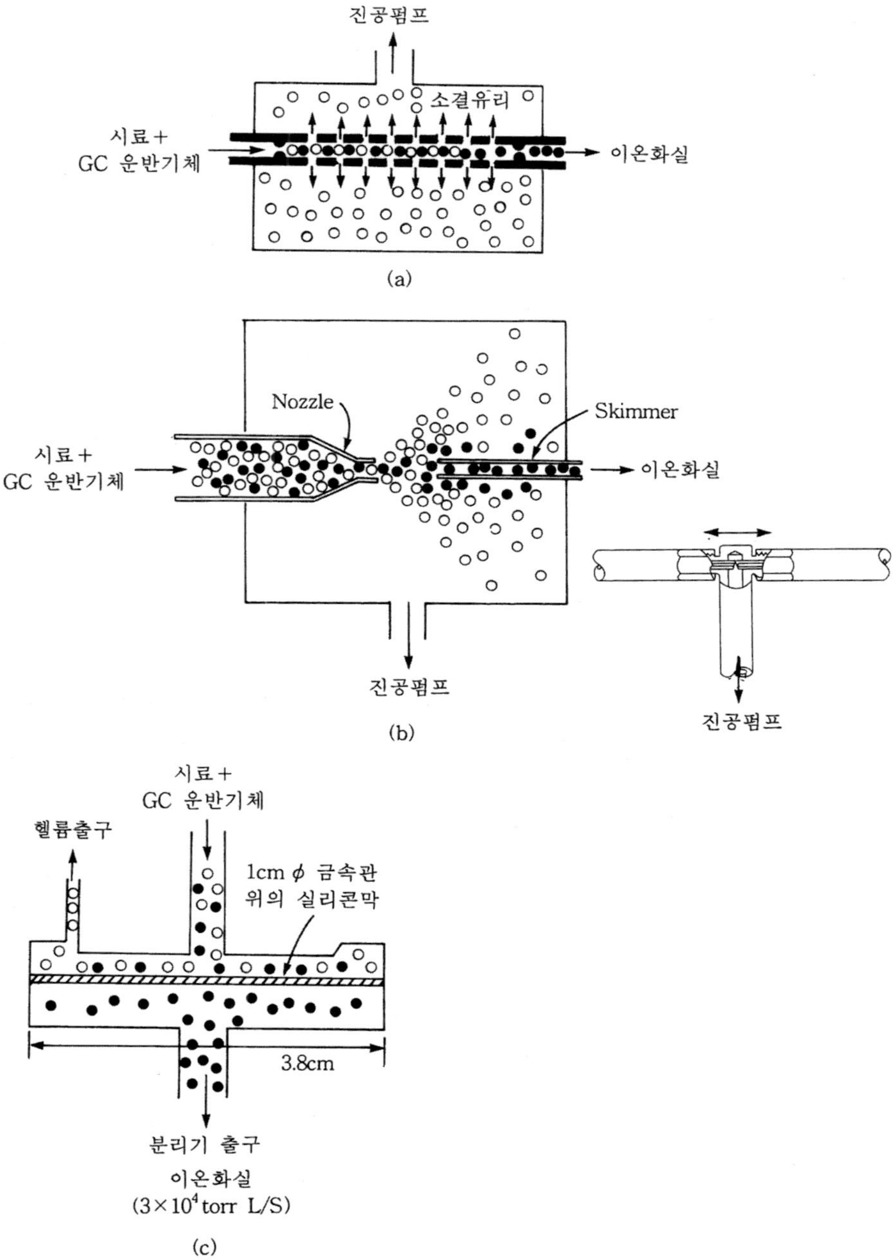

그림 9-3 ▸ (a) 다공성 분리기(porous barrier separator) 혹은 용출액 분리기(effluent splitter), (b) 제트식 분리기(jet/orifice separator), (c) 투과막을 이용한 분자 분리기(molecular separator)

●: 시료 ○: 운반기체

이온은 분자량, 전하, 극성, 크기에 따라 자기장 및 전기장과 상호작용하는 정도가 각기 달라 시료입자들이 서로 잘 분리되므로 우선 이온상태로 만들어야 한다. 분자를 기체상태 이온으로 만들 때 가장 많이 사용하는 기기는 전자충격장치(electron impact source, EI)이다. 그 다음은 화학적 이온화장치(chemical ionization source, CI), 장탈착장치(field desorption, FD), 빠른 원자 포격장치(fast atom bombardment source, FAB)이다.

첫째, 전자충격법은 그림 9－4와 같은 장치를 이용한다. 이 방법은 유기물 및 무기물에 모두 이용하는 방법이다. 시료들이 분리입구를 통해 들어오면 도입슬릿관을 지나면서 한 장소로 모아지고 약 70V로 가속된 전자살이 쏟아지는 양극과 음극(100~200μA 의 전자흐름) 사이를 지나면서 전자에 의해 충격을 받아 시료 중 전자들이 방출되면서 이온화된다. 이때 시료 100만개 중 1개 정도는 이온화되고 나머지는 분자상태로 쓸모없이 지나간다. 이온화될 때 분자와 동일한 질량을 갖는 어미이온(mother ion)과 질량이 적은 많은 딸이온(daughter ion)이 생긴다. 딸이온을 조각(fragment)분자라고도 한다. 이온화 화학종들은 제1 및 제2 가속슬릿을 통해 이온분리장치로 들어간다.

둘째, 장이온화법은 센 전기장(10^8V/cm)이 걸려 있는 수백 개의 0.5~2mm의 탄화텅스텐 마이크로칩 사이를 시료기체들이 통과하면서 이온화된다. 장이온화법은 분자이온보다 질량이 하나 더 큰 이온[$(M+1)^+$]과 분자이온을 주로 생성한다. 분자구조를

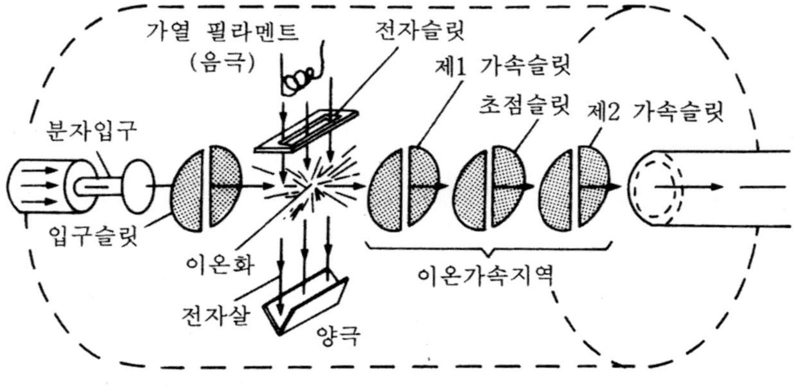

그림 9－4 ▸ 전자충격 이온화장치

연구할 때에는 장이온화법, 전자충격이온화법, 화학적 이온화법을 이용해 질량 스펙트럼을 얻는다.

셋째, 장탈착법은 고체나 액체의 시료용액을 장이온화법에서 이용한 양극에 칠하여 센 전압의 전기장에 넣고 이온화하는 방법이다. 장이온화법과 마찬가지로 어미이온보다 분자량이 하나 더 큰 이온과 분자이온을 주로 생성한다.

넷째, 화학적 이온화법은 시료기체보다 항상 더 많이 포함된 기체시약(gas reagent) 분자를 먼저 전자로 충격하여 이온화한다. 이것을 기체시약이라 하고 기체시약으로는 가장 일반적으로 메테인(CH_4)을 사용하고 그 밖에 프로페인, 아이소뷰테인, 암모니아도 사용한다. 양이온으로 이온화된 기체시약(예를 들어 CH_4^+, CH_3^+, CH_2^+)과 시료분자들이 충돌하면 시료는 모두 이온화된다. 그러므로 기체시약 농도는 항상 시료보다 진해야 한다. 이온화 과정은 다음과 같다.

전자충격 :

$$CH_4 \xrightarrow{e^-} CH_4{}^+,\ CH_3{}^+,\ CH_2{}^+ \rightarrow$$

90% 이상 기체시약 이온화

2차이온 생성 :

$$CH_4^+ + CH_4 \rightarrow CH_5^+ + CH_3$$

$$CH_3^+ + CH_4 \rightarrow C_2H_5^+ + H_2$$

(위 두 반응: CH_4분자와 빠른 반응)

시료분자 XH와 충돌하여 양성자 또는 수소화이온 이동화합물이 생긴다.

$$CH_5^+ + XH \rightarrow XH_2^+ + CH_3 \rightarrow \text{양성자 이동}$$

$$C_2H_5^+ + XH \rightarrow XH_2^+ + C_2H_4 \rightarrow \text{양성자 이동}$$

$$C_2H_5^+ + XH \rightarrow X^+ + C_2H_6 \rightarrow \text{수소화물 이동}$$

첫 번째의 두 반응은 $(M+1)^+$이온을 생성하고 마지막 반응은 $(M-1)^+$이온을 생성한다. 어떤 때에는 $(M+29)^+$이온을 생성한다. 29는 $C_2H_5{}^+$의 분자량이다. 화학적 이온화법은 유기화합물에 주로 이용한다.

다섯째, 빠른 원자충격법은 생화학적 활성 화학종인 고분자물질에 주로 이용하는 방법이다. 글리세롤 기질 중 시료를 Xe 또는 Ar 원자들이 들어 있는 이온총으로 쏘아 얻은 제논 또는 아르곤이온과 충돌하여 시료를 이온화하는 방법이다.

9.1.3 질량분석장치

시료를 이온화한 다음 여러 가지의 이온을 질량에 따라 분리하여 검출기로 보내야 한다. 이때 이온화실로부터 이온분석기(ion analyzer)에 시료이온이 들어간 다음 분리되어 검출기로 통과하려면 이온화실보다 더 큰 진공상태(10^{-7}torr 이상)를 유지해야 한다. 시료의 이온이 이온분석기를 통과할 때 질량/전하의 비에 따라 분리할 때는 전기장이나 자기장을 통과시켜 질량/전하비에 따라 속도차가 생기게 만든다(하전체들이 공간을 이동하면 NMR에서 설명한 것처럼 전기장과 자기장을 생성한다). 그리고 이온통로는 직성보다 곡선모양이 더 영향을 줄 것이다.

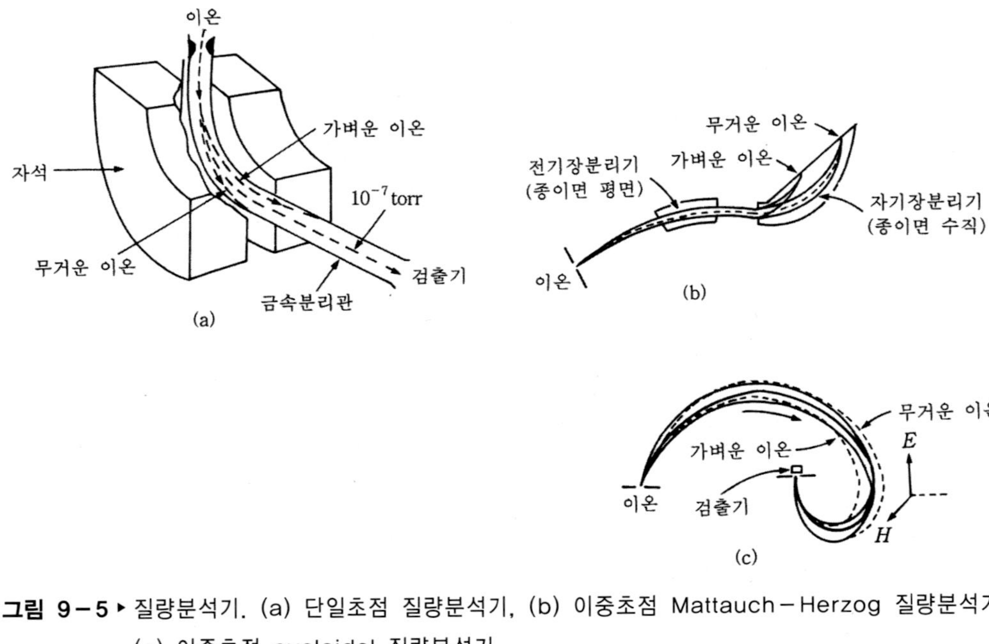

그림 9-5 ▸ 질량분석기. (a) 단일초점 질량분석기, (b) 이중초점 Mattauch-Herzog 질량분석기, (c) 이중초점 cycloidal 질량분석기

첫째, 굽은 모양의 질량분석기는 전기장과 자기장의 세기, 그리고 곡면 반지름(곡률반경)의 세 가지 요인에 따라 이온분리도를 결정한다. 그림 9－5(a)는 한 자석을 설치하고 한 번 구부린 분석기이다. 이것을 이중초점(double focusing) Mattauch－Herzog 분석기라고 한다. 전기장은 종이 평면에 놓이고 자석은 종이 평면에 대하여 수직이다. 그림 9－5(b)는 자기장과 전기장을 동시에 설치하고, 두 번 같은 방향으로 구부린 장치이다. 이것을 단일초점(single focusing) 분석기라고 한다.

단일초점 분석기의 곡면은 180, 90, 60도의 원형 이온살(ion beam) 통로를 이용한다. 이온분자의 진행경로는 이온입자에 작용하는 힘의 상호작용(자기장, 전기장, 이온전하, 질량, 곡면 반지름 등)에 의해 결정된다. 자기장에서 이온화 구심력은 식 (9－1)과 같다.

$$F_M = H_z e v \tag{9-1}$$

H는 자기장 세기, e는 이온전하(대부분의 이온은 +1가이다), z는 이온전하, v는 이온속도이다. F_M과 평형을 이루는 원심력 F_C는 식 (9－2)와 같다.

$$F_C = \frac{mv^2}{r} \tag{9-2}$$

m은 입자질량, r은 곡면 반지름이다. 이온입자의 운동에너지는 식 (9－3)과 같다.

$$E = zeV = \frac{1}{2} m \mathrm{V}^2 \tag{9-3}$$

V는 이온화장치에 걸어준 가속전압이다. 이온입자들은 같은 전하(+1가)를 띠므로 전기장에서 가속하면 질량차과 관계없이 같은 운동에너지를 갖는다. 이온입자들이 검출기까지 원형통로를 따라 이동할 때 $F_M = F_C$ 상태를 유지하여야 한다. 즉, 식 (9－4)와 같은 조건을 만족해야 한다.

$$H_{zev} = \frac{m\mathrm{V}^2}{r} \tag{9-4}$$

식 (9－4)를 식 (9－3)에 대입하면 식 (9－5)와 같다.

$$\frac{m}{ze} = \frac{H^2 r^2 e}{2\mathrm{V}} \qquad (9-5)$$

대부분의 질량분광기는 H와 r이 일정하게 고정되어 있다. 그러므로 슬릿에 도달하는 입자의 m/e비는 가속전압에 역비례한다. 이 결과로부터 원하는 이온빛살을 출구슬릿의 초점에 맞추려면 V를 알맞게 조절해야 한다.

예 제 자석의 세기는 0.240telsa이고 자기장을 통과하는 이온의 곡면 반지름이 12.7cm일 때 +1가로 하전된 입자들이 출구슬릿 통과에 필요한 가속전압은 얼마인가?

▸풀 이 계산할 때 모든 단위는 SI 단위로 바꾼다.

(1telsa = 10,000Gauss)

이온전하 $ez = 1.60 \times 10^{-19}\mathrm{C}$

반지름 $r = 0.127m$

$$\text{질량} = \frac{18.02\mathrm{gH_2O^+/mol}}{6.02 \times 10^{23}\mathrm{H_2O^+/mol}} \times 10^{-3}\frac{\mathrm{kg}}{\mathrm{g}}$$

$$= 2.99 \times 10^{-26}\mathrm{kgH_2O^+}$$

$$\text{자기장 } H = 0.240\mathrm{T} = 1.240\mathrm{W}/\ m^2$$

식 (9－5)에 대입하면

$$V = \frac{H^2 r^2 ez}{2m}$$

$$= \frac{[0.240\,W/\mathrm{m}^2]^2[0.127\mathrm{m}]^2[1.6 \times 10^{-19}\mathrm{C}]}{2 \times 2.99 \times 10^{-26}\mathrm{kg}}$$

$$= 2.49 \times 10^3 \frac{W^2 C}{\mathrm{m^2 kg}}$$

$$= 2.49 \times 10^3\mathrm{V}$$

그림 9-5(c)는 전기장과 자기장을 함께 설치하면서 두 번에 걸쳐 방향이 다르게 두 번 구부린 분석기이다. 이것도 이중초점 분석기이지만 cycloidal 분석기라고 한다. 그림 9-5(c)에서 E는 전기장, 그리고 H는 자기장의 설치 방향을 나타낸다.

둘째, 사중극자 분광기(quadrupole spectrometer)는 그림 9-6처럼 4개의 짧은 금속막대(지름 ~6mm)를 평행하게 설치하고 한 쌍은 양극에 dc 전압을 연결한다. 그리고 한 쌍은 음극에 연결되어 있고, 180° 위상차로 가변 라디오파 진동수와 ac 전압을 걸어준다. 양쪽의 전극에 걸어준 전기장은 이온을 가속하지 않으면서 일정한 질량-대-전하의 비(m/e)를 갖는 입자만 4개의 막대와 충돌해도 제거되지 않고, 전기장 지역을 통하여 검출기에 닿는다. 진동수를 변화하든가 또는 양쪽 전극의 전압비를 일정하게 유지하면서 전압을 변화시켜 순차적으로 이온 스펙트럼을 얻는다. 사중극자 분광기는 일정한 전압조건에서 좁은 범위의 m/e 이온만 통과시키므로 질량필터라고도 부른다. 이 범위를 벗어난 이온들은 중화되어 전하를 띠지 않는 분자로 소실된다. 사중극자 분석기는 부피가 작고 가격이 싸며 견고하고 주사시간이 짧다(0.5초). 그래서 크로마토그래피의 용리봉우리를 즉시 검출할 수 있기 때문에 크로마토크래피의 검출기로도 이용한다.

셋째, 비행시간 분광기(flying-time spectrometer)는 시료를 이온화한 다음 가속시켜 어떤 장도 걸리지 않는 약 $1M$ 길이의 상자 속으로 도입한다. 이때 모든 이온입자들은 같은 운동 에너지를 가지므로 속도는 이온입자의 질량에 반비례한다. 그러므

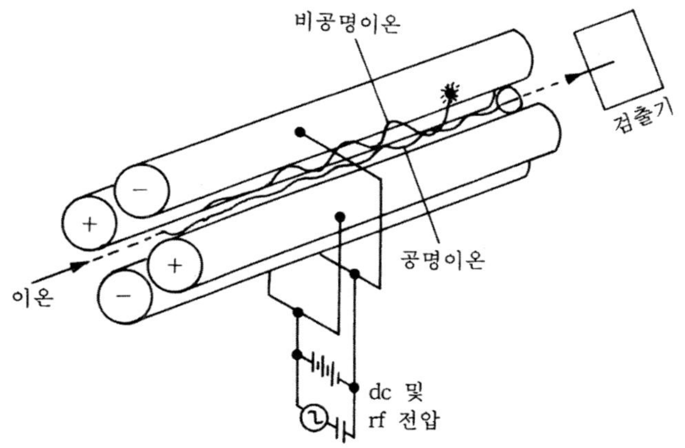

그림 9-6 ▸ 사중극자 질량분석기

로 가벼운 입자는 무거운 입자보다 먼저 이온 수집관에 모인다. 비행시간은 보통 1~30μs이다.

9.1.4 검출기와 신호처리장치

검출기는 Faraday-cup과 고체상태 전자증배관(solid state electron-multiplier tube)의 두 가지를 이용하고 있다. Faraday-cup collector는 시료의 양이온이 전하전극에 닿는 양에 비례하여 전류가 흐르고 전류량은 4개 검류계를 이용한 그림 9－7처럼 m/e비의 값이 기록계에 나타난다. 전자증배관은 최근의 질량분광기에 많이 사용하는 검출기다. 이것은 검출기와 전자증폭에 의한 전류증폭기 역할을 겸하고 있다. 그 밖에 잘 사용하지 않지만 이온 감지 사진건판법도 있다.

Faraday-cup collector는 작은 전극 모양이고, 큰 저항체를 통해 접지(earth)되어 있다. 시료의 양이온이 검출기에 도달하면 접지로부터 저항체를 통하여 전자를 받아 중화되고, 이때 생긴 전압강하는 전계효과(field effect) 트랜지스터에 감지된다. 여기에서 얻은 전위는 증폭되어 기록계의 눈금에 나타난다. 이 검출기의 단점은 큰 임피던스 증폭기가 필요하고 스펙트럼 주사속도가 느리다.

전자증배관(electron multiplier)은 모든 유기화합물의 질량분광계 검출기로 사용되고 있다. 질량분석기에서 분리된 양이온은 제1 전극에 닿는다. 구리/2% 베릴륨의 합금으로 만든 각 전극에서 1개 양이온마다 평균 2개 전자를 광전자증배관처럼 발생한다. 전자증배관의 각 전극마다 2~5KeV의 전압차로 생성된 전자를 가속하여 제2, 제3 전극으로 가속시켜 전자증폭이 일어난다. 20개 전극을 거쳐 전류는 약 10^7배 증가

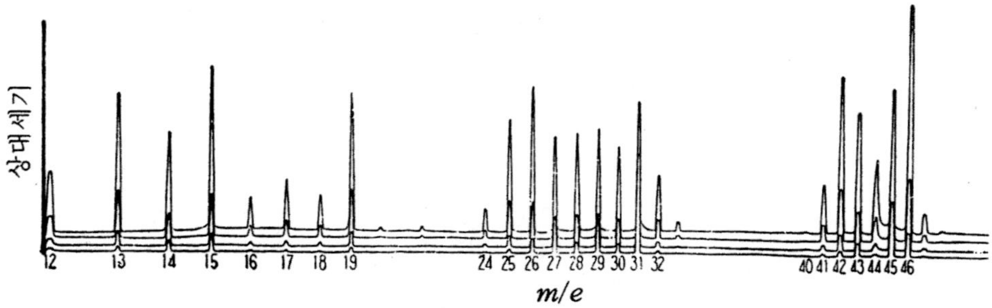

그림 9－7 ▸ 감도 30 : 10 : 3 : 1의 4개 기록기 바늘을 이용한 에탄올의 질량 스펙트럼

한다.

신호처리장치는 바늘을 이용한 계측기, 기록기, 오실로스코프, 컴퓨터, 프린터 등의 여러 가지로 나타낸다. 전위차계의 종이기록기는 질량분석과 동위원소의 정밀측정에 유리하지만 응답속도가 느려서(~0.2초) 사용하기에 불편하다.

질량 스펙트럼은 각기 다른 봉우리 크기를 가지고 있다. 질량분석계의 기록기는 몇 가지로 구분된 전류범위에 응답할 수 있게 미리 조정된 몇 개의 기록용 바늘에 부착되어 있다. 그림 9－7은 감도 30 : 10 : 3 : 1의 4개 기록용 바늘을 이용한 에탄올의 질량 스펙트럼이다.

컴퓨터화 질량분광계를 이용하면 분량이 크고 복잡한 질량 스펙트럼을 얻을 수 있다. 400~500 분자량 화합물은 200개 이상의 불연속 이온 스펙트럼을 나타낸다. 이 경우는 많은 데이터와 실험조건의 조절을 빠르게 처리하기 위해 컴퓨터가 필요하다.

검출기에서 얻은 신호를 디지털 형태의 독해장치(read-out)에 입력할 때, 첫째 각 질량 스펙트럼 봉우리 높이를 기준물[perfluorokerosene 혹은 perfluoro tri－n－butylamine(PFTBA)을 사용한다] 높이와 비교한 계산값을 입력한다. 기준물은 시료와 섞어 넣는다. 기준물 봉우리 높이는 100 혹은 1,000으로 표준화(normalization)하여 시료의 모든 스펙트럼 높이를 상대적 질량수로 계산한다. 질량수는 주사시간과 주사속도에 근거를 두고 계산한다. 질량분광기는 주기적으로 기준물을 사용하여 보정해야 한다. 둘째, 컴퓨터에 입력된 자료는 디지털 형태와 막대그래프로 출력한다. 디지털 형태의 출력은 모든 질량 스펙트럼의 질량수, 상대적 존재, 백분율, 표준화값으로 나타낸 막대그래프(그림 9－8) 작성이 가능하다. 그리고 컴퓨터는 질량 스펙트럼의 저장 및 탐색 등을 수행할 수 있다.

Fourier 변환 질량분광기는 신호/잡음의 비율이 작고 주사속도가 빠르고 감도는 좋다. 시간지배 스펙트럼을 얻을 때는 모든 원소를 동시에 측정 가능하다. 이때는 이온 사이클로트론 공명분석기(ion cyclotron resonance spectrometer)를 사용한다.

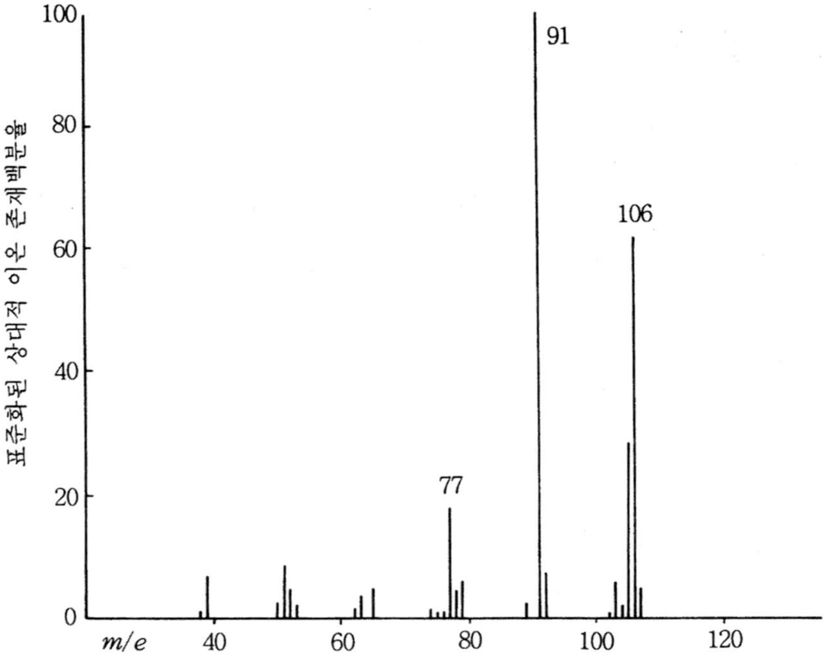

m/e		m/e		m/e	
39	2.5	65	1.9	92	2.7
50	1.0	77	3.9	103	2.1
51	3.2	78	1.8	105	10.0
52	1.7	79	2.2	106	21.4
63	1.5	91	34.8	107	1.9

그림 9－8 ▸ 어떤 화합물의 질량 스펙트럼을 컴퓨터로 계산하여 막대그래프로 나타내고 표준화(m/e 91=100)하여 상대 존재분율로 나타낸 도표. 1% 미만은 계산하지 않았다.

9.2 질량 스펙트럼

화합물의 질량 스펙트럼은 이온화전위, 분자의 작용기, 이온화법, 시료의 압력과 온도, 기기의 성질 등에 따라 다르게 나타나므로 질량 스펙트럼의 해석은 쉽지 않다. 일반적은 MS(Mass Spectrometer)의 성능은 대략 표 9－1과 같다.

표 9-1 ▸ 질량분광기의 성능

	질량범위	분해능(R)
FT-MS	12～2,000	50,000～760,000
이중초점 MS	1～7,200	20,000～40,000
단일초점 MS	1～1,400	1,500～1,800
비행시간 MS	1～700	130～250
사중극자 MS	1～750	500

표 9-1의 분해능(resolution) R은 다음과 같다.

$$R = \frac{m}{\Delta m} \qquad (9-6)$$

Δm은 두 봉우리 간의 질량차이고, m은 두 봉우리의 평균질량이다. 예를 들어 $\Delta m = 28.0313 - 28.0187 = 0.0126$일 때 $R = m/\Delta m = 28.025/0.0126 = 2.22 \times 10^3$이다.

9.2.1 전자충격법의 질량 스펙트럼

질량 스펙트럼을 얻는 가장 일반적 방법은 약 70V로 가속된 전자를 시료분자와 충돌시켜 분자이온을 생성하는 방법이다.

$$M + e \rightarrow M^+ + 2e$$

$2e$에서 1개의 e는 충격전자이고, 나머지 1개 e는 M에서 떨어져 나온 전자이다. M^+ 이온을 분자이온 혹은 어미이온(mother ion)이라 한다. 분자이온은 분자구조의 결정에 가장 중요한 자료이다. 그러나 항상 분자이온에 상당하는 질량 스펙트럼을 나타내지 않는다. 불안정한 분자는 분자이온 대신 조각(fragment)분자의 봉우리를 나타낸다.

질량 스펙트럼에서 가장 큰 봉우리를 기준 봉우리(base peak)라고 한다. 봉우리들의 상대세기를 결정할 때 기준 봉우리를 100 혹은 1,000으로 표준화(normalization)한 다음 다른 봉우리 크기를 백분율(%)로 계산한다(그림 9-8). 시료를 이온화하려고 가속하는 전자에너지(50~70eV)는 유기물분자의 이온화에너지(약 12.4eV)보다 훨씬 크므로 표 9-2처럼 여러 가지의 종류로 이온화한다. A, B, C, D는 분자 중의 원자 혹은 원자단이다.

표 9－2 ▸ 전자충격에 의해 생기는 대표적 반응

(1) 분자이온 생성	$ABCD + e \rightarrow ABCD^{+} + 2e$
(2) 조각분자 생성	$ABCD^{+} \rightarrow A^{+} + BCD^{+}$
	$A\cdot + BCD^{+} \rightarrow BC^{+} + D$
	$CD\cdot + AB^{+} + A^{+} \rightarrow A\cdot + B^{+}$
	$AB\cdot + CD^{+} \rightarrow D\cdot + C^{+} \rightarrow C\cdot D^{+}$
(3) 재배열수 조각분자 생성	$ABCD^{+} \rightarrow ADBC^{+} \rightarrow BC\cdot + C^{+} \rightarrow AD\cdot + D^{+}$
(4) 충돌 후 조각분자 생성	$ABCD^{+} + ABCD \rightarrow (ABCD)_2{}^{+} \rightarrow BCD\cdot + ABCDA^{+}$

표 9－2에서 (2), (3), (4)반응의 라디칼(점으로 표시)은 일반적으로 검출기에 감응하지 않는다. 표 9－2의 (4) 충돌 후 조각분자 생성은 이온과 분자의 충돌에 의해 분자이온보다 큰 질량수의 이온을 생성한다. 보통의 시료압력에서 분자이온에 수소원자들이 결합한 $(M+1)^{+}$를 생성한다. 이러한 양성자 이동 반응(proton transfer reaction)은 2차반응이고, 생성물 농도는 반응물의 농도와 압력에 의존한다. 유기물에 동위원소를 포함한 경우는 유기물분자에 동위원소 질량을 합친 (M+1) 혹은 (M+2) 질량단위의 스펙트럼이 나타난다. 예를 들어 그림 9－9의 dichlorobenzene 질량 스펙트럼에 어미이온이 6개 나타난다. 이것은 ^{37}Cl과 ^{13}C 동위원소 때문에 나타나는 어미이온이다. 각 봉우리의 크기는 동위원소의 상대존재비에 따른다.

9.2.2 화학적 이온화법과 장이온화법의 스펙트럼

대부분의 질량분광계는 전자충격법과 화학적 이온화법을 서로 교체하거나 장이온화법과 장탈착 이온화법을 서로 교체하여 사용할 수 있다. 이러한 교체방법을 사용하면 전자충격법으로 얻지 못하는 화합물의 분자이온을 얻을 수 있는 장점이 있다. 화학적 이온화법에 의해 나타나는 질량 스펙트럼은 전자충격법에 비해 스펙트럼이 간단하게 나타나고 $(M+1)^{+}$과 $(M-1)^{+}$ 봉우리를 나타내는 특징이 있다. 그리고 지방족 알코올은 OH기를 제거한 분자이온이 기준 봉우리로 나타난다.

장탈착법의 기본 봉우리는 어미이온보다 질량이 하나 더 많은 MH^{+} 화학종과 $(M+2)^{+}$ 화학종이 항상 나타난다. 장이온화법은 MH^{+} 봉우리와 이것에서 H_2O 분자를

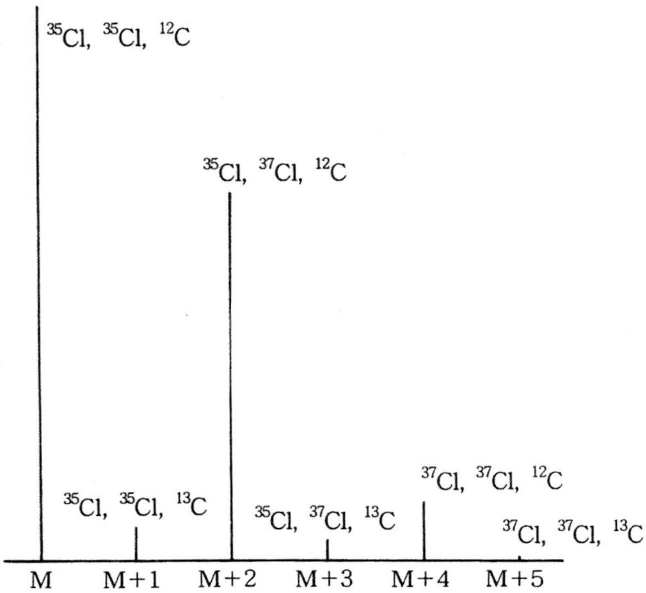

그림 9-9 ▸ dichlorobenzene의 어미이온구역에 나타나는 염소 및 탄소 동위원소의 영향. M은 어미이온이고, 나머지 5개도 어미이온에 속한다.

제거한 봉우리를 기본 스펙트럼으로 사용한다. 장탈착법과 장이온화법은 전자충격법보다 간단한 스펙트럼을 나타낸다.

9.3 질량분광법의 응용

질량분광법은 첫째 화합물 분자량, 둘째 화합물 실험식, 셋째 작용기의 존재여부, 넷째 정성분석 등에 관한 자료를 제공한다.

9.3.1 분자량 결정

분자량을 결정할 때 $(M+1)^+$ 혹은 $(M-1)^+$ 봉우리를 확인하여야 한다. MS에서 측정한 분자량은 다른 실험법보다 정확하다. 그리고 MS에서 측정한 분자량은 그 분자에 포함된 여러 가지 동위원소 중 가장 많은 상대존재비의 동위원소로 구성된 값이다. MS에서 측정한 분자량은 주기율표값으로 계산한 값과 차이나지만 정성분석에 영향을 주지 않는다. 분자량 측정값이 의심스러우면 화학적 이온화법이나 장이온화법으로 확인한다.

질량 스펙트럼의 세기는 분자이온 입자의 안정도에 따른다. 분자는 이온화된 다음 검출기에 도달하는 시간이 약 10^{-5}s 걸린다. 이 시간에 불안정한 상태의 라디칼로 존재한다. 라디칼이온의 안정도는 분자구조에 따라 다르다. π전자 화합물은 1개 전자를 잃어도 π전자이동에 의해 조절되므로 안정하다. 고리구조 화합물은 한 자리를 절단하여도 2개 조각분자로 쉽게 분리되지 않는다. 일반적으로 분자이온의 안정도는 다음과 같은 순서이다.

방향족>컨쥬게이트 올레핀>지방족 고리화합물>
황화물>가지 없는 탄수화물>키톤계>아민계>에스터>
에터>카복시산>가지달린 탄수화물>알코올

질량분광기는 기준 봉우리의 0.1~1% 세기에 상당하는 모든 봉우리를 검출할 수 있다. 그리고 유기화합물의 80~90%는 MS로 검출 가능한 어미이온을 생성한다.

분자량 결정에 이용하는 분자이온 봉우리 확인은 경험이 많을수록 유리하다. 한 가지 방법만 사용하여 분자이온을 확인하는 것은 지나치게 용감한 처사이다. 대부분은 $(M+1)^+$ 봉우리를 확인한다. 가장 센 봉우리가 분자이온인가의 여부는 판단하기 어렵고 조각분자에 대한 지식이 필요하다. 분자량 측정에 다음과 같은 원칙을 적용한다.

첫째, $(M-4)^+$~$(M-14)^+$ 범위의 봉우리는 나타나지 않는다. 둘째, 플루오린 화합물은 F(19)와 HF(20)의 질량 손실 조각분자를 생성한다. 셋째, 알코올과 알데하이드 화합물에 나타나는 $(M-18)^+$ 혹은 $(M+1-18)^+$의 센 봉우리는 H_2O(18)이 탈수되어 나타나는 어미이온이다. 어미이온의 봉우리 구별은 전자빛살의 가속전위를 감소하면서 봉우리 상대 높이를 주사하는 방법이 있다. 이때 어미이온 봉우리는 증가하지만 다른 봉우리 세기는 감소한다.

9.3.2 분자식 결정

첫째, 고분해는 MS를 이용하여 어미이온의 정확한 질량을 측정할 수 있다. 이 기기를 이용하면 예를 들어 미세한 차이를 갖는 다음과 같은 분자량 중에서[120.044(purane), 120.069(benzamidine), 120.094(ethyltoluene), 120.157(aceto－phenone)] 어느 한 가지를 확인할 수 있다. 상세한 분자량표는 *Merck Index* 혹은 J. H. Beynon and A. E. Williams, *Mass and Abundance of Table for Use in Mass Spectrometry*, Elsevier, Amsterdam을 참고하면 편리하다.

둘째, 동위원소비를 이용하여 분자식을 결정할 수 있다. 분자이온 봉우리의 높이가 충분히 크고, 동위원소 봉우리 $(M+1)^+$와 $(M+2)^+$ 봉우리 높이로부터 분자이온 봉우리 높이를 정확하게 구분할 수 있으며 한 단위 정도의 질량수 차이 내에서 분자식을 결정할 수 있다. 상세한 $(M+1)^+$ 봉우리의 상대세기 계산방법은 연습문제 9.4를 참고하라.

셋째, 질소규칙은 분자식을 결정할 때에 유용하게 쓰인다. 짝수 분자량을 갖는 모든 유기화합물들이 0 또는 짝수 질소원자를 포함하고 홀수 분자량을 갖는 화합물은 홀수 질소원자를 갖는다. 절단되어 생긴 조각분자들이 0 또는 짝수 질소원자를 가지면 홀수 질량수를 가지며, 반대로 조각분자가 홀수 질소원자를 가지면 짝수 질량수를 갖는다. 질소규칙은 탄소, 수소, 산소, 황, 할로겐, 인, 붕소를 함유한 모든 화합물에 적용된다.

9.3.3 화합물의 확인

화합물의 확인에 사용하는 봉우리 높이는 전자살의 에너지, 전자살에 대한 시료위치, 시료의 압력, 온도, 기기의 기하구조 등의 변수에 영향을 받는다.

질량 스펙트럼의 자료집은 다음의 두 가지 종류가 있다.

1. *Registry of Mass Spectral Data,* E. Stenhagen, S. Abrahamson, and F. W. McLafferty, Wiley, New York, 1974.

2. *Eight Peak Index of Mass Spectra,* 2nd ed., Mass Spectroscopy Data Centre, Aldermastion, Reading, United Kingdom.

그 밖에 컴퓨터를 이용하여 확인하는 방법도 편리하게 이용하고 있다. 실제로 화합물을 확인할 때는 정제한 시료를 사용하는 방법과 GC/MS 혹은 LC/MS처럼 크로마토그래프에 MS를 직접 연결하여 순수한 상태로 분리하여 확인하는 방법이 있다.

9.3.4 질량분석법의 응용

MS의 정량적 응용은 첫째 유기물, 생화학물질, 무기물의 정량분석이나 형태분석이다. 이 경우는 반도체, 광물, 대기공해물질, 월석, 화석연료 등을 주로 분석할 때 사용하고 시료를 30kV 이상의 라디오파 진동수를 이용한 스파크법을 사용하여 이온화한다. 셋째는 고체 표면부석이다. 이 경우는 레이저, 2차이온, 빠른 전자충돌 등의 방법으로 이온화하여 분석한다. 최근에 첫째 ICP/MS 방법을 이용하여 10s 이내에 0.1~10ppb까지 무기물을 정량분석하고 있다.

둘째, S/MS(secondary ion mass spectrometry)를 이용하여 고체표면의 원자와 분자조성을 측정하고 있다. 이온화 방법은 첫째 Ar^+, N_2^+ 혹은 O_2^+이온을 5~20KeV로 가속하여 이온총(ion gun)으로 표면층을 이온화하여 질량분석하는 방법을 사용하고, 둘째 네오디뮴－YAG 레이저(265nm) 혹은 He－Ne 레이저(613nm)의 펄스로 0.5μm의 목표물을 10^{10}~10^{11}W/cm^2 세기로 이온화하여 질량분석하는 방법을 사용한다.

9.4 실험

1. 시료를 주입하지 않고 질량분과기를 조작하라. 스펙트럼이 나타나지 않아야 한다. 어떤 스펙트럼이 나타나면 앞에 실험한 시료의 오염 또는 공기가 세기 때문이다. 실험하기 전에 기기를 깨끗하게 청소하거나 오염 스펙트럼원을 확인하여야 한다.

수증기 시료를 질량분광기에 주입하라. $m/e = 50$까지 질량범위를 주사하라. 물의 조각분자들이 나타나는 질량 18, 17, 16를 확인하라.

2. (1) 1－pentane, (2) 2－pentane, (3) 2－methyl－2－butene 시료를 질량분광기에 주입하고 $m/e = 100$ 질량범위까지 주사하라. 서로 다른 화합물에서 얻은 무늬차이를 확인하라.

   이온화실에서 더 큰 이온화전위를 사용하여 실험을 되풀이하라. 각 화합물의 분열 무늬와 (PM+1)/PM비에 대한 영향을 확인하라.

   (a) CO, (b) CO_2, (c) CH_4, (d) C_2H_4, (e) H_2, (f) 공기를 시료로 사용하여 실험을 되풀이하라.

3. (a) cyclohexane과 (b) benzene의 시료를 질량분광기에 주입하라. 벤젠고리의 반 정도를 확인하라. 어미분자질량(parent mass, PM)과 PM+1의 존재비를 확인하라. 이 존재비를 분자의 탄소수와 비교하라.

연습문제

[9.1] 이온 사이클로트론 공명분광기(ICRS)에 대한 다음의 문헌을 읽고 ICRS를 요약하여 설명하라. 필요하면 다음 문헌에서 더 필요한 문헌을 추적하여 찾아보아라.

M. L. Gross and C. L. Wilkins, *Anal. Chem.*, 1981, 43, 65A ; E. B. Ledford Jr., R. L. White, S. Ghaderi and C. L. Wilkins, *Anal. Chem.*, 1980, 52, 1091.

[9.2] 자기장의 세기는 2,400Gauss이고 180° 곡면분석기의 지름은 12.7cm이다. 분자량 18을 주사할 때 필요한 전압은 얼마인가?

[9.3] 첫째 봉우리와 둘째 봉우리의 질량은 각기 28.0187과 28.0061이다. 분해능 (R)은 얼마인가?

[9.4] 문헌을 참고하여 dinitrobenzene($C_6H_4N_2O$, 분자량 168)과 olefin($C_{12}H_{24}$, 분자량 168)의 $(M+1)^+/M^+$ 봉우리 높이비를 계산하라. 그리고 다음의 문헌이나 다른 기기분석 문헌을 이용하여 분자량결정법을 알아보아라.

J. H. Beynon and A. E. Williams, *Mass and Abundance of Table for Use in Mass Spectrometry*, Elsevier, Amsterdam, 1963 : R. M. Silverstein, G. C. Bassler and T. C. Morill, *Spectrometric Identification of Organic Compounds*, 4th. ed., pp.46, Wiley, New York, 1981.

[9.5] CH_4O와 N_2H_4의 (M+1) 봉우리는 $m/e=$ 32에서 나타난다. $(M+1)^+/M^+$ 봉우리 높이비를 계산하라.

연습문제

[9.6] 다음 표를 완성하라

<table>
<tr><th>r=1</th><th>B=10,000G</th><th>r=1</th><th>B=10,000G</th></tr>
<tr><td>V=10,000v</td><td>m=</td><td rowspan="4">V=100V
V=
V=</td><td rowspan="4">m=
m=34
m=56</td></tr>
<tr><td>V=5,000V</td><td>m=</td></tr>
<tr><td>V=1,000V</td><td>m=0</td></tr>
<tr><td>V=500V</td><td>m=</td></tr>
</table>

[9.7] 다음 질량스펙트럼이 나타내는 화합물을 확인하라.

m/e	상대존재량
1	〈 0.1
16	1.0
17	21
18	100
19	0.15
20	0.22

화합물 성분과 각 조각분자의 동위원소 무게를 확인하라.

[9.8] 다음 질량 스펙트럼이 나타내는 화합물을 확인하라.

(1)

m/e	상대존재량
12	8.7
16	9.6
28	9.8
29	0.13
30	0.02
44	100
45	1.2
46	0.42

(2)

m/e	상대존재량
35	12
36	100
37	4.1
38	33
39	0.01

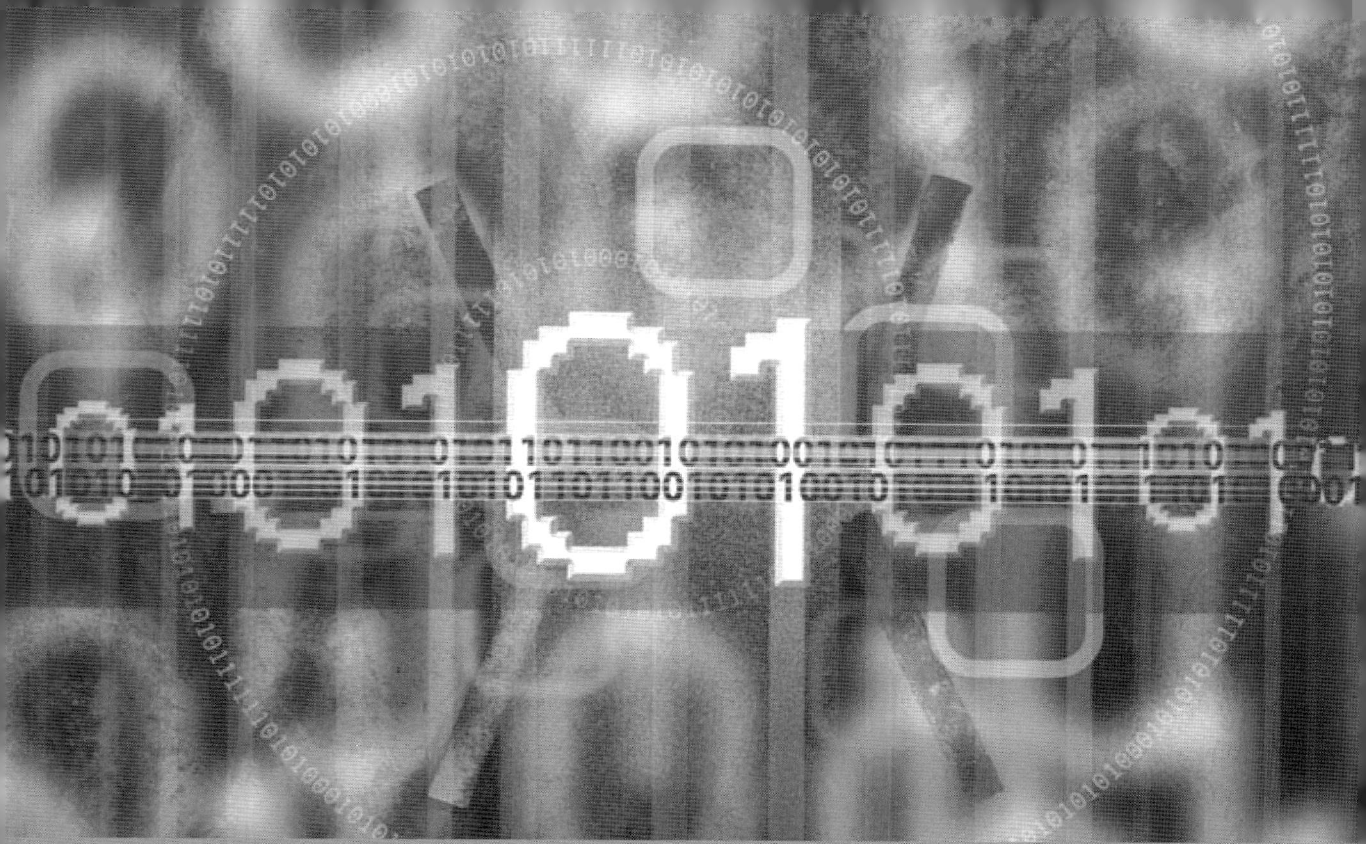

제10장 X-선분광법

X－선(ray)분광법은 0.1~2.5Å 파장영역의 X－선 복사선을 방출, 흡수, 회절에 이용하는 방법이다. 이 방법은 X－선 형광분광법[(X-ray fluorescence spectrometry, XRFS 또는 X－선 방출분광법(X-ray emission spectrometry, XRES)], X－선 흡수분광법(X-ray absorption spectrometry, XRAS), X－선 회절분광법(X-ray diffraction spectrometry, XRDS)을 포함한다. X－선 파장범위 중 3Å 이하는 hard X－선 혹은 간단히 X－선이라고 부른다. 3~20Å 범위는 soft X－선이라 하고 진공 중에서, 수소기류 중에서 혹은 헬륨 중에서 측정한다. 20Å 이상은 super soft X－선이라 부르고 진공 중에서 취급한다.

10.1 원리

X－선분광법의 광원으로 사용하는 X－선은, 첫째 고전압으로 가속된 열전자를 금속과녁과 충돌시켜 발생하는 1차 X－선과, 둘째 1차 X－선을 물질에 부딪쳐 발생하는 2차 X－선이 있다. 2차 X－선은 형광 X－선 혹은 특성 X－선(characteristic x-ray) 혹은 X－선(line) 스펙트럼이라 한다. X－선 광원은 X－선 연속 스펙트럼(continuous x-ray spectrum)과 X－선 선 스펙트럼(line x-ray spectrum)을 발생한다. X－선 연속 스펙트럼은 백색광이라고도 부른다.

10.1.1 X－선 방출

(1) X－선 연속 스펙트럼

X－선은 X－선관(x-ray tube, 그림 10－9 참조)의 가열된 음극에서 나온 전자들이 약 100kV의 가속전압으로 양극 과녁금속과 부딪치면 일부의 전자는 흡수되고, 일부는 X－선을 발생한다. X－선 연속 스펙트럼은 과녁물질과 관계없이 전자의 가속전압에 따라 그림 10－1(a) 같이 일정한 짧은 파장 한계(short wavelength limit)를 갖는다. 가속전압을 바꾸면 그림 10－1(b)와 같이 λ_{max}과 짧은 파장 한계는 전압 증가

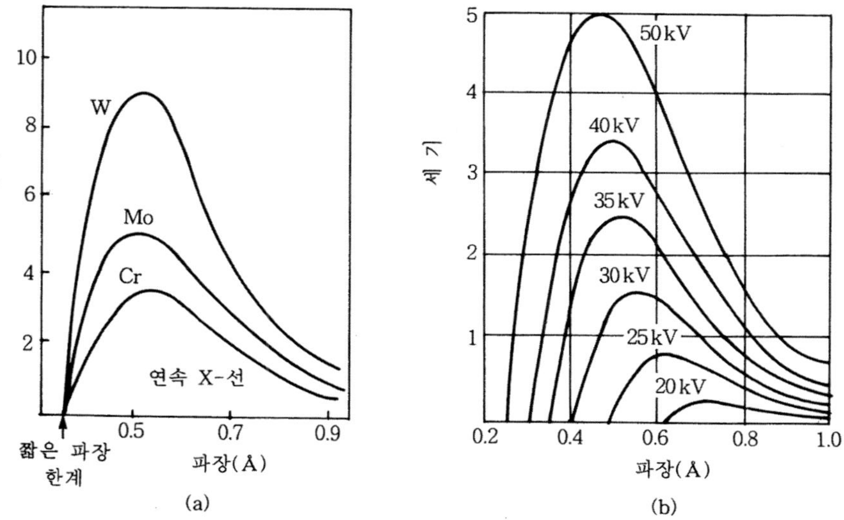

그림 10－1 ▸ (a) 전자가속전압이 일정할 때 X－선 스펙트럼, (b) 전자가속전압의 변화에 따른 X－선 스펙트럼(텅스텐 표적)

에 따라 짧은 파장쪽으로 이동한다.

음극에서 방출된 전자(E_2 에너지 상태)는 과녁금속과 충돌하여 에너지 감소(E_1 에너지 상태)가 일어난다. 이때 방출(또는 흡수)된 에너지는 $E_2 - E_1$ 차이에 상당하고, 그 에너지는 식 (10－1)과 (10－2)를 거쳐 유도한 식 (10－3)과 같다.

$$h\nu = \frac{hc}{\lambda} = Vc \qquad (10-1)$$

식 (10－1)을 Duane－Hunt 식이라고 한다. h는 planck 상수, c는 빛의 속도, V는 가속전압, λ는 짧은 파장 한계값이다. e는 전자전하이다. ν는 일정한 V에서 생성되는 최대 진동수이고, 이 값을 대입하여 정리하면 식 (10－2)와 같다.

$$\lambda = \frac{12.398}{V} \qquad (10-2)$$

식 (10－2)를 이용하여 planck 상수도 정확하게 계산할 수 있다.

$E_2 - E_1 = E$를 KeV 단위로 계산하면 식 (10－3)과 같다.

$$E(\text{KeV}) = \frac{12.4}{\lambda(\text{Å})} \qquad (10-3)$$

$E_2 - E_1 = E$ 값이 100~0.1KeV이면 그 빛은 X－선 영역이다. 전자와 원자핵이 무한 거리에서 서로 분리되어 있을 때 전자 에너지는 0이고, E 값이 양의 값이면 연속되는 값(즉 $E_2 > E_1 \geq 0$, 에너지의 분포는 연속적이다)을 갖고 연속 스펙트럼을 발생한다. 음수값이면 선 스펙트럼(특성 X－선)을 발생한다.

(2) X－선 선 스펙트럼

Bohr 원자 모델을 이용한 X－선 선 스펙트럼(특성 X－선 또는 형광 X－선)이 나타나는 원리는 그림 10－2와 같다. X－선 관에 들어 있는 가열된 음극 필라멘트로부터 열전자들이 양극 과녁을 때릴 때(그림 10－9 참조) 열전자의 에너지는 그림 10－2처럼 K껍질 전자에서 이온화에너지보다 더 큰 에너지를 전달하므로 K껍질 전자는 최외각껍질로부터 벗어난다.

입사하는 전자의 운동에너지가 전자의 결합에너지보다 크면 전자껍질로부터 전자

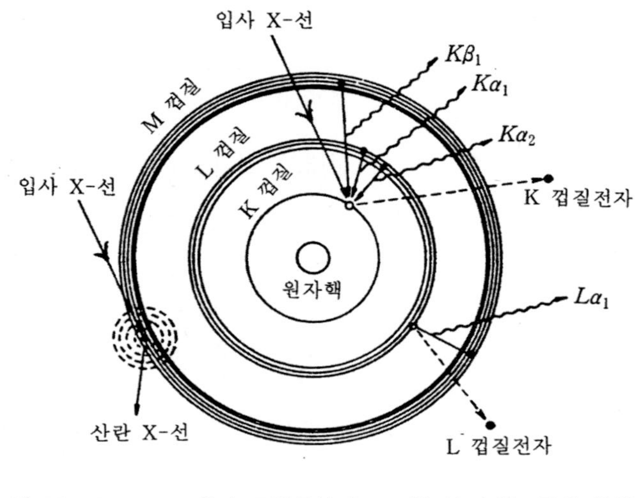

그림 10－2 ▸ Bohr 원자 모델로부터 X－선 선 스펙트럼의 발생

를 방출하는 광전효과(photoelectric effect)를 나타낸다.

전자방출 자리는 그림 10－2처럼 L과 M껍질로부터 전자전이에 의해 채워지고 각기 $K_{\alpha2}$, $K_{\alpha1}$, $K_{\beta1}$,…의 X－선 선 스펙트럼을 방출한다. 전자전이에 의해 비워진 L 껍질 전자 자리는 M껍질의 전자들이 전이하면서 $L_{\alpha1}$, $L_{\alpha2}$,… X－선 스펙트럼을 방출한다. 입사 X－선이 최외각전자와 부딪치면 산란 X－선을 방출한다. 몰리브덴 과녁을 예로 들면 그림 10－3과 같다. 음극 필라멘트로부터 35kV로 가속하여 K_α(0.709Å)과 K_β(0.632Å)을 발생한다. 실제로 X－선은 단색광을 사용한다. 그러므로 그림 10－3에서 나오는 X－선은 지르코늄 필터를 이용하여 K_β(0.632Å)를 흡수제거 후 K_α선만 이용한다. 그림 10－3에 나타낸 K, L, M, N… 계열은 그림 10－4와 같이 각기 전자전이의 에너지 준위를 갖는다. K와 L계열은 X－선 세기가 크므로 빈번하게 이용하지만 M, N… 계열은 약하기 때문에 거의 사용하지 않는다. 그림 10－

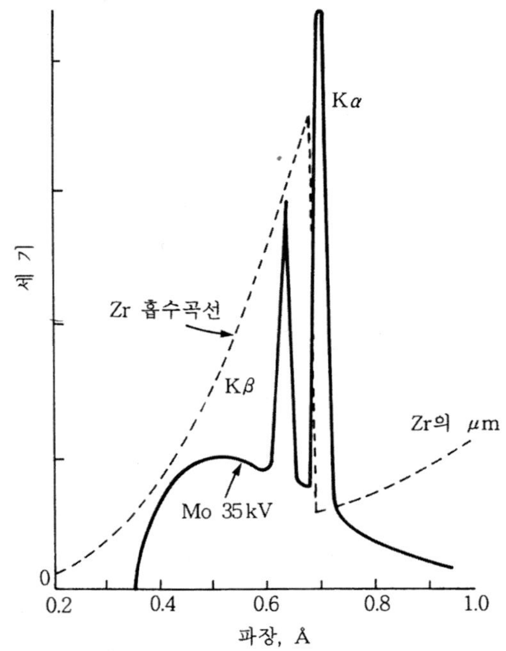

그림 10－3 ▸ 35kV로 가속된 전자에 의해 몰리브덴에서 발생된 Mo Kβ(0.632Å)와 Mo Kα 선 중에서 Kβ 선은 지르코늄 필터로 흡수제거하고 Kα X－선을 이용하는 예. Zr의 K 흡수끝은 0.689Å이다. μm은 질량흡수계수

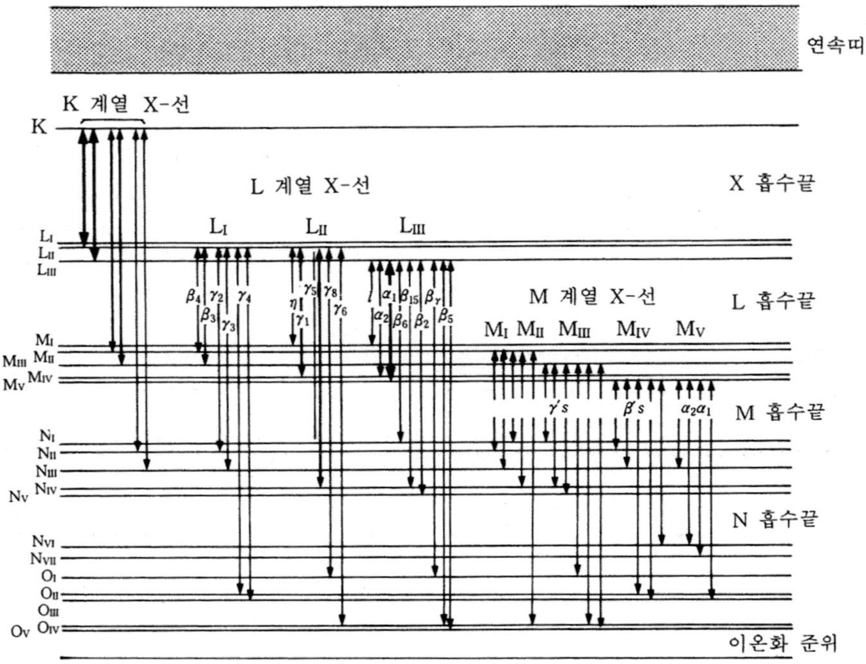

K 계열	상대세기	L 계열	상대세기	L 계열	상대세기
$K_{\alpha 1}$	100	$L_{\alpha 1}$	100	$L_{\beta 4}$	4
$K_{\alpha 2}$	50	$L_{\beta 1}$	50	L_{l}	3
$K_{\beta 1}$	21	$L_{\beta 2}$	20	$L_{\gamma 3}$	2
$K_{\beta 2}$	3	$L_{\alpha 2}$	11	$L_{\gamma 2}$	1
		$L_{\gamma 1}$	10	L_{η}	1
		$L_{\beta 3}$	6	$L_{\beta 6}$	1

그림 10-4 ▸ X-선 선 스펙트럼의 에너지 준위와 세기(선은 진할수록 세다. 상대세기와 기준값은 100)

3에 자주 이용하는 센 X-선을 굵은 화살표로 표시하였다.

X-선 선 스펙트럼(line spectrum, 특성 X-선, characteristic X-ray)의 특징은 첫째 단파장계열과 장파장계열로 분류한다. 단파장계열은 K계열이고, 원자번호 23 이하의 원소에서 나타난다. 장파장계열은 원자번호 24 이상의 원소에서 나타난다. 둘째, 원자번호가 클수록 선 스펙트럼을 방출할 때 필요한 최소 전자가속전압이 증가한다. 최소 전자가속전압 이하에서는 선 스펙트럼이 나타나지 않는다. 셋째, K계열과 L

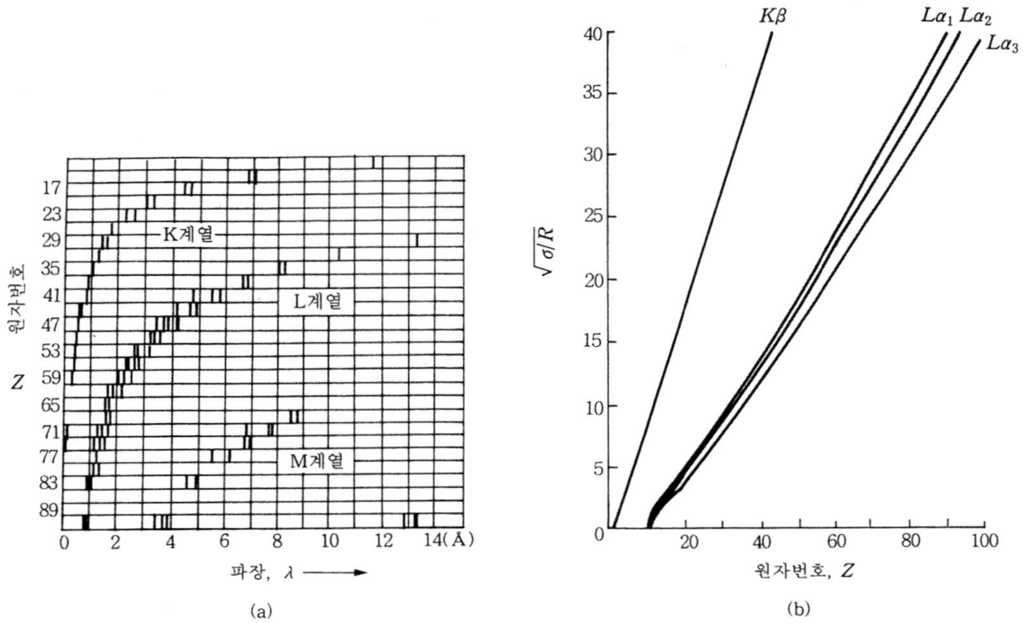

그림 10-5 ▸ Mőseley 도표 (a) Z(원자번호)에 대한 λ(파장), (b) Z에 대한 $\sqrt{\sigma/R}$(σ는 파수, R는 Rydberg 상수)

계열선의 파장과 원자번호 간에는 그림 10-5(a)와 같은 관계가 성립한다. $\sqrt{\sigma/R}$, 즉 ν/c 를 원자번호에 대하여 나타내면 그림 10-5(b)와 같은 직선관계를 성립하고, 이들을 Möseley 법칙이라고 한다. 이때 R는 Rydberg 상수(109.678)이다. 넷째, X-선 선 스펙트럼의 파장은 가벼운 원소를 제외하면 원소의 화학결합 상태와 관련이 없다.

10.1.2 X-선 흡수

X-선이 물질을 통과하면 그림 10-6처럼 흡수와 산란이 일어나므로 투과 X-선의 세기는 감소한다. 산란흡수는 무시할 정도로 작다. 산란(scattering)흡수는 Thomson 산란흡수와 Compton 산란흡수 두 가지 종류가 있다. Thomson 산란흡수는 입사 X-선과 산란 X-선의 파장이 같은 경우이고, Compton 산란흡수는 입사광의 파장보다 산란 X-선의 파장이 긴 경우이다. 그림 10-6에서 광전흡수(photoelactric

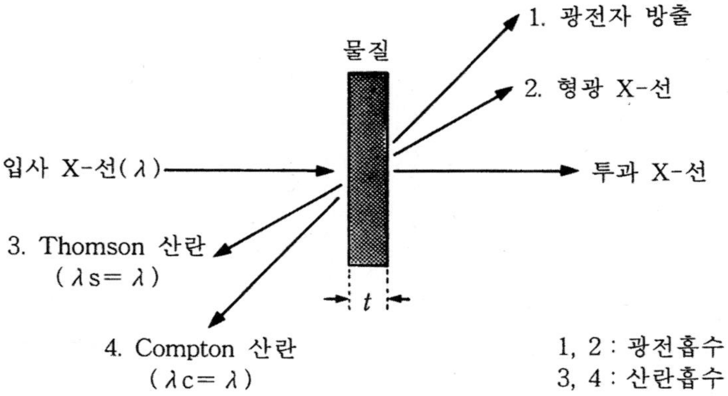

그림 10-6 ▸ X-선과 물질의 상호작용

absorption)는 광전자 효과(photo electron effect)를 발생하는 흡수를 뜻하고, 광전자 방출흡수와 형광 X-선 흡수의 두 종류가 있다. 광전흡수와 산란흡수를 합쳐 질량흡수계수(mass absorption coefficient) μ라고 한다.

그림 10-7에서 납의 경우를 보면 첫째 봉우리는 0.14Å 파장에서 나타난다. 0.14Å의 X-선은 납에서 가장 큰 에너지를 갖는 K전자의 제거에 필요한 에너지와 일치한다. 이것을 K흡수끝(K absorption edge)이라고 한다. 0.14Å를 지나면 K전자의 제거에 필요한 에너지보다 부족하므로 감소하다가 L전자 제거에 필요한 에너지에 도달하고 다음에는 M전자 제거 에너지에 도달한다. 은의 K흡수끝은 0.485Å에서 나타난다. 작은 원자번호일수록 큰 파장에서 흡수끝이 나타낸다. X-선의 질량흡수계는 Beer 법칙처럼 식 (10-4)로 나타낸다. 각 물질의 흡수계수와 입사광세기를 구하라.

$$\ln\frac{P_0}{P} = \mu\rho\chi \qquad (10-5)$$

예 제 P_0는 입사 X-선 세기, P는 투과 X-선 세기, μ는 질량흡수계수, ρ는 시료의 밀도, χ는 시료의 두께이다. μ는 원소의 물리 및 화학적으로 상태와 무관하다. 각 물질의 흡수계수와 입사광 세기를 구하라.

▸ **풀 이** $$\frac{\ln P_0}{P} = \left(\frac{1}{2.303}\right) \times 1.1 \times$$

$$\left[\frac{1}{10} \times 8.80 \times \frac{22.99}{84.99} + 2.20 \times \frac{14.0}{84.99} + 3.20 \times \frac{3 \times 16.0}{84.99}\right]$$

NaNo₃ 1g의 흡수계수

NaNo₃ 100mg의 흡수계수

$$+ \frac{9}{10}\left[0.45 \times \frac{2}{18} + 3.20 \times \frac{16}{18} \times 0.5\right]$$

물 1g에 흡수계수 | 시료두께

물 900mg의 흡수계수

$\therefore \; P = 0.19\,P_0$ (세기의 약 20%를 흡수한다)

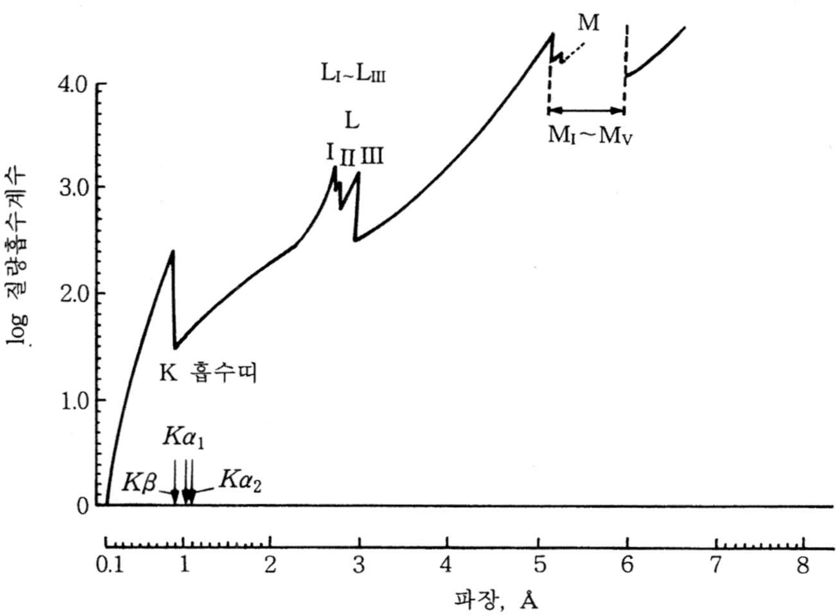

그림 10-7 ▸ X-선 흡수 스펙트럼

10.1.3 형광 X-선

X-선관에서 발생된 X-선(1차 X-선)을 시료물질에 쪼이면 1차 X-선의 일부는 투과하고, 나머지 일부는 흡수 또는 산란된다(그림 10-6), 광전효과를 나타내는 1차 X-선은 2차효과의 β선, X-선(2차 X-선) 및 열로 변환한다. 2차 X-선을 형광 X-선이라 하고, 형광 X-선은 또한 특성 X-선(X-선 스펙트럼)이다(그림 10-2와 10-4).

10.1.4 X-선 회절

X-선은 다른 전자기복사선과 마찬가지로 물질을 구성하는 원자의 전자와 만날 때 산란이 일어나고, 산란복사선 간에 보강간섭과 상쇄간섭이 일어난다. 간섭현상이 나타나는 이유는 산란이 생기는 중심(원자) 간의 거리와 파장이 대략 같기 때문이다.

X-선이 결정화합물의 표면에 θ각으로 입사하면 결정표면의 원자층에 의해 산란되고 나머지 X-선은 제2층, 제3층 … 으로 들어간 다음 산란된다. 이와 같이 원자층에 의해 산란되는 것을 회절(diffraction)이라 한다. X-선이 회절되는 조건은, 첫째 원자층 간 거리가 X-선 파장과 거의 같아야 하고, 둘째 산란이 일어나는 원자들은 질서있게 일정한 간격을 유지해야 한다.

그림 10-8에서 X-선은 θ각으로 입사한 다음 O, P, R의 원자와 상호작용하여 산란된다. 이때 다음과 같은 관계를 성립한다.

$$AP+PC=n\lambda$$

여기에서 n은 차수(order number)를 나타내는 1, 2, 3…의 정수이다. 산란선은 OCD에서 위상이 같다. 그리고 다음과 같은 식이 성립한다.

$$AP=PC=d\sin\theta$$

d는 결정의 층간거리이다. 복사선이 θ각으로 입사하여 보강간섭이 생길 수 있는 조건은 식 (10-5)와 같다.

$$n\lambda = 2d\sin\theta \tag{10-5}$$

식 (10－5)를 Bragg 식이라고 한다.

예 제 Cu K_α선(1.542 Å)으로 염화소듐의 d=3.258 Å(111면)의 면 간격에서 회절하는 조건이 n=1일 때 회절각도 θ는 얼마인가?

▸ **풀 이**

$$\theta_1 = \sin^{-1}\left(\frac{1.542}{6.516}\right) = 13.68$$

n=2일 때

$$\theta_2 = \sin^{-1}\left(\frac{1.542 \times 2}{6.516}\right) = 28.24$$

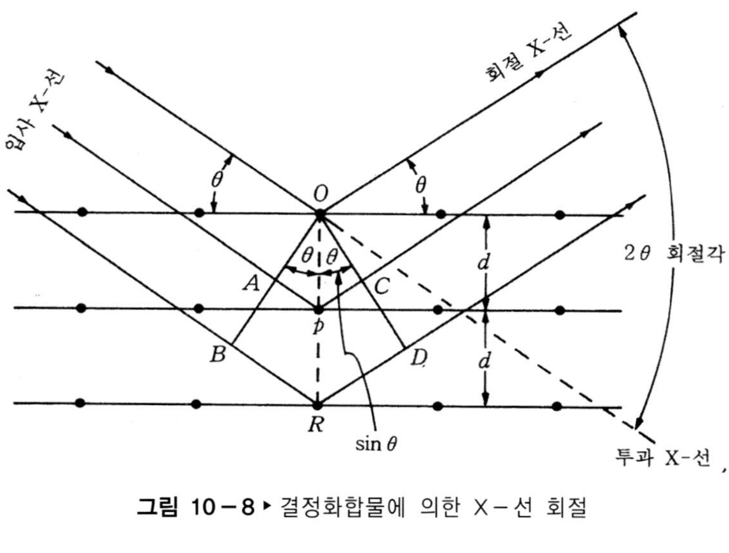

그림 10－8 ▸ 결정화합물에 의한 X－선 회절

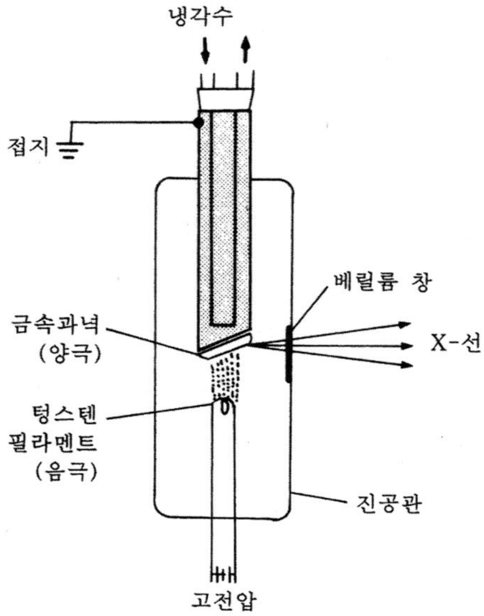

그림 10-9 ▸ Coolidge 진공 C-선 관

10.2 기기장치

X-선의 흡수, 방출, 형광, 회절방법은 모두 분석화학에 응용하고 있다. 이들의 방법은 (1) 광원, (2) 파장선택장치, (3) 시료잡개, (4) 검출기 또는 변환기, (5) 신호처리 및 판독장치로 구성한다.

10.2.1 광원

X-선 기기의 광원은 첫째 Coolidge X-선 관, 둘째 방사성 동위원소, 셋째 2차 형광을 이용한다. 첫째 Coolidge 관은 X-선광원으로 가장 널리 이용한다. 모양은 그림 10-9와 같다. 진공관 속에 텅스텐 필라멘트 음극과 Cu, Mo, W, Cr, Ag, Ni, Co, Rh, Fe 등의 금속으로 만든 양극을 설치하고, 음극의 전자가속전압은 X-선의 에너지와 파장을 결정한다. X-선 관에 공급하는 에너지는 약 1% 정도만 X-선 발

생에 쓰이고, 나머지는 열로 소비하므로 많은 열을 발생한다. 그러므로 광원을 냉각수로 식혀야 한다. 둘째, 방사선 동위원소는 실험실을 오염시키지 않게 잘 포장해서 사용하여야 한다. Ag의 0.3~0.47Å 흡수끝 범위에서는 0.46Å X-선을 방출하는 I(아이오딘)-135를 사용한다. 셋째, Coolidge 관에서 나오는 X-선을 이용하여 원소를 들뜨게 만든 다음 원소에서 나온 형광 X-선을 X-선 흡수 또는 형광 연구에 이용한다. 예를 들어 텅스텐 과녁의 Coolidge 관은 모리브덴의 K_α와 K_β선을 방출할 때 이용한다. 이러한 방법으로 얻은 형광 X-선은 그림 10-3에서 연속 X-선을 제거한 것과 유사하다.

10.2.2 파장선택 장치

X-선의 파장 선택은 필터와 단색화장치의 두 가지를 이용한다.

첫째 필터는 그림 10-3처럼 몰리브덴 과녁에서 나온 연속 X-선과 K_β선을 0.01cm 두께의 지르코늄 필터(점선으로 표시)로 제거한 다음 0.709의 MoK_α선만 이용한다. 필터로 사용하는 물질은 일정한 두께의 금속을 사용한다. 상세한 필터 자료는 표 10-1에 실려 있다. 그러나 필터의 흡수끝이 표 10-1처럼 특성 X-선(선 스펙트럼)과 걸맞아야 쓸모가 있는데 그러한 경우는 몇 가지밖에 없다. 둘째, 단색화장치는 그림 10-10처럼 광학기기의 슬릿 기능을 대신하는 한 쌍의 X-선 빛살 평행장치(collimator)와 분산장치로 구성되어 있다. X-선 분산장치는 회전판 위에 공정된 단결정이고, 이 결정면과 입사 X-선 간의 θ각은 측각기(goniometer)의 위치와 정확하게 일치하여야 한다. 측각기에 X-선 검출기를 함께 설치하고, 측각기의 회전각도에 맞추어 신호검출기의 출력이 2θ값에 따라 기록계로 기록한다.

식 (10-5)에 따라 일정한 각도에 나타나는 회절 파장은 몇 개밖에 없으므로 전체 스펙트럼을 분산할 필요없다. X-선 단색화장치로 이용하는 빛살 평행장치는 밀집 금속판 혹은 밀집 금속관을 사용하고, 이것은 평행빛살 이외의 모든 빛살을 흡수 제거한다. 광원에서 나온 X-선의 99%는 분산되어 흡수되므로[그림 10-15(a)] 단색화장치를 통과하는 빛살은 곡면결정을 이용하여[그림 10-15(b)] X-선 세기를 약 10배 증가할 수 있다. 파장을 분산하는 단결정은 표 10-2와 같은 결정을 이용한다. 파장분산용 결정은 파장범위가 다른 두 종류 이상을 준비하여야 한다.

측각기에 의한 측정각도 범위는 10~160° 범위가 적당하다. 왜냐하면 $2\theta<10°$는 산란광이 증가하고, $2\theta>180°$는 검출기 회전이 곤란하기 때문이다.

표 10－1 ▸ X－선 관의 금속과녁에 대한 필터

금속과녁원소	$K\alpha_1$(Å)	$K\beta$(Å)	필터	K 흡수끝 필터(Å)	두께(mm*)	$K\alpha$의 손실(%)
MO	0.709	0.632	Zr	0.689	0.081	57
Cu	1.541	1.392	Ni	1.478	0.013	45
Cr	2.290	2.085	V	2.269	0.0153	51
	$L\alpha_1$, Å	$L\beta_1$, Å				$L\alpha$
Pt	1.313	1.120	Zn	1.283	–	–
W	1.476	2.282	Cu	1.380	0.035	77

* $K\alpha_1$ 선의 세기값이 0.01로 감소할 때까지 $K\beta$ 선 세기에 필요한 두께

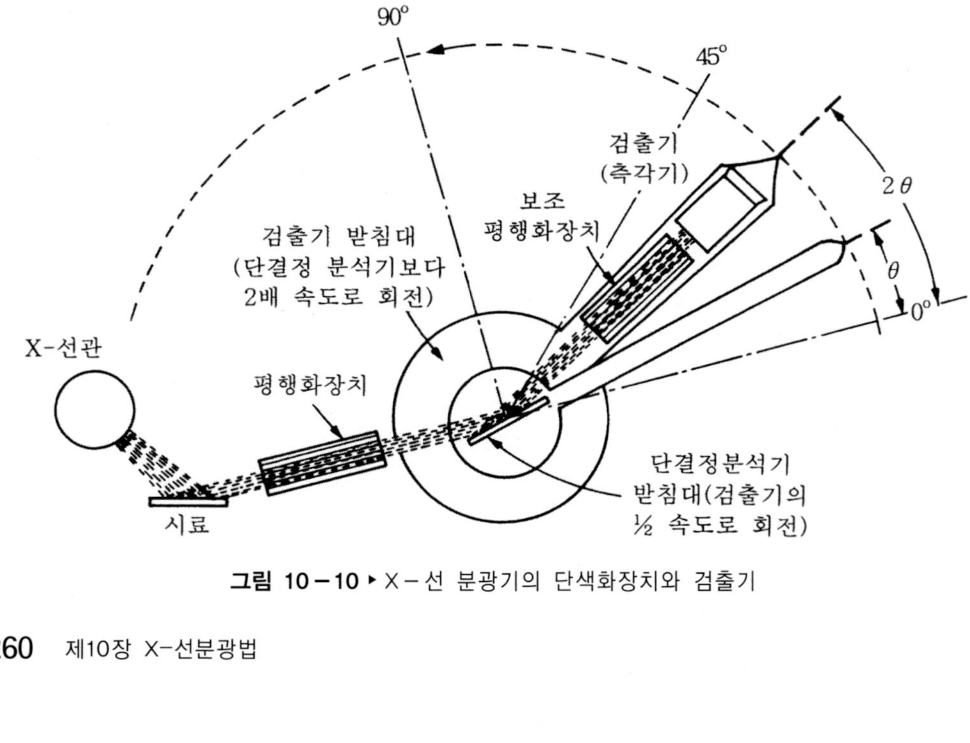

그림 10－10 ▸ X－선 분광기의 단색화장치와 검출기

표 10-2 ▸ X-선 분산용 단결정

결 정	결정간격 Å	사용 파장범위 Å	
		λ_{max}	λ_{min}
ADP	5.325	10.50	0.93
EDDT	4.404	8.67	0.77
NaCl	2.820	5.55	0.49
LiF	2.014	3.97	0.35
Topaz	1.356	2.67	0.24

ADP=Ammonium Dihydrogen Phosphate

EDDT=Ethylenediamine d-tatrate

10.2.3 검출기

검출기는 기체충진검출기(gas-filled detector), 섬광계수기(scintillation counter), 반도체검출기(semiconductor detector)의 세 가지 종류를 사용한다. 이러한 검출기는 광전자계수법(photon counting)의 원리를 이용한다. UV, VIS, IR 분광법에 이용하는 검출기는 광전효과를 응용한 검출기이다. X-선 검출기는 광자(photon)검출기의 원리로 작동한다.

광전자계수법은 복사선 양자(quantun)들이 변화기에 흡수될 때 각기 전기적 펄스로 계수되고, X-선 에너지는 단위시간당 계수값으로 기록된다. 이때 검출기와 신호처리기는 약한 세기의 빛살에만 이용하고 pulse/s의 평균값으로 나타내는 정류상태(steady state)의 전류만 측정 가능하고 신호펄스는 바탕잡음(광원, 검출기, 전자장치 등에서 나오는 잡음)보다 클수록 잘 측정된다.

(1) 기체충진검출기

X-선은 영족기체-충진관을 통과할 때 영족기체의 양이온과 전자를 생성한다. 이때 양이온과 전자는 기체의 전기전도도를 증가한다. 기체충진검출기는 전기전도도의 측정원리에 바탕을 둔 검출기이다. 기체충진검출기는 Geiger 관, 비례계수기, 이온화상자의 세 가지 종류가 있다. X-선의 입구창(window)은 운모, 베릴륨, 알루미늄, mylar 등으로 만들고 가벼운 원소 성분으로 구성되었으므로 X-선을 흡수하지 않는다.

그림 10-11에서 1개 광자는 기체-충진검출기 내에서 몇 개의 이온쌍(양이온과

전자)을 생성한다. 양이온과 음전하(전자)는 서로 다른 양극과 음극에 이끌린다. 양쪽 전극 간의 전압이 낮은 0~A 구간에서는 양쪽 전극으로 이동하는 도중에 이온쌍이 재결합하므로 전극에 도달하지 못한다. 그러므로 0~A 구간을 재결합영역(recombination region)이라 한다. 전압을 높게 걸어주면 A~B 구간에서 이온화되고 거의 모든 이온이 전극에 모인다. 이 영역에서 전하는 전압과 관계없이 모아지고 이 구역을 포화영역이라 한다. A~B 구간을 이온화 상자영역[(ionization chamber region), 혹은 포화영역(saturation region)]이라 한다. A~C 구간에서 전극전압을 증가하면 이온화 전류는 다시 증가한다. 발생된 이온쌍 중의 전자는 +전극에 도달할 때 크게 가속되어 영족기체원자와 충돌하여 2차 이온화반응을 일으킨다. 이온이 전극에 도달하는 0.2~0.5 μs 동안에 전자는 많이 증가하므로 전자사태(electron avalanche)라고 한다. 2차 전자의 발생은 광자의 방출(UV 발생)도 수반한다. 이러한 광자에 의해 광전효과에 의해 또다시 증가한다. 이 현상을 기체증폭(gas amplification)이라 한다. A~B 구간은 이온화 상자 검출기영역(proportional counter region)이고, C~D 구간은 비례계수 검출기영

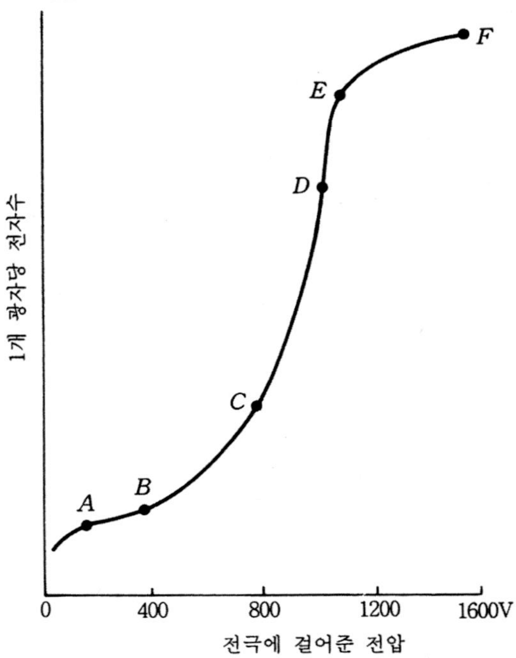

그림 10-11 ▸ 여러 가지 기체충진검출기의 기체증폭

역이고, E~F 구간은 Geiger 관 검출기 영역이다.

Geiger 관 검출기 : Geiger 관은 그림 10−11의 $V_5 \sim V_6$ 구간에서 사용하는 검출기이고 X−선 세기는 전류 펄스로 계수(counting)한다. Geiger 관은 그림 10−12와 같다. Geiger 관은 아르곤이 묽은 알코올이나 메테인과 함께 채워져 있다. 유기물은 소광기체 역할을 한다. 즉, 아르곤 양이온은 Geiger 금속관벽과 부딪쳐 2차전자가 발생하는 것을 막는다. Geiger 관은 첫째 수명이 10^8~10^9 계수 정도이고, 이 기간이 지나면 소광기체가 모두 없어지고, 둘째 Geiger 관 내에서 생긴 양전하와 전자들이 각기 전극으로 이동할 때 양전하의 이동속도는 훨씬 느리므로 50~200μs 동안 검출기 불감시간이 생긴다. 근래는 Geiger 검출기를 X−선 검출기로 거의 사용하지 않는다.

비례계수기 : 비례계수기는 그림 10−11의 C~D 구간에서 사용하는 기체충진검출기이다. 이 검출기는 광자에 의해 생성된 펄스를 500~10,000배 증폭하고 불감시간은 약 1μs이고, 펄스당 전자수는 압사된 X−선 에너지에 비례하고, 펄스 높이 분석기를 사용하여 제한된 진동수의 X−선에 대해서만 감응하게 조절할 수 있다. 이 검출기는 X−선 분광기의 검출기로 널리 쓰인다.

이온화 상자 : 그림 10−11의 A~B 구간에서 사용하는 이온화 상자는 검출기의 전류가 작고(10^{-13}~10^{-16} Å) 걸어준 전압과 무관하다. 낮은 감도 때문에 현재는 X−선 검출기로서 거의 사용하지 않는다.

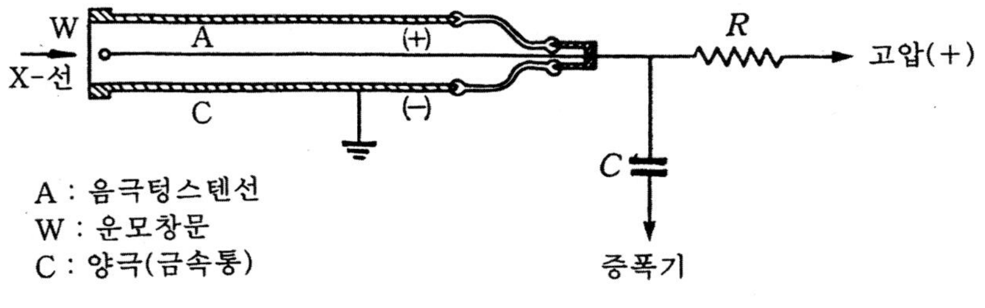

그림 10−12 ▸ Ceiger 관 검출기(한국 ITS 제공)

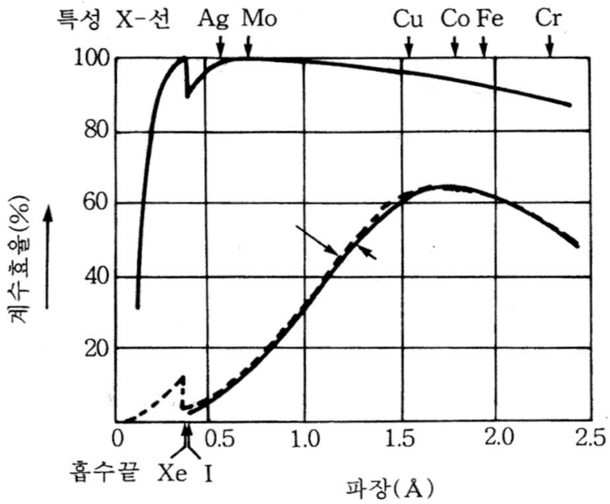

계수관	길이(mm)	창문재료
Geiager Ar 550mm Hg	100	Mica 0.013mm
Proportional Xe 320mm Hg	20	Mica 0.013mm+Be 0.13mm
Scintillaion NaI(Tl)	1	Be 0.13mm

그림 10-14 ▸ 여러 가지 계수기의 효율, SC : 섬광계수기, PC : 비례계수기, GMC : Geiger 관(한국 ITS 제공)

(2) 섬광계수기

섬광계수기는 1% 탈륨(TI)이 함유된 아이오딘화소듐으로 구성되었고, 길이 3~4in 원

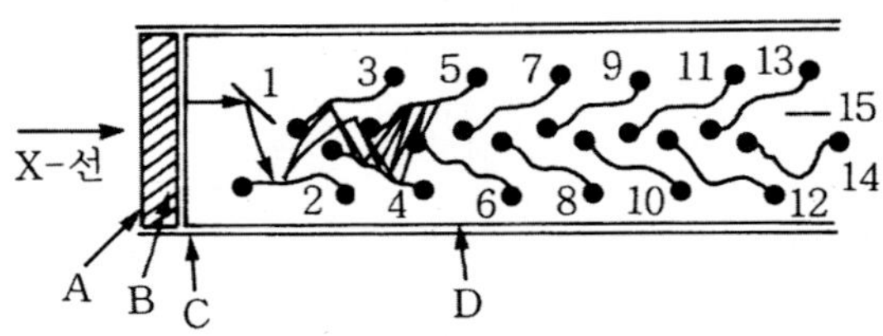

A : Be
B : 발광체(NaI)
C : 복사선 차단막
D : 광전자증배관
1 : 음극
2~14 : dynode
15~양극

그림 10-13 ▸ 섬광계수기(한국 ITS 제공)

통형이고 한쪽 면이 광전자증배관의 음극과 마주 보게 배치되어 있다. 구조는 그림 10－13과 같다. 입사 복사선이 NaI 결정을 통과하면 복사선 에너지를 섬광체(scintillator)에 주고 형광 복사선의 광자를 방출한다. 1개의 1차 입자 또는 광자는 0.25μs(붕괴 시간) 동안에 400nm에 상당하는 수천개의 광자를 방출한다. 불감시간은 기체충진 검출기보다 훨씬 짧다.

섬광계수기와 세 가지 기체충진검출기의 계수효율을 비교한 결과는 그림 10－14에 나타나 있다. 그림 10－14로부터 섬광계수기의 효율이 대단히 우수한 것을 확인할 수 있다. 아이오딘화소듐 대신에 stilbene, anthracene, terphenhyl의 유기섬광체를 이용하고 있으며, 이들의 붕괴 시간은 0.01~0.1μs이다. 액체섬광체는 톨루엔에 p－terphenyl을 녹여 사용한다.

(3) 반도체 검출기

반도체 검출기는 리튬을 도핑한 규소 또는 저마늄 검출기라고도 부른다. 반도체 결정은 X－선이 입사하는 쪽으로부터 베릴륨창, p형 반도체층, 내부층, n형 반도체층의 순서로 구성한다. 내부층은 광자흡수에 의해 광전자를 생성하고 광전자는 전도띠까지 들떠 전기전도도를 증가하는 역할을 한다. 결정에 전압을 걸어 주면 광자를 흡수할 때마다 전류펄스가 흐른다. 전류펄스는 광자 에너지에 비례한다. 그러나 비례계수기와 다르게 펄스의 2차증폭은 생기지 않는다.

10.3 신호처리

X－선 분광기는 세 가지의 신호처리 장치를 이용한다. 첫째, 거의 모든 X－선 분광기는 검출기와 증폭기의 잡음을 제거하려고 펄스 높이 선택기(pulse height selector)를 사용한다. 이 신호처리기는 에너지 분산과 파장 분산에도 사용한다. 이 선택기는 미리 정해진 기준 이하(약 0.5V)와 기준 이상의 펄스를 채널 또는 창(window)을 통해 제거한 다음 적당한 신호만 검출하여 10V 범위의 전압신호로 나타낸다. 둘째, 펄

스 높이 분석기(pulse height analyzer)는 0.1~0.5V의 창을 가지며, 약 10V 정도의 전체 전압 영역을 갖는다. 창의 전압 범위와 전체 전압 영역도 수동 또는 자동으로 조절 가능하고, 이와 같은 전압조절 상태에서 에너지 분산 스펙트럼을 얻는다. 수백 개의 채널을 가진 다중채널분석기도 시판되고 있다. 셋째, 눈금판(scaler)과 계수기(counter)를 사용하여 검출기로부터 나온 신호를 1/10~1/2 정도로 감소하여 나타낸다. 기기장치는 디지털(digital)이나 아날로그(analog) 변환기를 이용한다.

10.4 X－선 형광법

X－선 관의 과녁금속 대신에 시료를 놓고 가열전자로 때려 X－선 발광 스펙트럼을 얻을 수 있지만 실제로 그러한 방법은 대단히 불편하다. 그 대신에 그림 10－10처럼 X－선 관에서 나온 1차 X－선을 시료에 쪼여 각 원소로부터 나오는 특성 X－선(또는 X－선 형광이라 한다)을 측정하는 방법을 이용한다. 이 방법을 X－선 형광분광법(XRFS) 또는 X－선 발광분광법(XRES)이라 한다. XRFS(또는 XRES)는 산소 원자번호(8)보다 큰 원소들의 분석에 가장 넓게 이용하는 방법이다.

10.4.1 기기

XRFS는 파장 분산형(wavelength dispersive), 에너지 분산형(energy dispersive), 비분산형(nondispersive)의 세 종류 기기들이 있다. 이와 같은 세 종류 기기는 그림 10－10 및 10－15처럼 평면결정 혹은 곡면결정의 두 종류를 이용한다. 평면결정은 2차 X－선(X－선 형광)을 99% 이상 분산하므로 검출기 신호를 약하게 만드는 결점이 있고, 곡면결정은 평면결정보다 10% 이상 신호를 증가하는 장점이 있다.

첫째, 파장분산형기기는 항상 X－선 관을 광원으로 사용한다. 방사성 광원은 X－선 관보다 10^{-4} 정도 적은 X－선 광자를 생성하므로 너무 약해서 이용할 수 없다. 파장분산형기기는 단일채널형(single channel type) 혹은 순차기록형(sequential recording type)과 다중채널형(multichannel type) 혹은 동시기록형(simultaneous recording type)의 두 종류들이 있다.

그림 10－10과 10－15는 단일채널형이다. 이 기기들은 수동식 또는 자동식으로 조작할 수 있다. 단결정의 회전속도 θ와 검출기의 회전속도 2θ는 항상 정확하게 조절되어야 하고, 기록계의 펜 위치는 검출기 회전속도와 같게 조절되어 있다. 2θ값으로 XRFS에서 측정한 Sb, Rh, Pb를 측정한 스펙트럼은 그림 10－16과 같다. 단일채널형기기는 장파장을 위한 크로뮴 과녁과 단파장을 위한 텅스텐 과녁의 두 종류 X－선 광원을 주로 사용한다. 2 Å 이상의 장파장은 대기에 흡수되므로 광원과 검출기 사이를 진공하거나 헬륨으로 채운다. 그리고 표 10－2를 참고하여 몇 개의 단결정도 준비하여야 한다. 다중채널기기는 24개의 원소를 동시에 정량할 수 있게 검출기를 원둘레를 따라 배치한다. 그러므로 미리 정량할 원소를 결정한 다음 각 원소의 분석 스펙트럼 위치에 검출기를 배치한다. 각 검출기마다 증폭기, 펄스높이 선별기, 계수장치, 적분기를 각기 가지고 있다. 다중채널기기는 강철, 합금, 시멘트, 광석, 석유제품,

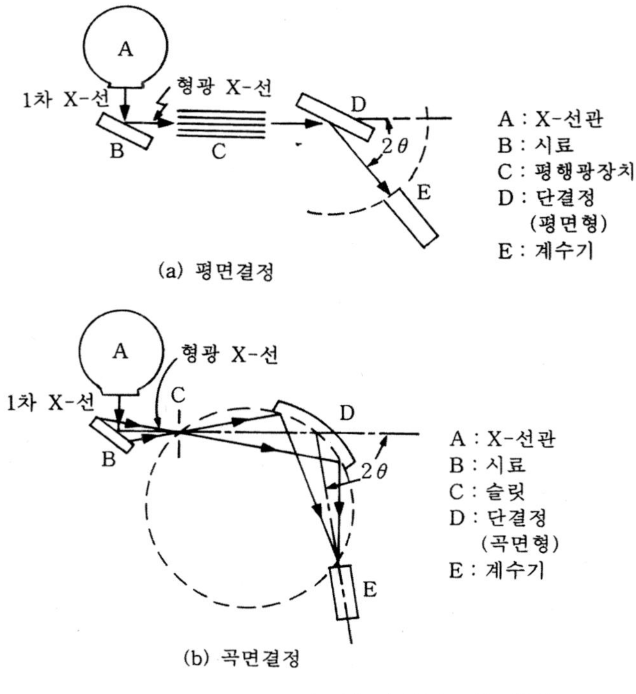

그림 10－15 ▸ XRFS의 광학계(한국 ITS 제공)

분말, 액체 등의 시료를 분석할 수 있다.

둘째, 에너지 분산형기기는 X-선 광원 혹은 방사성 물질→시료잡개→리튬 도핑 규소(또는 저마늄) 검출기→증폭기→다중채널 펄스높이 분석기만 필요하다. 그 밖의 빛살평행장치와 단결정회절장치는 필요없으므로 분광기는 간단하다. 검출기에 도달하는 X-선 에너지는 파장분산형 기기의 100배이다. 다중채널기를 사용하여 방출된 X-선 스펙트럼을 모두 동시에 측정한다. 단결정회절장치를 사용하지 않으므로 1Å 이상의 장파장에서는 파장 분리능이 낮고, 단파장에서는 에너지 분산형의 분리능이 더 크다.

셋째, 비분산형(nondispersive)기기는 시료 중 미리 지정된 한두 개의 성분만 정량할 수 있는 기기이다. 예를 들면 석유 중의 황처럼 지정한다. 황은 5.4Å에서 흡수끝이 나타난다. 5.4Å 전후에 2개의 필터를 설치하고, 각 필터를 통하여 나오는 신호를

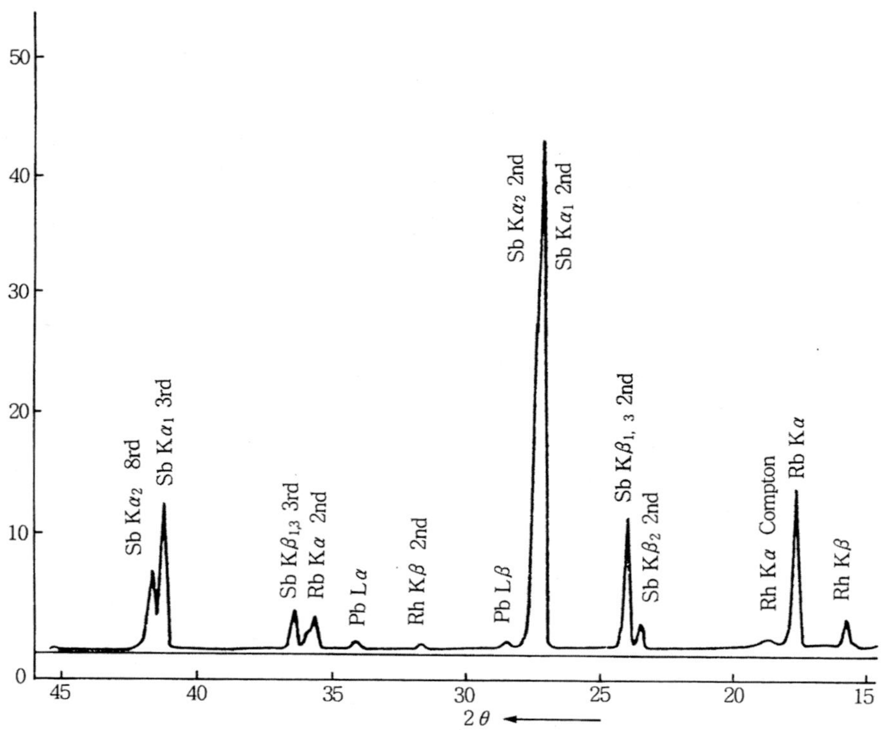

그림 10-16 ▸ 안티모니의 Kα와 Kβ 고분해 스펙트럼. X-선 관 : Rh 음극(한국 ITS제공)

통하여 비례계수기로 측정한다.

10.4.2 분석방법

그림 10－16은 안티모니 금속의 K_α와 K_β선을 측정한 스펙트럼이다. 안티모니 시료 중 미량의 Pb 함유를 확인할 수 있다. 세로축은 함량에 비례하는 형광 X－선 세기이다. 가로축의 2θ값은 단결정의 층간 거리 d를 알면 식 (10－5)의 $n\lambda = 2d\sin\theta$에 대입하여 파장(λ)을 알 수 있고, 파장값을 알면 표준 스펙트럼 도표를 이용하여 정성분석할 수 있다. 세로축은 성분의 농도에 비례하는 신호세기이므로 정량분석에 이용한다.

X－선 형광법으로 정확하게 분석하려면 시료의 물리화학적 성질과 같은 표준물질을 사용하거나 매트릭스 효과(matrix effect)를 상쇄하는 방법을 사용하여야 한다.

매트릭스 효과 : X－선 형광법으로 정량할 때 X－선은 시료 표면과 시료 내부에서도 동시에 발생한다. 시료 내부에서 나오는 X－선은 상당히 두꺼운 시료층을 통과하면서 시료에 의한 흡수와 산란을 일으키므로 X－선 세기는 감소한다. 감소 정도는 시료의 질량흡수계수에 따른다. 그러므로 X－선 형광법에서 검출기에 도달하는 X－선 형광세기는 농도에 비례하지만 시료 중 다른 원소와 질량흡수계수의 영향을 받는다. 이것은 매트릭스 효과에 의한 X－선 형광의 감소이다. 또 다른 매트릭스 효과는 X－선 형광의 증가이다. 이 경우 입사 X－선을 흡수한 어떤 원소는 고유 X－선을 방출하고 그 고유 X－선은 2차로 분석선을 방출한다. 이때는 매트릭스 효과 때문에 X－선 형광을 증가한다.

표준물을 이용한 검정 : 위에서 매트릭스 효과를 이용한 X－선 형광의 증감을 알아보았다. 표준물질은 시료와 물리화학적 성질이 비슷할 뿐만 아니라 입자크기와 시료두께도 비슷해야 한다. 이와 같은 표준물질을 이용하여 매트릭스 효과를 검정하여야 한다.

내부표준법 : 시료와 표준물질에 포함되지 않는 한 원소를 각기 내부표준물로 첨가

한 다음 분석하여 분석원소와 내부표준원소의 X-선 세기의 비를 같게 나타내는 것이 원칙이다. 같게 나타나지 않은 경우는 X-선의 세기비(intensity ratio)를 사용하여 매트릭스 효과를 보정해야 한다.

시료와 표준물질의 묽힘 : 시료와 표준물질을 묽힐 때는 X-선을 흡수하지 않는 원소로 구성된(C, N, O, H로 구성된 화합물) 유기용매, 녹말, 물, 탄산리튬, 알루미나, 붕산, 붕사 등을 묽힘제로 이용한다. 묽힘제를 많이 첨가하면 매트릭스 효과는 실제로 상쇄된다. 이 방법은 광물분석에 특히 유효하다. 시료와 표준물질에 붕사를 섞고 가열하여 식힌 다음 고체상태로 분석한다.

정량분석 : 매트릭스 효과를 알맞게 보정하면 X-선 형광법은 가벼운 원소를 제외한 모든 원소의 정량에 신속 정확하게 응용하는 가장 좋은 방법 중 하나이다. X-선 형광법의 장점은 첫째 스펙트럼 방해가 없고, 둘째 비파괴분석이 가능하고, 셋째 시료의 물리화학적 성질과 무관하게 응용 가능하고, 넷째 신속하게 분석 가능하고, 다섯째 정밀도와 정확도가 우수하다는 점이다. X-선 형광법의 단점은 첫째 감도가 좋지 않고(0.01~100%의 농도범위), 둘째 가벼운 원소의 정량방법이 불편하고 검출과 측정이 어렵다. 이것은 Auger 발광이라는 형광세기의 감소 때문이고, 원자번호 23(바나듐)보다 작을수록 감도는 나쁘다. 현재의 기기는 원자번호 8(산소)과 9(플루오린)까지 정량 가능하다. 셋째, 다른 기기에 비하여 기기값이 비싸다.

10.5 X-선 흡수법

X-선 흡수법은 측정과정이 복잡하고, 시간이 많이 걸리므로 대부분의 응용은 매트릭스 효과가 적은 시료에만 사용하고 있다. X-선 흡수법은 X-선이 그림 10-3의 필터 혹은 그림 10-10 단색화장치(평행화장치와 단결정회절기)의 두 가지 방법을 이용한다. X-선 흡수봉우리는 넓으므로 가벼운 원소로 구성된 기질 중에서 원자량이 큰 한 원소의 정량에만 쓰인다. 예를 들면 가솔린 중 납이나 탄화수소 중 황이나

할로젠 정량이다.

X－선 흡수법은 X－선 흡수끝의 파장에서 시료의 질량흡수계수 값이 급하게 감소하는 현상을 이용하는 방법이다. 흡수끝 이웃의 양쪽 파장에서 측정한 질량흡수계수 차이는 흡수끝이 없는 파장영역에서 측정한 값보다 대단히 큰 값을 나타낸다. 그러므로 질량흡수계수차의 인자는 시료 중 같은 파장영역에서 흡수끝을 갖는 다른 원소들이 없으면 기질변화의 큰 영향을 받지 않는다.

X－선 흡수법에 의한 정량법의 예는 다음과 같다. 납의 L_m 흡수끝은 $\lambda = 0.95\,Å$이다. 이 흡수끝을 이용하려면 브로민화소듐의 브로민에서 발생한 K_β(0.93 Å)와 K_α(1.04 Å)에서 납시료를 측정한다. 납 흡수끝(0.95 Å)의 양쪽(0.93 Å와 0.104 Å)에서 측정한 값의 차이는 납의 농도에 비례한다. 약 40여개 원소의 흡수끝 양쪽 파장에서 측정 가능한 적당한 형광광원이 현재 알려져 있다. 표준물 없이 10개 원소도 정량 가능하다. 이 방법의 상대 오차는 2~5%이다.

10.6 X－선 회절법

X－선 회절법(XRDS)은 결정물질 중 원자배열과 원자 거리의 정보들을 많이 제공한다. 최근에 스테로이드, 바이타민, 항생물질 같은 복잡한 물질구조의 연구에도 이용한다. XRDS는 결정질 화합물의 확인에 응용하고 X－선 회절무늬(pattern)는 물질 특유의 성질을 나타낸다. 그리고 XRD 측정값은 정량분석에도 이용한다.

10.6.1 기기 조작 및 XRD 무늬해석

XRDS 기기는 그림 10－10 및 10－17과 같다. 그림 10－17은 그림 10－10의 단결정 대신에 시료를 놓는다. X－선을 방출하는 과녁과 시료는 Rowland 원(초점 회전원)상에 있고, 측각기 혹은 사진필름은 측각기 회전원상에 놓인다. 시료는 균일한 입자크기의 가는 분말[정성분석할 때 입자크기 44 μm(350mesh) 이하 정량분석할 때

10μm 이하]을 사용한다. 시료는 얇은 유리 모세관이나 셀로판 모세관에 넣고 X-선 빛살에 쪼인다. 혹은 비정질 접착제와 혼합하여 적당한 모양으로 주형한다.

자동 XRD 기기는 그림 10-17(a)와 같이 검출기와 측각기를 시료의 θ회전각에 대하여 2θ의 속도로 회전하면서 자동적으로 X-선 회절 스펙트럼을 주사한다. 시료는 시료결정의 무질서도를 증가하려고 회전하는 경우도 있다 그림 10-17(b)는 Cu

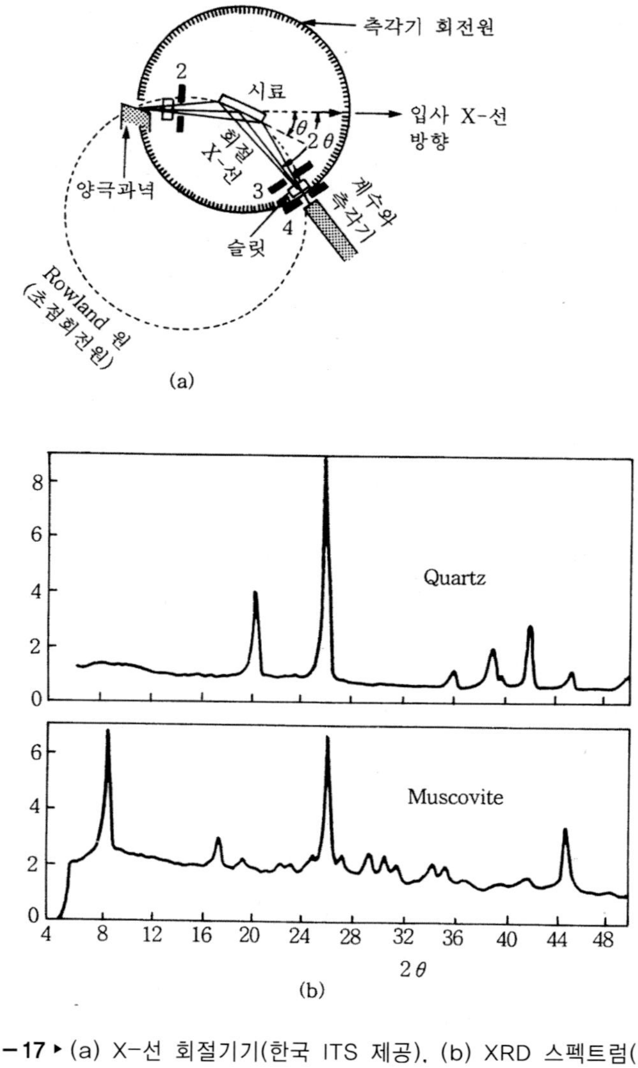

그림 10-17 ▸ (a) X-선 회절기기(한국 ITS 제공), (b) XRD 스펙트럼(CuKα)

K_{α}의 X－선으로 측정한 두 가지 광물의 XRD 스펙트럼이다. 그림 10－17(b)로부터 2θ값이 알려지면 Bragg 식($n\lambda=2dsin\theta$)을 이용하여 결정면 간의 거리 d를 계산할 수 있다.

사진법은 결정을 해석하는 고전적 방법이지만 대단히 정확한 방법이므로 아직도 많이 사용하고 있다. 사진법은 그림 10－17의 입사 X－선 방향에 그림 10－18(a)처럼 Debye-Scherrer 분말 사진필름을 배치한 다음 X－선을 시료에 통과하면 시료결정의 X－선 회절각도에 따라 그림 10－18(b)처럼 스펙트럼을 회절하고 Debye-Scherrer 분말사진 필름을 현상하면 그림 10－18(c)와 같이 나타난다. 시료에 의해 회절되지 않은 X－선은 직진하여 사진기 밖으로 나간다. 그러므로 X－선의 입구와 출구는 그림 10－18(c)처럼 2개의 구멍이 생긴다. 일반적으로 원통형 Debye-Scherrer 사진기의 안지름은 5.73 혹은 11.46cm이고 필름상에서 1mm 간격은 1.0θ 혹은 0.5θ에 상당한다. 그러므로 그림 10－18(d)의 필름에서 스펙트럼 간격을 측정할 수 있다. 그림 10－18(d)의 X－선 회절간격을 CuK_{α}(1.542Å)을 이용하여 각기 측정한 다음 Bragg 식에서 회절면 간격 d를 구한 결과는 표 10－3과 같다.

분말회절무늬를 이용하는 화학종 확인방법은 스펙트럼선의 위치(θ 혹은 2θ)와 상대세기를 이용하는 방법이다. ASTM(The American Society for Testing Materials)와 IBM은 2,500종 이상의 결정질 화합물의 d값과 선 상대세기를 측정한 자료집을 시판하고 있다. 이 자료집을 이용하면 정성분석에 매우 편리하다.

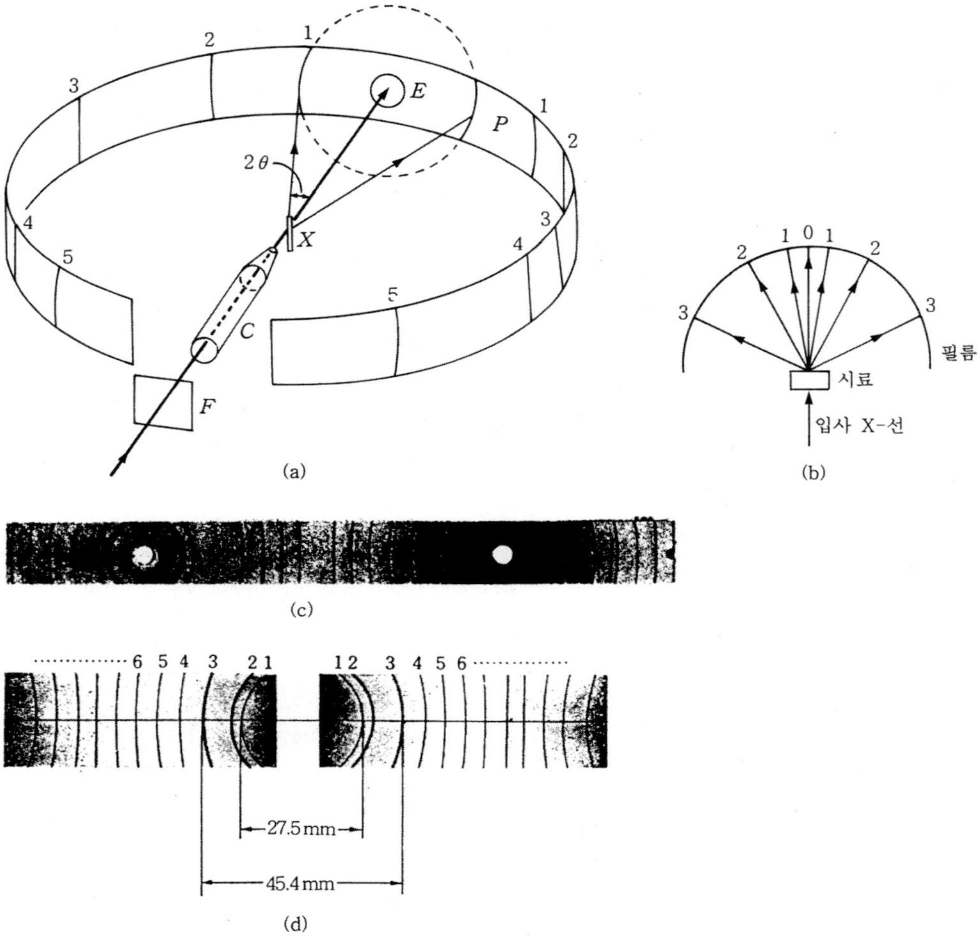

그림 10-18 ▸ (a) XRD 분말측정용 원통형 Debye-Scherrer 사진기와 필름장치, (b) XRD 각도에 따른 스펙트럼 분산, (c) NaCl 결정의 XRD 사진, (d) NaCl 결정무늬의 해석

표 10-3 ▸ NaCl 결정의 d값

	2x(m.m)	2θ(=2x)	$n\lambda=2d\sin\theta$에서 구한 d(Å)
1	27.5	27.5	3.24
2	31.7	31.7	2.82
3	45.4	45.4	2.00
4	56.5	56.5	1.63
5	⋮	⋮	⋮
6	⋮	⋮	⋮

10.7 실험

10.7.1 X-선 흡수법

1. Mg, Al, Fe, Ni, Cu, Sn, Pb로 만든 여러 가지 순도의 $1in^2$(면적)×1/8in 두께로 만든 각 디스크를 한 장씩 X-선 빛살에 노출하여 X-선 흡수량을 측정한다. 일정한 두께의 디스크를 이용하는 것이 중요하다. 이러한 디스크는 X-선 기기 판매회사에서 구입한다.
2. 열지 않는 식품이 들어 있는 캔(can)을 열고, 일부를 오려낸 다음 주석의 X-선 흡수를 측정하라. 그 다음 캔 즙에 녹아 있는 주석농도를 분석하라.
3. 오지그릇에 증류수를 넣고 30분 끓인 물에 들어 있는 납성분을 분석하라. 그 다음 김치국물 중 납을 분석하라.

10.7.2 X-선 형광법

1. 실험 10.7.1에서 이용한 금속디스크의 형광스펙트럼을 기록하라. 텅스텐 광원을 이용하라. K_α와 L_α를 확인하라. 이들의 파장스펙트럼과 금속의 원자번호 관계를 관찰하라.
2. 미지성분 금속 디스크에서 나오는 형광스펙트럼을 기록하라. K_α선 파장을 측정하고 주요성분을 확인하라. 시료는 놋쇠, 청동, 스테인레스 강, 알루미늄, 동전을 사용할 수 있다.
3. 은 분말과 구리 분말을 여러 가지 비율로 섞어라. 각 혼합물의 X-선 형광스펙트럼을 기록하라. AgK_α와 CuK_α의 비율과 Ag/Cu 농도 비율은 어떤 관계에 있는가?
4. 황의 형광스펙트럼을 기록하라. SK_α선 위치를 확인하라. 여러 가지 진동기 오

일의 형상스펙트럼을 기록하라. SK_{α}선의 세기를 이용하여 오일 중 황함량을 비교하라. 오일은 폴리에틸렌 주머니에 넣고 분석하라.

10.7.3 X-선 회절법

1. 텅스텐 또는 구리광원을 이용하라. 시료 지지대에 NaCl 분말을 설치하라. NaCl의 회절무늬를 측정하라. KCl 분말을 이용하여 회절무늬를 측정하라. 이들의 두 가지 스펙트럼 차이를 확인하라.
2. KCl과 NaCl 분말을 이용하여 서로 다른 농도의 혼합물을 만들고 각 혼합물의 스펙트럼을 기록하라. NaCl과 KCl의 각 스펙트럼을 확인하라. NaK_{α}와 KK_{α} 세기를 측정하라. 분말시료 중 Na 농도와 Na과 같은 시험을 실시하여라.

연습문제

[10.1] X－선 관에서 50kV로 전자를 가속할 때 짧은 파장끝의 파장을 계산하라.

[10.2] 어떤 원소의 K 흡수끝은 0.918Å에서 나타난다. K전자를 X－선으로 방출할 때 필요한 전압을 계산하라.

[10.3] 그림 10－17의 Quartz와 Muscovite 스펙트럼으로부터 가장 센 선을 4개씩 선택한 다음 2θ를 측정하고 d값을 계산하라. CuK_α는 1.542Å이다.

[10.4] XRD, XRF, XRA의 차이점과 공통점을 설명하라.

[10.5] X－선 발생과 2차 X－선 발생원리를 설명하라.

[10.6] K_α X－선은 어디서 나오는가?

[10.7] Möseley 법칙은 무엇인가? 이 법칙은 화학에서 왜 중요한가?

[10.8] X－선 형광으로 어떤 원소를 검출할 수 있는가? 공기 중에서 X－선 형광으로 검출할 수 없는 원소는 무엇인가?

[10.9] 텅스텐 과녁에서 나온 X－선은 구리원자의 들뜨기에 이용할 수 있는가? 구리과녁에서 나온 X－선은 텅스텐원자의 들뜨기에 이용할 수 있는가? 설명하라.

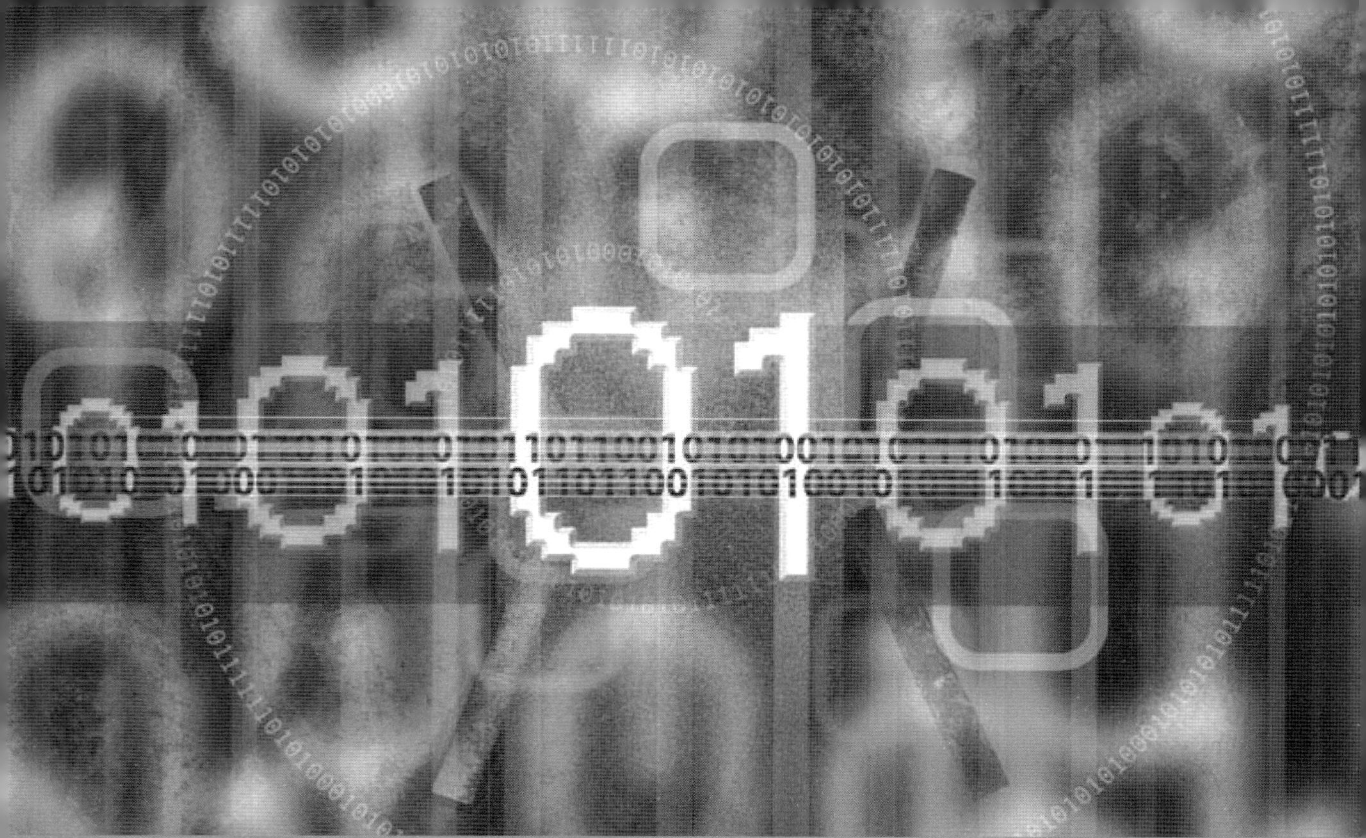

제11장 전기분석화학의 서론

전기분석화학 분석법은 전기화학전지를 구성하는 용액성분을 전기화학적으로 분석하는 방법이다. 전기분석방법은 세 종류로 분류한다. 첫째는 전압, 전류, 저항(혹은 전도도), 전기량(또는 커패시턴스) 등의 전기적 파라미터와 시료농도의 관계를 측정하는 방법이다. 둘째는 앞의 전기적 파라미터의 변화를 적정 당량점으로 이용하는 방법이다. 셋째는 시료용액에 전류를 통하여 전극에 석출한 무게를 측정하는 방법이다.

11.1 용액 중 이온의 거동

11.1.1 분석농도와 이온활동도

화학적으로 수용액 중 농도를 분석할 때 어떤 부피에 녹은 용질의 양을 용질의 몰농도 혹은 포르말농도로 표시하는 것이 편리하다. 화학평형을 취급할 때는 반응에 얼마만큼 효과적으로 참여하는가에 관심이 있다. 즉, 물질이 얼마나 많이 존재하는가는 문제되지 않고 물질의 거동이 중요하다. 예를 들어 0.1M 염산 중 수소이온과 염소이온은 서로 이온화한 다음 인력과 반발작용이 있고, 물용매분자와 이온－쌍극자 상호작용이 있다. 이러한 상호작용 때문에 0.1M 염산은 0.1M보다 작은 효과를 나타낸다. 식초산을 예로 들면 식용 식초는 5%(0.8M) 용액이지만 수소이온농도는 0.1M 이하로 해리된다. 그렇기 때문에 먹을 수 있다. 이와 같이 실제로 이온상태로 존재하면서 반응에 참여하는 농도를 활동도(activity, a)라 하고 적정법이나 무게분석법으로 정량한 농도를 몰농도, 분석농도(analytical concentration) 혹은 포르말농도(formal concentration)라고 한다. i 화학종의 분석농도와 활동도의 관계는 다음과 같다.

$$a_i = f_i c_i \qquad (11-1)$$

염산의 열역학적 화학평형에서 수소 및 염소이온의 활동도와 농도 관계는 다음과 같다.

$$a_{H^+} = f_{H^+}[H^+] \text{ 혹은 } H^+ = f_{H^+}[H^+] \qquad (11-2)$$

$$a_{Cl^-} = f_{Cl^-}[Cl^-] \text{ 혹은 } Cl^- = f_{Cl^-}[Cl^-] \qquad (11-3)$$

농도와 활동도는 항상 똑같은 단위(일반적으로 mol/L 단위)이고, 활동도계수는 단위 없는 값을 갖는다. 염산용액을 예로 들면 활동도와 분석농도의 차이를 나타내면 표 11－1과 같다. 표의 자료를 그래프로 그려보면 더 잘 이해할 수 있다. 활동도와 농도의 관계는 다음과 같이 요약할 수 있다. 첫째, 활동도와 농도값이 같은 경우 활동도 계수 f_i는 1이고, 그 물질은 이상적 상태에 있다. 화학물리적 상호작용이 없고, 이온 화학종 농도값이 0에 접근할 때 상호작용도 없으므로 f_i도 무한 묽힘용액 중에서 1이어야 한다. 둘째, 화학종의 활동도 a_i값이 농도 c_i보다 작을 때 활동도계수 f_i는 1보다 작고, 이상상태로부터 음의 편차를 나타낸다. 셋째, 활동도값이 농도보다 크면 활동도계수 f_i는 1보다 크고, 이상상태로부터 양의 편차를 나타낸다. 염산의 분석농도와 활동도계수를 점시한 결과는 그림 11－1과 같다. 그림 11－1로부터 양과 음의 편차를 확실하게 알 수 있다. 그림 11－1에서 f_i 대신에 $f_\pm$를 사용한 이유는 용액 중에 반드시 음이온과 양이온이 공존하기 때문이다. $f_\pm$는 평균활동도계수(mean activity coefficient)라고 하며 염산의 경우는 다음과 같다.

표 11－1 ▸ 염산의 분석농도와 활동도

농도 M	활동도 M
0.00500	0.00464
0.0100	0.00907
0.0500	0.0416
0.100	0.0796
1.00	0.809
2.00	2.02
3.00	3.95
5.00	11.9
6.00	19.3
7.00	30.6
8.00	47.2
9.00	71.5
12.0	207

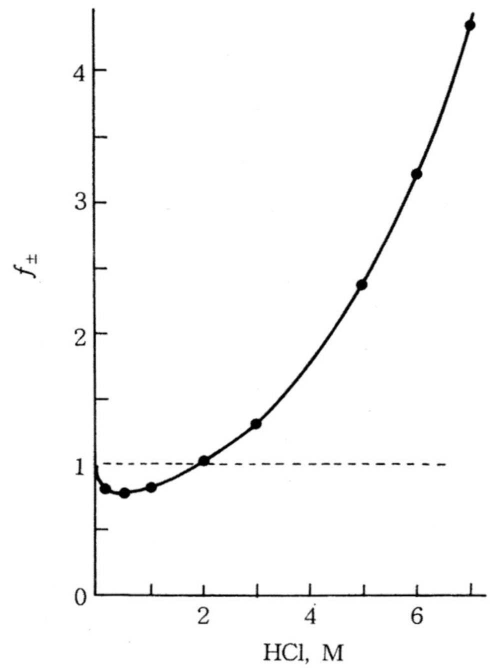

그림 11－1 ▸ 염산의 분석농도와 활동도계수

$$f_\pm = \frac{a_{\mathrm{HCl}}}{c_{\mathrm{HCl}}} = \frac{a_{\mathrm{H}^+}}{[\mathrm{H}^+]} = \frac{a_{\mathrm{Cl}^-}}{[\mathrm{Cl}^-]} \qquad (11-4)$$

그림 11－1에서 염산농도값이 $2M$일 때 활동도계수값은 양의 편차를 나타내면서 급하게 증가한다. 그 이유는 다음과 같다. 첫째 수소이온과 염소이온 간의 상호인력 때문에 분석농도보다 작은 활동도를 나타내고 활동도계수도 1보다 작기 때문이다. 둘째, 수소이온과 염소이온의 물용매화(solvation)에 의한 자유상태의 물분자수 혹은 비결합 물분자수의 감소 때문에 활동도는 농도보다 더 크고 활동도계수는 1보다 더 크다. 표 11－1에서 $12M$ 염산의 활동도는 $207M$이다. 이것에 비하여 이온크기값이 다른 $20M$ 브로민화리튬은 약 $10{,}000M$이고 $12M$ 과염소산은 약 $6{,}000M$이다. 표 11－1에서 활동도계수값이 1 이하로부터 다시 1 이상으로 농도증가함에 따라 갑자기 증가하는 이유는 용질의 성질, 이온의 전하, 이온크기 등의 영향을 받기 때문이다.

이온활동도값은, 첫째 실험적 방법과, 둘째 이론적 계산방법으로 구한다. 실험적 방법은 갈바니 전지 중 이온활동도값이 1일 때 표준상태에서 전지의 기전력(emf)을 측정하고, 다음에 용질농도를 변화시키면서 emf를 측정한다. 두 값의 차이를 Nernst 식에 넣고 log 활동도값을 계산한다. 둘째의 이론적 활동도 계산은 다음에 설명하는 Debye-Hückel limiting law(DHLL)과 extended Debye-Hückel equation(EDHE)에 따라 계산한다.

11.1.2 DHLL

전해질용액을 가장 잘 설명한 이론은 1923년에 발표한 DHLL이다. 전하를 띤 용질 간의 상호작용은 다음과 같은 쿨롱법칙의 정전기적 인력에 따른다.

$$F = \frac{q_1 q_2}{Dr^2} \tag{11-5}$$

여기에서 F는 dyne 단위의 인력 혹은 반발력이고, q_1과 q_2는 전하, D는 용매의 유전상수, r은 이온 간의 거리(cm)이다. Debye-Hückel 이론의 모델은 다음과 같이 가정한다. 첫째, r값을 취급할 때 van der waals 인력, 이온쌍 생성, 이온－쌍극자 상호작용 같은 짧은 거리 상호작용힘은 무시하고 정전기적 힘 같은 먼거리 상호작용만 적용한다고 가정한다. 둘째, 이온들은 Boltzmann 분포법칙(녹아 있는 이온의 열운동은 이온 상호 간 인력 때문에 반대전하 화학종의 배향을 파괴한다)에 따른다. 즉, 이온들은 먼거리 인력이 작용하지만 마구잡이로 배향한다고 가정한다. 셋째, 이온들은 편극하지 않고 변형하지 않은 구형의 점전하(piont cahrge)라고 가정한다. 넷째, 이온 활동도는 용액의 유전상수와 점도가 균일하고, 용질의 농도와 무관하다고 가정한다. 그리고 계간할 때는 순수한 물의 유전상수와 점도를 사용한다. 다섯째, 모든 전해질은 완전히 해리한다고 가정한다.

한 가지 이온(i)에 대한 DHLL은 다음과 같다.

$$-\log f_i = A z_i^2 \sqrt{\mu} \tag{11-6}$$

z_i는 i 이온의 전하이고 μ는 이온세기(ionic strength)이다. 여기에서 A는 다음과 같다.

$$A = \frac{1}{2.303}\frac{e^2}{2DkT}\sqrt{\frac{8\pi e^2 N}{1000DkT}} \qquad (11-7)$$

A는 상수이다. 여기에서 N은 Abogadro number, k는 Boltzmann 상수, e는 전자전하, D는 용매의 유전상수, T는 절대온도이다. 식 (11－7)을 간단하게 표시하면 식 (11－8)과 같다. 즉, A는 $(D\times T)^{3/2}$에 비례한다.

$$A \propto \frac{1}{(DT)^{3/2}} \qquad (11-8)$$

식 (11－6)의 이온세기 μ는 다음과 같이 정의한다.

$$\mu = \frac{1}{2}\sum_i C_i z_i^2 \qquad (11-9)$$

순수한 물은 25℃에서 유전상수값이 78.5이므로 A값은 대략 0.512이다. 그러므로 25℃에서 DHLL에 의한 활동도계수는 다음과 같다.

$$-\log f_i = 0.512 z_i^2\sqrt{\mu} \qquad (11-10)$$

양이온 M과 음이온 N의 $f_{\pm}$는 다음과 같다.

$$(f_{\pm})^{zM+zN} = (f_M)^{zN}(f_N)^{zM} \qquad (11-11)$$

양쪽에 음대수를 취하면 다음과 같다.

$$-(z_M + z_N)\log f_{\pm} = -z_N \log f_M - z_M \log f_N \qquad (11-12)$$

DHLL를 오른쪽의 각 항에 대입하면 다음과 같다.

$$-(z_M + z_N)\log f_{\pm} = \qquad (11-13)$$

$$0.512 z_N z_M^2 \sqrt{\mu} + 0.512 z_M z_N^2 \sqrt{\mu}$$

다시 정리하면 다음과 같다. 다음 식에서 $f_{\pm}$는 음이온과 양이온이 평균활동도계수이다.

$$-\log f_{\pm} = 0.512\sqrt{\mu}\left(\frac{z_N z_M^2 + z_M z_N^2}{z_M + z_N}\right)$$

$$= 0.512 z_M z_N \sqrt{\mu} \qquad (11-14)$$

DHLL를 이용하여 0.10M HCl 평균활동계수를 계산해 보면 다음과 같다. 우선 이온세기는 식 (11－9)에 따라 다음과 같이 계산한다.

$$\mu = \frac{1}{2}\sum_i C_i z_i^2 = \frac{1}{2}(C_{H^+} z_{H^+}^2 + C_{Cl^-} z_{Cl^-}^2)$$

$$= \frac{1}{2}[(0.10)(1)^2 + (0.10)(-1)^2] = 0.10$$

수소이온과 염소이온은 1가이므로 평균활동도계수값은 다음과 같다.

$$-\log f_{\pm} = 0.512 z_m z_n \sqrt{\mu} = 0.512(1)(1)\sqrt{0.10}$$

$$= 0.512(1)(1)(0.316) = 0.162$$

$$\log f_{\pm} = -0.162 = 0.838 - 1.000$$

$$f_{\pm} = 0.689$$

실험적으로 구한 값은 0.796이다. 두 번째 예로서 0.10M $AlCl_3$용액을 계산해 보면 다음과 같다.

$$\mu = \frac{1}{2}[C_{Al^{3+}} z_{Al^{3+}}^2 + C_{Cl^-} z_{Cl^-}^2]$$

$$= \frac{1}{2}[(0.10)(3)^2 + (0.30)(-1)^2] = 0.60$$

$$\log f_{\pm} = 0.512(3)(1)\sqrt{0.60} = 1.189$$

$$\log f_{\pm} = -1.189 = 0.0811 - 2.000$$
$$f_{\pm} = 0.0647$$

실험적으로 구한 값은 0.337이고 이론값의 5배보다 더 큰 값이다.

그림 11－2에서 염산용액의 실험값과 이론값을 이온세기에 대하여 점시하였다. $\mu = 0$일 때 실험값과 DHLL 값은 $f_{\pm} = 1$이고, μ값의 증가에 따라 실험값과 이론값은 큰 차이를 나타낸다. 활동도계수값은 1가 염의 경우에 $\mu = 0.05$까지 불확정성이 약 5%를 초과하지 않는다. 즉, 1가염의 묽은 용액일 때 활동도계수는 주로 이온전하와 이온세기에만 의존한다. 2가염 용액은 $\mu = 0.01$까지 몇 %의 신뢰도만 갖는다. Al^{3+}처럼 3가염 용액의 경우에 $\mu = 0.005$ 이상에서 DHLL은 성립하지 않는다. 이와 같이 DHLL이 성립되지 않는 이유는 첫째 먼거리 정전기적 힘에 의해서만 영향받고,

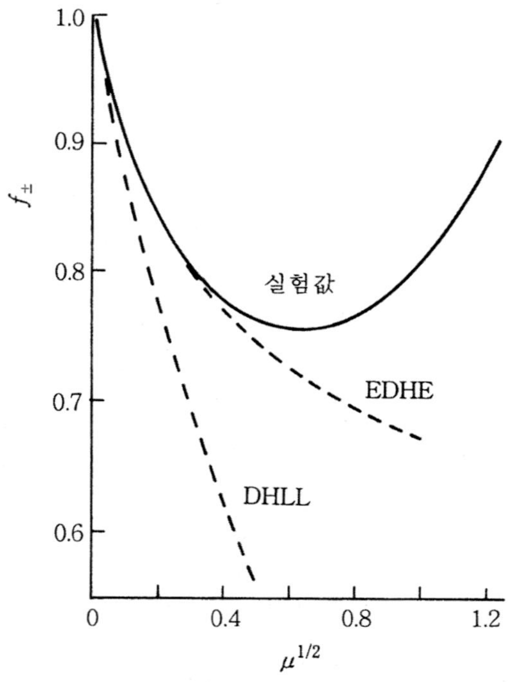

그림 11－2 ▸ DHLL, DEHE, 그리고 실험적 방법으로 구한 평균활동도계수값의 비교 (이온크기＝6 Å)

둘째 이온은 마구잡이 배향이 아니고, 셋째 수용액의 경우에 순수한 물의 유전상수를 사용한 것이 잘못이고, 넷째 이온은 점전하가 아니고 일정한 크기를 가지며, 다섯째 짧은 거리 상호인력이 작용하는 등등 Debye-Hückel 이론의 가정이 옳지 않기 때문이다.

여기에서 이온과 물분자 간의 상호작용을 고려하면 진한 전해질용액에서 활동도계수값이 왜 1보다 큰 값을 갖는가를 설명 가능하다. 예를 들어 12M 염산은 207M처럼 거동하고 평균활동도계수값은 17 이상이라고 앞에서 지적하였다. 12M 염산용액은 12M 염산과 55.6몰(1000 ÷ 18 = 55.6) 물분자를 포함한다. 수소이온과 염소이온이 각기 2.2몰씩 물분자로 용매화된다면 전체 결합 물분자는 (24)(2.2)=52.8몰이다. 그러므로 55.6 − 52.8=2.8몰(약 50mL)만 자유상태의 물분자로 존재한다. 결합물분자(52.8몰)는 더 이상 용매분자가 아니다. 2.8몰(50mL)에 12M 염산이 녹아 있는 셈이다. 그러므로 12M 염산은 207M이다. 실제로 진한 용액 중 용매는 대부분이 이온화학종과 결합하므로 활동도계수는 큰 값을 갖는다.

11.1.3 EDHE

Debye − Hückel 이론의 가정을 수정하려고 이온크기값을 다음과 같이 보완하였다.

$$-\log f_{\pm} = 0.512 z_M z_N \left[\frac{\sqrt{\mu}}{1 + Ba\sqrt{\mu}} \right] \qquad (11-15)$$

식 (16 − 15)는 괄호내용의 분모를 제외하면 DHLL과 같다. 여기에 B는 절대온도와 용액의 유전상수에 대한 함수이다.

$$B = \frac{50.3}{\sqrt{DT}} \qquad (11-16)$$

298K와 유전상수(78.5)를 대입하면 $B = 0.328$이다. a항은 용매화이온(수화이온)의 유효지름이다. 무기이온의 지름은 대략 3~11Å이다. 이온지름은 표 16 − 2를 참고하라. 한 가지 i이온에 대한 활동도계수는 다음과 같다.

표 11-2 ▸ EDHE에 바탕을 둔 이온 활동도 계수

	이온크기			이온세기		
	a, Å	0.001	0.005	0.01	0.05	0.10
H^+	9	0.967	0.933	0.914	0.86	0.83
Li^+	6	0.965	0.930	0.909	0.845	0.81
Na^+, IO_3^-, HGO_3^-	4	0.964	0.927	0.901	0.815	0.77
HSO_3^-, $H2PO_4^-$, $H_2AsO_4^-$						
K^+, Rb^+, Cs^+, Ti^+	3	0.964	0.925	0.899	0.805	0.755
Ag^+, NH_4^+, OH^-, F^-, SGN^-, HS^-, ClO_4^-						
ClO_4^-, BrO_3^-, IO_4^-, MnO_4^-, Cl^-, Br^-, I^-,						
CN^-, NO_3^-						
Mg^{2+}, Be^{2+}	8	0.872	0.755	0.69	0.52	0.45
Ca^{2+}, Cu^{2+}, Zn^{2+}, Sn^{2+}	6	0.870	0.749	0.675	0.485	0.405
Mn^{2+}, Fe^{2+}, Ni^{2+}, Co^{2+}						
Sr^{2+}, Ba^{2+}, Ra^{2+}, Cd^{2+}	5	0.868	0.744	0.67	0.465	0.38
Pb^{2+}, Hg^{2+}, S^{2-}, CO_3^{2-}, SO_3^{2-}						
Hg^{2+}, SO_4^{2-}, SO_2^{2-}, CrO_4^{2-}, HPO_4^{2-}	4	0.867	0.740	0.445	0.445	0.355
Al^{3+}, Fe^{3+}, Cr^{3+}, Ce^{3+}, La^{3+}	9	0.738	0.54	0.445	0.245	0.18
PO_4^{3-}, $Fe(CN)_6^{3-}$	4	0.725	0.505	0.395	0.16	0.095
Th^{4+}, Zr^{4+}, Ce^{4+}, Sn^{4+}	11	0.588	0.35	0.255	0.10	0.065
$Fe(CN)_6^{4-}$	5	0.57	0.31	0.20	0.048	0.021
J. Kielland, *J. Am. Chem. Soc.*, 59, 1675(1937)						

$$-\log f_i = 0.512 z_i^2 \left[\frac{\sqrt{\mu}}{1 + Ba\sqrt{\mu}} \right] \tag{11-17}$$

실제로 0.10M HCl에 대하여 평균이온 지름 6Å 값을 대입하여 계산하면 다음과 같다.

$$-\log f_{\pm} = 0.512(1)(1)\left(\frac{\sqrt{0.1}}{1 + (0.328)(6)\sqrt{0.10}}\right)$$

$$= 0.512\left(\frac{0.316}{1 + 0.623}\right) = 0.0998$$

$$\log f_{\pm} = -0.0998 = 0.900 - 1.000$$

$$f_{\pm} = 0.794$$

이 값은 실험값 0.796과 잘 일치하는 값이다. 그리고 그림 11－2에서 실험값과 일치하는 경향도 확인할 수 있다.

11.2 전기화학전지

전기화학전지(electrochemical cell)는 두 가지의 종류로 구분한다. 첫째, 갈바니전지 혹은 볼타전지(galvanic cell 혹은 voltaic cell)는 외부에서 에너지 공급없이 자발적으로 산화－환원 반응이 일어나 전위를 발생하고, 회로를 통해 전자들이 흐르는 전지(전기에너지 생성전지)이다. 둘째, 전기분해전지(electrolysis cell)는 외부에서 에너지를 공급해야 산화－환원 반응이 일어나는 전지(전기에너지 소비전지)이다.

전기화학전지는 2개 전극을 전선으로 연결하여 용액에 담겨 있고, 용액 중에서는 양쪽 전극을 향하여 반대 전하를 띤 이온이 이동한다. 예를 들면 그림 11－3과 같다. 그림 11－3은 황산아연용액에 아연박대[산화양극 혹은 산화전극 혹은 양극(anode)이라 부른다]가 담겨 있고, 황산구리 용액에 구리막대[환원음극 혹은 환원전극 혹은 음극(cathode)이라 부른다]가 담겨 있다. 그림 11－3의 갈바니전지에서 첫째 전자는 아연전극(산화양극)에서 구리전극(환원음극)으로 전선을 통해 흐른다. 둘째, 용액 중에서 양이온은 환원음극으로, 그리고 음이온은 신화양극으로 이동한다. 셋째, 산화양극과 환원음극의 표면에서 산화－환원 반응이 일어남에 따라 이온전도(ionic conduction)와 전자전도(electronic conduction)는 함께 일어난다.

왼쪽 전지(산화전극) $Zn(s) \rightleftharpoons Zn^{2+} + 2e$(산화양극반응)

오른쪽 전지(환원전극) $Cu^{2+} + 2e \rightleftharpoons Cu(s)$(환원음극반응)

위의 반응에서 왼쪽 전지와 오른쪽 전지를 반쪽전지(half-cell)라 한다. 2개 반쪽전지를 합치면 다음과 같은 반응이 일어난다.

$$Zn(s) + Cu^{2+} \rightleftharpoons Zn^{2+} + Cu(s)$$

그림 11－4(b)는 2개 반쪽전지 성분이 서로 섞이지 않게 유리필터막으로 구분하였다. 막이 없으면 구리는 아연전극에 직접 석출되므로 전지효율이 감소한다. 조성이 다른 두 종류 전해질 간의 경계면에 작은 접촉전위(junction potential)를 발생한다. 때로는 그림 11－4처럼 한 종류의 공통 전해질용액을 이용하여 유용한 전지를 구성한다. AgCl이 포화된 0.1M HCl 용액에 수소전극(산화양극)과 은전극(환원음극)을 담궈 액간접촉 없는 갈바니전지를 만든다. 이때의 전지구성과 반응은 그림 11－4와 같다.

11.2.1 염다리

그림 11－3에서 2개 반전지 사이에 U자관의 염다리(salt bridge) 혹은 다공성 반투막이 막혀 있다. 이것은 첫째 두 용액의 빠른 혼합을 방지한다. 둘째, 양쪽의 각 반전지 용액 중 양이온이 환원음극으로, 그리고 음이온이 산화양극으로 끌려가 지나치게 양전하화하거나 음전하화되는 것을 방지한다. 염다리에서 나온 음이온은 지나치게 양전하를 띤 반쪽전지에, 그리고 양전하는 지나치게 음전하를 띤 반쪽전지로 이동하여 전기중성을 유지하는 역할을 담당한다. 반투막을 사용할 때도 막을 통하여 음이온

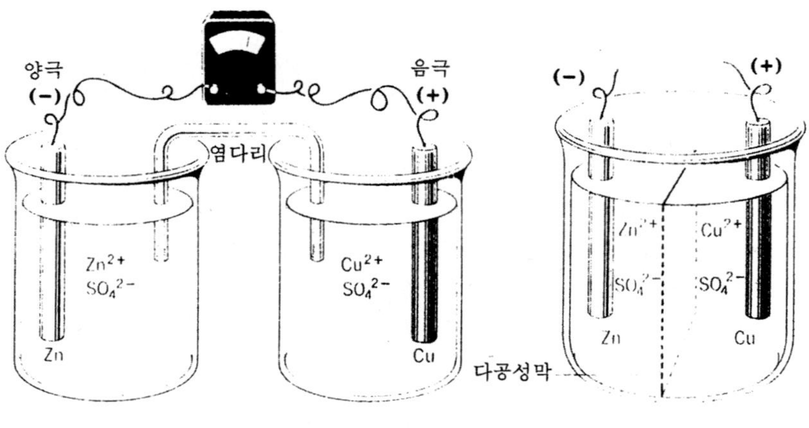

그림 11－3 ▸ 갈바니 전지. $Zn(s) + Cu^{2+}(aq) \rightarrow Zn^{2+}(aq) + Cu(s)$

과 양이온이 이동하여 전기중성을 유지한다. 염다리는 포화 KCl 용액 혹은 포화 KNO_3 용액에 한천 혹은 젤라틴을 4~5% 되게 녹인 다음 가열한 용액을 U자 유리관에 부어서 만든다.

11.2.2 전지전위

갈바니전지에서 생긴 전류는 외부회로를 통해 환원음극으로부터 산화양극 쪽으로 강제로 전자를 밀어 흐르게 만든다. 이때 전자들이 도선을 토해 이동하는 힘을 기전력(electromotive force, emf)이라 하고 볼트(V)단위로 나타낸다.

$$1\text{V} = 1\ \text{J/C}$$

갈바니전지에서 생기 기전력을 전지전위(cell potectial)라 한다. 이 값은 전지의 이온농도, 온도, 반응물의 분압에 따라 결정된다. 이온농도는 1M이고 반응물 기체의 분압이 1atm, 온도 25℃일 때의 기전력을 표준전지전위(standard cell potential)라 하고 E^0로 표시한다. 전지를 완전하게 나타내려면, 첫째 전극재료의 성질, 둘째 전극이 담겨 있는 용액의 성질과 농도, 셋째 반전지 중 어느 것이 산화양극이고 환원음극인

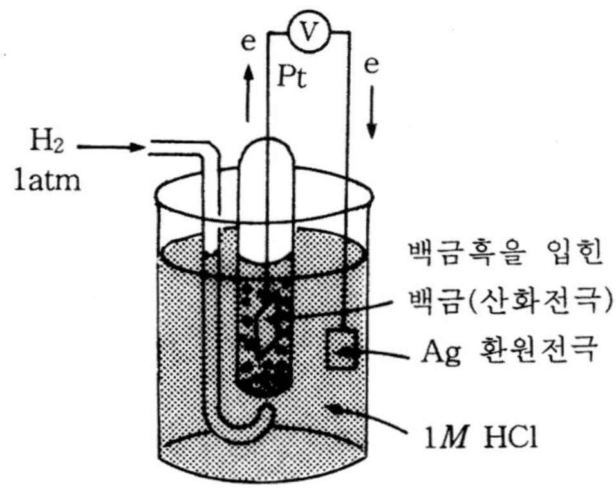

그림 11-4 ▸ 액간접촉 없는 갈바니전지. 산화전극 : $H_2(g) = H_2(aq)$, $1/2H_2(aq) = H^+(aq) + e$
환원전극 : $AgCl(s) = Ag^+ + Cl^-(aq)$, $Ag^+(aq) + e = Ag(s)$

가를 알아야 하고, 넷째 반전지의 반응물과 생성물을 알아야 한다. 전기화학자들이 전지를 표시하는 표준표기방법은 다음과 같다. 전지를 표시할 때 먼저 산화양극 반전지를 표시하고 다음에 2개 수직막대를 그린 다음 환원음극 반전지를 표시한다. 2개 수직막대는 2개 반전지를 연결하는 염다리이다. 각각의 반전지는 반응물을 먼저, 그리고 생성물을 다음에 표시한다. 1개 막대는 상의 경계를 나타낸다. 예를 들어 고체 전극이 용액에 담겨 있을 때 고체전극과 용액 사이에 1개 수직막대를 긋는다. 화합물의 농도는 괄호 속에 넣는다. 예를 들면 그림 11−3의 화학전지에서 아연은 산화양극이고 구리는 환원음극이다. 아연과 구리의 용액농도값이 각기 1.00M일 때 산화양극과 환원음극의 반전지 표시는 다음과 같다.

$$\text{산화양극 } Zn(s)\ |\ Zn^{2+}(1.00\,M)$$
$$\text{환원양극 } Cu^{2+}(1.00\,M)\ |\ Cu(s)$$

위의 반전지 2개를 합친 갈바니전지 표시는 다음과 같다.

$$Zn(s)\ |\ Zn^{2+}(1.00\,M)\ \|\ Cu^{2+}(1.00\,M)\ |\ Cu(s)$$

혹은

$$Zn\ |\ ZnSO_4(1.00\,M)\ \|\ Cu^{2+}(1.00\,M)\ \|\ Cu(s)$$

그리고 그림 11−4의 전지표시는 다음과 같다(염다리 없는 공통 전해질 전지).

$$Pt\ |\ H_2(p = 1\,atm),\ HCl(1\,M),\ Ag(1.8\times10^{-8}\,M)\ |\ Ag$$

위 식에서 AgCl의 K_{SP}는 1.8×10^{-8}이다.

11.2.3 환원전위

그림 11−3의 반전지 반응은 다음과 같다.

$$Zn^{2+}(aq)+2e \rightarrow Zn(s)$$
$$Cu^{2+}(aq)+2e \rightarrow Cu(s)$$

위의 각 반응은 이온이 전자를 받아 오른쪽으로 진행하고, 환원반응하려는 경향이 있다. 이와 같은 반응진행의 정도는 환원전위(reduction potential)에 따라 결정된다. 한 용액 중에 있는 Cu^{2+}와 Zn^{2+}이온 간에 전자를 끌어당기는 경쟁반응이 일어난다. 이때 전자에 대한 인력이 큰 이온은 환원반응이 일어나 환원되고, 인력이 작은 이온은 전자를 제공하여 산화된다. Zn/Cu 전지에서 구리는 전자의 인력이 아연보다 크므로 Cu 금속으로 환원된다. 2개 짝진 반전지에서 생기는 표준환원전위 E^0_{cell}은 다음과 같다.

$$\begin{aligned} E^0_{\text{cell}} &= E^0_{\text{환원음극물질}} - E^0_{\text{산화양극물질}} \\ &= E^0_{Cu^{2+}/Cu} - E^0_{Zn^{2+}/Zn} \end{aligned} \tag{11-18}$$

그러면 반전지의 환원전위는 어떻게 구하는가? 어떤 반반응전지전위의 표준환원전위를 0볼트라 정하고, 이 값과 비교하면 상대적 E^0값을 구할 수 있다. 반반응 전위값이 0V되는 표준 수소전극(standard hydrogen electrode, SHE)이 있다. 그 구조는 그림 11－4의 산화전극 구조와 같고 전지전위는 그림 11－4의 ⓥ 계측기에 나타난다. SHE는 유리관에 백금선이 봉입되어 있고 백금선 끝에 백금포일(Pt foil)이 붙어 있다. 백금포일의 표면은 표면적을 증가하려고 H_2PtCl_6 용액에서 백금을 석출시킨 흑색의 백금 분말로 도포되어 있다. 백금전극은 1atm의 수소기체를 통하면서 $a_{H^+}=1$의 수소이온 용액에 담겨 있을 때 SHE의 환원전위 ($E^0_{H^+/H_2}$)는 정확하게 0.000V이다. SHE를 실제로 사용할 때 첫째 수소기체의 압력을 정확하게 1atm 유지하기 어렵고, 둘째 백금전극이 담겨 있는 용액의 수소이온 활동도를 $a_{H^+}=1.00$되게 조절하기 어렵고, 셋째 SHE를 사용하는 도중에 백금전극의 표면에 화합물이 흡착되어 오염되기 쉽고 오염물질은 제거하기 어렵다. 이러한 이유 때문에 실제의 전지전위 측정은 전극전위값이 정확하게 알려져 있고, 그 값이 잘 변하지 않는 칼로멜(Hg_2Cl_2)전극이나 은－염화은전극을 기준전극으로 사용한다. 기준전극은 12장에서 설명하겠다. SHE와 그림 11－4처럼 짝지어 측정한 전위는 표 11－3과 같다. 이 전위표는 환원반응

표 11-3 ▸ 표준환원전위(25℃)

$E°$(volt)	반반응
2.85	$F_2+2e^- \rightleftharpoons 2F-$
2.00	$S_2O_8^{2-}+2e^- \rightleftharpoons 2SO_4^{2-}$
1.78	$H_2O_2+2H^++2e^- \rightleftharpoons 2H_2O$
1.69	$PbO_2+SO_4^{2-}+4H^++2e^- \rightleftharpoons PbSO_4+2H_2O$
1.49	$8H^++MnO_4^-+5e^- \rightleftharpoons Mn^{2+}+4H_2O$
1.47	$2ClO_3^-+12H^++10e^- \rightleftharpoons Cl_2+6H_2O$
1.36	$Cl_2(g)+2e^- \rightleftharpoons 2Cl^-$
1.33	$Cr_2O_7^{2-}+14H^++6e^- \rightleftharpoons 2Cr^{3+}+7H_2O$
1.28	$MnO_2+4H^++2e^- \rightleftharpoons Mn^{2+}+2H_2O$
1.23	$O_2+4H^++4e^- \rightleftharpoons 2H_2O$
1.09	$Br_2(aq)+2e^- \rightleftharpoons 2Br^-$
0.80	$Ag^++e^- \rightleftharpoons Ag$
0.77	$Fe^{3+}+e^- \rightleftharpoons Fe^{2+}$
0.54	$I_2(aq)+2e^- \rightleftharpoons 2I^-$
0.52	$Cu^++e^- \rightleftharpoons Cu$
0.34	$Cu^{2+}+2e^- \rightleftharpoons Cu$
0.27	$Hg_2Cl_2+2e^- \rightleftharpoons 2Hg+2Cl^{1-}$
0.22	$AgCl+2e^- \rightleftharpoons Ag+Cl^-$
0.00	$2H+2e^- \rightleftharpoons H_2$
-0.04	$Fe^{3+}+3e^- \rightleftharpoons Fe$
-0.13	$Pb^{2+}+2e^- \rightleftharpoons Pb$
-0.14	$Sn^{2+}+2e^- \rightleftharpoons Sn$
-0.25	$Ni^{2+}+2e^- \rightleftharpoons Ni$
-0.36	$PbSO_4+2e^- \rightleftharpoons Pb+SO_4^{2-}$
-0.44	$Fe^{2+}+2e^- \rightleftharpoons Fe$
-0.74	$Cr^{3+}+3e^- \rightleftharpoons Cr$
-0.76	$Zn^{2+}+2e^- \rightleftharpoons Zn$
-0.83	$2H_2O+2e^- \rightleftharpoons H_2++2OH^-$
-1.03	$Mn^{2+}+2e^- \rightleftharpoons Mn$
-1.67	$Al^{3+}+3e^- \rightleftharpoons Al$
-2.38	$Mg^{2+}+2e^- \rightleftharpoons Mg$
-2.71	$Na^++e^- \rightleftharpoons Na$
-2.76	$Ca^{2+}+2e^- \rightleftharpoons Ca$
-2.90	$Ba^{2+}+2e^- \rightleftharpoons Ba$
-2.92	$K^++e^- \rightleftharpoons K$
-3.02	$Li^++e^- \rightleftharpoons Li$

식으로 나타냈으므로 표준환원전위표라고 한다.

표 11－3이 전기화학에 어떻게 이용되는가를 알아둘 필요가 있다. 첫째, 이중화살표(평형반응)의 왼쪽 화학종은 위로 갈수록 더 좋은 산화제이다. 예를 들면 F_2는 Cl_2보다 더 좋은 산화제이다. 그리고 이중화살표의 오른쪽은 환원제로 작용하고 표의 아래로 갈수록 센 환원제이고 위로 갈수록 약한 환원제이다. 둘째, 표 11－3을 이용하여 산화－환원반응의 자발성을 알 수 있다. $E^0_{cell} = E^0_{\text{환원음극물질}} - E^0_{\text{산화양극물질}}$ 에서 E^0_{cell} 값이 양의 값이면 환원반응이 자발적으로 일어나고 음의 값이면 환원반응이 비자발적이다. 예를 들면

$$Cr^{3+}(aq) + 3e \rightleftharpoons Cr(s) \quad E^0_{Cr^{3+}Cr} = -0.74\,V$$
$$Zn^{2+}(aq) + 2e \rightleftharpoons Zn(s) \quad E^0_{Zn^{2+}Zn} = -0.76\,V$$

위의 반응에서 －0.784V는 －0.76V보다 양의 값이다. 식 (11－18)로부터

$$\begin{aligned} E^0_{cell} &= E^0_{Cr^{3+}/Cr} - E^0_{Zn^{2+}/Zn} \\ &= (0.74V) - (0.76V) \\ &= 0.02V \end{aligned}$$

그러므로 위의 반응은 양의 값이므로 환원반응은 자발적이다.
또 다른 예를 들면

$$\begin{aligned} E^0_{cell} &= E^0_{Fe^{2+}/Fe} - E^0_{Zn^{2+}/Zn} \\ &= (-0.74V) - (0.76V) \\ &= -0.19V \end{aligned}$$

위의 반응은 음의 값이므로 환원반응은 비자발적이다. 셋째, 어떤 일정한 반반응의 왼쪽 화학종은 그것보다 밑에 있는 반반응의 오른쪽 화학종과 자발적으로 반응한다. 예를 들어 Br_2는 Cl^-과 자발적으로 반응하지 않지만 I^-와 자발적으로 반응한다.

11.2.4 전지 내부의 이온거동

전기는 전기화학전지 내부의 이온이동 때문에 흐른다. 이때 $I = E/R$ 이라는 ohm 법칙이 적용된다(ohm 법칙이 적용되지 않는 편극현상도 생긴다. I는 전류(A), E는 이온이동의 원인이 되는 전위차(V), R은 전류의 흐름에 따른 전해질의 저항(ohm, Ω)이다(저항은 용액 중 이온종류와 농도에 따라 변한다).

용액 중 이온농도는 화원음극 쪽으로 양이온, 그리고 산화양극 쪽으로 음이온이 각기 이동한다. 이온은 빈 공간 없이 차 있는 용매분자 사이를 통하여 이동하므로 이온이 클수록 이동할 때 저항을 많이 받는다. 즉, 작은 이온일수록, 그리고 큰 전하를 가질수록 빠르게 이동한다. 실제로 수소이온은 소듐이온보다 7배, 염소이온보다 5배 더 빠르게 이동한다. 그러므로 예를 들어 염산(H^+Cl^-) 용액에 DC 전기를 통하면 5 : 1의 비율로 환원음극에 5개 수소이온이 모이고(전류의 5/6은 수소에 의해 운반), 산화양극에 1개 염소이온이 모이므로(전류의 1/6은 염소이온에 의해 운반) 편극(polarization)이 생긴다. 실제는 편극을 방지하고 저항을 감소하려고 전극반응에 참여하지 않은 전해질을 가한다. 예를 들어 염다리를 만들 때 포화 KCl이나 포화 KNO_3을 첨가하여 전지 내부의 모든 전기를 운반한다. 그렇지만 전극표면에 흐르는 전류는 전극반응에 참여하는 이온 때문에 흐른다. 예를 들면 위의 설명에서 수소와 염소이온에 의해 전극표면의 전류를 운반한다. 그 밖에도 전기분해할 때 전해질을 넣는 예는 많이 있다. 이때 첨가하는 전해질은 양이온과 음이온의 이동속도들이 비슷한 염(KCl 혹은 KNO_3)을 사용한다.

전기화학전지에 DC 전기를 공급하면 전기량에 비례하여 환원음극에서 환원반응이, 그리고 산화양극에서 산화반응이 일어난다. 이와 같은 전류통과 과정을 파라데이 과정(faradaic process)이라고 한다. 그러나 AC 전기를 걸어주면 비파라데이 과정(non－faradaic process)이 일어난다. 비파라데이 전류는 전극－용액의 경계면에서 전기이중층(electric double layer)을 생성한다. 예를 들면 환원음극의 내부표면은 음전하로 채워져 있고, 음극과 접촉한 20~300 Å 거리까지는 양이온이 조밀하게 이동하여 모인다(양전하 과잉층을 생성한다). 음극에서 20~300 Å 거리 이상 떨어진 용액에는 양전하 부족용액층이 생긴다. 물론 20~300 Å 거리 안에서 음전하는 양전하수보다 훨씬 작다. 이와 같은 현상은 산화양극에서도 생긴다. 전극에서 멀어질수록 전기이중층을 생성하는 이온이 감소하므로 전위도 지수함수적으로 감소한다. 전기이중층은 이와 같은 전하의 불균형 집합상태 때문에 생긴다.

DC 전위를 걸어줄 때도 전기이중층이 생긴다. 그러나 파라데이 과정이 일어나지 않으면 순간적으로만 전류가 흐른 다음 0으로 감소하여 전극이 편극된다. 그러나 AC 경우는 주기마다 전극이 변하므로 양이온과 음이온이 교대로 전극표면에 이끌린다. 이때 이온과 용매 간의 마찰 때문에 열이 발생하고 전기에너지는 열로 소비된다. 이 과정에서 각 전극표면은 커패시터(capacitor)처럼 거동한다. 커패시턴스 전류는 주파수와 전극크기에 따라 변한다.

11.3 전기화학전지의 전위계산

지금까지 전극반응물의 농도는 1.00M의 경우만 취급하였다. 그러나 실제는 그렇지 않으므로 전위를 측정하여 농도를 계산하는 경우들이 많다.

전극전위의 계산은 1889년에 Walter Nernst에 의해 제안된 Nernst 식을 사용한다.

$$E = E^0 - \frac{RT}{nF} ln\, Q$$

$$= E^0 - \frac{2.303RT}{nF} log\, Q \qquad (11-19)$$

여기에서 E는 실험적으로 측정한 전극전위값이다. E^0는 그 계의 표준환원전위값이다. n은 그 계의 반응에 참여한 전기당량수(전자몰수), F는 Farady 상수(96,487 coulomb/eq), R은 기체상수(8.316J mol^{-1}deg^{-1}), T는 절대온도이다. 식 (11－19)에서 25℃(298K)일 때 2.303RT/F는 0.0592V이므로

$$E = E^0 - \frac{0.0592\text{V}}{n} log Q \qquad (11-20)$$

식 (11－20)에서 전지 내부의 모든 화학 농도는 1M이고, 기체의 분압이 1atm이면

질량작용식의 모든 값은 1이고, Q값도 1이다. $\log 1 = 0$이므로 표준조건(25℃, 1M 농도)에서 $E = E^0$이다. 그리고 반응계들이 평형상태에 있으면 더 이상 반응하지 않으므로 $E = 0$이다. 즉, 죽은 축전지는 갈바니전지의 화학반응이 평행에 도달한 것이다. 그러므로 $E = 0$이다. 그림 11－3에서 Zn/Cu전지의 알짜반응(net reaction)은 다음과 같다.

$$Zn(s) + Cu^{2+} \rightleftharpoons Zn^{2+}(aq) + Cu(s)$$

표 11－1로부터 $Cu^{2+} + 2e \rightleftharpoons Cu(E^0 = 0.34)$와 $Zn^{2+} + 2e \rightleftharpoons Zn(E^0 = 0.76)$이므로 식 (11－18)에 대입하면 다음과 같다.

$$\begin{aligned} E^0_{cell} &= E^0_{Cu^{2+}/Cu} - E^0_{Zn^{2+}/Zn} \\ &= 0.34V - (-0.76V) \\ &= 1.10V \end{aligned}$$

이 반응을 Nernst 식으로 나타내면

$$\begin{aligned} E &= E^0 - \frac{0.0592V}{n} \log \frac{[Zn^{2+}]}{[Cu^{2+}]} \\ &= 1.10V - \frac{0.0592V}{2} \log \frac{[Zn^{2+}]}{[Cu^{2+}]} \\ &= 1.10V - 0.0296V \log \frac{[Zn^{2+}]}{[Cu^{2+}]} \end{aligned}$$

예 제 25℃에서 $Zn(s) \mid Zn^{2+}(0.400M) \parallel Cu^{2+}(0.020M) \mid Cu(s)$의 emf를 계산하라.

▸ **풀 이**

$$Zn(s) + Cu^{2+}_{(0.020M)} \rightleftharpoons Zn^{2+}_{(0.400M)} + Cu(s)$$

이 반응을 Nernst 식에 대입하면 다음과 같다.

$$\begin{aligned} E &= 1.10V - 0.0296V \log\frac{[0.400]}{[0.020]} \\ &= 1.10V - 0.0296V \log 20 \\ &= 1.10V - 0.0296V(1.30) \\ &= 1.06V \end{aligned}$$

또 한 가지의 예는 실험실에서 자주 접하는 문제이다. 즉, 갈바니전지를 이용하여 전위를 측정한 다음 Nernst 식을 이용하여 농도를 계산하는 문제이다. 폐수 중 Cd^{2+} 농도를 측정하려고 은전극과 짝지은 전극계를 다음과 같이 구성하였다.

$$Cd(s) \mid Cd^{2+}(?M) \parallel Ag^{+}(1.000M) \mid Ag(s)$$

위 전지의 표준전지전위는(E^0)는 1.2022V이고, 측정한 전극전위(E)는 1.2871V이다. 이 전지의 산화양극반응은 다음과 같다.

$$Cd(s) \rightleftharpoons Cd^{2+}(aq) + 2e$$

환원음극반응은 다음과 같다.

$$Ag^{+}(aq) + e \rightleftharpoons Ag(s)$$

두 반응을 합친 알짜전지반응은 다음과 같다.

$$Cd(s) + 2Ag^{+}(aq) \rightleftharpoons Cd^{2+}(aq) + 2Ag(s)$$

이 전지의 Nernst 식의 값은 다음과 같다.

$$1.2871\text{V} = 1.2022\text{V} - \frac{0.0592\text{V}}{2}\log\frac{[\text{Cd}^{2+}]}{[\text{Ag}^{+}]^2}$$

$$\log\frac{[\text{Cd}^{2+}]}{[\text{Ag}+]^2} = \frac{1.2871\text{V} - 1.2022\text{V}}{-0.0296\text{V}}$$

$$= -2.87$$

antilog를 취하면 다음과 같다.

$$\frac{[\text{Cd}^{2+}]}{[\text{Ag}^{+}]^2} = 10^{-2.87} = 1.3\times10^{-3}$$

Cd^{2+}이온 농도는 다음과 같다.

$$[\text{Cd}^{2+}] = 1.3\times10^{-3}[\text{Ag}^{+}]^2$$

$[Ag^{+}] = 1.000M$ 이므로 Cd^{2+} 농도는 다음과 같다.

$$[\text{Cd}^{2+}] = 1.3\times10^{-3}$$

반전지의 전위도 농도를 알면 실험적으로 측정하지 않고 계산할 수 있다.

예 제 $0.015M$ Cd^{2+} 용액에 Cd 전극을 담근 반전지의 전위를 계산하라.

▸ **풀 이**

$$Cd^{2+} + 2e \rightleftharpoons Cd(s) \quad E^0_{cell} = -0.403V$$

그러므로

$$E = -0.403V - \frac{0.0592V}{2}\log\frac{1}{0.0150}$$

$$= 0.457V$$

11.4 전지전위에 대한 전류 영향

전기화학전지는 이론적으로 계산한 양만큼의 전지전위값이 측정되지 않는다. 그 이유는 전기저항, 전하이동 과전압, 확산 과전압, 결정화 과전압 같은 몇 가지 편극효과 때문이다. 이러한 편극효과는 갈바니전지에서 전위를 감소하고 전해전지에서 전위를 더 증가하여야 필요한 전류값이 흐른다.

11.4.1 저항전위

전해전지나 갈바니전지에 전류를 흐르게 하려면 전류를 운반하는 이온이 양극이나 음극으로 이동해야 한다. 이온이 이동할 때 용매분자 혹은 용매 중 다른 화학종과 부딪쳐 저항을 느끼게 된다. 이 저항을 극복하려면 추진력이 필요하다. 추진력은 양쪽의 전극에 걸어주는 전위이다. 전위는 ohm 법칙($E = I/R$)에 따라 암페어 단위로 나타낸 전류(I)와 ohm(Ω)으로 나타낸 저항(R)을 곱한 IR값과 같다. 이 값을 저항전위 혹은 IR 강하(drop)라고 한다. IR 강하현상이 일어나면 전해전지에 전해에 필요한 전위보다 더 많은 전위를 걸어주어야 하고, 갈바니전지는 전위값이 감소되어 나타난다. 그러므로 전지전위는 항상 이론값에서 IR 강하값을 뺀 값이다[식 (11−21)].

$$E_{cell} = E_{음극} - E_{양극} - IR \qquad (11-21)$$

11.4.2 편극

앞으로 설명하려는 몇 가지 전기분석법은 전류−전압 곡선에 기초를 둔 방법이다. 이론적으로 전지전류를 전위의 함수로 측정할 때 서로 간에 직선관계를 생성한다. 그러나 실제는 직선에서 벗어난 곡선을 생성한다. 이때 전지는 편극되었다고 한다. 편극은 한쪽의 전극 또는 양쪽의 전극 모두에서 일어날 수 있다.

이상적으로 전극전위를 변하시켜도 전류값은 변하지 않아야 하지만 실제상태는 그림 11−5(a)의 점선처럼 직선에서 벗어난다. 이 현상을 전극이 편극되었다고 한다. 그림 11−5(b)처럼 이상적으로는 일정한 전극전위에서 직선이 성립되어야 한다. 이때의 전극을 비편극전극(depolarized electrode)이라고 한다. 그러나 실제는 그림 11−5(b)의 점선처럼 직선에서 벗어나고, 이때 전위는 전류와 무관하게 변한다. 그림 11−5(c)는 그림 11−5(b)의 비편극전극처럼 수직선이 성립되어야 하지만 실제는 기울기를 생성한다. 기울기를 생성하는 이유는 식 (11−21)과 일치하는 IR 강하 때문이다. 그림 11−5(c)에서 0점 전류 윗부분은 전해전지의 경우에 나타나고, 0점 전류 아랫부분은 갈바니 전지의 경우에 나타난다. 전해전지의 경우에 편극이 생기면 더 큰 전위를 걸어주어야 필요한 전류를 얻을 수 있고, 갈바니전지의 경우에 편극이 생기면 예상한 것보다 더 낮은 전위를 나타낸다. 그림 11−5에서 모든 점선은 편극현상을 뜻하고, (a)와 (b)의 실선은 이상적 전극전위를 뜻한다. 그림 11−5의 (c)는 이상적 전극전위를 뜻한다. 그림 11−5(c)의 실선과 점선이 합치되는 부분을 열역학적 전지전위(thermodynamic cell potential)라고 한다. 열역학적 전지전위와 실제 전위 간의 차이를 과전압(overvoltage) 혹은 과전위(overpotential)라 한다.

편극의 원인은 첫째 벌크용액(bulk solution)으로부터 전극표면으로 확산, 전기이동 및 대류 때문에 전극 반응물의 질량이동이 불충분하여 전류를 제한할 때(질량이동편극이라 한다)생기고, 둘째 전극표면에서 반응하는 화학종의 이동속도들이 식 (11−21)만큼 전류 유지에 필요한 속도보다 작아서 전류를 제한할 때(농도편극이라고 한

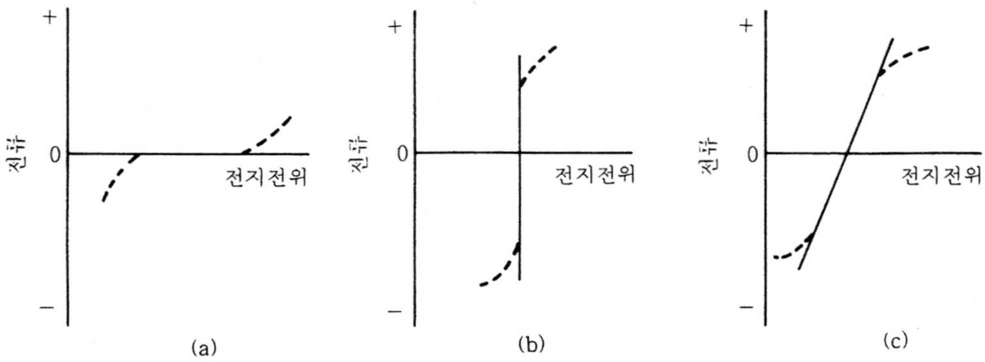

그림 11－5 ▸ 편극현상이 나타나는 전류－전압곡선, (a) 이상적 편극전극, (b) 비이상적 편극전극, (c) 전해전지와 갈바니전지의 이상적 편극전극과 비편극전극

다)에 생기고, 셋째 화학반응에 참여하는 중간 생성물의 생성속도나 분해속도들이 흡착, 탈착, 결정편극 등 때문에 전류를 제한할 때(반응편극이라고 한다) 생기고, 넷째 전극에서 산화화학종으로 혹은 환원화학종에서 전극으로 전자이동 속도들이 느려서 전류를 제한할 때(전하이동편극이라고 한다)에 생긴다. 이들을 화학적 편극이라 한다.

농도편극은 전기화학적 측정기기의 방법에 따라 제거하려고 노력하거나 혹은 고의적으로 농도편극을 생성하려고 노력한다. 농도편극의 점도는, 첫째 반응물농도, 둘째 전체 전해질 농도, 셋째 기계적 저어주기, 넷째 전극크기 등의 영향을 받는다. 잘 저어주거나 전극면적이 크면 농도편극이 감소한다.

전하이동 편극과 물리적 편극(편극표면의 흡수, 탈착, 결정화)은 전기화학적 측정에 크게 영향을 준다. 실험적으로 알려진 일반성은 다음과 같다. 첫째, 과전압은 전류밀도(A/cm^2)값이 클수록 증가한다. 둘째, 높은 온도일수록 과전압은 감소한다. 셋째, 전극의 화학적 조성에 따라 과전압은 변한다. 즉, 납, 주석, 아연, 수은처럼 연한(soft) 금속은 큰 과전압을 갖는다. 금속이 전극에 석출할 때 과전압은 무시할 정도이다.

11.5 전기화학적 분석법

광학적 기기분석법은 광원에서 나오는 파장영역에 따라 UV, VIS, IR, NMR 등으로 구분한다. 크로마토그래피법은 이동상이 기체 혹은 액체인가에 따라 GC 혹은 LC로 구분한다. 전기화학분석법도 여러 가지 분류 방법이 있지만 그림 11－6과 같이 간략하게 구분할 수 있다. 괄호 속의 약자는 그 분석방법의 측정 파라미터를 간단하게 나타낸다.

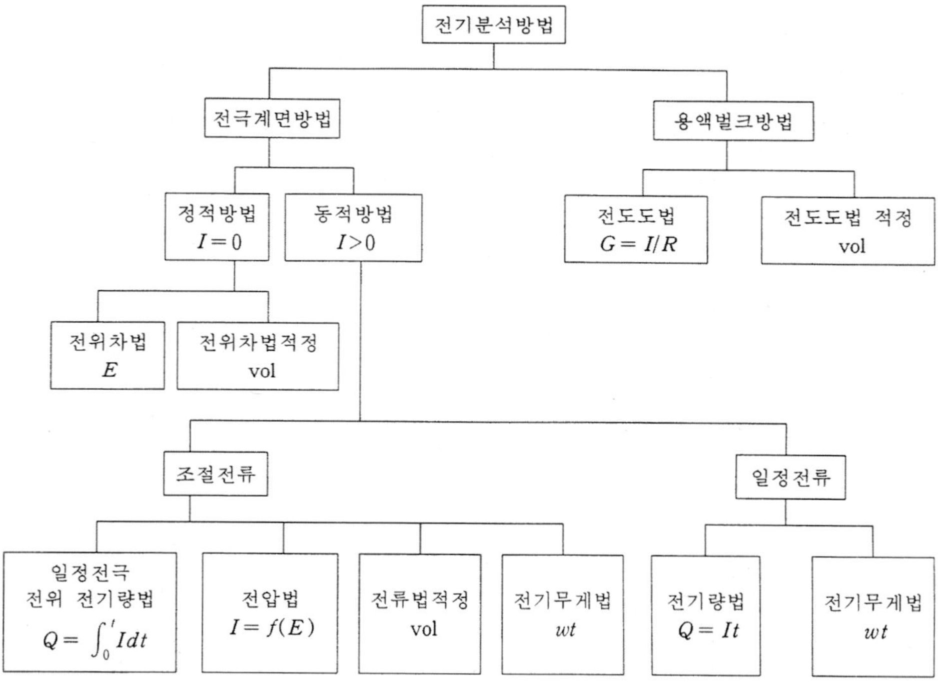

그림 11－6 ▸ 전기화학 분석법. I : 전류, V : 전위, G : 전도도, Q : 전하량, R : 저항, vol : 표준용액의 부피, t : 시간, wt : 전해석출 화학종의 막대

연습문제

[11.1] 전기이중층이란 무엇인가?

[11.2] 표준수소전극(SHE)은 왜 사용하고 어떻게 만들 수 있는가?

[11.3] 염다리는 왜 필요한가?

[11.4] 전지전위는 어떻게 측정하는가?

[11.5] 전극의 명칭과 전극에 일어나는 화학반응을 설명하라.

[11.6] 편극현상을 설명하라.

[11.7] $0.01\,M$ $CuSO_4$이 포함된 황산용액의 수소이온 농도는 $1.0 \times 10^{-4} M$이다. 구리석출에 필요한 전위를 계산하라.

$$Cu^{2+} + 2e \rightleftharpoons Cu(s) \qquad E^0 = +0.337V$$

$$O_2(s) + 4H^+ + 4e = 2H_2O \qquad E^0 = +0.1229V$$

[11.8] $Cd \mid Cd^{2+}(0.010M) \parallel Cu^{2+}(0.010\,M) \mid Cu$ 갈바니전지에서 1, 0, 100Å를 얻을 때의 전위를 계산하라. 이때의 저항은 4.00Ω이다. 그리고 이 전지에 대하여 역방향으로 0.100Å를 흐르게 만들 때 필요한 전위를 계산하라.

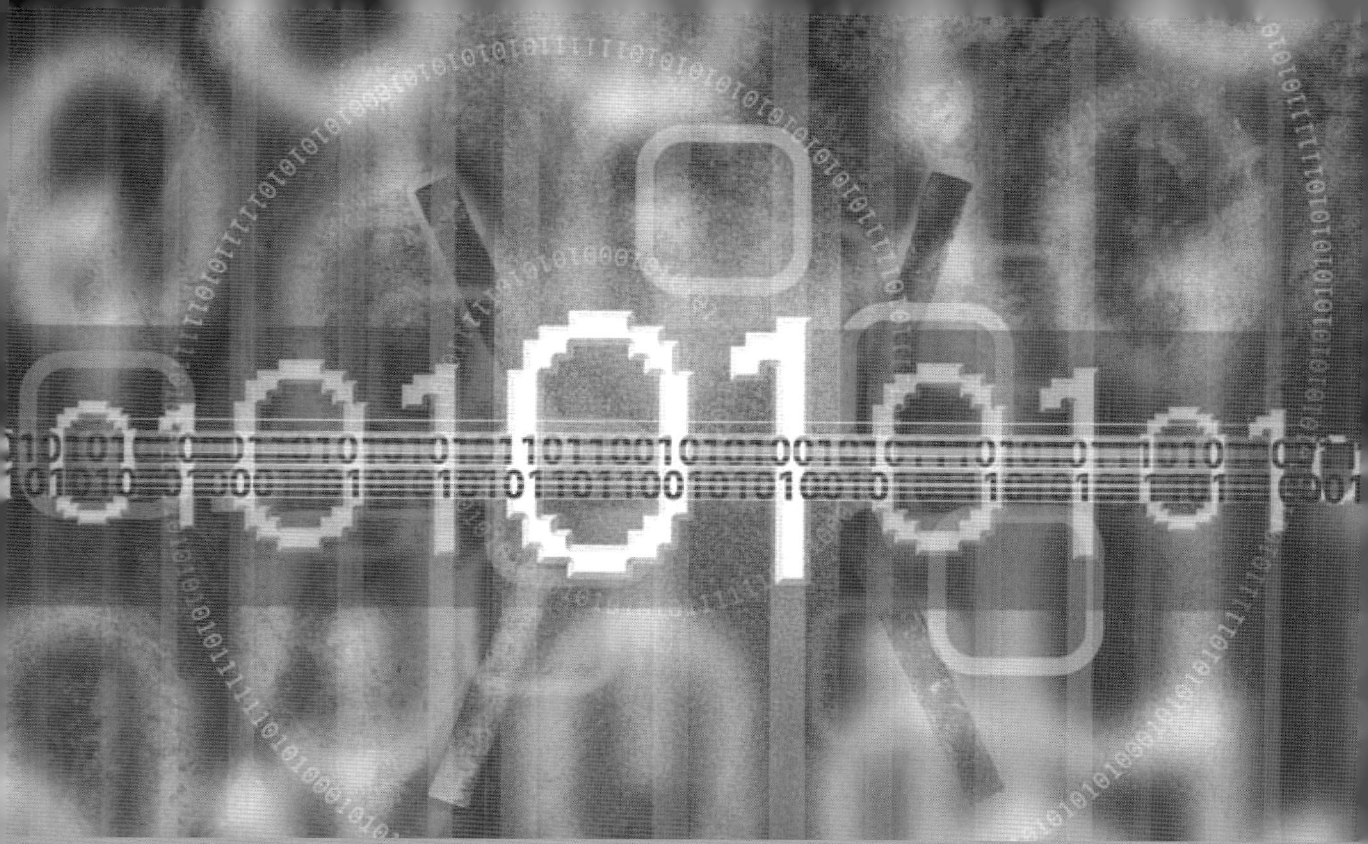

제12장 전위차법

전위차법은 착색 용액이나 비용매(non-aqueous solvent) 중에서 적정할 때 종말점의 측정에 이용하여 왔고 최근에 와서는 이온 선택성 막전극을 이용하여 직접 이온농도를 측정하는 방법에 이용하고 있다. 전위차법은 전위측정장치, 기준전극, 지시전극이 필요하다.

12.1 기준전극

어떤 전지전위를 측정할 때는 표준수소전극(SHE)과 측정하려는 반전지를 짝지은 다음 SHE의 0.000V 전위를 기준으로 상대의 전지전위를 측정한다. 그러나 SHE를 이용할 때 11장에서 설명한 SHE의 단점 때문에 다른 기준전극(reference electrode)을 사용한다. 기준전극과 짝지은 상대전극(counter electrode)을 지시전극(indicator electrode) 혹은 작업전극(working electrode)이라고 한다.

기준전극은 표준수소전극과 마찬가지로, 첫째 반전지 전위값이 알려져 있어야 하고, 둘째 일정한 전위를 유지하여야 하고, 셋째 측정하려는 용액의 조성물질과 반응하지 않아야 한다. 넷째, 가역적이고, 다섯째 빠른 시간에 평형전위를 나타내어야 하고, 여섯째 온도변화에 히스테리시스(hysterisis) 현상을 나타내지 않고, 일곱째 이상적 비편극전극으로 작동하여야 한다 이러한 조건에 맞는 기준전극이 포화칼로멜전극과 은－염화은전극이다.

포화칼로멜전극[saturated calomel electrode, calomel은 Hg_2Cl_2(염화수은(I))의 관용명이다]의 반전지는 다음과 같고 구조는 그림 12－1과 같다.

$$\| \ Hg_2Cl_2(\text{포화}),\ KCl(xM) \mid Hg$$

x는 염화포타슘의 몰농도이다. 염화제일수은의 전극반응은 다음과 같다.

$$Hg_2Cl_2(s) + 2e \rightleftharpoons Hg(l) + Cl^-$$

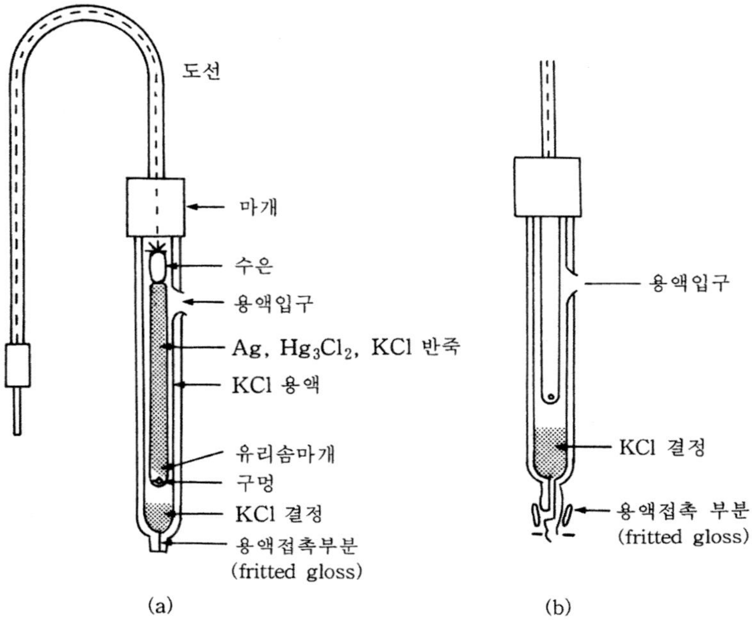

그림 12-1 ▸ 칼로멜 전극 (a) fiber-type, (b) sleeve-type

Nernst으로 나타낸 칼로멜전극 전위는

$$E = E^0 - \frac{0.0592}{2}\log\frac{1}{[Hg_2^{2+}]}$$

Hg^{2+} 농도는 Cl^- 농도에 의해 조절되고, Cl^-은 KCl 용해도와 같은 농도이다. Hg_2Cl_2에서 생기는 Cl^- 농도는 KCl 농도에 비하여 무시할 정도이다. 그러므로

$$E = E^0 - \frac{0.0592}{2}\log\frac{[Cl^-]^2}{K_{Hg_2Cl_2}}$$

$K_{Hg_2Cl_2}$는 Hg_2Cl_2의 용해도곱상수이다. 그러므로

$$E = E^0 - \frac{0.0592}{2}\log K_{Hg_2Cl_2} - 0.0592\log[Cl^-]$$

$$E^0_{Hg_2Cl_2} \cdot Hg$$

$$= 0.0242\,V$$

포화칼로멜전극의 온도계수에 따른 SCE 전위는 다음과 같다.

$$E_{sce} = +0.0242 - 7.6\times10^{-4}(t - 25℃)$$

여기에서 t는 온도(25℃)이다.

그림 12−1의 칼로멜전극에 들어 있는 KCl 용액의 농도는 여러 가지로 변화시킬 수 있지만 일반적으로 KCl 포화용액을 사용한다. 포화 KCl 용액이 들어 있는 칼로멜전극을 사용할 때 KCl 결정을 고무마개 구멍을 통해 넣어주어야 한다. KCl 포화용액은 만들기 쉬운 장점도 있지만 온도변화에 따른 전극전위의 변화가 크다. 그러므로 전위를 측정할 때 어느 전극을 사용하든 간에 반드시 온도를 보정하여 사용한다. 포화칼로멜전극(saturated calomel electrode)을 SCE라는 약자로 많이 사용한다. 연구실에서는 간단히 만들어 사용하는 경우도 많다. 칼로멜전극과 다음에 설명하는 은−염화은전극의 온도에 따른 전극전위는 표 12−1과 같다.

실험적으로 측정한 전위값을 나타낼 때는 기준전극의 종류와 온도에 따라 측정값이 다르게 나타나므로 기준전극의 종류와 온도를 반드시 명시하여야 한다. 예를 들면 [0.541V *vs*. SCE(25℃)]와 같이 표시한다. 칼로멜전극은 60℃ 이상 용액에 사용할 수 없고, 단백질, 수은, 은과 반응이므로 이들의 용액 중에서도 사용할 수 없다.

은−염화은전극은 염화은이 포화된 염화포타슘 용액에 은−염화은전극이 담겨 있다.

$$\| \ AgCl(\text{포화}),\ KCl(x\,M) \mid Ag$$

그 반전지반응은 다음과 같다.

$$AgCl(s) + e \rightleftharpoons Ag(s) + Cl^-$$

표 12-1 ▸ 칼로멜전극과 은-염화은전극의 전극전위

온도(℃)	0.1*M* KCl 칼로멜전극(V)	포화 KCl 칼로멜전극(V)	포화 KCl Ag-AgCl전극(V)
15	0.3362	0.2511	0.209
20	0.3359	0.2479	0.204
25	0.3356	0.2444	0.199
30	1.3351	0.2411	0.194
35	0.3344	0.2376	0.186

이 전극은 은-염화은 전극은 60℃ 이상의 용액에서도 사용할 수 있다.

12.2 지시전극

지시전극(indicator electrode)은 금속지시전극과 막전극의 두 가지로 분류한다. 기준전극과 다르게 지시전극은 측정용액의 성분농도에 따라 전위값이 변하는 전극이다. 이러한 이유 때문에 작업전극(working electrode)이라고도 부른다.

12.2.1 금속지시전극

금속지시전극은 모두 금속을 사용하는 것이 특징이고 1종전극, 2종전극, 3종전극, 산화-환원전극의 네 가지 종류로 분류한다. 1종전극은 어떤 금속과 그 금속이온으로 구성된 전극이다. 예를 들면 다음과 같다.

$$Cu^{2+} + 2e \rightleftharpoons Cu(s)$$
$$Ag^{+} + e \rightleftharpoons Ag(s)$$

전극전위는 다음과 같다.

$$E = E_M^0 - \frac{0.0592}{n} log \frac{1}{[M^{n+}]}$$
$$= E_M^0 - \frac{0.0592}{n} \mathrm{pM}$$

여기에서 pM은 M^{n+}이온 농도에 대한 음의 대수값이다(pM은 pH와 같은 뜻을 갖는다. p함수는 작은 농도를 편리하게 나타낼 때 사용하고, 이온농도값이 증가하면 p함수는 감소한다). 금속 중에서 Ag, Hg, Cu, Cd, Zn, Pb, Fe, W, Ni, Co, Cr은 가역적으로 작용하는 금속이온이다. 1종금속전극은 금속에 도선을 연결하여 사용한다.

2종금속(전극)은 안정한 금속이온 침전물 혹은 안정한 착물이 음이온의 농도변화에 감응하는 전극이다. 예를 들어 안정한 침전물은 AgCl이고, 안정한 착물은 Hg－EDTA 착물이다. AgCl 전극은 0.1M KCl 용액 중에서 은선을 산화양극으로 사용하고 환원음극은 탄소막대를 사용하여 1.5V 전지를 연결한 다음 전기분해하여 만든다. 전극반응은 다음과 같다.

$$AgCl(s) + e \rightleftharpoons Ag(s) + Cl^- \qquad E^0 = 0.222V$$

전극전위는 다음과 같다.

$$E = 0.222 - 0.0592\log[Cl^-]$$
$$= 0.222 + 0.0592\mathrm{p\ Cl}$$

AgCl 전극은 염소이온에 민감하게 감응하므로 염소이온 정량에 사용하지만 이때 다른 할로젠이온들은 방해한다. 이 전극을 사용할 때 전극이 담겨 있는 용액에 염화은을 소량 넣어 포화시켜야 한다.

안정한 착물(complex)을 이용하는 전극은 EDTA 용액에 Hg(Ⅱ)를 가하여 만든 안정한 Hg－EDTA 착물을 이용한다. 다음 반응에서 Y는 EDTA를 의미한다.

$$HgY^{2-} + 2e \rightleftharpoons Hg(l) + Y^{4-} \quad E^0 = 0.222V$$

전극전위는

$$E = 0.22 - \frac{0.0592}{2}\log\frac{[Y^{4-}]}{[HgY^{2-}]}$$

이 착물전극은 EDTA 적정의 종말점을 찾을 때 유용하다. 이러한 적정은 미리 HgY^{2-} 용액을 조금 넣어야 한다.

3종전극은 1종 및 2종전극과 다르게 3종전극을 만드는 이온과 다른 금속이온에 감응하는 것이 특징이다. 1종전극은 금속과 동일한 이온에 감응하고 2종전극도 예를 들면 Ag－AgCl 전극은 염소이온에 감응하고 HgY^{2-} 착물전극은 EDTA에 감응하였다. 그러나 3종전극은 예를 들어 HgY^{2-} 전극을 이용할 때 측정용액에 Ca－EDTA 착물을 조금 넣어주면 전극 구성물질과 다른 Ca^{2+} 이온에 감응하는 전극을 만들 수 있다.

마지막으로 Pt, Au, Pd 같은 비활성 금속전극을 산화－환원 반응계의 지시전극으로 사용하는 방법이다. 비활성 금속전극은 특히 산화－환원 반응에 많이 사용하지만 표 11－1의 환원전위처럼 일정한 전위를 나타내지 못한다. 그 이유는 사용 중 전극 표면에 다른 화합물이 흡착하여 오염되기 때문이다.

12.2.2 막지시전극

막지시전극(membrane indicator electrode)의 대표적인 종류는 유리막으로 구성된 유리전극이다. 유리전극은 1906년 이후 약 100여년간에 걸쳐 사용되는 우수한 전극이다. 유리전극의 발견 이후 수많은 연구논문이 발표되었지만 아직까지 유리전극보다 우수한 지시전극은 개발되지 않았다. 막지시전극은 어떤 특정한 이온만 선택적으로 감응한다. 공존하는 다른 이온에 감응하지 않는 특성을 가져야 한다. 예를 들면 유리전극은 1족이나 2족이온에 약간 감응하지만 주로 수소이온에 감응하는 특성이 있다. 그러므로 막전극의 특성은 막을 만드는 재질에 따라 결정된다. 막지시전극은 다음과 같이 분류할 수 있다. 그리고 유리전극과 효소전극을 제외한 막지시전극의 모양은 그림 12－2와 같다.

1. **이온선택성 막지시전극**

(1) 결정 막지시전극

① 한 가지 결정만으로 구성된 막지시전극 : LaF_3에 EuF_2를 도핑(doping)한 결

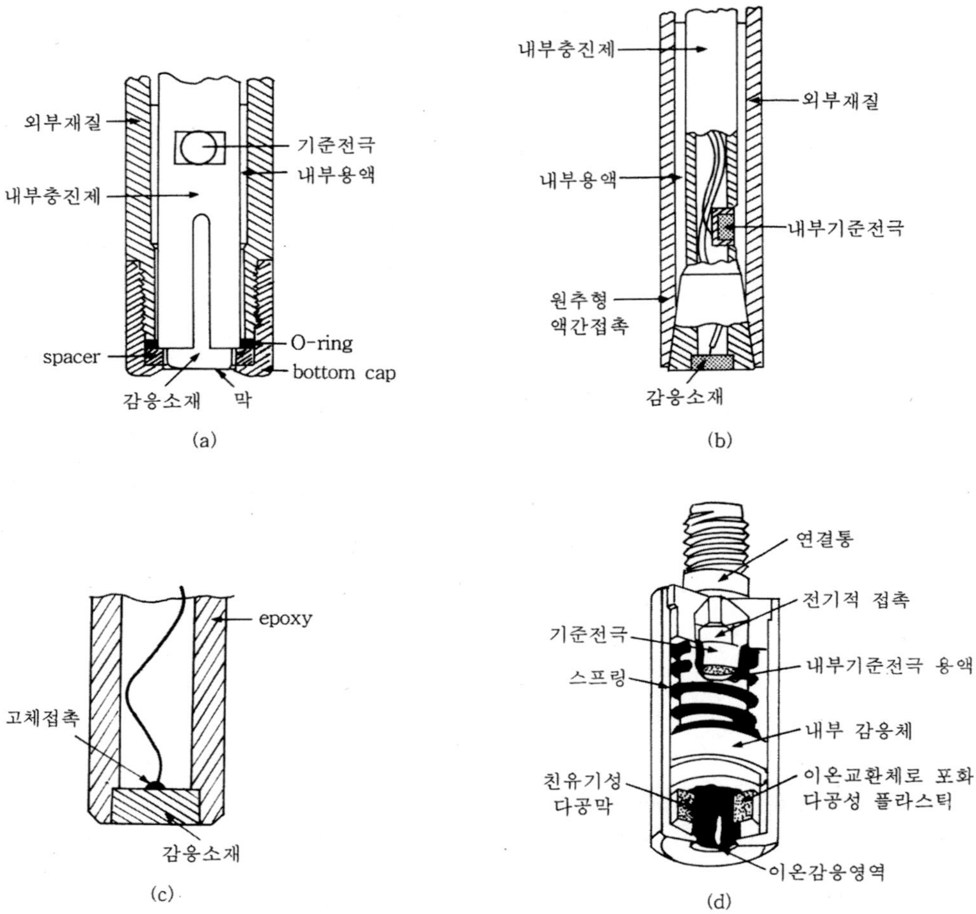

그림 12－2 ▸ 이온선택성 전극(Orion Model). (a) 암모니아 전극[combination type 기준전극(Ag－AgCl)과 지시전극을 합친 전극], (b) 유기인산 이온교환체 막전극(칼슘이온, 2가이온, combination type), (c) 고체 감응체 전극(플루오르화이온, 황화이온), (d) 액체막전극(염소이온, combination type)

정을 이용한다. F^-이온에 선택적으로 감응한다. 할로젠이온과 안정한 황화물을 만드는 금속이온에 감응한다.

② 다결정(혹은 혼합결정) 막지시전극 : Ag_2S막을 이용하여 S^{2-}와 Ag^+이온에 선택적으로 감응한다.

(2) 비결정 막지시전극

① 유리 막지시전극 : 1족과 2족이온 및 H^+이온에 선택적으로 감응한다.

② 액체 막지시전극 : 액체 이온교환체를 이용한 Ca^{2+}이온, 그리고 중성운반체 (valinomycin 항생제)를 이용한 K^+이온 검출에 이용한다.

2. 분자-선택성 막지시전극

(1) 기체-감응 탐침(probe) 막지시전극 : CO_2나 NH_3 기체를 막을 통해 물에 흡수한 다음 용액의 pH를 측정한다.

$SO_2 + H_2O \rightleftharpoons HSO_3^- + H^+$ 산성용액

$CO_2 + H_2O \rightleftharpoons HCO_3^- + H^+$ 산성용액

$NH_3 + H_2O \rightleftharpoons NH_4^+ + OH^-$ 염기성용액

$2NO_2 + H_2O \rightleftharpoons NO_2^- + NO_3^- + H+$ 산성용액

위와 같이 기체분자들이 물에 흡수된 다음 산이나 염기성으로 변한 pH값을 유리전극으로 측정한다.

(2) 효소 기질 막지시전극 : 기질+물+효소 → 산성 혹은 염기성 생성물의 반응과정처럼 어떤 물질을 물과 섞은 후 그 물질과 선택적으로 반응하는 효소와 접촉한다. 반응 후 생성되는 산성 또는 염기성 생성물이 물에 흡수되어 수소이온 농도를 변화한다. 유리전극을 이용하여 그림 12-3처럼 변형한 다음 변화된 용액의 pH를 측정한다. 효소는 한천과 섞어 녹아나가지 않게 가제와 같은 섬유로 싼 다음 유리전극막에 잡아 맨다.

막지시전극은 이와 같이 여러 종류가 연구개발되어 있고 또한 활발하게 연구중에 있다. 막전극 물질로 응용할 수 있는 물질도 무수히 많고 새로운 물질도 많이 나타나 있으므로 이온선택성 막전극의 앞날은 밝다고 본다. 막지시전극을 만드는 재질은, 첫째 난용성 물질이어야 하고 용해도를 감소하려고 거대분자물질이나 고분자 수지와 섞어 막을 만든다. 둘째, 약간이라도 전기전도도를 가져야 한다. 막지시전극은 보통 칼로멜 기준전극과 짝지어 전위차법으로 측정한다.

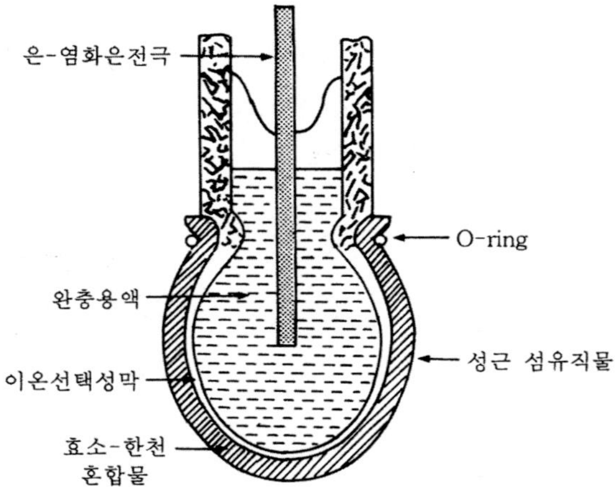

그림 12-3 ▸ 효소전극

12.2.3 유리막 지시전극

지시전극 중에서 수소이온에 선택적으로 감응하는 유리막 지시전극[일반적으로 유리전극(glass electrode)이라고 한다]은 가장 많이 사용하는 막지시전극이다. 유리전극과 막지시전극의 구조는 그림 12-4와 같다. 최근에는 유리전극과 칼로멜전극을 합쳐 1개 유리관 속에 넣은 복합유리전극(combination electrode)이 시판되고 있다(그림 12-5).

유리전극을 만드는 유리종류는 Corning 015(22% Na_2O, 6% CaO, 72% SiO_2)이고, 이 전극은 pH 1~9 사이에서 수소이온농도에 선형적으로 비례하여 감응하지만, 그 밖의 pH 범위는 직선에서 벗어나는 오차를 발생한다. 시험용액이 센 산성일 때 오차를 발생하는 원인은 잘 알려져 있지 않다. 그러나 센 염기성용액에서는 소듐, 칼슘, 리튬 같은 알칼리금속에 감응하기 때문에 오차를 발생하고, 진한 산성용액에서는 유리막의 탈수 때문이라고 생각한다. Corning 015의 유리 성분 중에서 소듐과 포타슘을 리튬과 바륨으로 바꾼 유리막은 조금 더 넓은 pH 범위에 사용할 수 있다.

유리전극은 유리막 표면에서 다음과 같은 이온교환반응에 따라 전위를 나타낸다.

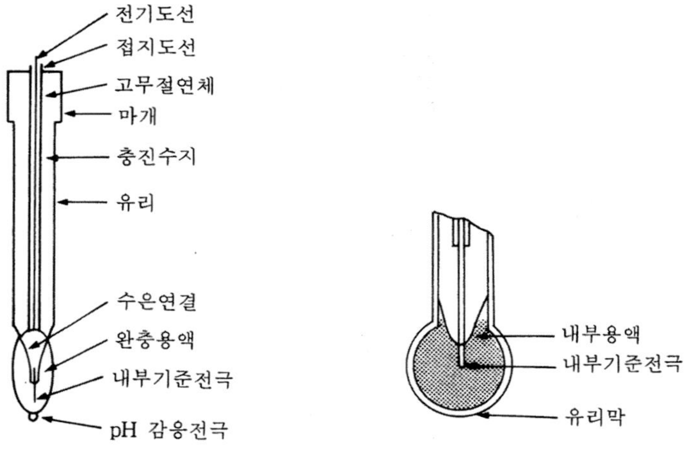

그림 12-4 ▸ 유리전극

$$H^+ + \underset{\text{유리막표면}}{\underline{Na^+Gl^-}} \rightleftharpoons Na^+ + \underset{\text{유리막표면}}{\underline{H^+Gl^-}} \qquad (12-1)$$

이 식은 용액 중 H^+이온이 유리막 겉표면(두께 10^{-4}~10^{-5}mm)의 Na^+이온과 자리바꿈 반응을 나타낸다. 이러한 이온교환반응이 많을수록 큰 전위를 나타낸다. 유리전극을 사용할 때 항상 pH값을 정확하게 알고 있는 표준완충용액으로 보정하여야 하고, 온도변화에 대하여도 보정하여야 한다. 물 아닌 용매의 pH값을 측정할 때도 이론적 계산값과 비교하여 보정하여야 한다. 새로운 유리전극을 사용할 때 증류수에 24시간 이상 담근 다음 사용한다. 유리전극을 사용하지 않을 때 증류수에 담그거나 한쪽이 막힌 고무관에 증류수를 넣은 것을 유리관 끝에 끼워놓는다. 유리전극은 유리막이 대단히 얇으므로 사용 중에 깨지기 쉽다. 그러므로 유리전극을 칼로멜전극과 짝지어 사용할 때는 칼로멜전극의 끝이 먼저 유리그릇의 바닥에 닿도록 칼로멜전극의 끝이 유리전극의 끝보다 더 길게 설치하여 조심스럽게 사용한다.

유리전극은 산－염기 오차를 많이 발생하고 파손되기 쉽고 값이 비싸므로 유기화합물을 이용한 유리전극의 대용품을 많이 연구하고 있다. 그러나 아직까지는 수소이온 이외에 다른 금속이온들이 수소이온과 함께 감응하여 방해하기 때문에 연구단계에 머물러 있을 뿐이다.

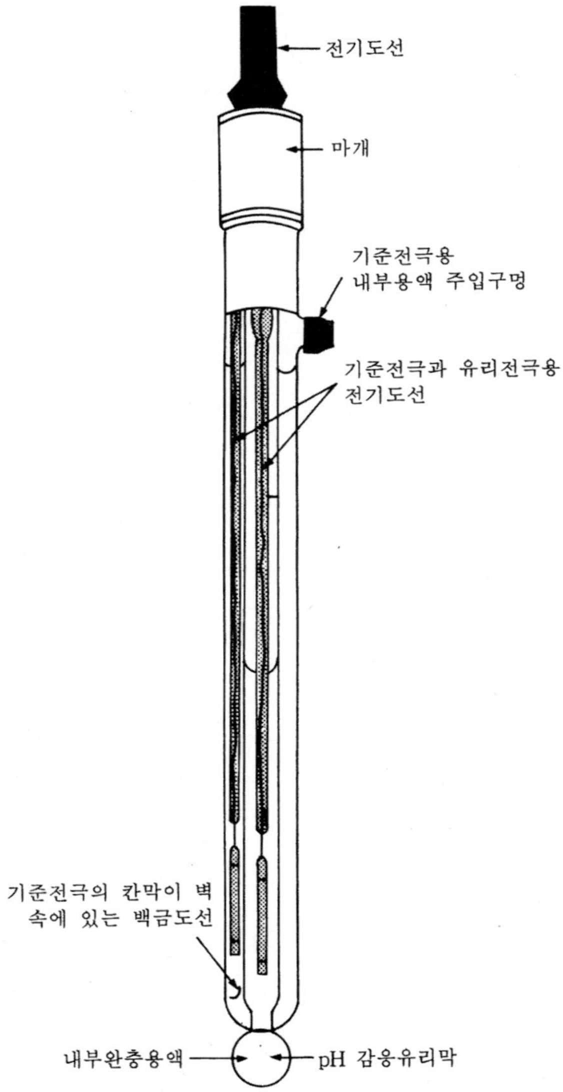

그림 12-5 ▸ pH/기준 복합유리(combination electrode, Sargent-Welch 회사)

12.3 전지전위의 측정

전지전위를 측정할 때 칼로멜전극의 전기저항(2,000~3,000Ω)과 유리전극의 전기저항값(100$M\Omega$ 이상) 때문에 전극들은 큰 IR 강하값을 나타낸다. 전지전위의 측정값은 전지의 저항값이 클수록 큰 오차를 나타낸다. 측정오차를 감소하려면 전지전위 측정기기의 내부저항이 커야 한다. 일반적으로 측정기기는 $10^{12}\Omega$ 이상의 내부저항을 갖는다. 전지전위 측정기기는 그림 12－6(a)의 전위차계(potentiometer), 그림 12－6(b)의 pH 미터, pIon 미터 등의 명칭으로 시판되고 있다. 기기는 정확도에 따라 가격차이가 많다. 바늘로 눈금을 나타내는 기기와 디지털(digital)기기도 나와 있다. 측정값의 정밀도에 따라 적당한 기기를 선택하는 지혜가 필요하다.

12.3.1 전지전위 측정법

전지전위는 지시전극에 감응하는 수소이온을 비롯한 모든 종류의 이온을 측정할 수

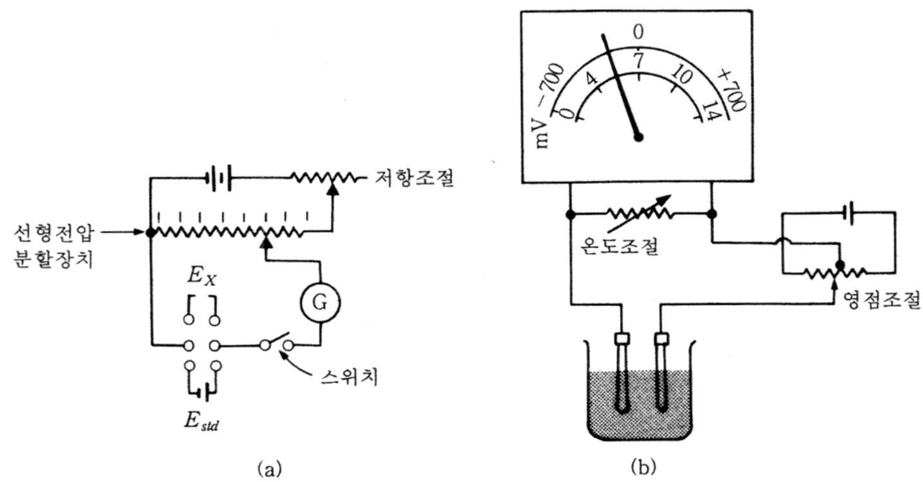

그림 12－6 ▸ (a) 전위차계, (b) pH 미터

있다. 기준전극과 지시전극을 표준용액에 담그고 측정기기의 눈금을 표준용액의 pH 값 혹은 전위(mV)값을 조절하여 맞춘 다음 시료용액에 기준전극과 지시전극을 담궈 전지전위를 읽는다.

측정할 때 주의할 점은, 첫째 액간 접촉전위(농도나 이온이 서로 다른 용액과 접촉할 때 생기는 전위)와 비대칭전위(막전극의 막내외 용액 간에 생기는 전위) 때문에 수시로 표준용액을 이용하여 측정기기를 보정한다. 둘째, 용액의 온도변화를 보정하여야 한다. 어떤 경우 실험실의 온도변화는 아침과 저녁에 10℃ 이상 차이나므로 반드시 보정하여야 한다. 좋은 측정기기는 온도보상 회로가 설치되어 있다. 셋째, 측정기기를 보정하는 표준용액은 한 번 사용한 다음 버려야 한다. 특히 pH 표준용액은 대기에 노출될 때 이산화탄소를 흡수하여 pH값이 변하기 쉽다. 넷째, 전극전위를 측정한 값은 분석농도(용액 중 존재하는 농도) 때문에 나타난 값이 아니고 활동도 때문에 나타난 값이다. Debye-Hückel 식에 의하면 큰 이온과 큰 전하의 이온일수록 활동도값이 분석농도에 비해 작은 값을 갖는다(활동도는 $a = C_f$이다. 여기에서 C는 분석농도이고, f는 활동도 계수이고, 일반적으로 1 이하의 값을 갖는다). 그러므로 큰 전하, 큰 이온, 그리고 진한 농도일수록(큰 이온세기일수록) 분석농도와 활동도 간 차이는 크고 따라서 분석농도를 이론적으로 계산한 전지전위값과 실험적으로 측정한 전지전위값 간 차이는 많이 생길 것이다. 다섯째, 산－염기 오차범위에서 오차를 많이 발생한다. 여섯째, 유리전극 표면이 건조하면 전극표면이 탈수되어 오차를 발생한다. 일곱째, pH값을 측정할 때는 칼로멜전극과 유리전극, 그리고 특정한 이온농도를 측정할 때는 칼로멜전극과 이온선택성 막전극, 그리고 산화－환원계의 전위나 산화－환원 적정의 종말점을 측정할 때는 칼로멜전극과 백금 금속 전극을 각기 짝지어 사용한다. 특히 산화－환원 전위를 측정할 때 칼로멜전극과 유리전극을 짝지어 사용하지 않도록 조심한다. 식 (12－1)을 이해하면 산화－환원 반응에서 유리전극을 사용하지 않을 것이다.

12.3.2 전위차법 적정

전위차법 적정은 그림 12－7의 기기를 이용하여 첫째 서로 다른 해리도를 갖는 산 또는 염기성 용액의 혼합물을 적정하여 각 화합물의 당량점을 측정할 수 있다. 둘째,

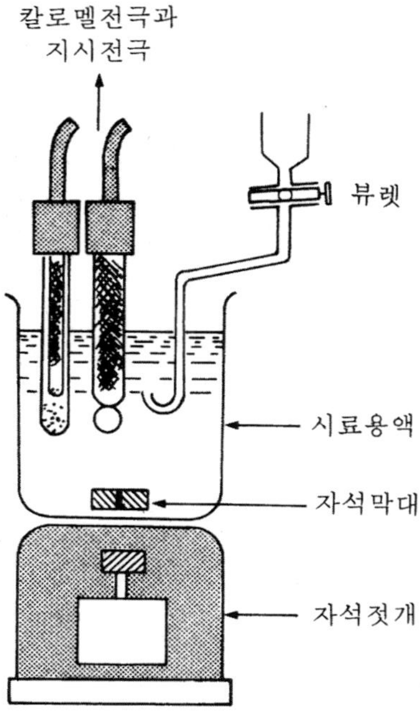

그림 12－7 ▸ 전위차 적정장치

알맞은 지시약이 없는 경우, 예를 들면 착색 용액이나 비용매(non－aqueous solvent) 중에서 적정당량점을 찾을 수 있다. 셋째, 인산(H_3PO_4)처럼 3당량 혹은 탄산소듐(Na_2CO_3)처럼 2당량 화합물을 적정할 때 각기 3개 또는 2개 당량점을 확인할 수 있다. 서로 다른 용해도를 갖는 침전물도 침전적정법으로 당량점을 찾을 수 있다. 예를 들어 염소와 브로민이온 혼합용액을 질산은 용액으로 정량할 수 있다. 넷째, 전위차법적정은 침전적정법, 착화적정법(특히 EDTA 적정법), 중화적정법, 산화환원적정법에 응용할 수 있다. 전위차법적정의 종말점은 그림 12－8처럼 결정할 수 있다. 종말점에 도달하는 적정액 부피는 지시약을 전위차법과 함께 사용하면 더 쉽게 종말점을 예상할 수 있다.

표 12－2는 당량점 근처에서 적정액을 소량씩 일정량을 넣고 저은 다음 전지전위를 읽은 값과 이 값의 1차미분 및 2차미분값을 나타냈다. 표 12－2의 측정값은 그림 12－8(a), (b), (c)에 각기 나타냈다. 그림 12－8(a)는 변곡점이 불확실하므로 종말점을 알 수 없다. 그러나 적정값을 1차미분한 다음 점시한 그림 12－8(b)는 종말점을

표 12-2 ▸ 당량점 근처의 적정값

적가액부피 mL	pH 단위	ΔpH/ΔV	Δ^2pH/ΔV^2
19.50	6.46		
		1.30	
19.60	6.59		+1.00
		1.40	
19.70	6.73		+2.00
		1.60	
19.80	6.89		+9.35
		3.00	
19.85	7.04		+52.0
		5.60	
19.90	7.32		+124
		11.80	
19.95	7.91		−136
		5.00	
20.00	8.16		−24.0
		3.80	
20.05	8.35		−5.00
		3.40	
20.10	8.52		
		1.60	
20.20	8.68		

종말점부피 = 19.90_0+0.050[124/(124+136)]=19.92_4mL
종말점 pH = 7.32+0.59[124/(124+136)] = 7.60

확실하게 찾을 수 있다. 적정값을 2차미분한 다음 점시한 그림 12-8(c)는 0점선과 만나는 점에서 더 확실하게 종말점을 찾을 수 있다.

전위차법으로 적정할 때 기준전극과 지시전극을 시료용액에 담근 다음 적정하되 종말점 근처에서 뷰렛의 끝을 용액에 담그고 소량씩 일정량을 넣으면서 전위를 읽어야 한다. 자석젓개를 이용하여 용액을 잘 저어 줄 필요가 있고, 마이크로뷰렛을 이용하면 더 정밀하게 종말점을 찾을 수 있다. 전위차 적정장치는 손을 이용하여 종말점을 찾는 대신에 적정액의 유량을 자동으로 조절할 수 있고, 종말점의 적가액 부피를 자동으로 체크해서 적정을 멈추는 자동장치도 시판하고 있다. 그 밖에도 자동으로 시료들을 연속적으로 취하여 적정한 다음 적정곡선(1차 및 2차미분 적정곡선까지)을 그려주고 종말점의 적가액 부피를 알려주는 편리한 완전자동장치도 시판하고 있다.

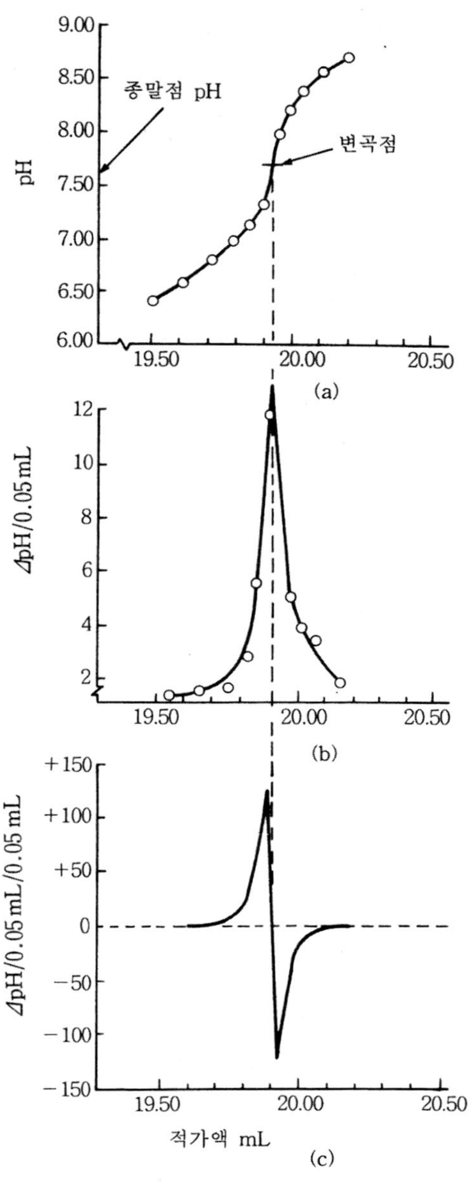

그림 12−8 ▸ 표 12−2의 적정곡선. (a) 적정곡선, (b) 1차미분곡선, (c) 2차미분곡선

12.4 실험

12.4.1 인산혼합물의 pH 적정 : K_1, K_2, K_3의 계산

적정과정 중 대부분의 HCl이 중화되고 H_3PO_4이 $H_2PO_4^-$로 변할 때까지 OH^-를 가하여도 용액의 pH는 크게 증가하지 않는다(그림 12−9 참조).

$$H_3PO_4 + OH^- \rightarrow H_2PO_4^- + H_2O$$

OH^-를 더 가하면 용액의 pH는 증가하고, 당량점에서 적정곡선은 첫 번째로 꺾이는 점이 나타난다. OH^-를 더 가하면 둘째 수소이온과 반응하고 $H_2PO_4^-$는 HPO_4^{2-}로 변한다.

$$H_2PO_4^- + OH^- \rightarrow HPO_4^{2-} + H_2O$$

이러한 변환이 거의 완전히 일어날 때까지 용액의 pH는 조금만 변한다. 완전히 변환되면 용액의 pH는 민감하게 변한다.

셋째, 수소이온이 OH^-와 반응하면 PO_4^{3-}를 생성한다.

$$HPO_4^{2-} + OH^- \rightarrow PO_4^{3-} + H_2O$$

계속해서 OH^-를 첨가하면 용액의 pH는 매우 느리게 증가한다.

방법

유리전극과 칼로멜전극을 장치한 pH 미터를 전원에 연결한 다음 스위치를 넣고 가온한다. pH 미터를 pH 7.0과 4.0 또는 10.0 표준 완충용액으로 표준화한 다음 전극을 증류수로 잘 씻어라.

0.1M 인산(시료 1) 25mL를 취하여 100mL 되게 물로 묽힌다. 깨끗하게 씻은

전극과 자석막대를 넣고 pH를 측정하면서 0.100 M NaOH 표준용액으로 적정하라. 처음에 3~4mL씩 NaOH 용액을 넣고 pH를 측정한다. pH값이 급하게 변하기 시작하면 0.1mL씩 첨가하면서 pH값을 측정하라.

0.1 M $NaHPO_4$ 용액(시료 2) 25mL를 취하고, 100mL 되게 물로 묽힌 다음 앞에서 인산을 적정할 때와 같은 방법으로 적정한다.

각 실험에서 측정한 pH 값을 y축에 취하고, NaOH mL수를 x축에 취하여 점시한다(적정곡선). 그래프에서 종말점을 결정하라 시료 1과 시료 2의 K_1, K_2, K_3를 계산하라.

K_1, K_2, K_3 계산

이 설명에서 시료는 순수하다고 가정한다.

K_1을 계산하는 한 가지 방법 :

$$H_3PO_4 \rightarrow H_2PO_4^- + H^+$$

$$K_1 = \frac{[H_2PO_4^-][H^+]}{[H_3PO_4]}$$

처음의 pH로부터 적정시작할 때 용액 중 H^+ 농도를 계산할 수 있다. H_3PO_4이 이온화되면 $H_2PO_4^-$와 H^+로 변하므로 $C_{H_2PO_4^-} = C_{H^+}$ 이다. 본래 H_3PO_4 농도는 종말점에 도달할 때 소비한 NaOH 양에서 계산할 수 있다. 이온화 다음에 용액에 남아 있는 H_3PO_4 농도는 본래 인산농도보다 이온화 H^+농도만큼 작다. 이와 같은 설명은 본래 용액 중에 존재하는 NaH_2PO_4 경우도 적용할 수 있다.

K_1을 계산하는 또 한 가지 방법

화학량론적으로 종말점까지의 1/2(그림 12-9의 B점) 상당하는 농도값이 $H_2PO_4^-$와 H_3PO_4 농도와 같은 값이고, 이 경우에 K_1은 H^+농도와 같아야 한다.

$$K_1 = \frac{[H^+][H_2PO_4^-]}{[H_3PO_4]} = H^+$$

그러나 K_1은 1/2 점에서 비교적 크므로 $H_3PO_4 \rightarrow H_2PO_4^-$ 이온화와 H^+ 때문에 $[H_2PO_4^-]>[H_3PO_4^-]$이다. 그러므로 간접방법을 K_1 계산에 사용하여야 한다.

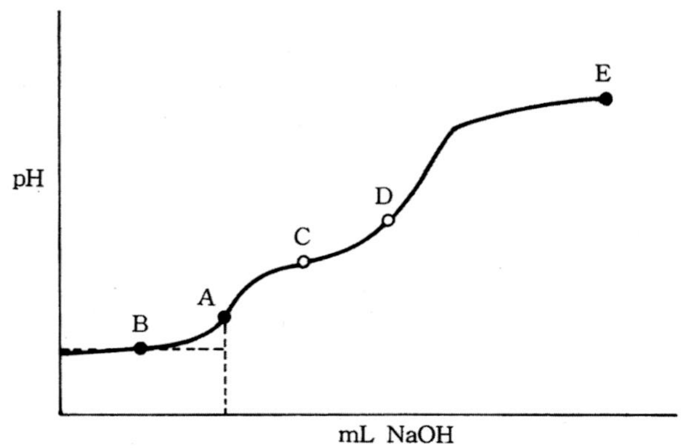

그림 12-9 ▸ NaOH로 H_3PO_4의 전위차법 적정곡선

그림의 A에서 출발하여 B까지 가한 산 몰수를 계산하라(A에서 B까지 가한 염기에 상당한다). 이것으로부터 가한 H^+ 농도를 계산한다.

점 B의 pH 값으로부터 용액 중 H^+ 농도를 계산한다. 농도차$(H^+_{added} - H^+_{pH})$는 $H_2PO_4^-$를 H_3PO_4로 변환할 때 사용한 H^+ 양이다.

$$H^+ + H_2PO_4^- \rightarrow H_3PO_4$$

사용한 H^+ 농도는 생성된 H_3PO_4 농도값이다. 용액 중 H^+ 농도는 pH 값으로부터 계산한다.

그림 12-9의 점 B에서 용액 중 $H_2PO_4^-$ 농도는 점 B에 존재하는 H_3PO_4보다 작은 A점의 농도이다. A점에서 측정한 $H_2PO_4^-$ 농도를 점 B에 이용할 때 묽힘보정하여야 한다. 이미 알고 있는 $[H^+]$, $[H_3PO_4]$, $[H_2PO_4^-]$를 이용하여 K_1를 계산할 수 있다.

$$H_2PO_4^- \rightarrow HPO_4^{2-} + H^+$$

$$K_2 = \frac{[H^+][HPO_4^{2-}]}{[H_2PO_4^-]}$$

그림 12－9에서 점 C는 제2 종말점까지 1/2에 상당한다.

$$[HPO_4^{2-}] = [H_2PO_4^-]$$
$$K_2 = [H^+]$$

K_2는 pH 값으로부터 계산할 수 있다.

K_3는 다음처럼 계산할 수 있다.

$$K_3 = \frac{[PO_4^{3-}][H^+]}{[HPO_4^{2-}]}$$

K_3값은 대단히 작으므로 간접법으로 계산하여야 한다. 종말점 D로부터 적정곡선상의 수평부분에 있는 임의의 점 E까지 적가한 NaOH 양을 계산하라. 다음에 가한 OH^- 농도를 계산하라.

$$OH^-_{added} = \frac{\text{mL NaOH(E}-\text{D)} \times M}{\text{점 E에서의 부피}}$$

실제로 OH^- 농도는 점 E에서 용액의 pH 값으로부터 계산한다. 농도차($OH^-_{added} - OH^-_{pH}$)는 HPO_4^{2-}를 PO_4^{3-}로 변환할 때 이용한 OH^- 값이다. 그러므로 이 값도 계산할 수 있다. 용액의 OH^- 농도는 pH 값으로부터 계산한다. 이미 알려진 H^+, HPO_4^{2-}, PO_4^{3-} 농도를 이용하여 K_3를 구할 수 있다.

12.4.2 염화물－아이오딘화물 혼합물의 전위차법 적정 : AgCl과 AgI의 K_{sp} 계산

M^{n+} 용액 농도를 측정할 때 금속(M^{n+})을 지시전극으로 사용하려고 용액에 담근

다. 이때 전극전위는 $Mn^+ + ne \rightarrow M$(25℃) 전극반응에서 Nernst 식에 따라 감응한다.

$$E = E^0 + \frac{0.1592}{n}\log[M^{n+}]$$

이러한 전극은 Mn^+으로 음이온(X^-)을 침전적정할 때에도 사용할 수 있다.

$$M^{n+} + nX^- \rightarrow MXn$$

침전의 K_{sp} 값이 서로 크게 다르면 혼합물 중 다른 음이온 농도를 전위차 적정곡선으로부터 측정할 수 있다. 그러한 침전적정을 각 당량점에서 이온농도(이 실험은 Ag^+이온)의 급격한 변화가 일어난다. 왜냐하면 용해도곱식을 통하여 X^- 농도는 Ag^+ 농도를 결정하기 때문이다. 당량점을 구할 때 Ag^+ 농도 변화에 감응하는 전극을 이용한다.

전극전위는 적가액을 가할 때마다 측정한다. 이 실험에서 Cl^-과 I^-를 Ag^+ 용액으로 침전할 때 AgI는 먼저 침전되고, E는 거의 모든 아이오딘을 침전할 때까지 서서히 변한다. 첫 번째 당량점부터 Ag^+ 값은 AgCl의 K_{sp} 값에 도달할 때까지 급하게 증가한다. 그리고 다시 $[Ag^+]$와 E도 모든 Cl^-이 침전할 때까지 거의 일정하게 유지한다. 그 다음에 둘째 당량점을 나타내면서 또 다른 급격한 E의 증가를 나타낸다.

일반적으로 침전적정은 SCE 또는 Ag/AgCl 기준전극을 이용한다. 이 전극들은 소량 염화물이 새어 나오므로 할로젠화물을 포함하지 않은 염다리(예를 들면 KNO_3)로 기준전극과 시료용액의 연결에 사용한다. 이 실험에서는 유리전극을 기준전극으로 이용할 수 있다. pH 완충용액에 전극을 담궈 이용하면 유리전극 전위값이 대단히 일정하므로 SCE를 사용할 때 방해물이 새나올 염려가 없다.

방법

pH 미터는 작동하기 전에 5~10분간 예비 가온하고 증류수로 전극을 씻는다. 비커(250mL)에 I^-와 Cl^-이 각기 0.02M 되게 혼합된 용액 2.0mL, 증류수 75mL, 6 M HNO_3 몇 방울, 0.5g $BaNO_3$를 가한다. 자석막대를 넣고 전극을 담근다. 전위차계(혹은 pH 미터)를 0점에 맞추고(AgCl 전극은 적정초기에 음전위이므로 유의하라) 자석젓개로 저으면서 전위를 읽어라. 종말점 가까이까지 적가액을 0.5mL씩 가하고, 다음 종말점을 지나 E값이 거의 일정할 때까지 0.1mL씩 가한다. 다음 둘째 종말점까지 0.5mL씩 가하고, 다시 0.1mL씩 가한다. 미터 바늘이 적정 끝내기 전에 0점에 도달하면 지시바늘을 0점에 다시 조절하고 적정한다.

E값을 수직축에 취하고 $AgNO_3$의 mL에 대하여 점시한다. 그림에서 종말점을 측정하라. 용액 중 NaCl와 NaI 무게를 계산하라 $E = E^0 + 0.059 + \log[Ag^+]$를 사용하여 AgCl과 AgI의 K_{sp}를 계산하라. 측정한 자료는 이 계산에 충분하다. 그리고 기준전극의 반－전지 전위는 필요없다.

문제

1. $Ba(NO_3)_2$는 왜 필요한가?
2. AgCl이 먼저 침전하기 시작할 때 AgI는 몇 % 침전되지 않고 남는가?
3. 앞의 적정에 $1M$ 암모니아가 존재하면 어떤 영향을 주는가? 은－아민 착물의 평형상수는 실험적으로 어떻게 알 수 있는가?
4. AgI와 AgCl의 K_{sp} 계산에 기준전극위는 왜 필요하지 않는가?

연습문제

[12.1] 유리전극의 원리와 구조를 설명하라.

[12.2] 칼로멜전극과 은－염화은전극의 구조를 설명하라.

[12.3] 막지시전극을 분류하라.

[12.4] 산－염기 적정과 산화－환원 적정의 종말점은 어떤 전극을 사용하여 측정하는가?

[12.5] 전위차법으로 적정할 때 뷰렛의 끝을 시료용액에 왜 담그는가? 직접 실험한 다음 해답하라.

[12.6] $0.1M$ 아세트산을 $0.1M$ 수산화소듐용액으로 적정할 때 다음과 같은 적정값을 얻었다. 적정곡선, 1차미분 적정곡선, 2차미분 적정곡선을 그린 다음 종말점을 찾아라.

$0.1M$ NaOH (mL)	0.00	…	10.0	10.5	10.6	10.7	10.8	10.9	11.0	11.1	11.2	11.3	11.4	11.5
pH	3.2	…	5.6	6.0	6.1	6.25	6.5	7.3	8.9	10.0	10.4	10.6	10.7	10.75

아세트산처럼 약한 산의 평형은 다음과 같다.

$$\mathrm{A} \rightleftharpoons B + \mathrm{H}^+$$

$$K_a = [B] \times \frac{[\mathrm{H}^+]}{A}$$

$$\mathrm{p}K_a = -\log K_a = -\log\frac{[B]}{[A]}$$

$$= \mathrm{pM} - \log\frac{[B]}{[A]}$$

연습문제

따라서 $C_A/C_B=1$이 되는 점, 즉 1/2을 적정한 점은 다음과 같다.

$$\frac{[B]}{[A]}=\frac{C_B}{C_A}=1$$

$$pK_a=\text{pH}$$

이와 같은 원리를 이용하여 위의 아세트산 해리상수를 구하라.

[12.7] 약한 일염기산을 0.1000M NaOH로 전위차 적정하여 다음의 pH 값을 측정했다.

mL		pH	mL		pH	mL		pH
0.00	=	2.90	14.00	=	6.60	16.00	=	10.61
1.00	=	4.00	15.00	=	7.04	17.00	=	11.30
2.00	=	4.50	15.50	=	7.70	18.00	=	11.60
4.00	=	5.05	15.60	=	8.24	20.00	=	11.96
7.00	=	5.47	15.70	=	9.43	24.00	=	12.39
10.00	=	5.85	15.80	=	10.03	28.00	=	12.57
12.00	=	6.11						

(a) NaOH mL에 대하여 pH 값을 점시하라.

(b) 당량점의 pH 값은 얼마인가?

(c) 당량점에 상당하는 NaOH 부피는 얼마인가?

(d) 산의 이온화상수는 얼마인가?

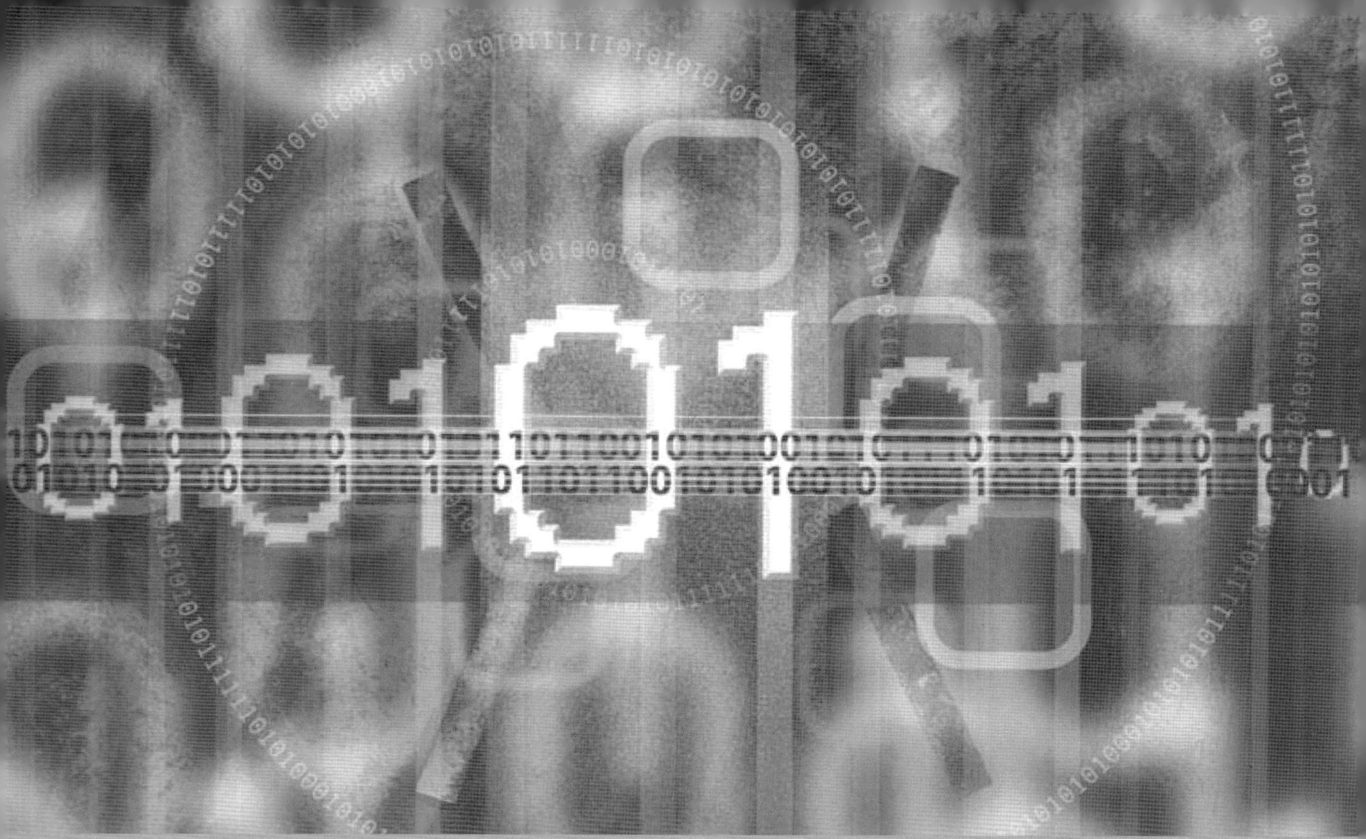

제13장 전기량법

전기량법(coulometry)은 전기무게 분석법(electrogravimetry), 일정전위(constant current) 전기량법, 일정전류 전기량법의 세 가지 방법을 총칭하여 일컫는 정량방법이다. 이 세 가지 방법은 모두 전극에서 충분히 산화 및 환원반응이 일어나게 시간을 주는 방법이다. 일정전위 전기량법과 일정전류 전기량법을 합쳐 전기량 적정법(coulometric titration)이라고도 한다. 전기량법은 다른 분석법과 다르게 표준물이 필요없는 방법이다.

13.1 전기분해의 전류와 전압관계

전기량법에서 전극에 걸어 주는 전위는 식 (13－1)과 같다.

$$E_{전위} = E_{환원음극} - (E_{산화양극} + E_{편극}) - IR \qquad (13-1)$$

$E_{전위}$는 외부에서 전극에 걸어준 전위이고, $E_{환원음극}$은 환원음극의 전위이고, $E_{산화양극}$은 산화양극의 전위이다. $E_{편극}$은 환원음극과 산화양극의 농도차 편극전위 및 환원음극과 산화양극의 반응속도론적 편극 때문에 생기는 과전압의 합계이고, IR은 12장에서 설명한 바와 같이 IR 강하이다. 식 (13－1)은 Nernst 식에 따라 이론적으로 계산한 전위만 양쪽 전극에 걸어줄 때 양쪽 전극 간에 전류는 흐르지 않고, 더 많은 전위를 걸어주어야 한다는 것을 의미한다. 식 (13－1)의 $E_{전위}$, $E_{환원음극}$, $E_{산화양극}$의 세 가지 전위는 이론적으로 계산 가능하지만 $E_{편극}$과 IR은 실험적으로만 구할 수 있다. 전기분해는 일정한 전류상태에서 혹은 일정한 전위상태에서 실험하는 두 가지의 방법이 있다. 우선 일정한 전류상태에서 전기분해하는 방법[이것을 일정전류 전기분해(constant － current electrolysis)라고 한다]을 고려해 보자.

일정전류 전기분해 동안에 일정한 전류를 유지하려면 주기적으로 환원음극전위를 증가하여야 한다. 전기분해하는 동안 환원음극 표면의 용액과 환원음극에서 멀리 떨어진 곳의 용액 간에 농도차 편극이 생기고, 이것 때문에 전류 감소가 생기는 것을 보정하려고 전위를 증가한다. 용액 중 이온 확산, 전극의 정전기적 인력, 저어줌 등의 조작 때문에 일정한 전류를 유지할 수 없다.

일정전위 전기분해(costant－potential electrolysis)할 때 용액 중 이온농도 감소에 따라 전극에 걸어주는 전위는 감소한다. Nernst 식에 의하면 용액 중 이온이 1/10만큼 감소할 때 0.0592/nV만큼 변한다. 예를 들어 0.1M Cu(Ⅱ) 용액이 $10^{-6}M$로 감소할 때 처음의 0.31V에서 +0.16V로 감소한다. 전위값이 변하면 다른 금속들이 함께 환원된다. +2가 금속이 구리(Ⅱ)와 같은 농도로 용액 중에 공존할 때 표준환원전위값이 0.15V 이상 차이나면 분리 가능하다. +3가와 +1가 금속이온은 구리(Ⅱ)와 0.3~1.0V 이상 차이나야 분리 가능하다. 구리보다 큰 전위(0.31V 이상)를 갖는 금속이온은 미리 제거하여야 한다.

일정전위 전기분해할 때 위와 같은 농도차 편극 이외에 *IR* 강하도 함께 전극전위에 영향을 주므로 정교한 전위 조절장치가 필요하다. 환원음극전위를 일정하게 조절하려면 작업전극(환원전극), 대조전극(counter electrode, 이 전극은 산화양극이다), 기준전극(포화 칼로멜전극)의 3개 전극을 사용한다. 이 방법은 조절환원음극 혹은 조절산화양극 전위 전기분해 혹은 일정전위 전기분해[controlled cathode(또는 anode) potential electrolysis 또는 potentiostatic electrolysis]라고 한다. 이 기기는 그림 13－1과 같다. 그림 13－1의 전지는 3개 전극을 이용하여 전극전위를 정확하게 조절하는 방법이다. 그림 13－1(b)는 기준전극(칼로멜전극), 작업전극(백금망 환원전극), 대조전극(백금 산화전극)으로 구성한다. 기준전극과 환원음극 간 거리는 가깝게 놓아야 한다. 전기분해할 때 염소이온이 방해하면 염다리에 KCl 대신 KNO_3 용액을 사용한다. 여러 가지 원소의 환원전위는 hand-book에서 찾아볼 수 있다.

13.2 전기량법

전기량법 시료를 다른 산화상태로 정량적으로 변환할 때 필요한 전기량을 측정하여 분석하여 방법이다. 이것과 대조적으로 전기무게 분석법은 전극에 석출된 무게를 측정하는 방법이다. 전기량은 쿨롱(Coulomb, C) 혹은 패러데이(Faraday, F)의 단위로 측정한다. 쿨롱은 1Å의 전류로 1s 동안에 운반하는 전하량이다.

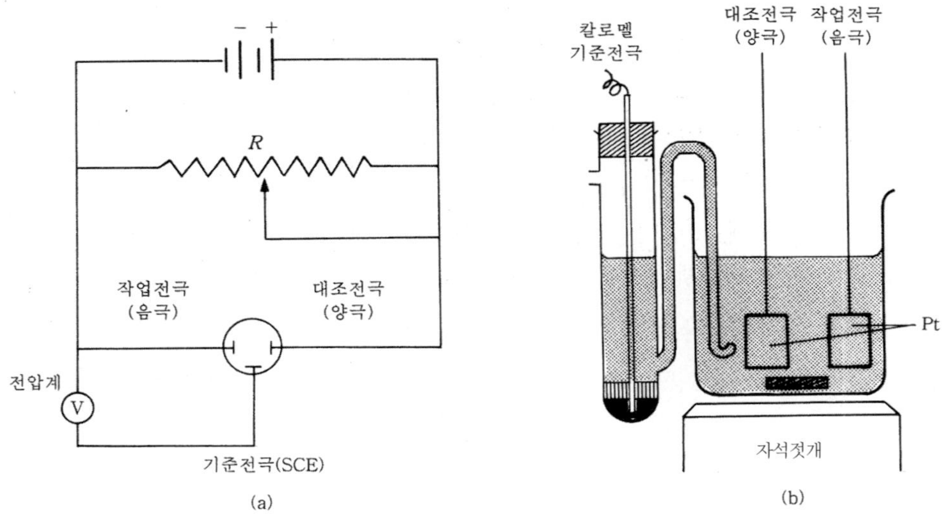

그림 13－1 ▸ 일정전위 조절 환원음극전위 전기분해기. (a) 회로, (b) 전해셀. 대조전극(양극)의 전압을 조절하여 환원음극 전극전위를 일정하게 유지한다.

$$Q = It \qquad (13-2)$$

여기에서 Q는 쿨롱수, I는 암페아수, t는 시간(s)이다. 0에서 t시간까지 흐른 전기량은 식 (13－3)과 같다.

$$Q = \int_0^t I dt \qquad (13-3)$$

실제의 실험에서는 자동 적분기로 측정하여 100% 전류효율로 일어나는 전기량을 알려준다. 1패러데이는 전극에서 1당량의 화학반응이 일어나는 전기량, 즉 96,487 C과 같다.

$$1F = 96{,}487\ C = 6.02 \times 10^{23}\ \text{전자}$$

전기량법에는 일정전위 전기량법(potentiostatic coulometry)과 일정전류 전기량법(amperostatic coulometry)이 있다. 후자는 전자보다 널리 사용하는 방법이고, 전기량

적정법(coulometric titration)이라고 부른다. 일정전위 전기량법은 초기에 많은 전류가 흐르지만 전해물질의 감소에 따라 빠르게 감소한다. 이때 흐르는 전류량을 전자적분기로 측정한다(즉 13−3식의 Q값을 측정한다). 일정전류 전기량법은 분석반응이 완료된 것이 기기에 나타낼 때까지 일정한 전류가 흐른 다음 소요된 시간과 전류 크기로부터 전기량을 측정하는 방법이다.

13.3 일정전위 전기량법

일정전위 전기량법은 전기분해 생성물이 용액에 녹아 무게로 달 수 없는 경우에도 사용할 수 있으므로 전기무게 분석법보다 장점이 있다. 예를 들면 H_3AsO_3를 H_3AsO_4로 전해 산화시켜 정량할 수 있다. 이 방법은 작업전극전위를 일정하게 유지하고, 다른 방해성분이 없는 상태에서 분석물과 전류를 정량적으로 반응시킨다.

그림 13−2는 일정전위 전기량법에 사용하는 두 종류의 전기분해전지이다. 그림 13−2(a)는 작업전극이 백금망, 그리고 대조전극이 백금선으로 구성되어 있다. 대조전극은 반응생성물 때문에 방해받는 것을 배제하려고 시험용액에 넣은 것과 동일한 지지전해질이 들어 있는 다공성관을 사용하여 시험용액과 연결되어 있다. 칼로멜 기준전극은 시험용액과 동일한 지지전해질로 만든 염다리를 사용하여 시험용액과 연결되어 있다. 전기분해 후 백금망의 무게를 측정하여 소비된 전기량과 비교한다. 그림 13−2(b)는 수은전극전지이다. 이 전지는 전기량법으로 어떤 금속이온을 정량하기 전에 방해이온을 제거할 때도 특히 유용하게 사용한다.

예를 들어 Cu, Ni, Co, Ag, Cd은 Al, Ti, 알칼리금속 등은 인산 중에서 정량적으로 분리된다. 용액 중 방해이온을 수은음극 환원시켜 제거하는 문제는 전기무게 분석법에서 설명하겠다. 그림 13−2(b)의 수은전극전지를 사용할 때 수은음극전위는 문헌에서 찾거나 다음 장에서 설명하는 폴라로그램으로 구한다. 예를 들어 Pb(Ⅱ)와 Cd(Ⅱ) 혼합용액의 폴라로그램에서 Pb(Ⅱ)는 −0.5V *vs.* SCE의 반파전위를, 그리고 Cd(Ⅱ)은 0.75V *vs.* SCE의 반파전위를 나타낸다. 반파전위값이 0.2V 이상 차이나면 폴라로그래피법처럼 일정전위 전기량법에서도 분리정량할 수 있다. 그러므로 처음에 0.5V에 수은음극전위을 고정하고 $Pb^{2+} \rightarrow Pb$ 반응에 필요한 전기량을 읽는다. 다음에 0.75V에 수은음극전위를 고정하고 $Cd^{2+} \rightarrow Cd$ 반응에 필요한 전기량을 읽는다. 혹은 수은음극에 석출하고 남은 용액 중의 성분을 분석한다. 13－2(a)도 이것과 같은 방법으로 정량분석에 이용한다.

13.4 일정전류 전기량법

일정전류 전기량법(constant-current coulometry)을 전기량 적정법(coulometric tiration)이라고도 한다. 이 방법은 일정한 전류량에 의해 100% 효율로 발생된 시약을 적정에 이용하기 때문에 생긴 이름이다. 예를 들면 산화양극에서 생성되는 은이온이 용액 중 할로젠이온과 직접 반응한다. 그러므로 이 방법은 표준용액을 사용하여 적정하는

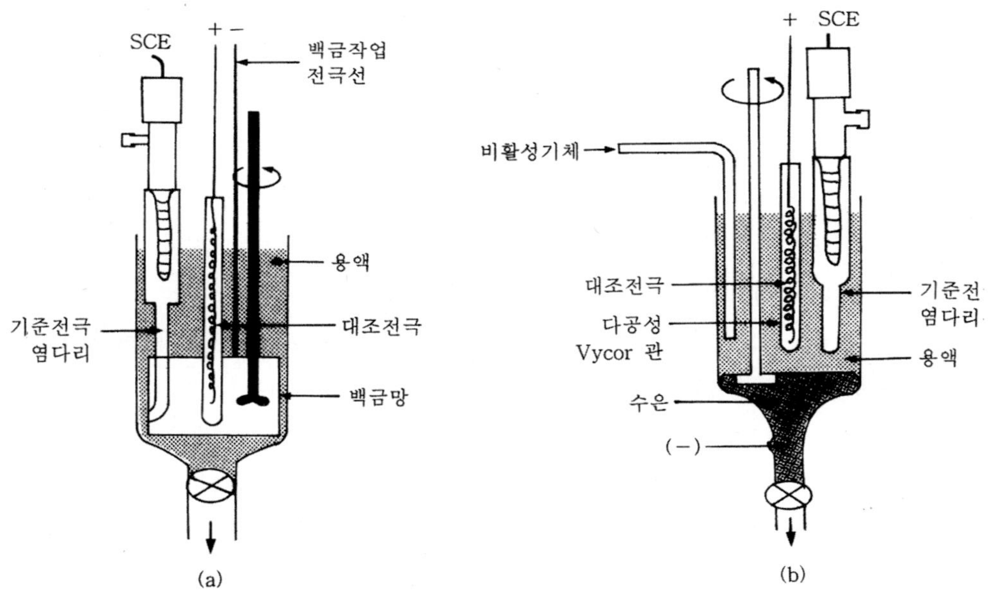

그림 13－2 ▸ 일정전위 전기량법에 쓰이는 전기분해전지. 작업전극. (a) 백금 그물, (b) 수은전극

방법이 아니고 시료용액에 담근 전극에 흐른 전기량만큼 적정이온이 생성되고, 그 이온이 생성되면 즉시 시료와 반응하는 방법이다. 이 방법의 종말점(end-point)은 전위차법, 전류법, 전도도법, 지시약의 색변화법을 이용하여 측정한다.

전기량 적정법의 장점은, 첫째 미량분석에 적당하고, 둘째 공기와 접촉할 때 변하기 때문에 사용할 수 없는 Ti(Ⅱ), Cu(Ⅱ), Br(Ⅰ) 등을 발생 즉시 적정용액으로 쓸 수 있고, 셋째 적정 부피 측정의 오차가 없다. 단점은 기기장치값이 비싸고 0.1~0.01 N 정도의 시료용액 분석에 큰 전류가 필요하므로 전류공급이 어렵다. 그리고 전류변화, 전기분해 효율, 전류측정 오차, 시간측정에 오차를 발생한다.

그림 13－3은 전기량 적정법에 사용하는 전지의 구조이다. 소결유리막을 이용하여 막힌 유리관 안에서 적정시약을 생성하고 유리막을 통해 시료용액 쪽으로 새나온 다음 자석막대로 저으면서 반응한다. 흐른 전기량만큼 적정액을 생성하여 시료용액으로 들어간다. 산－염기 적정법에서는 산－염기 표준용액을 별도로 만들 필요없이 흐른 전기량만큼 OH^-와 H^+이온을 생성하여 공급한다. 전기량 적정법은 중화적정, 침전적정, 착화적정, 산화－환원적정 등에서 묽은 용액이나 미량 시료용액의 적정에 이용하고 있다. 전기량법 적정의 예는 표 13－1과 같다.

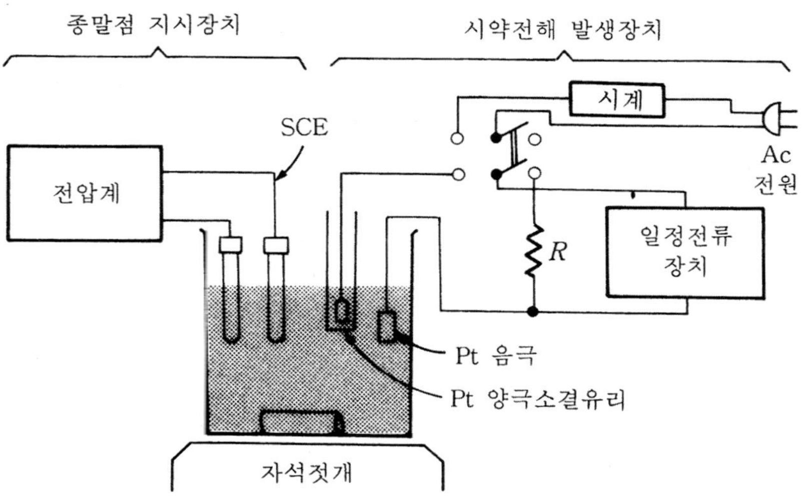

그림 13－3 ▸ 일정전류 전기량 적정장치

표 13－1 ▸ 전기량법 적정의 예

측정화학종	전극생성물	분석반응
산－염기	$H_2O \rightarrow H^+$ 혹은 OH^-	H_2O 생성
할로젠이온	$Ag \rightleftharpoons Ag^+ + e$	AgX
Zn^{2+}	$CNFe(CN)_6^{3-} + e \rightleftharpoons Fe(CN)_6^{4-}$	$K_4Zn_3[Fe(CN)_6]_2$
Ce^{4+}	$Ce^{3+} \rightleftharpoons Ce^{4+} + e$	Fe(Ⅱ), Ti(Ⅲ), U(Ⅳ), As(Ⅲ), I(Ⅰ)

13.5 전기무게 분석법

전기량법은 미량분석에 적당한 반면에 전기무게 분석법은 많은 양의 분석에 적당하다. 무게측정 오차를 감소하려면 전기량법보다 진한 농도의 시료용액을 이용하여야 한다. 전기무게 분석법(electrogravimetry)은 용액 중 금속이온을 백금환원음극에 전해 석출하여 무게를 측정하는 방법이다. 이 방법으로 분석할 때 전류밀도와 전압을 지시한 값에 따라 걸어주어야 한다. 그러나 실제는 전해과정 중 시료용액의 금속이온 농도감소에 따라 전해전극전위는 음전위 쪽으로 이동한다. 이러한 현상은 $E = E^o - 0.0592/n \log C$(농도)의 Nernst 식을 이용하여 $\log C$를 계산해도 당연한 결과를 얻는다. 예를 들어 99.99% 이상 전해되었을 때 $n=1$이면 －0.36V, $n=2$이면 －0.18V만큼 음전위로 이동한다. 그러므로 용액 중 다른 이온이 공존하면 전위값이 변한 다음 함께 전해될 가능성이 있다. 그래서 환원음극전위를 일정하게 유지하는 일정전위 전해법(controlled potential electrolysis)을 사용한다.

일정전위 전해법은 그림 13－4와 같이 백금망을 환원음극으로 사용하여 일정전위에서 전기분해한 다음 무게를 측정하는 일정전위 백금환원음극법과 그림 13－5와 같이 수은을 환원음극으로 사용하여 일정전위에서 금속을 아말감으로 분리하는 일정전위 수은환원음극법이 있다. 일정전위 백금환원음극법은 한 금속이온만 전해 석출하고 무게를 달아 무게분석하는 방법이다. 일정전위 수은환원음극법은 무게분석법이 아니고, 정량분석이나 공업적 생산공정에 방해되는 이온을 수은 아밀감으로 만들어 분리 제거하는 방법이다.

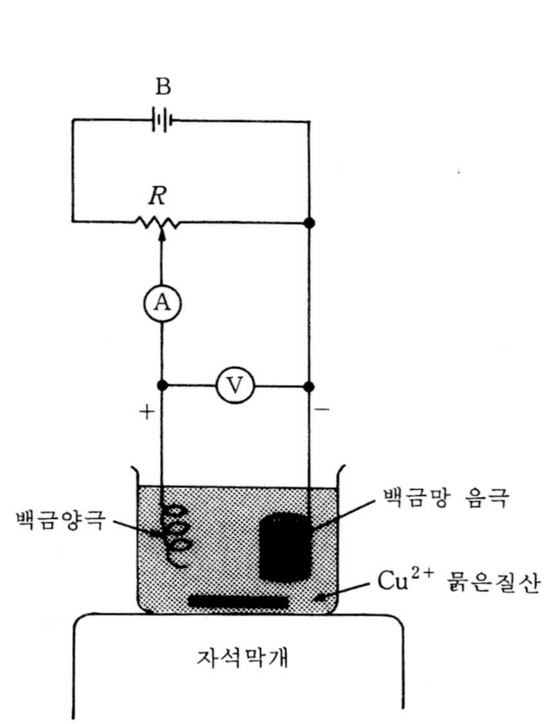

그림 13-4 ▸ 일정전위 전기분해법. B는 DC 전원이고, R은 전지에 걸어주는 전압변화용 저항이다. A는 전지에 걸어준 전압측정용 전압계이다.

그림 13-4의 백금망을 사용한 일정전위 전기분해법은 시료 중 구리분석에 주로 사용한다. 시료용액을 질산산성용액으로 만든 다음 전기분해한다. 실험이 끝날 때 백금망을 조금 더 깊게 담근 다음 잠시 후에 새로 잠긴 부분에 시료성분이 석출되지 않으면 전기분해반응이 완료된 것으로 간주한다. 전원을 끄지 않은 채로 전극을 전해조에서 꺼낸 다음 증류수통에 전극을 헹구고 아세톤에 헹군 다음 전원을 끄고 전극을 대기 중에서 건조 후 무게를 달아 구리를 정량한다.

그림 13-5의 수은 환원음극전지를 사용하여 전해할 때 수은과전압(약 1.2V)은 수소 과전압보다 크므로 1.2V보다 양전위 금속은 수은환원음극에 석출되고, 1.2V보다 음전위 금속은 전해용액에 남아 있으므로 이들의 금속을 분리할 때 이용 가능하다. 수은환원음극법으로 분리 가능한 원소들을 주기율표로 나타내면 표 13-2와 같다. 그림 13-5(a)는 비커를 이용하여 간단하게 수은음극환원법을 이용하는 장치이고, 전해 후에 시료용액과 수은의 분리조각이 곤란하다. 그림 13-5(b)는 전해 후에 수은

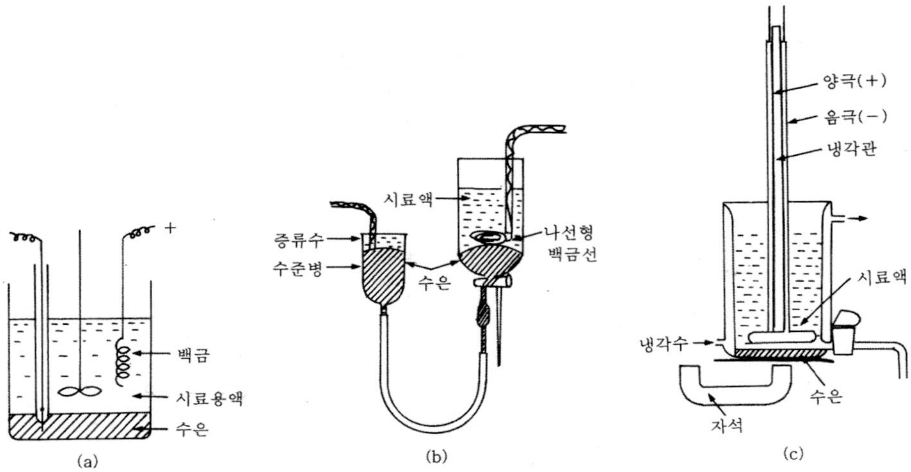

그림 13−5 ▸ 수은음극환원법. (a) 수은음극환원법, (b) Melaven 수은음극환원법, (c) 자석식 수은음극환원법

수준병의 위치를 낮춘 다음 뷰렛 콕크를 통하여 시료용액을 밖으로 분리할 수 있다. 수준병에 담긴 수은층 위에 증류수를 부어 수은증기의 발생을 방지한다. 철강시료를 분석할 때 그림 13−5(c)의 비커 밑에 자석을 붙이면 철분이 밑으로 가라앉기 때문에 깨끗한 수은 표면을 유지할 수 있다. 방해이온이 수은환원음극에 모두 석출하면 전극을 그대로 유지하면서 전해용액을 분리회수한 다음 다른 분석방법으로 정량한다.

표 13−2 ▸ 0.3N 황산용액 중 수은음극에 의한 전기분해

H																	He
Li	Be											B	C	N	O	F	Ne
Na	Mg											Al	Si	P	S	Cl	Ar
K	Ca	Sc	Ti	V	Cr	Mn	Fe	Co	Ni	Cu	Zn	Ca	Ge	As	Se	Br	Kr
Rb	Sr	Y	Zr	Zr	Mo	Tc	Ru	Rh	Pd	Ag	Cs	In	Sn	Sb	Te	I	Xe
Cs	Ba	La	Hi	Hi	W	Rh	Os	Ir	Pt	Au	Hg	Ti	Pb	Bi	Po	Al	En
Fr	Ra	Ac	Th	Pa	U	Np	Pu										

(1) 실선 안의 원소는 수은음극에 정량적으로 석출된다.
(2) 굵은 실선 안의 원소는 정량적으로 석출되지 않는다.
(c) 회색 원소(Mn, Ru, Sb)는 불완전하게 석출된다.

13.6 대시간 전위차법

대시간 전위차법(chronopotentiometry)은 전기화학전지의 젓지 않은 용액을 통하여 일정전류가 흐르는 전기화학적 방법이다. 단계－전류 들뜸신호는 그림 13－6(a)와 같고, 나타나는 전위는 시간의 함수로 측정하고, 그림 13－6(b)와 같은 대시간 전위 곡선으로 나타낸다. 측정전위 변화는 전기분해 동안 전기활성 화학종의 전극표면 농도의 변화를 나타낸다. 전이시간 τ는 전기활성 물질의 표면농도값이 0이 도달하는 시간에 해당한다. 이 점에서부터 전위는 급격히 변하고 용액 중 다른 성분의 전기분해가 일어나고 일정전류를 유지한다.

가역과정에서 전위와 시간관계를 나타내는 관계식 다음과 같다.

$$E = E_{\tau/4} + \frac{RT}{nF}\ \ln\ \frac{\tau^{1/2} - t^{1/2}}{t^{1/2}} \qquad (13-4)$$

여기서 $\frac{RT}{nF}$는 일반적인 의미를 갖는다. t는 시간이고, τ는 전이시간이다. 1/4파(wave) 전위인 $E_{\tau/4}$는 폴라로그래피의 반파전위와 유사하고 다음과 같이 정의한다.

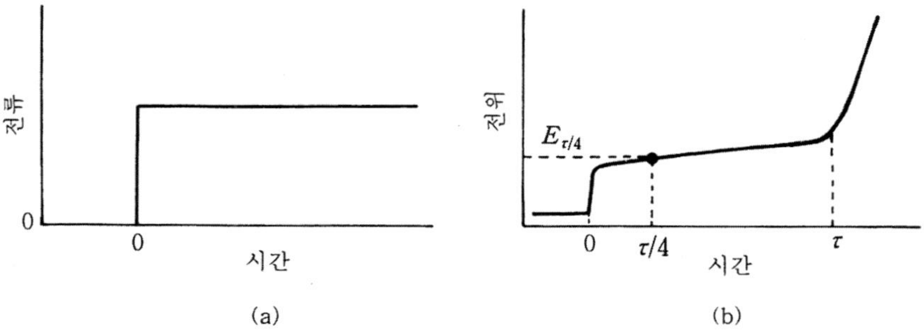

그림 13－6 ▸ 대시간 전위차법. (a) 대시간 전위차법. (b) 대시간 전위곡선

$$E_{\tau/4} = E^{o'} + \frac{RT}{nF} \ \ln \frac{D_R^{1/2}}{\nu_0^{1/2}} \tag{13-5}$$

여기서 D는 확산계수이고 $E^{o'}$는 포말(formal) 전극전위이다. 걸어준 전류와 τ의 관계는 Sand 식(판상전극에서)으로 나타낸다.

$$i\tau^{1/2} = \frac{nFAD^{1/2}\pi^{1/2}C}{2} \tag{13-6}$$

여기서 i = 걸어준 전류, A

τ = 전이시간, s

A = 전극면적, cm^2

D= 전기활성 화학종의 확산계수, cm^2/s

C = 농도, mol/cm^2

n= 이온 또는 분자당 이동전자수

F= Faraday 수, 96,485C/equiv.

$i\tau^{1/2}$는 전기활성 화학종의 주어진 농도에서 일정한 것이 명백하다.

만일 전류가 전이시간 τ에 도달하기 전에 또는 도달한 점에서 역으로 되면 그림 13－7의 대시간 전위곡선에서 보는 것 같은 역전이시간(reverse-transtion time) τ_r을 얻을 것이다.

어떤 짝 화학반응이 없을 때 역전이시간 τ_r는 정방향 전기분해시간 t_f의 1/3이다.

$$\tau_r = \frac{1}{3} t_f \tag{13-7}$$

많은 경우에 용액에서 일어나는 화학반응은 전극에서 일어나는 불균일 전자전이 반응과 짝져 나타난다. 예를 들면 다음과 같은 대표적 전극반응 메커니즘은 화학반응(또는 EC 메커니즘)이 뒤따라 일어난다.

$$R \xrightleftharpoons{-e} O \xrightarrow{k} Y \tag{13-8}$$

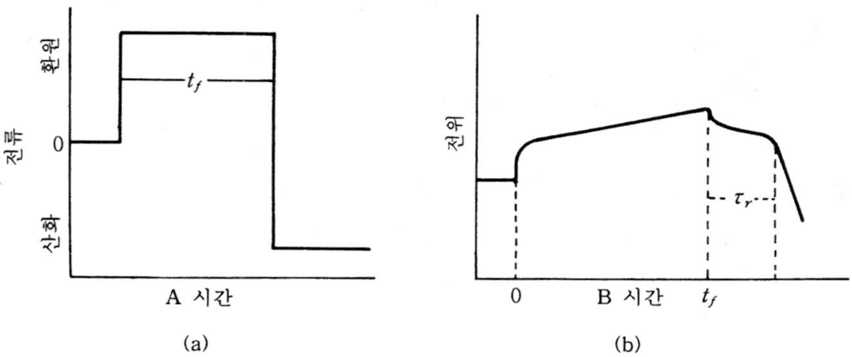

그림 13-7 ▸ 역전류 대시간 전위차법. (a) 들뜸신호, (b) 대시간 전위곡선

여기서 전자를 방출하고 생성된 화학종 O는 용액반응할 때 속도상수 k 속도로 Y를 생성한다. 이런 특수한 메커니즘은 쉽게 역전류 대시간 전위차법으로 연구할 수 있다. 이런 방법에서 처음 산화전류가 흐를 때 생긴 화학종의 양은 환원전류로 역행시켜 측정할 수 있다. 뒤따라 일어나는 O가 Y를 생성하는 후속 화학반응은 k의 크기에 의존하고 τ_r을 1/3 t_f보다 적게 만든다.

13.7 실험

대부분의 경우 전류전압법은 비파괴적이고, 시료용액을 변형하지 않지만 전기분해법은 시료를 다른 형태나 다른 산화상태로 완전 전환되는 원리에 기초를 둔다. 시료화학종의 양은 전기분해 생성물(주로 금속)을 달거나 시료를 완전 전기분해할 때 사용한 전기량을 측정하여 결정한다. 후자의 경우는 100% 전류효율로 전기분해를 진행하여야 한다.

가장 잘 알려진 전기분해법은 무게를 알고 있는 백금전극에 완전 전해 석출한 다음 이 전극을 다시 달아 석출된 금속을 측정하는 전기무게 분석이다. 이와 같은 예는 0.1 M Cu^{2+}와 0.1 M H_2SO_4을 함유하는 용액에 2개 백금전극을 사용하여 구리를 정량하는 방법이다. 두 전극은 같기 때문에 전지전위는 0이다. 그러나 외부에서 전위를 이 전지에 걸어주면 전자는 왼쪽 전극으로 흐르고, 구리이온과 수소이온은 왼쪽(음극) 전극으로 이동한다(그림 13－8참조).

환원전극 : $Cu^{2+} + 2e \rightarrow nCu \qquad E^o = 0.34V \qquad (13-9)$

$2H^+ + 2e \rightarrow H_2 \qquad E^o = 0.00V \qquad (13-10)$

산화전극 : $2HSO_4^- \rightarrow S_2O_8^{2-} + 2H^+ + 2e$

$E^o = -2.05V \qquad (13-11)$

$2H_2O \rightarrow O_2 + 4H^+ + 4e \qquad E^o = -1.23V \qquad (13-12)$

위에 있는 반응들의 표준전위를 비교하여 보면 반응 (13－9)와 (13－12)는 일어날 경향성이 크다. Nernst 식을 이용하여 계산한 실제 전위는 표준전위보다 더 많이 이용한다. Cu^{2+}농도의 감소에 따라 환원전극전위는 H^+이온의 환원반응이 일어나기에 충분한 음전위로 될 때까지 더 음전위로 된다.

전기분해를 시작하면 다음과 같은 전지를 생성한다.

$$Cu \mid Cu^{2+}\ H^+\ SO_4^{2-}\ O_2 \mid Pt$$

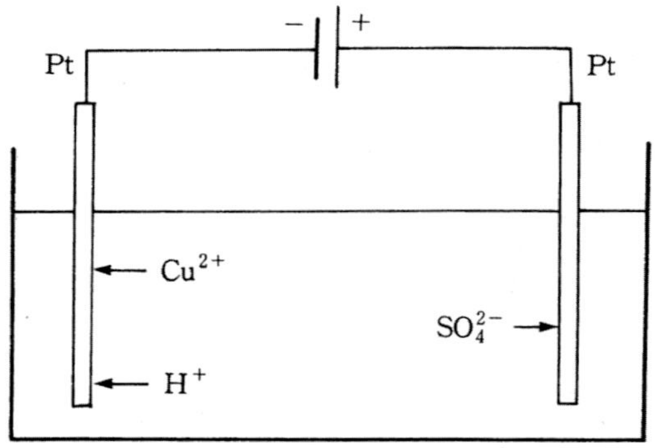

그림 13－8 ▸ 전기분해법의 전기화학전지

산소의 부분압의 1기압이고, Cu^{2+}와 H^{+}의 농도를 0.1M이라 하면 이 전지전위는 구리전극이 음극일 때 0.86V이다.

$$E_{전지} = E^{o}_{O_2, H_2O} - E^{o}_{Cu^{2+}, Cu} + \frac{0.059}{4} \log \frac{P_{O_2}[H^{+}]^4}{[Cu^{2+}]^2}$$
$$= 0.86V \qquad (13-13)$$

이것은 전지반응의 경향성을 나타내고, 구리전극이 자발적으로 Cu^{2+}으로 녹는 것을 의미한다. 따라서 구리용해를 막기 위해 0.86V 전위를 외부에서 걸어주어, 걸어준 외부전위의 음의 단자가 구리전극에 걸리도록 한다. 이 전위를 평형분해전위(equilibrium decompositon potential)라 하고, 전자반응이 반대방향으로 일어나려는 경향을 방지하는 전위이다. 전기분해가 일어날 때 활성화학종 농도는 전극의 바로 인접부분에서 감소한다. 이것은 분해전위를 더 크게 유지하는 원인이고 이것을 농도편극이라 한다.

0.86V보다 약간 큰 전위를 걸어주어야 구리의 전기분해가 일어난다. 그러나 많은 경우 과전압 효과 때문에 평형분해전위보다 상당히 큰 전위가 필요하다. 과전압 크기는 여러 가지 변수에 따라 다르다.

1. 전극으로 사용한 금속의 종류와 표면조건
2. 전극반응의 성질(기체를 방출할 때는 크고 금속을 석출할 때는 작다)
3. 온도(온도증가는 과전압 감소)
4. 전류밀도(전류밀도의 증가는 과전압 증가)

과전압은 그것이 산화전극에서 일어나든지 또는 환원전극에서 일어나든지 상관없이 일정한 전기분해속도를 유지하게 걸어줄 전위를 높이는 작용을 한다.

평형분해전위와 과전압 이외에 전류가 흐를 때 전체 회로의 저항을 극복할 수 있는 전위를 더 걸어주어야 한다. 따라서 걸어주어야 할 전체 전위는 다음과 같다.

$$E_{applied} = E_{cell} + E_{oc} + E_{oa} + iR \qquad (13-14)$$

여기서 E_{oc}는 환원전극의 과전압이고, E_{ca}는 산화전극의 과전압이다. iR는 저항전위이다. 필요한 걸어줄 전위는 평형분해전위(전극의 인접표면 부분 활성화학종의 농도 사용)에 과전압을 더하고 저항전위를 더한 것과 같다. 식 (13－14)는 그림 13－9로 나타낸다.

전류가 흐르면 전극반응이 일어나고 전해용액의 화학적 조성은 계속 변한다. 이와 같은 것은 여러 가지 효과를 갖는다.

1. 전극전위는 변하고 평형분해전위는 증가한다.
2. 초기전극반응 최고 물질이 고갈되면 다른 물질로 바뀐다.
3. 한 종류의 이온이 다른 이온으로 바뀌므로 전기저항이 변한다. 주로 금속이 환원전극에 석출하고 당량의 H^+은 산화전극에 생긴다. 따라서 저항은 감소한다.
4. 전해용액을 통해 전류가 흐르기 때문에 온도는 증가한다. 이것은 과전압을 줄이고 전해용액의 저항을 감소한다.

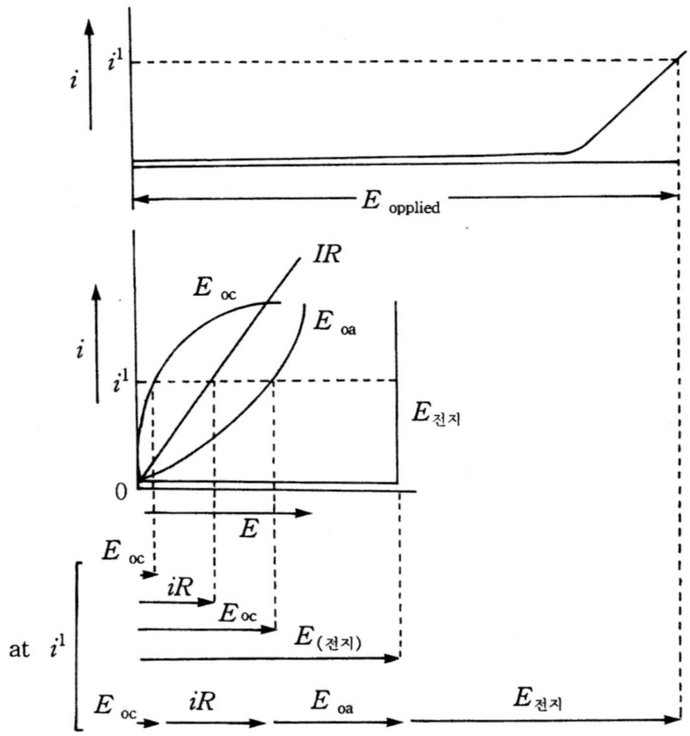

그림 13－9 ▸ 식 (18－14)의 도식적 표현

전기분해 동안 걸어준 전위를 일정하게 유지하면 환원전극전위는 농도변화 때문에 많이 변한다. 전류와 저항이 변하면 과전압에 영향을 준다. 이런 모든 것이 식 (13－14)에서 환원전극전위를 변하게 만드는 직접요인이다. 환원전극전위가 더 음으로 변하는 것은 당연하다. 환원전극전위가 더 음으로 될수록 다른 반응이 일어날 가능성이 크다. 걸어준 전체 전위보다 환원전극전위를 조절하는 것이 더 바람직하다(같은 결과는 환원전극에도 적용된다).

환원전극전위를 측정할 때 안정한 기준전극이 필요하다. 반응이 일어날 때 전지의 산화전극전위는 충분하지 않다. SCE와 같은 제3전극이 이런 목적에 적합하다. 전체 걸어준 전위를 조절하면서 환원전극과 기준전극 간의 전위는 일정하게 유지한다. 이런 방법은 환원전극전위를 일정하게 유지하지 않으면 몇 개의 다른 전극반응이 환원전극에서 일어나는 혼합물 분석에 유용하다.

혼합물 분석의 선택성은 시료용액의 전해질을 조절하여 달성할 수 있다. 예를 들어 용액이 산성이면 전극전위 순서에서 수소 앞에 있는 금속이온들은 전기분해되지 않는다. 따라서 선성에서 Ni^{2+}이 존재할 때 Cu^{2+}만 선택적으로 전기분해할 수 있다. 즉, Ni^{2+}는 H^{+}보다 환원되기 어렵다. 같은 원리로 질산이온이나 다른 전기활성 이온들의 혼합물에도 선택성이 있다. 많은 유용한 분석방법은 이런 원리에서 나온다.

전기무게 분석 : 금속은 환원전극에 석출하여 무게를 달 수 있고, 또 PbO_2와 같은 금속화합물은 산화전극에 석출하여 무게를 달 수 있다. 이런 방법은 실험 13.7.1에 있다.

전기적 분석 : 하나 또는 몇 가지 금속이 전극에 석출되고 다른 것은 용액에 남는다. 석출된 금속은 전류의 역으로 흐르게 조작하거나 산에 녹여 환원전극에서 제거한다. 수은전극은 이런 목적에 사용한다. 금속은 수은을 증발시켜 회수한다.

전기량법 분석 : 전극반응이 100% 전기효율로 반응으로 일어나면(환원전극전위 조절에 의해) 흐른 전기량을 측정하여 물질을 분석할 수 있다. 일정한 전류에서 반응에 걸린 시간을 축정하여 분석할 수 있다. 후자의 경우 원하는 반응의 완결점을 알 수 있는 독립방법이 필요하다. 일정－전류 전기량은 실험 13.7.2에 있다.

13.7.1 구리-니켈 혼합물의 전기무게 분석

이 실험은 전기분해법의 이용과 pH 및 용액의 매질을 조절하여 가능한 전극반응을 조절할 수 있는 방법이다.

기기

키가 크고 입이 없는 비커(200mL) 2개
분리 시계접시(split watch glass) 2개
백금망 전극(2쌍)(환원전극 약 $100cm^2$)
2개의 전기분해 단자를 갖는 DC 전원
자석젓개와 젓개막대 2개
피펫(25mL)
눈금실린더(100mL)
메스플라스크(100mL)(질산이나 황산염의 구리와 니켈염의 미지시료를 0.5~2g씩 녹이고, 질산 1mL를 넣고 다음 눈금까지 묽힌다)
삼각플라스크(500mL) 2개

시약

3M 황산
16M 질산
6M 질산
18M 황산
15M 암모니아
아세톤이나 메탄올
알코올에 녹인 다이메틸글리옥심(1% 용액)

방법

백금전극을 씻고 증류수로 씻은 다음 아세톤이나 메탄올로 씻는다. 오븐에서 몇 분간 건조하여 식히고 0.1mg까지 또는 정확도 한계까지 무게를 단다.

미지시료를 메스플라스크(100mL)의 눈금까지 정확히 묽히고, 2개의 키 큰 비커(200mL)에 각각 25mL씩 피펫으로 취해 넣는다. 각 시료를 암모니아수로 중화한 다음 3M H_2SO_4 6mL와 6M HNO_3 2mL을 넣고 약 100mL 되게 묽힌다. 더 큰 바깥 백금망 전극을 환원전극으로 이용하고 전극들이 닿지 않게 설치한다. 각 전극 밑에 자석젓개를 놓고 각 비커에 젓개막대를 넣고, 자석회전판 위에 각 비커를 놓고 전극이 중심에 오게 조절하고, 전극이 용액 위로 약 2mm 올라오게 놓는다. 젓개를 돌리고 전압을 2~4V 올리고 3~4Å 전류를 흐르게 조절한다. 45~60분 또는 Cu^{2+}의 푸른색이 완전히 없어질 때까지 전기분해를 계속한다. 전기분해를 계속하면서 시계접시와 비커 내벽을 씻어 내려 환원전극망이 완전히 잠기게 조절한다. 다시 15분간 전기분해를 계속한다. 새로 잠긴 전극부분에 구리가 석출되지 않으면 전기분해는 완결되었다고 볼 수 있다. 그렇지 않으면 환원전극을 더 용액에 잠기게 조절하고 전기분해를 계속한다. 전위를 걸어놓은 채 젓개와 시계접시는 제거하고 비커를 서서히 내려놓으면서 전극을 물로 씻는다. 전극에 석출된 금속에 남아 있는 산은 금속을 녹일 것이다. 니켈을 분석하려면 남은 용액을 보관해야 한다. 환원전극을 물로 씻고, 아세톤이나 알코올로 다시 씻고, 오븐에서 몇 분간 건조한 다음 식혀 무게를 단다(석출된 구리를 오래 건조하면 산화될 염려가 있다). 무게를 달고 석출된 구리를 산으로 녹여 낸다.

비커에 남아 있는 시료용액에서 질산이온을 제거할 때 후드에서 증발건조한다. 완전건조한 고체는 녹이기 어렵다. 열판 위에서 증발하거나 또는 용액을 삼각플라스크(500mL)에 옮겨 불꽃에서 세게 가열한다. 튀기지 않게 계속 젓는다. 18M 황산 5mL을 가하고 가열하여 몇 초간 흰 연기를 낸다.

나머지를 식힌 다음 물 25mL을 조심스럽게 가하고 암모니아수로 중화한다. 삼각플라스크에서 증발하면 용액을 다시 키 큰 비커로 옮긴다. 15M 암모니아 15mL을 가하고 100mL 되게 묽혀 구리와 같은 방법으로 전기분해한다. 석출이 완성되었는가를 시험할 때 1mL를 취하고 1% 다이메틸글리옥심 2mL을 가하여 적색 침전이 생기면 Ni^{2+}이 남아 있는 것이다. 환원전극을 씻고 건조하여 무게를 단다.

시료 중 Cu 와 Ni 무게를 보고한다.

문제

1. 니켈을 전기분해하기 전 NO_3^-를 제거하는 이유는 무엇인가?
2. 니켈정량 전에 암모니아가 불충분하면 어떻게 되는가?
3. 같은 합금시료에서 Cu, Cd 및 Pb의 정량과정을 설명하라.
4. Cu와 Ni 혼합물의 전기분해 분석법에서 석출된 무게를 달지 않고 분석하는 방법을 제시하라. 필요한 장치와 용액조건을 제시하라.
5. 평균전류를 3.5Å이라 가정하고 시료에서 니켈을 석출할 때 필요한 이론시간을 계산하라. 이것과 실제 소요시간을 비교하고, 차이에 대한 이유를 설명하라.

13.7.2 놋쇠와 구리광석에서 구리의 전기무게 분석

기기

전기분해 장치와 백금전극
삼각플라스크(250mL)
깔때기와 거름종이
키 큰 비커(300mL)
눈금실린더(25mL)
자석젓개와 젓개막대
비커(450mL, 250mL)
메스플라스크(250mL)
피펫(50mL)
홈 있는 시계접시(fluted watch glass)

시약

미지 놋쇠와 구리광석 시료
1 : 1의 질산, 물
진한 황산
질산

고체 황산암모늄
아세톤이나 에틸알코올

방법

A. 놋쇠에서 구리정량

1g 시료를 0.1mg까지 정확히 달아 비커(400mL)에 옮기고 1 : 1 질산 20mL을 가한다. 모두 녹으면 진한 황상 10mL을 가하고 갈색 연기가 없어질 때까지 세게 가열한다.

주의 : 후드에서 용해하여야 한다.

시료를 약 75mL 되게 묽힌 후 메스플라스크(250mL)에 거르고 찌꺼기를 증류수로 4~5회 씻고 눈금까지 묽힌다. 50mL을 취해 키 큰 비커(30mL)에 넣고 2g 황산암모늄을 가하고 200mL 정도로 묽힌다.

스위치를 단전(OFF)위치에 놓고 전기분해 장치에 산화전극을 +극에 연결하고 미리 깨끗이 닦은 무게를 알고 있는 환원전극을 －극에 연결한다. 시료 비커에 자석젓개 막대를 넣고 전극은 위로부터 약 1/4 남게 용액에 잠기게 조절하고 자석젓개와 닿지 않게 한다. 젓개를 작동하고 2Å 전류에서 35분간 전기분해한다. 더 이상 구리가 석출되지 않으면 전기분해를 중단한다. 전해전지에 전기를 걸어 놓은 채 전극에서 비커를 서서히 제거하고 전극이 노출될 때 석출된 구리를 세척액으로 씻는다. 비커를 제거한 후 전류를 끄고 환원전극을 2~3분간 건조한다(오래 건조하면 석출 구리는 산화할 것이다). 식힌 후 환원전극 무게를 단다. 그 다음 그 전극을 따뜻한 진한 질산에 담궈 구리를 녹인 다음 물과 아세톤으로 씻어 말린다.

시료 중 구리의 %를 계산한다.

B. 구리광석에서 구리의 전기분해 분석

이 과정은 시료준비 과정을 제외하면 놋쇠 중 구리분석 방법과 같다. 1g 시료를 키 큰 비커(300mL)에 달아 넣고, 마개를 닫은 후 10mL 질산을 신속히 가하고 홈이 있는 시계접시로 덮고 끓는점보다 낮은 온도에서 5mL 부피까지 가열 증발한다. 식힌 후 10mL 황산을 넣고 SO_3 흰 연기가 심하게 날 때까지 조심스럽게 증발하고 식힌다. 100mL까지 묽힌 후 20분간 질산을 가하고 0.5Å와 2V에서 1시간 전기분해한다.

시료 중 구리 %을 계산하라.

문제

1. 시료에 황산암모늄을 가하는 목적은 무엇인가?
2. 전기분해가 끝난 후 전극을 시료에서 제거할 때 전기분해 전지에 전압을 걸어 놓는 이유는 무엇인가?
3. 이 방법에 의한 구리의 검출한계는 얼마인가? 한계인자는 무엇인가?

연습문제

[13.1] 전기량 적정법은 표준물질을 어떻게 공급하는가?

[13.2] 일정전위와 일정전류 전기량법은 어떻게 다른가?

[13.3] 수은음극환원 전기분해법의 장점은 무엇인가?

[13.4] 0.800 Å의 일정전류을 이용하여 환원전극에서 구리를 석출하고 산화전극에서 산소를 발생시켰다. 15.2분간 생성된 구리와 산소의 g수를 계산하라.

$$Cu^{2+} + 2e \rightleftharpoons Cu(s)$$
$$2H_2O \rightarrow 4e + O_2(g) + 4H^+$$

[13.5] 다음의 표준환원전위로부터

$$Cu^{2+} + 2e^- \rightarrow Cu \qquad E^o = 0.337$$

(1) 0.1 M Cu^{2+} 용액에서 구리석출의 시작에 필요한 Nernst 환원음극전위를 계산하라.

(2) 구리를 정량적으로 제거할 때 ($[Cu^{2+}]$를 $10^{-6}M$까지 제거) 필요한 Nernst 환원음극전위를 계산하라.

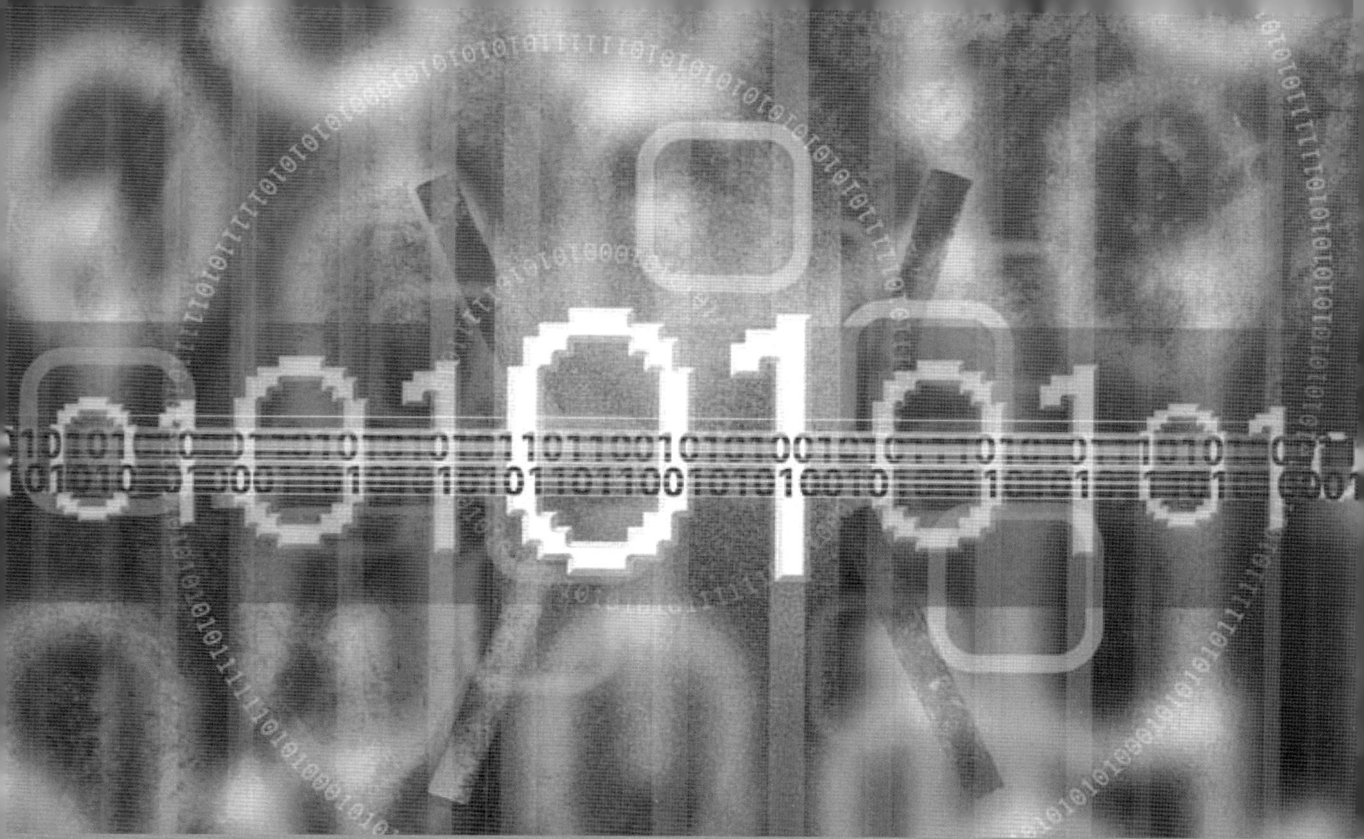

제14장 전압전류법

전압전류법(voltammetry)은 편극상태의 작업전극(혹은 지시전극) 전위를 외부로부터 변화시키면서 농도에 비례하는 전류의 변화를 측정하는 방법이다. 작업전극은 편극이 잘 일어나게 표면적이 작은 미소전극(microelectrode)을 사용한다.

전압전류법, 전위차법, 전기량법의 근본적 차이점은 다음과 같다. 전압전류법은 완전농도 편극상태에서 전기화학전지의 농도변화에 따른 전류변화를 측정하는 방법이다. 전위차법은 0에 가까운 전류상태에서, 그리고 편극이 일어나지 않는 조건에서 농도변화에 따른 전위변화를 측정하는 방법이다. 전기량법은 최초의 농도편극효과의 상태 혹은 그것의 효과들이 상쇄되는 상태에서 전기화학전지 내부의 모든 분석시료를 소비할 때까지 전기량을 측정하는 방법이다.

전압전류법은 본래의 고전적 폴라로그래피법(polarography)과 그 방법을 변형한 여러 가지 전류채취[current－sampled, (TAST)] 폴라로그래피법, 펄스(pulse) 폴라로그래피법, 벗김법(stripping method), 순환(cyclic) 폴라로그래피법 등이 있다. 폴라로그래피법과 벗김법으로 정량 가능한 원소는 그림 14－1과 같다.

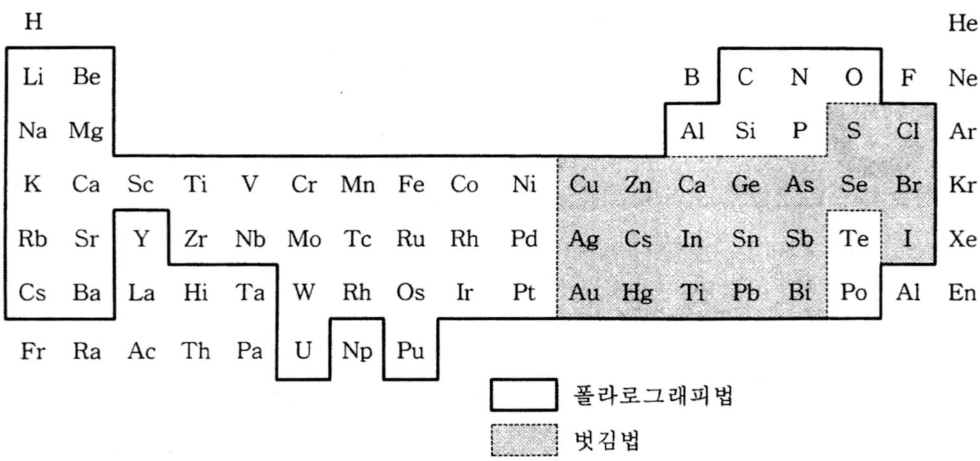

그림 14－1 ▸ 폴라로그래피법과 벗김법에 의한 정량원소

14.1 고전적 폴라로그래피법

고전적 폴라로그래피법은 1922년 체코슬로바키아의 Heyrovsky에 의해 연구된 이후 지금까지 계속해서 연구된 방법이다. 이 방법은 표면적이 작은 적하수은전극을 작업전극으로, 넓은 수은평면전극을 대조전극으로 사용한다. 1950년대 이후부터 1965년까지 전압전류법이 새로 발전되어 고전적 폴라로그래피법을 개선하였다. 그래서 폴라로그래피법은 고전적 방법과 현대적 방법으로 편의상 구분한다.

14.1.1 고전적 폴라로그래피법의 기기와 원리

고전적 폴라로그래피법의 원리는 다음 절에서 설명하는 현대적 폴라로그래피법에도 적용되는 이론이다. 전기분해전지에서 비슷한 넓이를 갖는 편극되지 않는 2개 금속전극을 이용하여 바탕용액을 젓지 않으면서, 그리고 전위를 증가하면서 전기분해하면 그림 14－2의 B선처럼 곡선이 생긴다. 처음에 전류는 흐르지 않지만 금속이온의 전기분해 전위에 도달하면 전위를 증가할수록 전류는 빠르게 증가한다. 또 다른 방법으로 얻은 그림 14－2 A선의 전기분해 곡선을 살펴보자. 용액을 저어주지 않은 상태에서 한쪽 전극은 편극을 무시할 정도로 넓은 평면전극(수은전지전극)의 전위를 일정하게 유지하고 또 한쪽 전극은 대단히 작은 넓이의 편극이 잘 생기는 미소전극(microelectrode)을 사용한다. 이와 같이 넓은 전극과 미소전극을 짝지어 사용하면 양쪽 전극 간의 기전력은 미소전극의 전위변화만 영향받는다. 이와 같은 조건하에서 전기분해하면 B선의 곡선(바탕용액의 전압전류 곡선)과 다르게 A선으로 표시한 전압전류 곡선이 나타난다.

미소전극은 백금회전전극(rotating platinum microelectrode)이나 유리 모세관에서 작은 수은방울이 떨어지는 수은적하전극(dropping mercury electrode, DME)이 있다. 그림 14－2에서 A선으로 표시한 곡선을 폴라로그램(polarogram)이라 하고, 이것은 Cd(Ⅱ)이온에 대하여 고전적 폴라로그래피법(classic polarography)으로 수은적하전극을 이용하여 얻은 폴라로그램이다. 폴라로그램에서 전해전압에 도달할 때까지 전해되

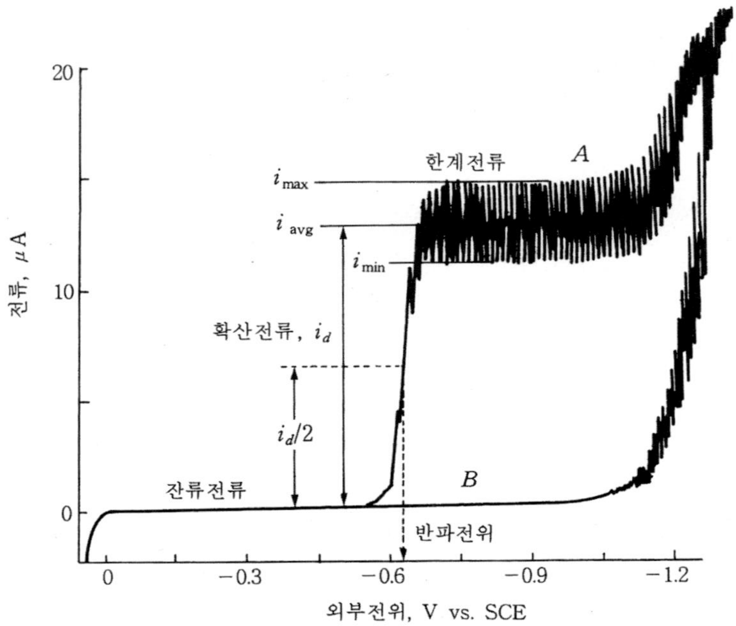

그림 14−2 ▸ 폴라로그램. (a) 1*M* KCl 중 $1\times10^{-4}M$ Cd(Ⅱ)용액($E/\frac{1}{2}=-0.64$V), (b) 1*M* KCl 바탕용액

는 이온이 없으므로 전류는 거의 흐르지 않는다. 이것을 잔류전류(residual current)라고 한다. 전해전위에 도달한 다음 전위증가에 따라 미소전극 주위의 이온이 환원되므로 전류는 이온농도에 비례하여 빠르게 증가한다. 이것을 확산전류(diffusion current, i_d) 혹은 파고(wave height)라고 한다. 확산전류의 1/2 되는 전위($E_{1/2}$)를 반파전위(half wave potential)라 한다. 반파전위값은 전해용액의 성분에 따라 변하고 이온의 고유한 값이다. 미소전극 주위의 이온이 모두 전해되면 전류는 일정한 값을 유지한다. 이 전류를 한계전류(limitting current, saturation current)라고 한다. 확산전류값은 이온농도에 비례하므로 정량분석에 이용하고 반파전위는 정성분석에 이용한다.

그림 14−2의 폴라로그램이 톱날처럼 나타나는 이유는 그림 14−3처럼 모세관에서 차례로 5개 수은방울이 점점커지면서 전류가 많이 흐르고 수은방울이 떨어지면 전류가 감소하기 때문이다. 그림 14−3의 점선은 수은방울의 수명이 긴 경우이고, 실선은 수명이 짧은 경우이다. 폴라로그램은 항상 수은방울에 따라 나타나는 확산전

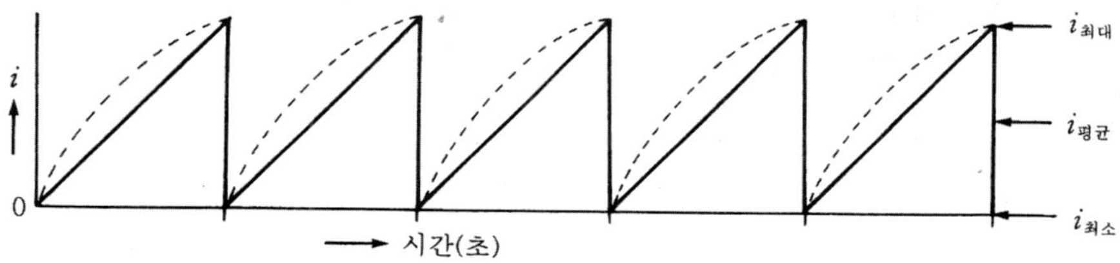

그림 14－3 ▸ 수은방울 성장과 전류생성의 관계

류의 평균값($i_{평균}$)을 취한다. 모세관에서 수은방울이 생기면서 표면적이 점차로 커짐에 따라 전류도 증가하다가 수은방울이 낙하하면 수은방울의 전류는 0으로 된다. 다시 수은방울이 증가하면 전류도 증가한다.

미소전극을 환원전극으로 사용하여 얻은 폴라로그램을 환원파(reduction wave)라 하고, 산화양극으로 사용하여 얻은 것은 산화파(oxidation wave)라고 한다(그림 14－4). 그리고 가역반응과 비가역반응의 산화파 및 환원파로 구분할 수 있다. 비가역반응은 유기화합물의 경우에 주로 나타난다.

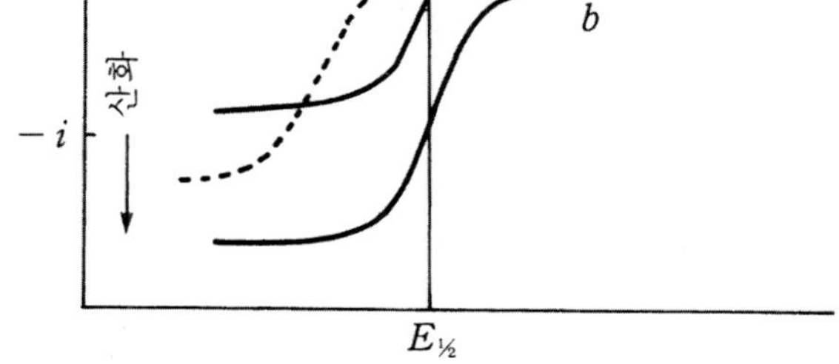

그림 14－4 ▸ 가역반응파와 비가역반응파. (a) 가역반응의 음극파, (b) 가역반응의 양극파, (c) 가역반응의 산화파와 환원파, (d) 비가역반응의 산화파와 환원파

폴라로그래프(polarograph)는 그림 14－5와 같다(2전극계). 미소전극은 수은적하전극 혹은 백금회전전극(－)을 사용하고 미소전극에 대한 대조전극은 표면적이 넓은 평면전극[넓은 그릇 바닥에 수은이 담겨 있는 (+)전극]을 사용한다. 양쪽 전극 사이는 R을 움직여 전위를 변화시키면서 전위차계 B를 이용하여 전위를 측정함과 동시에 전류는 검류계 G를 이용하여 측정한다. 최근의 폴라로그래피법(전압전류법)은 그림 14－6과 같은 3전극 일정전위계(potentiostat) 폴라로그래프를 이용한다. 2전극계는 간단한 DC 폴라로그래법과 느린 주사법－선형 전압전류법(slow-scan linear-sweep voltammetry)에 이용할 수 있지만 3전극계는 자동적으로 용액저항을 보상할 수 있으므로 작은 전도도를 갖는 물 아닌 용매계, 펄스 폴라로그래피법, 빠른 주사 폴라로그래피법에 이용한다. 3전극계 일정전위계를 이용하는 폴라로그래프는 그림 14－5와 같다. 첫째, 기준전극은 칼로멜전극을 이용한다. 둘째, 대조전극은 2전극계의

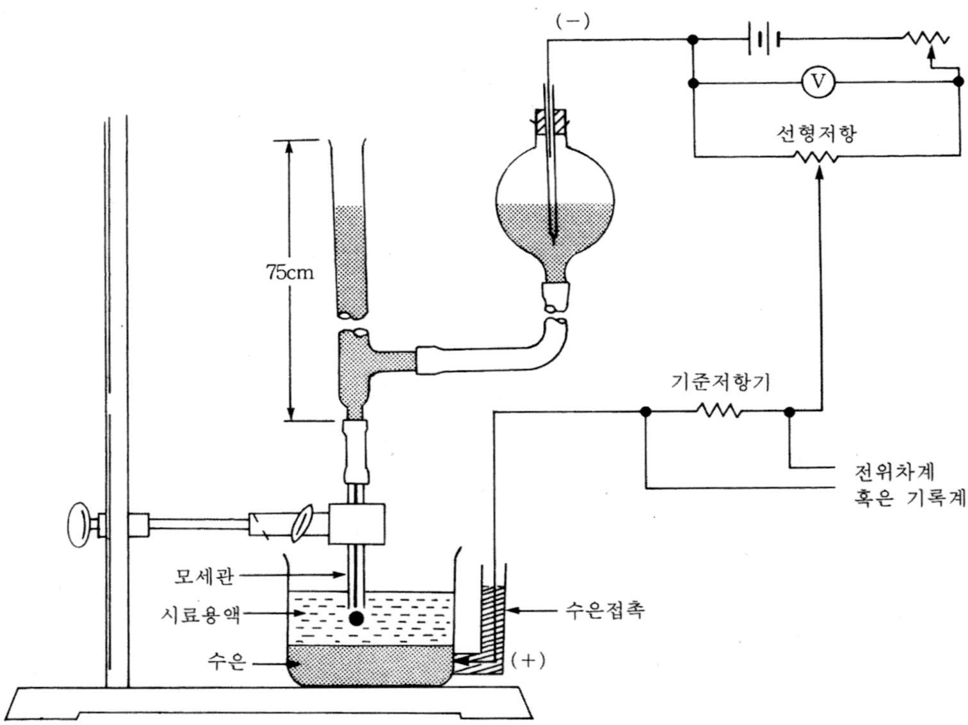

그림 14－5 ▸ 폴라로그래프(2전극계)

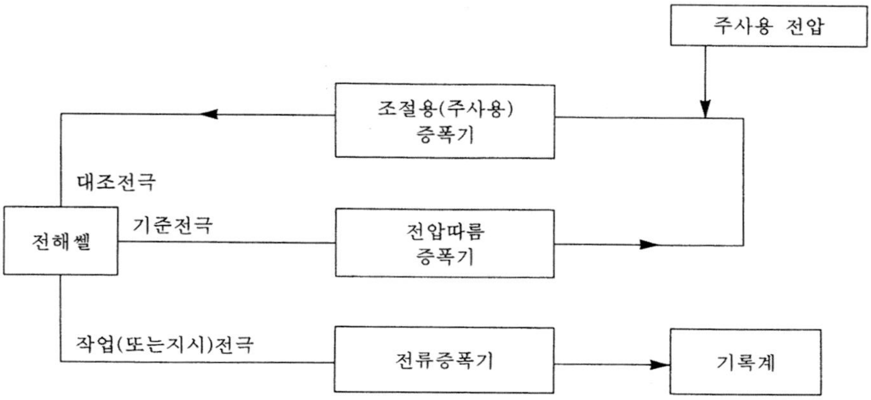

그림 14-6 ▸ 3전극계 폴라로그래프

경우에 전해전지 바닥에 넓게 고인 수은을 이용하지만 3전극계는 근래에 넓은 백금판을 이용한다. 셋째, 작업전극(지시전극)은 종래에 적하수은전극(droping mercury electrode, DME)을 사용했지만 근래는 그림 14-7처럼 기계적으로 충격을 주어 수은방울을 낙하한다. 수은방울 크기와 낙하시간을 자동적으로 조절할 수 있다. 3전극계 전해셀은 2전극계처럼 큰 셀이 필요없다.

시료용액에 미소전극을 담그고 용액을 저어주지 않은 상태에서 전기분해하면 미소전극 주위의 이온만 전기분해되고 전극에서 떨어진 곳의 모액(bulk solution이라는 단어도 가끔 사용한다)은 농도변화가 없다. 그러므로 폴라로그래피법은 농도편극을 이용하여 분석하는 방법이다. 만약 용액을 저어주면 모액으로부터 이온을 계속해서 공급하므로 용액 중 모든 이온을 전해할 때까지 확산전류는 무한히 증가할 것이다. 그러므로 폴라로그램을 얻을 때 용액을 젓거나 흔들지 않아야 한다. 용액을 젓거나 흔들지 않아도 용액 중 이온의 이동(migration), 확산 및 대류(convection) 때문에 미소전극 쪽으로 약간의 이온이 움직인다. 확산전류 i_d는 25℃에서 다음과 같이 Ilkovic 식으로 나타낼 수 있다.

$$i_d = 607nCD^{1/2}m^{2/3}t^{1/6} \qquad (14-1)$$

여기에서 i_d는 전위와 무관하고 용액 중 분석농도에 정비례한다. n은 환원반응이 일

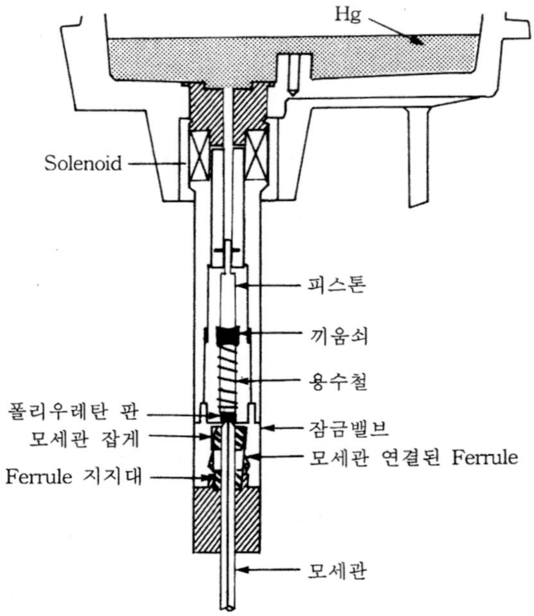

그림 14－7 ▸ 자동 수은방울 적하전극(yanaco, 종로과학 제공)

어나는 이온의 전자수, C는 농도, D는 이온확산계수(cm^2/sec), m은 모세관에서 나오는 수은 유출량(mg/sec), t는 모세관에서 떨어지는 수은방울 수명이다. 수은방울의 수명은 수은기둥의 높이를 조절하여 3~6초 되게 조절한다. 온도 1℃ 변화에 대하여 i_d는 1~2%씩 변한다. 그러므로 전해셀의 온도를 일정하게 유지하는 것이 필요하다. 용액의 점도에 따라 이온이동값이 변하므로 다음에 설명하는 극대억제제를 0.1% 이하 되게 시료용액에 미리 첨가한다. 용매에 종류와 농도에 따라 수은의 표면장력이 변하므로 잔류전류도 크게 변한다.

시료용액을 전기분해할 때 시료농도의 100배 정도 되게 전해질용액을 가한다. 이것을 지지전해질(supporting electrolyte)이라고 한다. 지지전해질은 전해와 아무런 관계없고 다만 용액 중에서 전류를 운반하는 역할만 담당한다. 지지전해질은 분석이온이 전기분해에 영향을 주지 않고 양이온과 음이온의 크기, 전하 및 이동속도값이 비슷하고 전극과 반응하지 않는 물질을 사용한다. 그림 14－2에서는 1M KCl을 지지전해질로 사용하였다. 이때 수소이온은 +1.2V에서 환원되기 때문에 Cd(Ⅱ)이

+0.64V에서 환원될 때 아무런 방해를 주지 않는다. 그러나 그림 14－2에서 1.2V부터 KCl의 전해에 의한 확산전류 때문에 폴라로그램이 증가하는 모양을 볼 수 있다. 지지전해질은 용액의 pH값과 함께 반파전위($E_{1/2}$)에 영향을 준다. 그림 14－8에 한 계열은 1M NaF 지지전해질 중 $E_{1/2}$ 값이다. 이 경우에 Ni(Ⅱ)과 Zn(Ⅱ)는 거의 같은 $E_{1/2}$을 갖지만 그 다음의 0.1M pyridine－0.1M pyridinum chloride 지지전해질 중에서 300mV 정도 분리되는 $E_{1/2}$ 값을 나타낸다.

14.1.2 비정상 확산전류

폴라로그램의 확산전류는 산소극대파전류, 반응속도전류, 물파(water wave)전류, 가수

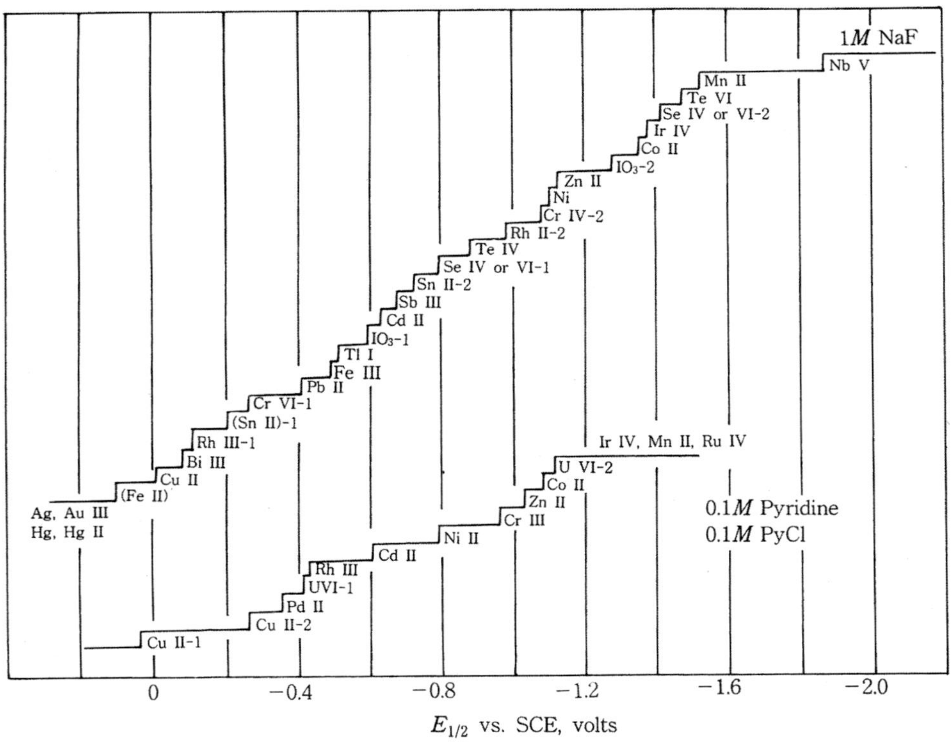

그림 14－8 ▸ 1M NaF와 0.1M 피리딘－0.1M 염화피리딘늄 지지전해질 중 반파전위

분해전류, 촉매전류의 5가지 비정상파(abnormal wave) 전류의 영향을 받는다.

첫째 극대파(maximum wave)전류는 용액에 녹아 있는 O_2 때문에 그림 14－9(a)와 같이 산소파전류를 나타낸다. 그 원인은 아직 확실하게 알려져 있지 않다. 극대파의 높이는 용액에 녹은 O_2의 농도에 비례한다. 때때로 이것을 이용하여 용존산소를 정량할 때 이용한다. 극대파가 나타나면 확산전류의 측정을 방해하므로 미리 방지하여 그림 14－9(b)처럼 확산전류를 나타내게 조작하여야 한다. 용액 중 O_2는 질소를 통과시켜 내쫓은 다음 0.1% 이하 되게 젤라틴, 색소(methyl red), α－naphtol, 나프탈렌, 한천, 계면활성제(Triton X－100) 등을 가하면 그림 14－4(b)의 폴라로그램이 나타난다. 이 화합물들을 극대억제제(maximum suppressor)라고 한다. 용액 중 극대억제제는 용액의 점성에 영향을 미친다. 점성이 클수록 이온이동을 방해하여 확산전류를 감소하므로 일정량씩 넣어야 한다. 둘째, 반응전류는 $A \rightleftharpoons B$ 평형상태에서 B 물질이 미소전극에서 환원되면서 $A \rightarrow B$ 반응이 계속 진행되어 확산전류는 크게 나타난다. 이것을 반응속도전류(kinetic current)라고도 한다. 유기화합물의 라세미화합물(racemic compound)에서 반응속도전류를 나타난다. 확산전류는 Ilkovic 식의 모든 조건이 일정할 때 수은주 높이의 제곱근에 비례하고, 반응속도전류를 나타날 때 한계전류값은 수은주 높이를 변화시켜도 일정하게 유지된다. 셋째, 물파(water wave)전류는 지지전해질의 농도값이 너무 클 때 수은방울 표면에서, 그리고 +0.9~+1.35V 사

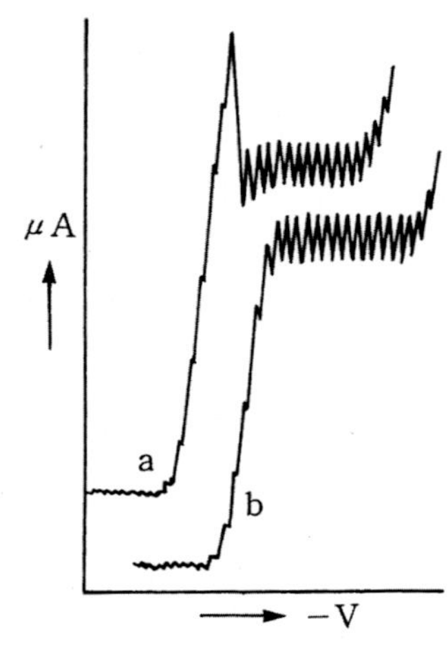

그림 14－9 ▸ (a) 비정상 극대파, (b) 극대파 제거 후 정상파

이에서 물의 환원전류가 흐르기 때문이다. 젤라틴을 가하면 없어진다. 넷째, 가수분해파(hydrolysis current)전류는, 예를 들면 $CrO_4^{2-} \rightarrow Cr^{3+} \rightarrow Cr$ 환원과정에서 Cr(Ⅱ)의 가수분해 생성물의 환원전류 때문에 생긴다. 용액의 산성도를 조절하여 방지할 수 있다. 다섯째는 촉매파(catalytic wave)전류이다. 수은적하전극을 이용하여 수소를 환원할 때 큰 과전압이 필요하다. 백금족원소, 알카로이드, 단백질, 과산화수소들이 공존하면 촉매파를 발생한다.

14.1.3 분석방법

고전적 폴라로그래피법을 이용하면 10^{-2}~$10^{-3}M$ 용액은 ±2%, 10^{-4}~$10^{-5}M$ ±5% 오차 범위 내에서 정량할 수 있지만 다음에 설명하는 변형 폴라로그래피법은 $10^{-7}M$까지도 정량할 수 있다. 공존하는 이온의 반파전위값이 0.15V 이상 차이나면 그림 14－10처럼 한 번 조작으로 여러 가지 이온을 동시에 정량할 수 있다. 정량할 때 확

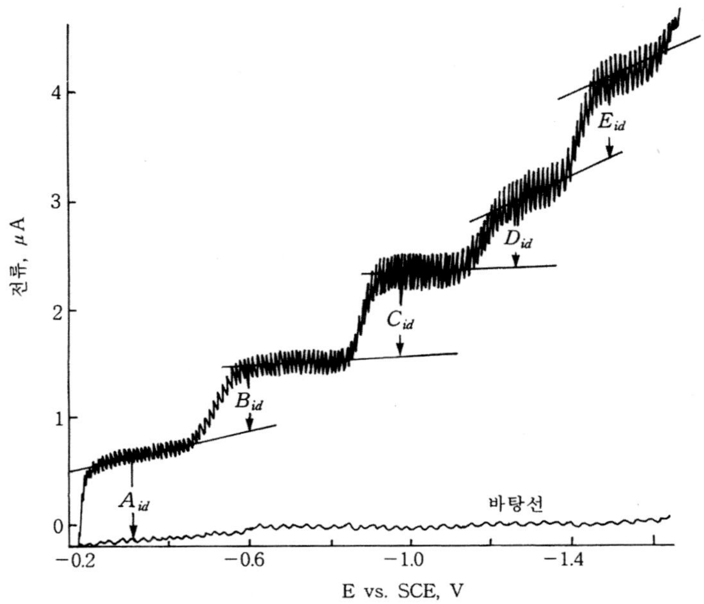

그림 14－10 ▸ 다섯 가지 이온의 동시정량 폴라로그램

산전류(i_d)는 그림 14－10처럼 평균잔류전류와 평균한계전류 간의 전류를 측정한다. 정량분석의 대상은 모든 양이온과 음이온이다. 양이온은 환원파를 나타내고 음이온은 산화파를 나타낸다. 유기화합물은 알데하이드계, 키톤게, 유기산, 산소함유 헤테로고리화합물, 나이트로화합물, 아조화합물, 할로젠화합물, 불포화탄화수소, 유기금속화합물, 과산화물, 알칼로이드, 바이타민, 호르몬, 스페로이드, 항생제 등도 정량 가능하다.

수은전하전극을 이용하면 첫째 수소 과전압이 크므로 수소기체의 생성 전에(수소 환원파 생성 전의 전위에서) 금속이온들의 환원파를 측정 가능하고, 둘째 항상 새로운 전극표면이 생긴다(백금회전전극 같은 금속전극을 사용하면 때때로 오염되어 불규칙한 거동을 나타낸다). 셋째, 재현성 있는 전류를 나타낸다. DME의 단점은 첫째 0.4V 이하에서 Hg(I)으로 산화되고 염소이온이 있으면 더 낮은 전위에서도 산화된다. 둘째, 비파라데이전류 때문에 낮은 농도에서 잔류전류값이 확산전류보다 크게 나타난다.

분석조작 시료를 수용액 혹은 물 아닌 용매에 녹인 다음 지지전해질을 0.1~0.01M 정도 되게, 그리고 극대억제제를 0.01% 되게 함께 넣고 묽힌 다음 일정액을 취하여 전해셀에 넣는다. 질소기체를 약 10분간 통과시켜 용존산소를 제거한 다음 미리 3~5sec/drop 되게 조절한 수은적하전극을 대조전극에 닿지 않게 조심해서 전해셀에 담그고 전위를 변화시키면서 전류를 측정한다. 전해셀 그릇의 바닥은 대조전극으로 사용하기 위해 미리 수은이 담겨 있거나 백금판이 깔려 있어야 한다.

시료용액의 확산전류를 측정한 다음 표준용액을 이용하여 만든 검량선을 사용하여 정량하거나 원자흡광광도법에서 설명한 표준물첨가법으로 시료를 처리하여 정량하는 방법을 사용한다. 정성분석은 표준용액과 시료의 반파전위를 이용한다. 검정곡선과 표준물첨가법으로 표준용액과 대조하여 정량한다.

14.1.4 수은정제

수은은 순수한 것을 사용하여야 한다. 오염된 수은은 불순물이 시료용액에 녹아 전해반응에 참여하고 오차를 발생한다. 그림 14－11(a)처럼 공기도입관과 진공펌프연결관이 설치된 유리병에 수은을 넣고 5% 질산용액을 넣는다. 진공펌프를 가동하면 공기도입관을 통하여 들어온 공기 중 산소 때문에 수은 중 불순물이 질산수용액으로 녹

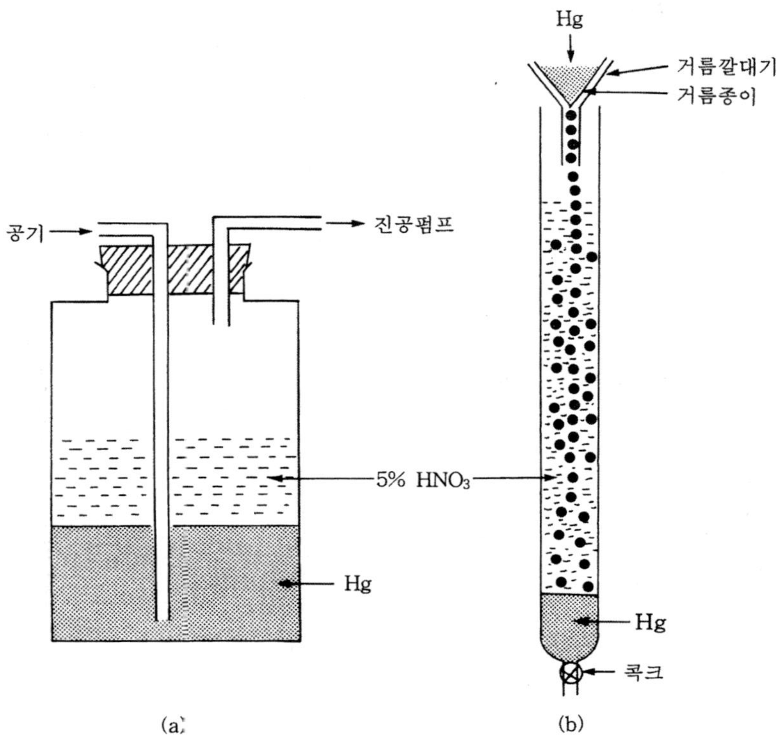

그림 14－11 ▸ 수은정제장치. (a) 공기산화법, (b) 수은산화법

아 나온다. 그 다음에 그림 14－11(b)처럼 지름 2~5cm, 길이 60~100cm의 유리관에 5% 질산수용액을 채운 다음에 유리관 위에 깔때기를 넣고 거름종이를 놓은 다음 바늘구멍을 몇 개 뚫고 공기산화시킨 수은을 붓는다. 수은은 작은 방울로 나눠져 5% 질산수용액을 통과하면서 작은 수은방울 표면의 불순물이 씻겨진다. 이 조작을 2~3회 이상 되풀이한다. 유리관 끝에 코크를 장치한 것이 쓰기에 편리하다. 그 다음에 물로 씻고 건조하여 사용한다. 수은에 금, 백금 같은 귀금속이 녹아 있으면 5% 질산수용액에 녹지 않으므로 증류하여 정제한다. 수은을 씻은 5% 질산수용액과 증류수는 조심스럽게 폐수처리하여야 한다.

실험실에서 수은을 취급할 때 유독하므로 주의하여야 한다. 수은이 바닥에 흩어지면 굵은 구리막대나 녹쇠막대를 염산이나 질산에 담궈 표면을 깨끗하게 씻은 후 물로 씻고 건조한 휴지로 수분을 제거한 다음 수은이 흩어진 자리 위를 끌고 다닌다.

작은 수은입자는 막대표면에 붙는다. 그 다음에 황가루 혹은 아연가루를 넓게, 그리고 균일하게 뿌려(아말감화) 놓고 다음날에 전부 모아 처리한다. 수은을 취급할 때 넓은 그릇 위에서 조작하여야 안전하게 수은을 회수할 수 있다. 수은증기압은 유기용매보다 대단히 작기 때문에 조금만 실험실에 흩어져 있어도 실험실 공기를 쉽게 포화한다. 수은을 보관할 때 잘 맞는 마개 달린 병에 넣고 보관한다.

14.2 현대적 폴라로그래피법

고전적 폴라로그래피법은 미소전극에 수은방울이 생성될 때 비파라데이전류를 생성하여 파라데이전류(시료의 환원반응에서 생기는) 측정에 오차를 수반하므로 $10^{-5}M$ 이상의 농도는 정량할 수 없는 것이 단점이다. 그래서 비파라데이전류를 억제하는 새로운 현대적 폴라로그래피법이 개발되었다.

14.2.1 전류채취 폴라로그래피법

전류채취 폴라로그래피법[current-sampled 혹은 tast polarography, tast는 독일어의 tasten(영어의 to touch)에서 유래된 단어이다]은 수은적하전극에서 계속해서 전위를 5mV/s로 변화하면서 수은방울이 떨어지기 전 마지막 5~20ms 동안 전류를 계속해서 측정하는 방법이다. 그림 14－2에서 폴라로그램을 설명할 때 톱날 모양의 전류파가 생기는 이유를 이미 설명하였다. 그림 14－12는 톱날처럼 생기는 폴라로그램(그림 14－2)과 실톱날처럼 생기는 전류채취 폴라로그램(그림 14－12)을 비교한 그램이다. 그림 14－12는 실톱날처럼 나타난다. 이 방법은 고전적 폴라로그래피법보다 분석방법의 정밀도와 검출한계를 크게 개선하지 못한다. 검출농도한계는 $1 \times 10^{-6}M$이다.

14.2.2 시차펄스 폴라로그래피법

시차펄스(differential pulse) 폴라로그래피법은 각 수은방울의 전류를 시간에 대하여

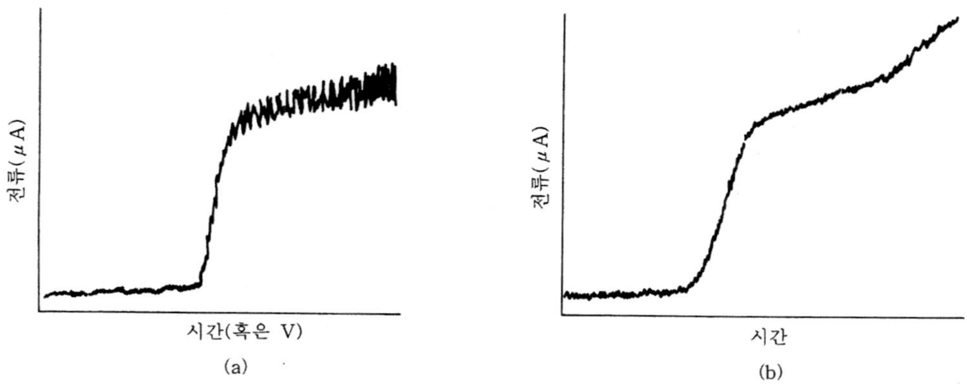

그림 14-12 ▸ 전체채취 폴라로그램

도시할 때 사각형으로 나타나고, 폴라로그램은 그림 14-13처럼 미분형으로 나타난다. 이 방법은 수은전하전극을 이용하여 고전적 폴라로그래피법에서 시간이 걸리고 불편하고 낮은 검출한계 등을 개선하게 되었다. 검출농도한계는 10^{-7}~10^{-8} M이다. 특히 시차펄스 방법 때문에 고전적 폴라로그래피법은 더 이상 사용하지 않게 되었다. 적하수은전극 대신에 다른 전극(백금회전 미소전극과 같은)을 사용하면 이 방법들을 시차펄스 전압전류법(differential pulse voltammetry)이라 한다. 이 방법은 수은방울

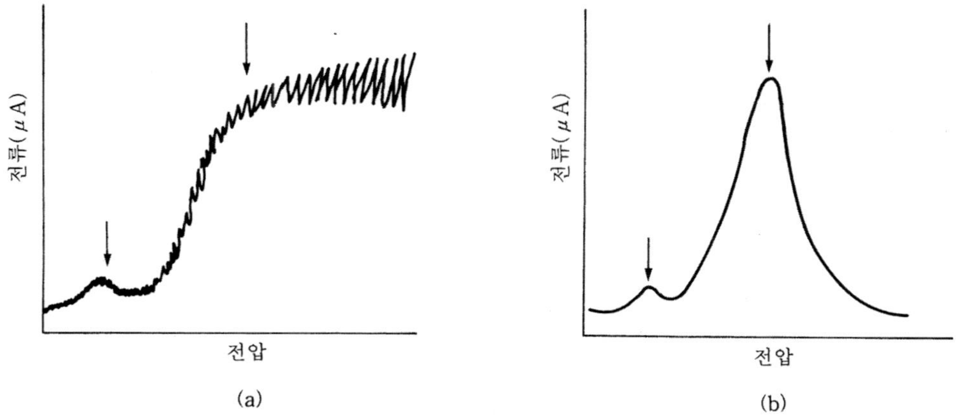

그림 14-13 ▸ (a) 고전적 폴라로그램, (b) 시차펄스 폴라로그램

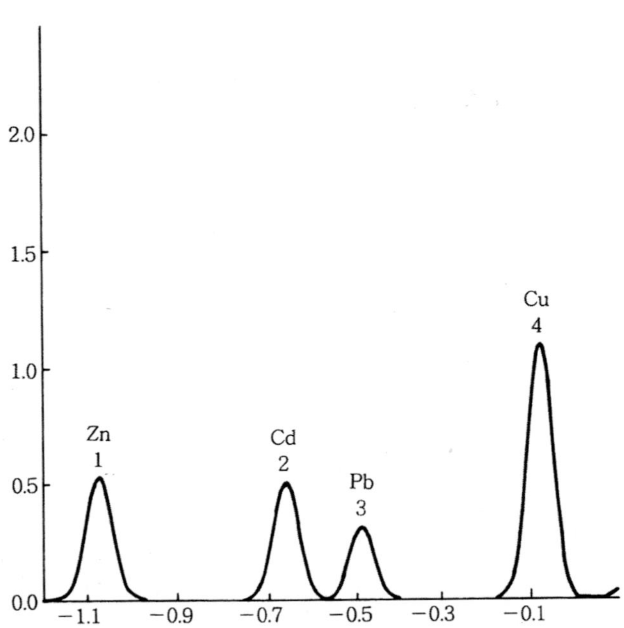

그림 14−14 ▸ 시차펄스 벗김 폴라로그래피법에 의한 2ppm Zn(II), Cd(II), Cu(II)정량

을 기계적으로 떨어뜨리기 전의 60ms 동안 모든 수은방울에 DC 전압 펄스를 가하고 수은방울이 떨어지기 전의 5~20ms 동안에 전류를 채취한다.

시차펄스 폴라로그래피법은 그림 14−13(a)의 고전적 폴라로그램을 미분한 그림 14−13(b)의 모양으로 나타난다. 그림 14−13(a)처럼 변곡점이 구별되지 않는 2개 파를 나타날 때 그림 (a)는 2개의 확산전류를 구별하기 어렵지만 시차펄스 폴라로그램은 분명하게 확산전류를 구별할 수 있다. 0.04~0.05V의 반파전위 차이를 갖는 경우 시차펄스 폴라로그램은 판별 가능하고 고전적 폴라로그램은 적어도 0.1V 이상 되어야 판별 가능하다.

14.2.3 사각형파 폴라로그래피법

사각형파(square wave) 폴라로그래피법은 빠른 측정속도와 높은 감도를 갖는다. 전체 전류−전압 그림(voltammogram)을 그릴 때 몇 초밖에 걸리지 않는다. 적하수은전극을 이용하면 수은방울의 1/2 수명 동안에 혹은 수은방울을 매달아 놓은 상태에서 빠르게 전류－전압곡선을 그려낼 수 있다. 그러므로 크로마토그래피법의 검출기로도 사용한다. 사각형파 폴라로그램은 그림 14－15처럼 나타난다. 그림 14－15에서 A는 시료의 가역 환원파이고, B는 가역 산환파이다. C는 $(A+B)$의 값이고, 시료의 농도에 비례한다. 시료의 반파전위는 봉우리의 꼭지점에 상당하는 전위값이다. 1V를 주사할 때 걸리는 시간은 약 0.05s이다. 감도는 10^{-7}~$10^{-8}M$이다.

14.2.4 벗김법

벗김법(stripping method)은 첫 단계에서 시료 용액을 저으면서 일정시간 동안 미소전극에 석출한 다음 전기분해를 정지하고 용액을 젓는 조작도 정지한다. 둘째 단계는 전극에 석출된 시료를 앞서 설명한 전압전류법으로 정량하는 단계이다. 정량할 때 미소전극에 석출된 시료를 전극으로부터 녹여 벗겨낸다. 그래서 벗김법이라 한다. 환원양극 벗김법(anodic stripping method)은 미소전극이 석출단계에서 환원음극으로, 그리고 벗기는 단계에서는 시료를 본래의 산화상태로 산화하여야 하므로 산화양극으로

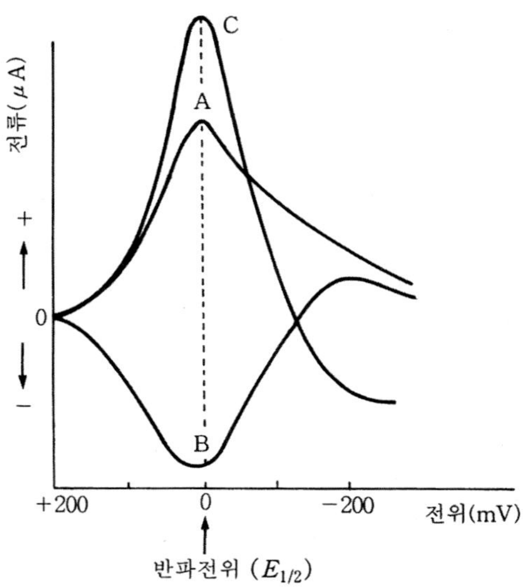

그림 14－15 ▸ 사각파형 폴라로그램. A : 가역 환원파. B : 가역 산화파. C=(A－B)

거동한다. 산화음극 벗김법(cathodic stripping method)은 미소전극이 석출단계에서 산화양극으로, 그리고 벗김단계에서 환원음극으로 거동한다. 그림 14−14는 음극벗김법을 이용한 시차펄스 폴라로그래피법으로 2ppm 정도의 오염수를 분석한 예이다.

벗김법에서 사용하는 전극은 수은, 금, 은, 백금, 탄소 등을 사용한다. 그 중에서 가장 많이 사용하는 것은 수은미소전극이다. 이 전극은 만들기 쉽고 재현성이 좋기 때문이다. 백금선 끝에 수은 한 방울 접촉시켜 매달리게 만들어 사용한다. 이것을 매달린 수은방울전극(hanging mercury drop electrode, HMDE)이라고 한다.

HMDE는 정량하려는 금속이온의 반파전위보다 0.1~0.2V의 음전위를 30~60s를 걸어주어 이온을 석출한다. 그 다음에 젓기를 멈추고 본래의 환원음극전위로 일정한 속도로 전위를 감소한다. 그 다음에 적절한 방법으로 정량한다. 가장 많이 사용하는 방법은 시차펄스 폴라로그래피법이다. 이 방법은 10^{-6}~$10^{-9}M$까지 정량할 수 있다.

또 한 가지 벗김법은 흡착벗김법(adsorptive stripping method)이다. 이 방법은 +0.4V *vs.* SCE(이때 수은전하는 0이다)를 걸어주고 시료농도값이 $10^{-7}M$ 정도일 때 1~5분, 그리고 $10^{-9}M$이면 10~20분 전해 석출하여 분석하는 방법도 사용한다. 이 방법을 사용하면 10^{-10}~$10^{-11}M$까지 유기물 및 무기물을 정량 가능하다.

지금까지 사용한 미소전극보다 훨씬 더 적은 미시전극(microscopic electrode) 혹은 초미소전극(ultramicro electrode)도 사용하고 있다. 전극크기는 1~20μm 정도이다. 이것을 사용하는 장점은 첫째 3전극계를 사용하지 않으므로 기기가 간단하고, 둘째 생체 내에 삽입하여 반응을 관찰할 수 있고, 셋째 빠른 속도로 측정 가능하다는 점이다.

14.2.5 순환전압전류법

순환전압전류법(cyclic voltammetry)은 젓지 않는 용액 중에서 매달린 수은방울전극 혹은 미소백금전극과 포화 칼로멜기준전극 간의 +전위에서 −전위로[정방향 주사(scan)라고 한다], 그리고 그 다음에 −전위로부터 처음 시작한 +전위까지(역방향 주사라고 한다) 다시 주사하면서 전류를 측정하여 전압−전류곡선을 그리는 방법이다. 이 방법은 정량분석에 사용하지 않고 주로 반응에 참여하는 전자수, 반응중간생성물의 확인, 반응속도 등의 화학반응에 대한 정성적 정보를 제공한다.

그림 14−16은 Heineman과 Kissinger에 의해 순환전압−전류곡선을 예를 들어

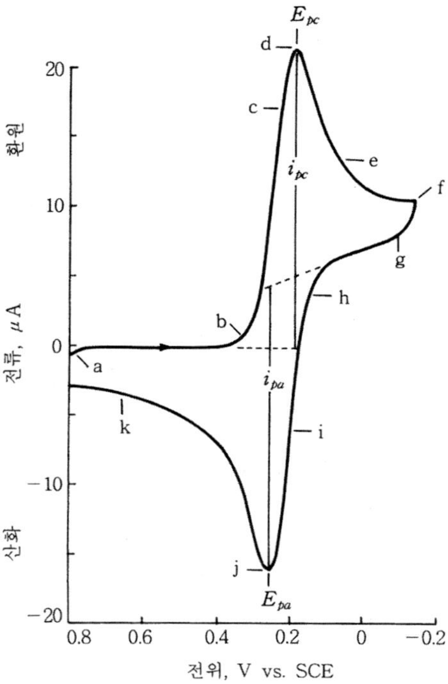

그림 14−16 ▸ $K_3Fe(CN)_6$ 6.0mM 및 KNO_3 1.0M 용액의 순환전압전류 그림

가장 잘 설명한 내용이다. 작업전극은 백금미소전극이고 기준전극은 포화 칼로멘전극이다. 젓지 않은 용액 중에서 초기 전위 +0.8V에서 처음에 작은 산화양극 전류를 나타나지만 주사(scan)을 시작하면 즉시 0으로 감소한다. 이러한 초기 전류는 물이 산화되어 산소로 변하기 때문에 생긴다. 만약 보다 더 양전위에서 주사를 시작하면 초기 전류는 더 빠르게 감소하고 +0.9V에서 초기 전류는 대단히 증가한다. +0.7과 +0.4V 사이에서 산화 혹은 환원되는 화학종이 없으므로 전류는 흐르지 않는다. 전위값이 +0.4V보다 약간 작은 전위에 도달하면 ferriccyanide$[Fe^{III}(CN)_6]^{3+}$이 ferrocyanide$(Fe^{II}(CN)_6]^{4+}$로 환원되므로 환원음극전류가 흐른다(점 b). 환원음극반응은 다음과 같다.

$$Fe^{III}(CN)_6^{3+} + e \rightleftharpoons Fe^{II}(CN)_6^{4+}$$

전극표면의 $Fe^{III}(CN)_6^{3+}$농도는 감소할수록 점 b와 d 사이 영역에서 전류는 빠르게 증가한다. 정점의 전류는 다음과 같은 두 가지 성분으로 구성된다. 첫째, 전극표면의 반응농도는 Nernst 식의 평형농도 조정에 필요하므로 초기 전류값이 갑자기 증가한다. 둘째, 정상적 확산조절전류이다. 그 다음에 전류는 d점에서 g로 빠르게 감소한다. 왜냐하면 젓지 않은 용액 중 확산층이 전극표면에서 점차로 멀리 확장되기 때문이다. 점 f에서 주사방향이 변한다. 보다 더 양전위 방향으로 주사하더라도 환원음극전류는 계속해서 흐른다. 왜냐하면 아직 $Fe^{III}(CN)_6^{3+}$을 환원할 만큼 충분한 음전위에 있기 때문이다. 일단 충분한 양전위로 변하면 $Fe^{III}(CN)_6^{3+}$의 환원반응은 더 이상 일어나지 않고 전류는 0으로 되고 산화양극전류가 흐른다. 정방향으로 주사하는 동안 전극표면 근처에 축적된 $Fe^{II}(CN)_6^{4+}$이 역방향으로 주사할 때 다시 산화되기 때문에 산화양극전류가 흐르기 시작한다. 산화양극전류는 봉우리에 도달한 다음 축전된 $Fe^{II}(CN)_6^{4+}$이 산화양극반응에 따라 소비되면 다시 감소한다. 순환전압-전류곡선에서 중요한 것은 환원음극 봉우리전위 E_{pc}, 산화양극 봉우리전위 E_{pa}, 환원음극과 산화양극의 봉우리전류는 봉우리전류 간 차이는 봉우리전류 i_{pc}, 산화양극 봉우리전류 i_{pa}이다. 전극반응이 가역반응이면 환원음극 $0.0592/n$에 상당한다. n은 반응에 관여한 전자수이다. 유기물 중에서도 카보닐, 알데하이드, 키톤, 카복시산, 과산화물, 에폭시, 나이트로기, 나이트로소기, 산화아민, 아조기, 할로젠, 이중결합, 삼중결합 등도 폴라로그래피를 나타낸다.

순환전압－전류곡선에 대한 더 상세한 문헌은 *Science*, 1988, 240, 415 ; *Anal. Chem.*, 1987, 59, 1381A ; *J. Chem. Edu.*, 1983, 60, 290, 702 ; *Amer. Lab.*, 1982, 11, 34를 참고하라.

14.3 전류적정법

전류적정법은 분석화학종의 확산전류 시작 전위에 전압을 고정하고 마이크로뷰렛에서 적정액을 가하면서 백금회전전극을 미소전극(작업전극)으로 사용하면서 전류를 측정한 다음 그림 14－17처럼 적정곡선을 얻는다. 종말점은 두 직선이 만나는 점이다.

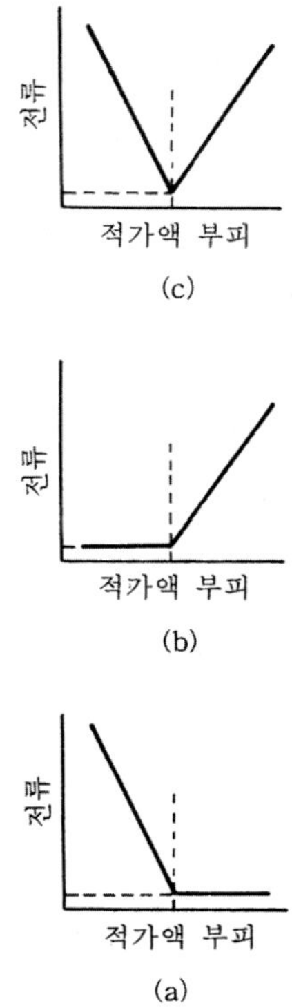

그림 14－17 ▸ 전류적정법의 적정곡선

미소백금회전전극은 볼펜 모양이고, 백금선이 전극 끝에 2~5mm 정도 붙어 있고 600rpm 정도이다. 전류적정셀은 그림 14－5의 전해셀을 그대로 사용할 수 있고, 수은낙하 모세관 전극 대신에 미소백금회전전극을 이용한다. 시약은 분석화학종이 미량이므로 마이크로뷰렛을 사용하여야 한다.

그림 14－17(a)에서 곡선은 황산 또는 옥살산으로 납을 적정할 때처럼 분석물은 미소백금회전전극에 반응(환원)하고 시약은 반응하지 않는 경우이다. 납을 침전으로 제거하면 전류는 흐르지 않는다. 그림 14－17(b)는 시약이 미소전극에 반응하고 분석물은 반응하지 않는 경우이다. 예는 Mg(Ⅱ)으로 8－하이드로퀴논을 적정하는 경우이다. 8－하이드로퀴논은 +1.6V에서 확산전류가 흐르기 시작한다. 그림 14－17(c)는 +1.0V에서 Pb(Ⅱ)을 크로뮴산으로 적정하는 경우이다. 납과 크로뮴산은 침전을 생성하고 크로뮴산은 전극과 반응한다.

14.4 실험

14.4.1 순환전압전류법에 의한 전극 메커니즘 연구

기기

순환전압전류법의 기기(Bioanalytical Systems. CV−1B. CV 27 혹은 Electrochemical Analyzer ; Princeton Applied Research 173/175 ; IBM EC/225)

$x-y$ 기록계(오실로스코프도 이용 가능하다)

전기화학전지

백금보조전극

SCE 또는 Ag/AgCl 기준전극

탄소반죽 작업전극(Bioanalytical System. Inc., West Lafayette. Ind에서 제작한 것 : 제작회사에서 준비한 전극제조에 대한 지침서 참조)

McIlvaine 완충용액(0.5 M 이온세기)의 pH 2.2(500mL)와 pH 6(200mL)

1.8 M 황산(H_2SO_4) 200mL

0.05 M 과염소산($HClO_4$)에 섞은 0.070 M acetaminophenon의 모액(냉장고에 보관하라)

Tylenol 정제

무기화합물 이온, 금속착물 및 몇 가지 유기화합물은 공유결합을 생성하거나 파괴되지 않고 전자이동반응한다. 거의 대부분의 전기화학반응은 화학종의 전자를 이동시켜 소위 짝진 화학반응에 따라 매질성분과 빠르게 반응한다. 전압전류법(cyclic voltametry, CD)의 가장 유용한 이용법 중 하나는 전극표면반응에서 이러한 짝진 균질화학반응의 정성적 진단에 이용하는 것이다. CV는 수초 동안 혹은 보다 작은 시간에 정방향 주사 동안 어떤 화학종을 생성하고 그 다음에 역방향 주사로 생성된 화학종의 거동을 검출할 수 있는 기능을 갖는다. 또 그 밖에도 실험시간은 전위주사 속도를 변화시켜 몇 배의 크기로 조절할 수 있고, 여러 가지 반응속도를 알아 볼 수 있다.

Acetaminophenon(N－acetyl－p－aminophenol, APAP)은 Tyleonol의 활성성분이고, 일반적으로 아스피린 대용물로 사용한다. 그러나 아스피린과 달리 다량을 복용하면 간과 콩팥의 손상을 일으킨다. APAP의 대사물은 실제로 간 독성물질이라고 하여 APAP와 그것의 대사물질은 집중적으로 연구하고 있다.

수용액 중 전압전류법 연구는 전기화학반응 단계와 마찬가지로 화학단계도 밝혀준다. 그러므로 APAP계는 CV에서 얻을 수 있는 반응 메커니즘 정보를 밝힐 때 유용하게 이용할 수 있다.

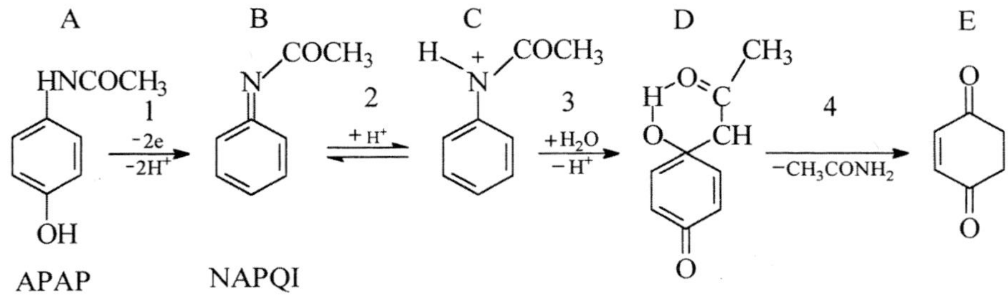

APAP　　NAPQI

APAP는 전기화학적으로 pH에 따라 2－전자, 2－양성자로 반응하여 *N*－acetyl－*p*－quinoneimine(NAPQI)으로 산화된다. NAPQI가 관여하는 그 다음에 일어나는 반응과정은 pH와 순환전압전류법 실험의 주사속도를 적당히 변화시키면 NAPQI가 관여하는 화학반응을 그려볼 수 있다.

pH≥6에서 NAPQI은 안정한 양성자 없는 형태(B)로 존재한다. pH 6에서 APAP를 기록한 순환전류－전압곡선은 그림 14－18과 같다. 그림에서 본 산화 및 환원파는 비교적 분명하게 나타난다. 산화전류는 앞에 설명한 메커니즘의 단계 1을, 그리고 환원전류는 이 단계의 반대과정을 나타낸다. 40과 250mV/s 주사속도로 관측된 pH 6의 순환전류－전압곡선 모양이 유사한 것은 이 화학종들이 순환전류전압법 실험의 시간영역(domain)에서 안정하다는 것을 나타낸다. pH 6 순환전류－전압곡선에서 산화와 환원 봉우리전류 간에 큰 차가 있는 것은 비균질성 전자이동의 속도가 느리다는 것을 나타낸다.

산성조건에서 NAPQI은 즉시 양성자화되고(단계 2) 덜 안정하지만 전기화학적으로 활발한 화학종(C)으로 변한다. 이 화학종은 빠르게 수화된 물질(D)로 변하고(단

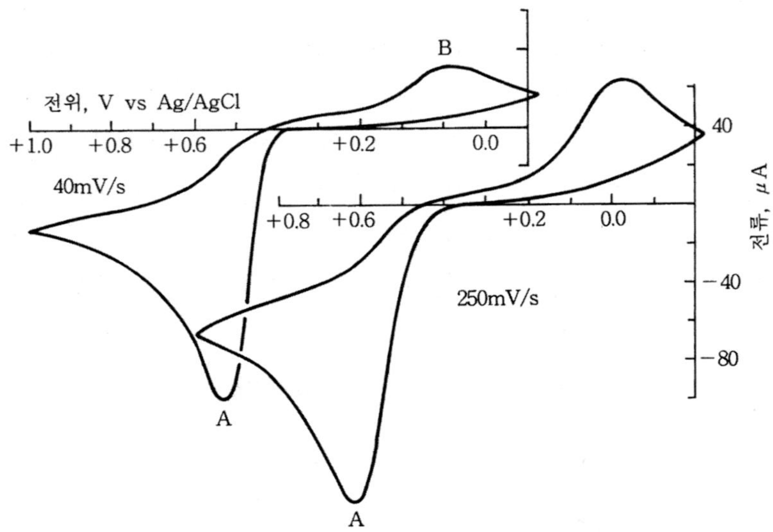

그림 14-18 ▸ pH 6 McIlvaine 완충용액에서 3.6mM APAP의 순환전류-전압곡선, 탄소반죽(paste)전극

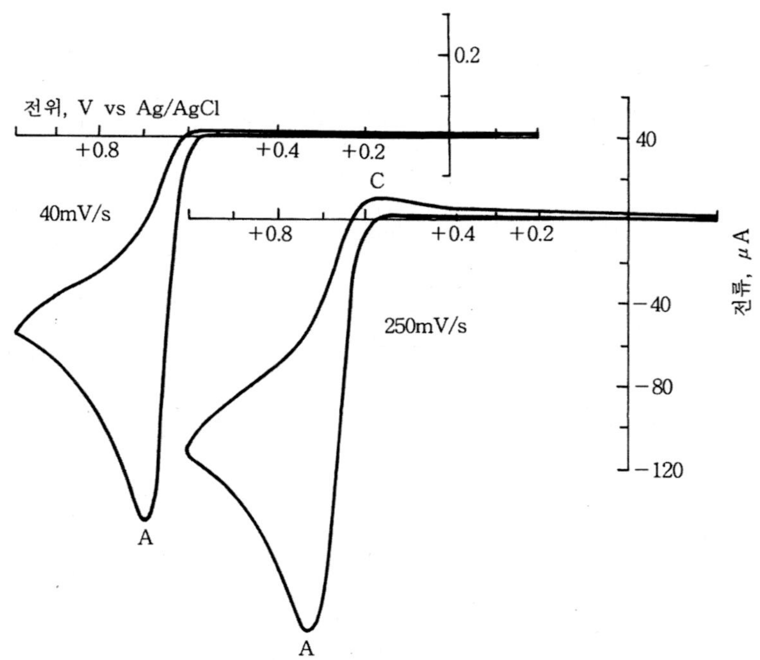

그림 14-19 ▸ pH 2 McIlvaine 완충용액에 녹인 3.6mM APAP의 순환전류-전압곡선

계 3), 이것은 실험전위에서 전기화학적으로 비활성이다. 그림 14－19의 순환전류－전압곡선은 이 메커니즘과 일치한다. 매질의 pH 는 2이다. 양성자화 NAPQI(C)의 환원 때문에 250mV/s의 주사속도를 적용할 때 훨씬 더 확실하게 나타난다. 그러나 빠른 주사속도를 이용하는 경우 전류－전압곡선을 기록할 때 오실로스코프를 사용해야 한다. 양성자화 NAPQI의 환원으로 생기는 환원파는 40mV/s보다 낮은 주사속도에서 관측되지 않는다. 이 경우 양성자화 NAPQI(C)는 순환전압전류법 실험의 역방향 주사 동안 충분한 음전위에 도달하기 전에 비활성 수화형태(D)로 모두 변한다.

수화 NAPQI(D)는 벤조퀴논으로 변한다(단계 4). 그러나 순환전압전류법을 실험하는 동안 벤조퀴논이 잘 환원되게 반응속도가 충분히 크려면 산성이 매우 큰 매질이어야 한다. 그림 14－20에서 상세하게 설명하는 순환전류－전압곡선의 매질은 1.8M 황산이다. 250mV/s 주사속도를 이용하는 경우 벤조퀴논(E)의 불분명한 환

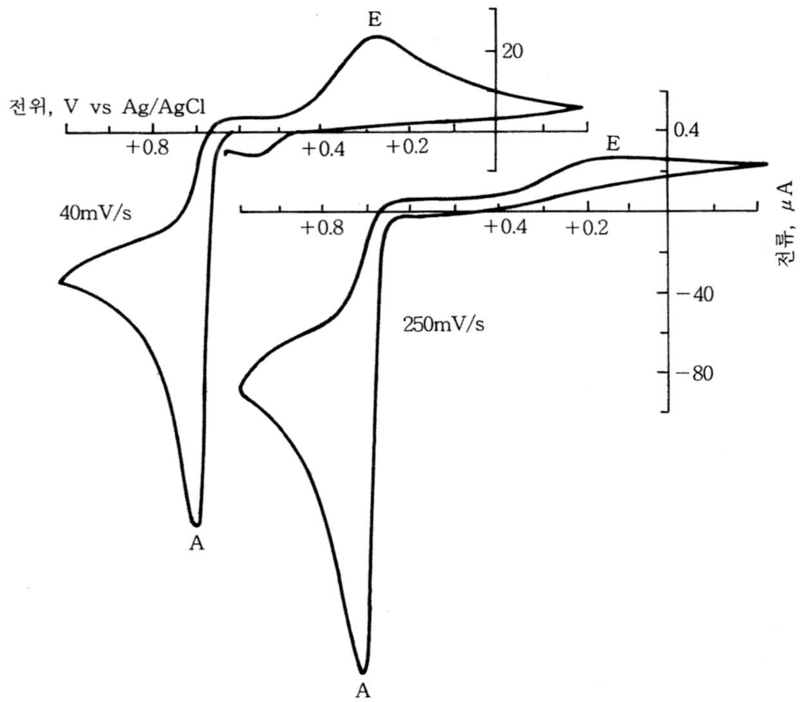

그림 14－20 ▸ 1.8M H_2SO_4 속에 녹인 3.6mM APAP의 순환전류－전압곡선, 탄소반죽전극

원파는 선명하게 나타나지 않는다. 수화 NAPQI(D)로부터 벤조퀴논 생성은 역방향 주사 동안에 생기기 때문에 넓은 환원파로 나타난다. 40mV/s 주사속도의 경우 역방향으로 주사하는 동안에 충분한 음전위에 도달할 때까지 긴 시간이 필요하고, 이때 벤조퀴논(E)의 명확한 환원파는 선명하게 나타난다. 양전위 방향의 두 번째 주사는 APAP의 산화 이외에 벤조퀴논의 환원 생성물인 하이드로퀴논의 산화에 상당하는 산화파를 나타낸다.

방법

제조회사의 지침서에 따라 탄소반죽(paste)전극을 제조한다. 전극표면을 닦아 빛을 내게 하라. 탄소반죽전극은 한 번 닦은 다음에 긁히지 않도록 조심한다.

pH 2.2 완충용액에 2mM APAP 용액을 만든다(APAP 용액 농도는 정확하게 알고 있어야 한다). Ag/AgCl에 대하여 1.0V와 −0.2V에 일정 전압기의 주사한계 전위값을 맞추어 놓는다. 0.0V에서 양전위 쪽으로 주사를 시작하여 순환전류−전압곡선을 40mV/s와 250mV/s의 주사속도로 기록한다(오실로스코프를 이용할 수 있는 경우 약간 더 빠른 주사속도로 전류−전압곡선을 기록하라). 항상 용액을 잠깐 동안 젓은 다음 약 3분간 조용히 둔 후에 전류−전압곡선을 그리기 시작한다.

pH 6 완충용액에 녹인 3mM APAP 용액과 1.8M H_2SO_4에 녹인 3mM APAP 용액을 앞과 같이 실험을 되풀이한다.

1개 Tylenol 정을 정확히 달아 메스플라스크(25mL)에 넣고 pH 2.2 완충용액을 조금 넣은 다음 Tylenol 정이 녹을 때까지 흔들어 주고 pH 2.2 완충용액으로 눈금까지 묽힌다.

피펫을 사용하여 메스플라스크(50mL)에 5.00mL를 취하여 넣고 눈금까지 묽혀라. pH 2.2 완충용액에 녹여 만든 APAP 모액을 적당히 묽혀 0.10~5.0mM 농도 범위 내에서 네 가지 표준 APAP 용액을 만든다(이미 만든 3mM 용액 이외에). 다섯 가지 표준용액과 묽힌 Tylenol 용액의 순환전류−전압곡선을 기록하라. 이 전류−전압곡선은 똑같은 조건(주사속도와 같은)에서 기록한다.

세 가지 지지전해질이 얻은 순환전류−전압곡선의 각 봉우리에서 일어나는 전극 반응을 설명하라.

표준 APAP 용액 농도에 대한 봉우리전류를 도시하여 검정선을 그려라. 묽힌

Tylenol 용액 중 APAP 농도를 측정하라. Tylenol 정제 중 APAP를 무게 %로 계산하라. 실험결과를 Tylenol병의 라벨에 있는 값과 비교하라.

문제

1. 전극에서 전기적으로 생성된 화학종이 화학반응하는 전극 메커니즘을 EC 메커니즘이라 하고 다음 식으로 설명할 수 있다.

$$\text{전극반응, E : O} + ne \rightleftharpoons \text{R}$$

$$\text{화학반응, C : R} \xrightarrow{k} \text{생성물}$$

   다음 경우의 순환전류－전압곡선을 그려라(전극은 가역반응이라고 가정하라).
   (a) 속도상수 k는 0이다.
   (b) 속도상수 k는 대단히 크므로 화학반응은 실제로 주사속도에 비하여 순간적으로 일어난다.
   (c) k는 a 경우와 b 경우 사이의 중간값이다.
2. 온도를 낮추면 그림 14－19의 전류－전압곡선에 어떤 영향을 주는가?
3. 보다 빠른 반응의 연구에 왜 보다 빠른 주사속도가 필요한가를 설명하라.
4. 매우 빠른 주사속도(＞100V/s)는 어떤 문제가 생기리라고 예상하는가?

14.4.2 폴라로그래피

기기

폴라로그래피의 기기와 기록계

전기화학전지

DME

유의 : 수은은 유독하다

SCE 기준전극

백금 보조전극

초시계

전기용액의 산소를 제거할 때 쓰이는 질소시스템(시판 고순도 질소는 더 이상 정제과정 없이 산소를 제거할 때 써도 충분하다)

메스플라스크(100mL) 3개

피펫(1mL, 5mL, 10mL, 15mL)

시약

6M 질산(HNO_3)

0.001M 염화포타슘(KCl)

Triton X－100 0.2%(Rohn & Hass Company, Philadelphia, Pa.)

0.02M 표준 염화카드뮴($CdCl_2$) 용액

0.2M 염산(HCl) 지지전해질(1L당 진한 염산 1.7mL 함유)

미지용액 : 메스플라스크(100mL)에 약 0.002M 되게 Cd^{2+}를 녹인 용액

미지용액 : 메스플라스크(200mL)에 금속이온 시료를 약 0.002M 되게 녹인 용액

이 실험은 몇 가지 중요한 폴로라그래피 연구에 관한 것이다. 이들 중에서 산소의 영향, 극대제거를 위한 계면활성제의 영향, 저기모세관 곡선의 특성의 측정, Ilkovoic 식의 증명, 전압－전류 관계식의 증명(n과 전극가역성의 측정), 그 밖의 결과를 얻는 방법인 절대법, 검정선법, 표준물첨가법 등이 포함되어 있다.

폴로라그래피는 젓지 않은 용액에 적하수은전극을 담궈 작업전극으로 이용하는 전압전류법이다. 보통의 폴라로그래피에서 기준전극에 걸어준 전위는 처음부터 끝 전위까지 선형으로 주사하고, 생긴 전류는 폴라로그램으로 측정한다. HCl 지지전해질 중 Cd^{2+}가 환원되기 시작하는 분해전위에서부터 환원전류가 증가하여 폴라로그램 B를 나타낸다. 전류는 점점 증가하고, 결국 수은방울 표면으로 Cd^{2+}가 확산되는 속도에 따라 Cd^{2+}이 전극에서 환원되는 것이 제한되어 전류 플래토(plateau)를 나타내고, 그것이 확산전류를 이룬다. 반복되는 전류 변동은 DME에서 일어나는 수은방울의 성장과 낙하소실에 상당한다. 폴라로그램 A는 HCl 지지전해질만 사용

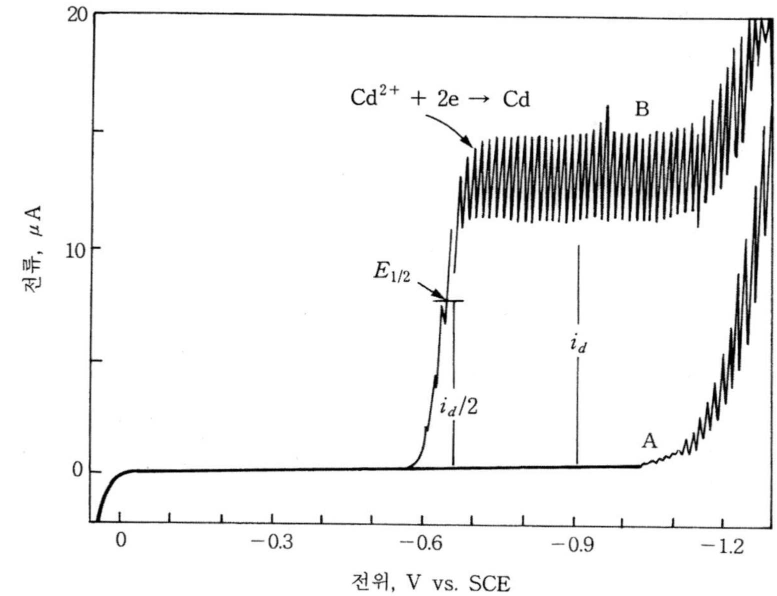

그림 14－21 ▸ 폴라로그램. A : 지지전해질, 1M HCl, B : 1M HCl에 녹인 0.5mM Cd^{2+}

하여 기록하였다. Cd^{2+}이 없을 때 생기는 잔류전류는 그림 14－21과 같이 i_d를 측정할 때 바탕선으로 사용한다.

가역계에 대하여 S자 모양을 나타내는 부분의 폴라로그래피파의 식은 다음과 같다.

$$E = E_{1/2} + \frac{0.0591}{n} \log \frac{i_d - i}{i} \tag{14-2}$$

여기에서 i는 특정한 전위 E에 상당하는 전류이다. 반파전위 $E_{1/2}$은 $i = i_d/2$의 전위이다. $E_{1/2}$은 $Cd^{2+}/Cd(Hg)$의 포말 환원전위 E와 다음과 같은 관계에 있다.

$$E_{1/2} = E^{o'} + \frac{0.0591}{n} \log \frac{D^{1/2}_{cd(Hg)}}{D^{1/2}_{cd^{2+}}} - E_{ref} \tag{14-3}$$

여기에서 D는 확산계수이다. $E_{1/2}$은 전기활성 화학종의 정성적 확인에 유용하다.

$E_{1/2}$ 값은 부록에 실려 있다.

Ilkovic 식은 다음과 같이 확산－한계 환원전류 i_d를 정의한다.

$$i_d = knm^{2/3}D^{1/2}t_d^{1/6}C \tag{14-4}$$

여기에서

i_d= 확산전류(μA)

n= 몰 단위당 전자 당량수

D= 환원 가능한 화학종의 확산계수(cm^2/s)

m= 전극에서 수은의 유출속도(mg/s)

t= 수은방울이 생기기 시작하는 시간부터 떨어질 때까지의 시간(s)

k= 상수(최대 전류일 때 708, 평균 전류일 때 607)

C= 농도(mmol/L)

Ilkovic 식에 나타난 바와 같이 i_d 크기는 전기활성 화학종의 농도 C에 정비례한다. i_d는 시료용액 중 전기활성 화학종의 농도 측정에 이용한다.

용액에 녹은 산소는 그림 14－22와 같이 2단계 파의 폴라로그램을 나타낸다. 2개의 환원파 중 첫 번째 파는 O_2가 $2e$를 받아 환원되어 H_2O_2로, 두 번째 파는 4 e를 받아 H_2O로 환원된 결과이다. 음전위 한계는 지지전해질의 환원반응으로, 그리고 양전위 한계는 수은전극의 산화반응으로 나타난다. 녹아 있는 O_2는 일반적으로 N_2 가스를 용액에 통과시켜 제거함으로써 용액 중 측정하려는 화학종의 파에 대한 방해를 방지할 수 있다. 이렇게 하면 그림 14－22의 폴라로그램 b처럼 완만한 바탕선을 나타낸다.

폴라로그래피 극대는 팽창되는 수은방울 주위 용액의 동력학적 흐름 때문에 생긴다. 극대는 정상파보다 크게 나타나고 때로는 오차를 가져오고 주사하는 동안 갑자기 전류값이 감소한다. 어떤 종류의 극대는 $E_{1/2}$에서 일어난다. 극대는 보통 Triton X－100과 같은 소량의 계면활성제를 용액에 가하여 제거한다.

DME의 방울수명은 전위주사 동안에 변한다. 그림 14－23은 전기모세관 곡선을 나타낸 것이고, 전위와 방울수명 t_d에 따라 변한다. 방울수명은 수은전극의 계면전하와 수은방울의 표면장력 변화에 영향받는다. 가장 긴 방울수명이 나타나는 전위에서 전기모세관 극대를 나타낸다. 전위값이 전기모세관 극대전위에서 벗어날 때

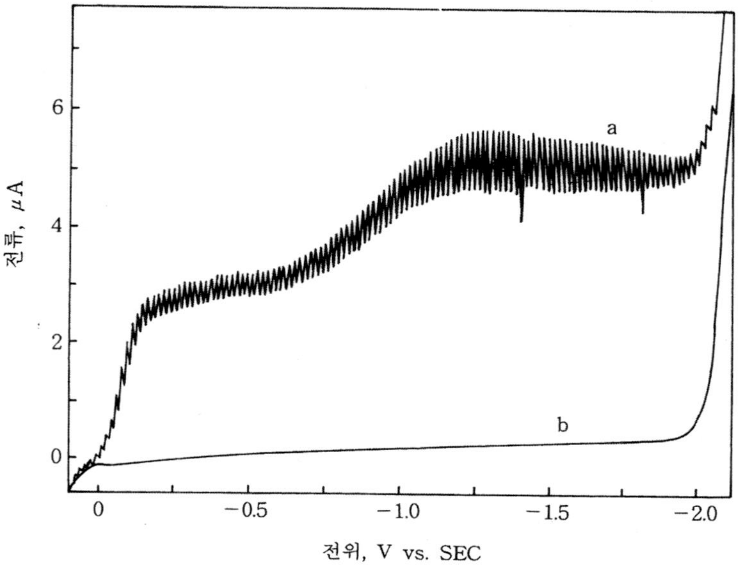

그림 14−22 ▸ 0.1M KCl의 폴라로그램. (a) 공기로 포화, (b) 질소가스를 통과시켜 산소를 제거

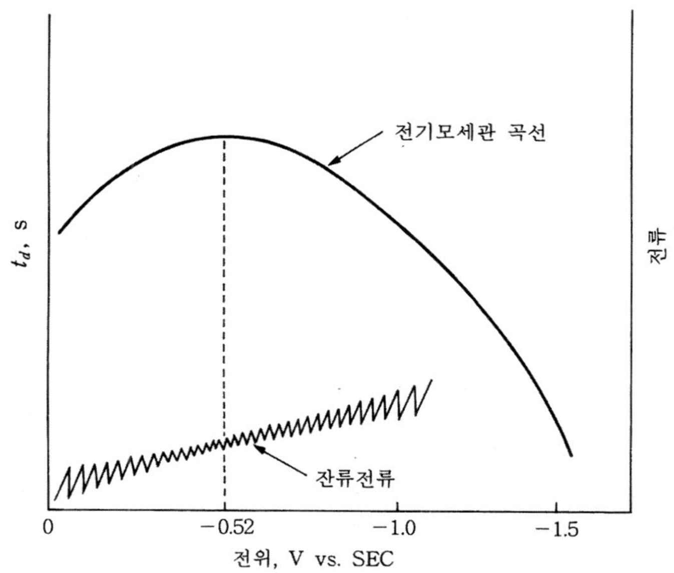

그림 14−23 ▸ 대표적 전기모세관 곡선. 잔류전류 크기는 더 낮은 곡선으로 나타나 있다.

잔류전류가 어떻게 증가하는가에 유의하라.

폴라로그래프(일정전압기)는 전기에 걸어준 전위를 주사하고 생기는 전류를 측정하여 기록계에 나타낸다. 폴라로그래프 전지의 주요한 특징은 적하수은전지이다. 이때 수은은 연속적으로 똑같은 방울을 생성한다. 각 수은방울은 0.5~1mm의 최대 지름을 갖는다. 매우 가는 모세관을 통하여 중력으로 밀어 떨어지는 각 수은방울은 팽창된 다음 매달리기에 너무 무거워 모세관에서 떨어진다. 수은방울 수명은 보통 4~6s이다. 실제의 방울수명은 모세관을 통하여 흐르는 수은 속도로 측정한다. 수은 흐름속도는 모세관 위의 수은 기둥 높이를 변화시켜 조절한다. 즉, 수은 저장기를 위아래로 움직여 조절한다. 수은 저장기를 위로 움직이면 수은은 유리관에 연결된 유연성 있는 관을 통하여 흐르고 모세관과 수은 저장기의 레벨(level)이 같아질 때까지 저장기로부터 수은이 흘러나온다. 수은방울의 수명을 길게 하려면 수은 저장기를 낮추어야 한다.

기준전극은 보통 SCE이다. 3개－전극형 일정전압기를 사용하는 경우는 일반적으로 백금도선을 보조전극으로 사용한다.

다공질 유리막이 끝에 붙어 있는 유리관을 시료용액에 담그고, 그 유리관은 압축한 질소통에 고무관으로 연결한다. 용액에 질소가스를 통과시켜 산소를 제거한다. 다공질 유리막은 보다 빠르게 녹는 산소를 제거할 수 있게 질소가스를 작은 방울로 확산한다.

폴라로그래프 전지의 그릇은 고무 뚜껑으로 막은 유리 비커를 이용할 수 있다. 이 고무 뚜껑은 4개의 구멍이 있고, 각각 모세관, 기준전극, 보조전극 및 질소관을 꽂아 고정할 수 있다. 고무 뚜껑은 또 산소가 전지에 들어오는 것을 막아준다.

힌트

1. 유의점 : 주요한 점은 수은이 흐르지 않을 때 DME를 용액에 절대로 담가두지 않아야 한다. 미량의 오염물이나 작은 입자도 모세관을 불규칙하게 거동하게 만들고 완전히 막아버리는 수가 있기 때문에 그러한 오염을 방지하도록 적절하게 주의하여야 한다. DME와 어떤 용액이 접촉하기 전에(순수한 물이라도) 유리관의 수은 높이를 올려 실제로 수은이 흐르기 시작하는 것을 눈으로 확인하라.

   DME를 사용한 다음 아직도 수은이 모세관 끝에서 흘러나오는 그대로 전지에서 뺀 다음 씻는 병에서 나오는 증류수 물줄기의 40~50mL를 사용하여 1~2분간 씻어야 한다. 그리고 수은 저장기는 수은흐름이 바로 끝날 때까지(더 이상 흐르지 않게) 낮추고 전극을 공기 중에 둔다. 실험실의 유독증기로부터 보호하기 위하여 전극을 비어 있는 전지 속에 넣는다.

2. 앞에서 실험할 때 전지에 남아 있던 미량 물질의 오염 때문에 중대한 오차를 초래할 수도 있다. 전지를 효과적으로 씻으려면 고무마개를 제거하고, 씻는 병의 물줄기로 조심스럽게 기벽을 헹구고, 씻은 물을 뽑아 내는 조작을 몇 번 되풀이하여야 한다. 여러 가지 농도의 Cd^{2+} 용액을 실험하는 경우 묽은 용액으로부터 진한 용액의 순서로 실험하면 오차를 최소로 줄일 수 있다. 실험이 끝날 때도 마찬가지로 조심스럽게 헹구어 낸다.
3. 전지온도는 25±0.5℃에서 일정하게 유지하여야 한다. 가능하면 온도변화는 작아야 한다. 일정한 온도의 유지에 항온조가 필요하다.

안전주의 : 수은증기는 매우 유독하다. 수은 폐기그릇에 수은을 버려라. 그리고 수은을 흘리면 즉시 깨끗이 제거한다. 흘린 수은을 편리하게 회수하려면 사기쟁반 위에서 실험하라. 수은을 흘린 경우 지도선생에게 알려라.

수은을 바닥에 흘리면 굵은 구리 또는 놋쇠철사를 질산이나 염산에 담가 표면 녹을 제거한 다음 물로 씻고 말려라. 그것을 수은을 흘린 장소에 대면 수은은 구리줄에 부착한다. 부착된 수은은 적당한 그릇에 모은다. 바닥에 줍지 못하는 수은이 남아 있으면 아연분말을 뿌려 아말감화한 다음 분갈을 모은다.

방법

A. 산소의 영향

극대현상 : 폴라로그래프 전지에 0.1M KCl 10mL를 넣고 0에서 −1.9V vs. SCE까지 주사하여 녹아 있는 산소의 폴라로그램을 나타낸다.

극대억제 : 0.1M KCl 10mL에 0.2% Triton X−100(극대억제제) 두 방울을 가하

고 잘 저은 다음 폴라로그램을 그려라. 완전하게 극대를 억제하지 못하면 몇 방울 더 가한다(유의 : 너무 많이 극대억제제를 가하면 산소파는 일그러진다)

산소제거 : 위의 "극대억제" 실험에서 사용한 전지에 들어 있는 용액에 정제 질소 가스를 통한다. 20분간 빠른 속도로 가스를 통한다. 가스관의 끝을 용액 위로 올리고, 질소가스를 용액 표면 위에 퍼지도록 한다. 용액은 젓지 말아라. 이와 같이 산소를 제거한 용액의 폴라로그램을 그려라.

두 가지의 산소환원파에 대한 전극반응식을 쓰라.

B. 수은 전기모세관 곡선의 측정

"실험과정 A"에서 사용한 것은 같은 산소제거 용액을 이용하여 0~−2.0V 사이에서 0.2V씩 손으로 전위를 조정하고 0.2V씩 높일 때마다 방울수명을 측정한다. 초시계를 이용한다. 그리고 10방울이 낙하하는 시간을 측정하라. 평균하면 한 방울의 낙하시간을 측정하는 것보다 더 정확하다.

0.1 M KCl에서 수은 전기모세관 곡선을 구할 수 있게 방울수명 t_d vs E 관계를 정하라.

C. Cd^{2+} 의 확산계수, $E_{1/2}$, n의 측정

메스플라스크(100mL)에 0.02 M $CdCl_2$ 용액을 정확히 5.00mL 피펫으로 취하여 넣고 0.2 M HCl 지지전해질로 눈금까지 정확하게 묽혀라. 이 0.001 M $CdCl_2$ 용액에서 산소를 제거하고 −0.1~−1.2V vs. SVE 사이에서 폴라로그램을 그린다. 폴라로그램의 확산전류 범위 중 일정한 전위에서 초시계로 10방울의 수은 낙하시간을 측정하라. 이것으로부터 한 방울의 수명 t_d를 계산하라. 다음에 전극에서 낙하하는 매초당 수은질량을 계산한다. 다음에 전극에서 낙하하는 매초당 수은질량을 계산한다. 이것은 지지전해질 용액이 포함된 작은 비커에 일정한 시간(약 5분) 동안에 수은을 모아 측정한다. 모세관을 비커의 용액에 담그고 측정하는 시간 동안 수은을 모은다. 모은 수은은 아세톤으로 씻고 말려 무게를 단다.

Ilkovic 식을 이용하여 이 지지전해질 용액 중 Cd^{2+} 확산계수를 계산하라. 그림 14－24처럼 폴라로그램이 바로 올라가려는 부분(선 A)의 잔류전류를 외연장하여 확산전류를 측정한다. 외연장 선과 전류－전압 플래토(plateau) 간의 차를 확산전류로 취한다. 파형전류의 극대전류(그림 14－24의 원 부분을 보라) i_d를 측정하고 Ilkovic 식의 상수는 708를 이용하라.

잔류전류와 확산전류 간의 수직거리를 측정하고, 이 값의 반을 취하여 잔류전류에 평행하게 폴라로그래피파의 선을 외연장하여 Cd^{2+} 의 $E_{1/2}$을 구하라(그림 14－24를 보라). 이 평행선이 폴라로그래피파와 만나는 점 C로부터 횡축에 대하여 수직선을 내려라.

폴라로그래피파의 식 (14－2)는 직선 방정식($y = mx + b$)이다. E vs. $\log[(i_d - i)/i]$의 관계도는 기울기 $0.0591/n$V의 직선일 것이다. 그러므로 n값은 기울기로부터 계산할 수 있다. log항의 값이 0일 때 위의 식은 $E = E_{1/2}$로 되고, $E_{1/2}$은 직선이 x축과 만나는 그림 위의 점으로부터 얻는다. 이 식에 맞는 물질은 가역적으로 산화하거나 환원한다.

앞의 $0.001\,M$ $CdCl_2$ 폴라로그램으로부터 $\log[(i_d - i)/i]$를 전위에 대하여 도시하

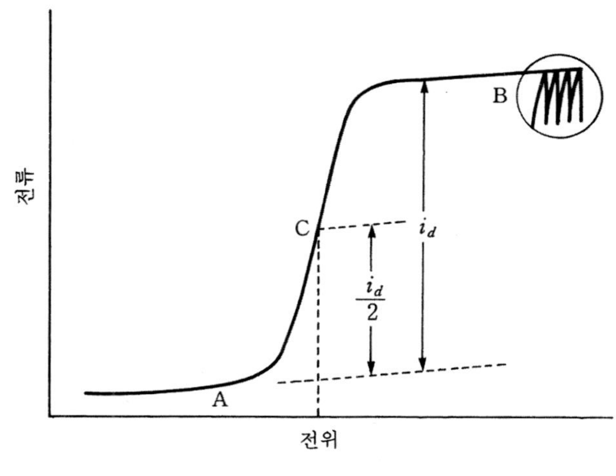

그림 14－24 ▸ 확산전류 i_d의 측정방법

고, 위 식의 log항 값을 계산하기 위하여 전압에 대한전류의 관계도상에서 $E_{1/2}$ 양쪽에서 대략 4~5개의 값을 선택하고, 이 관계도상에서 기울기값, 계산된 n 및 $E_{1/2}$을 지적하라.

D. 미지용액 중 Cd^{2+} 농도의 정량

검정선법 : 0.2 M HCl 지지전해질 용액에 녹인 0.02 M $CdCl_2$ 모액의 적당량 0.2 M HCl로 묽혀 각기 0.001 M, 0.002 M, 0.003 M, 0.004 M $CdCl_2$ 용액을 만들고, 각 표준용액의 폴라로그램을 기록한다. 지도선생으로부터 미지용액을 받아 깨끗이 말린 용기에 미지용액 10mL를 정확히 넣고 용액 중 산소를 제거하고 폴라로그램을 기록한다. 일련의 폴라로그램을 실험하는 동안 수은기둥의 높이를 변경하지 말아라.

표준물첨가법 : 미지용액이 아직도 폴라로그래프 용기에 있을 때 그 용기에 0.02 M $CdCl_2$ 용액 1.00mL를 피펫으로 취하여 다시 넣고, 산소를 제거한 다음 폴라로그램을 기록한다.

검정곡선법 : 표준용액(Cd^{2+} 농도)에 대한 한계전류의 수평부분 전위에서 측정한 i_d를 도시하여 검정곡선을 작성하고(i_d의 측정은 그림 14－24를 보라), i_d로부터 미지용액 중 Cd^{2+} 농도를 구할 때 검정곡선을 이용한다.

표준물첨가법 : 표준물첨가법으로 i_d의 변화로부터 미지용액 중 Cd^{2+} 농도를 계산하라. 알맞은 식은 다음과 같다.

$$C_{unk} = C_{std}\frac{i_d}{i'_d + (i'_d - i_d)(V/v)}$$

여기에서

C_{unk} = 미지용액의 농도

C_{std} = 첨가표준물의 농도

i_d = 표준물첨가 후 확산전류

V = 미지용액의 부피

$v =$ 첨가표준물의 부피

E. $E_{1/2}$로부터 미지물질의 정성분석

지도선생으로부터 $1M$ KCl 지지전해질 중 미지 금속이온 시료를 받아 폴라로그램을 그려라.

방법 C에서 본 것처럼 $E_{1/2}$과 n을 측정하고 부록의 $E_{1/2}$ 값과 비교하여 시료를 정성적으로 확인한다. $1M$ KCl 용액 중 미지 금속이온의 폴라로그램을 기록하고 이것으로부터 정성분석하라.

F. 혼합물의 정량

Cu^{2+}, Cd^{2+}, Ni^{2+}, Zn^{2+}과 약 $0.1M$ 염화암모늄을 포함하는 혼합용액의 폴라로그램을 기록한다. 극대현상을 방지하기 위하여 그 용액은 0.002% Triton X－100이 들어 있어야 한다. 폴라로그래피파는 약 －0.5, －0.8, －1.0, －1.3V에서 이들이 각각 나타날 것이다.

각 이온의 대략 농도는 각 이온의 확산계수값이 앞 실험의 카드뮴의 경우와 항상 같다는 가정하에서 계산할 수 있다. 이 가정은 아마 대략 90~95% 정도만 들어맞을 것이다(Cu^{2+}는 대략 ~0.5V에서 나타나는 폴라로그래피파에서 $n=1$이므로 이 값의 1/2을 사용한다. 이러한 혼합물의 실제 분석은 각 이온의 확산계수 상수를 측정하여야 하고, t_d(방울수명)의 변화도 계산에 넣어야 한다(t_d는 전위에 따라 크게 변하지만 1/6 제곱만큼씩 변한다). 각 이온의 폴라로그램파에 대한 i_d를 측정한다. 첫 번째 파를 지나서 나타나는 다음 파의 경우 앞단계의 확산전류를 외연장한 바탕선을 이용한다. 실험 D의 Cd^{2+} 검정선을 이용하여 혼합물 중 각 이온농도를 계산하라.

문제

1. 다량의 Cd^{2+} 존재하에서 소량의 Ni^{2+}을 정량하는 경우 Ni^{2+} 앞의 큰 Cd^{2+}파 때

문에 방해받는다. Ni^{2+}파를 Cd^{2+}파 앞에 나타나게 조작하여 분석방법을 개선할 수 있게 시료용액의 조건을 바꾸는 방법을 제시하라.

2. Ilkovic 식으로부터 특정한 Cd^{2+} 시료의 확산전류 크기를 증가할 수 있는 실험방법을 제시하라. 이와 같이 증가된 확산전류는 검출한계를 개선할 수 있는가? 자기 대답이 정당함을 증명하라.
3. 실험적으로 얻은 전기모세관 곡선의 모양을 설명하라.
4. 용액에 계면활성제를 가하면 어떻게 극대현상이 억제되는가를 설명하라.

14.4.3 시차펄스 폴라로그래피법

기기

시차펄스 폴라로그래피용 기기와 기록계

수은방울 진동낙하장치가 달려 있는 DME 또는 적정수은 적하전극

기준전극(Ag/AgCl 또는 SCE)

보조전극(Pt 도선)

전지용액에서 산소를 제거하는 질소장치

질소기류 산소제거 장치(선택장치 : 중간 크기 구멍의 다공질 유리판이 달려 있는 2개의 기체 씻는 병을 사용하되, 첫째 병에 아연 아말감 위에 2.4M HCl 용액에 1.4M Cr^{2+} 용액을 넣고 둘째 병에 증류수나 탈염수를 넣는다).

피펫(10mL, 50mL)

메스플라스크(1L)

시약

0.01M Cu^{2+} 모액[구리 금속(순도 99.99%) 0.6354g을 시약급의 질산 10mL에 녹인다. 후드에서 녹여라. 증류수로 1L 되게 묽혀라.]

표준 Cu^{2+} 용액[0.01 M Cu^{2+}의 모액을 1×10^{-4}, 5×10^{-4}, 1×10^{-5}, 5×10^{-5}, $5\times10^{-6}$$M$ 되게 취하여 1.0M 질산소듐($NaNO_3$) 지지전해질 용액으로 묽혀라.]

미지 Cu^{2+} 용액[$1\times10^{-1}$$M$과 $5\times10^{-6}$$M$ 사이의 $Cu(NO_3)_2$ 용액]

연구시험 용액 : 10M $NaNO_3$ 용액에 $1\times10^{-7}$$M$과 $5\times10^{-7}$$M$ 되게 녹인 Cu^{2+} 용액

시차펄스 폴라로그래피는 적하수은전극(DME) 전위를 주사하는 정상적 폴라로그래피와 비슷하다. 그러나 펄스 방법은 짧은 전위펄스를 그림 14－25처럼 전위주사위에 겹쳐 놓는다. 펄스는 항상 수은방울 낙하 후 정확하게 일정 시간에 한 방울에 한 번씩 나타나게 적하수은전극에 연속적으로 펄스를 가한다. 수은방울 수명은 펄스가 반복해서 나타나는 시간에 해당하도록 수은방울 진동낙하장치로 조절한다. 수은방울이 떨어지기 직전에 표면적이 극대값이 있을 때 펄스를 걸어준다. 펄스 반복 시간과 방울수명은 보통 0.5~5s에 맞춘다. 펄스 크기는 보통 5와 100mV 사이에 맞춘다.

전류는 그림 14－25처럼 각 펄스 I_1 직전과 각 펄스 I_2 끝에서 측정한다. 두 전류의 차($\Delta i = i_2 - i_1$)는 각 펄스마다 기록계에 나타난다. 대표적 펄스에 수반되는

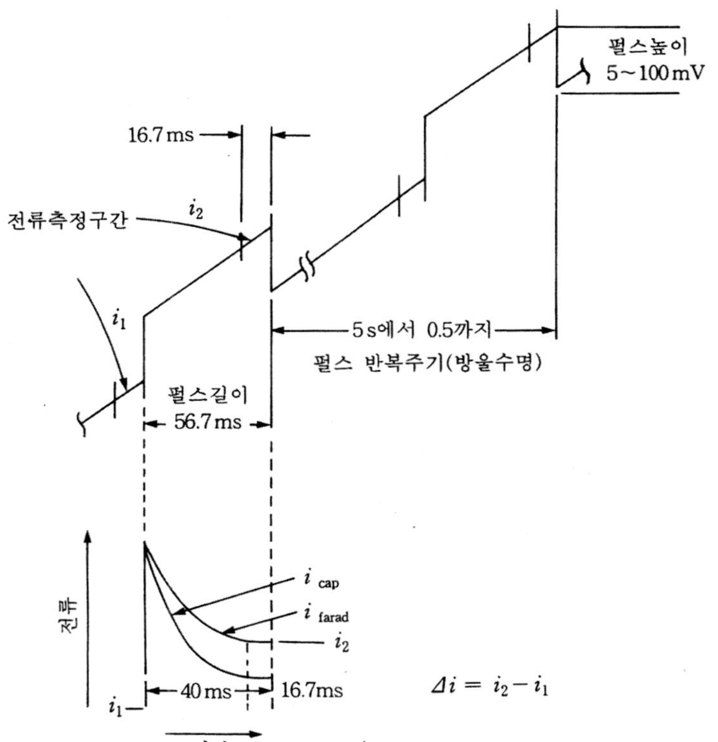

그림 14－25 ▸ 시차펄스 들뜸파평과 이때 생기는 전류－시간의 거동

전류를 그림 14－25에 나타냈다. 펄스를 걸어주면 새로운 전위에 대하여 전극에 즉시 큰 전류파동이 걸린다. 이 축전전류(i_{cap})는 빠르게 소멸한다. 또 다른 전류성분은 시료 중에서 정량하려는 전기활성 화학종이 전해되면서 패러데이전류(i_{farad})로 나타난다. 이 전류는 그림 14－25처럼 보다 서서히 소멸한다. 왜냐하면 새로운 물질이 전극표면으로 확산해야 하기 때문이다. i_{cap}가 소멸한 후 펄스의 끝에서 전류 i_2를 측정하여 i_{cap}으로 인한 방해를 최소화할 수 있다. 이것이 보통 폴라로그래피보다 시차펄스 폴라로그래피가 더 낮은 검출한계를 나타낸다는 이점이다.

개선된 검출한계의 보기를 그림 14－26에 나타냈다. 항생제 테트라사이클린의 농도가 크게 다른 두 시료의 폴라로그램을 비교하였다. 시차펄스 폴라로그램을 보통 DC 폴라로그램의 $E_{1/2}$에 상당하는 전위에서 봉우리 전위 E_p를 갖는다. 그러므로 Δi 값의 극대점은 정상적 폴라로그램의 가장 급한 기울기점에서 나타난다.

E_p 값은 다음 식처럼 펄스의 진폭 ΔE에도 의존한다.

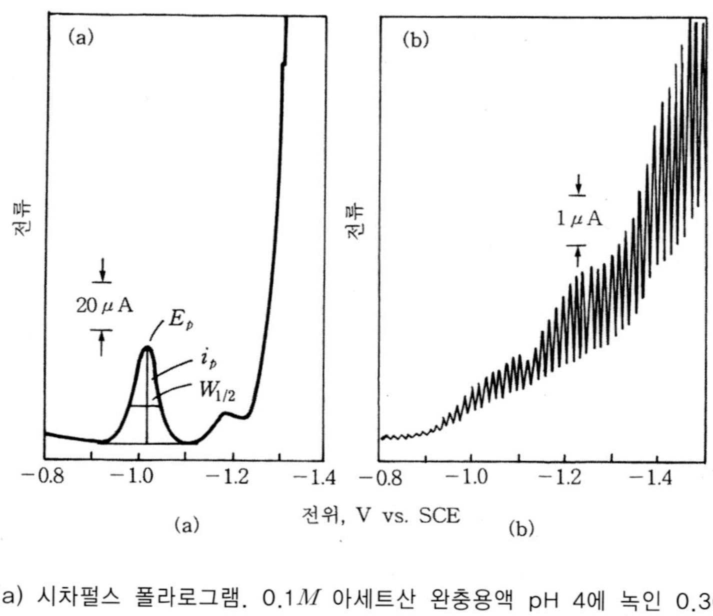

그림 14－26 ▸ (a) 시차펄스 폴라로그램. 0.1M 아세트산 완충용액 pH 4에 녹인 0.36ppm 테트라사이클린 · HCl, 적하수은전극, 50－mV 펄스진폭, 1－s 방울. (b) dc 폴라로그램, 0.1M 아세트산 완충용액 pH 4에 녹인 180ppm 테트라사이클린 · HCl, 같은 조건

$$E_p = E_{1/2} - \frac{\Delta E}{2} \qquad (14-5)$$

파의 너비는 전자화학량론 n와 관계있다. 봉우리 반너비($W_{1/2}$)는 작은 펄스진폭이 $n=1$일 때 90mV이고 $n=2$일 때 45mV이다.

봉우리 높이 i_p는 농도에 비례한다. 그러므로 i_p를 측정하여 정량한다(DME는 실험 14.2를 보라).

방법

A. 검정선과 미지 Cu^{2+}의 정량

0.01M Cu^{2+} 모액을 1.0M $NaNO_3$ 용액으로 다음과 같이 묽혀 표준용액을 만든다. $1\times10^{-4}M$, $5\times10^{-4}M$, $1\times10^{-5}M$, $5\times10^{-5}M$, $1\times10^{-6}M$. 지도선생으로부터 미지 Cu^{2+} 용액을 얻는다.

위의 각 표준용액과 미지용액의 시차펄스 폴라로그램을 기록한다. 방울수명 2s, 펄스진폭 50mV, 주사속도 5mV/s, 초기 전위 0.25V를 각각 사용한다. 적어도 5분간 질소가스를 심하게 통한 다음 음전위 방향으로 −0.15V까지 전위를 주사한다.

대표적 폴라로그램으로부터 Cu^{2+}파의 i_p를 측정하라.

Cu^{2+}의 각 농도 폴라로그램으로부터 i_p를 측정하고 Ca^{2+} 농도에 대하여 i_p를 도시한다. 그래프로부터 미지 Cu^{2+} 용액의 농도를 정량하라.

B. i_p, E_p, $W_{1/2}$에 미치는 펄스진폭의 영향

5, 10, 25, 50, 100mV로 고정된 펄스진폭에서 방울수명 2s와 5mV/s의 주사속도로 1.0M $NaNO_3$ 중 $5\times10^{-6}M$ Cu^{2+} 용액의 시차펄스 폴라로그램을 기록하고 실험 A와 똑같은 전위범위를 이용하라.

$W_{1/2}$ vs. ΔE 관계를 도시하고 봉우리 너비에 미치는 펄스 진폭의 영향을 측정하라. 이 그림으로부터 Cu^{2+}의 환원과정에 포함된 전자수를 측정하라.

ΔE에 대한 E_p와 i_p 관계를 도시하고, 봉우리 전위와 봉우리 전류에 미치는 펄스진폭의 영향을 확인하라. E_p vs. ΔE 관계의 그림은 식 14-15에 따르는가?

C. $10^{-7}M$ Cu^{2+} 용액의 검출

1mV/s 또는 더 늦은 주사속도, 5s의 긴 낙하시간, 100mV의 큰 진폭펄스를 이용하여 $1\times10^{-7}M$과 $5\times10^{-7}M$ Cu^{2+} 용액의 시차펄스 폴라로그램을 기록하라.

이러한 매우 묽은 용액에서 얻은 봉우리를 조사하라. 정확히 정량할 수 있는가? 이 방법의 Cu^{2+} 검출한계는 어느 정도인가?

문제

1. 시차펄스 폴라로그램은 왜 계단 모양인가?
2. 전위를 폴라로그래피파에 따라 주사할 때 i_{farad}(그림 14-25를 보라)는 어떻게 변화하는가? 이것으로 시차펄스 폴라로그램의 파 모양을 설명하라.
3. 유리질 탄소(glassy carbon)와 같은 고체전극을 이용하여 시차펄스 전류-전압 곡선을 얻어도 같은 파의 모양이 관측되는가?

14.4.4 산화벗김 전압전류법

기기장치

선형주사 전압전류법이나 시차펄스 전압전류법의 기기(Bioanalytical Systems CV-1B, CV27 혹은 Electrochemical Analyzer; Princeton Applied Research 174나 173/175; IBM과 같은 기기)
전지화학전지
작업전극[매달린 수은방울 전극(HMDE) 혹은 수은 필름 전극(MFE)]
보조전극(백금도선),
전지용액에서 산소를 제거하는 질소

기준전극(SCE 혹은 Ag/AgCl)

질소기류 중에서 산소를 제거하는 장치(2개 가스 씻는 병을 사용하되 중간 구멍 크기의 다공질 유리 디스크가 달려 있다. 그중 첫째 병에 아연아말감 위에 2.4M HCl에 0.1M Cr^{2+}이 녹아 있는 용액을 넣고, 둘째 병에 증류수나 탈염수를 넣는다).

마이크로 피펫(10μL)

피펫(50mL) 2개

자석젓개와 젓개막대

시약

표준 Cd^{2+} 용액[0.01M 염화포타슘(KCl) 용액에 염화카드뮴($CdCl_2$)을 녹여 $1\times10^{-5}M$, $3\times10^{-5}M$, $7\times10^{-5}M$ 되게 만든다(지지전해질이 대단히 순수하면 이 실험에서 실제로 더 낮은 농도범위의 용액을 이용 가능하다. 지도선생에게 문의하라).

미지 Cd^{2+} 용액(Cd^{2+}을 0.01M KCl 용액에 $2\times10^{-5}M$과 $4\times10^{-5}M$ 사이의 농도로 만든다.)

0.01 표준 Pb^{2+} 용액[(4% 아세트산에 $4\times10^{-6}M$~$6\times10^{-6}M$ 되게 $Pb(NO_3)$를 녹여 만든다.)]

가스조절 밸브가 달려 있는 산소를 포함하지 않은 질소 탱크 도자기 시료(선택실험 : 납유리, 흙, 물, 우유)

벗김 전압전류법은 대단히 묽은 농도를 검출할 수 있는 전기화학적 방법이다. 이 방법은 전위를 조절하여 분석물질을 전극 위에 또는 전극 속에 석출시키는 전기화학적 예비농축단계가 포함되어 있다. 일단 농축된 물질은 그 다음에 전극에서 벗긴다. 이때 전위를 주사하면 전기분해된다. 농도는 전압전류 벗김파의 봉우리전류 크기로 측정한다. 여러 금속이온은 $10^{-10}M$ 검출한계를 갖는다.

대단히 낮은 검출한계를 갖는 벗김 전압전류법은 예비농축단계 때문에 가능하다. 예를 들어 산화벗김 전압전류법(anodic stripping voltammetry, ASV)에 의한 Pb^{2+}의 정량은 다음 반응처럼 Pb^{2+}가 환원되도록 수은전극전위를 충분히 음전위로 유지한다.

$$Pb^{2+} + 2e \rightarrow Pb$$

석출전위와 관계있는 이 전위는 그림 14－27의 전위축에 “석출”이라고 표기되어 있다. 용액을 젓는 동안 전위를 이 값에 유지하면 Pb는 수은에 녹으므로 수은전극에 Pb가 축적되는 결과를 나타낸다. 수은전극 부피가 용액부피에 비하여 작으면 수용액 중 Pb^{2+}는 Pb로 수은이 추출되어 수은전극에 납의 농도가 증가한다. 이러한 농축단계는 시료용액의 농도가 더 묽으면 오랜 석출시간이 필요하지만, 보통 1~30분 걸린다. 수은전극에 농축된 납농도는 시료용액 중 Pb^{2+}농도에 비하여 10,000 정도 증가할 수 있다.

석출단계가 끝나면 용액의 젓기를 중지하고, 약 30초간 평형에 둔다. 그 다음에 전위를 그림 14－27의 화살표로 표시한 것처럼 양전위 쪽으로 주사한다. 전위값이 충분히 양전위로 되면 산화전류는 Pb 산화로부터 생긴다.

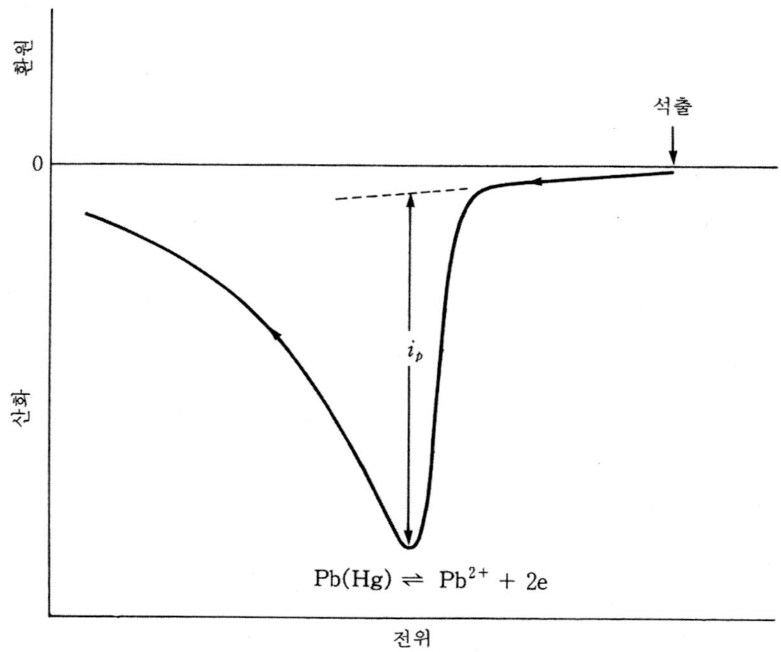

그림 14－27 ▸ 납의 전압전류법 벗김 곡선

$$Pb^{2+} + 2e \rightarrow Pb$$

이와 같이 Pb는 수은 속으로 벗겨져 다시 산화전류에 의하여 용액으로 Pb^{2+}로 되돌아간다. 그러므로 "산화벗김 전압전류법"이라 한다. 전위를 양전위 쪽으로 주사할 때 산화전류는 납의 표면농도(수은에서)값이 0에 가까워질 때까지 빠르게 증가하면서 전류는 봉우리를 형성한 다음 Pb가 표면에서 없어질 때(수은 내부에도) 전류는 감소한다[이것은 순환전류－전압곡선의 단일주사 때 거동과 비슷하다]. 정성분석은 봉우리 전위값 E_p를 이용하고 정량분석은 봉우리 전류의 크기 i_p를 이용한다. 이러한 파라미터의 측정은 그림 14－27과 같다.

벗김단계는 두 가지 방법을 이용한다. 한 가지는 선형주사 전압전류법이다. 이 방법에서 전위는 시간의 함수로 선형으로 주사한다. 근본적으로는 순환전류－전압곡선의 "정방향" 주사와 똑같다. 시차펄스 전압전류법은 벗김법에 이용하는 두 번째의 보통방법이다. 일정한 석출시간에서 선형주사 전압전류법보다 시차펄스 전압전류법이 더 낮은 검출한계를 갖는다.

매달린 수은방울 전극(HMDE)과 수은필름 전극(MFE)은 두 가지 모두 가장 보편적으로 ASV의 전극으로 사용한다. 구형(sphere) HMDE에 비하여 더 큰 표면적 대 부피비를 갖는 MFE는 일정시간 동안에 일정량의 수은에 보다 많은 금속을 농축할 수 있다. 따라서 MFE는 HMDE보다 더 짧은 석출시간에 일정한 검출한계에서 성공적으로 정량할 수 있다.

이 장에서 설명한 전기화학전지 형태는 산화벗김법(ASV)에 이용할 수 있다.

벗김 전압전류법에서 용액 중 전체 금속의 몇 분율은 일정시간 전기분해하여 수은전극에 석출된다. 모든 금속을 전극에 석출하는 완전전기분해는 시간을 소비하므로 일반적으로 필요하지 않다. 왜냐하면 일반적으로 전극에 적당한 농도로 석출하여도 짧은 시간에 만족한 벗김신호를 얻기 때문이다. 완전석출이 아니므로 각 벗김 전류법에서 똑같은 분율의 시료금속을 석출한다는 것이 중요하다. 전극표면적 석출시간과 젓기 등의 파라미터를 모든 표준물과 시료에 대하여 조심스럽게 같게 조절해야 한다. 석출시간은 60s에서 30분까지 분석농도, 전극형태, 벗김방법 등에 따라 변한다. 보다 묽은 시료용액은 알맞은 벗김 봉우리를 얻을 때 더 긴 석출시간이 필요하다. MFE는 HMDE보다 짧은 시간이 필요하다. 시차펄스 전압전류법은 벗김방법처럼 선형주사 전압전류법보다 짧은 시간이 필요하다.

이 실험은 HMDE 또는 MFE의 어느 한 가지 방법으로 수행할 수 있다. 선형주사 전압전류법을 벗김방법으로 이용하지만 시차펄스 전압전류법도 이용할 수 있다.

방법

A. 직접 검정선에 의한 미지시료의 카드뮴 정량

0.01 M KCl 용액에 녹인 $1\times10^{-5} M$ Cd^{2+}의 시료용액 50mL를 피펫으로 취하여 전해전지에 넣는다. 전극을 제자리에 놓고 자석젓개 막대를 넣은 다음 산소 없는 질소를 10분간 통하여 용액 중 산소를 제거한다. 이 조작이 끝날 때 전지에 산소가 흡수되는 것을 방지하기 위하여 용액 바로 위에 서서히 충분하게 질소가 흐르게 질소관을 옮겨놓는다. 자석젓개에 스위치를 넣고 젓는 속도가 일정해질 때까지 몇 초 동안 기다려라. −0.8V의 전위와 타이머의 스위치를 동시에 넣어라. 2분간 전해하고 이것이 끝나면 젓개와 타이머를 정지하고 용액이 조용해질 때까지 30초 동안 기다린다(이 시간은 아말감의 농도가 균일해지고 용액의 난류현상이 없어지는 시간이다). −0.35V 전위에 도달할 때까지(즉, 수은이 산화되기 바로 직전의 전위) 0.2V/min 주사속도로 양전위 쪽 주사방향으로 전류−전압곡선이 나타나게 한다. 일정전압기의 스위치를 열어라(전지전위가 걸리지 않게). 위의 방법을 되풀이하여 다른 농도의 나머지 Cd^{2+} 용액의 전류−전압곡선을 그린 다음 미지용액도 같은 방법으로 실험한다.

표준용액 중 하나에 대하여는 (a) 석출시간을 변화시키되(예, 30s, 1, 2, 5, 10, 15분) 다른 파라미터는 일정하게 유지하면서, 그리고 (b) 주사속도를 변화하되(10, 20, 50, 100, 200mV/s) 다른 파라미터를 일정하게 유지하면서 전류−전압곡선을 기록한다.

농도에 대하여 봉우리 전류를 도시하고 표준 Ca^{2+} 용액의 검정선을 작성한다. 검정선으로부터 직접 미지용액의 농도를 정량하라.

서로 다른 석출시간에 따라 기록된 일련의 전류−전압곡선으로부터 석출시간에 대하여 i_p를 점시하라.

주사속도(v와 $v^{1/2}$)에 대하여 i_p를 점시하라. 두 가지의 관계도 중에서 어느 것이 선형인가? 이것은 자신이 사용한 전극(HMDE 혹은 MFE)에 대하여 예상한 것과 일치하는가?

B. 표준물첨가법에 의한 미지시료의 납 정량

전해전지에 미지 납용액 시료 50mL를 피펫으로 취하여 넣고, 이 용액의 산화벗김 전류−전압곡선을 기록하라. 0.01*M* 표준 $Pb(NO_3)_2$ 용액 10μL를 넣고, 산소를 제거하고, 용액을 저은 다음 두 번째 전류−전압곡선을 기록하라. 표준 Pb^{2+}용액 10 μL를 세 번씩 더 넣고, 이때마다 이 방법을 되풀이하라.

Pb^{2+} 용액을 각기 첨가한 다음 시료 중 표준 Pb^{2+}농도에 대하여 i_p를 점시하라. 점들은 통한 직선을 긋고 0점 전류까지 외연장하고, 수평축과 교차점으로부터 미지시료의 농도를 정량하라. 표준물첨가법의 예는 그림 14−28을 보라.

C. 도자기 중의 납정량

시료 도자기 그릇을 세제로 씻고 증류수로 철저하게 헹궈라. 그리고 도자기 위부분 가까이까지(1.5cm 이내로) 전체 부피를 4% 아세트산으로 채워라. 전체 부피를

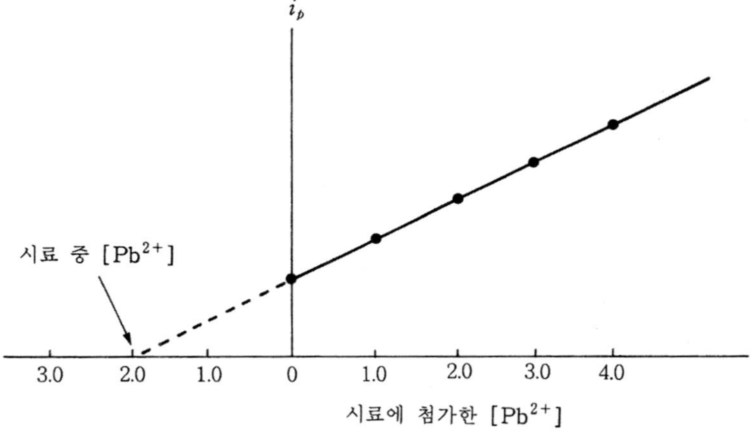

그림 14−28 ▸ 표준물첨가법. 0점까지 외연장선은 미지시료에 대한 x축과 교차하는 점에서 2.0의 값을 가리킨다.

기록한다. 얇은 합성수지 포일 덮개로 단단히 덮고 적어도 24시간 약 25℃에 둔다. 그릇 안의 아세트산 50.0mL을 피펫으로 취하여 방법 B와 같은 과정에 따라 납 추출물의 산화벗김 전류－전압곡선을 그린다. 그 다음에서 0.01*M* 표준 $Pb(NO_3)_2$ 용액 10μL를 첨가하고(각 10μL씩 네 번 첨가하면 충분하다), 위의 실험을 되풀이하라. 산화벗김 전류－전압곡선은 순수한 4% 아세트산에 대하여도 실험하여야 한다. 약간 불순하면 가끔 구리 봉우리는 0.06V에서 나타날 수도 있다. 이러한 작은 양이 ppm 이하일 때 납의 결과에 영향을 주지 않는다.

시료에 가한 Pb^{2+} 표준용액 농도에 대하여 봉우리전류를 점시하고 방법 B에서 설명한 것처럼 미지농도를 정량하라. 시료 도가니에서 납을 추출하려고 사용한 전체 아세트산의 부피를 사용하여 시료에서 추출된 전체 납의 양을 계산하라.

문제

1. 벗김 전압전류법에서 조심스럽게 조정해야 할 파라미터를 설명하라.
2. 증류수에 지지전해질과 함께 녹인 순수한 금속이온 용액을 이용하여 작성한 검정선보다 오히려 표준물첨가법이 실제 시료분석에 더 일반적으로 이용하는 이유를 설명하라.
3. 은 작업전극을 이용하는 환원벗김 전압전류법을 어떻게 Cl^- 정량에 이용하는가를 설명하라.
4. 어째서 MFE는 HMDE보다 좁은 벗김파를 나타내는가를 설명하라.

연습문제

[14.1] 고전적 폴라로그래피법의 단점은 무엇인가?

[14.2] 폴라로그램을 그린 다음 반파전위, 잔류전류, 확산전류, 한계전류를 써 넣어라.

[14.3] 비정상확산전류는 무엇인가?

[14.4] 수은정제법을 설명하라.

[14.5] 시차펄스 폴라로그래피법을 설명하라.

[14.6] 벗김법이란 무엇인가?

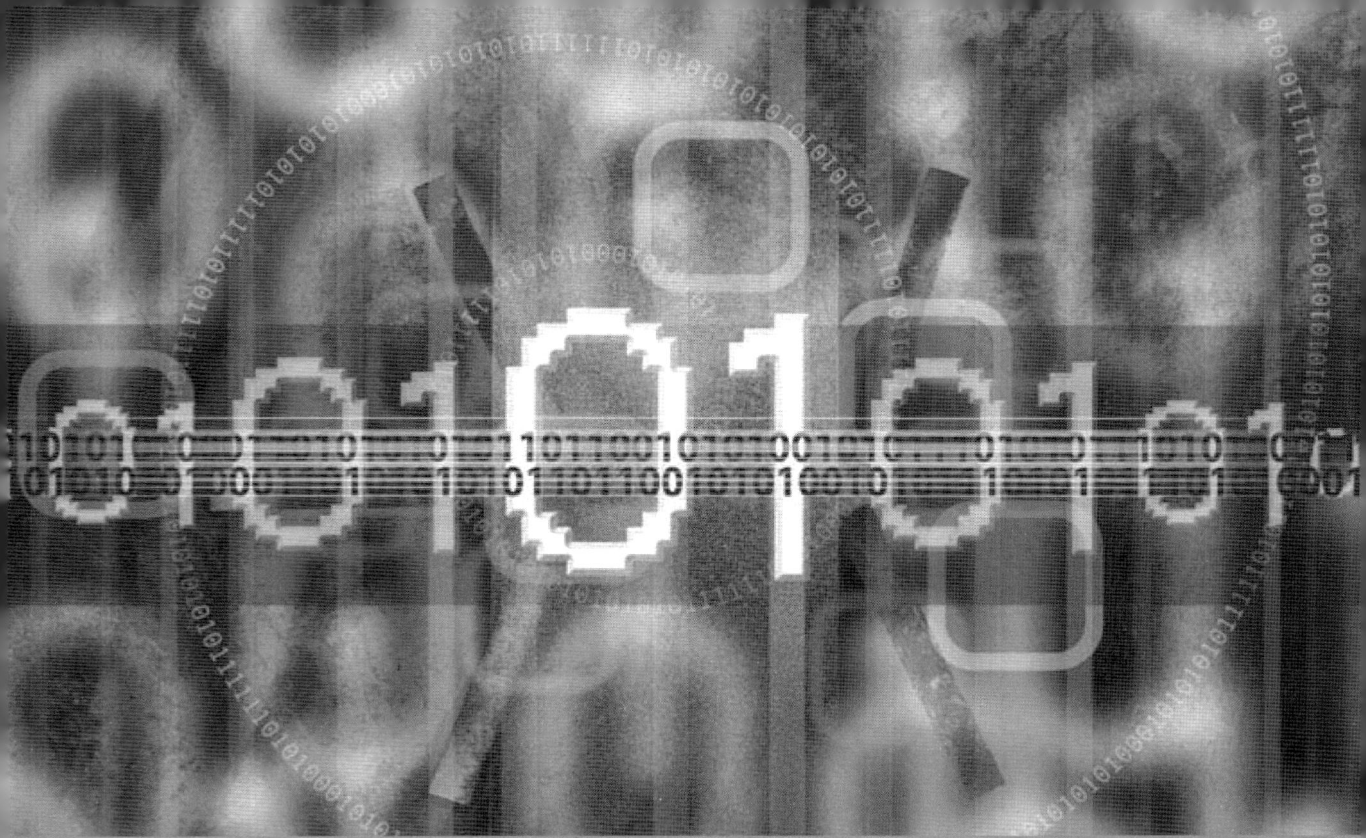

제15장 전기전도도법

전기전도도법(electric conductornetry)은 용액의 전도도를 측정하여 농도를 정량하는 방법과 적정과정 중 전도도를 측정하여 종말점을 확인하는 방법의 두 종류가 있다. 특히 전기전도도법은 액체와 기체 크로마토그래피법의 용리액 검출에 대표적으로 사용하는 방법이다.

15.1 전기전도도의 원리

전기전도도 G는 ohm으로 나타낸 전기저항 R의 역수이고, ohm^{-1} 또는 siemens로 나타낸다. 전기전도도는 도체의 단면적 A에 정비례하고, 두 전극 간의 거리 l에 반비례한다.

$$G = \frac{1}{R} = k\frac{A}{l} \qquad (15-1)$$

여기에서 k는 비전도도(specific conductivity)이다. k는 1cm^3의 전도도를 의미하고 $\text{ohm}^{-1}\text{cm}^{-1}$의 단위를 갖는다.

전해질 용액의 전도도는 용액 중 이온의 수, 전하, 기전력, 이동속도의 영향을 받는다. 전기를 전도하는 용질의 능력은 당량전도도(equivalent conductivity) Λ로 나타내고, 1cm 거리 2개 전극 사이에 있는 용질 1그램당량의 전도도를 의미한다. 그러므로 Λ와 G는 같다. 1그램당량을 갖는 용액의 부피(cm^3) V는 다음과 같다. 여기에 당량은 용질의 그램 화학식량을 전하수로 나눈 값이다. 즉, $BaCl_2$와 Na_3PO_4의 당량은 각기 $BaCl_2/2$와 $Na_3PO_4/3$이다.

$$V = \frac{1000}{c} \qquad (15-2)$$

여기에서 c는 cm^3의 당량으로 나타낸 농도이다. V와 Λ의 관계는 다음과 같다.

$$V = \Lambda = \frac{1000}{c} \qquad (15-3)$$

식 (15－2)에 대입하면 다음과 같다.

$$\Lambda = 1000\frac{k}{c} \qquad (15-4)$$

용액 중 이온이동도(ionic mobility)는 전기적 힘(electric force), 이온이 이동할 때의 마찰력(frictional force), 전기이동효과(electrophoretic effect), 이완효과(relaxation effect)의 네 가지 영향을 받는다. 전기적 힘(이온전화×전극전위)과 이온 마찰력(이온이 이동할 때 용매분자나 다른 물질과 마찰하는 힘)은 묽은 용액의 전도도 측정에 중요한 역할을 담당하고 농도와 무관하다. 진한 용액에서 전기이동효과와 이완효과는 중요한 역할을 담당하고 묽은 용액에서는 이 효과들이 나타나지 않고 진한 농도일수록 전기이동효과와 이온효과는 당량전도도를 감소하는 역할을 담당한다. 전기이동효과는 이온을 둘러싼 반대 전하이온의 이동 때문에 생긴다. 이때 반대전하입자를 둘러싼 용매분자와 함께 이동하는 도중에 반대흐름의 용매분자와 충돌하여 이온이동을 지연한다. 이완효과도 전기이동효과와 같지만 이온이 이동할 때 반대부호의 이온이동 때문에 지연되는 효과이다.

센 전해질 용액은 X축에 당량전도도, 그리고 X축에 $\sqrt{농도}$를 취하여 도시하면 선형관계를 성립하고, 직선을 외연장하면 무한히 묽은 용액의 당량전도도값 Λ_0을 얻을 수 있다. 예를들어 NaCl의 당량/L 농도값이 0.1, 0.01, 0.001일 때 Λ값은 각기 106.7, 118.5, 123,7이고, 이 값을 도시하면 무한히 묽은 용액의 Λ_0값은 126.4를 얻는다. 무한히 묽은 용액의 당량전도도는 양이온과 음이온의 각 당량전도도값을 합친 값이다.

$$\Lambda_0 = \lambda_+^0 + \lambda_-^0 \qquad (15-5)$$

당량 이온전도도는 전기장에서 이온이동도의 척도를 나타냄과 동시에 전류를 운반하는 이온의 능력을 나타낸다. 예를 들면 포타슘이온(K^+)과 염소이온(Cl^-)의 이동도는 거의 같다. 그러므로 염다리나 칼로멜전극에서 KCl 용액을 사용한다. 참고로 각 이온의 당량전도도는 표 15－1과 같다.

전기전도도를 측정할 때는 직류전기를 사용하지 않는다. 직류전기를 사용하면 환원음극과 산화양극 사이에 전기전도가 일어남과 동시에 파라데이 과정이 일어나 전극에서 산화와 환원반응이 생기고, 용액의 화학변화를 수반한다. 그러나 교류전기를 사용하면 비파라데이 과정이 일어나므로 전지반응이 생기지 않고 산화－환원이 일어나지 않으므로 화학변화도 생기지 않는다.

표 15－1 ▸ 무한 묽힘 용액 중 이온 당량전도도(25℃)

양이온	λ_+	음이온	λ_-
H^+	350	OH^-	198
LI^+	39	F^-	55
Na^+	50	C^-	79
K^+	74	Br^-	78
NH_4^+	73	I^-	77
Ag^+	62	NO_3^-	71
Mg^{2+}	53	IO_4^-	55
Ca^{2+}	60	HCO_3^-	45
Sr^{2+}	59	Formate	55
Ba^{2+}	64	Acetate	41
Zn^{2+}	53	Propionate	36
Hg^{2+}	53	Butyrate	33
Cu^{2+}	54	Benzoate	32
Pb^{2+}	73	Picrate	30
Co^{2+}	55	SO_4^{2-}	80
Fe^{2+}	54	CO_3^{2-}	69
Fe^{3+}	68	$C_2O_4^{2-}$	74
La^{3+}	70	CrO_4^{2-}	82
Ce^{3+}	70	PO_4^{3-}	80
$CH_3NH_3^+$	59	$Fe(CN)_6^{3-}$	101
$N(Et)_4^+$	33	$Fe(CN)_6^{4-}$	111
$N(Bu)_4^+$	19		

15.2 전기전도도의 측정

전기전도도를 측정할 때 어느 기기든지 그림 15－1과 같은 Wheatstone bridge의 원리를 이용한 기기를 사용한다. S는 교류전원이고 6~10V, 60~100Hz를 사용한다. 영점 검출기(ND)을 사용하고 D와 C 간의 전류를 검출한다. R_{AC}와 R_C는 저항의 위치에 따라 계산한다. 미지저항값 R_X의 전도도 전지는 왼쪽에 있다. R_S는 정확하게 저항을 조절할 수 있는 저항기이다. 영점 검출기(null detector) ND를 이용하여 D와 C 사이에 전연 전류가 흐르지 않는 저항값을 측정한다. 검출기는 전화수화기, magic eye, 마이크로암미타 등을 사용한다. 전기전도도 전지는 그림 15－2를 사용한다. 전극은 백금판을 이용하여 만든 것이 가장 좋고 시료용액이 센 산성 혹은 염기성이 아니면 스테인레스 스틸로 만들어도 좋다. 그림 15－2(a)는 용액의 증발을 방지하고 항온조에 담글 수 있는 정밀측정용 전지이다. (b)와 (d)는 전지의 대소에 관계없이 용액에 침적(dip)하여 사용하는 전지이다. (b)와 (d) 중에서 (b)의 전도도전지는 (d)보다 씻기가 더 쉽다. (c)는 적정할 때 사용하는 전도도전지이다.

전기전도도의 온도계수는 1℃당 약 2% 정도 변한다. 전기전도도는 이온상태의 경

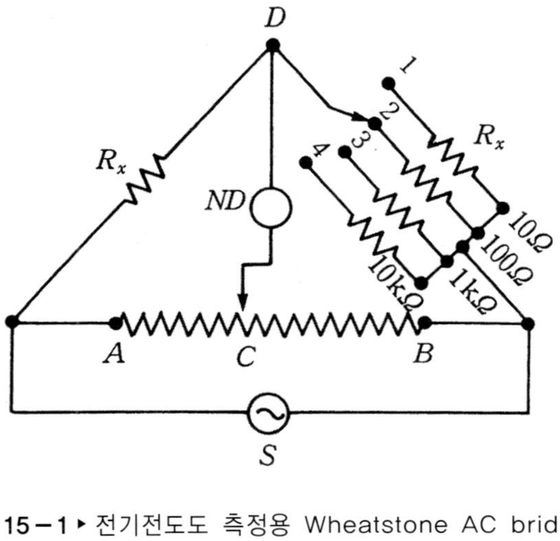

그림 15－1 ▸ 전기전도도 측정용 Wheatstone AC bridge

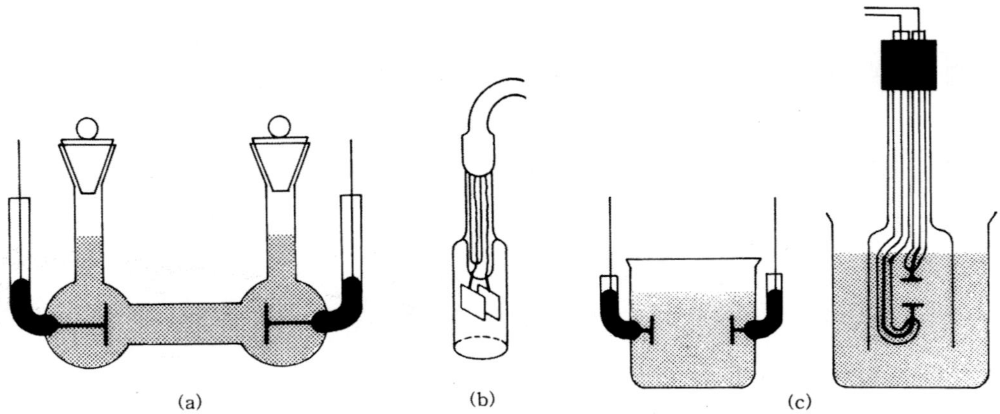

그림 15-2 ▸ 전기전도도 측정용 전지. (a) 정밀전도도 측정용 전지, (b) 침액용 전지, (c) 적정용 전지, (d) 침액용 전지

우에 나타나고 이온화되지 않는 화합물은 전도도를 나타내지 않는다. 그러므로 산(H^+)이나 염기(OH^-)용액을 적정할 때 적가액의 이온화 상태에 따라 적정곡선이 각기 다르게 나타난다(그림 15-3). Y축에 전도도, 그리고 X축에 적가액의 부피를 취한다. 전도도를 측정할 때 곡선의 변곡점이 생기기 전과 후에 각기 적가액을 3~4번 가할 때마다 전도도를 측정하여 도시한 다음 점을 연결하여 직선을 표시한다. 두 직선을 연결한 변곡점이 종말점이다. 전기전도도 측정법으로 적정하면 센 산-염기는

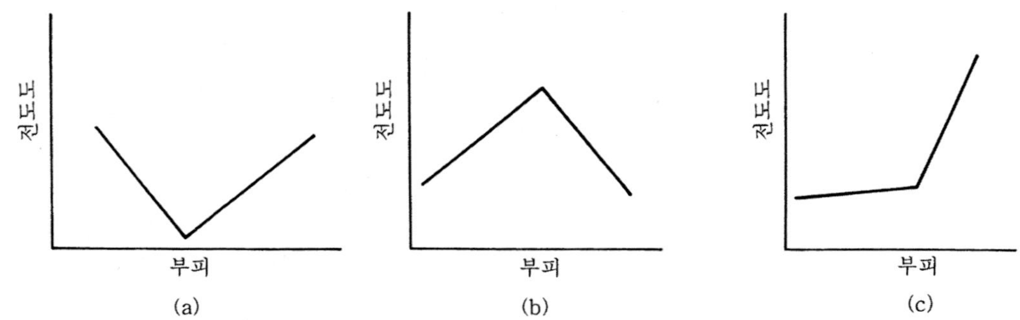

그림 15-3 ▸ 전기전도도 적정곡선. (a) 약한 전해질(약한 산 혹은 염기)을 센 전해질(센 산 혹은 염기)로 정적할 때, (b) 센 전해질(센 산 혹은 염기)을 센 전해질(센 산 혹은 염기)로 적정할 때, (c) 약한 전해질(약한 산의 염)을 센 전해질(센 염기의 염)로 적정할 때

물론이고 약한 산-염기, 침전, 착물 등의 종말점을 간편하고 정확하게 구할 수 있다. 전기전도도 측정법은 용액 중 전하를 띤 모든 화학종의 전체 전도도를 측정하는 방법이고, 어떤 이온을 선택적으로 정량할 수 없다. 전기전도도법은 좋은 감도 때문에 증류수의 탈염도(demineralization) 측정, 바닷물의 염도 측정, 크로마토그래피법의 검출기, 산-염기도 측정, 반응정도의 측정에 많이 이용하고 있다.

15.3 실험

15.3.1 HCl과 HOAc를 NaOH로 전도도법 적정 : 아세트산의 K_a 측정

기기장치

Magic eye 영점검출기(이 기기의 사용법은 실험과정에 설명되어 있다), 눈금판 혹은 디지털이 부착되어 있는 전도도 측정기기

침액형 전도도전지

피펫(25mL)

미지농도(약 0.05*M*)의 염산, 아세트산, 수산화소듐이 각기 들어 있는 메스플라스크 3개

눈금실린더(100mL)

비커(400mL) 혹은 키 큰 비커(250mL)

자석젓개와 자석막대

뷰렛(10mL) 2개

시약

10mL 뷰렛에 들어 있는 0.2*M* 수산화소듐(NaOH) 표준용액

10mL 뷰렛에 들어 있는 0.2M 아세트산(HOAc) 표준용액

이 실험은 적정물질(약한 산 또는 센 산)의 성질과 적정순서(센 염기로 약산을 적정 또는 약한 산으로 센 염기를 적정) 사이의 관계를 예로 들어 설명한다. 적정과정에서 측정한 전도도 값으로부터 약한 산의 해리도상수도 계산할 수 있다.

아세트산의 해리상수는 아세트산을 NaOH로, 그리고 HCl을 NaOH로 적정하는 동안 기록한 데이터로부터 계산할 수 있다. 필요한 모든 것은 (1) 적정 데이트로부터 쉽게 얻는 적정 초기의(아세트산을 NaOH로) 아세트산의 농도, (2) 실험에서 실제로 측정하는 약한 산 용액의 전도도 측정값 L_{HOAc}, (3) 100% 이온화한다고 가정한 경우 약한 산 용액의 전도도 $L_{\mathrm{HOAc}}(100\%)$들이다. 맨 나중의 값은 여러 적정곡선으로부터 다음과 같이 쉽게 계산한다.

$$L_{\mathrm{HOAc}}(100\%) = L_{\mathrm{NaOAc}} + L_{\mathrm{HCl}} - L_{\mathrm{NaCl}}$$

여기에서 모든 전도도는 L_{HOAc}를 측정하려고 사용한 HOAc의 농도 C를 보정해야 한다.

HOAc의 이온화도 α는 전도도로부터 구할 수 있다.

$$\alpha = \frac{L_{\mathrm{HOAc}}}{L_{\mathrm{HOAc}}(100\%)}$$

해리상수는 다음으로 계산할 수 있다.

$$K_a = \frac{[\mathrm{H}^+][\mathrm{OAc}^-]}{[\mathrm{HOAc}]} = C\frac{\alpha^2}{1-\alpha}$$

여기에서 C는 전도도 측정에 사용한 아세트산의 몰농도이다.

방법

미지시료를 각기 눈금까지 묽혀 잘 흔든다. HCl 시료 25mL를 피펫으로 취하여 비커(400mL)나 키 큰 비커(250mL)에 넣고 증류수 150mL(실린더로 측정한다)로

묽힌다. 시료 비커를 자석젓개 위에 놓는다. 전도도전지를 용액에 잠길 때까지 비커에 담근다. 그러나 자석젓개 막대가 전극에 닿지 않을 정도로 낮지 않아야 한다. 서서히 젓는 속도를 높이되 큰 소용돌이가 생기지 않을 정도로 젓는다(속도가 빠르면 소용돌이가 생긴다).

전도로 측정미터에 스위치를 넣고 조금 기다리면서 예비가온한다. 감도 범위 스위치를 알맞은 위치에 놓아(지침서 참조할 것) "magic eye"를 가능하면 넓게 열릴 때까지 조절하되 너무 빠르게 돌리지 말라. 눈금이 불확실하면 다이얼을 앞뒤로 몇 번 돌려라. 도선이 단단하게 잘 연결되었는가 확인하라. 전도도는 눈금 읽은 값을 감도 스위치값으로 곱한 값이다. 보통 기기의 눈금은 전도도값을 읽는 것보다 저항을 읽는 것이 더 정확하다. 저항을 읽은 값은 역수를 취하여 쉽게 전도도로 환산할 수 있다. 최초의 측정값을 읽고 다음에 뷰렛에서 10mL 모두 소비할 때까지 0.5mL 간격으로 읽는다. 종말점 가까이 전도도값을 얻을 때 특별한 주의가 필요없다. 이것이 전도도법의 이점 중 하나이다. 다시 검사할 필요가 있으면 적정을 되풀이한다. 실험이 끝날 때마다 용기와 비커를 철저하게 헹궈라.

같은 방법으로 미지의 아세트산 25mL를 적정한다. 이 경우는 적정 초기에 0.2mL씩 가하면서 2mL까지 값을 읽는다. 계속하여 0.2M NaOH 용액을 10mL 가할 때까지 0.5mL 단위로 적정을 계속하라. 검사할 필요가 있으면 실험을 되풀이한다.

실험 후에 전도도전지를 증류수로 헹구고 증류수에 보관한다. 기기와 자석젓개는 실험실을 떠나기 전에 스위치를 꺼놓아야 한다.

전도도값(묽힘 효과를 보정한 것)을 적가액 부피(mL)에 대하여 점시하고, 직전의 기울기가 갑자기 변하는 종말점 부근의 측정값은 중요시하지 말고 먼 곳의 여러 점을 통하여 직선을 그린다. 종말점은 두 직선이 만날 때까지 연장하여 결정한다. 아세트산의 해리상수를 계산하라.

문제

1. 약한 산(예, 아세트산)이나 센 산(예, 염산)을 센 염기로 적정할 때 적정곡선을 다르게 나타나는 이유를 설명하라.

2. HOAc를 NaOH로 적정할 때와 NaOH를 HOAc로 적정할 때 얻은 적정곡선 모양 차이의 이유를 설명하라.
3. HOAc를 NaOH로 적정할 때 나타나는 종말점 이전의 직선 부분을 0.0mL 적가액까지 외연장하면 어떤 전도도값을 얻는가? 그 이유는? 실험에서 어떤 값을 얻었느냐? 이 값을 어떻게 설명할 수 있는가? 이 질문의 알맞은 해답은 해리상수 측정값과 문헌값 사이에 차이가 나타나는 것을 설명해 줄 것이다.
4. 전도도법 적정에 가능하면 작은 부피 변화가 중요하다. 그 이유 때문에 적가액은 적정용액보다 훨씬 더 진하여야 한다. 이러한 묽힘 보정을 무시할 때 생기는 종말점의 전도도 오차 %를 계산하라.
5. HCl와 HOAc의 혼합물을 암모니아를 이용하여 전도도법으로 적정할 때 예상되는 적정곡선을 그려라.

15.3.2 산 혼합용액을 센 염기로 적정

기기

전도도 측정기기
침액형 전도도전지
피펫(25mL)
메스플라스크(100mL)
눈금실린더(25mL)
비커(150mL)나 키 큰 비커(180mL)
자석젓개와 젓개막대
뷰렛(10mL)

시약

0.1 *M* 표준 수산화소듐 용액
0.025 *M* 염산 용액
0.025 *M* 붕산(H_3BO_3) 용액
0.025 *M* 염화암모늄(NH_4Cl)

Mannitol 0.25g

미지용액 : 메스플라스크(100mL)에 HCl, H_3BO_3, NH_4Cl을 넣고 mannitol 0.25g을 넣은 다음 용액을 눈금까지 묽히되 각 산의 최종 농도는 약 0.01M 되게 만든다.

산의 어떤 혼합물을 적정할 때 그 종말점은 전도도법을 이용하여 편리하게 구할 수 있다. HCl, H_3BO_3, NH_4Cl의 혼합물을 NaOH로 적정한다. Mannitol은 H_3BO_3의 산도를 증가시키려고 가한다.

방법

비커(150mL)나 키 큰 비커(180mL)에 0.025M HCl 10mL, 0.025M H_3BO_3 15mL, mannitol 0.25g, 0.025M NH_4Cl 7.5mL, 물 20mL를 눈금실린더로 취하여 넣는다. 비커를 자석젓개 위에 놓고 젓개막대를 넣고 전도도전지가 잠길 때까지 비커에 넣는다. 소용돌이가 생기지 않게 젓개 속도를 조절한다.

전도도 측정미터에 스위치를 넣고 약 1분간 예비가온한다. 지도선생이 지시한 대로 감도 스위치를 놓고 가능하면 "magic eye"를 넓게 열리도록 조절한다. 전도도는 다이얼 눈금값에 감도값을 곱한 값이다.

적가액을 가하기 전에 처음 전도도를 읽은 다음 시료를 0.1M NaOH로 0.5mL씩 적정하면서 전도도를 읽는다. 전체 10mL를 가할 때까지 적정을 계속한다. 끝나면 전극과 비커를 헹궈 깨끗이 한다.

비커에 미지용액 25mL를 취하고 물 25mL를 넣은 후 같은 방법으로 적정한다. 두 번째 미지용액을 분취하고 적정을 되풀이한다.

이미 농도를 알고 있는 산 혼합물을 적정할 때 소비한 0.1M NaOH 부피(mL)에 대하여 전도도를 점시한다. 점시하기 전의 전도도 측정값을 묽힘 보정을 하여야 한다. 이미 알려진 각 산의 양을 이용하여 적정곡선의 각 직선 부분에 해당하는 적정 반응을 쓰고, 각 당량점에 상당하는 화학종을 지적하라.

미지시료 용액을 0.1M 표준 NaOH 용액으로 적정하는 부피(mL)에 대하여 묽힘을 보정한 전도도값을 도시한다. 종말점으로부터 메스플라스크(100mL)에 들어 있는 각 HCl, H_3BO_3, NH_4Cl의 gr수를 계산하라.

문제

1. Mannitol은 어떤 작용을 하는가? 해답을 증명하는 반응식을 쓰고 설명하라.
2. HCl, HOAc, HNO_3의 혼합물을 전도도법으로 적정하여 각 산의 양을 계산할 수 있는가? 만족스럽게 적정하려면 어떠한 용매와 적가액을 사용해야 하는가?

15.3.3 약한 산의 염을 센 산으로 적정

기기

전도도 측정기기
침액형 전도도전지
피펫(25mL)
메스플라스크(100mL)
눈금실린더(25mL)
비커(150mL)나 키 큰 비커(180mL)
자석젓개와 젓개막대
뷰렛(10mL)

시약

0.200M 표준 염산 용액
미지용액 : 약 0.01M 인산소듐(Na_3PO_4) 용액

약한 산의 염을 센 산으로 적정하면 생성된 약한 산이 일부분만 해리하기 때문에 전도도법으로 측정할 수 있다.

방법

미지용액 25mL에 증류수 150mL를 가한 용액을 앞의 실험과 같은 방법으로 적정

한다. 모두 종말점에 도달되었는가를 확인한다.

미지 Na_3PO_4 용액의 적정에 소비한 0.2M HCl 부피(mL)에 대하여 전도도를 점시한다. 묽힘 보정은 필요없다. 그 이유는 무엇인가? 시료 중 Na_3PO_4 gr수를 계산하라.

문제

1. 적정곡선의 각 단계 반응식을 쓰라.
2. 적정곡선의 모양을 설명하라.

15.3.4 중화 및 침전반응을 이용하는 적정

기기

전도도 측정기기
침액형 전도도전지
피펫(25mL)
메스플라스크(100mL)
눈금실린더(25mL)
비커(150mL)나 키 큰 비커(180mL)
자석젓개와 젓개막대
뷰렛(10mL)

시약

0.075M 표준 수산화바륨[($Ba(OH)_2$)] 용액
미지용액 : 약 0.01M의 황산(H_2SO_4)와 황산포타슘(K_2SO_4) 용액

전도도법은 중화적정과 마찬가지로 침전적정도 종말점의 측정에 이용한다. 침전전도도 곡선을 해석하는 방법은 중화전도도 곡선의 경우와 비슷하다. 생성침전의 용해도는 적정곡선에 영향을 주지만 이 영향은 크지 않고 허용될 수 있다. 그 반

면에 무게분석은 그러하지 못하다. 이렇게 생성된 침전용해도가 상당히 크면 그래프상에서 직선이 만나는 점은 완만하게 나타난다.

방법

미지용액 100mL에 증류수 150mL를 넣고 표준 $Ba(OH)_2$ 용액으로 적정한다. Ba^{2+} 적가에 따라 난용성 $BaSO_4$를 용액에서 생성한다. 이 침전을 생성할 때 용액이 평형에 도달하여 전도도를 측정할 수 있는 시간은 오래 걸린다.

$Ba(OH)_2$의 부피(mL)에 대하여 혼합물 용액의 전도도를 점시하고 어느 화학종이 처음에 적정되는가를 지적하라. 그 이유는?

두 종말점으로부터 시료 중 H_2SO_4와 K_2SO_4의 gr수를 계산하라 .

문제

1. 침전적정에서 알코올을 가하면 어떤 효과를 나타내는가? 설명하라.

15.3.5 아스피린 정제의 분석

기기

전도도 측정미터와 전지
자석젓개와 젓개막대
메스플라스크(250mL)
피펫(100mL)
눈금실린더(25mL)
전해용 키 큰 비커(250mL)
뷰렛(10mL)

시약

0.100 M 표준 수산화소듐(NaOH) 용액

에탄올 30mL
아스피린 정

Acetylsalicylic acid(일반적으로 아스피린이라고 한다)는 약한 산이다. 아스피린 정제에 들어 있는 양은 전도도법 적정으로 쉽게 정량할 수 있다.

방법

1개 아스피린 정제를 달아 메스플라스크(250mL)에 넣는다. 약 15mL 증류수를 가하고, 아스피린 정이 풀어질 때까지 저어 잘 분산한다. 에탄올 30mL를 가하고 아스피린 정이 더 잘게 분산될 때까지 다시 젓는다. 증류수로 250mL 되게 묽히고 잘 섞는다.

피펫으로 100mL 취하여 전해용 비커(250mL)에 넣고 자석젓개 막대를 넣고 0.100M 표준 NaOH 용액을 0.5mL씩 가하면서 적어도 10mL 모두 가할 때까지 적정한다.

10×10cm 그래프 종이에 적가된 수산화소듐 용액의 부피(mL)에 대하여 전도도를 점시한다.

본래 아스피린 정에 들어 있는 acetylsalicylic acid gr수를 계산하라(acetylsalicylic acid의 분자량=180, 구조식은 $CH_3OCO \cdot C_6H_4 \cdot COOH$). 본래 아스피린 정에 들어 있는 아스피린을 grain으로 계산하라(1g=15.4grain).

본래 아스피린 정에 들어 있는 아스피린 무게 %를 계산하고 적정곡선의 모양을 설명하라.

문제

1. 아스피린 정제에서 녹지 않은 물질은 용액의 전도도에 어떤 영향을 주는가?
2. 아스피린 정제를 분석하는 이 방법을 어떻게 자동화할 수 있는가 설명하라.
3. 아스피린 생산의 품질관리에서 생길 수 있는 시료채취 문제를 설명하라.

연습문제

[15.1] 무한히 묽은 용액의 당량전도도 측정법을 설명하라.

[15.2] 염다리를 만들 때 왜 KCl 용액을 사용하는가?

[15.3] 아세트산 용액을 수산화소듐 용액으로 적정할 때 전기전도도 곡선을 그려라.

[15.4] 이온이동도에 기여하는 네 가지 효과를 설명하라.

[15.5] 전기전도도를 측정할 때 직류전기를 사용하지 않고, 교류전류를 사용하는 이유는 무엇인가?

[15.6] 전기전도도법에서 취급하는 당량은 무엇을 의미하는가?

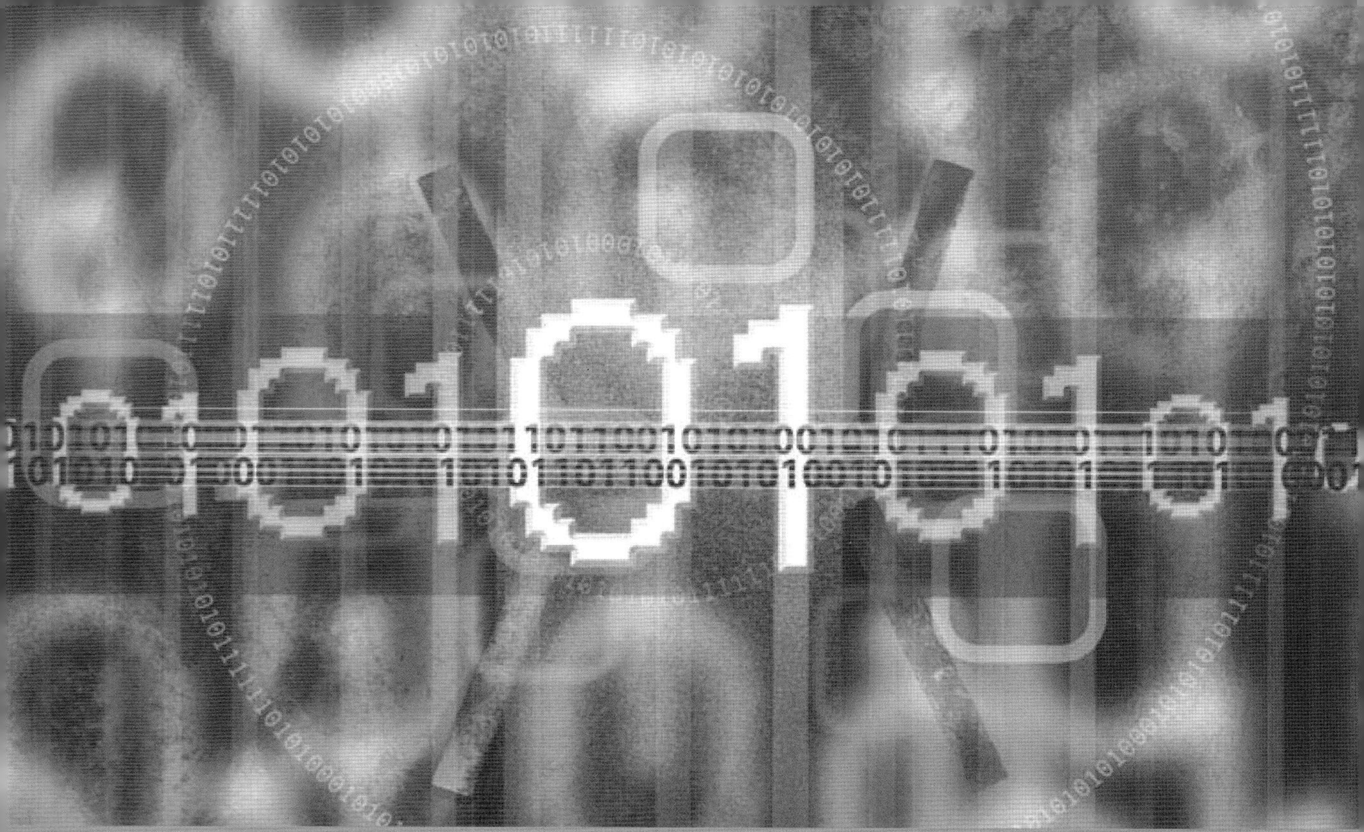

제16장 크로마토그래피법의 서론

16.1 크로마토그래피법의 원리

16.2 크로마토그래피법의 이론

16.3 정성분석과 정량분석

크로마토그래피(chromatography)의 본래 뜻은 색을 기록한다는 뜻에서 유래된 것이고, 식물 잎사귀를 알루미나 혹은 탄산칼슘을 채운 분리관에서 분리할 때 각 화합물이 나타나는 색의 현상에서 유래되었다. 화합물을 정량분석하는 고전적 방법은 방해성분을 분리하고 제거한 다음 목적성분을 정량한다. 방해성분을 분리하는 방법은 분별증류, 결정증류, 용매추출, 화학적 침전, 전기분해 등의 방법을 사용하고 있다. 크로마토그래피법은 이러한 방법들보다 늦게 1950년대에 발전되었으나 넓은 방면에 사용되기 때문에 오늘날에는 기기분석분야 중 필수불가결한 한 분야를 차지하고 있다.

본래 크로마토그래피법은 분리에 목적이 있지만 사용하기 편리하게 여러 가지 정량적 검출기를 부착하여 성공적으로 분석에 이용되고 있다. 오늘날 의학 및 화학분야의 노벨상은 크로마토그래피법에 의한 분리 정량에 기초를 둔 것임은 너무나 잘 알려진 사실이다. 특히 유명한 것은 1952년 크로마토그래피법을 연구한 A. T. P. Martin과 R. L. M. Synge의 노벨상이다.

16.1 크로마토그래피법의 원리

용리(elution)라는 뜻은 정지상의 어떤 물질과 화학적으로 결합하거나 물리적으로 흡착되어 있는 시료물질에 이동상을 흘려보낼 때 정지상에 흡착된 시료물질 농도(C_S)와 이동상 중의 시료농도(C_M) 간에 평형을 생성하면서 시료물질이 유출되다는 뜻을 갖는다. 그러므로 용리액(eluent 혹 eluant)은 용리할 때 사용하는 기체 혹은 액체용액을 뜻한다. 때때로 용출액(effluent)이라는 용어도 함께 사용한다.

C_S와 C_M의 농도비값이 1이면 화학적 평형상태에 있다는 것을 뜻한다. 즉, 정지상에서 분리되는 속도와 이동상으로 녹아들어 왔다가 다음 단계의 정지상에 다시 흡착되는 속도가 같다는 뜻이다. 용질이 정지상을 통하여 계속해서 이동할 때 정지상 ↔ 이동상 간에 평형이 이루어져야 반응속도론적으로 이상적이다. 즉

$$K = \frac{C_S}{C_M} \tag{16.1}$$

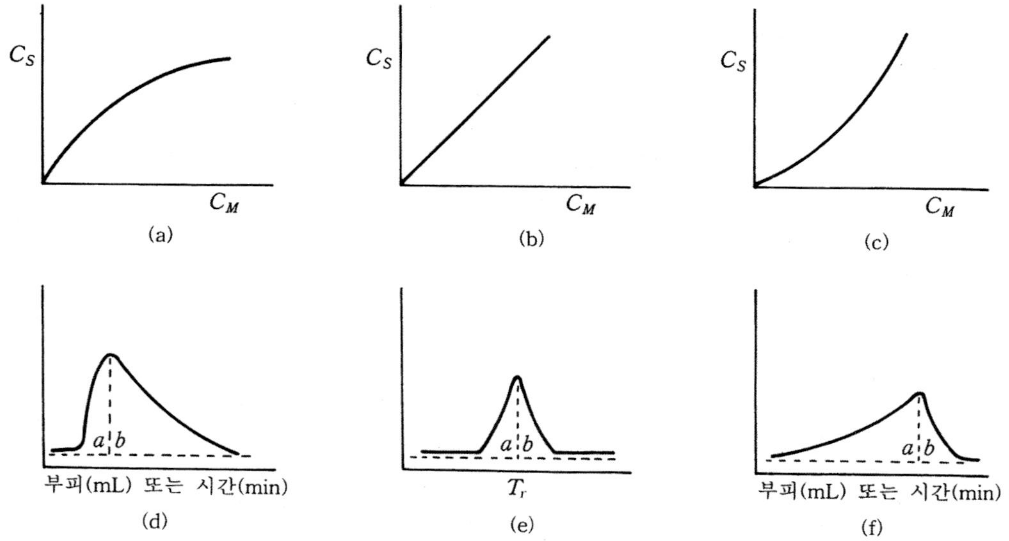

그림 16－1 ▸ 분배곡선과 용리곡선의 관계

여기서 K는 정지상과 이동상 간의 분배비(distribution ratio) 또는 분포계수(partition coefficient)이고, $K=1$일 때 가장 좋은 이상적 평형상태이다. 그림 16－1의 (b)와 같은 직선상태는 $K=1$이 성립되고, 용리 크로마토그램은 그림 16－1(c)처럼 전후대칭의 모양을 얻는다. 만약 K값 중에서 C_S 또는 C_M 중 어느 한쪽이 크면 그림 16－1(a)와 (b) 중 어느 한 곡선을 생성한다. 그러나 실제로 이상상태의 직선을 얻는 경우는 드물고 직선에 약간 벗어나도 분리 가능하다. 화학평형이 어느 정도 성립되었는가는 크로마토그램의 모양으로 평가할 수 있다.

그림 16－1(e)의 용리곡선에서 점선으로 2등분한 전반부(a)와 후반부(b)의 밑변 길이가 같으면($a=b$) $K=1$에 가깝다. 즉, 대칭의 삼각형이 생긴다. 그림 16－1(f)처럼 $a>b$이면 이동상의 농도가 정지상의 농도보다 작으므로($C_M > C_S$) 이동상의 속도를 감소하여야 한다. 그림 16－1(d)처럼 $a<b$이면 이동상의 농도는 정지상의 농도보다 크므로($C_M < C_S$) 이동상의 속도를 증가하여야 한다.

그림 16－2는 5개의 분리관이 용리과정에 따라 순서 있게 그려져 있다. 첫째 분리관의 상단에 혼합시료를 흡착한다. 용리액으로 용리하면 시료는 분리관의 상단에 혼합시료를 흡착한다. 용리액으로 용리하면 시료는 분리관의 충진물과 흡착 및 분리작

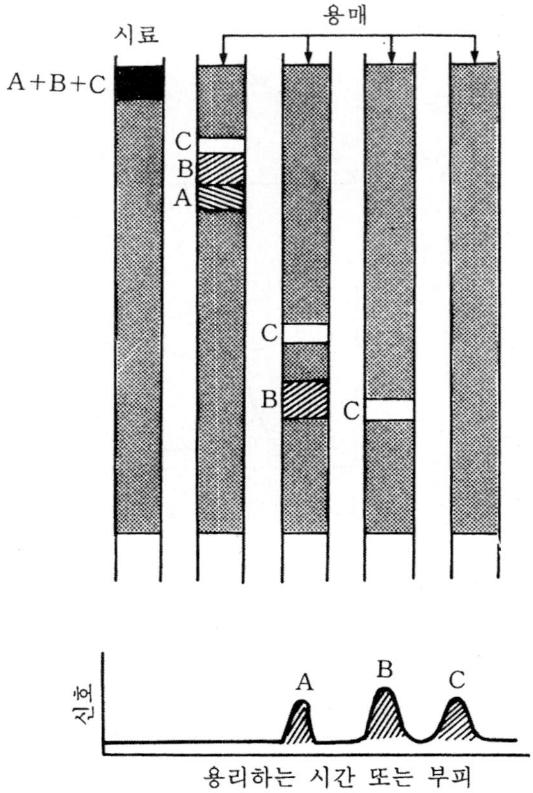

그림 16-2 ▸ 분리관을 통하여 3성분(A+B+C)을 용리하는 과정과 용리과정 중 분리된 3성분 농도에 대한 검출기의 신호세기(크로마토그램)

용의 평형반응을 생성하면서 밑으로 내려온 다음 셋째, 넷째, 다섯째 분리관에서 시료물질이 분리관 밖으로 흘러나와 검출기에서 검출되어 3개의 용리봉우리(peak)를 생성한다.

16.1.1 크로마토그래피법의 분류

크로마토그래피법은 여러 가지의 방법으로 분류하지만 원칙적 기준은 한 가지이다. 즉, 정지상(stationary phase, 성분을 분리할 때 움직이지 않고 고정된 위치를 유지하는 상)과 이동상(mobile phase, 분리된 성분을 운반하는 상)의 두 가지에 기준을 두고 분류한다. 정지상은 대부분이 고체이다. 예를 들면 이온교환수지, 실리카 젤입자나 규조토입자와 그것의 표면에 도포한 고분자물질, 종이 크로마토그래피에 사용하는 종이 크로마토그래피와 얇은층 크로마토그래피에 사용하는 얇은층 등이다. 이동상은 기체나 액체이다. 예를 들면 물, 유기용매, 기체(질소, 수소, 영족기체)이다.

크로마토그래피법은 이동상과 정지상의 종류에 따라 여러 가지 종류로 분류한다. 명칭도 또한 이러한 분류법에 따른 정지상의 이름이나 이동상에 따라 다르게 부른다. 예를 들면 이온교환수지, 종이 크로마토그래피, 얇은층 크로마토그래피는 정지상을 기준으로 분류한 명칭의 한 예이고, 기체 크로마토그래피(gas chromatography, GC)와 액체 크로마토그래피(liquid chromatography, LC)는 이동상을 기준으로 분류한 명칭의 한 예이다.

정지상의 모양에 따라 분류할 수도 있다. 정지상이 분리관에 충진된 것을 사용할 때는 분리관 크로마토그래피라 하고 그 예는 이온 크로마토그래피, 기체 크로마토그래피, 액체 크로마토그래피 등이다. 평면형 정지상을 이용할 때는 평면 크로마토그래피라 하고, 그 예는 종이 크로마토그래피, 얇은층 크로마토그래피 등이다.

정지상과 이동상의 종류에 따라 크로마토그래피법을 분류하면 표 16－1과 같다. 표 16－1과 같이 정지상과 이동상은 분석하려는 물질과 조작방법에 따라 액체 혹은 기체를 선택하여 사용한다. 이러한 분류방법은 크로마토그래피를 체계적으로 이해할 때 도움을 준다.

16.1.2 크로마토그래프의 조작방법

크로마토그래프를 통하여 시료를 분리하는 조작은 16－3과 같이 세 가지 방법이 있다.

첫째, 용리 크로마토그래피법(eleution chromatography)은 그림 16－3(a)처럼 각기 다른 분배비를 갖는 O와 X의 시료성분을 분리관 상단에 얇은층으로 흡착한 다음 비활성 이동상을 이용하여 (a), (b), (c)의 용리과정을 거치는 동안에 세게 흡착된 성분은 분리관 성분을 포화할 것이고, 약하게 흡착된 성분은 세게 흡착하는 성분보다 먼저 용출되어 (4)와 같은 크로마토그램을 생성한다.

둘째, 치환 크로마토그래피법(displacement chromatography)은 그림 16－3(b)처럼 O와 X의 시료성분이 분리관 상단에 얇은층으로 흡착된 다음 치환반응이 일어날 수

표 16-1 ▸ 크로마토그래피법의 분류

1. 평면 크로마토그래피(planar chromatography)			
일반분류	명칭	정지상	화학평형
LC 이동상 : 액체	PC	종이	흡착(액체/종이)
	EPC	종이(전기장 이용)	흡착(액체/종이)
	TLC	얇은판	흡착(액체/얇은층)

2. 분리관 크로마토그래피(column chromatography)			
일반분류	명칭	정지상	화학평형
LC 이동상 : 액체	LLC	고정상에 입힌 액체	섞이지 않는 액상 간의 평형
	LSC	고체	흡착
	LBC	고체표면에 결합된 유기화학종	분배/흡착
	IEC	이온교환수지	이온교환
	GPC	중합체 간격에 들어 있는 액체	분배/거름
GC 이동상 : 기체	GLC	고체에 흡착된 액체	기체-액체 간의 분배
	GSC (기체결합으로 생긴 상)	고체 (고체표면에 결합된 유기화학종)	흡착 분배/흡착
SFC 이동상 : 초임계액체	SFC	고체 (고체표면에 결합된 유기화학종)	임계액체와 표면에 결합된 유기화학종의 분배

PC : 종이 크로마토그래피(paper chromatography)
EPC : 전기이동 크로마토그래피(electrophoresis chromatography)
TLC : 얇은층 크로마토그래피(thin-layer chromatography)
LLC : 액체-액체 크로마토그래피(liquid-liquid chromatography)
LSC : 액체-고체 크로마토그래피(liquid-solid chromatography)
LBC : 액체결합 크로마토그래피(liquid bonded chromatography)
IEC : 이온교환 크로마토그래피(iron-exchange chromatography)
GPC : 젤투과 크로마토그래피(gel-permeation chromatography)
GLC : 기체-액체 크로마토그래피(gas-liquid chromatography)
GSC : 기체-고체 크로마토그래피(gas-solid chromatography)
SFC : 초임계액체 크로마토그래피(superfluid chromatography)

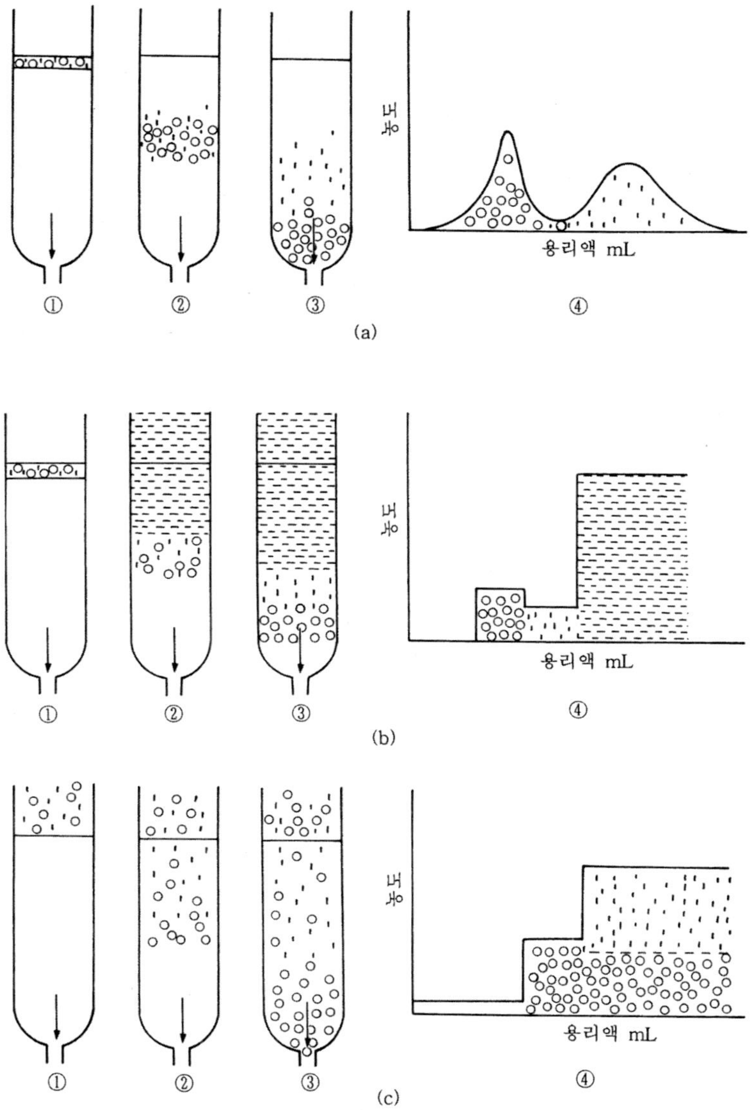

그림 16－3 ▸ 분리관 크로마토그래프의 조작방법. (a) 용리 크로마토그래피법, X와 O의 시료성분이 분리관에 분배된 다음 용리과정을 거쳐 크로마토그램을 얻는다. (b) 치환 크로마토그래피법, X와 O의 시료성분이 분리관에 분배된 다음 용액 중의 치환제(－)에 의해 치환반응 후 크로마토그램을 얻는다. (c) 프론트 크로마토그래피법, X와 O의 시료성분을 용리액과 함께 분리관에 이동상과 함께 넣으면 흡착력이 약한 성분이 먼저 용출된다.

있는 치환제(replacement agent)용리액으로 용리할 때 치환반응이 빠르게 일어나는 성분(O성분)은 먼저 용출되고, 느린 치환반응 성분(X성분)은 느리게 용출되어 분리된다. 셋째, 프런트 크로마토그래피(front chromatography)는 그림 16-3(c)처럼 시료와 이동상의 혼합물을 함께 계속해서 분리할 때 시료 중 흡착력이 약한 성분(O성분)이 어느 시간 동안만 용리된다. 그 다음은 X와 O성분이 섞여나와 분리되지 않는다.

16.2 크로마토그래피법의 이론

16.2.1 단이론

그림 16-2에서 B보다 A물질이 느리게 용출한다. 이것은 $K = C_S / C_M$ [식 (16-1)]에서 A의 분포비값(K값)이 B보다, 그리고 B보다 C값이 크다는 것을 의미한다. 이것은 A의 이동속도가 B보다, 그리고 B보다 C가 작은 것을 의미한다.

실험실에서 어떤 액체혼합물을 끓는점에 따라 분별증류할 때 air-cooling 혹은 riebig 냉각기보다 vigreu, spiral, glass helix 등의 냉각기를 사용하면 훨씬 더 분리효율이 증가한다. 이것은 냉각기 중 가상적 계단이 많을수록 분리효율이 증가한다는 이론과 일치한다. 냉각관이 길수록 분리효율은 증가한다.

공업적 증류과정에서는 그림 16-4와 같은 다단계 증류탑을 사용한다. 시료를 A에 넣고 끓는점까지 가열하면 증기는 B 단계의 원형마개를 통과하여 위로 증발하고, 그 중에서 끓는점이 높은 액체(끓는점 T_0)는 응축되어 A로 되돌아간다. 계속해서 가열할 때 B 단계에서 증발된 증기는 C 단계로 증발하고 응축된 액체(끓는점 T_1)는 B 단계로 되돌아간다. 이와 같은 과정은 A, B, C, D, E 단계를 거쳐 끓는점이 가장 낮은 액체부터 순서대로 최상층으로 증발하고 냉각기에 의해 응축되어 밖으로 증류되어 나온다. 이때 증류탑의 단수를 증가하면 원하는 순도의 액체를 만족하게 분리할 수 있다.

분리관을 통하여 혼합물을 그림 16-2처럼 용리할 때에도 분리관은 무수히 많은

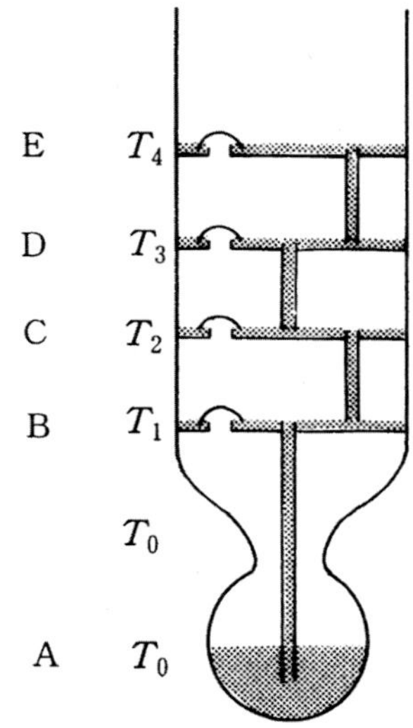

그림 16－4 ▸ 다단계 증류탑

얇은 이론단(theoretical plate)으로 구성되고, 위에서부터 아래로 각 단계를 통해 이동한다고 가정한다. 크로마토그래프의 분리관은 이론단수가 많을수록 분리효율이 증가한다. 이론단수(theoretical plate number) N은 분리효율의 척도로 사용한다. 이론단 해당높이(height equivalent of a theoretical plate, *HETP*) H도 같은 뜻으로 이용한다. 이것은 한 이론단의 높이를 뜻한다. $N \times H = L$은 분리관의 길이이다. 그러므로 이론단수 N은 식 (16－2)와 같다.

$$N = \frac{L}{H} \tag{16-2}$$

이론단수 *HETP* 값이 클수록 감소한다. 일정한 길이의 분리관을 사용할 때 *HETP* 값이 작을수록 분리효율은 증가한다. *HETP* 값을 작게 조절하는 방법은 작은 입자를 분리관에 채우는 방법이다.

용리곡선은 Gauss 곡선이므로 그림 16－5와 같은 상태에서 이론단수는 식 (16－3)으로도 나타낼 수 있다.

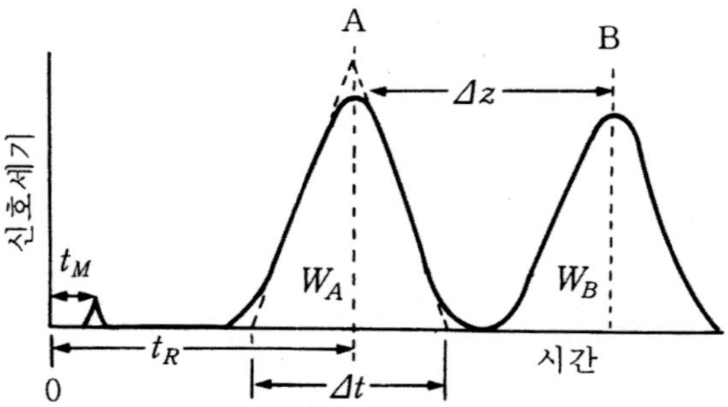

그림 16－5 ▸ 크로마토그램의 표시

$$N = 16\left(\frac{t_R}{\Delta t_R}\right)^2$$

$$= 16\left(\frac{t_R}{w}\right)^2 \qquad (16-3)$$

이 식에서 t_R은 머무름시간(retention time)이고(그림 16－5 참조), 용질을 분리관에 주입한 다음 분리관에서 용출에 걸리는 시간이다.

L, *N*, *HETP* 간의 관계는 그림 16－6과 같다. 그림 16－6에서 분리관의 길이는 모두 10cm이고 이론단수와 *HETP* 만 각기 다르다. 그림 16－6(a)는 *HETP* 가 크고 *N* 이 작으므로 분리효율이 작다. (b)는 *N* 이 크지만 *HETP* 이 크므로 분리효율이 나쁘고 크로마토그램이 퍼진다. (c)는 *N* 이 작으므로 분리효율이 나쁘고 (d)는 모두 만족스럽다.

단이론(plate theory)은 용질이 이동하는 과정 중에 분리효율이 증가한다는 현상을 설명할 수 있지만 그림 16－6(a) 및 (b)와 같은 분리띠의 넓힘 현상은 설명할 수 없다. 다행스럽게도 넓힘 속도는 띠 분리속도보다 느리다. 그래서 단이론의 결점을 보완하려고 속도론(kinetic theory 또는 rate theory)으로 대치되었다. 속도이론은 용리띠(band)의 분리속도와 넓힘 속도를 함께 설명할 수 있다.

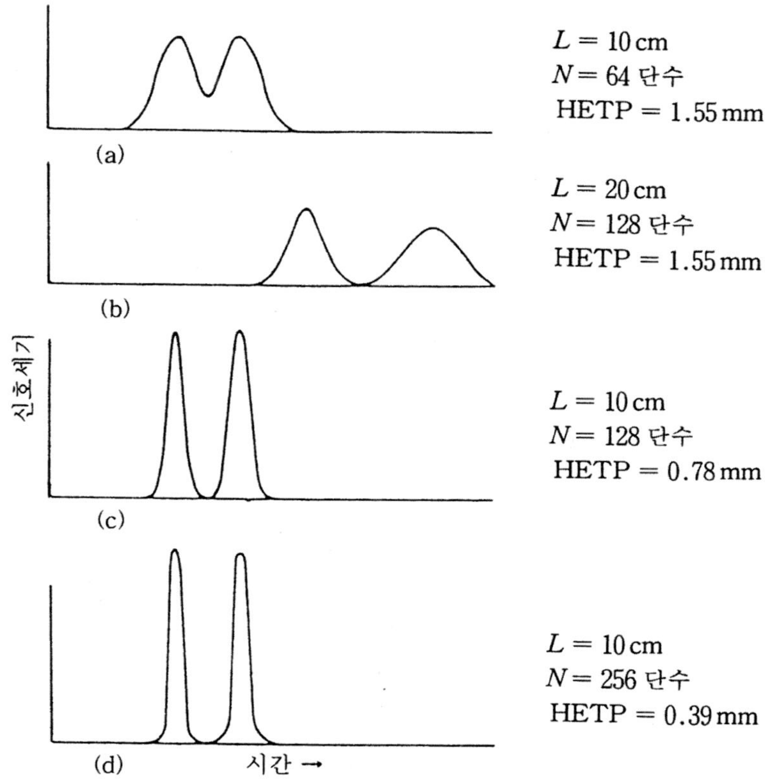

그림 16-6 ▸ L, N, HETP의 상호관계

16.2.2 속도론

속도론은 분리성분의 용리띠(elution band)들이 분리관의 끝에 나타나는 시간과 용리봉우리(eleution peak)의 너비에 영향을 주는 변수를 설명할 수 있다. 분리성분의 입자는 이동상에 머무는 시간이 길면 빠르게 이동하고 정지상에 머무는 시간이 길면 느리게 이동한다. 시료성분을 분리한 용리띠들이 넓게 퍼지면 용리할 때 많은 시간이 걸리고, 용질이 분리관을 통하여 이동하는 시간이 길면 더 넓게 퍼진다. 용리띠의 너비는 머무는 시간에 정비례하고 이동상의 유속에 역비례한다.

성분의 분리효율은 충진물의 입자크기, 고정상에 흡착된 액체 필름층의 두께, 이동상의 점도, 온도, 이동상의 선형속도 등이 영향을 주는 요인이다. 이들의 변수 중 처

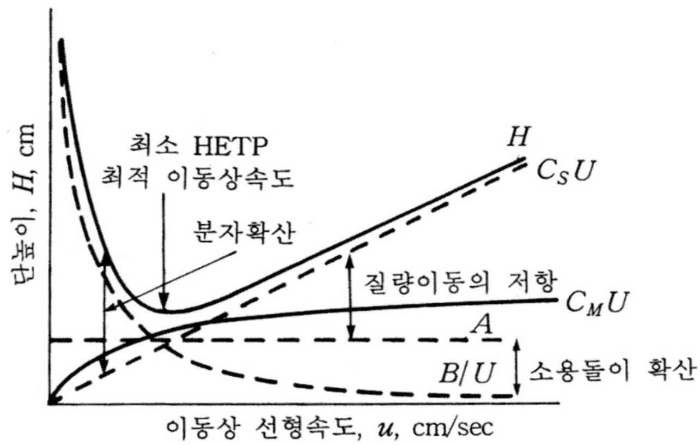

그림 16−7 ▸ van Deemter 식의 그래프 표시. 그림의 각 항은 H에 대하여 이동상 속도를 점시하였다. 임의의 속도에서 3개 항을 합한 값이 H이다.

음의 세 가지 변수를 감소하면 분리상태는 개선되고 H도 감소한다. 반면에 온도를 감소하면 이것과 반대효과를 나타낸다. 일반적으로 이동상의 속도를 H에 대하여 점시하면 극소점이 나타나고(그림 16−7의 H곡선), 이 점에서 최대 분리효율이 나타난다.

크로마토그래프 분리관의 효율은 van Deemter 식 (16−4)로 나타난다.

$$HETP = \frac{A+B}{U} + C_SU + C_MU \qquad (16-4)$$

이 식에서 U는 이동상은 선형속도(cm/s)이고, $HETP$의 단위는 cm이다. 그리고 B, C_S, C_M은 질량이동 계수이다. B/U는 종축확산(longitudinal diffusion)이고 분리띠의 중심농도가 양쪽은 묽은 영역으로 이동하려는 경향 때문에 확산되는 현상이다. B/U는 이동상이 기체일 때만 나타난다. GC 이외는 $B=0$이다. GC의 경우에 B/U는 분석물의 확산속도에 정비례하고, 이동상의 선형속도에 역비례한다.

C_SU는 전지상 중 질량이동에 대한 저항이고, 정지상을 향한 질량이동과 정지상에서 나오는 질량이동의 두 가지를 합친 확산이다. 이러한 두 가지의 이동속도는 정지상의 흡착과 탈착에 영향을 주므로 분리관의 효율에도 영향을 준다. C_SU는 확산속도에 역비례한다.

C_MU는 이동상 중 질량이동에 대한 저항이다. 충진입자의 제곱에 비례하고, 이동상 중 용질의 확산계수에 역비례한다. A는 소용돌이 확산(eddy diffusion)이라 하고, 불균일 유속과 충진입자 주위의 통로길이로부터 생긴다. 작은 A 값을 구하려면 평균입자 크기를 감소하여야 한다. 그 이유는 용질분자들이 분리관을 통과할 때 각기 여러 입자 간격과 입자 속의 구멍을 통과하므로 각 용질입자마다 넓은 시간 범위에 걸쳐 분리관 끝에 도달하여 확산하기 때문이다.

단 높이에 주는 이동상 속도의 영향은 식 (16－4)를 그림으로 나타낸 그림 16－7에 설명되어 있다. 그림 16－7의 H 곡선은 A, S/U, C_SU, C_MU의 네 가지 효과를 합한 값과 같다. 이동상의 최적속도는 H 곡선의 값이 최소인 경우이고 분리효율은 이 경우에 가장 좋다.

단 높이에 주는 그 외의 변수 중에서 가장 중요한 인자는 충진입자의 크기이다. 입자는 작고 관의 높이는 작을수록 띠넓힘은 감소한다. 그리고 이동상의 점도를 낮추고, 온도를 높이면 분리관의 효율이 향상된다.

16.2.3 분리띠에 영향을 주는 평형과 열역학적 변수

그림 16－5의 가로축은 시료주입 후 즉시 용리를 시작한 시간이다. t_M에 나타나는 봉우리는 충진관에 머무르지 않는(흡착되지 않는) 화학종에 의해 나타난다. 이것의 이동속도는 이동상 분자의 평균속도와 같다. 두 번째에 나타난 봉우리의 머무름시간 t_R은 그 화학종이 분리관을 통과 후 검출기에 도착하는 시간이다.

용질의 평균선형속도 $\bar{\nu}$는 식 (16－5)와 같다.

$$\bar{\nu} = \frac{L}{t_R} \qquad (16-5)$$

이동상 분자의 평균선형속도 μ는 식 (16－6)과 같다.

$$\mu = \frac{L}{t_M} \qquad (16-6)$$

용질은 이동상에 있을 때에만 이동하므로 용질의 이동속도는 이동상 속도의 분율과 같다.

$$\bar{\nu} = \mu(\text{이동상에 머무는 용질의 시간 분율})$$

그리고 이 분율은 어느 한 순간에 분리관 내에 존재하는 전체용질의 전체몰수와 이동상 중 용질의 평균몰수의 비와 같다.

$$\bar{\nu} = \mu \times \frac{\text{이동상 중 용질몰수}}{\text{용질의 전체몰수}}$$

혹은

$$\bar{\nu} = \mu \frac{C_M V_M}{C_M V_M + C_M V_S}$$

$$= \mu \frac{1}{1 + C_S V_S / C_M V_M}$$

C_M과 C_S는 각기 이동상과 고정상 중 용질의 몰농도이고, V_M과 V_S는 분리관 중 두 가지 상(이동상과 고정상)의 부피이다. 식 (16－1)을 위 식에 치환하면 식 (16－7)과 같다.

$$\bar{\nu} = \mu\left(\frac{1}{1 + KV_S / V_M}\right) \quad (16-7)$$

여기에 용량계수(capacity factor)라는 개념을 도입하는 것이 분리관 성능을 나타낼 때 분명해진다.

용량인자 C는 용질 이동속도와 관계있는 중요한 상수이다.

$$C = \frac{KV_S}{V_M} \quad (16-8)$$

식 (16－8)을 (16－7)에 대입하면 식 (16－9)와 같다.

$$\bar{\nu} = \mu\left(\frac{1}{1+C}\right) \tag{16-9}$$

수학적으로 C를 유도하는 방법은 다음과 같다. 식 (16-5)와 (16-6)을 (16-9)에 치환하면 식 (16-10)과 같다.

$$\frac{L}{t_R} = \frac{L}{t_M}\left(\frac{1}{1+k'}\right) \tag{16-10}$$

식 (16-10)을 재정리하면 식 (16-11)과 같다.

$$C = \frac{t_R - t_M}{t_M} = \frac{t'_R}{t_M} \tag{16-11}$$

여기에서 t'_R은 보정된 머무름시간(adjusted or corrected retention time)이고, $t_R - t_M = t'_R$이다(그림 16-5 참조).

분리관에서 두 가지 화학종의 분리하는 두 가지 화학종 분배계수의 상대적 크기에 따라 결정된다. 두 가지 용질의 선택계수 S는 식 (16-12)와 같다.

$$S = \frac{K_B}{K_A} \tag{16-12}$$

그림 16-5에서 K_B는 더 오래 머무는 용질 B의 분배계수이고, K_A는 더 약하게 흡착된 화학종, 즉 더 빠르게 이동하는 화학종의 분배계수이다. 그러므로 S값은 항상 1보다 커야 한다. 일정한 관에 대하여 식 (16-8)을 치환하면 선택계수와 용량인자 간의 관계를 식 (16-13)으로 얻을 수 있다.

$$S = \frac{C_B}{C_A} \tag{16-13}$$

여기에서 C_B와 C_A는 B와 A에 대한 용량인자이다. 실험적으로 크로마토그램에서 S를 구하는 식은 식 (16-14)와 같다.

$$S = \frac{(t_R)_B - t_M}{(t_R)_A - t_M} \tag{16-14}$$

분리관의 분리능(resolution) R_S는 다음과 같다(그림 16－5 참조).

$$R_S = \frac{\Delta z}{W_A/2 + W_B/2} = \frac{2\Delta z}{W_A + W_B}$$

$$= \frac{2[(t_R)_B - (t_R)_A]}{W_A + W_B} \tag{16-15}$$

A와 B성분을 완전히 분리할 때 R_S값은 1.5 이상이어야 하고, 0.75의 경우는 아무리 분리관을 늘려도 분리되지 않는다.

분리능과 분리관 성질(용량인자, 선택계수, 단의 수) 관계는 다음과 같다. 머무른 시간이 비슷한 A와 B성분에 대하여 다음과 같다고 가정하면

$$\overline{W_A} \cong \overline{W_B} \cong W$$

식 (16－15)는 다음과 같다.

$$R_S = \frac{(t_R)_B - (t_R)_A}{(t_R)_B}$$

식 (16－3)을 이용하면 $\overline{W}$를 $(t_R)_B$와 N으로 나타낼 수 있으며, 이것을 위 식에 대입하면

$$R_S = \frac{(t_R)_B - (t_R)_A}{(t_R)_B} \times \frac{\sqrt{N}}{4}$$

식 (16－11)을 대입하고 정리하면 A와 B의 용량인자로 나타낸 R_S를 얻을 수 있다.

$$R_S = \frac{C_B - C_A}{1 + C_B} \times \frac{\sqrt{N}}{4}$$

식 (16－13)을 대입하고 정리하면

$$R_S = \frac{\sqrt{N}}{4}\left(\frac{S-1}{S}\right)\left(\frac{C_B}{1+C_B}\right) \tag{16－16}$$

식 (16－16)을 재정리한 식 (16－17)로 분리능을 이용한 이론단수를 계산할 수 있다.

$$N = 16R_S^2\left(\frac{S}{S-1}\right)^2\left(\frac{1+C_B}{C_B}\right)^2 \tag{16－17}$$

분배계수값이 매우 비슷하기 때문에 분리 곤란한 경우는 $K_A \cong K_B$이고, $C_A \cong C_B = C$이므로 근사적으로 $S \to 1$이다. 이 경우에 식 (16－16)과 (16－17)은 식 (16－18) 및 (16－19)와 같다.

$$R_S = \frac{\sqrt{N}}{4}(S-1)\left(\frac{C}{1+C}\right) \tag{16－18}$$

$$N = 16R_S^2\left(\frac{S}{S-1}\right)^2\left(\frac{1+C}{C}\right)^2 \tag{16－19}$$

C는 C_A와 C_B의 평균값이다.

분리능과 용리시간의 관계는 A 봉우리 뒤에 나타난 B성분에 대하여 식 (16－20)으로 나타낼 수 있다.

$$(t_R)_B = \frac{16R_S^2 H}{\mu}\left(\frac{S}{S-1}\right)^2 \frac{(1+C_B)^3}{(C_B)^2} \tag{16－20}$$

16.3 정성분석과 정량분석

정성분석은 두 가지의 중요한 방법을 적용한다. 첫째, 정성방법은 머무름시간 혹은 머무름부피(retention time 혹은 volume)를 표준물과 비교하는 방법이다. 그림 16-2의 크로마토그램에서 용리봉우리의 전후 대칭을 알아보기 위해 꼭짓점에서 수직선을 내렸다. 이때 바탕선(base line)과 만나는 시간 혹은 부피값(t_R 혹은 v_R)은 분리관의 길이, 충진물, 용리액, 검출기, 용리속도, 실험조작 조건이 같으면 동일한 물질은 항상 같은 머무름시간값(t_R) 혹은 부피값(v_R)을 갖는다. 그러나 이 방법은 많은 화합물이 같은 값을 가질 수 있기 때문에 정성분석이 실패할 가능성이 있다. 둘째, 정성분석 방법은 광학적 기기나 전기화학적 검출기를 사용하여 크로마토그램을 얻은 다음 첫째 방법처럼 t_R 혹은 v_R 값을 표준물질과 비교하고 용출된 물질을 NMR, IR, MASS, 전기화학 등의 방법으로 다시 확인하는 방법이다. 이 방법은 첫째 방법보다 확실한 정성분석 방법이다.

정량분석 방법의 발달은 크로마토그래피법의 발전을 촉진한 중요한 원동력이었다. 첫째의 정량방법은 좁고 뾰족한 용리봉우리를 나타내는 경우에 적용하는 용리봉우리 높이와 비교방법이다. 봉우리의 꼭짓점에서 바탕선 쪽으로 수직선을 그려 봉우리의

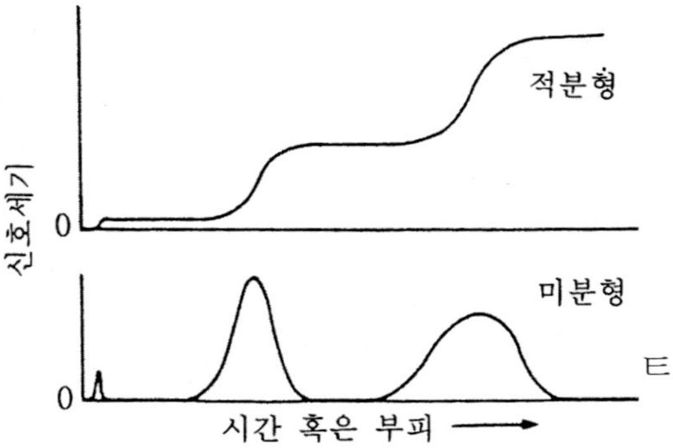

그림 16-8 ▸ 기록기에 나타난 크로마토그램. (a) 적분형의 높이는 농도에 비례한다. (b) 미분형의 면적은 농도에 비례한다.

높이를 측정한다. 이때 시료와 표준물의 봉우리 넓이는 삼각형 면적의 측정에 변하지 않아야 한다. 둘째, 정량방법은 용리봉우리의 넓이를 비교하는 방법이다. 봉우리는 삼각형 모양이므로 삼각형 넓이 계산 방법을 이용하여 바탕선 길이와 높이를 측정하여 넓이를 계산한다. 삼각형 넓이를 측정하는 다른 한 가지 방법은 그림 16－8과 같은 기록기(recorder)에 부착된 적분기(integrator)를 이용하는 방법이다. 이와 같은 두 가지 방법을 이용하여 정량할 때는 내부표준물을 시료와 표준물에 각기 첨가하여 봉우리 넓이의 비를 측정한 다음 분석할 때마다 비교해 보는 것이 불확실한 오차를 피하는 중요한 방법이다. 현재는 이러한 수치에 바탕을 두고 값만 수치로 나타낸다.

연습문제

[16.1] 정지상과 이동상은 크로마토그래피법에서 어떤 역할을 담당하는가?

[16.2] 판상(planar) 크로마토그래피법과 관상(column) 크로마토그래피법은 어떻게 다른가?

[16.3] 분포비(분배비)는 무엇을 의미하는가?

[16.4] 분포비(분배비)=1이 아닌 경우의 분배곡선 모양을 설명하라.

[16.5] 분포비(분배비)=1에서 벗어날 때 크로마토그램의 모양을 $K = C_S / C_M$과 연관시켜 용리속도와 함께 설명하라.

[16.6] 크로마토그래피법의 정성 및 정량분석방법을 설명하라.

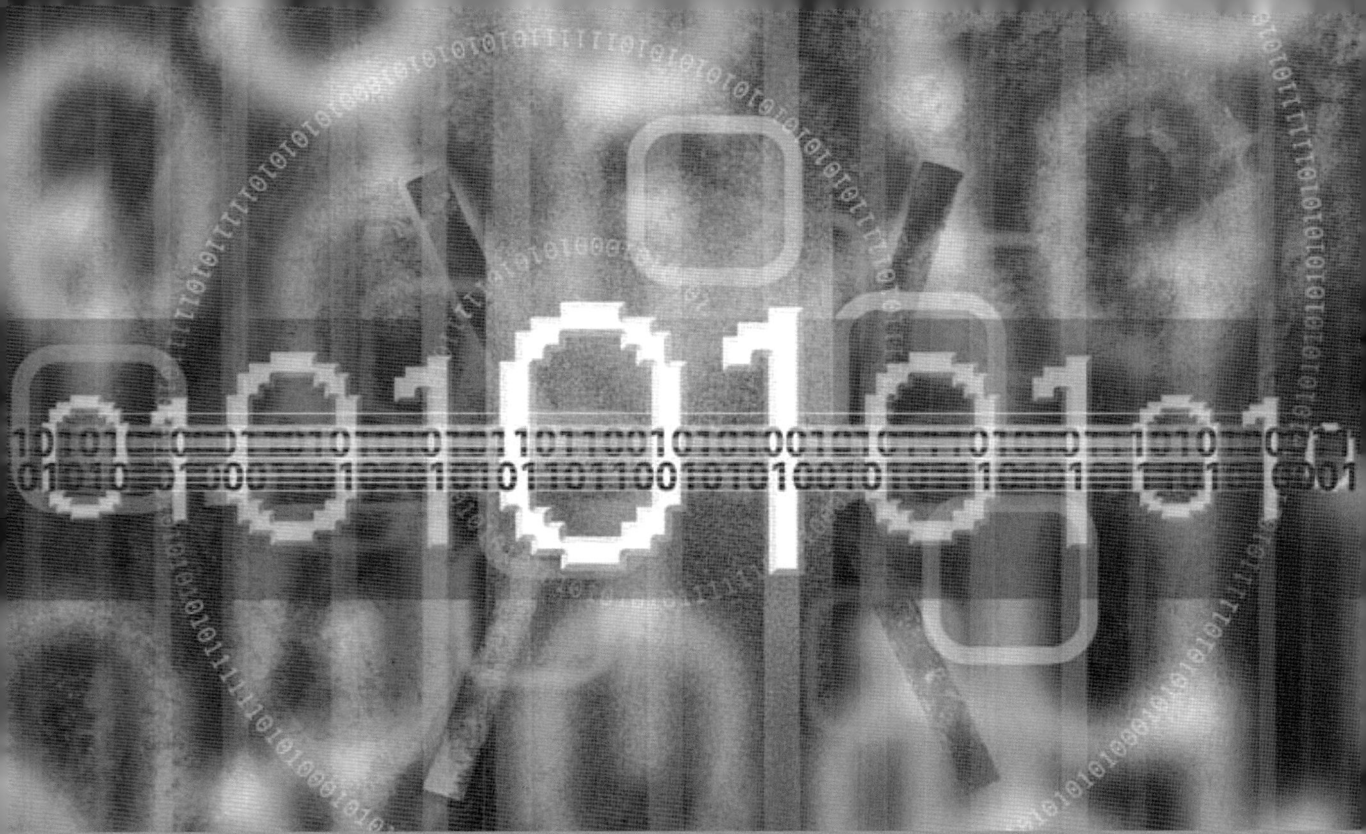

제17장 기체 크로마토그래피법

기체 크로마토그래피법은 시료를 증발시켜 기체상태로 만들 수 있는 경우만 적용되고, 증발 시료를 분리관에 주입한 다음 비활성기체의 이동상 흐름을 이용하여 용리하여 분리하는 방법이다. 이때 이동상으로 사용하는 비활성기체는 분석시료와 반응하지 않는 질소, 아르곤, 헬륨 등을 이용한다.

기체 크로마토그래피(gas chromatography, GC)법은 다음과 같이 두 가지 방법으로 분류한다. 첫째는 기체-고체 크로마토그래피(gas－solid chromatography, GSC)이고, 둘째 기체－액체 크로마토그래피(gas－liquid chromatography, GLC)이다. GSC는 분리관에 활성탄, 규조토, 분자체(molecular sieve)와 같은 표면적이 넓은 고체의 미립자를 충진하고 N_2, CO_2, CO, CH_4, C_2H_4와 같이 상온에서 기체상태로 존재하는 시료 화합물들을 기체 이동상을 이용하여 분리하는 방법이다. GLS는 고체의 활성탄, 규조토, 분자체 등의 표면에 높은 끓는점의 유기화합물을 흡착시킨 다음 기체 이동상을 이용하여 기체상태의 시료화합물을 분리하는 방법이다.

17.1 기기

GC의 원리는 이미 16장에서 설명하였다. GC의 크로마토그램은 그림 16－2에 나타낸 것과 같고 이때 머무름시간(retention time, t_R) 대신에 머무름부피(retention volume, v_R)를 이용하는 것이 편리한 경우도 있다. 머무름부피를 이용하려면 이동상 기체의 유속을 측정하여야 한다. 유속은 뒤에 설명하는 비누거품계를 이용하여 출구의 압력을 측정한다. 분리관의 길이에 따라 입구와 출구 간의 압력차이가 나타나기 때문이다. 머무름시간(t_R)을 이용할 때 기록기의 종이 진행속도는 t_R값에 비례하므로 기록기의 종이 속도를 정확하게 유지하여야 한다. GC의 기체흐름은 분리관의 온도와 기체압력에 따라 변하고 검출기의 감응도 기체 유속에 따라 영향을 받으므로 세심한 주의가 필요하다. GC의 부분장치는 그림 17－1과 같다.

운반기체(carrier gas)는 이동상의 기체를 지칭한다. 운반기체라는 뜻은 이동상의 기체가 기체시료를 밀어내어 운반한다는 의미이다. GC에서 시료는 항상 기체상태로

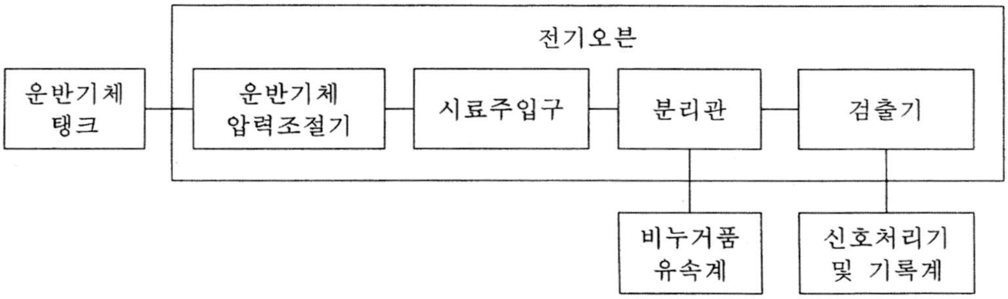

(a)

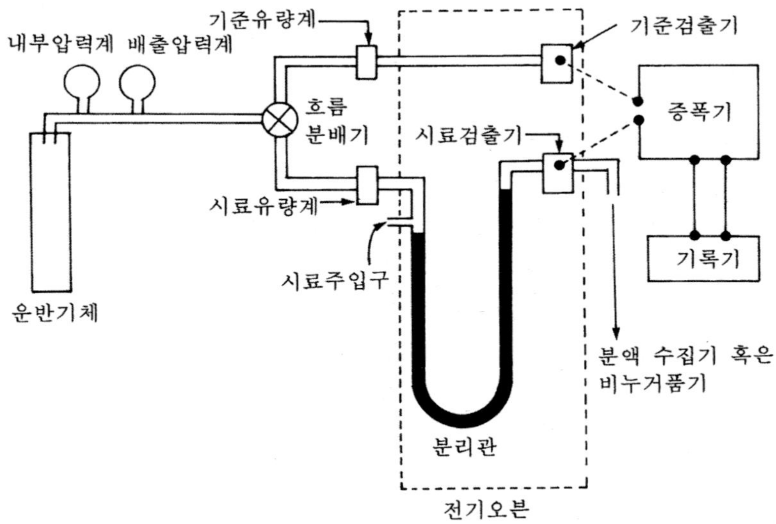

(b)

그림 17-1 ▸ (a) GC의 부분장치와 (b) 기기의 기체흐름

만들어야 하고, 운반기체가 없으면 시료는 그대로 머물러 있을 것이다. 그리고 운반기체는 시료 혹은 분리관의 충진물과 반응하지 않고 오직 시료운반 역할만 수행하여야 하므로 질수, 헬륨, 아르곤, 수소, 이산화탄소, 메테인, 에테인과 같은 비활성 기체를 이용한다. 그림 17-1의 첫째 번에 있는 운반기체는 일반적으로 봄베(bomb)에 들어 있는 비활성기체를 이용한다. 기체가 들어 있는 봄베에서 기체를 배출시켜 이용할 때는 그림 17-2처럼 봄베에 2개의 압력계를 부착시켜 사용한다. 봄베 기체의 배출 밸브를 열면 1개의 압력계는 봄베 내부의 기체량을 나타내고, 다음의 1개 압력계

그림 17－2 ▸ 가스봄베 압력계(한국동명과학 제공)

는 봄베로부터 배출되는 기체압력을 조절하여 나타낸다. 이때 봄베로부터 1차 배출 기체압력 조절기의 한 단계만으로는 정밀하게 배출 기체의 유량을 조절할 수 없으므로 2차 압력 조절기(needle valve를 이용한다)로 유량계를 보면서 정밀하게 조절한다. 유량계는 그림 17－3과 같고 눈금은 mL/min의 수치로 표시되어 있다. 봄베에 들어 있는 운반기체에 수분이 많이 포함되어 있으면 유량계에 수분이 응축되어 고장나게 만들므로 제습관을 통하여 수분을 제거 후 사용한다. 유량계에 나타나는 유속은 입구압력이고 출구압력이 아니다. 입구압력은 관의 길이에 따라 출구압력과 차이를 나타낸다. 입구압력은 참고용이고 항상 출구압력을 명시하여야 한다.

그림 17－1에서 분리관과 검출기는 온도를 조절할 수 있는 전기오븐(oven) 안에 설치되어 있다. 전기오븐은 전기 가열기를 이용하여 ±0.1℃ 범위에서 원하는 온도를 일정하게 유지할 수 있어야 한다. 전기오븐의 온도를 일정하게 유지하지 못하면 분리관의 충진물과 기체시료 간의 반응속도가 변하므로 크로마토그램에서 얻은 머무름시간 혹은 머무름부피값(정성분석에 이용)과 크로마토그램의 넓이나 높이(정량분석에 이용)도 함께 변한다.

기체흐름 분배기는 운반기체를 시료 분리관과 기준관의 양쪽으로 기체를 분배하는 장치이다. 1개 검출기만 사용하는 기기는 기체흐름 분배기가 필요없을 것이다. 기체흐름 분배기 없는 기기는 검출기도 1개만 사용한다. 시료를 분리관에 주입할 때 시료주입기(syringe)는 고압의 운반기체 때문에 정량적으로 시료량을 주입할 수 없다. 그러므로 운반기체의 압력을 최소화하기 위해 그림 17－4처럼 by-pass 회로를 이용하여 운반기체 흐름을 바꿔주어야 오차 없이 시료를 주입할 수 있다. 기준관은 운반기체 중의 불순물, 분리관 충진물, 오븐 온도 등의 영향을 검출기로 감지한 다음 시료 분리관의 검출기값에서 상쇄한다. 기준관은 분리관과 똑같게 만든 관을 사용하는

(a)

(b)

그림 17-3 ▸ 기체 흐름측정기(한국동명과학 제공). (a) 유량계(Rotametre), 운반기체, 공기, 수소의 세 가지의 유량을 10~100mL/min까지 측정할 수 있다. (b) 전자유량계

것이 좋다.

시료주입구는 실리콘 고무마개(septum)로 막혀 있고, 전기 가열기가 부착되어 있다. 그러나 고무마개는 시료를 주입하는 주입기 바늘을 여러 번 찌를 때 바늘구멍을

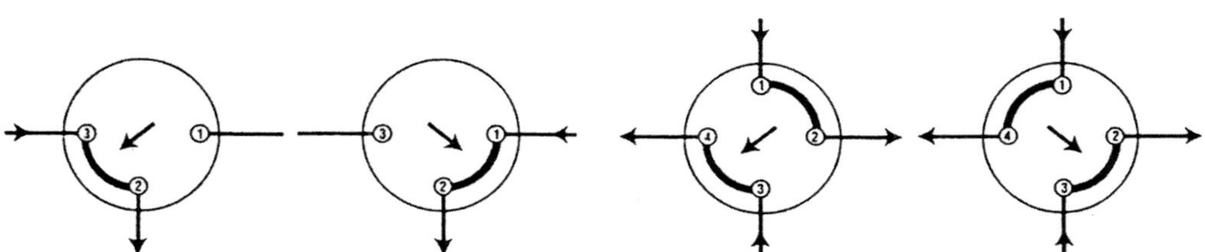

(a) (b)

그림 17-4 ▸ 기체흐름 통로 바꾸기(한국동명과학 제공). (a) 세 방향 바꾸기, (b) 네 방향 바꾸기

통해 고압의 운반기체와 함께 시료가 새어 나온다. 그래서 그림 17－5와 같이 고무 마개를 사용하지 않는 Jade valve 시료주입구를 이용한다. 시료는 그림 17－6(a)와 같은 5~25μL 부피의 시료주입기를 이용한다. 시료를 주입할 때 주입기 바늘이 구부러지는 것을 방지하기 위해 그림 17－6(b)처럼 시료주입기 옆에 받침대가 붙어 있는 것을 이용하면 주입기 바늘을 보호할 수 있다. 시료주입기는 전기 가열기를 이용하여 시료의 끓는점보다 약 50℃ 이상 더 높게 가열한다. 시료는 가능하면 μL 정도의 소량을 빠르게 기체 혹은 액체상태로 주입한다. 다량의 시료를 느리게 주입하면 용리곡선이 퍼지고 크로마토그램의 봉우리는 분리되지 않는다. 높은 끓는점의 액체나 고체 시료는 시료 주입구 앞에 설치한 가열 기화장치에서 미리 기체상태로 만든 다음 주입하여야 한다. 주입시료는 분리관을 통하여 분리된 다음 검출기에 감응하여 전기적으로 기록계에 의해 크로마토그램으로 나타난다. GC는 분리관이 가장 중요한 역할을 담당한다.

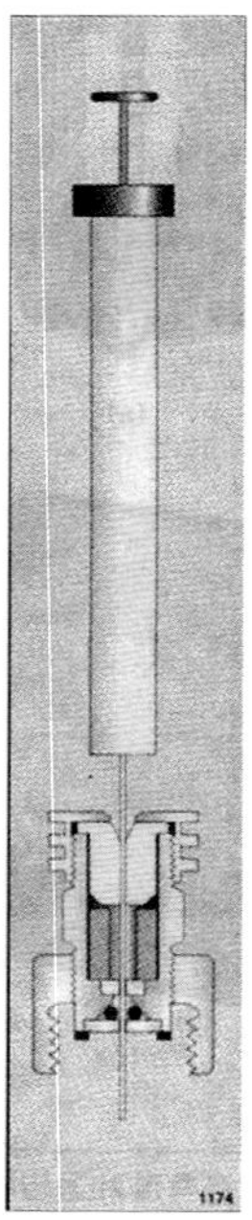

그림 17－5 ▸ GC의 시료주입구로 사용하는 Jade value(한국동명과학 제공)

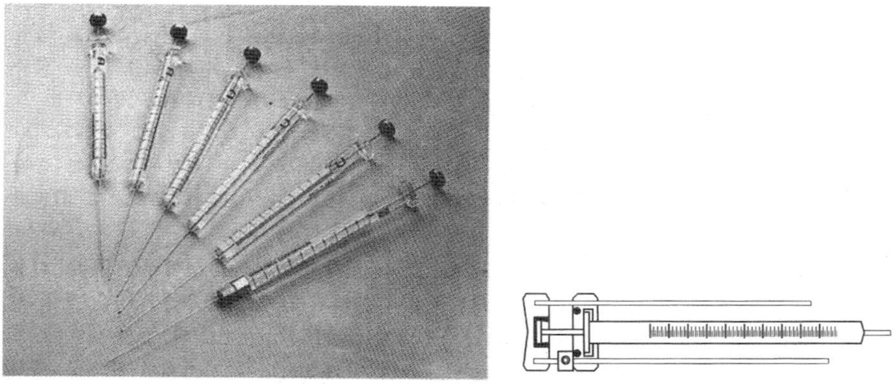

(a) (b)

그림 17-6 ▸ (a) 시료주입기, (b) 시료주입구와 받침대

17.1.1 분리관

시료분리관은 시료를 흡착하여 분리하는 물질이 충진되어 있다. 시료분리관은 충진관(packed column)과 모세관[capillary column, 열린관(open tubular column)이라고도 부른다]의 두 가지가 있다. 분리관을 만드는 재질은 금속(구리, 강철, 알루미늄)과 유리를 사용한다.

금속관은 사용하기 편리하기 때문에 많이 사용한다. 그러나 비결합전자를 갖는 원소(질소, 산소, 황, 할로젠, 인) 화합물은 비결합전자를 전자받개(금속관)와 공유결합 화합물을 생성하므로 시료화합물이 용리되지 않거나 파괴된다. 그러므로 질소, 황, 산소, 할로젠, 인, 비소를 함유한 화합물을 분리할 때는 유리관을 사용하여야 한다. 즉, 아미노산과 같은 질소 함유화합물, 황을 함유하는 메캅탄(mercaptane)계 화합물, 산소를 함유하는 유기산, 할로젠을 함유하는 유기물, 인과 비소 등을 함유하는 농약 등을 분리 정량할 때는 금속 분리관을 통과하는 도중에 분리관의 금속과 공유결합하여 시료물질이 분해되거나 용리되지 않는 경우도 있다. 이러한 이유 때문에 최근에 금속관 내부를 테플론이나 고분자 물질로 도포한 분리관도 시판하고 있다.

충진관의 지름은 2~4mm이고, 길이는 2~3m를 주로 사용한다. 그러나 시료물질이 분리되지 않는 경우는 더 긴 것을 사용할 수도 있다. 충진물질(packing material)의 입자 내부에 고체 자지체(solid supports)가 있고, 고체 지지체의 표면은 화학적 분리를 담당하는 여러 가지 유기화합물이 액상으로 도포되어 있다. 액상은 0.1~25μm 두께로 얇게 고체 지지체 위에 도포되어 있으므로 충진물질은 고체처럼 보인다. 두꺼운 액상층은 휘발성 물질의 분리에 이용하고 얇은 액상층은 휘발성이 낮은 물질분리에 이용한다. 충진물이 충진된 분리관을 충진관(packed column)이라 한다.

고체 지지체는 유기물의 액상을 넓은 표면에 고정시키기 위해[지지(support)하기 위해] 사용하는 고체입자이다. 고체 지지체는 첫째 단단해서 취급할 때에도 깨지지 않아야 하고, 둘째 표면적은 적어도 1m^2/g 이상이어야 하고, 셋째 고온에서도 비활성이어야 하고, 넷째 액상을 쉽고 균일하게 도포할 수 있는 성질을 가져야 한다. 규조토(diatomaceous earth 혹은 kieselguhr)는 위와 같은 네 가지의 조건에 가장 적당한 물질이다. 규조토는 옛날에 해저식물의 호흡 기공 때문에 다공성이 생성된 광석의 일종이다. 한국에서는 경주지역에서 많이 생산되고 있으며 탈색, 탈취, 환경오염물 제거 등에도 사용되고 있다. 규조토 이외에도 활성탄 입자와 분자체 등이 이용되고 있다.

규조토로 만든 고체 지지체는 일반적으로 두 가지 종류가 있다. 한 종류는 chromosorb P이다. 이것은 규조토를 분말로 만든 다음 물반죽하여 벽돌형태로 성형 후 900℃로 가열하고 다시 분쇄하여 일정한 입자(80~100mesh, 일정크기 250~149μm)로 체로 쳐서 만든 것이다. 이 지지체에 함유된 철산화물이 분홍색(pink)을 나타내므로 P라는 글자를 붙였다. 또 한 종류는 chromosorb W이다. Chromosorb P를 만들고 남은 분말에 탄산소듐 수용액을 섞은 다음 900℃로 가열하고 분쇄하여 일정한 입자로 만든 것이다. 이때 백색(white)이므로 W라는 글자를 붙였다. 규조토는 탄산소듐에 의해 용융되어 본래 규조토에 있던 호흡기공이 막히기 때문에 표면적은 각기 chromosorb P의 경우 4m^2/g이고 chromosorb W는 1m^2/g 정도이다.

규조토로 만든 고체 지지체의 화학적 표면구조는 다음과 같다.

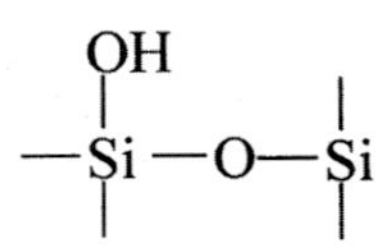

이 화합물 구조는 silanol의 구조 때문에 규조토의 극성이 대단히 크다. 이 규조토를 그대로 분리관의 충진물로 사용하면 시료성분과 silanol의 극성 간에 센 결합을 생성하여 완전하게 용리되지 않는다. 이때 시료성분의 용리곡선 봉우리는 긴 꼬리를 나타내므로 완전하게 분리할 수 없다. 규조토 지지체에 있는 silanol 구조의 극성을 화학

처리하여 없애면 용리곡선 봉우리의 긴 꼬리는 없어지고 용리봉우리는 잘 분리된다. Silanol의 극성을 중화하려면 hexamethyloisilazane(HMDS)으로 처리하면 다음과 같이 변한다.

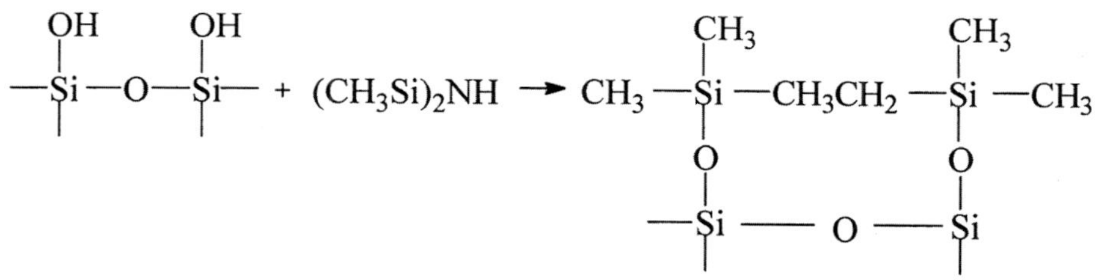

이와 같이 HMDS로 처리한 규조토의 고체 지지체를 사용하면 용리봉우리의 끝이 꼬리처럼 끌리는 현상이 없어진다.

염기성 시료를 분석할 때 규조토는 silanol 때문에 산성을 나타내므로 NaOH 용액에 담근 후 사용하면 용리봉우리의 꼬리가 길게 끌리는 현상이 없어진다. 이와 반대로 산성물질을 분리할 때는 산으로 씻은 규조토의 고체 지지체를 사용하는 것이 좋다. 이와 같이 처리한 충진물은, 예를 들면 chromosorb－P－AW－HMDS 5% DMG라고 쓰여 있다. AW는 acid washed를 의미하고, 5% DMG는 고체 지지체에 대하여 무게비로 5% 되게 polydimethylglyoxime(DMG)을 규조토의 표면에 도포하였다는 뜻이다.

고체 지지체의 표면에 입힌 유기 액상물질은 첫째 휘발성이 작고, 둘째 열에 안정하고, 셋째 화학적으로 비활성이어야 한다. 액상의 끓는점은 분리관이 들어 있는 전기오븐의 온도보다 100℃ 이상 높아야 한다. 그렇지 않으면 고체 지지체에 도포된 액상이 증발하여 날아가므로 분리관을 못쓰게 만들고, 액상이 증발하여 검출기에 응축되면 검출기를 사용할 수 없게 만드는 경우도 있다.

유기 액상물질을 고체 지지체에 흡착할 때, 예를 들어 5% polyergyleneglycol(PEG)을 Chromosorb W에 흡착하는 충진물을 만들려면 5g의 유기화합물(PEG)을 끓는점이 낮고, 잘 녹이는 메틸알코올에 녹인 다음 건조된 고체 지지체(Chromosorb W) 95g 넣고 저으면서 증발 건조한다. 이 과정을 거쳐 만든 물질을 충진물이라 한다. 충진물은 분리관을 진동하면서 플라스틱 깔때기를 통하여 촘촘하게 충진한 다음 양쪽 끝을 가는 유리솜으로 막아 사용한다. 비싸지만 완전하게 충진된 분리관을 구입할 수도 있다.

모세관을 분리관으로 사용하는 경우도 있다. 예를 들어 휘발유나 석유에 수백 가지의 성분이 포함되어 있다. 아직까지도 이 화합물들의 화학적 조성은 완전하게 분리할 수 없다. 특히 GC를 이용하여 가짜 휘발유를 화학적으로 분석하여 확인하는 작업은 더욱더 어려운 작업이다. 성질이 비슷한 성분이 혼합된 경우는 모세관 모양의 분리관을 이용한다. 모세관 길이는 10~100m, 안지름은 0.1~0.75mm, 시료량은 10~1,000ng이다. FSOT(fused-silica, open tubular, 용융실리카 충진 모세관), WCOT(wall-coated, open tubular, 벽도포 모세관), PLOT(porous-layer, open tubular, 다공성층 충진 모세관), SCOT(solid-supports, open tubular, 지지체 충진 모세관)의 네 가지 종류를 사용하고 있다. 이와 같은 모세관은 유기 고분자 액체를 용매에 녹인 다음 모세관에 흡입하고 건조하여 모세관의 벽에 도포하는 방법을 사용한다. 유기화합물이 충진된 모세관 모양의 분리관을 구입하여 이용할 수도 있다.

정지상으로 사용하는 유기화합물의 선택은 분석시료의 극성과 액상 유기화합물의 극성에 따라 결정된다. “like dissolves like”라는 용해도에 대한 일반규칙이 있다. 기름은 기름에 녹고, 물은 극성 물질을 녹인다. 이 뜻은 극성 물질끼리는 서로 잘 녹이고, 또 인력이 큰 극성과 비극성 물질 간에는 극성－극성 물질보다 녹지 않으며 인력도 약하다. 예를 들어 정지상으로 사용한 Carbowax－20M[실제의 화합물 이름은 polyethyleneglycol(PEG)]의 20만 단위 분자량의 액상은 극성이 대단히 큰 화합물이고 알코올, 페놀, 키톤과 같은 극성 화합물을 용리하면 서로 간에 인력이 크므로 느리게 용출될 것이고, 포화 탄수화물은 극성이 약하므로 빠르게 용출될 것이다. 근래는 이성질체의 분리에 카이랄(chiral) 정지상을 이용하고 있다. 첫째 종류는 광학활성 시약을 이용하여 카이랄 유도체로 만드는 방법이다. 둘째, 방법은 카이랄 액상을 정지상으로 이용하는 방법이다. 주로 아미노산의 카이랄 유도체를 이용하고 있으며, 광학활성 아미노산 분리에 이용하고 있다.

GC 기기를 판매하는 회사는 GC 사용자들의 액상 선택을 도우려고 고체 지지체, 액상, 충진물, 충진관 등에 대하여 상세한 목록을 항상 제공한다. 사용자는 이 목록을 참조하여 구입하는 것이 편리하다. 표 17－1은 수많은 액상 중에서 대표적으로 많이 사용하는 화합물을 실었다.

앞 절에서 운반기체의 입구와 출구압력은 분리관의 길이와 충진밀도에 따라 다르다고 설명하였다. 분리관의 출구압력을 측정하여 운반기체 유속으로 사용한다. 즉, 크

표 17－1 ▸ 분리관의 액상물질

액상 유기화합물(상품명)	사용 가능한 최고온도(℃)	분리용도
무기화합물	350	휘발성 무기화합물
Silicon rubber gum(SE－30)		스테로이드, 알카로이드, 산, 살충제, 메틸에스터
Apiezon L(high molecular paraffin)	300	고온 탄수화물, 에스터, 에터, 보레인
Silicon oil(DC－550)	200	모든 유기화합물
Dionyl phthalate	140	모든 유기화합물
Hexamethyl tetracosan(squalane)	140	탄수화물
Polyethyleneglycon(Carbowax－20M)	250	방향족, 알코올, 아민 키톤류, 식물기름 성분

로마토그램의 가로축 눈금(머무름시간 혹은 머무름부피)은 분리관의 출구압력에 비례하는 눈금이고, 출구압력이 변하면 t_R이나 v_R 값도 변한다. 분리관의 출구압력은 그림 17－7과 같은 비누거품계를 이용하여 측정한다. 그림 17－7은 고무벨브에 비누

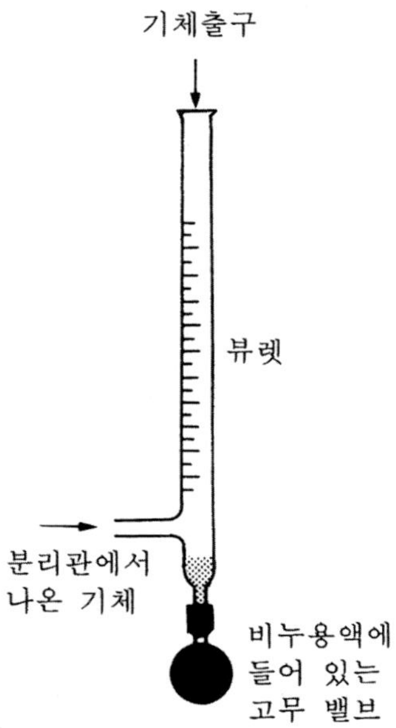

그림 17－7 ▸ 비누거품 유량계

용액이 들어 있다. 분리관에서 나온 운반기체를 흐를 때 고무밸브를 누르면 비누거품이 위로 상승하다가 소실되는 위치를 읽어 운반기체의 출구압력으로 삼는다.

17.1.2 검출기

분리관을 통하여 시료물질이 한 가지씩 분리되어 운반기체와 함께 빠르게 관 밖으로 배출되면 검출기에 의해 검출되고 기록기에 의해 종이 위에 기록된다. GC의 감도는 어떤 종류의 검출기를 사용하는가에 따라 결정된다. 수많은 검출기를 개발하였지만 현재까지 사용되고 있는 것은 열전도도 검출기(thermal conductive detector, TCD), 불꽃이온화 검출기(flame ionization detecor, FID), 열이온 검출기(thermal ion detector, TID), 전자포착 검출기(electron capture detector, ECD)의 네 가지뿐이다.

검출기는 첫째 감도가 좋고(10^{-8}~10^{-15}g/s), 둘째 안정성과 재현성이 좋고, 셋째 시료에 대하여 선형적으로 감응해야 하고, 넷째 약 400℃까지 작동해야 하고, 다섯째 유속과 무관하게 빠르게 감응해야 하고, 여섯째 신뢰도는 우수하고 사용하기 편하고, 일곱째 감응도는 모든 물질에 대하여 비슷하고, 여덟째 시료를 파괴하지 않는 것일수록 좋다. 그러나 이러한 조건을 모두 만족하는 검출기는 없다. 검출기는 시료의 화학종과 운반기체의 종류에 따라 각기 다르게 감도를 나타내므로 선택에 주의하여야 한다. 검출기를 오랫동안 사용하면 감도는 저하되므로 용매에 담궈 씻거나 분해하여 부드러운 붓으로 닦아주어 감도를 높여주어야 한다.

(1) 열전도도 검출기

TCD 검출기는 그림 17－8과 같다. 그림 17－8에는 TCD 검출기를 2개 설치한다. 1개는 시료주입구 앞에 설치하여 순수한 운반기체의 열전도도를 측정하고, 또 1개는 분리된 시료와 운반기체와 함께 나오는 분리관의 끝에 설치하여 열전도도를 측정한다. 2개 검출기에서 측정한 열전도도 차이는 시료에 의한 열전도도이다. TCD를 katharometer(k자 대신에 c자도 사용한다)라고도 부른다. 열전도도를 측정할 때 열에 닿는 부분은 백금, 금 또는 텅스텐 등의 선으로 만들거나 반도체 더미스터(thermister)로 만든다. 표 17－2에서 보면 수소나 헬륨의 운반기체는 대부분의 유기화합물보다 약 6~10배 정도 더 큰 열전도도를 갖는다. 그러므로 분리된 소량의 유기

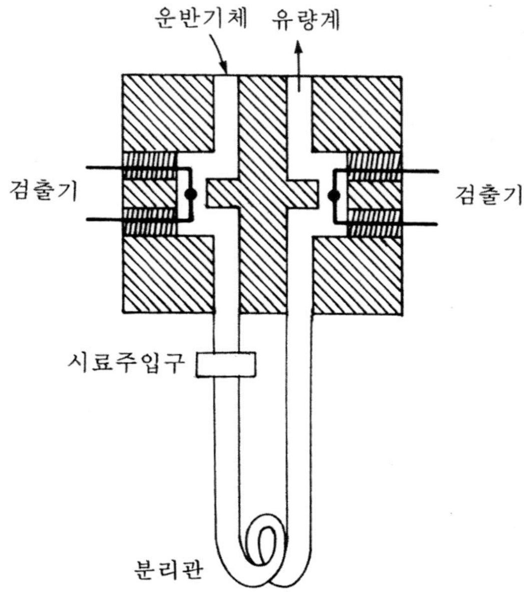

그림 17-8 ▸ 열전도도 검출기

물이 운반기체에 섞여 용리되어도 용출기체의 열전도도는 크게 감소한다. 이러한 결과 때문에 TCD의 온도는 빠르게 증가한다.

표 17-2에서 보는 바와 같이 TCD를 검출기로 사용할 때 큰 열전도도를 갖는 수

표 17-2 ▸ 화합물의 열전도도(100℃)

화합물	전도도($K\times10^5$), cal/℃/mol	화합물	전도도($K\times10^5$), cal/℃/mol
수소	53.4	이산화탄소	5.3
헬륨	41.6	에탄올	5.3
메테인	10.9	아르곤	5.2
암모니아	7.8	n-Hexane	5.0
질소	7.5	Benzene	4.4
Ethane	7.3	Ethylacetate	4.2
Acetylene	6.8	Ethylchloride	4.1
Propane	6.3	Carbon tetrachloride	2.2
Ethyl propyl ether	5.4		

소나 헬륨을 이동상으로 사용하면 검출기의 감도를 좋게 만든다. 그러나 수소기체를 사용할 때 공기 중 산소와 섞여 불에 닿을 때 폭발할 염려가 있으므로 가격이 비싸지만 헬륨을 사용하는 것이 안전하다. TCD는 모든 화합물에 선형으로 감응하고 검출기를 통과한 시료는 파괴되지 않는 장점이 있다. 단점은 감도가 낮다(~10^{-8}g/mL 운반기체). 감도는 다른 검출기에 비해 10^4~10^7배 낮기 때문에 소량의 시료를 분리하는 모세분리관에 이용할 수 없다.

(2) 불꽃이온화 검출기

대부분의 유기화합물은 수소/공기(산소)의 불꽃 온도에서 연소하면서 이온성 중간체를 생성하고 플라스마를 통해 전자를 운반할 수 있는 분위기를 만든다. 그림 17－9와 같은 수소－공기(산소)는 점화기를 전기로 가열하여 점화하고 점화된 수소－공기의 불꽃 중에서 하전된 화학종은 수집전극에 모인다. 이때 이온전류가 생기고, 이것을 증폭하여 전위계(electrometer)로 측정한다. 대부분의 유기화합물은 수소와 공기의 혼합물 불꽃을 통과하면서 탄소수에 비례하는 이온화합물로 변하여 전극에 모인다.

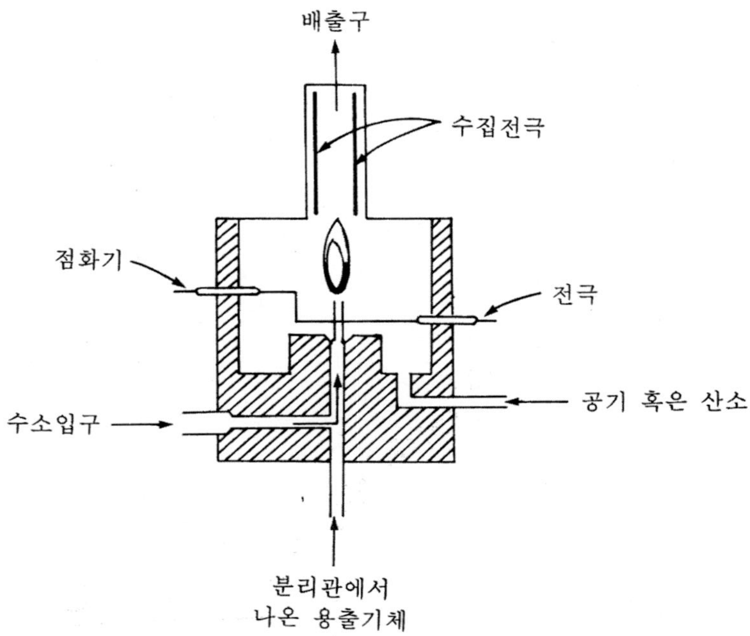

그림 17－9 ▸ 불꽃이온화 검출기

카보닐(carbonyl)계, 알코올계, 할로젠계, 아민계의 작용기들은 불꽃 중에서 이온을 잘 생성하지 않으므로 감도가 낮다. 그리고 H_2O, CO_2, SO_2, NO_X 등은 안정하고 연소되지 않고 이온화되지 않으므로 검출되지도 않는다(TCD에 의해 검출된다). GC는 TCD와 함께 FID 같은 다른 검출기를 함께 설치하고 각 검출기에서 나오는 두 가지 신호를 한 기록계에 부착된 2개 기록용 펜으로 한 종이 위에 기록하여 대조한다. FID는 감도가 좋고(~10^{-13}g/mL) 선형 감응범위가 넓고 잡음이 적다. 그래서 모세분리관에도 쓸 수 있다. 단점은 불꽃을 통과할 때 시료들이 연소되어 파괴된다는 점이다.

(3) 열이온 검출기

TID는 인과 질소를 함유하는 유기화합물의 검출에 특출한 선택성이 있다. 인과 질소를 갖는 화합물은 많이 있다. 그 중에서도 농약(인과 질소를 갖는 농약) 때문에 발생되는 채소와 식품 중 잔류농약의 미량성분에 감도가 좋다. 인원자에 대한 감응은 질소원자보다 10배 더 크고 탄소원자보다 10^4~10^6배 더 크다. TID는 인을 함유한 화합물에 대하여 FID 감응보다 500배, 그리고 질소 함유 화합물에 대하여 50배 더 민감하다. TID의 작동원리는 FID와 비슷하다.

(4) 전자포착 검출기

ECD는 시료와 운반기체(질소기체를 사용하는 것이 좋다)들이 함께 β-선을 방출하는 Ni－63이나 삼중수소[백금이나 타이타늄(Ti)의 얇은 막에 흡착되어 있다]를 통과할 때 β-선에 의해 질소원자로부터 많은 전자를 방출하고 검출기로부터 일정한 정전류가 계속해서 흘러나온다. 그러나 질소 운반기체와 함께 유기화합물이 섞어 나오면 유기화합물 분자는 질소원자로부터 방출된 전자와 결합하기 때문에 검출기로부터 나오는 전류량은 유기화합물의 농도에 비례하는 만큼 감소한다.

ECD는 할로젠, 과산화물, 퀴논, 나이트로기와 같이 전기음성도가 큰 작용기에 대단히 예민하다. 그 대신에 아민, 알코올, 탄화수소와 같은 화합물은 감응하지 않는다. 특히 염소를 함유하는 잔류농약의 검출과 많이 쓰이고, ECD를 통과하는 화합물은 파괴되지 않는 것이 장점이다.

17.2 GLC의 응용

GLC는 아직까지 모든 분석방법 중에서 가장 적은 미량을 분리하여 분석할 수 있는 가장 민감한 방법이다. 전기화학적 방법, 분광학적 방법, 액체 크로마토그래피법(액체 크로마토그래피) 중에서 가장 편리하게 이용할 수 있는 방법이다. 그러나 정성분석은 다른 보충실험을 통해 확인하여야 한다.

17.2.1 정성분석

GLC, GSC, LC 등의 방법은 정성분석할 때 같은 방법을 이용한다. 첫째의 정성분석 방법은 머무름시간 혹은 부피[retention time(t_R) 혹은 volume(v_R)]을 측정하여 비교하는 방법이다. 운반기체의 유속, 전기오븐의 온도, 분리관의 길이, 충진물의 종류가 같으면 동일한 화합물은 항상 같은 t_R 혹은 v_R 값을 갖는다. 그러나 대단히 비슷한 성질과 구조를 갖는 화합물이 너무 많기 때문에 보충실험을 통하여 확인하여야 한다. 둘째, 정성분석은 미지물질과 동일한 표준물을 첨가하여 분리하면 미지물질의 크로마토그램 봉우리에 첨가되어 더 크게 나타나는 것으로 확인한다. 이 실험은 분리관이 들어 있는 전기오븐의 온도를 변화할 때도 같은 t_R 혹은 v_R 값을 가지면 더 확실하게 정성분석하는 방법이 될 것이다. 셋째, 정성방법은 화학적 구조를 변화시키는 방법이다. 예를 들어 유기산을 에스터나 키톤 화합물로 혹은 반대로 에스터나 키톤으로부터 산성의 구조로 변화시켜 t_R 혹은 v_R 값을 비교하는 방법이다. 넷째, 방법은 검출기를 적외선 분광기, 자기공명 분광기, 질량분광기로 바꿔 화합물을 확인하는 방법이다. 근래에는 GC－IR, GC－NMR, GC－MASS의 기기들이 비싸지만 많이 시판되고 있다.

17.3.2 정량분석

정량분석방법은 크로마토그램의 봉우리 면적을 삼각형 넓이 계산법으로 측정하여 표준물과 비교 정량하거나 적분기를 부착시켜 높이나 넓이를 측정 비교하는 방법이 가장 오차가 적은 방법이다. 크로마토그램 봉우리가 좁고 높게 나타나는 경우는 높이를 측정하여 정량에 이용한다. 정량분석할 때는 표준물질을 이용하여 검량선을 작성하는 방법과 표준물첨가법을 이용하는 방법이 있다.

17.2.3 기체 – 고체 크로마토그래피법

기체 – 고체 크로마토그래피(gas-solid chromatography, GSC)는 GLC와 같은 방법이고, 다만 분리관의 충진물은 고체 지지체만을 사용할 뿐이다. GLC처럼 고체 지지체 위에 유기물의 액상을 입혀 사용하지 않는다. GSC는 분석 대상 물질이 실온에서 기체상태로 존재하는 공기, 황화수소, 이산화탄소, 산화질소, 일산화탄소, 비활성기체, 영족기체와 같은 화합물이다. 이러한 화합물은 GLC의 충진물과 반응하지 않으므로 분리관에 머물지 않는다. 그러므로 분리관에 분자체(molecular sieve), 활성탄 입자, 다공성 유기중합체 등을 충진하여 시료를 분리에 이용한다.

분자체는 규산알루미늄(silicoaluminate)계의 다공성 무기화합물이다. 구멍크기는 이온교환체에 존재하는 양이온의 종류에 따라 각기 다르게 나타난다. 분자체는 분자크기에 따른 분리, 유기합성할 때 분자량 조절(ZSM – 5), 공장에서 질소기체(반도체 공장에서 질소 회수)와 유용한 기체 및 유기물의 분리회수 등에 많이 사용한다.

분자체를 분리관에 충진한 다음 시료기체를 통과시키면 구멍크기보다 큰 기체는 빠르게 통과하고 구멍크기보다 훨씬 작은 분자는 그 다음에 용출되고, 구멍크기와 일치되는 기체분자는 가장 느리게 용출된다. 예를 들어 180cm 길이 분리관에 분자체 No.5를 충진하고 용리하면 헬륨, 산소, 질소, 메테인, 일산화탄소의 순서로 시료들이 용리된다. 입자크기는 40/60~100/120mesh를 이용한다.

또 다른 충진물의 한 가지는 Porapak이라는 상품명의 화합물을 사용한다. 이것은 분자체와 다르게 유기화합물이다. 이것은 divinylbenzene계의 다리결합으로 합성된 styrene 화합물이다. 합성방법에 따라 구멍크기를 일정하게 조절할 수 있다. H_2S,

NO_X, H_2O, CO_2, CH_3OH, 염화바이닐 같은 극성기체 화합물의 분리에 많이 사용한다.

여기에서 설명한 분자체나 Porapak 같은 화합물은 액체상태의 화합물의 분자크기에 따라 분리할 때에도 많이 사용한다. 예를 들면 효소의 분리정제, 유기화합물을 합성한 다음 필요한 성분의 분리회수, 생체 중 단백질이나 전분 분자량 측정 등에도 이용한다. 다음에 설명하는 18.6절 gel permeation chromatography를 참고하라.

17.2.4 GC의 조작법

모든 분석기기는 숙련될수록 오차가 작고 편리하게 사용할 수 있다. 그중에서도 특히 GC와 LC는 더욱더 숙련이 필요한 기기이다.

GC를 사용할 때 다른 모든 기기와 마찬가지로 기기의 전원 스위치를 넣고 10분 이상 warming-up한다. 전기오븐의 온도, 시료주입구의 온도, 검출기의 온도를 알맞게 설정한 다음 운반기체를 통하면서 검출기를 함께 작동한다. 사용하기 전날에 분리관에 오염물이 없게 깨끗하게 청소했어도 고정상의 액상증기는 분리관 내에서 평형증기압을 유지하기 위해 증발하므로 다시 용리물질의 존재여부를 기록계 종이 위에서 확인해야 한다. 시료주입구 검출기도 오염을 피하기 위해 warming-up하는 동안에도 가열하여야 한다. 검출기의 온도를 높이지 않으면 관을 통해 배출되는 물질이 응축되어 검출기를 못쓰게 만들 수 있다.

특히 FID를 사용할 때 점화된 여부는 점화 스위치를 이용하여 확인하여야 한다. 점화되지 않고 수소기체가 실험실에 고여 있으면 폭발할 위험성이 크다. 점화된 여부를 확인하는 한 가지 방법은 작은 거울을 검출기 위에 45℃로 놓아 수소의 연소에 의해 생긴 수증기가 거울에 응축되는 것으로 확인하는 방법이다.

시료주입구, 분리관, 검출기들이 모두 깨끗해지면 기록기의 종이 위에 놓인 기록기의 펜이 바탕선을 따라 직선을 그려나갈 것이다. 그렇지 않고 점차 기록기의 펜이 상승하거나 또는 봉우리 혹은 노이즈(noise)를 그리면 오염물이 아직 남아 있는 것이다. 그러한 것이 나타나면 바탕선이 나타날 때까지 기다려야 한다.

시료는 그림 17－6의 주입기를 이용하여 혹은 시료를 담는 유리그릇을 이용하여 주입한다. 특히 주입기를 이용할 때는 시료주입구 앞의 운반기체 운반기 또는 by-pass 장치를 이용하여 운반기체의 압력의 영향을 받지 않게 조절한 다음 시료를 주입하는 것이 좋다. 그리고 시료는 빠르고 정확하게 주입한다. 시료주입이 끝나면 즉시 운반기체 분배기를 본래 위치로 돌려 분리관에 운반기체를 통과하게 만든다. 만약 운반기체 분배기나 by-pass 장치가 없을 때 시료를 느리게 주입하면 운반기체의 압력이 대단히 크므로 분배기체는 주사기의 피스톤과 기벽 사이로 새어나가 시료를 정량적으로 주입할 수 없다. 시료를 주입한 다음은 온도와 유속을 변경하지 않아야 한다. 온도를 변경할 때는 항상 바탕선이 그려지는 여부를 확인한 다음 시료를 주입한

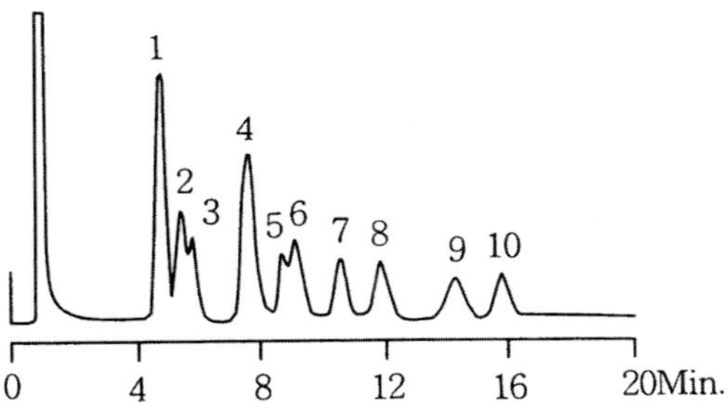

1. Methyl palmitate
2. Methyl palmitelaidate
3. Methyl palmitoleate
4. Methyl stearate
5. Methyl elaidate
6. Methyl oleate
7. Methyl linolaidate
8. Methyl linoleate
9. Methyl γ-linolenate
10. Methyl linolenate

Column : 6ft×4mm ID, Glass
Packing : 10% Silar® 10C on Gas Chrom QII, 100/120
Temp : 180℃
Flowrate : Nitrogen, 40mL/min(FID)

(a)

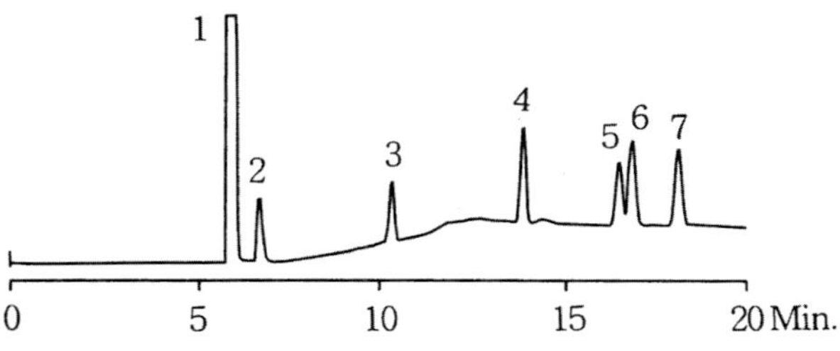

1. Nitrogen(Balance)
2. Carbon monoxide(1%)
3. Methane(1%)
4. Carbon dioxide(1%)
5. Acetylene(1%)
6. Ethylen(1%)
7. Ethane(1%)

Column : 30ft×1/8″ OD, SS
Packing : Gas Chrom® MP-1, 100/120
Temp : 30℃(7min) to 200℃ at 30℃/min
Flowrate : Helium, 19mL/min(TCD)

그림 17-10 ▸ GC 크로마토그램(한국동명과학 제공) (a) GLC에 의한 지방산 에스터화 유도체의 분리. (b) GSC에 의한 환경기체의 분리

다. 그림 17－10(a) C_{16}～C_{18} 지방산을 에스터화하여 GLC로 분석한 예이고, 그림 17－10(b)는 환경기체를 GSC로 분석한 예이다. 그림 17－11(a)는 쌀의 잔유농약이고,

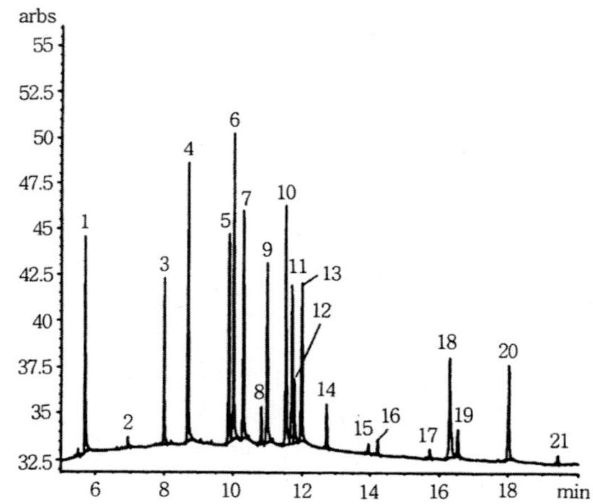

No.	Name	Formula
1	Dichlorvos	C4H7C12O4P
2	Propamocarb	C9H20N2O2
3	Isoprocarb	C11H15NO2
4	Ethoprophos	C8H19O2PS2
5	Terbufos	C9H21O2PS3
6	Diazinon	C12H21N2O3PS
7	Etrimfos	C10H17N2O4PS
8	Metrlbuzin	C8H14N4OS
9	Methyl parathion	C8H10NO5PS
10	Fenitrothion	C9H12NO5PS
11	Malathion	C10H19O6PS2
12	Chlorpyrifos	C9H11C13NO3PS
13	Thlobencarb	C12H16CINOS
14	Pendimethalin	C13H19N3O4
15	Flutolanil	C17H16F3NO2
16	Pretilachlor	C17H26CINO2
17	Mepronil	C17H19NO2
18	Edifenphos	C14H15O2PS2
19	Propiconazole	C15H17C12N3O2
20	EPN	C14H14NO4PS
21	Mefenacet	C16H14N2O2S

Chromategraph : HP 8890 Series GC with EPC
Celumn : 30 mm×250 μm×0.25 μm NP · 5MS
NPO : N2=3 mL/min air=80 mL/min m almup(Ne)=5 mL/min 300℃
Oven : 90℃(2) · >200℃(0) at 20℃/min · >260 at 5℃/min(0)
lmjection : 3 μL, pulaed splitless(40 psi, 2.2 min), 250℃
Carrier Gas : Ne, 15 pai at 90℃, censtant flew mede

(b)

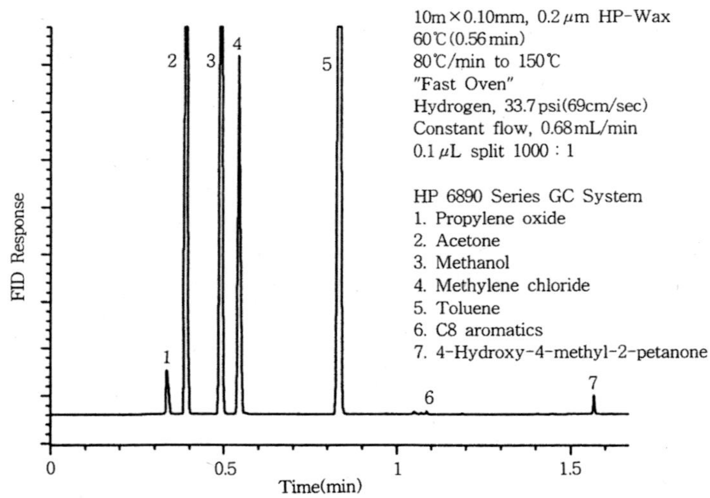

(a)

그림 17-11 ▸ GC 크로마토그램(영인과학 제공). (a) 쌀 중의 잔유농약 성분, (b) 페인트 제거용매 성분

(b)는 페인트 제거용매의 크로마토그램이다.

17.3 실험

17.3.1 최적유속 측정

기체 크로마토그래프의 장치사용 설명서를 완전히 습득하라. 비누거품 유속계를 운반기체 출구에 연결한다. 비누거품 유속계에 비누거품이 올라오게 비눗물이 담긴 고무밸브를 눌러 비눗물을 올린 다음 운반기체 유속을 측정한다. 비눗물을 통해서 나오는 기체의 비누거품이 관을 따라 올라가고 거품이 2~3개 올라가면 1개 거품이 0에서 10mL까지 올라갈 때 필요한 시간을 타이머로 측정한다. 유속은 다음 식으로 계산한다.

$$\text{유속}(\text{mL/min}) = \frac{10\text{mL}}{\text{시간}(\text{s})} \times \frac{60(\text{s})}{1\text{min}}$$

각기 다른 여섯 가지 유속으로 용리한 순수한 클로로폼(0.1μL씩 주입) 크로마토그램을 그려라. 유속은 크로마토그램이 일그러지지 않고 대칭적 모양을 이룰 때 최적값을 갖는다.

유속계 및 타이머에서 얻은 자료를 사용하여 mL/min 단위로 계산하라. 크로마토그램에서 이론단수를 계산하고 분리관 길이를 이용하여 각 유속의 H를 계산하라. H vs. μ의 van Deemster 그림을 작성하고 최적유속을 계산하라.

17.3.2 조건실험

기체 크로마토그래프를 일정한 온도와 일정한 운반기체 흐름 속도에 놓고 핵산을 주입한 다음 크로마토그램을 그려라. 분리관의 이론단수를 측정하라. 다른 유속에서 측정을 되풀이하라. 서로 다른 유속과 이론단수는 어떤 관련이 있는가? 최적기체 흐름 속도를 찾아라.

연습문제

[17.1] 각 검출기의 감도, 운반기체의 종류, 감응물질에 대하여 설명하라.

[17.2] GC의 정성분석과 정량분석법을 설명하라.

[17.3] Like dissolves like라는 말은 GLC의 시료분리와 어떤 관계가 있는가?

[17.4] 고체 지지체의 표면을 왜 HMDS로 화학처리해서 사용하는가?

[17.5] GLC와 GSC의 차이점을 설명하라.

[17.6] 다음의 문헌을 읽고 머무름 지수(retention index)의 응용을 설명하라.
L. S. Ettre, *Chromatographia*, 1973, 6, 489 ; 1994, 7, 39, 261.

[17.7] 다음의 문헌을 읽고 Rhorschneider 지수와 McReynol 지수는 서로 어떤 관련이 있는가를 설명하라.
L. Rohrschneider, *J. Chromatogr.,* 1966, 22, 6 ; W. O. McReynolds, *J. Chromatogr. Sci.,* 1970, 8, 685.

[17.8] 분리관 온도를 증가하면 μ_{opt}는 증가하는가, 감소하는가? 그 이유를 설명하라.

[17.9] 알코올 포화탄화수소계, 아민계, 카복시간계를 분리할 때 어떤 분리관을 사용하여야 하는가? 그것을 사용하는 이유는 무엇인가?

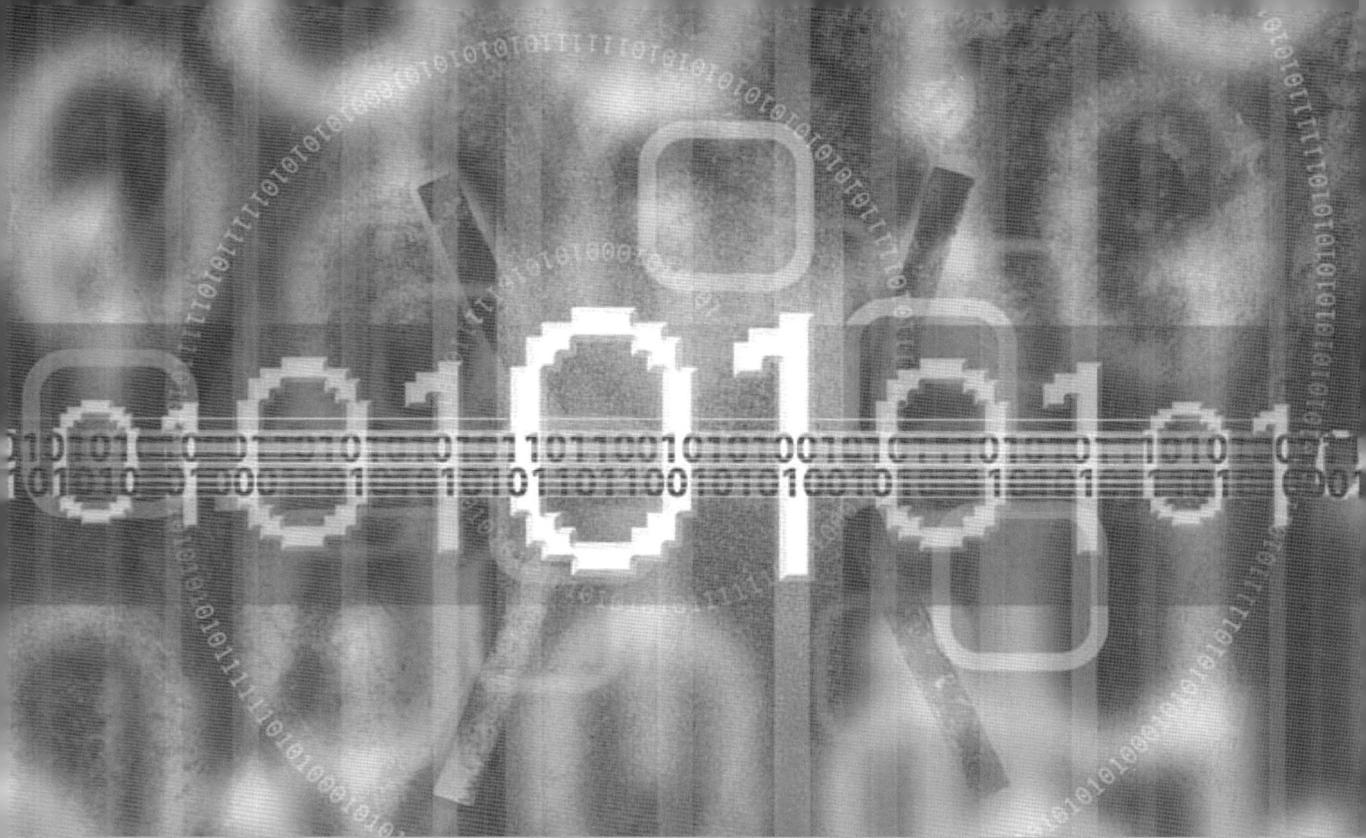

제18장 고성능 액체 크로마토그래피법

액체 크로마토그래피법은 GC와 다르게 액체상태의 시료를 분리정량하는 방법이다. 용매에 녹지 않는 물질은 액체 크로마토그래피법으로 분리할 수 없다. 크로마토그래피법은 정지상의 형태에 따라 첫째 평면형과, 둘째 분리관형으로 분류한다(표 16－1 참조). 그리고 이동상의 종류에 따라 기체의 경우는 17장처럼 기체 크로마토그래피법, 이동상이 액체인 경우는 18장과 19장처럼 액체크로마토그래피법(LC)으로 분류한다.

18장은 정지상이 분리관 형태이고, 이동상이 액체인 액체 크로마토그래피법을 다룰 것이다. 이러한 형태의 액체크로마토그래피법은 다음의 네 가지로 분류할 수 있다.

(1) 분배(partition) 크로마토그래피법 : 정지상의 종류에 따라 다음과 같이 더 상세하게 분류한다.
  ① 액체－액체(liquid-liquid) 크로마토그래피법 : 정지상 충진입자의 표면에 시료를 물리적으로 흡착한다. 사용 중에 정지상이 이동상에 녹아 나가는 단점 때문에 점차로 사용하고 있지 않다.
  ② 결합상(bonded-phase) 크로마토그래피 : 정지상은 충진입자의 표면에 화학적으로 결합되어 있다. 액체－액체 크로마토그래피법보다 더 우수한 방법이다.
(2) 흡착 혹은 액체－고체(adsorption 또는 liquid-solid) 크로마토그래피법 : 정지상은 실리카와 알루미나를 주로 사용한다.
(3) 이온 크로마토그래피법 : 이온교환수지를 정지상으로 사용하여 이온화합물을 분리한다.
(4) 크기－배체 혹은 젤 크로마토그래피법 : 일정한 구멍크기를 갖는 입자를 정지상으로 이용한다.

이와 같은 네 종류의 액체 크로마토그래피법은 시료의 종류에 따라 각기 다른 용도로 이용한다. 시료의 분자량이 10,000 이상 되는 화합물은 젤(혹은 크기 배제) 크로마토그래피법을 이용한다. 이 방법은 분자 크기에 따른 분리관의 통과속도 차이를 이용하는 방법이다. 그러나 현재는 역상(reversed-phase) 크로마토그래피법을 젤 혹은 크기－배제 크로마토그래피법 대신에 사용한다. 분자량이 작은 이온 화합물은 이온교환 크로마토그래피법을 이용한다. 극성이 작고 이온이 아닌 중성분자 화학종은 분배 크로마토그래피법으로 분리하고, 주로 동족 계열 화합물의 분리에 많이 이용한다. 흡착 크로마토그래피법은 비극성 화합물, 구조이성질체, 지방족 알코올 등의 분리에 이용한다.

역상 크로마토그래피법은 종래에 액체－액체 크로마토그래피법에서 친수성 정지상과 소수성 이동상을 이용하는 정상(normal phase)과 반대로 소수성 정지상과 친수성 이동상을 사용한다는 뜻으로 역상이라는 명칭을 사용하게 되었다. 이와 같은 역상 크로마토그래피법에서 이동상은 물과 메탄올, 에탄올 혹은 아세토나이트릴을 섞은 혼합 용매를 일반적으로 사용하므로 용매의 극성이 더 커진다. 그러므로 보다 작은 극성 혹은 비극성을 띠는 정지상으로부터 극성 화합물이 이동하면서 분리된다. 이때 정지상은 실리카 표면에 octyl 혹은 octadecyl 작용기를 결합시켜 소수성 정지상으로 사용한다. 종이 크로마토그래피법(PC)이나 얇은층 크로마토그래피법(TLC)에서도 역상이 이용한다. 분석시료에 따라 분류하면 비극성 시료는 역상 충진물, 극성 시료는 정지상 충진물, 이동상 시료는 이온 교환충진물을 이용하여 분리한다.

초기의 액체 크로마토그래피법은 유리관에 150~200μm 정도의 충진물 입자를 넣고 용리하였다. 이 방법은 용리시간이 너무 많이 걸리기 때문에 좋은 결과를 얻지 못했다. 그 후에 강철관에 정지상을 충진한 다음 고압 펌프로 이동상을 가압하여 흐르게 만든 방법을 이용하여 성공하였다. 그래서 이 방법을 고성능 액체 크로마토그래피법(high performance liquid chromatography, HPLC)이라고 부르게 되었다.

액체 크로마토그래피법의 감도는 GC보다 높지 않지만 분광광도법이나 전기화학적 분석법보다 높고 가열할 때 쉽게 분해되거나 비휘발성 물질의 분리에 우수한 방법이다. 공업분야와 공중위생분야에 많이 이용하고, 아미노산, 단백질, 핵산, 탄수화물, 약품, 살충제, 항생제, 스테로이드, 금속－유기물 등의 분석에 널리 이용한다.

18.1 HPLC의 기기장치

HPLC의 장치는 그림 18－1과 같이 용리액이 흐른다. 이동상 액체는 실선을 따라 흐르고 기기의 전기흐름은 점선을 따라 흐른다. 이동상 액체는 이동상 저장병→광학

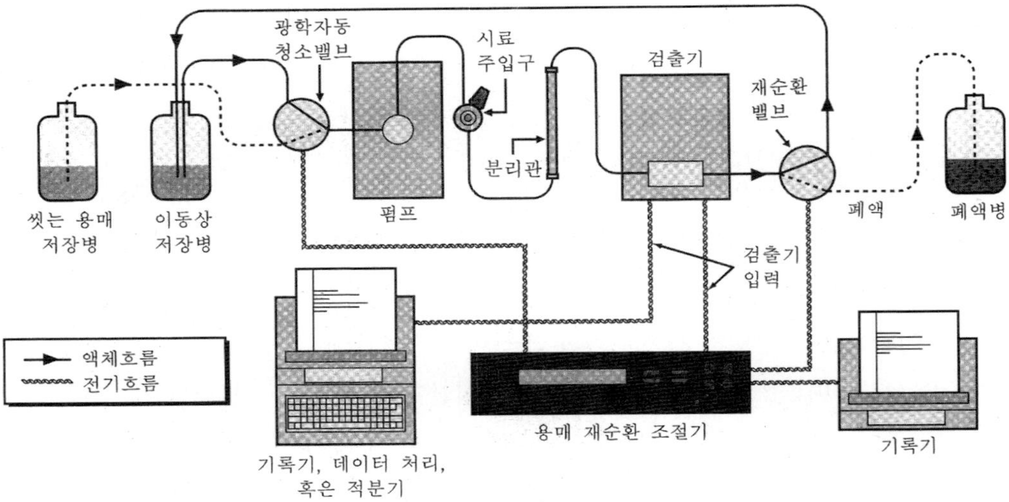

그림 18-1 ▸ HPLC의 흐름순서와 용매 재순환(Alltech Model, 한국동명과학 제공)

자동 청소밸브→시료주입구→분리관→재순환 밸브→폐액병의 순서에 따라 흐른다. 분리관을 사용 후 관 속에 남아 있는 찌꺼기는 씻는 용매를 이용하여 씻어낸다. 그리고 이동상 용매도 재순환 밸브를 통해 재순환할 수도 있다. HPLC 기기의 부분장치는 순서에 따라 다음에 설명하겠다.

18.1.1 이동상 용매의 처리기기

LC에 사용하는 분리관은 μm 단위의 미세입자로 충진한다. 이동상에 미세입자들이 불순물로 포함되어 있으면 분리관을 통과하는 도중에 분리관의 이동상 통로를 모두 막아버려 못쓰게 만든다. 그러므로 LC에 사용하는 이동상, 분리관 씻는 액, 시료용액 등은 millipore에 걸러 사용하여야 한다. 거르는 장치는 그림 18-2와 같다. 이 거름 장치를 사용할 때는 알맞은 구멍크기의 millipore를 올려놓고 용액을 걸러 이용해야 소결 유리판을 보호할 수 있다.

이동상 용매에 대기 중 산소와 이산화탄소 등이 녹아 있으면 이동상이 흐르는 도중에 분리관이나 검출기에 기포방울을 생성하여 용리액의 흐름을 방해하고, 검출기를 통한 빛의 통과를 방해하고 고압펌프의 압력을 감소한다. 그림 18-3에는 이미 그림

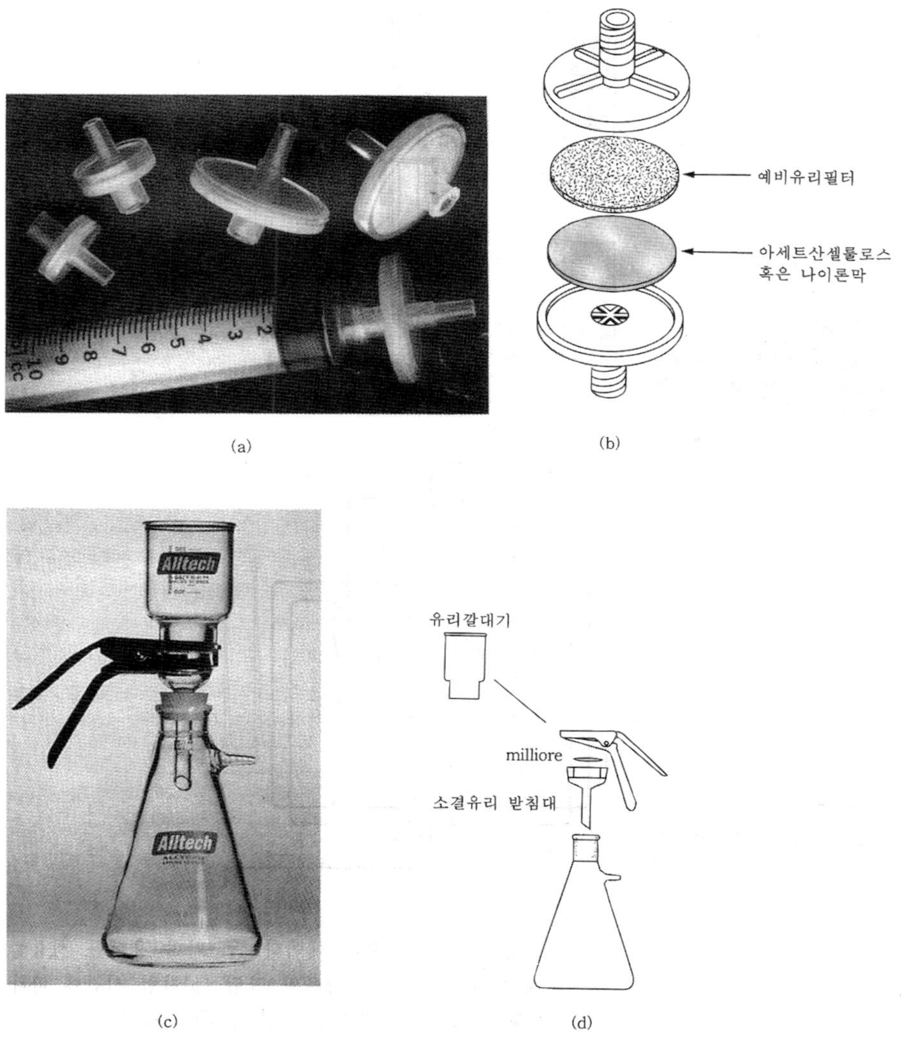

그림 18－2 ▸ 용액 거름장치[(c) Alltech 회사 제품, 한국동명화학 제공], (a) 소량의 액체 거름장치, (b) 관을 통한 다량의 액체 거름장치, (c) 용매 거름장치

18－2의 거름장치를 통해 미립자를 제거한 이동상이 들어 있다. 그림 18－3에 2개의 관이 있다. 그 중 1개는 헬륨 같은 비활성기체를 가압 분산시키는 관이다. 비활성기체는 용액 위의 구멍을 통해 가압 분산되어 들어온다. 액체의 역류방지 밸브는 이동상 저장병의 밖에 설치되어 있다. 용존기체를 제거한 액체는 거름장치를 통해 밖으

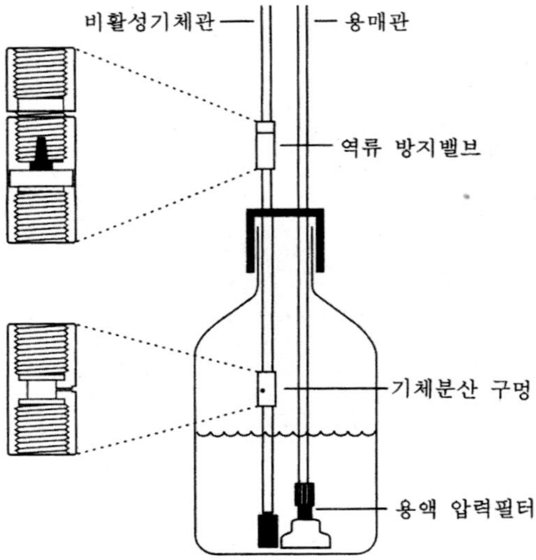

그림 18-3 ▸ 이동상에 포함된 기체 제거병(Alltech 회사제품, 한국 동명과학 제공)

로 공급한다.

그림 18-3과 같은 이동상 저장병은 그림 18-4처럼 헬륨기체 공급 분배기를 통

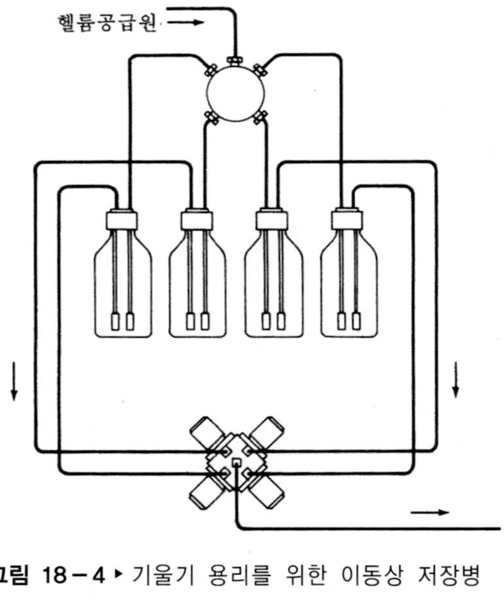

그림 18-4 ▸ 기울기 용리를 위한 이동상 저장병

해 여러 개의 저장병을 설치하여 사용한다. 왜냐하면 여러 가지의 용리액이 필요한 경우도 있기 때문이다. 분리관에서 시료를 분리할 때 한 가지 이동상을 사용하는 방법을 등용매 용리법(isocratic elution)이라 한다. 분리효율의 증가를 위해 여러 가지 이동상을 사용할 때는 기울기 용리법(gradient elution)이라고 한다. 이러한 방법으로 수용성 바이타민을 분리한 예는 그림 18－5와 같다. 그림 18－5(a)는 수용성 바이타민을 한 가지 이동상만 이용하는 분리 예이고, (b)는 두 가지 이동상을 이용한 분리 예이다. 두 가지 용매를 사용할 때는 단계적으로 사용하는 경우와 그림 (b)처럼 시간에 따라 계속해서 혼합비율을 증가하는 방법이 있다. 이와 같은 단계적 혹은 계속적 기울기 용리법은 그림 18－1의 데이터 처리장치를 이용해 미리 계획된 과정에 따라 자동적으로 조절 가능하다.

18.1.2 가압펌프

가압펌프는 용액의 입구와 출구에 각기 용액압력을 나타내는 압력계를 부착한다. HPLC의 가압펌프는 첫째 6,000psi까지 가압할 수 있어야 하고, 둘째 펌프의 동작에 따른 펄스(pulse)충격이 없어야 하고, 셋째 0.1~10mL/min의 유속을 유지해야 하고, 넷째 0.5% 이내로 유속의 재현성이 있어야 하고, 다섯째 용매에 부식되지 않게 스테인리스 혹은 테플론의 재질로 만들어야 한다. 펌프의 종류는 용매교환 용리법에 따라 용리액을 교체하면서 용리할 것인가 또는 한 가지 용리액만을 사용하는 등용매 용리법에 따라 펌프를 선택하지만 실제는 기기를 구입할 때 이미 설치되어 있으므로 원하는 펌프를 선택하여 사용할 수 없다. 펌프의 속도와 이동상 유량은 LC 기기의 데이터 처리장치를 이용해 자동적으로 조절한다.

펌프의 종류 중 가장 많이 사용하는 것은 왕복운동 펌프(reciprocating pump)이다. 이것을 사용하면 피스톤의 왕복운동 때문에 용액이 흐를 때 펄스를 나타내므로 펄스 완충기(pulse damper)를 붙여 사용하여야 한다. 밀폐된 큰 통이나 긴 나사형 관에 펌프에서 나오는 액체를 통과시켜 펄스를 완충한다. 왕복운동 펌프는 10.000psi까지 가압할 수 있고 용리액의 유량도 조절할 수 있고, 용매교환 용리법에도 사용할 수 있다. 치환형 펌프(displacement pump)는 큰 주사기와 동일한 모양이고, 피스톤은 압력이 많이 걸리므로 나사식으로 회전하면서 용액을 밀어낸다. 치환형 펌프는 용리액

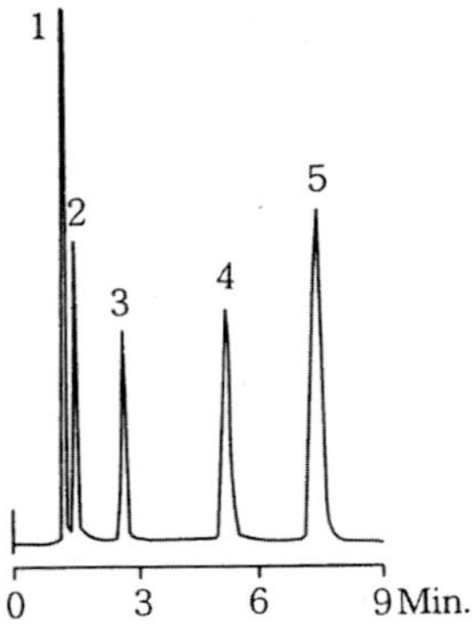

1. Niacin
2. Niacinamide
3. Pyridoxine
4. Riboflavin
5. Thiamine

Column : Adsorbosphere HS C18, 17 μm, 150×4.6 mm
Mobile Phase : Buffer(0.055 M KH_2PO_4, pH 3.0) : Methanol : 0.005 M Sodium Heptane Sulfonate(60 : 28 : 12)
Flowrate : 1.5 mL/min
Detector : UV at 254 nm

1. Ascorbic acid(vitamin C)
2. Niacin
3. Pyridoxine(B6)
4. Thiamine(B1)
5. Nicotinamide(B3)
6. Cyanocobalamin(B12)
7. Riboflavin(B2)

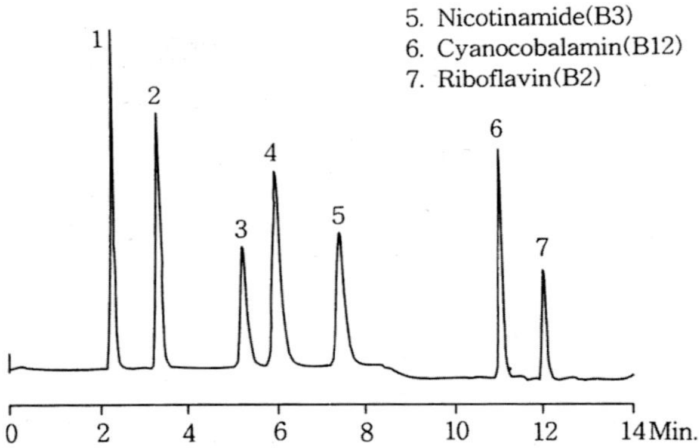

Column : Alltima C18, 5 μm, 250×4.6 mm
Mobile Phase : A : 0.05 M Sodium acetate, pH 5.2,
B : Acetonitrile
Gradient : Time : 0 4 15
%B : 5 5 50
Flowrate : 1.0 mL/min
Detector : UV at 254 nm

그림 18－5 ▸ 수용성 바이타민 분리(동명과학 제공)

의 점도와 열팽창에 관계없이, 그리고 펄스충격 없이 용리액을 공급할 수 있는 장점이 있는 반면에 한 번에 사용할 수 있는 용리액의 부피는 약 250mL 정도로 제한되어 있는 것이 단점이다. 치환형 펌프는 등용매 용리법에만 이용할 수 있다. 가압식 펌프(pneumatic pump)는 변경 가능한 용기에 용리액을 넣고 용기를 압축시켜 용리액을 보내는 방법이다. 가압식 펌프는 2,000psi 정도까지만 가압할 수 있고, 부피는 제한되어 있고 등용매 용리법에만 이용할 수 있다.

이동상에 녹은 기체를 완전히 제거하지 않으면 분리관 내부에서 기포방울을 생성한다. 미립자로 충진된 분리관 내부에서 생성된 기포방울은 제거하기 어렵고 기포방울 부분의 시료는 용리액과 접촉할 수 없으므로 용리되지 않는다. 이 경우는 펄스완충기 다음의 공기흡입구에 주사기를 꼽고 고여 있는 기체를 뽑아 제거하여야 한다. 필요없는 용리액은 배출구를 통해 밖으로 내보낸다.

18.1.3 시료주입구

이동상은 그림 18－6처럼 시료주입구 앞에 설치한 예비포화관(pre-saturated column)을 통해 분리관 충진물로 이동상 용액을 미리 포화시킨 다음 도입한다. 그러므로 예비관은 분리관 충진물과 같은 물질로 충진하여야 한다. 시료용액은 시료주입구를 통해 주입할 때 미리 그림 18－2와 같은 거름장치를 통해 거른 다음 주입한다. 이러한 거름과정을 거치더라도 값비싼 분리관을 오래 사용하기 위하여, 그리고 오염을 피하기 위하여, 그리고 시료용액 중 녹지 않은 입자의 제거를 위해 분리관 앞에 그림 18－6처럼 보호관(guard column)을 설치한다. 보호관의 목적은 주로 시료용액에 녹지

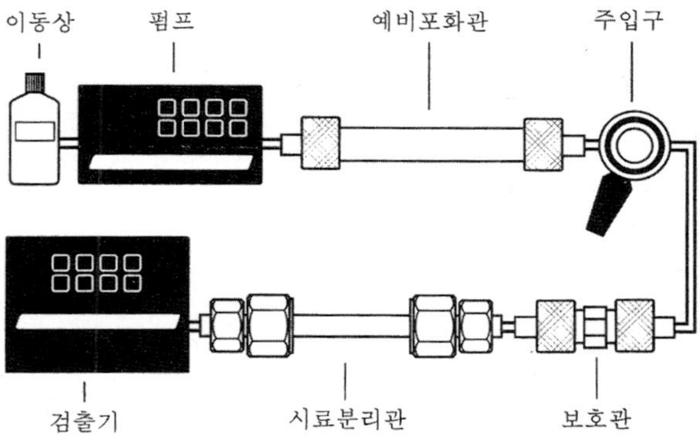

그림 18－6 ▸ 이동상의 이동과정(동명과학 제공)

않고 존재하는 입자제거이다. 보호관의 충진제는 분리관의 충진제와 비슷할 수도 있고 입자제거용 필터를 설치하여 사용할 수도 있다.

GC와 마찬가지로 LC도 측정값의 정밀도는 시료를 얼마나 재현성 있게 주입하는가에 달려 있다. 시료를 너무 많이 주입하면 용리봉우리의 넓힘 현상이 나타나므로 분리상태는 불량해지고 용리봉우리는 길게 꼬리처럼 끌리는 현상이 나타난다. 가능하면 소량의 시료를 사용할수록 좋다. 그리고 시료는 그림 18－2와 같은 거름장치를 통해 거른 다음 주입하여야 한다.

첫째, 주입기를 이용한 시료주입은 초창기부터 많이 사용하였지만 이동상의 큰 압력 때문에 재현성이 좋지 않았다. 둘째, 정지－흐름법(stop-flow)은 기계적으로 잠시 흐름을 중지하고 주입기를 이용하여 시료를 직접 분리관에 주입한 다음 가압하여 용리액의 흐름을 계속하는 방법이고, 이 방법은 재현성이 좋다. 셋째, 시료주입 밸브

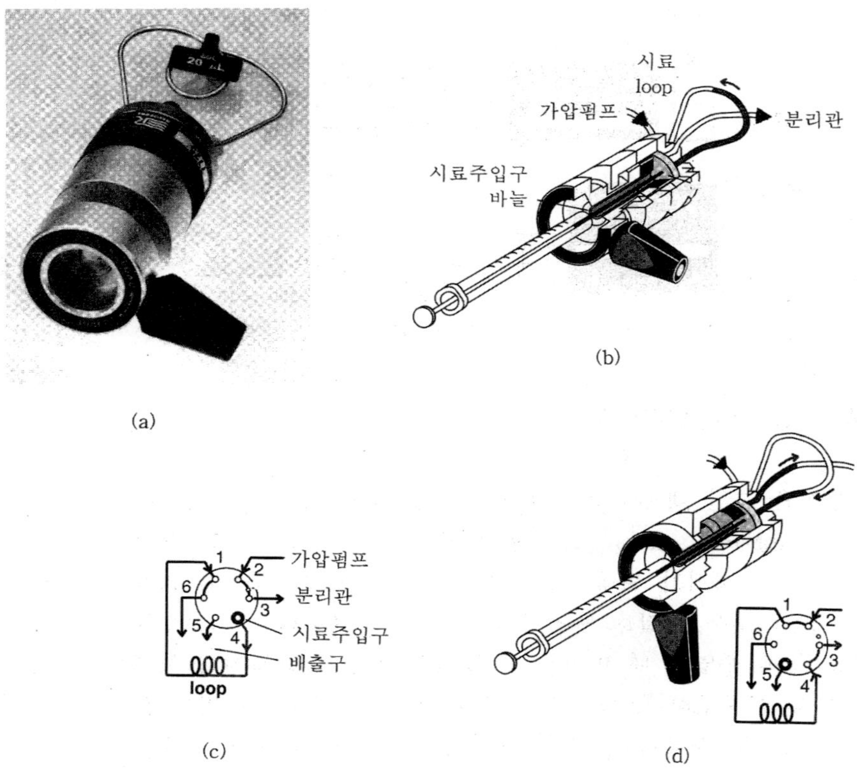

그림 18－7 ▸ 시료주입구(Reodyne Model, 동명과학 제공)

혹은 루프(loop)를 이용하는 방법이다. 이 방법은 0.5~500μL의 시료를 0.1%의 정밀도로 주입할 수 있는 가장 좋은 시료도입 장치이다(그림 18－7). 그림 18－7은 Reodyne Model 7725이다. 그림 18－7(a)는 시료주입구 장치이다. 시료주입 루프(loop)에 손잡이를 맞추고(b), 가압펌프의 이동상 압력을 분리관 쪽으로 흐르게 맞추고 압력의 저항 없이 시료를 주입한다(c). 시료주입 후(d) 손잡이를 (e)의 ②－①－③－④ 순서로 통하게 맞춘다. 시료는 그림 17－6의 시료주입기를 이용하여 주입한다.

18.1.4 분리관

충진제를 채운 분리관은 유리관의 경우 600psi 이하에서만 사용하므로 큰 압력이 필요한 HPLC의 경우는 대부분이 스테인리스 스틸관을 이용한다. 분리관은 5~10μm의 충진제를 채운 선형 10~30cm 관을 사용한다. 관의 안지름은 4~10mm이고, 이론단수는 40,000~60,000단/m이다. 최근에는 안지름 1~5mm에 3~5μm 충진제를 채운 3~7.5cm 분리관(이론단수 10,000단/m)을 이용하여 비싼 용매를 절약할 수 있고, 분리효율도 증가하는 분리관을 이용할 수 있다. 휘발성분을 포함한 복잡한 시료물질은 5m 모세관을 이용하는 경우도 있다.

분리관에 채우는 충진제는 다공성(porous)과 표피형(pollicular)이 있다. 다공성 입자는 유기합성 화합물이나 규조토 혹은 활성탄 입자에 정지상을 흡착시켜 사용한다. 표피형은 유리, 유기물, 폴리머, 실리카, 알루미나, 이온교환수지 등의 입자표면에 다공성 물질층을 생성한 다음 액체 정지상을 흡착 또는 화학결합한다. 충진제는 각각의 액체 크로마토그래피법을 다룰 때 추가로 설명하겠다.

18.1.5 검출기

LC의 검출기는 GC의 FID, ECD, TCD처럼 예민한 것이 없다. LC에 이용하는 검출기는, 첫째 이동상의 농도변화에 감응하는 검출기, 둘째 용질의 어떤 성질에만 감응하는 검출기, 셋째 이동상을 제거하고 남은 용질에 감응하는 검출기의 세 가지 종류들이 있다. 검출기(괄호 안의 숫자는 g/mL로 나타낸 최대감도)는 전기화학적 검출기(10^{-12}), 형광 검출기(10^{-11}), 질량분석 검출기(10^{-10}), 자외선 검출기(10^{-10}) 전도도 검출기(10^{-8}), 굴절률 검출기(10^{-7}), 적외선 검출기(10^{-6})와 같은 종류를 사용한다. 그 중에서 질량분석 검출기와 굴절률 검출기는 모든 성분에 감응하지만 나머지는 선택적으로 감응한다. 검출기 중에서 가장 많이 사용하는 순서는 UV 검출기 > 형광 검출기 > 굴절률 검출기 > 전기화학 검출기이다. 자외선 검출기는 중수소등보다 수은등 광원을 더 많이 사용하고 있다.

자외선 검출기는 석영으로 만든 길이 2~10mm의 셀(부피 1~10μL)을 이용하고, 모양은 그림 18－8과 같다. 감도를 높이기 위해 더 긴 셀을 사용할 수도 있다. 자외선 검출기의 감도를 높이려고 필터를 부착하거나 다른 단색화장치를 부착한 것도 있다. 적외선 검출기는 CaF_2 혹은 NaCl의 재질이고, 모양은 그림 18－8과 같다. 셀의 길이는 0.2~1.0mm이고, 부피는 1.5~10μL이다. 종류는 파장 변화형과 FT－IR 검출기들이 있다. 형광 검출기는 시료 화합물이 형광을 내는 화합물에만 사용한다. 즉, 이중결합이나 삼중결합을 갖는 의약품, 자연물, 임상시료, 석유화학제품 등의 시료에 사용한다. 7장에서 형광분광법을 설명한 바와 같이 형광법은 대단히 예민한 방법이다. 형광을 발광하지 않는 화합물은 5－dimethylaminonapthalene－1－sulphonyl chloride와 반응시켜 형광성 화학종으로 만든 다음 이용할 수 있다. 이 화합물은 1차 아민, 2차 아민, 아미노산, 페놀 등과 반응하여 형광성 화합물로 변한다. 형광 검출기의 모양은 그림 18－8과 같고 광원은 수은, 제논, 아크 등을 이용하고 측정 셀은 석영으로

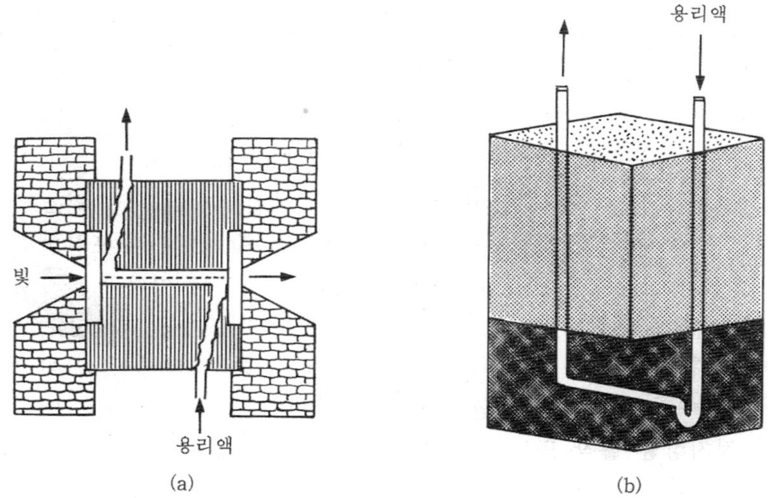

그림 18－8 ▸ 자외선 검출기 (a) Z형 흐름셀, (b) U형 흐름셀

만든다.

굴절률 검출기는 시차 굴절계를 이용한다. 21장의 굴절률 측정에서 설명할 것과 같이 Amici 프리즘의 두 장소를 통해 한쪽은 용매만 통과하고, 다른 한쪽은 분리된 시료와 이동상이 섞인 용액을 통과한다. 각기 측정한 굴절률의 차이값이 기록기에 기록되어 나타난다. 굴절률 검출기는 거의 모든 용질에 감응한다. 일반적으로 LC는 자외선 검출기와 굴절률 검출기의 두 가지를 함께 설치하여 이용한다.

질량분석 검출기는 분리된 시료와 이동상을 서로 분리한 다음 시료만 질량분석기로 도입하는 복잡한 과정을 거친다. GC－질량분석 검출기의 경우는 이동상이 기체이므로 쉽게 적용할 수 있지만 LC의 경우는 이동상이 액체이므로 증발시켜 이동상을 제거하여야 한다. 앞으로 더 좋은 질량분석 검출기를 개발할 것으로 확신한다. 전기화학 검출기는 이 책의 다음 부분에서 설명하는 전류법, 폴라로그래피법, 전기량법, 전도도법을 이용한다.

18.2 이동상

GC에서는 한 종류의 기체만 이동상으로 사용하는 대신에 LC에서는 여러 가지의 용매를 이동상으로 사용한다. 이동상, 고정상 및 시료의 세 가지 분자 간 힘이 적당하게 조화되어야 잘 분리할 수 있다.

이동상 용매의 성질은 다음과 같은 조건을 갖추어야 한다. 첫째, 용매는 분석 용질을 녹일 수 있어야 한다. 둘째, 시료의 분리봉우리와 이동상의 봉우리는 겹치지 않아야 한다. 셋째, 용매가격은 저렴할수록 좋다. 넷째, 분리관의 사용온도보다 20~50℃ 높은 끓는점의 용매를 사용한다. 다섯째, 용매의 점도는 낮을수록 좋다. 여섯째, 용매는 용질 혹은 충진제와 화학반응하지 않아야 한다. 그러므로 알데하이드, 올레핀, 황화합물, 키톤 혹은 어떤 질소화합물들은 용매로 사용하기에 부적당하다. 일곱째, 용매는 정지상을 용해하지 않아야 한다. 여덟째, 굴절률 검출기를 사용할 때 이동상과 분석시료의 굴절률 차이는 커야 한다. 자외선이나 적외선 검출기를 사용할 때에는 시료와 이동상의 λ_{max}이 겹치지 않아야 한다. 아홉째, 용매는 발화성과 독성이 없어야 한다. 이동상 용매는 첫째 2~3가지 시료성분 분리의 경우에 용량계수 *C*값이 2~5영역의 용매를 선택하여야 한다. 다성분의 경우는 용량인자값을 0.5~20까지 확장하여야 한다. 둘째, 최대의 선택계수(S)를 나타내는 용매를 선택한다. 일반적으로 몇 가지 용매를 배합하여 알맞은 선택계수를 얻는다.

이동상 용매는 이와 같은 조건을 제외하면 이동상으로 선택할 수 있는 종류들이 많지 않다. 분배, 흡착, 이온교환 등의 크로마토그래피법에 사용하는 이동상은 시료성분과 정전기적으로 상호작용한다. 그러므로 머무른 시간은 용매종류에 따라 크게 영향을 받는다. 이와 반대로 기체 및 크기 배제 크로마토그래피법은 이동상의 화학적 반응이 없으므로 이동상과 머무른 시간은 서로 관련없다. 반응성 용매를 이용하여 분리할 때는 세 가지의 참여 분자, 즉 용질, 정지상, 이동상의 분자 간에 힘의 균형이 필요하다. 이러한 힘의 균형은 상대적 극성을 이용하여 정성적 설명이 가능하다. 이동상 용매를 선택할 때 유기물 분자의 극성크기의 순서를 알면 많은 도움을 얻는다. 극성크기의 순서는 다음과 같다.

탄수화물 < 에터 < 에스터 < 키톤 < 알데하이드 < 아마이드 < 아민 < 알코올 < 물

이동상 용매의 선택규칙은 분석시료의 극성과 정지상의 극성이 비슷하여야 하고 이동상은 극성이 다른 용매를 사용하여야 한다. LC는 이러한 조건을 가질 때 가장 좋게 분리된다. 예를 들면 분석시료와 이동상 극성이 서로 비슷하고 정지상의 극성이 다를 때 더 잘 분리된다. 이러한 조건을 고려하여 이동상 용매를 선택할 때 두 가지 이상의 극성이 다른 용매를 섞어 사용하는 경우가 많다. 사용하려던 용매를 이용하여 분석시료들이 잘 분리되는 여부를 쉽게 판별하는 방법은 충진물을 TLC 유리판 또는 PC 종이를 이용하여 자기 자신이 만든 이동상 용매로 시료를 전개하여 미리 분리해 보는 방법이다. 이때 잘 분리되는 여부와 크로마토그램 봉우리의 꼬리가 생기지 않는 여부를 관찰하여야 한다. 그림 18-9는 HPLC로 생체성분을 분리하기에 앞서 TLC 혹은 PC로 예비분리한 예이다. 예비분리한 시료의 반점은 경계가 명확하고 꼬리를 끌지 않고 반점 간의 거리가 멀어야 한다. 예비실험에서 반점의 꼬리를 생성하면 HPLC의 크로마토그램에서도 똑같이 꼬리를 생성하여 분리되지 않는다.

이동상의 극성에 따라 서론에서 설명한 것처럼 LC는 정산 LC와 역상 LC로 구분

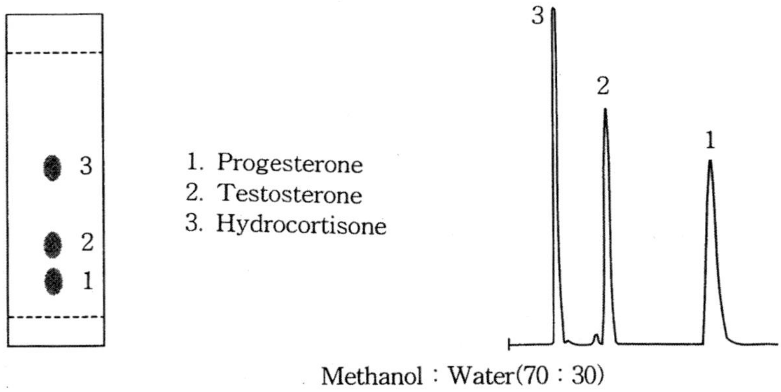

그림 18-8 ▸ HPLC의 이동상 용매를 TLC판 혹은 종이를 이용하여 예비분리 시험하는 예

한다. 용질의 극성크기들이 A>B>C 순서일 때 정상 LC에서 용출되는 순서는 ABC 순서이지만 역상 LC는 CBA의 순서로 용출된다. 이와 같은 용리현상은 이동상 용매의 극성이 얼마나 큰 영향을 주는가를 알아볼 수 있는 한 가지 예이다.

이동상 선택의 확실한 정보는 문헌을 이용하는 방법이다. 이동상의 정보는 항상 정지상의 종류, 이동상의 성분 구성비, 이동상의 조제방법, 방해물의 정보도 함께 참고하여야 한다.

18.3 분배 크로마토그래피법

분배 크로마토그래피법은 LC 방법 중에서 가장 많이 사용하는 방법이고, 용매에 녹는 물질이면 분자량과 관계없이 이온성 물질까지도 분리 가능하다. 이온성 물질은 분배 크로마토그래피법 대신에 이온교환수지법을 사용할 수 있다. 정지상이 충진물 입자에 붙잡혀 있는 상태에 따라 액체-액체 크로마토그래피법과 결합상(bonded-phase) 크로마토그래피법의 두 가지 방법이 있다. 액체-액체 크로마토그래피법은 정지상이 충진물 입자에 물리적 흡착에 의해 붙잡혀 있고 결합상 크로마토그래피법은 정지상이 충진물 입자에 화학적으로 결합되어 있다. 현재는 75% 이상이 결합상 크로마토그래피법을 사용하고 있다.

18.3.1 이동상

HPLC 분리관의 분리능 개선하는 방법을 16.2.2절에서 설명할 때 세 가지의 변수(이론단수 N, 용량인자 C, 선택계수 S) 중에서 한 가지를 바꾼다고 설명하였다. 세 가지 인자 중에서 C 상수는 이동상의 조성에 따라 결정되므로 실험적으로 조절하기 쉬운 인자이다. 앞에 설명한 바와 같이 2~3성분을 분리할 때 C 상수는 2~5 범위이고, 복잡한 성분은 0.5~20 범위이다. 범위를 확장할수록 성분분리에 시간이 많이 걸린다. C 인자만 조절하여 분리되지 않으면 선택계수 S를 변화시킨다. 가장 간단한 S변화 방법은, 첫째 이동상의 조성 변화이고, 둘째 다른 충진제를 선택하는 방법이다.

이동상 중 용매－용질의 상호작용은 C 상수의 값이 대단히 중요하다. 용질－용매의 상호작용은 분산(dispersive)힘(혹은 London 힘), 쌍극자(dipole) 힘, 유전(dielectric) 힘, 분자착화(molecular complex) 반응이다.

첫째, 분산힘은 분자 내의 전자들이 비대칭운동에 의해 순간에 편극되어 정전기적 인력이 상호작용하는 힘이다. 용질－이동상 또는 용질－정지상 간에 인력이 작용하는 힘은 주로 분산힘에 의존한다. 비극성 화학종 간의 인력이 쉽게 일그러지는 분자 간의 인력은 분산힘 때문이다. 편극률의 척도는 굴절률이다. 분산 상호작용이 크면 굴절률도 크다. 그러므로 굴절률이 큰 용매와 용질분자 간에 큰 상호작용이 존재한다. 즉, 굴절률이 큰 용매에 편극용이한 용질이 잘 녹는다. 둘째, 영구적 전하 비대칭을 갖는 영구 쌍극자 모멘트 분자는 쌍극자 상호작용 때문에 용해도 증가와 C값 감소를 초래한다. 쌍극자 상호작용은 정전기적이고, 반대극성끼리 서로 배향한 상태에서 상호작용한다. 셋째, 유전 상호작용은 이온화 용질과 영구 쌍극자 용매 간의 상호작용이다. 예를 들면 물이나 메탄올의 극성용매에 잘 녹는 이온화합물 혹은 이온화 가능한 용질 간에 나타나는 상호작용이다. 넷째, 분자 착화반응은 용질과 이동상 간의 양성자 이전에 의한 수소결합 생성이다. 예는 은이온과 올레핀 간의 착물 생성반응이다.

18.3.2 용매세기와 용량인자

앞에서 설명한 네 가지 상호작용에 의해 용질과 센 상호작용 용매를 센 용매 혹은 극성용매라고 한다. 용매의 극성은 극성지표(polarity index) P'로 표시한다. 이 극성지표는 디옥산(dioxane, 약한 쌍극자 양성자 받개), 나이트로메테인(nitromethane, 센 쌍극자 양성자 받개), 에틸알코올(센 쌍극자 양성자 주개)에 용질이 얼마나 용해하는가를 측정한 지표이다. 이 측정값으로부터 각 용매에 대한 보정 분배계수(adjusted partition coefficient) K'_g를 얻는다. 극성지표는 다음과 같다.

$$P' = \log(K'_g)_e + \log(K'_g)_d + \log(K'_g)_n \qquad (18-1)$$

표 18-1 ▸ 액체 크로마토그래피법 이동상의 성질

용매	용리액 세기(ε_0)	극성지표	굴절률(25℃)	끓는점(℃)
Water	크다	10.2	1.333	100
Ethyleneglycol	1.11	6.9	1.431	182
Nitromethane	0.64	6.0	1.380	101
Acetonitrle	0.65	5.8	1.341	82
Methanol	0.95	5.1	1.326	65
Dioxane	0.56	4.8	1.420	101
Ethyl acetate	0.58	4.4	1.370	77
Ethanol	0.88	4.3	1.359	78
Chloroform	0.40	4.1	1.443	61
Tetrahydrofuran	0.57	4.0	1.405	66
Diethyl ether	0.38	2.8	1.350	35
Toluene	0.29	2.4	1.494	110
i-Propyl ether	0.28	2.4	1.365	68
Carbon tetrachloride	0.18	1.6	1.457	77
1-Chlorobuthane	0.26	1.0	1.400	78
n-Hexane	0.01	0.1	1.372	69
Cyclohexane	-0.2	0.04	1.423	81
Fluoroalkane	-0.25	〈 -2	1.27~1.29	50~174

ε_0는 알루미나의 표면적당 용매흡착 에너지값 0.8을 곱하면 SiO_2에 대한 ε_0 값이다.

하첨자 e, d, n 은 각기 ethanol, dioxane, nitromethane이다.

표 18－1에서 극성지표값은 큰 극성을 갖는 물분자에 의해 나타나는 10.2부터 플루오린알케인 －2까지 있다. 어떤 중간 극성지표값을 얻으려면 적당한 두 가지 용매를 섞어야 한다. A와 B용매 혼합물의 극성지표 K'_{AB}는 식 (18－2)와 같다.

$$P'_{AB} = V_A P'_A + V_B P'_B \tag{18-2}$$

P'_A와 P'_B는 A와 B 용매의 극선지표이고, V_A와 V_B는 각 용매의 부피분율이고, LC의 분리능 개선방법은 용량인자 C를 조절하는 방법이다. 이동상의 극성지표를 바꾸면 C값이 변한다. C'는 두 가지 용매의 혼합비를 바꾸어 조절할 수 있다. 예를 들면 P'를 두 단위 바꾸면 C는 10배로 변한다. 정상(normal phase) 분리관에서는 대략 식 (18－3)과 같다.

$$\frac{C_2}{C_1} = 10^{(P'_1 - P'_2)/2} \tag{18-3}$$

C_1과 C_2는 용질의 C값에 대한 초기의 최종값이, P'_1과 P'_2에 해당하는 값이다. 역상(reverse phase) 분리관에서 대략 식(18－4)와 같다.

$$\frac{C_2}{C_1} = 10^{(P'_2 - P'_1)/2} \tag{18-4}$$

이제까지 설명한 것처럼 C값 조절에 의해 아직도 두 성분이 분리되지 않으면 다음은 두 가지 화학종의 선택계수 S를 증가하여야 한다. 그래도 분리되지 않으면 용매를 바꾸어 C값을 계산해 보아야 한다.

18.3.3 용매의 분류

양성자 주개와 받개, 그리고 쌍극자 세기에 바탕을 둔 용매분류 방법은 Snyder[1)]에

1) L. R. Snyder, *J. Chromatogr. Sci.*, 1978, 16, 223.

의해 발표되었다. 그는 보정 분개계수 K'_g를 선택계수 x_e, x_d, x_n에 대하여 다음과 같이 이용하였다.

$$x_e = \log(k'_g)_e / P'$$

$$x_d = \log(k'_g)_d / P'$$

$$x_n = \log(k'_g)_n / P'$$

하첨자는 각기 ethanol, dioxane, nitromethane이고 P'는 이동상의 극성지표이다. 그는 그림 18－10과 같은 삼각형을 이용하여 표 18－2와 같은 이동상 종류를 8가지로 분류하였다. 표 18－2에 작은 P'값을 갖는 지방족 탄수화물, 사염화탄소, 플루오린화탄수화물은 포함하지 않는다. 표 18－2는 만족스런 S값을 얻기 위한 용매선택에 유용하다. 표 18－2의 이용방법에 대하여 예를 들면 정상분리에서 첫단계는 클로로폼과 n－헥세인 같은 용매계를 시료 용해도에 바탕을 두어 선택 가능하다. 만약 시료물질이 분리되지 않으면 더 극성의 클로로폼으로 바꾼다. Ⅷ족의 클로로폼 대신에 사용할 용매를 선택하는 것이 현명하다. 즉, Ⅰ이나 Ⅱ족에서 선택한다. Ⅰ족이나 Ⅱ족의 여러 용매를 사용하여 알맞은 C값을 얻지 못하면 Ⅴ족 용매를 선택한다.

역상 크로마토그래피의 용매선택은 Lehrer[2)]에 의해 삼각형 선택법으로 네 가지 용매 선택 최적화 방법을 연구 발표하였다. 역상의 경우는 Ⅵ족에 메탄올, Ⅶ족에 아세토나이트릴, Ⅱ족에 THF을 추가로 포함한다. S값은 세 가지의 경쟁적 용매를 사

표 18－2 ▸ 이동상 종류

Ⅰ	지방족 에터 및 알킬벤젠
Ⅱ	지방족 알코올
Ⅲ	THF, 파리딘유도체, 다이메틸설폭사이드, 아마이드(폼아마이드 제외)
Ⅳ	폼아마이드, 아세트산, 벤질알코올, 글라이콜
Ⅴ	염화메틸렌, 1, 2－다이클로로에테인
Ⅵ	할로젠화알케인, 에스터, 키톤, 다이옥산, 나이트릴, 아닐린
Ⅶ	벤젠 및 벤젠유도체, 지방족 나이트로화합물
Ⅷ	클로로폼, m－크레졸, 물, 플루오린알케인

2) R. Lehrer, *Amer. Lab.*, 1981, 13(10), 113 ; J. L. Glajch et al., *J. Chromatogr. Sci.*, 1980, 199, 57.

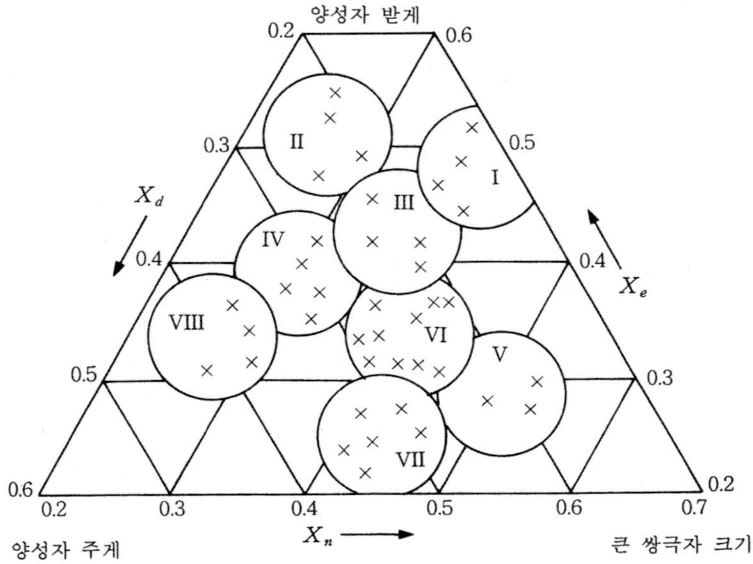

그림 18-10 ▸ 이동상 분류 삼각형, x는 한 가지 이동상의 위치이다(L. R. Snyder, *J. Chromatogr. Sam*, 1978, 16, 223).

용하여 조절하고, 알맞은 C값이 되게 혼합물 세기를 조절할 때 물을 이용한다. 그는 정상조작에 유사한 4-용매계를 사용하였고, 선택용매는 에틸에터, 염화메틸렌, 클로로폼이 포함되고 용매세기는 n-헥세인으로 조절한다.

18.3.4 충진제

분배 크로마토그래피법은 먼저 설명한 바와 같이 액체-액체 크로마토그래피 법(LLC)과 결합상 크로마토그래피법(BPC)이 있다. 그중에서 BPC의 첫째 장점은 정지상이 지지체와 화학적으로 반응하여 결합되어 있으므로 이동상에 녹아나갈 염려 없이 안정하다. 그러나 LLC는 정지상이 물리적으로 흡착되어 있으므로 이동상에 녹아나간다. 그러므로 그림 18-6처럼 미리 분리관 앞에 부착된 예비포화관이나 보호관을 통해 이동상을 정지상 물질로 포화시켜야 하고, 또한 주기적으로 정지상을 다시 흡착시켜 사용하여야 한다. BPC의 둘째 장점은 용매교환용리법을 이용할 수 있지만 LLC는 정지상의 손실 때문에 이용할 수 없다. BPC의 셋째 장점은 여러 가지의 극성결합상의 충진제들이 개발되어 있으므로 정상과 역상 크로마토그래피법의 두 가지 모두에 사용할 수 있다는 점이다.

대부분의 결합상 충진제는 실옥산(siloxane) 충진제이다. 실리카를 가열한 다음 가수분해하거나 규소－유기화합물을 0.1M 염산으로 가수분해하여 다공성의 단단하고 균일한 실리카(silica, SiO_2) 입자로 만든다. 입자크기는 3~10μm이다.

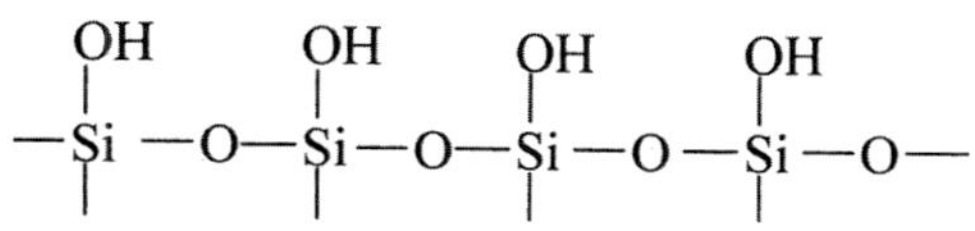

위와 같은 silanol과 alkyltrichlorosilane이나 alkyldichlorosilane을 반응시켜 siloxane 화합물로 만든다. 이때 alkyl기는 n－octyl(oct는 8이란 뜻이다)이나 n－decaoctyl(decaoct는 18이라는 뜻이다)이다. 이때 사용하는 유기 염소화합물은 간암 유발화합물이므로 휘발성 시약의 증기를 흡입하지 않게 조심하여야 한다.

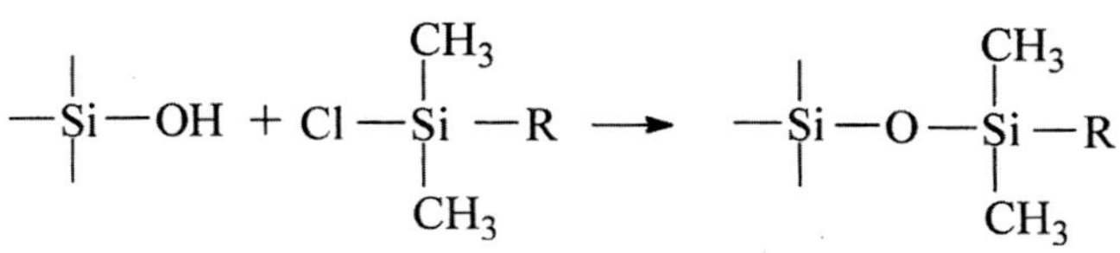

반응하지 않는 SiOH등이 남아 있으면 극성이 너무 크므로 용리봉우리는 꼬리들을 길게 나타낸다. 실옥산 충진제의 표면적은 4μmol/m^{2}이다. 알킬기(R－)의 탄소수는 많을수록 정지상에 용질이 더 잘 붙잡히고(머무른 값이 크고), 시료량도 더 많이 사용할 수 있다. 그러므로 최근에는 octyl이나 decaoctyl 작용기를 갖는 alkyltrichlorosilane을 많이 사용한다. Siloxane 정지상을 역상 크로마토그래피법에 이용할 때는 메탄올, 아세토나이트릴, 테트라하이드로푸란(THF) 같은 용매에 극성이 더 큰 물을 섞어 용리한다. 이때 용리액이 pH=7.5 이상이면 siloxane이 가수분해되어 silanol로 변하므로 조심하여야 한다. 수용성 용매는 점성이 크므로 50~80℃에서 역상분리한다. 이 온도에서는 시료의 용해도를 증가하고 C를 감소한다. 온도를 30℃ 올리면 C는 약 2배 감소한다. 다른 종류의 충진제는 위에서 설명한 silanol에 알킬 작용기를 결합하는 것 이외에 Si－OR 생성반응과 Si－C 결합 또는 Si－N 결합을 생성하는 반응도 이용한다. 예를 들면 다음과 같다.

$$-\overset{|}{\underset{|}{Si}}-OH + HOR \longrightarrow -\overset{|}{\underset{|}{Si}}-OR$$

$$-\overset{|}{\underset{|}{Si}}-OH + SOCl_2 \longrightarrow -\overset{|}{\underset{|}{Si}}-Cl$$

$$-\overset{|}{\underset{|}{Si}}-Cl + ArMgBr \longrightarrow -\overset{|}{\underset{|}{Si}}-Ar$$

$$-\overset{|}{\underset{|}{Si}}-Cl + NH_2CH_2CH_2NH_2 \longrightarrow -\overset{|}{\underset{|}{Si}}-NHCH_2CH_2NH_2$$

여기에서 Ar은 방향족 작용기이다.

정상 크로마토그래피법에 결합상을 이용할 때는 siloxane의 R 대신에 사이안오기($-C_2H_4CN$), 다이올(biol)기($-C_3H_6OCH_2CHOHCH_2OH$), 아미노기($-C_3H_6NH_2$), 그리고 다이메틸아미노기[($-C_3H_6N(CH_3)_2$]와 같은 극성 화합물을 결합시켜 이용한다. 이들의 극성크기는 cyano > diol > anino의 순서이다. 이와 같은 정상 LC 충진관을 이용할 때 이동상의 용리액은 에틸에터, 클로로폼, $n-$헥세인 같은 용매를 이용한다.

18.3.5 응용

극성이 큰 용매(때때로 수용액)와 함께 사용하는 역상 결합상 충진관은 수용액 이동상을 이용하여 *C*와 *S*를 쉬게 바꿀 수 있으므로 가장 넓게, 그리고 편리하게 분배 크로마토그래피법에 이용한다. 이 방법의 응용은 미국에서 발행되는 *Analytical Chemistry*, 1980, 52, 15R : 1982, 54, 323R : 1984, 56, 300R : 1986, 58, 250R : 1988, 60, 387R : 1990, 62, 324R에 요약되어 있다. 이와 같은 문헌에 의약품(항생제, 진정제, 스테로이드, 진통제), 생화학(아미노산, 단백질, 탄수화물, 지방), 식품(인공감미료, 황산화제), 아플라톡신(땅콩, 메주, 된장의 함유물), 식품 첨가제, 산업용 화학약품(농축산 향료, 계면활성제, 윤활제, 염료), 오염물질(농약, 제초제, 페놀), 법의약(약품, 독약, 혈중 알코올, 마약), 진단의약(담즙산, 약품대사, 요추출물, 여성호르몬)의 분석방법이 요약되어 있다.

(1) 유도체 생성 분배 크로마토그래피법

어떤 화합물들은 분리관을 통해 시료성분을 분리하기 전 또는 후에 다른 유도체 화합물로 만든다. 유도체로 만드는 이유는, 첫째 시료성분의 극성을 감소시켜 분배 크로마토그래피법으로 분리할 수 있고, 둘째 시료성분에 대한 검출기의 감응도를 증가하고, 셋째 검출기의 감응 선택성을 증가할 수 있기 때문이다. 예를 들면 30여 종의 아미노산 혼합액을 분리할 때 종래 방법은 이온교환수지관을 통해 분리 후 ninhydrin과 반응시켜 발색한 다음 흡광도 검출법으로 확인하였다. 그러나 유도체 생성법은 분리관 앞에서 아미노산을 orthophthalaldehyde와 반응시켜 *iso*－ondel 유도체를 만들어 C_{18} 역상 분리관에서 분리한 후에 425nm에서 형광세기를 측정하면 10^{-12}mol까지 분리 확인할 수 있다(R. Pfiefer et al, *Amer. Lab.,* 1983, 15(3), 86).

(2) 이온쌍 분배 크로마토그래피법

이온쌍(ion－pair 또는 paired ion) 크로마토그래피법(IPC)은 이온 화학종을 분리하는 역상 크로마토그래피법의 한 종류이다. IPC의 이동상은 메탄올이나 아세토나이트릴(acetonitrile) 같은 유기용매와 분석시료의 반대전하, 즉 상대이온(counter ion)을 갖는 이온화합물이 포함된 완충수용액을 이용한다. 이때 분석시료의 전하와 반대전하 이온화합물은 서로 만나 중성 이온쌍(ion-pair)을 생성하고 액상 충진관을 통해 분리된다. 이러한 예는 표 18－3과 같다.

IPC는 유기물 및 무기물의 작은 이온이나 큰 이온 등의 분리에 이온교환수보다

표 18－3 ▸ 역상 이온쌍 크로마토그래피법

시료	이동상	상대이온	정지상
아민계	0.1M $HClO_4/H_2O$/아세토나이트릴	$CClO_4-$	A
	$H_2O/CH_3OH/H_2SO_4$	$C_{12}H_{25}SO_3-$	A
카복시산계	pH 7.4	$(C_4H_9)_4N+$	A
	pH 7.4	$(C_4H_9)_4N+$	B
술폰산계	H_2O/C_3H_7OH	$(C_{16}H_{33})(CH_3)_3N+$	A
	pH 7.4	$(C_4H_9)_4N+$	B
	pH 3.8	Bis－(2－ethylhexyl) phosphate	C
염료	pH 2～4 : H_2O/CH_3OH	$(C_4H_9)_4N+$	A

A : 결합상, B : 1－pentanol 흡착, C : Bis(2－ethylhexyl)phosphoric acid/$CHCl_3$ 흡착

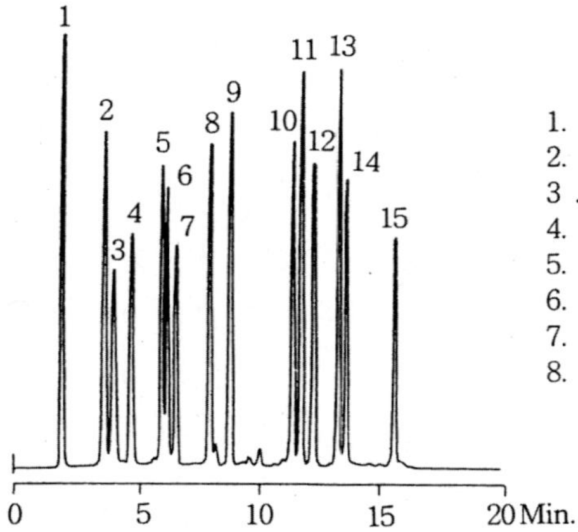

1. Asp
2. Glu
3 .His
4. Ser
5. Arg
6. Gly
7. Thr
8. Ala
9. Tyr
10. Met
11. Val
12. Phe
13. Ileu
14. Leu
15. Lys

Column :	Alltima C18, 5 μm, 250×4.6 mm
Mobile Phase :	A : 50 mM NaAc Buffer, pH 5.7, 5% THF B : Methanol
Gradient :	Time : 0 15 5 %B : 10 65 10
Flowrate :	2.0 mL/min
Detector :	Fluorescence

(a)

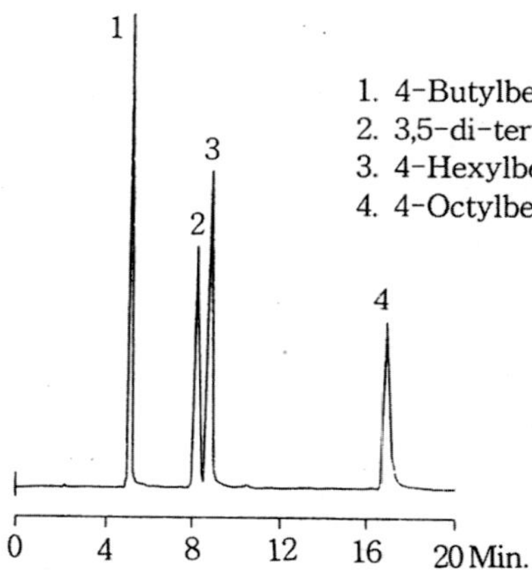

1. 4-Butylbenzoic acid
2. 3,5-di-tert-Butylbenzoic acid
3. 4-Hexylbenzoic acid
4. 4-Octylbenzoic acid

Column :	Alltima C18, 5 μm, 250×4.6mm
Mobile Phase :	Acetonitrile : 0.05 M Potassium phosphate, pH 3.2(75 : 25)
Flowrate :	1.0 mL/min
Detector :	UV at 254 nm

(b)

그림 18－11 ▸ 이온쌍 크로마토그램. (a) 아미노산, (b) 유기산

더 많이 쓰인다. 예를 들면 계면활성제, 유기산, 질산이온, 과염소산이온의 분리에 좋은 결과를 얻는다(그림 18－11). 흡착 크로마토그래피법의 또 한 가지 용도는 4~10mL의 carbon black(비다공성 균일입자, 표면적 100m^2/g)을 채운 관에 산성, 염기성 혹은 중성의 살충제들이 들어 있는 음료수를 15mL/min의 속도로 통과시킨 다음 탄소관을 씻고 건조한다. Methlene chloride : methanol(80 : 20) 용액으로 중성과 염기성 살충제를 씻어낸 다음 산성 살충제는 KOH 용액의 염기성 methylene chloride : methanol(60 : 40)으로 씻은 용액을 용매교환용리법으로 분리한 결과는 그림 18－12와 같다.

Acid
1. Bentazon
2. Bromoxynil
3. Dinitro-o-cresol
4. 2,4-D
5. Mecoprop
6. 2,4,5-T
7. 2,4-DB
8. MCPB
9. 2,4,5-TP
10. Dinoseb
11. Dinoterb

Bases/Neutrals
1. Oxamyl
2. Methomyl
3. Chloridazon
4. Metoxuron
5. Bromacil
6. Monuron
7. Cyanazine
8. Metribuzin
9. Carbofuran
10. Atrazine
11. Carbaryl
12. Monolinuron
13. Paraoxon
14. Propachlor
15. Propham
16. Propanil
17. Linuron
18. Chloroxuron
19. Chlorpropham
20. Fenitrothion
21. Azinphos ethyl
22. Parathion ethyl
23. Coumaphos
24. Phoxim

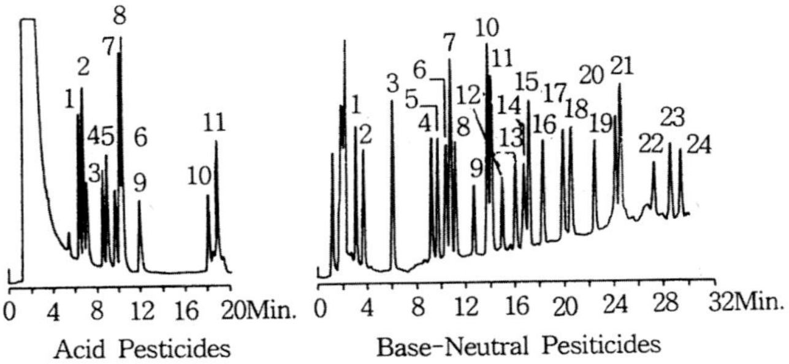

Column : C18, 5μm, 250×4.6mm
Mobile Phase : Base/Neutrals-B : Acetonitrile : A : Water(25 : .05);
Acids-A : Water TFA(v/v : B : Acetonitrile(.05 : .025)
Gradient : Time : 20 20 30 30
%B : 40 67 20 79
Flowrate : 1.5mL/min
Detector : UV, 225nm for base/neutrals, 230nm for acids

그림 18－12 ▸ 음료수(식수) 중의 살충제

(3) **카이랄 정지상 크로마토그래피법**

카이랄 정지상(chrial stationary phase, CSP)은 광학활성 이성질체(거울상 이성질체, enantiomer)를 GC법이나 LC법으로 분리할 때 사용한다. 카이랄 정지상은 GC의 경우 고온에서 용리할 때 부분입체 이성질체(disateromer)의 분배계수들이 더 작게 나타난다. 그 이유는 카이랄 정지상과 반응하여 라세미화(racemization)되기 때문이다.

카이랄 정지상은 광학활성 이성질체들이 결합된 고분자 물질을 실리카겔 지지체에 도포하여 사용한다. 예를 들면(D. W. Armstrong, *Anal. Chem.,* 1987, 59, 84A) l－proline 아미노산을 *p*－divinylbenzene 중합체에 결합시켜 광학활성 정지상을 만든 다음 아미노산의 라세미 혼합물 분리에 이용한다. 이때 아미노산에 구리(Ⅱ)이온을 첨가한다. 이와 같은 방법으로 *d*－와 *l*－아미노산을 분리할 수 있다.

18.4 흡착 크로마토그래피법

흡착(adsorption) 크로마토그래피법 혹은 액체－고체(liquid-solid) 크로마토그래피법은 LC법의 초기부터 사용되어 온 방법이다. 이 방법의 특징은 실리카와 알루미나 입자를 그대로 정지상으로 이용하고 약한 극성 이동상과 정상 크로마토그래피법으로 용리한다는 점이다. 그 중에서도 실리카를 더 많이 이용한다. 실리카와 알루미나 정지상에 대한 머무른 시간 순서는 다음과 같다.

올레핀 < 방향족 탄수화물 < 할로젠화물, 황화물
< 에터계 < 나이트로화합물 < 에스터계 ≈
알데하이드계 ≈ 키톤계 < 알코올계 ≈ 아민계 < 카복시산
설폰계 < 설폰사이드계 < 아마이드계 < 카복시산

18.4.1 용매선택

LSC에서 C와 S를 최적화하는 변수는 이동상의 조성이다. 이와 반대로 분배 크로마토그래피는 S값에 대하여 분리관 충진제들이 큰 영향을 준다. 분배 크로마토그래피법은 용매계 변화 때문에 분해능과 머무른 시간이 큰 영향을 받는다. 그러나 알맞은 이동상의 선택은 쉽지 않다.

정지상으로 실리카와 알루미나를 사용할 때 이들은 모두 넓은 표면적을 갖는 대신에 용리봉우리는 꼬리를 길게 끄는 단점이 있다. 그래서 LLC에서 지지체의 표면을 액체상으로 도포하여 사용하였다. 용매의 선택은 분리뿐만 아니라 꼬리 끌기의 예방도 고려하여야 한다.

용매의 선택은 이미 설명한 극성지표 P'를 이용하여 대략의 용매세기(solvent strength)를 짐작할 때 참고가 되겠지만 더 좋은 것은 용리액세기(ε_0)이다. 극성지표값과 용매세기는 대략 비례한다. 용매의 선택방법은 분배 크로마토그래법과 같다.

흡착 크로마토그래피법에서 용매선택 방법은 분배에 바탕을 두고 두 가지의 경쟁 용매를 선택한다. 한 가지 용매는 용매세기의 값이 큰 용매(ε_0값이 큰 용매)이고 또 한 가지는 용매세기 값이 작은 용매이다. 적당한 C값은 두 가지 용매의 부피비를 바꿔가면서 얻는다. 일반적으로 0.05 단위 정도의 ε_0값이 증가하면 모든 C값은 3~4배 정도 감소한다. 그러므로 부피비를 바꾸면 C를 크게 변화할 수 있다. ε_0값은 부피비에 따라 선형적으로 변하지 않으므로 최적 혼합용매를 계산할 수 없다.

시료봉우리들이 겹치는 경우 ε_0값이 큰 용매를 일정하게 C값을 유지하는 다른 용매로 바꾸면 S값이 변하면서 원하는 분리능을 보여준다. 이 방법은 지루하고 성공하지 못하는 경우도 있다. 한 가지 방법으로 그림 18−9처럼 TLC법으로 탐색하는 TLC의 R_f는 S와 다음과 같은 관계에 있다.

$$C = \frac{(1 - R_f)}{R_f}$$

R_f값은 분리관을 이용하여 C값을 얻는 것보다 쉽고 빠르다.

흡착 크로마토그래피법은 분자량 5,000 이하의 비극성 화합물에 좋은 분리법이고, 비극성 용매에 녹는 화합물에 적용하기 편리하다. 그러므로 역상분배 크로마토그래피법에 사용한 수용성 용매에 잘 녹지 않는 화합물의 분리에 사용한다. 이 방법은 이성질체, 동족체, 벤젠 화합물계의 분리에 좋은 결과를 나타낸다.

18.5 이온 크로마토그래피법

이온교환(ion exchangr) 크로마토그래피법(IEC)은 처음 생리체액과 아미노산의 분리 정량에 이용하였고 용리시간은 10~70시간이 걸렸다. 현재는 IEC법으로 분리하던 많은 방법들이 IPC법으로 대치되고 있지만 아직도 무기물 및 유기물의 분리에 많이 이용하고 있다.

18.5.1 이온교환 평형

이온교환 과정은 불용성 유기물로 만든 이온교환수지의 표면에 결합되어 있는 이온(양이온 혹은 음이온)이 용액 중 같은 부호이온과 교환반응이 일어나는 평형에 근거를 두고 있다. 자연물의 zeolite는 오랫동안 이온 교환체로 이용되고 있으며, 현재는 합성 이온교환수지를 많이 이용하고 있다. 이온교환수지는 센 물의 단물화, 탈염수, 용액정제 등의 여러 분야에도 이용되고 있다.

센 산 이온교환수지는 $RSO_3^-H^+$이고, 약한 산 이온교환수지는 $ROOH^-H^+$이다. 그리고 센 염기 이온교환수지는 3차아민 화합물의 $RN(CH_3)_3^+OH^-$이고 약한 염기 이온교환수지는 1차아민 화합물의 $RNH_2^+OH^-$이다. 여기에서 R이라 표시한 것은 고분자 유기화합물이고, 이것에 $-SO_3^-H^+$, $-COO^-H^+$, $-N(CH_3)_3^+OH^-$, $-NH_2^+OH^-$이 결합한 이온교환수지의 골격구조는 그림 18-13과 같다.

설폰산 이온교환수지는 M^{X+}의 양이온을 함유한 용액과 접촉할 때 다음과 같은 양이온 교환평형이 성립한다.

$$\underset{\text{고체}}{{}_xRSO_3^-H^+(s)} + \underset{\text{용액}}{M^+(aq)} \rightleftharpoons \underset{\text{고체이온 교환수지}}{(RSO_3^-)_xM^x(s)} + \underset{\text{용액}}{{}_xH^+(aq)}$$

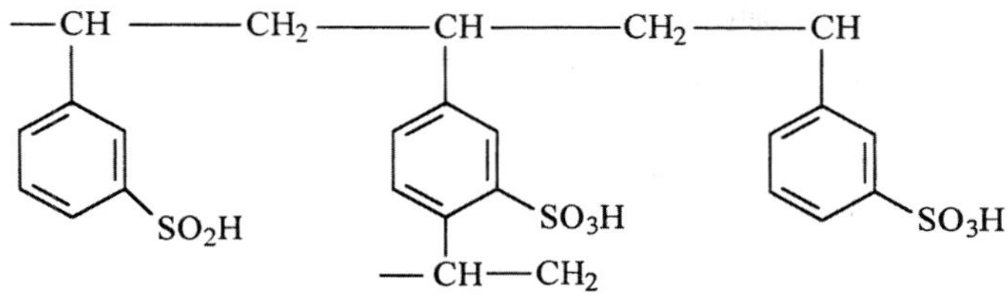

술폰산 양이온 교환수지

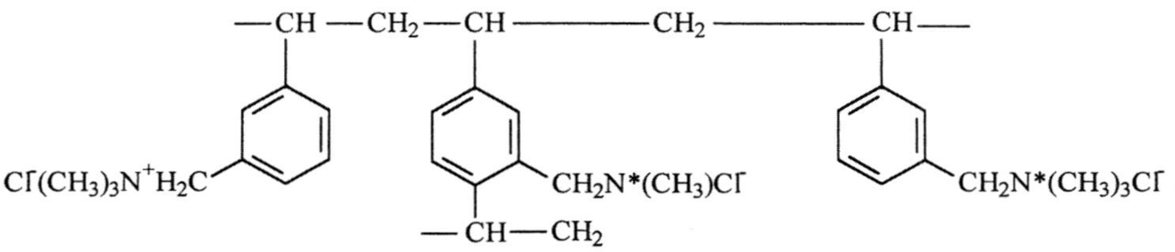

센 염기성 음이온 교환수지

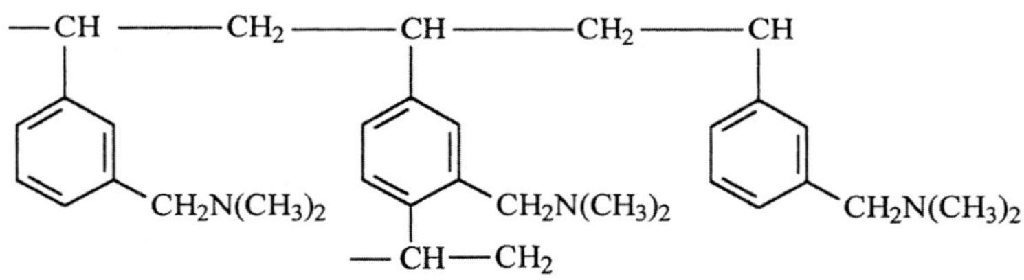

약한 염기성 음이온 교환수지

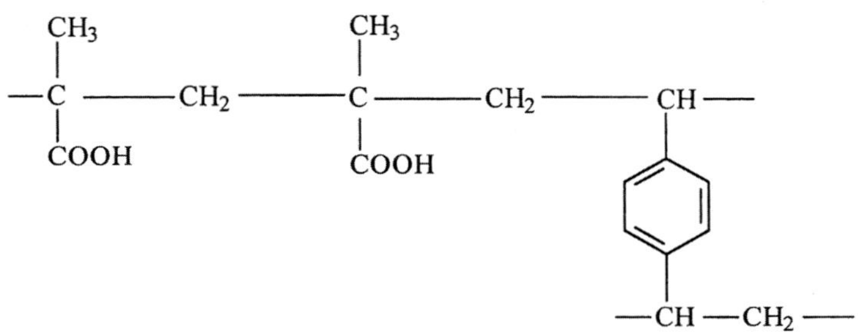

카복시산 약한 양이온 교환수지

그림 18–13 ▸ 이온교환 수지의 작용기

여기에서 $RSO_3^-H^+$는 고체이온교환수지에 결합된 설폰산 작용기이다(그림 18–13). 마찬가지로 센 염기 이온교환수지는 A^{x-}음이온과 다음처럼 반응한다.

$$ {}_{x}\mathrm{RN(CH_3)_3{}^{+}OH^{-}(s)} + \mathrm{A}^{x-}(aq) \rightleftharpoons [\mathrm{RN(CH)_3{}^{+}}]_x \mathrm{A}^{x-}(s) + {}_{x}\mathrm{OH^{-}(aq)} $$

고체　　　　　　용액　　　　　　고체　　　　　　용액

위와 같은 반응식에서 (*s*)는 고체이온 교환수지이고, (*aq*)는 수용액 중 이온을 의미한다. 설폰산의 센 산성 양이온 이온교환수지는 분리관에서 용액 중 양이온 M^{+}와 식 (18－5)처럼 평형을 이룬다.

$$ \mathrm{RSO_3H^{+} + M^{+}(aq) \rightleftharpoons RSO_3M^{+}(s) + H^{+}(aq)} \qquad (18-5) $$

묽은 염산으로 용리하면 고정상의 이온교환수지에 결합한 M^{+}이온의 일부는 이동상의 용매로 옮겨지고, 식 (18－5)의 평형은 왼쪽으로 이동한다. M^{+}이온은 정지상과 이동상 간의 연속적 이동을 통해 분리관의 밑으로 이동한다. 이때의 평행상수 K_{ex}는 식 (18－6)과 같다.

$$ \frac{[\mathrm{RSO_3^{-}\,M^{+}}]_s\,[\mathrm{H^{+}}]_{aq}}{[\mathrm{RSO_3^{-}\,H^{+}}]_s\,[\mathrm{M^{+}}]_{aq}} = K_{ex} \qquad (18-6) $$

식 (14－6)을 다시 정리하면 식 (18－7)과 같다.

$$ \frac{[\mathrm{RSO_3^{-}\,M^{+}}]}{[\mathrm{M^{+}}]_{aq}} = K_{ex}\frac{[\mathrm{RSO_3^{-}H^{+}}]}{[\mathrm{H^{+}}]_{aq}} \qquad (18-7) $$

용리하는 동안 수용액 중 수소이온농도는 이동상 중 M^{+}이온농도보다 더 크다. 그리고 이온교환체는 머물러 있는 M^{+}이온보다 훨씬 더 많은 교환자리를 갖는다. 그러므로 전체의 $[H^{+}]_{aq}$와 $[RSO_3{}^{-}H^{+}]$ 농도는 식(14－5)의 평행이동에 의한 영향을 거의 받지 않는다. 그래서 $[RSO_3{}^{-}H^{+}] \gg [RSO_3{}^{-}M^{+}]$이고, $[H^{+}]_{aq} \gg [M^{+}]_{aq}$ 이면 식 (18－7)의 오른쪽 항은 거의 일정하므로 다음과 같다.

$$ \frac{[\mathrm{RSO_3^{-}M^{+}}]_s}{[\mathrm{M^{+}}]} = K = \frac{C_S}{C_M} \qquad (18-8) $$

K는 분배계수에 상당하는 상수이다. 식 (18－6)에서 K_{ex}값이 크면 정지상의 이온교환수지는 M^+을 머물게 하고 K_{ex}값이 작으면 M^+은 이동상에 머문다. 이와 같은 실험의 결과에 의해 이온교환수지에 대한 정전기적 결합력은 첫째, 4가＞3가＞2가＞1가이고, 둘째 이온이 클수록 결합이 크고, 셋째 설폰산 양이온 교환수지에 대한 K_{ex}값은 +1가의 경우에 $Tl^+ > Ag^+ > Cs^+ > Rb^+ > K^+ > NH_4^+ > Na^+ > H^+ > Li^+$ 이고, +2가의 경우에 $Ba^{2+} > Pb^{2+} > Se^{2+} > Ca^{2+} > Ni^{2+} > Cd^{2+} > Lu^{2+} > Co^{2+} > Zn^{2+} > Mg^{2+} > UO_2^{2+}$이다. 넷째, 음이온의 K_{ex}값은 $SO_4^{2-} > C_2O_4^{2-} > I^- > NO_3^- > Br^- > Cl^- > HClO_2^- > CH_3CO_2^- > F^-$이다.

18.5.2 IEC의 이온교환충진제

이온교환수지는 폴리스타이렌(polystyrene)과 다이바이닐벤젠(dinvinylbenzene)으로 구성으로 있다. 이 수지는 교차결합(cross-linkage)이 많을수록 벤젠고리에 결합된 이온교환 작용기(그림 18－13에서 $-SO_3^-H^+$)들이 많으므로 단위 무제(gr)당 이온교환 능력이 크다. 이온교환 능력이 클수록 많은 이온을 교환할 수 있다. 즉, 이온교환수지를 조금 사용해도 많은 이온을 흡착할 수 있다.

이온교환수지의 충진제 입자는 그림 18－14(c)처럼 미세구멍을 가지고 있으므로 수지의 입자표면뿐만 아니라 미세구멍을 통해 느리게 확산하면서 이온교환하므로 용리속도를 빠르게 조절할 수 없다. 그래서 새로운 두 가지 종류의 표피형 이온교환수지를 그림 18－14(a)(b)처럼 개발하였다. 첫째의 종류는 폴리머계이다. 폴리머계는

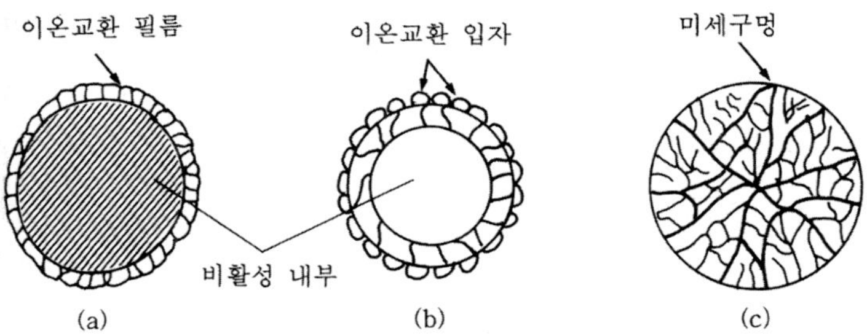

그림 18－14 ▸ 이온교환수지. (a) 표피형 이온교환 필름, (b) 이온교환 입자로 도포된 다공성 표면수지, (c) 미세구멍을 갖는 수지입자

polystyrene divinylbenzene과 HEMA(hydoxylmethacrylate)의 두 가지를 바탕입자 물질로 이용한다. 두 번째 종류는 실리카 입자를 바탕입자 물질로 이용한다. 이러한 바탕입자 위에 이온교환수지를 도포하여 그림 18－14(a)(b)처럼 만든다. 폴리머 바탕입자 충진제는 pH 12~13에서 안정하고 평형도달에 오랜 시간이 걸린다. 그 대신에 실리카 바탕입자 충진제는 pH 2~5.5에서 안정하고 평형 빠르게 도달하지만 플루오린이온과 반응하여 녹아나는 결점이 있다. 그 중에서 폴리머 종류는 30~40μm 크기이고, 미세구멍이 없는 구형 고분자의 입자 표면에 이온교환수지를 입혔다. 둘째의 종류는 다공성 실리카 입자에 이온교환수지를 입힌 것이다. 두 가지의 종류는 모두 이온의 확산속도가 빠르므로 빠르게 분리할 수 있는 장점 대신에 이온교환 능력은 작다.

18.5.3 기기장치

IC의 기기장치는 그림 18－6과 같고, 그림 18－15처럼 분리관 앞의 펌프→예비포화관→보호관→분리관→검출의 대신에 펌프→억압관→분리관→검출기 부분이 다를 뿐이다. 억압관(suppressor column)은 전기전도도 검출기를 이용할 때 용리액의 전기전도도를 증가하려고 반응이 일어나는 장소이다. 억압관은 제2의 이온교환수지를 충진한 관이고, 분리관에서 나온 이동상과 분석이온은 다음과 같이 반응한다. 용리액은 중성분자로, 그리고 분석물질은 산 또는 염기로 변하여 용액의 전기전도도를 증가한다. 중성분자는 전기전도도에 기여하지 않는다.

용리액 : $NaOH + RSO_3^-H^+ \rightarrow RSO_3^-Na^+ + H_2O$

시　료 : $K^+Cl^- \cdot K^+NO_3^- + RSO_3^-H^+ \rightarrow RSO_3^-K^+ + HCl + HNI_3$

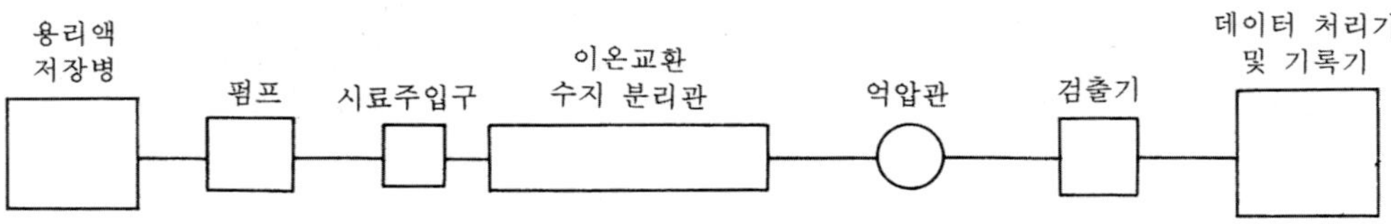

그림 18－15 ▸ 이온교환 크로마토그래프

억압관을 이용하지 않을 때는 전자장치를 이용하여 일정하게 바탕선을 억압(유지)한다.

검출기는 전기전도도 검출기를 주로 이용하고 그 밖에 UV/VIS 검출기와 전기화학적 검출기를 이용한다. 전기전도도 검출기는 2개를 함께 이용한다. 1개는 이동상의 전기전도도 A를 측정하고 또 1개의 검출기는 분석용액의 전기전도도 B를 측정한 다음 B에서 A를 뺀 값이 전기신호로 나타난다. 전기전도도 검출기는 이온교환 용량이 작은 이온교환수지 분리관에 이용하고 용액의 전기전도 능력을 측정할 때 이용한다. 용액의 전기전도도는 이온농도와 각 이온의 고유이동도에 비례한다.

최근에는 이온교환막처럼 거동하는 섬유막 억제제를 개발했다. Sulfonated polyethylene으로 만든 섬유관을 통해 이동상과 분리된 시료이온을 통과시켜 억제관과 똑같은 반응을 일으킨다. 억제관을 사용하지 않는 또 한 가지의 방법이 개발되었다. 이 방법은 시료이온과 이동상 간의 적은 전도도 차이를 검출하여 증폭하다. 이때는 이온교환 용량이 작은 교환체를 사용하고 작은 당량 전도도를 갖는 용리액을 사용한다.

UV/VIS 검출기는 억압관이 필요없고 모양은 이미 설명한 그림 18－8과 같다. 가시선을 흡수하지 않는 금속이온은 분리관 다음에 설치한 반응관에서 PAR[4－(2－pyridazoresorcinol)]을 금속이온과 반응시켜 가시광 흡수 화학종으로 변화시켜 검출한다. 전기화학적 검출기는 용액에 2개 전극을 담그고 전위를 걸어준 다음 전극 표면에 일어나는 촉매산화/환원반응을 측정하는 방법을 이용한다.

18.5.4 IC의 응용

이온교환 크로마토그래피법에 사용하는 이동상은 다른 LC법처럼 첫째 시료를 녹여야 하고, 둘째 알맞은 머무른 시간을 가져야 하고, 셋째 적당한 용매세기를 가져야 하고, 넷째 용질과 상호작용할 때 선택성을 가져야 한다. 이온교환 크로마토그래피법의 이동상은 수용액이 좋고 메탄올 또는 물과 섞일 수 있는 유기용매를 사용할 수 있다. 이러한 용매는 pH 완충제를 포함하는 경우도 있다. 그리고 용매세기와 선택성은 이동상에 첨가하는 물질의 종류와 농도에 의해 결정된다. 일반적으로 이동상의 이온은 이온교환수지에 결합한 분석이온과 경쟁적으로 반응하여 분석이온이 용리한다.

IC를 이용하여 무기물 음이온 분리할 때는 p－hydrozybenzoic acid, phthalic acid 등의 용액을 이동상으로 사용한다. 무기물 양이온은 1가의 경우에 질산, 그리고 2가

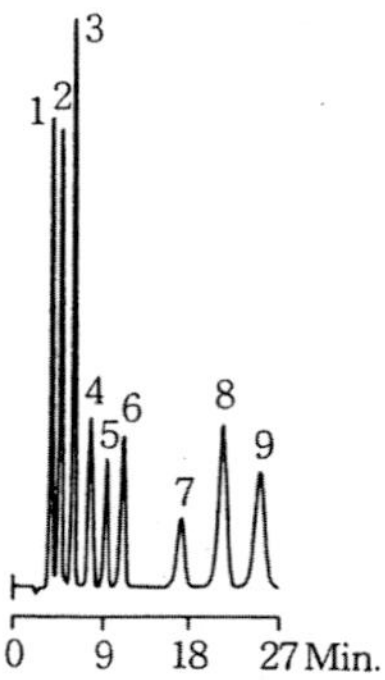

1. Fluoride
2. Formate
3. Chloride
4. Nitrite
5. Bromide
6. Nitrate
7. Phosphahte
8. Sulfate
9. Oxalate

Column :	Universal Anion 300, 10 μm, 150×4.6 mm
Mobile Phase :	1.7 mM $NaHCO_3$, 1.8 mM Na_2CO_3
Flowrate :	1.0 mL/min
Detector :	Suppressed Conductivity

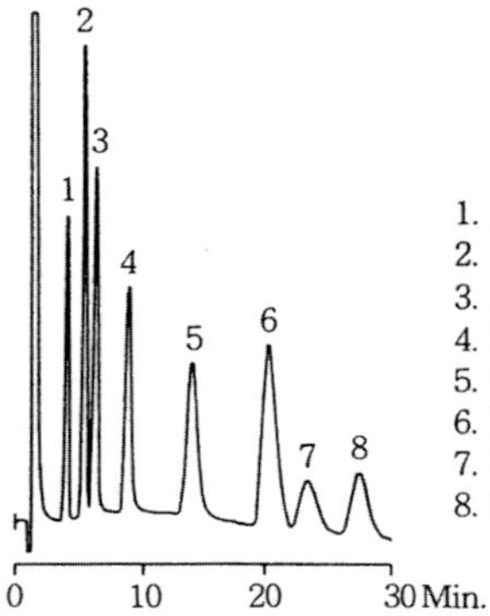

1. Lithium(0.3 ppm)
2. Sodium(2.07 ppm)
3. Ammonium(2.07 ppm)
4. Postassium(4.1 ppm)
5. Trimethyl Tin(20 ppm)
6. Magnesium(2 ppm)
7. Iron(2+)(10 ppm)
8. Calcium(2 ppm)

Column :	Universal Cation, 10 μm, 100×4.6 mm
Mobile Phase :	15mM Citric acid
Flowrate :	0.8 mL/min
Detector :	Conductivity

그림 18－16 ▸ 이온교환 크로마토그래피법에 의한 음이온과 양이온이 분리(동명과학 제공)

의 경우에 ethylenediamine을 사용하고 소수성 양이온은 triethanolamine을 이용한다. 전이금속은 citric acid, phenylenediamine을 이용하고 또 한편으로는 HPLC법으로 C_{18}을 이용하여 분리할 수 있다.

계면활성제는 C_8이나 C_{18} 분리관을 이용하고, 아세트산 암모늄이 첨가된 메탄올 혹은 아세트나이트릴 이동상을 이용하여 분리한다. 란탄족은 타르타르산의 이동상을 이용한다. IC 분석의 장점은 첫째 분석 시간이 짧고, 둘째 한 번에 다성분을 분리 가능하고, 셋째 특히 음이온에 감도가 좋고, 넷째 경제적이다. IC를 이용한 무기이온의 분석예는 그림 18－16과 같다.

18.6 크기－배제 크로마토그래피법

크기－배제(size exclusion) 크로마토그래피법(SEC)은 겔여과(gel filter) 크로마토그래피(GFC) 또는 겔투과(gel permeation) 크로마토그래피법(GPC)이라고도 부른다.

18.6.1 원리

크기－배제 크로마토그래피법(SEC)은 시료성분의 이온 또는 분자의 크기와 모양에 따라 분리하는 방법이다. 분리관은 10μm 이하의 균일한 다공성 실리카 또는 폴리머 입자를 충진제의 사용한다. 그림 18－17처럼 시료의 분자크기들이 충진제의 구멍보다 크면 머무는 시간 없이 입자 사이를 통해 빠르게 용출되고 충진제의 구멍보다 작으면 충진제 입자의 구멍에 갇혀 충진제에 머무는 시간이 늦게 용출된다. 용출되는 시료는 분자크기별로 분별되어 나타나므로 고분자 물질은 상대적 평균 분자량 분포를 알 수 있다. 그 밖에도 폐식용유처럼 사용시간에 따른 종합체 상대적 분자량 polystyrene 중합체 분자량도 알 수 있다(그림 18－18). 여기에서 상대적 평균 분자량이라는 의미는 표준물과 비교한 상대적 의미를 갖는다. 빛산란분광계(light scattering spectrophotometer)를 이용하여 Zimm plot법으로 분자량을 측정한 값은 절대 분자량이라 한다.

분리량을 측정할 때에는 같은 화학종으로서 분자크기를 알고 있는 표준물을 이용한 용리곡선과 비교한다. 예를 들면 그림 18－19처럼 nylon 시료를 용리하여 분자크기를 비교하는 방법이다.

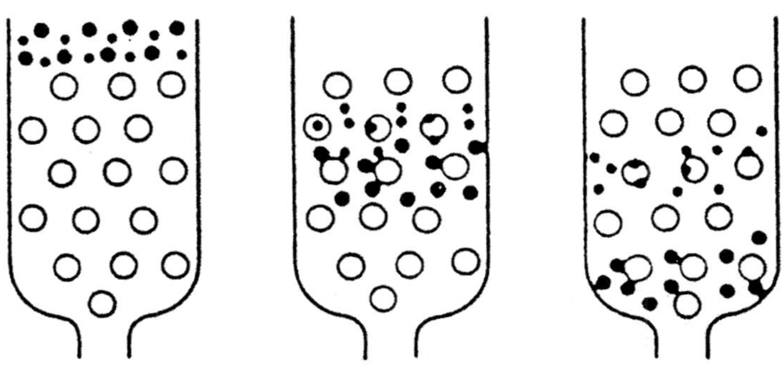

그림 18－17 ▸ 크기-배제 분리관을 통한 분자크기의 분리

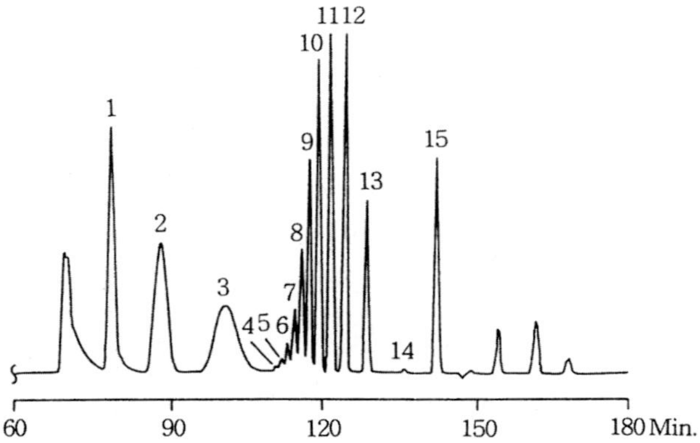

1. 50,000
2. 10,100
3. 2800
4. 1250
5. 1146
6. 1042
7. 938
8. 834
9. 730
10. 626
11. 522
12. 418
13. 314
14. 208
15. 120

Column :	Jordi Gel DVB, 500 Å, 500×10 mm(6)
Mobile Phase :	Chloroform
Flowrate :	1.5 mL/min
Temp :	50℃
Detector :	RI

(a)

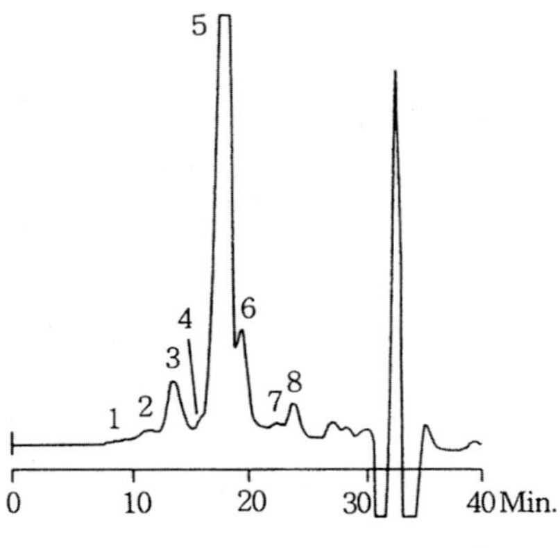

1. Polymerized
2. Polymerized
3. Triglycerides
4. MW 1800-3000
5. Triglycerides MW 930
6. Diglycerides MW 620
7. Monoglycerides MW 400
8. Free Fatty Acides MW 300

Column :	Jordi Gel DVB, 10^3 Å, 500 Å, 500×10 mm(2)
Mobile Phase :	THF
Flowrate :	2.0 mL/min
Temp :	40℃
Detector :	UV at 254 nm

(b)

그림 18-18 ▸ 크기-배제 크로마토그램. (a) polystyrene의 분자량 분포, (b) 폐식용유 성분

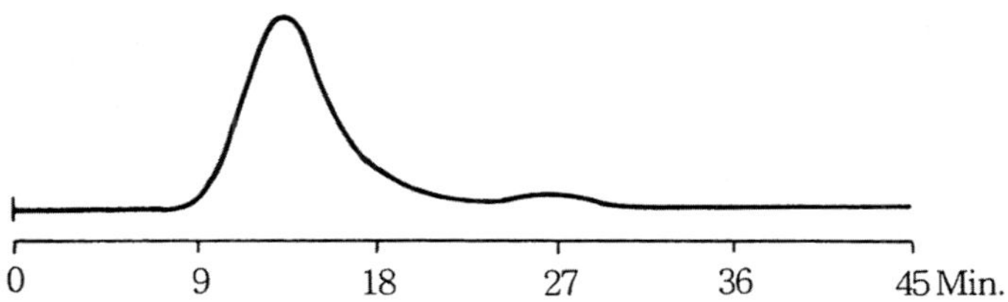

Column :	Jordi Gel DVB Mixed-Bed Liener, 250×10 mm
Mobile Phase :	HFIP and 0.01 N NaTFA
Flowrate :	0.6 mL/min
Temp :	40℃
Detector :	RI

그림 18-19 ▸ Nylon의 크기-배제 크로마토그램

18.6.2 분리관 충진제

SEC법의 분리관 충진제는 유기물 젤과 무기물 실리카젤의 두 가지 입자를 사용한다. 그 중에서 실리카젤은 단단해서 충진하기 쉽고 물과 유기용매를 용리액으로 모두 사용할 수 있고, 평형상태에 빠르게 도달하고 높은 온도에서도 사용할 수 있는 장점이 있다. 단점은 용질을 흡착하여 너무 오랫동안 머물게 하고(SEC법은 흡착이 아니고 구멍의 투과속도를 이용한다), 입자의 붕괴를 유발하는 단점이 있다.

SEC법 충진제의 화학적 구조는 그림 18-13과 같고, 다른 점은 작용기만 없다. 충진제의 구멍크기는 교차결합(cross-linkage)의 정도와 다이바이닐벤젠의 상대적 양에 따라 결정된다. 본래의 polystryrene divinylbezene(DVB)젤은 소수성이지만 셀폰화 혹은 아마이드계를 반응시켜 친수성으로 만들어 사용한다.

실리카젤이나 유리입자는 40~2,500 Å의 구멍크기를 갖는다. 시료의 흡착을 줄이기 위해 다음과 같이 유기물을 입자표면에 반응시켜 사용한다.

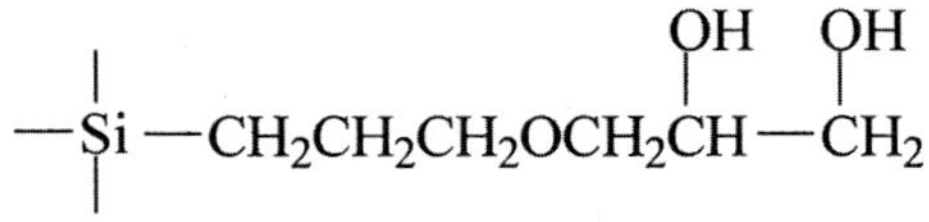

시중에는 여러 가지 재질로 만든 여러 가지 구멍크기의 젤을 시판하고 있으며 용도

에 따라 구멍크기를 선택하여 사용한다.

18.6.3 SEC법의 응용

SEC법은 GFC와 GPC법으로 분류할 수 있다. GFC법은 수용성 용매와 친수성 충진제를 사용하여 물에 녹는 시료의 분리에 이용한다. GPC법은 비극성 유기용매와 소수성 충진제를 사용하여 약한 극성 용매에 녹는 시료의 분리에 이용한다.

SEC법의 장점은, 첫째 짧은 시간 내에 정확한 분리, 둘째 감도 좋은 좁은 분리띠, 셋째 정지상과 반응하지 않으므로 시료의 수율이 크다. 넷째, 충진제와 용질의 상호작용에 의한 비활성화는 없다. 단점은 첫째, 용리시간이 짧기 때문에 용출되는 물질은 분리하여 회수되지 않으며 충진제를 버리는 경우도 있다. 둘째, 이성질체는 분리되지 않는다.

SEC법은 시료 중 분자량의 분포, 큰 중합체에서 소중합체의 분리, 곡식 중 전분을 분자량 크기별로 분리, 고기 중 단백질의 분자량 크기별로 분리 등에 이용한다. 특히 전분의 분자량별 분리는 맛의 영향비교에 중요하다. 그리고 단백질의 분자량 크기별 분리는 소화흡수 정도를 측정하는 기본자료를 제공할 것으로 믿는다.

분리관 충진제로 이용하는 몇 가지는 실리카와 DVB 폴리머의 입자에 친수성 폴리머를 도포하여 제조한다. 구멍크기, 구멍 속에 들어오는 단백질의 가장 낮은 분자량[투과한계(permeation limit)라고 한다], 구멍에서 머무름 없이 배제(exclusion)되는 단백질의 분자량[배제한계(exclusion limit)라고 한다]은 표 18－4와 같다.

표 18-4 ▸ 몇 가지 충진제의 단백질 분자량에 대한 흡착과 배제한계

	구멍크기	투과한계	배제한계		구멍크기	투과한계
Macrospere	60 Å	250	28,000	Styragel	40 Å	1,600
(silica base)	100 Å	2500	230,000	(DVB base)	100 Å	4,000
	150 Å	4000	500,000		400 Å	16,000
	300 Å	7500	1,200,000		1,000 Å	40,000
	500 Å	20,000	7,500,000		5,000 Å	200,000
	1,000 Å	30,000	25,000,000		10,000 Å	40,000
Ultra spherogel	145 Å	1~250			30,000 Å	1,200,000
(silica base)	245 Å	5~700			100,000 Å	4,000,000
Sordi	345 Å	10~2,000			300,000 Å	12,000,000
(DVB base)	100 Å	〈 100~5,000			500,000 Å	20,000,000
	500 Å	〈 100~10,000			1,000,000 Å	40,000,000
	10^3 Å	〈 100~25,000				
	10^4 Å	100~2,000,000				
	10^5 Å	10,000~10,000,000				

18.7 실험

18.7.1 HPLC에 의한 음료수 중 카페인정량

HPLC는 자외선 검출기(254nm)와 역상 C_{18} 분리관을 이용한다. 시약은 표준시약용 카페인, 메탄올-물(20 : 80% V/V), 커피, 홍차, 코카콜라, 펩시콜라 들이 필요하다.

방법

A. 카페인 표준물

1. 깨끗한 5개 부피플라스크(10mL)에 카페인 2.5mg, 5.0mg, 7.5mg, 12.5mg씩 달아 넣는다.
2. 메탄올-물(20 : 80%) 혼합용액으로 눈금까지 묽히여 pH 3.50으로 조절한다. 이것은 이동상으로 사용하는 용매와 같다.

3. 카페인을 흔들어 녹이고 크로마토그래프에 주입하기 전에 5분간 탈기(degas)한다.
4. 펌프를 가동하고 검출한다. 펌프 유속은 2.3mL/min이고, 검출기 감도는 0.08 AUFS(Absorbance Unit Full Scale)에 놓는다. 표준물을 주입하기 전에 이동상(메탄올 : 물＝20 : 80%)을 5~10분 통과한다.
5. 주사기를 사용하여 표준물 25mL(작은 부피일수록 좋다)를 주입한다.
6. 주입부분을 LOAD로부터 INJECT로 돌림과 동시에 검출기의 MARKER 스위치를 넣는다. 기록계 바늘이 흔들릴 것이다. 다음에 시료를 주입한다.
7. 카페인 봉우리를 기록하고 검출 가능한 최소부피의 시료량을 주입하고 3~6단계를 되풀이한다.
8. 진한 시료를 이용하여 세 번 크로마토그램을 얻을 때까지 5~7단계를 되풀이한다.
9. 표준물을 세 번씩 사용하여 3~8단계를 계속하되 농도를 단계적으로 진한 것을 사용하라.

t_R은 혼합물 크로마토그램에서 물질의 존재유무를 점성적으로 분석할 때 이용할 수 있다. 크로마토그램을 그릴 때마다 MARKER로부터 최대봉우리까지 거리를 측정하라. 이 거리는 기록계가 일정한 속도로 이동하므로 머무름시간(retention time)과 관련있다.

봉우리 면적은 농도에 비례한다. 봉우리 면적은 적분기로 적분한다. 카페인 표준물의 농도, 머무름시간, 봉우리 면적을 표로 만들어라. 머무름시간과 봉우리 면적의 평균값과 표준편차를 구하라. 표준시료의 봉우리 면적과 농도를 이용하여 검정선을 작성하라.

B. 카페인과 홍차 중 카페인

2개 부피플라스크(20mL)에 각기 커피 추출액 2mL, 홍차 추출액 4mL를 넣고 메탄올－물(20 : 80%) 용액으로 눈금까지 묽히고 pH 3.50 되게 조절한다. 방법 A의 5~9단계에 따라 커피와 홍차 시료용액을 각기 세 번씩 크로마토그램을 기록하라.

커피와 홍차 시료에서 나타나는 카페인 크로마토그램의 평균 머무름시간을 측정하고 평균봉우리 면적을 적분하라. 검정선으로부터 커피와 홍차 중 카페인 농도를 mg/mL 단위로 계산하라.

C. 콜라음료 중 카페인

작은 비커에 Pepsicola 10~15mL를 취한 다음 다른 깨끗한 비커에 옮겨 붓는다. 콜라용액의 거품이 없어질 때까지 2개 비커 사이를 옮겨가면서 붓는다. 코카콜라도 같은 방법으로 탄산을 제거한다.

2개 부피플라스크(20mL)에 각기 Pepsi와 Coca cola 용액을 8mL씩 취하여 넣고 메탄올－물(20 : 80%) 용액으로 눈금까지 묽히고 pH 3.50 되게 묽힌다. 방법 A의 5~9단계에 따라 크로마토그램을 그린 다음 용리액 50mL로 분리관을 씻는다.

방법 B와 같은 방법으로 Pepsicola와 Coca cola 중 카페인 농도를 측정하라.

문제

1. 카페인을 정량 할 때 C_{18} 분리관을 사용하는 이유를 설명하라.
2. 봉우리 면적과 농우리 높이를 이용하여 카페인을 정량할 수 있는가? 설명하라.

18.7.2 크기－배제(혹은 젤) 크로마토그래피법에 의한 헤모글로빈 분리

방법

소량의 유리솜을 뷰렛(50mL) 바닥에 놓고 sephadex 분말 받침대로 이용한다. 뷰렛코크를 닫고 25mL까지 완충용액(0.5M NaCl+0.1M $NaCl_2$ H_3O_2, pH 6)을 붓는다. Sephadex G－75(완충액 100mL마다 sephadex G－75 15g 함유) 용액을 저으면서 빠르게 뷰렛 윗부분까지 붓는다. 뷰렛코크를 열고 용액을 빼낸다. 다시 sephadex G－25 용액을 붓고 28mL 눈금까지 충진한다. 다시 sephadex G－25 용액(완충액 100mL마다 sephadex G－25 15g 함유)을 sephadex G－75 충진층 위에 1cm 두께로 충진한다.

이 1cm 층은 시료를 가할 때 G－75 층이 흩어지는 것을 방지한다.

주의사항 : 분리관은 절대 건조상태로 두지 말아야 한다. 항상 완충액층이 분리관

위에 남아 있어야 한다. 완충액은 젤 위층에 닿을 때까지 내려주되 절대 완충액이 위층 밑으로 내려가서 공기층이 젤층에 들어가게 액층을 내리지 말라. 공기층이 젤층에 생기면 다시 G－75와 G－25를 충진하라. 왜냐하면 공기층은 용리액이 통과하지 않기 때문이다.

G－25층 위의 완충액은 가능하면 모두 제거한다. 헤모글로빈용액(1g/100mL 완충액) 1mL를 정확히 취하여 G－25 층 위를 휘젓지 않고 천천히 주입한다. 액체는 느리게 흘러내려 실린더에 받는다. 완충액을 소량 G－25 층 위를 휘젓지 않고 천천히 주입하고, 층위의 액체를 코크를 열고 흘러내려 실린더에 받는다. 이 조작을 두 번 되풀이한다. 뷰렛에 완충액을 넣고 붉은색 용출 1mL씩 용리액을 시험관에 받는다. 20개 시험관이 필요할 것이다.

미오글로빈 용액(1g/100mL 완충액)과 Dextran blue 2000 용액(3g/100mL 완충액) 1 : 1 혼합용액 1mL를 취하여 위의 헤모글로빈 용리와 같은 방법으로 용리한다. 15개 시험관이 필요할 것이다.

각 용출액을 받은 시험관을 백색종이를 배경으로 일렬로 세워놓고 가장 진한 색의 시험관 위치를 결정한다. 그 시험관이 몇 mL 용출액인가를 계산하라.

Dextran blue 2000은 분자량이 2×10^6dalton이고 G－75는 50,000dalton 이상 분자량 물질을 배제한다. 그러므로 이 분리관에 있는 Dextran blue 2000의 겉보기 분자량은 50,000dalton 이상이다.

분리관에 있는 G－75 젤의 전체부피에 유의하라. 이 부피는 V_0+V_g이다. V_0는 분배하지 않는 물질을 용출하는 부피 V_g는 젤상의 부피이다. 이때 용피부피(V_e)= $V_0+K\times V_g$이다. K는 분배계수이다. 용리시간=이동상 시간+젤상 시간이다. 그러므로

$$V_e = V_0 + KV_g$$

$$K = \frac{V_g + V_0}{V_g}$$

$$V_g = \text{젤의 전체부피}(V_{tot}) - V_0$$

분리관 청소 : 마지막 시료를 용리하면 피펫으로 G－25 층을 제거한다. 소량의 완충액을 뷰렛 위에 넣고 Parafilm으로 덮고 수평으로 흔든다. Parafilm

을 제거 후 용액을 비커에 받는다. 다시 씻어 G-75는 함께 모으고 유리솜을 제거한다. G-75는 완충액으로 깨끗하게 씻어 보관한다.

G-25도 같은 방법으로 씻어 보관한다. 헤모글로빈과 미오그로빈의 분배계수를 계산하라.

18.7.3 이온교환에 의한 철-코발트 분리

방법

Dowex×8(50~100mesh)을 4*M* HCl에 30분 이상 담궈 팽창시킨 다음 유리솜으로 밑을 막은 짧은 유리관에 10cm 높이로 충진한다. 4*M* HCl이 이온교환수지 상단에 겨우 잠기게 조절하라. 절대로 4*M* HCl 용액 표면이 수지층 밑으로 내려가서 수지층에 공기가 들어가지 않게 조심하라. 1.0mg Fe/mL와 3.0mg Co/mL 용액을 같은 양으로 섞은 혼합용액 1mL를 취하여 수지층 상단에 흡착한다.

철과 코발트는 $FeCl_3 \cdot 6H_2O$와 $CoCl_2 \cdot 6H_2O$를 4*M* HCl에 녹여 만든다. 건조한 이온교환수지를 분리관에 직접 충진하고 4*M* HCl에 녹여 만든다. 건조한 이온교환수지를 분리관에 직접 충진하고 4*M* HCl을 넣으면 수지가 팽창하여 유리관이 깨질 염려가 있다.

4*M* HCl을 소량씩 수지층 상단에 넣고 철과 코발트를 수지층에 흡착한다. 4*M* HCl을 소량씩 넣을 때 수지 상단층이 흐트러지지 않게 유리솜을 덮어 놓는 것이 좋다. 4*M* HCl을 용리액으로 사용하여 부피플라스크에 30mL를 받는다. 이때 코발트이온이 용출된다. 남은 4*M* HCl은 수지층 위쪽으로 제거하고 대신에 증류수를 넣고 부피플라스크(100mL)에 28mL를 받는다. 이때 철이 용출된다.

철 용액에 5% hydroxylamine 4mL 10% 아세트산소듐 용액 100mL를 넣고 흔든 다음 0.03% *o*-phenanthroline 4mL를 넣고 눈금까지 물로 묽혀 흡광도를 500nm에서 측정하여 철을 정량한다. 코발트 용액은 아세톤 50% NH_4SCN을 3 : 1로 섞인 용액으로 눈금까지 묽혀 발색한 다음 620nm에서 흡광도를 측정하여 코발트를 정량한다.

연습문제

[18.1] HPLC의 장치를 설명하라.

[18.2] 역상 HPLC와 정상 HPLC는 어떻게 다른가?

[18.3] GC와 HPLC의 장점과 단점을 비교하라.

[18.4] 분배 크로마토그래피법의 충진제를 설명하라.

[18.5] 흡착 크로마토그래피법의 용매선택을 설명하라.

[18.6] 이온교환 크로마토그래피법과 크기-배제 크로마토그래피법을 비교 설명하라.

[18.7] 다음 문헌을 읽고 예비 포화관을 설명하라.
J. G. Atwood et al., *J. Chromatogr.,* 1979, 171, 109 ; A. Wehril et al., *ibid.,* 1978, 149, 199.

[18.8] 다음 문헌을 읽고 극성지표를 설명하라.
L. R. Synder, *J. Chromatogr. Sci.,* 1978, 16, 223.

[18.9] 역상 분리관에서 어떤 질의 머무른 시간이 31.3분이고, 머물지 않은 화학종은 methanol : H_2O=30 : 70%(v/v)을 사용할 때 0.48분 걸려 용리되었다. (a) C와 (b) C=5의 경우에 해당하는 물/메탄올의 조성을 계산하라.

[18.10] 연습문제 (8)의 문헌과 L. R. Synder, *J. Amer. Lab.,* 1981, 13(10), 113 ; J. L. Glagch et al., *J. Chromatogr. Sci.,* 1980, 199, 57의 문헌을 읽고 서로 어떤 점이 다른가를 설명하라.

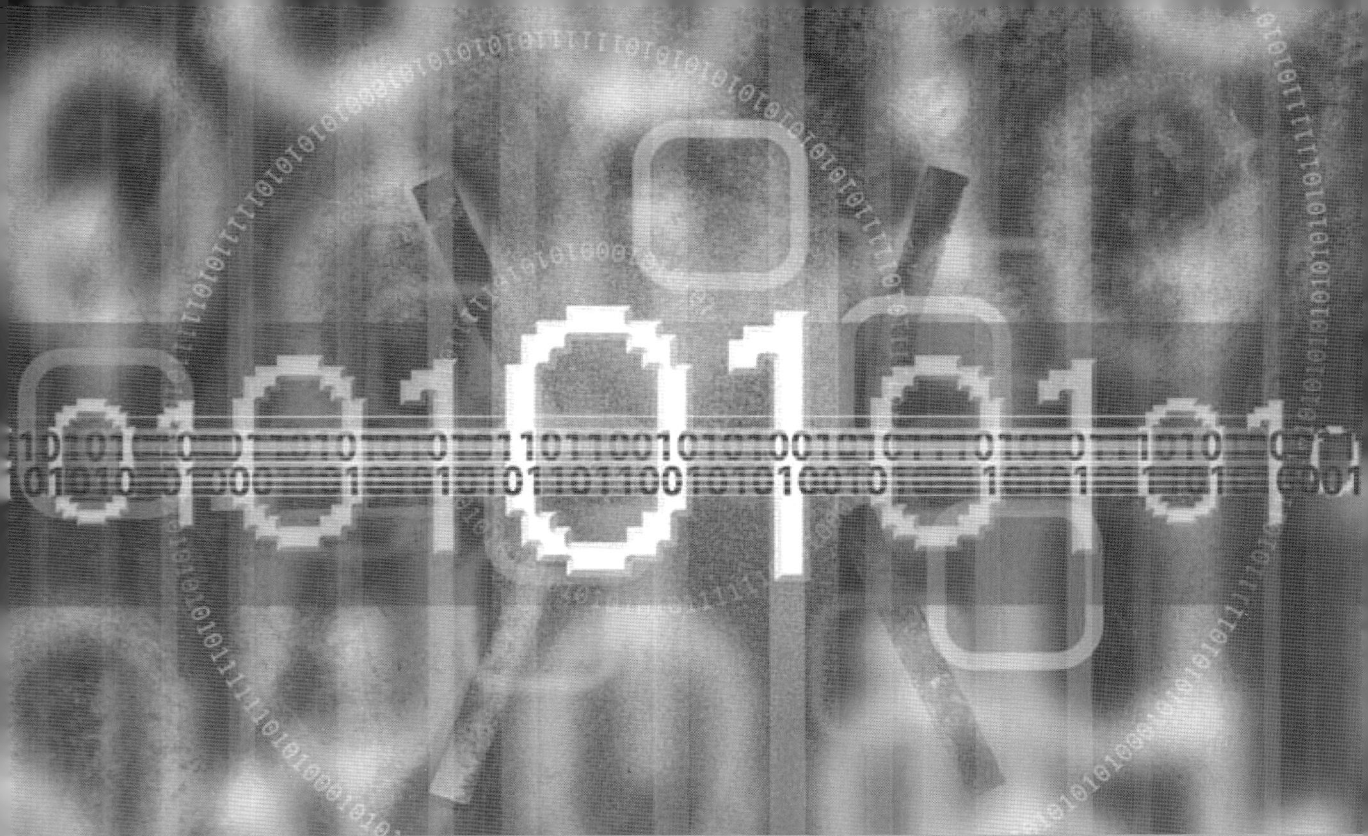

제19장 그 밖의 여러 가지 크로마토그래피법

19장에서는 초임계 유체 크로마토그래피법(supercritical fluid chromatography, SFC), 모세관 구역 전기이동법(capillary zone electrophoresis, CZE), 얇은층 크로마토그래피법(thin-layer chromatography, TLC), 종이 크로마토그래피법(paper chromatography, PC)을 다루겠다.

19.1 초임계 크로마토그래피법

SFC는 GC와 LC의 장점만 각기 선택하여 혼합한 크로마토그래피법이다. 이 방법엔 최근에(1985) 몇 가지 기기를 제작하기 시작하였지만 빠른 속도로 발전하고 있다. SFC는 GC와 LC에서 취급하지 못하는 화합물들을 취급할 수 있다. 예를 들면 첫째 GC법을 적용할 수 없는 비휘발성 혹은 열적으로 불안정한 화합물과, 둘째 작용기 없는 화합물들에 적용할 수 있는 방법이다.

19.1.1 초임계 유체

한 물질의 임계온도(critical temperature)는 압력과 관계없이 증기상과 액상 간의 경계가 분명하게 나타날 때의 최고 온도이다. 그리고 임계온도의 증기압을 임계압력(critical pressure)이라고 한다. 임계압력과 임계온도[이것을 임계점(critical point)이라고 한다]에 존재하는 물질을 초임계 유체(supercritical fluid)라 하고 그림 19-1과 같다. 임계온도 이하의 액체는 그 액체의 증기보다 큰 밀도를 가지므로 확실하게 액상의 경계를 확인할 수 있다. 임계온도 이상에서는 압력을 높여도 액화되지 않는다. 그러나 임계온도 이상에서는 액상과 증기상의 경계가 없다. 초임계 유체의 성질은, 첫째 액체와 기체의 성질을 모두 갖고, 둘째 용매화 힘이 크고 용매화 힘은 초임계 유체의 밀도에 비례하고, 셋째 점도는 작고 분산력이 크다. 모든 화합물은 고유한 임계온도와 임계압력값을 갖는다. 몇 가지 기체와 액체 화합물의 특유한 값은 표 19-1과 같다.

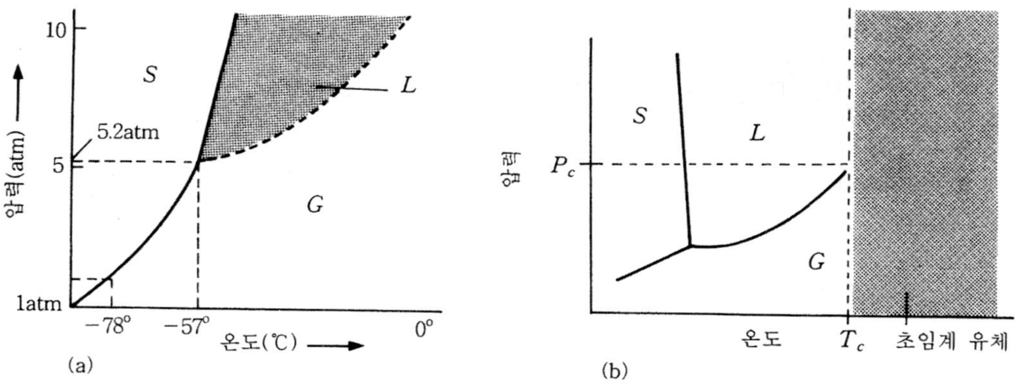

그림 19−1 ▸ (a) 이산화탄소의 상평형, (b) 임계점의 상평형과 초임계 위치(S : 고체, G : 기체, L : 액체, P_c : 임계점)

표 19−1에서 이산화탄소는 SFC에서 가장 많이 이동상으로 사용하고 그 밖에 일산화질소, 암모니아, n−뷰테인도 사용한다. 왜냐하면 이들은 임계점에서 비중이 크고(0.2~0.5/cm^3) 비휘발성 분자를 녹일 수 있는 능력이 크기 때문이다. 참고자료로서 정상상태 기체(STP 0℃, 1기압에서), 초임계 액체, 정상상태 액체의 비중은 각기

표 19−1 ▸ 몇 가지 화합물의 임계온도와 압력

화합물	임계온도(℃)	임계압력(atm)
메테인(CH_4)	−82	45.8
에테인(C_2H_4)	32.2	48.2
n−프로페인(C_3H_6)	96.8	42.0
벤젠(C_6H_6)	288.9	48.6
암모니아(NH_3)	132.5	112.5
이산화탄소(CO_2)	31	72.9
물(H_2O)	374.1	217.7
헬륨(He)	−267.8	2.3
일산화질소(N_2O)	36.5	112.5
n−뷰테인(C_4H_{10})	152	37.5
펜테인(C_5H_{12})	196.6	33.3
에탄올	243.4	63.0
SF_6	45.5	37.1

$(0.6\sim2)\times10^{-3}$, 0.2~0.5, 0.6~2 범위이다. 예를 들어 임계 이산화탄소는 탄소수 5~30의 n − alkane, 탄소수 4~16의 알킬 작용기를 함유한 di−phthalate, 몇 개의 고리를 갖는 방향족 탄수화물을 녹일 수 있다. 이러한 초임계 유체의 용해도 성질은 공업적으로도 중요하게 이용한다. 예를 들면 커피콩에서 카페인을 추출하여 카페인 없는 커피제조, 담배에서 니코틴 추출, 식물에서 향료성분 추출 등에 이용할 수 있다. 초임계 유체는 용매화 힘이 크고 점도가 작고 환원제 유기용매이고, 열에 불안정한 물질의 추출에 적당한 용매이므로 공업적으로 추출에 좋은 용매이다.

19.1.2 SFC의 기기장치

SFC의 기기는 그림 19−2와 같다. 기기의 구조는 보통의 HPLC와 같고 두 가지 장치만 다르다. 첫째, GC에 사용한 분리관 온도조절 장치는 SFC의 이동상 항온을 조절할 때 더 정밀하여야 한다. 둘째, 초임계 유체 용리액을 기체상태로 변환시켜 검출기에 보낼 때 압력을 필요한 만큼 유지해야 한다. 이때 back-pressure 장치 혹은 restrictor를 필요로 한다. Restrictor는 굵은관(50 혹은 100μm)에 2~10cm의 좁은관(5~10μm)을 연결하여 펌프압력을 조절하는 관이다.

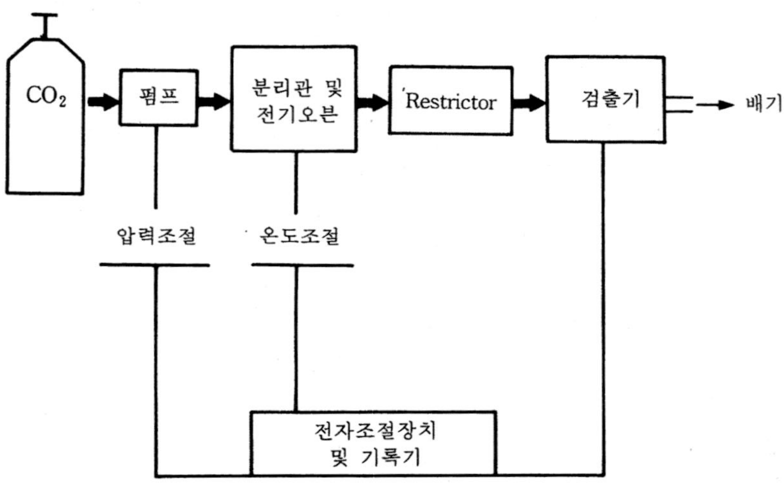

그림 19−2 ▸ 초임계 유체 크로마토그래프

시료주입펌프의 압력 증가는 이동상의 비중을 증가하는 효과도 있다. 비중의 증가는 이동상의 용매세기를 증가하여 용리시간이 짧아진다. 예를 들어 이산화탄소의 압력을 70atm에서 90atm으로 증가하면 hexadecane의 용리시간이 25분에서 5분으로 감소한다. 이러한 결과 GC의 온도조절용리법과 LC의 용매교환용리법과 비슷한 효과이다. 또 한 가지의 용리법은 일정 압력용리(isobratic elution)하는 대신에 압력을 점차로 증가하는 선형 압력기울기 용리(linear pressure gradient eleution 혹은 asymptotic density program)하는 방법이다. 이 방법은 GC의 온도기울기 용리와 LC의 용매기울기 용리와 같다. 압력을 점차로 증가하면 빠르게 용리된다.

SFC의 정지상은, 첫째 이미 GC에서 설명한 여러 가지 결합상 혹은 siloxane 계열의 화합물을 분리관의 내부 표면에 0.05~1μm 두께로 흡착시켜 사용한다. 둘째, 분배 액체 크로마토그래피법과 비슷한 충진관을 SFC에서도 사용한다. 지름은 4.0~0.5mm이고, 충진제 임자는 3~4mm 정도를 사용한다. 이동상은 이산화탄소를 가장 많이 사용한다. 그 이유는 여러 가지 유기물 분자의 좋은 용매이고, 자외선을 흡수하지 않고 무색이고 독성이 없고, 쉽게 구할 수 있고, 값싸기 때문이다. 그리고 이산화탄소의 임계온도(31℃)와 임계압력(72.9atm, 1,070PSI)에서 HPLC의 기기장치를 변경시키지 않고 그대로 이용할 수 있다. 어떤 경우는 분석시료의 용해도를 증가하려고 1~5%의 메탄올, 아세톤, 헥산, 염화메틸렌을 첨가하여 사용한다. 그 밖에 에테인, 펜테인, 일산화질수(N_2O), 다이클로로다이플루 오로메테인(CCl_2F_2), 다이에틸에터, 암모니아, 테트라하이드로푸란(THF)도 사용한다. 검출기는 GC에서 사용하는 FID, 질량분광계, IR, UV, 형광, 열이온 등의 검출기를 이용한다.

19.1.3 SFC의 응용

SFC는 LC와 GC의 중간에 상당하는 분리방법이다. SFC는 분자량이 큰 화합물, 열적으로 불안정한 화합물, 상온에서 일반용매에 녹지 않는 화합물, 특히 고분자 폴리머, 생화학적으로 큰 분자, 자연생성물, 의약품, 식품, 살충제, 제초제, 계면활성제, 폴리머 첨가물, 연료, 폭발물 등의 분리에 이용할 수 있다. 참고자료로 GC, LC, SFC, SEC에 의해 분리할 수 있는 분자량[괄호 속의 숫자는 분자크기(μm)이다]를 비교해 보면 각기 10^3(0.001), 10^5(0.01). 10^5(0.01), 10^7(0.01) 정도이다.

19.2 모세관 전기이동법

모세관 전기이동법(capillary electrophoresis, CE)은 가끔 모세관 구역 전기이동법(capillary zone electrophoresis, CZE) 혹은 고성능 모세관 전기이동법(high-performance capillary electrophoresis, HPCE)이라고 부른다.

19.2.1 기기와 원리

모세관 전기이동법(electrophoresis)은 전기장 내에서 하전이온이나 콜로이드 화학종의 이동속도 차이를 이용하여 분리하는 방법이다. 전기장 내에서 전기이동은 용질의 전하에 비례하고 용질의 크기, 모양 및 용매의 점도에 영향받는 힘, 마찰, 지연인자에 역비례한다. 이온세기, pH 및 유전상수와 같은 용매성질도 용질의 유효전화와, 특히 큰 분자의 경우 모양과 유체역학적 크기에 영향을 주기 때문에 중요하다.

그림 19－3(a)와 같은 모세관 전기이동기기에서 완충용액은 모세분리관의 양쪽 끝이 담긴 두 개의 저장병에 들어 있고, 모세분리관은 완충용액으로 미리 채워져 있다. 모세분리관은 길이 50~100cm와 안지름 25~100μm의 실리카 분리관이고, 양쪽 끝은 막히지 않고 열려 있다. 두 개 완충용액에 각기 백금판 전극이 담겨 있고, 양쪽의 전극에 적당한 전압을 걸어준다. 시료는 10^{-9}L 정도의 부피를 ⊕전극 쪽의 모세분리관에 주입한다. 시료성분은 검출기를 거쳐 ⊖전극 쪽으로 이동한다. 검출기는 HPLC에 사용하는 검출기를 사용한다.

그림 19－3(a)와 같은 모세분리관을 이용하여 시료를 분리할 때 용매(완충용액)는 ⊕전극으로부터 ⊖전극으로 흐르고, 이때 전기삼투흐름(electroosmotic flow)이 일어난다. 전기삼투흐름이 일어나면 실리카 분리관 내부와 완충용액계면에서 그림 19－3(b)처럼 전기이중층이 생긴다. ⊕이온은 완충용액 중 양이온이 유리표면의 음전하 인력 때문에 끌려온 전하이다. 이러한 현상은 실험실의 용액저장병 내부표면에서 양이온의 흡착현상이 일어나는 것과 같은 원리이다(그러므로 미량분석용 금속 표준용액을 오래 보관하면 농도가 크게 변하므로 진한 용액으로 만든 다음 사용할 때 묽혀야

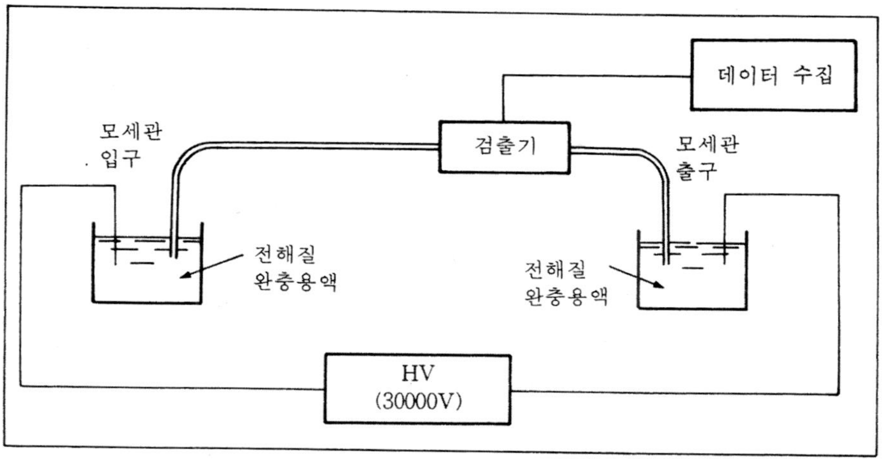

(a)

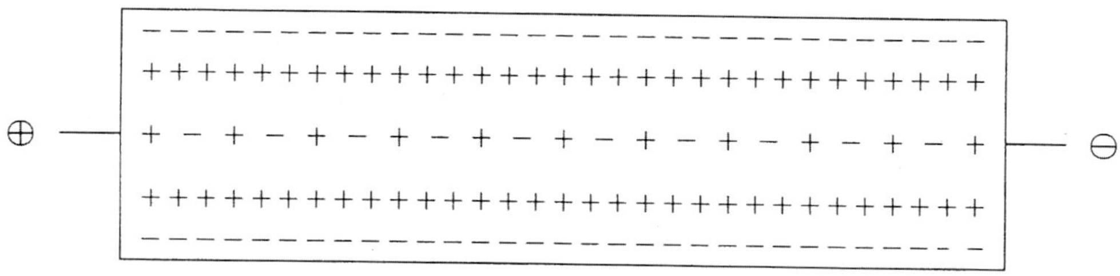

(b)

그림 19－3 ▸ (a) Beckman model 모세관 전기이동기기(동명과학 제공), (b) 모세관 전기이동기기의 모세분리관 내부전하 분포

한다). 분리관의 내부표면을 둘러싼 양이온이 ㊀전극 쪽으로 이끌려 이동하면서 용매분자를 이동시킨다. 이것을 전기삼투흐름이라 한다.

CE에서는 그림 19－4(a)처럼 수직단면으로 이동한다. 그러나 LC에서 펌프를 이용한 가압 이동은 포물선을 생성하므로[그림 19－4(b)] 용리봉우리의 꼬리를 나타낸다. 수직단면의 이동은 분리띠의 넓힘현상이 없기 때문에 시료들이 잘 분리된다. 모세분리관을 통한 양전하 화학종은 전기삼투흐름보다 빠르게 이동한다. 그 이유는 ㊀전극의 인력에 따라 촉진되기 때문이다. 음전하 화학종은 ㊀전극의 반발 때문에 전기삼투흐름보다 느리게 이동하고, 경우에 따라 반대방향으로도 이동한다. 중성화학종은 전기삼투흐름 속도로 이동한다. 일반적으로 전하를 띠지 않는 화학종은 분리되지 않

그림 19-4 ▸ (a) 전기삼투아 이동, (b) 유체역학적 압력이동

지만 계면활성제를 섞으면 완전히 분리된다. 분리인자는 첫째, 높은 온도일수록 완충용액의 점도는 감소하고 이동도는 증가하고 분리시간을 단축한다. 둘째, 전압이 높을수록 분리시간이 빠르다. 분리능이 저하될 때까지 전압을 높여 최적 전압을 찾는다. 셋째, 모세관 지름이 작을수록 시료주입량이 감소하고 검출기 감도는 저하된다. 그 대신에 모세관이 길면 잘 분리되지만 시간이 많이 걸린다. 넷째, 완충용액의 pH와 시료의 pK_a, 이온세기를 고려하여야 한다.

시료를 주입할 때 안지름 75μm의 1m 모세분리관 부피는 약 5μL라는 사실을 알고 시료는 극소량을 넣어야 한다. 그러므로 시료는 5~50mL 범위이다. 시료는 두 가지 방법으로 주입한다. 첫째는 중력흐름주입법(gravity flow injection)이다. ⊖전극 완충용액보다 약 10cm 높은 곳에 작은 시료병을 놓고 모세분리관의 ⊕전극 쪽 끝은 시료병에 몇 초 동안 담근 다음 모세관을 중력흐름에 따라 흘러 들어가게 한다. 둘째, 시료주입법은 전기삼투주입법이다. 시료병에 ⊕전극과 모세분리관을 담그고 몇 초 동안 5kV 전기를 통하면 전기삼투흐름에 따라 ⊕전극 쪽의 모세관 속으로 적당량의 시료들이 주입된다.

19.2.2 미설계면 전동기 모세관 크로마토그래피법

모세관 전기이동법은 전하를 띠지 않는 시료를 분리할 수 없다. 그러나 그림 19-3과 같은 장치를 이용하여 방향족 페놀화합물과 크레솔(cresol)화합물을 그림 19-5처럼 분석할 수 있다. 이 방법은 sodium dodecylsulfate 같은 계면활성제를 미셀(micell) 생성농도의 수준으로 가하여 분석한다. 수용액 중 미셀은 탄화수소의 긴 사슬을 갖는 이온 화학종 농도가 임계미셀농도(critical micell concentrarion) 이상으로 증가할 때 생성된다. 이때 40~100개 이온들이 구형입자를 생성하고 탄화수소의 긴

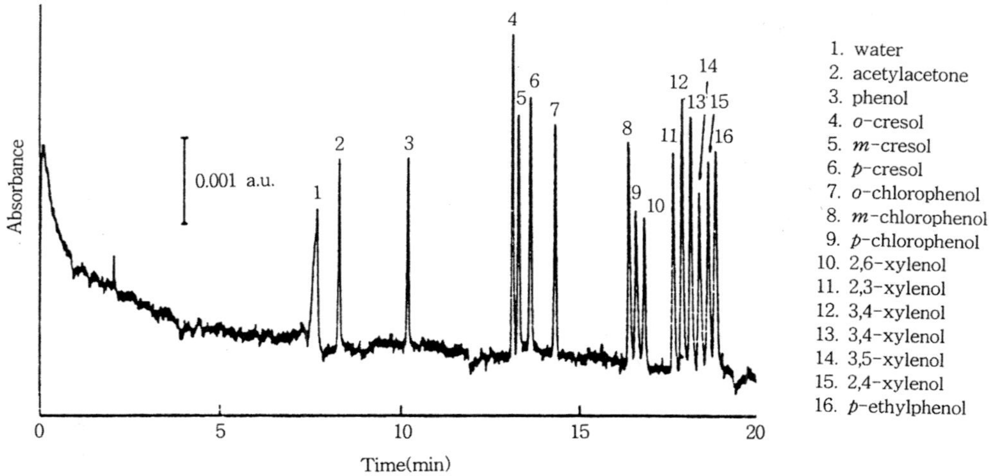

Electrolyte : 15 mM borate, 0.00022% HDB pH 12 in ethanol(왼쪽), in 2-propanol(오른쪽)
Capillary : Fused silica 50 μm I.D. × 50 cm
Voltage : 20 kV
Temperature : 29℃
Detection : UV 254 nm

(a)

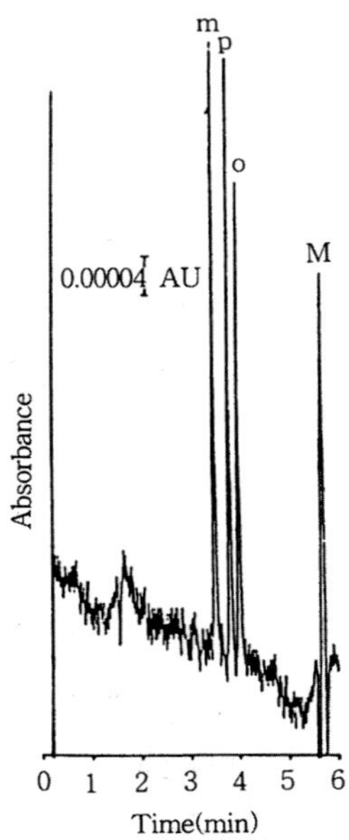

Electrolyte : 1mM SDS in 20 mM borate-phosphate buffer pH 7.0
Capillary : Fused silica 75 μm I.D. × 90 cm
Voltage : 25 kV
Detection : UV 270 nm

(b)

그림 19-5 ▸ (a) phenol계 화합물, (b) cresol 이성질체(동명과학 제공)

사슬은 구형입자의 내부에 있고, 전하를 띤 부분은 구형입자의 외부에 있으면서 물과 접촉되어 있다. 미셀은 비극성 화합물을 구형입자의 내부로 흡수할 수 있는 안정한 제 2상(phase)을 구성하여 비극성 화학종을 안정화한다. 이것은 그리스처럼 진득진득한 물질이나 혹은 그리스 물질의 표면을 세제용액으로 씻으면 녹는 현상과 같다.

미셀의 존재하에서 실험하는 모세관 전기이동법을 미셀계면 전동기 모세관 전기이동법(micellar electrokinetic capillary chromatography, MECC)이라고 한다. 이 방법에서는 계면활성제를 임계미셀농도보다 더 많은 양을 완충용액에 넣는다. 계면활성제는 대부분 sodium dodecylsulfate를 사용한다. 이러한 종류의 음이온 미셀 표면은 큰 음전하를 띠므로 ⊕전극을 향한 전기이동도는 증가한다. 왕충제의 대부분은 ⊖전극을 향한 전기삼투흐름 속도가 크므로 음이온 미셀도 ⊖전극 쪽으로 이동하지만 그 속도는 느리다. 그러므로 실험과정 중 완충제 혼합물은 빠르게 이동하는 수용액상과 느리게 이동하는 미셀상의 두 가지 상으로 구성되어 있다. 시료를 이러한 계에 주입하면 미셀 내부의 탄화수소상과 수용액상 간에 분배하고, 그 평형 위치는 용질의 극성에 따라 극성성분은 수용액상으로, 그리고 비극성성분은 탄화수소상으로 분배한다. 이와 같은 시스템은 정지상이 이동상 속도보다 훨씬 더 느리게 모세관을 통해 이동하는 것을 제외하면 LC법의 용리와 같다. MECC와 LC의 분배 메커니즘은 서로 비슷하다. MECC는 수용액 이동상과 탄화수소 정지상 간의 분배계수차에 따라 분리된다. HPLC보다 MECC법이 좋은 점은 분리관 효율이 더 좋고 정지상의 변경(완충제의 미셀 조성을 변경)이 쉽다는 것이다. HPLC는 새로운 충진제들이 들어 있는 분리관으로 바꿔야 한다.

19.2.3 응용

이 분리법은 생화학 분야에서 특히 흥미를 많이 가지고 있다. 과거에는 폴리머젤을 통한 전기이동법으로 분석하였지만 분리과정에 열이 많이 발생하여 시료들이 변하고 자동화되지 않아 많은 시간이 걸렸다. 그러나 모세관 전기이동법은 이러한 문제를 모두 해결할 수 있기 때문에 펩타이드, 단백질, 핵산, 생화학적 고분자 시료에 많이 이용할 것으로 믿는다. 또한 무기이온들도 전도도 측정법으로 분리 정량할 수 있다. 이 방법의 응용 예는 그림 19－6과 같다.

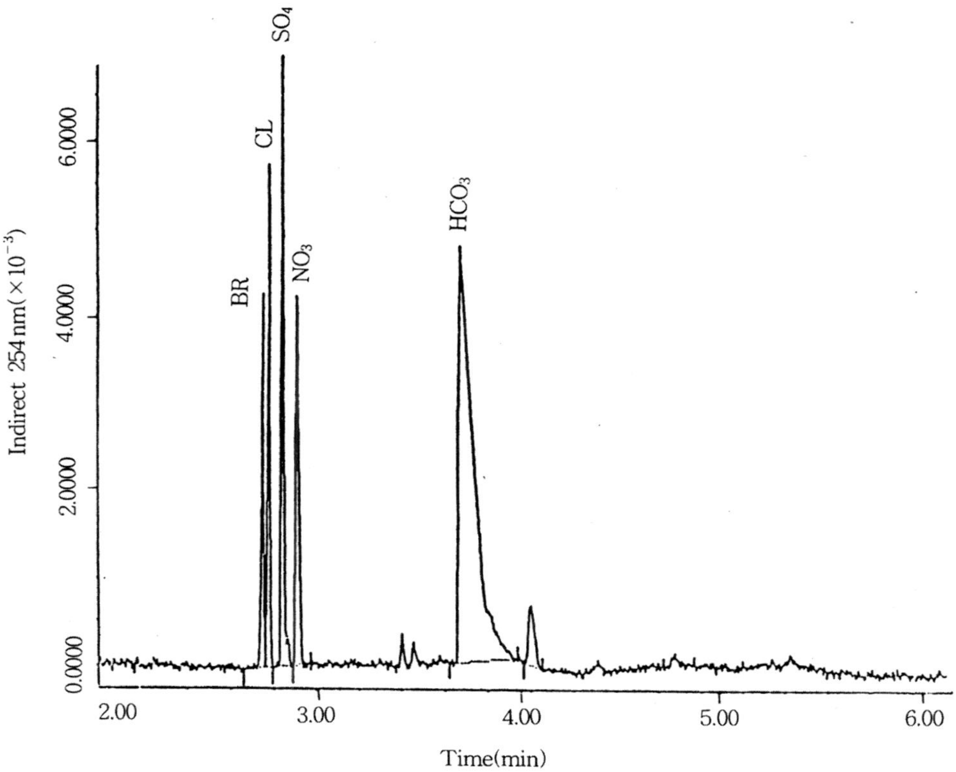

Electrolyte : 5 mM chromate, 0.5 mM tetraammonium brate
Capillary : Fused silica 75 μm I.D.×50 cm
Voltage : 20 kV
Detection : UV 254 nm

그림 19-6 ▸ 음이온의 분리(동명과학 제공)

19.3 얇은층 크로마토그래피법

얇은층 크로마토그래피법(thin-layer chromatography, TLC)은 이론적으로 LC법과 비슷하다. 특히 이동법 선택과 응용도 LC법과 비슷하다. 그리고 TLC법은 LC법에서 설명한 바와 같이 LC의 최적조건을 예비실험할 때 유용하게 쓰인다. 그리고 TLC법은 빠른 용리속도와 값싼 실험방법이 큰 장점이다.

TLC법에 사용하는 얇은층판(thin-layer plate)은 쉽게 만들 수 있고, 한편으로는 제작회사로부터 여러 종류의 얇은층판을 공급하므로 편리하게 이용할 수 있다. TLC는 화학합성분야에서 속도의 측정과 반응진행의 정도를 측정하거나 임상실험에 간편하게 쓰인다. 특히 범죄 화학분야에서 독극물의 정성적 확인 분석에 필수적으로 사용하는 방법이다.

19.3.1 TLC의 원리

TLC법은 실리카젤, 알루미나 혹은 섬유상 물질을 얇게 입혀 건조한 유리판을 정지상으로 사용한다. 유리판을 전개판(developing plate)이라 부른다. 전개판은 손장갑을 낀 다음 만져야 손바닥의 땀에 포함된 오염물(주로 아미노산)이 묻어나는 것을 방지할 수 있다. 시료용액은 전개판에 점적(spot)한 다음 건조한다. 전개판을 적당한 용매에 담그고 밀폐한 후에 이동상 용리액을 흐르게 조작한다. 이 과정을 전개(development)라고 한다. 전개를 완료하면 이동상의 위치를 여러 가지 방법으로 확인하여 표시한다. 주로 연필을 이용한다.

TLC에서는 시료를 분리하여 머무는 위치를 머무름 계수(retardation factor) R_F로 나타낸다. R_F는 전개판의 연필 표시선으로부터 이동한 시료의 거리값(d_R)을 이동한 용매의 거리값(d_M)으로 나눈 값이다.

$$R_F = \frac{d_R}{d_M}$$

R_F는 1에서 0 사이의 값을 받는다. R_F값은 물질고유의 값이다. 그러므로 정성분석할 때에는 시료와 표준물을 같은 전개판에 점적(spot)한다. 점적은 시료를 용매에 녹인 다음 연필로 표시한 얇은층판의 지정된 위치에 모세관이나 마이크로피펫으로 소량의 시료용액을 묻힌 다음 용매를 증발 건조하는 조작을 의미한다. 시료와 표준물의 R_F값이 있으면 동일한 화합물이다.

19.3.2 TLC의 전개방법

TLC의 분리는 얇고 균일하고 조밀하게 유리판 위에 도포한 작은 입자에 따라 결정된다. TLC 전개판은 실리카겔 분말이나 알루미나 분말을 물과 함께 가한 황산칼슘(10~15%)과 섞어 반죽으로 만든다. 깨끗하게 씻어 건조한 유리판 위에 적당량의 반죽을 놓고 균일하게 도포한다(그림 19－7). 간단한 실험에는 실리카겔 G 35g과 클로로폼 100mL의 혼합용액에 현미경 슬라이드 유리를 담궈 입힌 다음 건조한 후 사용한다. 이때 실리카겔의 유리부착을 증진하려고 황산칼슘을 넣는다. 최근에 정지상 두께값이 100~2,000μm 되는 상품도 여러 종류를 싼값으로 시판하고 있다. 넓은 전개판은 많은 시료를 함께 전개할 수 있다. 셀룰로오스(cellulose)로 만든 전개판의 경우는 탄수화물, 아미노산, 핵산 유도체, 무기 화학종 같은 친수성 화합물의 분리에 유용하다. 셀룰로오스 전개판은 종이 크로마토그래피법과 비슷하다. 보통의 전개판을 사용할 때 0.01~1% 시료용액을 0.5~5μL 정도, 그리고 고성능 전개판은 0.05~0.5μL를 사용한다. 시료용액은 전개판의 끝에서 1~2cm 되는 위치에 연필로 선을 그어 표시한 장소에 점적한 다음 용매를 증발 건조한 후 이동상 용액에 전개판을 담근다. 시료를 점적할 때 반점의 지름은 작을수록 좋다. 이동상 용매를 넣은 적당한 그릇 혹은 비커에 전개판을 넣고 뚜껑을 닫아 이동상 용매로 그릇 안의 공기를 포화한 다

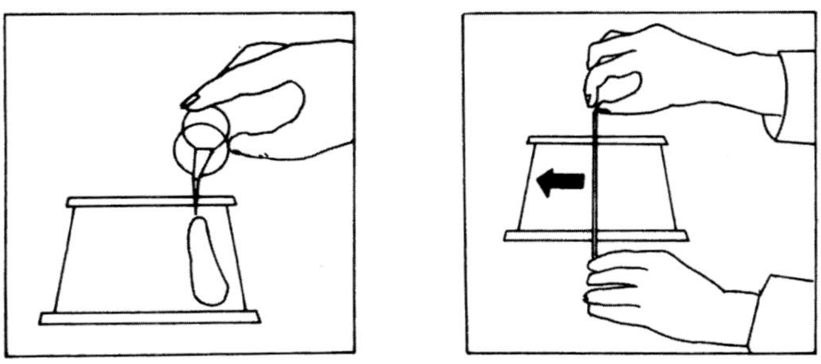

(a) (b)

그림 19－7 ▸ TLC의 정지상 만드는 방법. (a) 정지상 지지체의 반죽을 유리판 위에 놓는다. (b) 유리막대로 균일하게 펴놓는다.

음 그림 19－8처럼 전개한다. 뚜껑을 닫지 않으면 전개판을 따라 이동하는 이동상 용매들이 증발하므로 시료는 전개되지 않는다.

TLC의 이동상은 HPLC와 같게 선택하고 정상과 역상법으로 전개한다. 시료들이 이동상에 너무 잘 녹고 TLC판에 흡착력이 작으면 시료는 이동상의 이동속도와 거의 같은 속도로 이동하므로 분리되지 않을 것이다. 그러므로 전개할 때는 HPLC처럼 혼합용매를 많이 사용한다.

얇은층 전개판상의 이동상 용매는 전개판 끝까지 이동하기 전에 전개판을 그릇에서 꺼낸 다음 먼저 이동한 용매의 위치를 연필로 표시하고 건조한다. 첫 번째 전개에서 완전하게 분석시료를 분리하지 못하면 90°로 방향을 바꿔 같은 용매로 혹은 건조 후 다른 용매로 그림 19－9처럼 다시 2차, 3차로 전개하여 분리할 수 있다. 분리된 시료는 표준물의 R_F값과 비교하여 확인한다.

19.3.3 분리된 시료의 확인방법

확인방법은 물리적 방법과 화학적 방법의 두 가지를 사용한다. 물리적 방법은 형광등을 이용하는 방법이다. 시료의 분조구조들이 이중결합 혹은 삼중결합을 가지면 형광등이 불빛을 쪼일 때 형광을 발생한다. 또 한 가지 방법은 전개판을 만들 때 정지상 지지물에 황화카드뮴 혹은 황화아연을 미리 섞어 전개판을 만든다. 이와 같은 TLC 판은 F 혹은 UV라고 상품에 쓰여 있다. 이러한 전개판을 이용해 형광 분석시료를 전개하여 자외선을 쪼이면 노랑~파랑의 바탕색 위에 검은색으로 나타난다. 이러한 방법을 형광소광법(fluorescene quenching)이라 한다. 어떤 경우는 형광 유도체로 만들어 전개한 다음 형광법으로 확인한다. 확인함과 동시에 연필로 형광의 경계를 표시

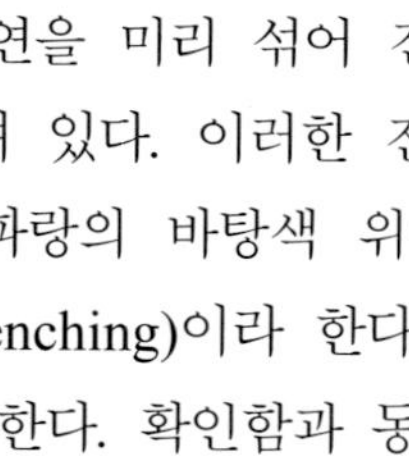

그림 19－8 ▸ TIC 전개

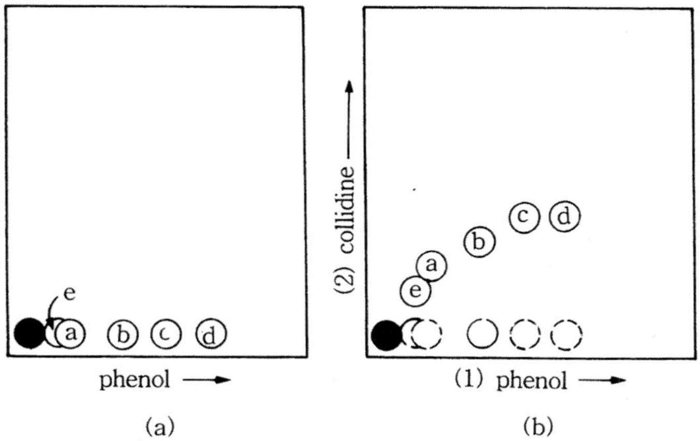

그림 19-9 ▸ TLC의 (a) 1차 전개, (b) 2차 전개 ⓐ Glutamic acid, ⓑ Serine, ⓒ Theronie, ⓓ Alanine, ⓔ Aspartic acid

한다.

화학적 확인법(J. C. Touckstone and M. F. DObbins, *Plactice of Thin-Layer Chromatography*, pp 170~241, Wiley, New York, 1978)에 이용하는 207가지의 발색 시약이 발표되어 있다. 첫째 대부분의 유기화합물은 아이오딘과 반응하여 갈색을 띠므로 전개판을 건조 후 아이오딘이 들어 있는 밀폐그릇에 전개판을 넣어 두면 갈

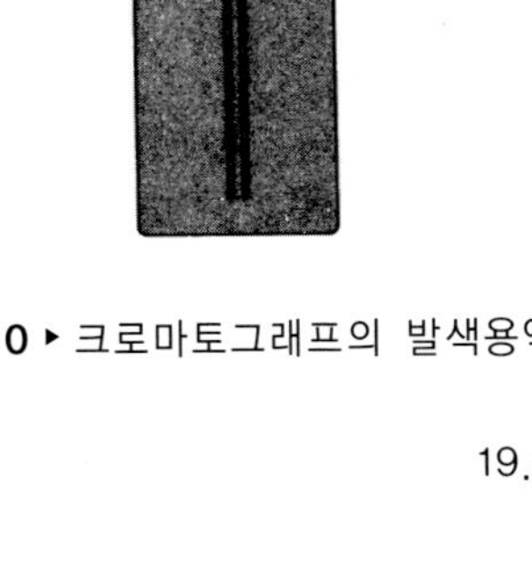

그림 19-10 ▸ 크로마토그래프의 발색용액 분무기

색 반점이 나타난다. 꺼낸 다음 즉시 연필로 표시한다. 잠시 후 아이오딘이 증발하면 갈색이 없어지기 때문이다. 건조한 전개판 위에 1% 아이오딘 용액을 그림 19－10의 분무기로 분무하여 발색할 수도 있다. 둘째, 진한 황산, 질산을 섞은 황산, 다이크로뮴산소듐 또는 무수아세트산을 전개판에 분무하고, 유기화합물의 탄소와 반응시켜 황갈색이나 흑색으로 변하는 반점을 확인하는 방법이다. 셋째, 산－염기 화합물은 지시약을 분무하여 확인한다. 기타의 방법으로서 알코올계는 세륨(Ⅳ), 알데하이드계와 키톤계는 2.4－dinitrophenylhydrazine, barbituate계 화합물은 다이에틸아민을 사용한다. Flavonoid, indole, 스테로이드계는 p－톨루엔을 사용한다. 이러한 발색 시약은 분무하거나 전개판을 담궈 발색한다.

정성적 확인방법은 표준물의 R_F값과 비교하여 확인한다. R_F값은 정기상의 두께, 이동상의 수분함량, 온도, 전개실의 이동상 증기 포화도, 시료량에 따라 변할 수 있다. 그러므로 표준물은 항상 분석시료와 함께 동일한 전개판 위에서 전개하여야 한다. 전개된 분석시료는 반점 부분의 정지상을 긁어낸 다음 용매로 녹여 질량분광법, NMR, IR 분광법 등으로 다시 확인할 수 있다. 이와 같은 방법은 정지상을 두껍게 만들고, 시료를 많이 사용하여 전개하는 것이 편리하다.

정량적 방법으로 TLC를 실험하는 방법은, 첫째 정지상을 긁어낸 다음 추출하여 정량하는 방법이다. 둘째, 분리된 반점의 넓이를 측정하여 비교하는 방법이고, 이 방법은 20~50%의 상대 불확실성을 갖는다. 셋째는 densitometer를 이용하여 전개판의 반점 위치에서 투광도를 측정하는 두 가지 방법이 있다. 그 중 한 가지는 가시광의 텅스텐 광원을 이용하고 다른 한 가지는 수은등을 사용한 형광 측정방법이다. 이 방법은 1~5%의 정밀도를 갖는 정확한 방법이다.

19.3.4 TLC의 응용

고성능 TLC법은 10~100pg 범위의 형광 화학종을 측정 가능하다. 흡광도 측정방법은 형광 화학종 측정법보다 10~1,000배 이상의 진한 농도에만 적용할 수 있다. TLC의 응용은 첫째 HPLC를 위한 적당한 이동상과 정지상을 알아낼 때 신속하고 저렴하게 이용 가능하다. 둘째, 많은 시료를 동시에 전개할 수 있다. 셋째, 유지비 및 조작비가 싸다. 넷째, HPLC로 검출하기 어려운 시료를 분리 확인할 수 있는 방법을 제공한다.

19.4 종이 크로마토그래피법

종이는 대단히 순수한 셀룰로오스로 구성되어 있다. 폴리머 셀룰로오스는 수천 개의 무수물 글루코오스 단위들이 산소원자를 통해 결합되어 있다. 각 글루코오스는 3개 하이드록시기를 갖는다. 이들의 대부분은 종이 제조과정 중에 알데하이드, 키톤 혹은 카복시 작용기로 산화된다. 셀룰로오스는 물 및 기타의 극성용매와 친화력이 크고 수소결합력으로 결합한다. 물속에서 셀룰로오스는 극성이고 전기음성으로 되지만 작은 유전 상수 용매나 염농도가 증가하면 셀룰로오스의 극성과 전기음성도는 감소한다. 종이 크로마토그래피법의 전개방법은 그림 19－11과 같다.

전개방법에서 시료취급, 전개용매선택, 분리시료의 확인방법은 TLC와 동일하다. 마찬가지로 역상과 정상법으로 전개할 수 있다. 최근에는 종이를 실리콘이나 파라핀 오일로 처리하거나 이온교환수지, 그리고 실리카겔을 흡착한 종이를 사용하는 경우도 있다.

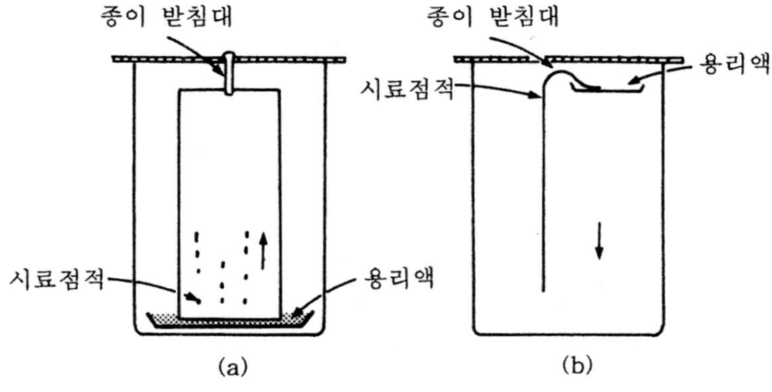

그림 19－11 ▸ 종이 크로마토그래프법. (a) 상승법, (b) 하강법

19.5 전기이동 크로마토그래피법

전기이동(electrophoresis)은 용액 중 입자물질에 전기장을 걸어줄 때 전극의 인력에 따라 이동하는 방법이다. 여기에서 입자물질은 이온 혹은 전하를 띤 콜로이드를 의미한다.

전기이동 크로마토그래피법(electrophoresis chromatography, EPC)은 정지상으로 종이와 분말 고체층을 이용할 수 있다. 예를 들어 U자관의 중앙 혹은 직선관의 한쪽에 시료를 넣고 전해질을 섞은 한천젤, 아세트산 셀룰로오스, 셀룰로오스 분말, 전분젤, 이온교환수지 혹은 유리분말을 채운 다음 ⊕와 ⊖극을 연결하면 하전입자는 각기 반대전하를 띤 전극 쪽으로 이동하여 분리될 것이다. 이동속도는 입자의 크기와 전하의 크기에 따라 영향받는다. 이와 같은 분리실험은 TLC 전개판이나 종이의 한쪽 끝이나 중앙에 시료를 점적한 다음 EPC법으로 분리할 수도 있을 것이다. 그림 19－12는 종이를 이용한 EPC법의 한 예이다.

시료는 상단중앙을 통해 계속해서 조금씩 주입한다. 그리고 이동상은 하강법을 이

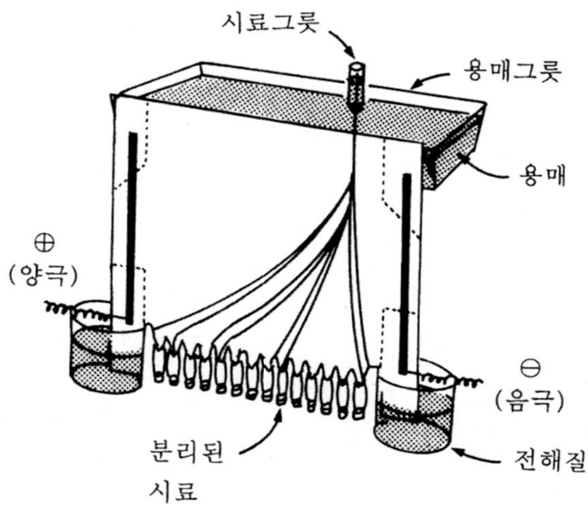

그림 19－12 ▸ 전기이동 크로마토그래프

용하여 시료와 함께 위에서 밑으로 흘러내린다. 시료들이 전기적으로 중성이면 중앙을 통해 흘러내릴 것이다. 만일 시료 중에 극성을 띠는 전하를 가지면 양쪽 전극에의 인력에 따라 전극 쪽으로 이동하여 흘러내릴 것이다. 분리된 시료는 종이의 톱날 끝을 통해 각기 시험관 속에 모인다. EPC법으로 분리할 때에도 밀폐시켜 장치 내부의 공기를 이동상 용매로 포화시켜야 한다. 양쪽 전극에는 100~1,000V를 걸어주고 이동상은 완충용액을 사용한다. 정지상은 종이 대신에 TLC 전개판을 사용할 수도 있다. 그림 19－12의 EPC법은 분석방법보다 시료의 분리회수에 더 많이 사용하는 방법이다.

19.6 실험

19.6.1 아미노산 유도체의 TLC와 분리법

TLC에 사용하는 일반 흡착제를 흡착력 증가순서로 나열하면 다음과 같다.

cellulose < kisselguhr(diatomaceous earth) <
hydroxyl apatite < saccharose, starch <
activated silicic acid(silica gel) <
activated aluminum oxide < activated charcoal.

작용기의 흡착 친화성 증가순서로 나열하면 다음과 같다.

$-$Cl(chloride) < $-$H(hydrocarbon) < $-OCH_3$(ether) < $-NO_2$(nitro compound)

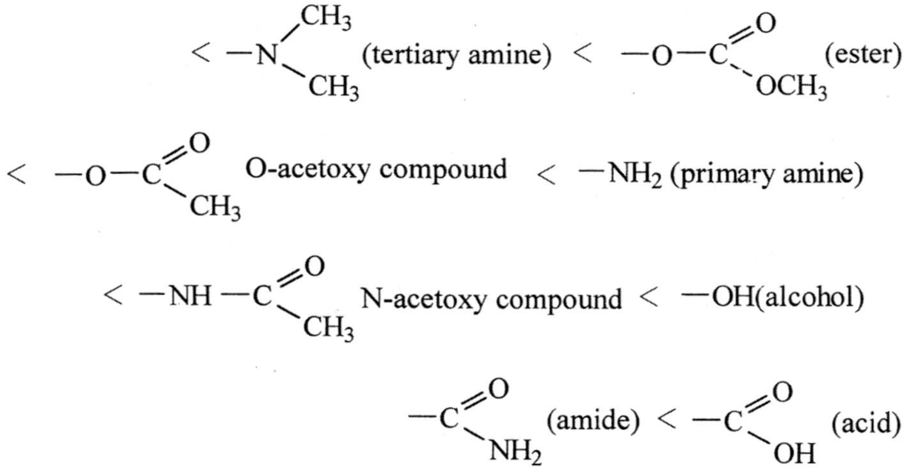

이와 같은 흡착제의 흡착력 세기와 분석시료의 작용기 흡착 친화성 증가순서를 이용하면 분리 가능성을 예측할 수 있고, 물질의 분리에 이용할 수 있는 가장 중요한 자료이다.

효소를 포함한 모든 단백질은 아미노산의 선형서열로 구성되어 있다. 생체계에서 아미노산 반응은 여러 가지 인자에 의존하지만 가장 중요한 것은 아미노산 함량과 서열이다. 아미노산 서열의 가장 기본형태는 자유 아미노산을 갖는 펩타이드 사슬의 끝에 있는 아미노산(N－말단 아미노산)을 결정하는 것이다. 이것은 가수분해 다음에 표지시약 효소로 처리하여 결정한다. 표지 아미노산은 일반적으로 나머지 아미노산과 다른 종류의 화합물이고, 분리하여 확인할 수 있다. 펩타이드 또는 효소의 N－말단 아미노산을 표지하는 일반방법은 말단 아미노산의 아미노기와 반응하여 황색 유도체(2차아민을 만드는 2,4－dinitrofulorobenzene CDNFB)를 이용하는 것이다. 가수분해 다음에 말단기 성질은 이온형태로 존재하는 아미노산보다 보통의 카복실산처럼 거동한다. 효소 가수분해 다음에 황색 유도체를 다른 아미노산에서 분리하고 농축한 다음 dintrophenyl group을 갖는 DNP 유도체라고 알려진 아미노산 유도체와 함께 TLC 판에 점적(spot)한다. TLC 판을 전개하고 미지물질과 기지물질의 R_f값을 비교하여 미지물질을 확인한다.

실제의 실험은 계속해서 가수분해된 단백질로부터 생성하는 것보다 직접 미지 아미노산으로부터 DNP 유도체를 생성한다. 처음 단계는 아미노산을 아민으로 전환하는 단계이다.

$$\overset{+}{N_3N}-\underset{\displaystyle R}{\underset{|}{CH}}-COO^- + CO_3^{2-} \longrightarrow N_2N-\underset{\displaystyle R}{\underset{|}{CH}}-COO^- + HCO_3^-$$

다음에 DNP 유도체를 생성한다.

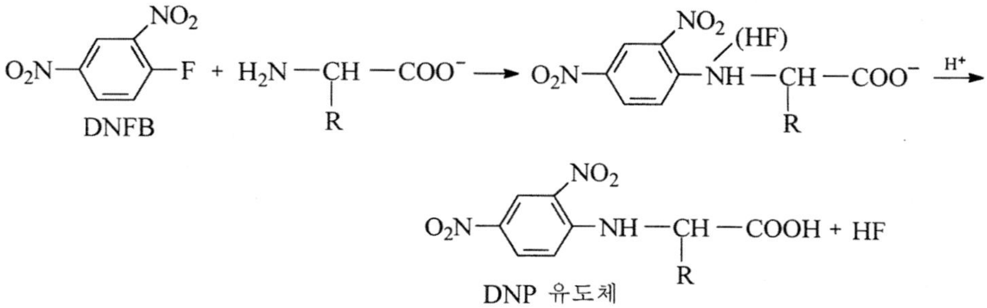

TLC 분석법으로 R_f값을 측정하여 비교한 다음 미지물질을 확인할 수 있다.

방법

A. 유도체 형성

미지물질 시료(cystine, valine, isoleucine, glycine, serine, alanine, glutamic acid을 합친 40mg)를 1g 탄소소듐이 들어 있는 물 20mL에 녹인다. DNFB 용액 1.0mL를 가한다. 미지시료는 cystine, valine, isoleucine, glycine, serine, alanine, glutamic acidemf을 합친 40mg을 위와 같은 방법으로 만든다.

주의 : DNFB 개인에 따라 대단히 민감한 경우가 있다. 피부 또는 옷에 닿지 않게 조심하라. 접촉하면 비누와 물로 씻어라.

이 혼합물을 40℃에서 30분간 저으면서 가열하라(40℃ 이상 가열하지 말라). 가열이 끝나면 수용액층이 황색으로 변한다. 반응하지 않은 DNFB(밑의 불용성층에 있는 방울형태)를 피펫으로 제거한다. 진한 HCl 3mL를 한 방울씩 가한다. 유도체는 이때 플라스크 밑에 가라앉는다. 침전이 생기지 않으면 어름중탕에서 식힌다. 침전이 위에 뜨면 피펫으로 용액을 제거한다. 소량의 침전을 작은 시험관에 넣고 한 방울의 아세톤을 넣어 잠시 둔다.

B. TLC **이동상**

클로로폼 140mL, 벤질알콜 60mL, 빙초산 6mL를 섞어 만든다.

C. TLC **점적판**

고정상은 실리카젤이다. 점적판은 30분간 100℃에서 건조하여 활성화한 다음 밑에서 3cm 되는 높이에 연필로 실리카젤이 벗겨지지 않게 조심하면서 직선을 긋는다.

D. **점적**

각 기지시료와 미지시료을 2cm 간격마다 번갈아 점적한다. 모세관을 사용하여 각 점이 지름 2mm보다 작게 점적하고 용매를 건조한다.

E. 시료점적판을 전개용액에 1cm 깊이로 담그고 이동상 용매가 점적판 위에 닿기 전까지 밀폐통에서 전개한다. 용매층을 연필로 표시한다. 점적판을 꺼내어 건조하고 각 황색점을 연필로 표시한 다음 각 점의 R_f를 계산한다. 각 화합물의 R_f값을 이용하여 각 화합물을 확인하라.

연습문제

[19.1] SFC에서 CO_2를 이동상으로 사용하는 이유는 무엇인가?

[19.2] SFC의 장점은 무엇인가?

[19.3] 모세관 전기이동법이란 무엇인가?

[19.4] 모세관 전기이동법을 HPLC와 비교하라.

[19.5] 미셀 전기이동 모세관 크로마토그래피법이란 무엇인가?

[19.6] TLC의 원리를 설명하라.

[19.7] 전기이동 크로마토그래피법이란 무엇인가?

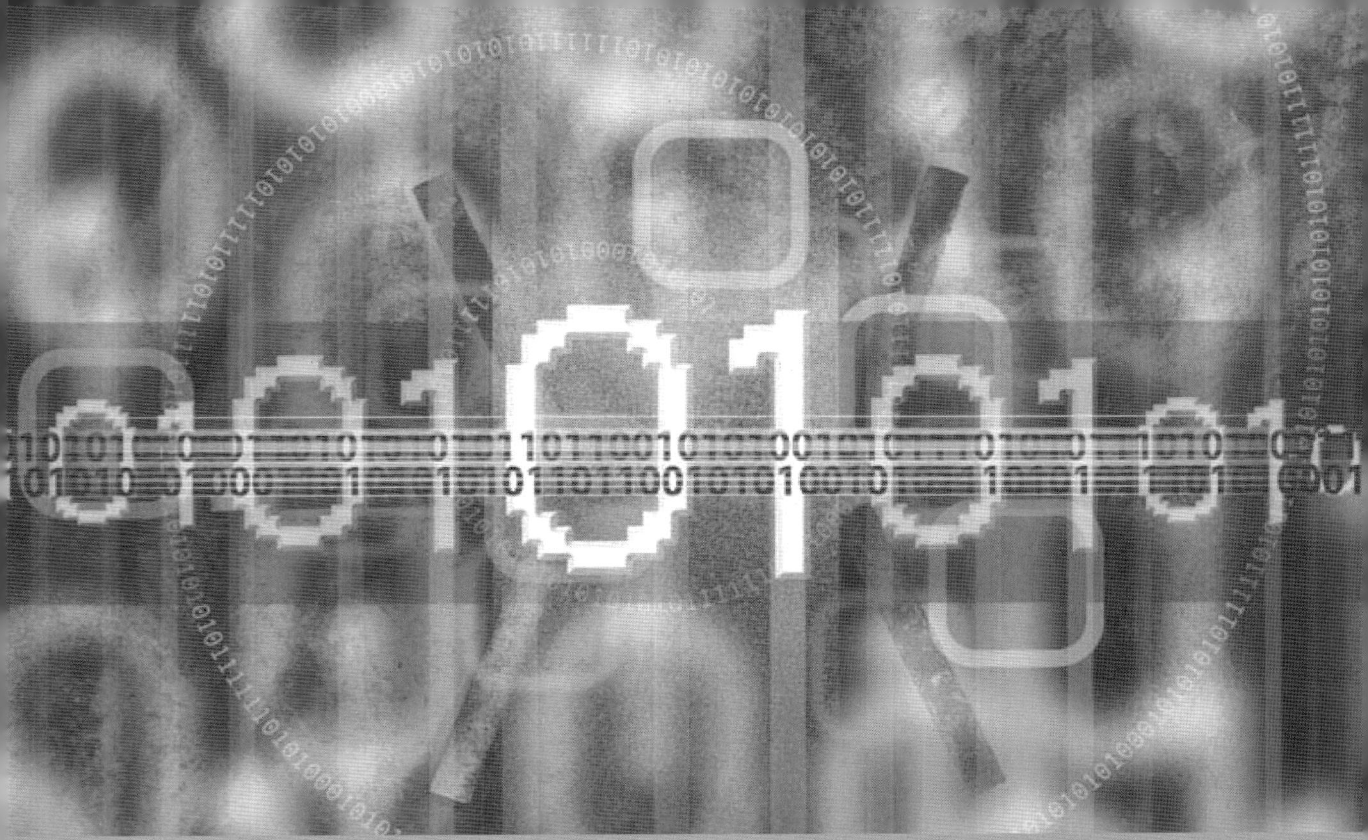

제20장 열분석

열분석법은 어떤 물질의 물리화학적 성질이 온도변화에 따라 변하는 상태를 연구하는 방법이다. 열분석 장치는 일반적으로, 첫째 변환기(transducer), 둘째 기록기(recoder), 셋째 온도조절기(temperature controller)의 세 가지 부분으로 구성되어 있다.

첫째, 변환기는 측정한 물리적 양을 전기량으로 변환하는 변환기 부분이다. 둘째, 기록기는 첫째 부분의 변환기로부터 얻은 전기량을 증폭하여 기록용 종이에 기록하는 부분이다. 일반적으로 기록기 종이의 세로축에 측정값을, 그리고 가로축에 온도 혹은 시간을 취하여 기록한다. 온도를 가로축에 취하면 $X-Y$ 기록기를 이용한다. 일반적으로 시간을 가로축에 취한다. 왜냐하면 열분석의 온도변화는 일정한 속도로 온도를 상승하거나 하강하므로 시간변화는 온도에 비례하기 때문이다. 셋째 온도조절기는 온도의 상승 또는 하강을 일정한 프로그램에 따라 조절하는 온도조절부분이다. 온도는 1~100℃/min 범위에서 조절한다.

열분석은 시차열분석법(differential thermal analysis, DTA), 시차주사 열량계법(differential scanning calorimeter, DSC), 열무게분석법(thermogravimetry, TG), 발생기체분석법(evolved gas analysis, EGA)의 네 가지 방법으로 분류할 수 있다.

DTA는 시료물질 및 기준물질을 조절속도로 가열 혹은 냉각하는 환경에서 같은 온도조건에 놓을 때 두 가지 물질 간 온도차를 시간 혹은 온도에 대하여 기록하는 방법이고, 기록한 곡선을 DTA 곡선이라 한다. 온도차(ΔT)는 세로축에 취한다. 이때 흡열곡선 봉우리는 아래쪽으로, 그리고 발열곡선 봉우리는 위로 향하여 나타난다.

TG는 조절속도로 가열 혹은 냉각하는 환경에서 시간 혹은 온도의 함수로 물질무게를 기록하는 방법이고, 기록한 곡선을 열무게 곡선 혹은 TG 곡선이라고 한다. 무게는 세로축에 취한다. 시간(t) 혹은 온도(T)는 가로축에 취한다.

DSC는 시료물질 및 온도조건에 놓을 때 두 가지 물질 간 온도차를 0으로 유지하는 데 필요한 에너지를 시간 혹은 온도에 대하여 기록하는 방법이고, 기록한 곡선을 DSC 곡선이라 한다. 단위시간에 가한 열량을 세로축에 그리고 시간(t) 혹은 온도(T)를 가로축에 취한다.

DSC는 열분석 중 발생하는 휘발생성물의 성질 혹은 휘발량을 측정하는 방법이다.

20.1 열분석의 원리와 방법

20.1.1 DTA

DTA는 시료와 기준물질을 같은 열적 조건에서 가열 혹은 냉각할 때 두 가지 물질 간 온도차(ΔT)를 온도 T에 대하여 기록한다. T는 시료와 기준물질 중 어느 쪽의 온도를 직접 측정하는 경우도 있지만 일반적으로 양쪽 물질을 동일한 조건의 환경(예를 들면 금속덩어리에 2개 구멍을 파고, 시료와 기준물질을 넣는다)에 놓고 환경 온도를 조절하는 경우가 많고 이것의 온도를 측정한다.

온도차를 측정하는 온도계는 열전기쌍(thermocouple)을 이용한다. 2개 접점을 시료와 기준물질에 각기 삽입하면 양쪽 물질의 온도차에 비례하는 열기전력을 얻을 수 있고, 이것을 전위차계로 측정한다. 온도차는 저항선이나 thermister를 이용하여 전기저항을 wheatstone bridge로 측정할 수 있다. 그러나 특수한 경우를 제외하면 열전기쌍을 이용하는 것이 편리하다.

그림 20－1에 온도측정 wheatstone bridge 회로를 나타냈다. R_1과 R_2는 가변저항이고, R_3와 R_4는 기준셀과 저항셀의 저항센서이다. AB 단자에 전지를 이용하여 정전압을 걸어주면 CD 단자 사이의 전위차는 R_3와 R_4의 저항에 따라 결정된다. 일정한 온도를 유지하는 기준셀에 대한 측정셀의 상대온도는 R_4 저항셀의 저항값 변동에 수반하는 CD 단자 사이의 전위차로 측정한다. 전위차는 좁은 온도범위에서 온도차 C에 비례한다. 미소한 전위차의 정확한 측정은 AB 단자에 걸어준 전압과 온도변화에 따르는 저항 R_1과 R_2의 변화를 조심스럽게 조절해야 한다.

DTA는 일반적으로 외부의 전기로 혹은 항온조로부터 열에너지를 공급하여 시료와 기준물질의 온도를 변화한다. 열은 시료의 용기를 통하여 전달하고, 시료 내부로 전도하여 온도를 상승한다. 따라서 일반적으로 시료 내부는 온도 기울기를 생성하므로 시차열전기쌍을 설치한 장소(온도측정점)에 따라 온도변화가 다르다. 그래서 DTA의 이론은 각 장치의 특유한 경계조건과 기하학적 모양에 따라 열전달의 이론적 해석이 다르다. 상세한 설명은 Vold[*Anal. Chem.*, 21, 683(1949)]의 이론을 보라.

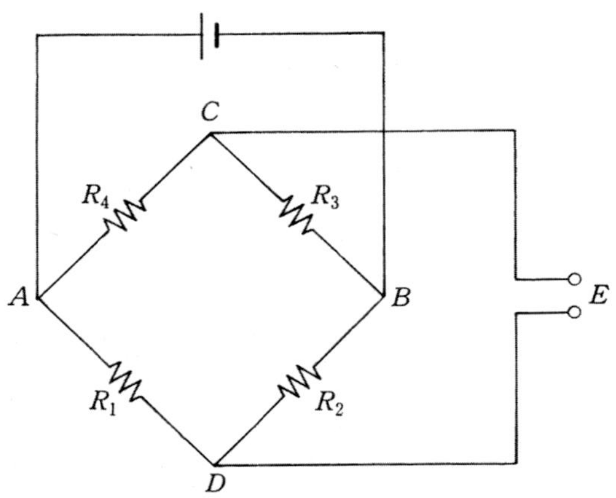

그림 20-1 ▸ 온도측정에 이용하는 wheatstone bridge

시료(s)의 기준물질(R)은 동일조건에서 금속덩어리 안에 설치한다(그림 20-1). 시료 내부와 기준물질 내부의 온도분포 차이는 무시할 정도라 가정한다. 금속덩어리 안에 일어나는 반응을 조절하려고 진공, 비활성기체, 냉각제, 배기시스템이 설치되어 있다. 온도측정용 열전기쌍의 접점위치는 시료와 접촉되어 있으면 좋지만 시료와 시료용기의 온도는 같다고 생각하므로 열전기쌍을 시료에 넣지 않고 시료용기의 외부에 접촉할 수도 있다.

DAT의 자료를 보고할 때는 다음 사항을 기록하여야 한다.

(1) 모든 물질(시료, 기준물, 희석제)의 이름, 실험식, 조성 등을 분명하게 나타내야 한다.

(2) 모든 물질의 입수경로, 이력, 순도를 나타낸다.

(3) 평균온도 변화속도를 나타낸다.

(4) 분위기의 압력, 조성, 순도를 나타낸다. 분위기는 정지하고 있는가, 흐르고 있는가, 기체를 발생하는가를 기록하고 외부기체와 접촉할 때는 그 압력과 온도를 나타낸다. 대기압 외에 압력을 나타내는 분위기를 이용하면 압력 조절법을 기록한다.

(5) 시료용기의 크기, 모양, 물질을 나타낸다. 시료를 용기에 채우는 방법을 기록한다.

(6) 곡선의 가로축은 시간 혹은 특정한 위치의 온도를 취한다.

(7) 중간체 혹은 최종생성물은 확인방법을 기록한다.

(8) 가능하면 각 열효과들이 어떤 이유로 나타나는가를 분명하게 근거를 설명한다.

(9) 모든 기록을 충실하게 재현한다.

(10) 시료 무게와 묽힌 과정을 설명한다.

(11) 장치의 설명, 열전기쌍의 모양과 재질, 온도측정할 때 사용한 열전기쌍의 위치를 설명한다.

(12) 세로축에 온도(℃)를 나타낸다. 기준물질에 대하여 양수의 값($\Delta T > 0$)은 위 방향으로, 그리고 음수의 값($\Delta T < 0$)은 아래 방향으로 취한다.

기준물질은 열적 특성(비열, 열전도도)이 시료와 비슷하고, 측정범위에서 온도변화를 나타내는 물질을 사용한다. 기준물질은 alumina를 가열하여 만든 α-alumina를 사용하는 경우가 많다. 시료물질 유기물의 경우는 다른 물질을 사용한다.

가열속도는 1~10℃/min로 취하고 산화될 가능성이 있으면 N_2와 He 등의 비활성 기체 분위기를 이용한다. 기기는 1~10mg과 50~500mg의 두 종류 시료용기를 이용한다. 용기는 알루미나, 실리카, 백금 등으로 만든다. 희석제는 α-alumina 기준물질을 이용하는 경우가 많다. 온도를 측정하는 열전기쌍은 저온의 경우 CA[Chromel-A-umel의 약자(Cr-Al)] 열전기쌍, 고온은 PR(Platinum과 Rhodium의 약자, 백금 10% 로듐) 열전기쌍을 이용한다. 이것을 이용하면 온도범위는 -190~1,600℃이다.

DTA 곡선상에서 전이점(transition point)을 결정할 때 그림 20-2에 나타낸 것처럼 곡선의 바탕선으로부터 벗어난 T_a점의 온도, 곡선의 봉우리 T_p점의 온도, 두 가지 직선을 외삽하여 만나는 $T_{e,0}$점(extrapolated onset)의 온도를 취한다. 이 중에서 공통시료를 이용한 측정결과에서 $T_{e,0}$는 열역학적 평형온도에 가장 가깝다. DTA를 측정할 수 있는 여러 가지 물리화학적 변화에 따르는 흡열과 발열을 표 20-1에 나타냈다.

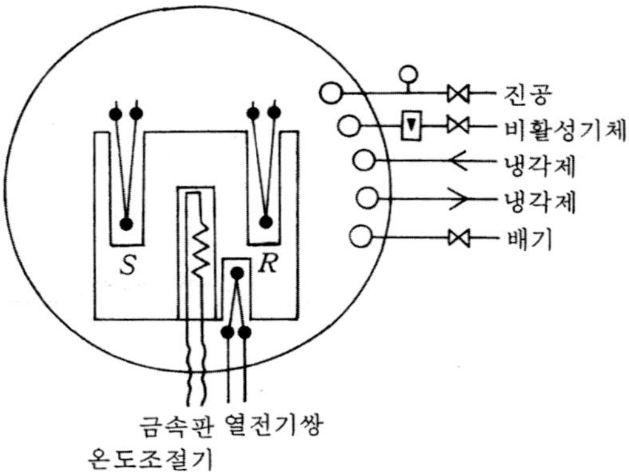

그림 20-2 ▸ DTA cell. S : 시료셀, R : 기준셀

20.1.2 DSC

DTA는 시료 내부의 열전도와 관계있으므로 정량적 열량 측정이 곤란하다. 그러나 정량적 열측정의 가능한 방법은 시료와 기준물질을 열적으로 분리하고, 각기 별도로 에너지를 입력하여 양쪽의 온도를 똑같게 유지할 때 필요한 에너지를 입력차이값 ΔE를 측정하는 방법이다. 여기에서 에너지는 전기적 에너지 혹은 열을 뜻한다.

이 방법에서 열에너지를 전기저항선의 Joul 열로 공급하므로 일정전압에 바탕을 둔 입력전류차는 에너지 입력에 비례하고, ΔE는 시료와 기준물질의 비열차 혹은 반응열(전이열)의 차값이다(그림 20-4). 따라서 DSC는 DTA보다 정확하게 열량을 측정할 수 있다. DSC는 정밀 열량계에 필요한 단열조건을 만족하지 못하므로 정확한 열량은 측정할 수 없지만 알맞게 보정하면 어느 정도 정확하게 열량을 측정할 수 있

표 20-1 ▸ DTA 방법으로 측정할 때 물리화학적 반응에 따르는 흡열과 발열

화학반응	발열과 흡열	물리반응	발열과 흡열
고상반응	발열, 흡열	결정전이	발열, 흡열
기상 산화반응	발열	융해	흡열
기상 환원반응	흡열	기화	흡열
산화환원반응	발열, 흡열	승화	흡열
분해반응	발열, 흡열	흡착	발열

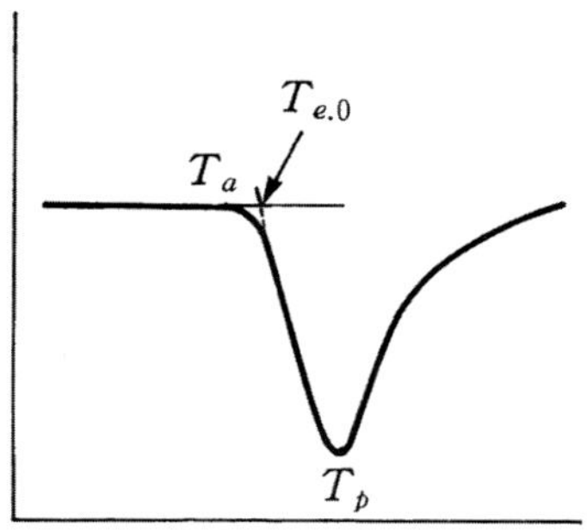

그림 20－3 ▸ DTA의 온도전이

다. 고분자 분야의 전이온도와 반응온도 등의 측정에 사용한다.

20.1.3 TG

TG는 가열할 때 반응에 따른 무게변화를 계속해서 측정하는 방법이다. 이 방법은 열저울을 사용한다. 한쪽의 저울접시에 시료를 놓고 전기로에 넣은 다음 가열하면서 열변화에 따른 무게감소를 다른 한쪽 저울접시의 무게추로 자동적으로 측정한다. 혹은 저울대 기울기 차이를 자동변압기, 광학적 방법, 전기접점 등의 방법으로 자동적

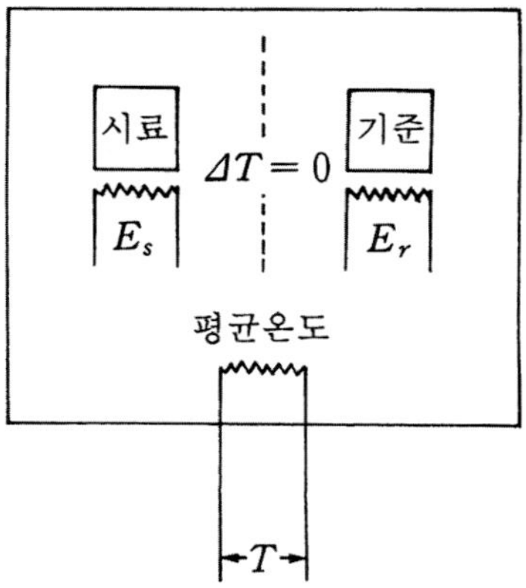

그림 20－4 ▸ DSC cell

으로 검출한다. 이때 무게를 측정하는 저울대와 시료를 가열하는 전기로의 위치는 그림 20－5와 같다.

TG를 측정할 때 오차원인은 휘발물질의 재응축과 온도계측에서 생길 수 있다. 시료에서 휘발된 분해생성물이 시료접시 지지대의 저온 부분에 다시 응축할 수 있다. 이것을 방지하려면 가리개판(shielding plate)을 설치하여야 한다. 온도계측의 오차문제는 모든 열분석의 공통문제이다. 검정한 열전기쌍을 사용하고 성능이 나빠진 열전기쌍은 빨리 교환할수록 좋다.

TG의 경우 열전기쌍의 접점이 시료와 접촉하기 어렵기 때문에 일정한 속도로 온도값이 상승이나 하강할 때 필연적으로 온도측정에 오차를 발생한다. 그래서 니켈, 철, Al－Cr 합금의 재료를 강자성체 시료로 사용하여 유리 큐리점(curie point, 모든 강자성체들이 강자성 현상을 잃고 상자성으로 변하는 전이온도. 일반적으로 녹는점보다 낮다) 겉보기 무게변화로부터 온도측정의 정밀도 측정에 이용한다. 이들 강자성체는 넓은 범위에 걸쳐 온도표준물질로 이용할 수 있다. 몇 가지 강자성체의 큐리점 측정 예들이 그림 20－6에 나타나 있다. 그림 20－6과 같은 결과는 온도를 올리는 또는 내리는 속도에 따라 다르게 나타난다.

TG 곡선에 영향을 주는 인자는 시료의 모양, 시료량, 분위기 승온속도이다. 시료

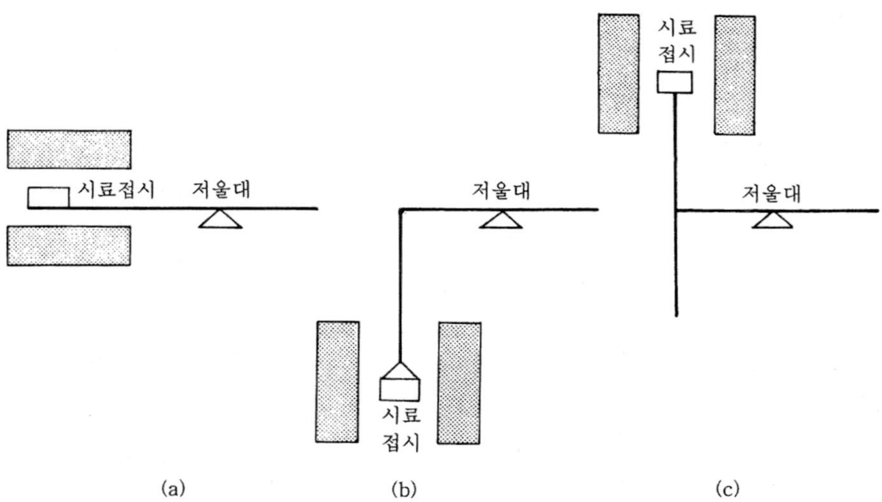

그림 20－5 열분석기기의 전기가열로

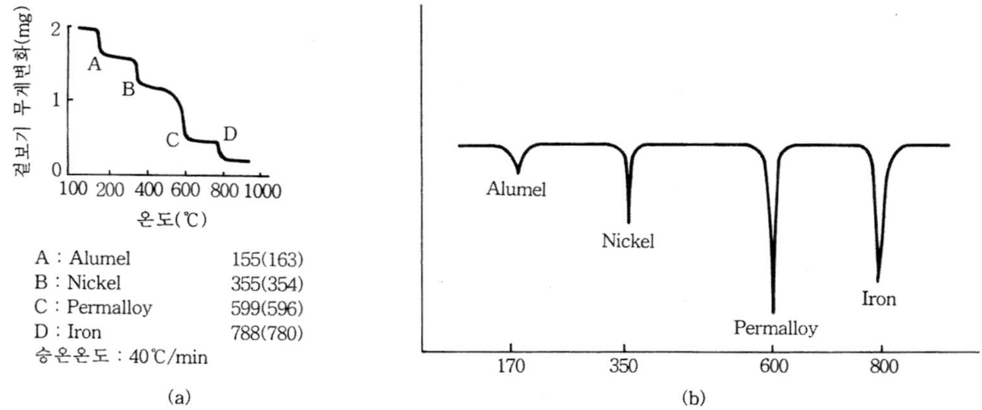

그림 20－6 ▸ 여러 가지 강자성체의 큐리점 측정[괄호 내의 숫자는 강자성 큐리점의 문헌값(℃), 승온속도 40℃/min]. (a) 무게변화법으로 큐리점 측정, (b) 미분 thermogram, A : Alumel, B : Nickel, C : Permalloy , D : Iron

의 반응에서 생긴 휘발성 물질은 즉시 제거하여야 한다. 그렇지 않으면 역반응이 일어나거나 무게감소를 지연한다. 시료는 셀에 얇게 펴놓는다. 분위기 기체의 대류 혹은 정체상태에 따라 TG 곡선은 크게 영향받는다. TG 곡선은 미분형 열무게 측정곡선으로 나타내는 방법[그림 20－6(b)]이 곡선의 해석에 유리하다.

20.1.4 EGA

TG는 DTA와 함께 이용하는 경우들이 많은 열분석법이다. 한편으로는 열반응 후에 남은 무게를 측정하는 대신 휘발성분을 분석하면 물질의 분해와 반정도에 관한 정보를 많이 얻을 수 있다.

EGA에 알맞은 정성 및 정량방법은 짧은 시간에 정성 및 정량하는 방법과 시료기체를 포집한 다음 분석하는 방법이 있다. 기체분석 방법으로는 기체 크로마토그래피법이 있지만 시간이 많이 걸리고, 여러 가지 종류의 기체시료 분석에 적당하지 않으므로 보조수단으로 시료기체는 포집한 다음 화학분석하는 방법도 이용한다.

EGA에 알맞은 기기는 비행시간형 질량분석기 혹은 사중극자 분석기이고, 이들의 기기를 열질량분석기(mass spectrometric thermal analysis : MTA)라고 한다. 휘발성

성분 중 특정 성분만 분석할 때는 포집 후 적외선 분광기를 혹은 전도도법으로 측정할 수 있고, 특정 성분만 흡수 혹은 반응시킬 수 있다. Polymethylacrylate의 진공 중 열분해물을 MTA로 분석한 결과는 그림 20－7과 같다.

20.2 열분석 기기와 정량분석

열분석 기기는 먼저 설명한 것처럼 첫째 변환기, 둘째 기록기, 셋째 온도조절기의 세 가지로 나눌 수 있다, 변환기를 제외한 기록기와 온도조절기는 일반적으로 다른 기기 분석에 사용하는 것과 같다. 그러므로 여기에서는 다루지 않겠다. 변환기는 시료량, 모양, 분위기에 따라 다르고 저온용, 고온용, 반응용 등의 목적에 따라 나눌 수 있다.

열분석기기는 미국의 Du Pont, Perkin-Elmer, Cahn, Fisher, Mettler, Columbia(Stone), 영국의 Stanton-Redcroft, Detatherm, Tronac, 독일의 Netzsch, 프랑스의 Setaram, 일본의 Rigakudenki, Shimadzu, Toyo 등에서 제작하여 판매하고 있다. 어느 분석기

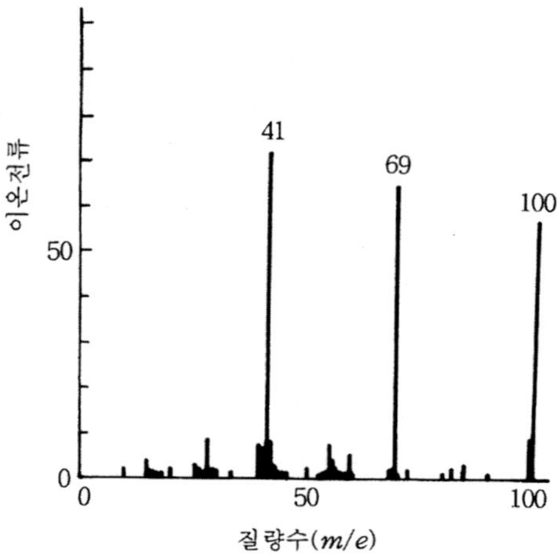

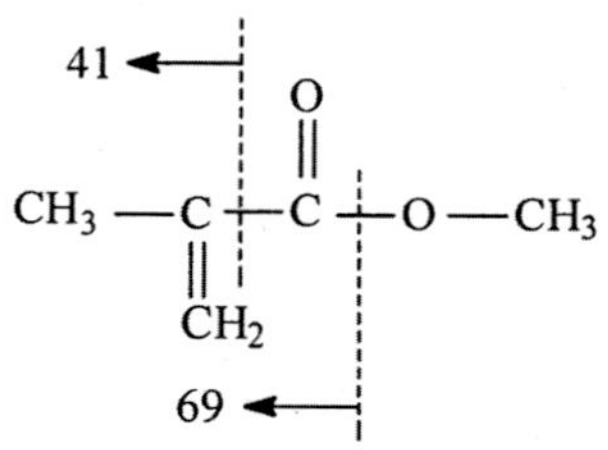

그림 20－7 ▸ Polymethylacrylate를 진공에서 열분해할 때 FGA로부터 얻은 질량 스펙트럼. 승온 속도 : 2℃/min, 측정온도 : 296℃, 이온화 에너지 : 20eV

기이든 간에 목적에 맞는 적절한 기기를 선택하는 것이 가장 중요한 사항이다.

20.2.1 DTA 온도표준시료

열분석은 온도에 의존하여 실험하므로 각 장치의 온도값이 정확하게 표시되어야 한다. 기기를 만드는 회사로부터 정확하게 보정된 기기를 공급하지만 사용 중에 변하므로 표준물질을 사용하여 보정할 필요가 있다. 고온용 표준물질로 추천하는 NBS－ICTA 화합물은 표 21－2와 같다. 그 외에도 저온용 표준물질은 diphenylether, cyclohexane, 1,2－dichloroethane, o－terphenyl의 전이와 polystyrene의 glass 전이에 사용하는것을 추천하고 있다.

20.2.2 열량의 정량

열분석은 온도변화를 측정할 뿐만 아니라 측정물질의 특성도 알 수 있다. 열량은 DSC 혹은 DTA로 측정한다. 용융열(heat of fusion), 전이열(heat of transition) 및 반응열(heat of reation)은 그림 20－8처럼 DSC 곡선과 바탕선 안에 둘러싸인 면적(봉우리 면적)에 비례한다. 일반적으로 이러한 비례계수는 기기의 고유상수이고, 온도

표 20－2 ▸ NBS－ICTA 표준물질, DTA 온도표준 전이온도(℃)

세트 No.	물질	평형온도	DTA 평균값	
			외삽개시온도	봉우리 온도(℃)
	KNO_3	127.7	128	135
758	In 금속	157	154	159
	Sn 금속	23.19	230	237
	$KClO_4$	299.5	299	309
759	Ag_2SO_4	430	424	433
	SiO_2	573	571	574
	K_2SO_4	583	582	588
	K_2CrO_4	665	665	673
760	$BaCO_3$	810	808	819
	$SrCO_3$	925	928	938

NBS : U.S. National Bureau of Standard(NBS)
ICTA : laternational Confederation for Thermal Analysis(ICTA)

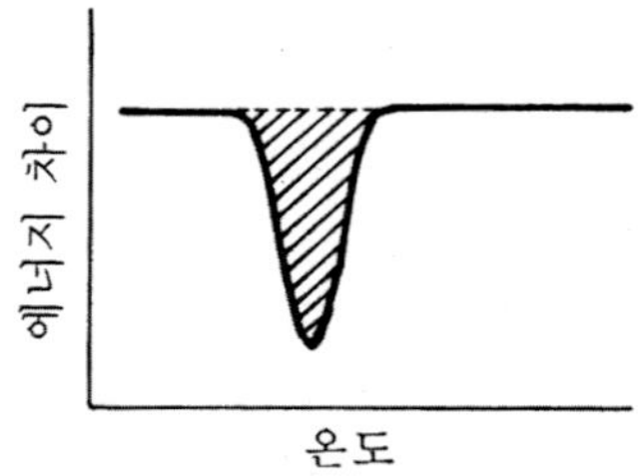

그림 20-8 ▸ DSC 곡선과 봉우리 면적(사선부분). 세로축의 에너지차이는 일반적으로 발열속도 Q로 나타낸다.

에 따라 변한다. 믿을 수 있는 순수한 물질과 문헌값을 이용하여 각 온도의 비례계수를 구할 필요가 있다. 열량교정에 이용하는 순수한 물질이 표 20-2에 있다.

20.3 열분석 응용

20.3.1 무기물의 응용

전이점 측정은 녹는점 측정과 마찬가지로 미지물질의 확인, 열량 기준화, 온도보정 등에 이용한다. 전이(결정체)는 용해와 마찬가지로 가열할 때 흡열 DTA 봉우리를 나타내지만 발열 봉우리를 나타내면 그 결정은 평형상태에 있다고 생각하지 않는다. DTA 곡선에서 새로운 전이를 발견하는 경우 그 원인은 이미 알려진 결정과 고용체를 생성하기 때문이라고 추정할 수 있지만 결정구조 혹은 전기적 여러 가지 성질의 온도의존성을 측정할 필요가 있다.

전이점을 측정할 때 첫째 시판되고 있는 시약 DTA를 제대로 나타내지 않는 경우들이 있다($WO_3-F_3O_4$, $SrCO_3$). 둘째, 1mm 입자의 결정은 DTA 봉우리를 나타내지 않고 0.1mm 결정은 봉우리를 나타낸다($BaTiO_3$, $K_2Fe_{22}O_{34}$). 셋째 DTA를 다시 측정할 때 $CaCO_3$처럼 아무런 뜻이 없는 경우도 있다. 왜냐하면 분해온도는 녹는점 이하

표 20-3 ▸ 열량 보정에 이용하는 물질

온도(℃)	물질	용해열(cal/g)	전이열(cal/g)
47	CBr	-	4.81
48.2	Benzophenone	23.5	-
69	stearie acid	47.5	-
69.8	Biphenyl	28.7	-
99.3	Phenanthrene	25.0	-
111.4	o-dinitrobenzene	32.3	-
121.8	Benzoic acid	33.9	-
128	KNO_3	-	12.86
156.9	In	6.79	-
231.9	Sn	14.4	-
252	$LiNO_3$	88.5	-
299.8	$KClO_4$	-	23.7
306.2	$NaNO_3$	44.2	-
327.4	Pb	5.50	-
337	KNO_3	28.1	-
419.5	Zn	24.4	-
498	$PbCl_2$	20.9	-
553	LiBr	36	-
575	$LiSO_4$	62	-
588.8	Na_2WO_4	-	28.57
659	Al	96.8	-

에 있기 때문이고 냉각하여도 분해물이 재결합하지 않는다.

(1) 전이의 종류

결정전이 : 이것은 결정의 전이를 수반한다. 표 20-4의 전이온도 ℃(전이열 cal/g)는

표 20-4 ▸ DTA의 전이온도(℃)

KNO_3	128(12.07)	$KClO_4$	299.5(23.75)
석영	573(2~4)	K_2SO_4	583(11.13)
$BaCO_3$	810(22.80)	$SrCO_3$	925(31.83)
Ag_2SO_4	412(6.09)	K_2CrO_4	665(12.62)

DTA의 온도 보정과 열량 표준으로 이용할 수 있다.

일반적으로 HgI_2를 제외하면 고온형 결정전이를 나타내는 것이 대칭성이 좋다. CO_3^{2-}, SO_4^{2-}, NO_3^-, NH_4^+를 함유하는 화합물의 대부분은 이들 원자단의 회전 때문에 전이를 나타낸다.

자성전이(magnetic transition) 및 유전전이(inductive transition) : Ni, Fe_3O_4, Fe_2O_3 등의 강자성체 혹은 반자성체의 큐리점과 그리고 네엘점[Néel Point : 준강자성체(ferrimagnetic material) 및 반강자성체(anti ferromagnetic material)들이 상자성체로 변하는 온도], 그리고 $BaTiO_3$, $Pb(Ti-Zr)O_3$, WO_3 등의 강유전체 큐리점은 DTA로 알 수 있다. 표 20－5에서 큐리점 및 네엘점의 ℃(전이열 cal/g)는 DTA 기기의 감도 측정시험에 이용한다.

WO_3의 790℃(2.8) 전이는 봉우리의 분해능 시험에 이용한다. 790℃ 봉우리는 큰 750℃(45.4) 전이 봉우리의 어깨에 나타난다. 분해능이 좋지 않으면 790℃ 봉우리는 나타나지 않는다. WO_3는 그 외에도 915℃(17.0)에서 전이 봉우리를 나타내고, 이것은 넓은 온도범위의 보정에 이용할 수 있다. 이때 사용하는 WO_3는 WO_3 황색분말을 열처리(1,250℃에서 4hrs)한 회색－녹색물질을 사용하여야 한다.

규칙－불규칙 전이 : CH_3Au, $Li_2Fe_{10}O_{16}$, Ag_2HgI_4 등 금속 간 화합물은 가열－냉각 DTA 곡선에서 재현성을 갖는 규칙－불규칙전이를 나타내는 뾰족한 봉우리를 나타낸다.

그 밖에도 2차전이, 빠른 전이와 늦은 전이, 비가역전이, 비대칭전이, 발열전이 등이 있다.

지금까지의 설명은 1성분계이고, 전이와 상(phase) 그림을 그릴 때에는 실제로 DTA로 이용한 2성분계 전이점 특성을 이해할 필요가 있다. 예를 들면 융해, 전이, 용해, 중간상(화합물) 등이다.

표 20－5 ▸ 큐리점 및 네엘점

$BaTiO_3$	120(0.2)	WO_3	330(1.4)
Ni	358(2.4)	Fe_2O_3	658(1.0)

(2) 흡착수와 결정수

여러 가지 고체에 함유된 물은 일반적으로 습기, 결정층 간의 수분, 흡착수, 결정수 등으로 분류할 수 있다. 고체표면에 흡착되어 100℃ 부근에서 탈수되는 물은 흡착수라고 한다. 실리카젤, 분자체(molecular sieve), 다공질 유리, 점토광물에 흡착된 물은 150℃까지 가열하여도 완전히 탈수되지 않는다.

점토광물은 500 이상 가열하여도 완전 탈수는 어렵다. 그림 20－9에 모래, 실리카젤, 다공질 유리, montmorillonite의 함수물에 대한 DTA 곡선을 보면 2개 봉우리들이 나타난다. 1개는 약한 흡착력을 나타내고 다른 1개는 센 흡착력을 나타낸다. Na－montmorillonite의 층간격수는 －26.5℃의 저온에서 액상상태로부터 고체상태로 변한다. 탈수와 다시 수화된 gaolinite와 montmorillonite의 DTA와 TG 곡선을 비교한 결과는 그림 20－10과 같다.

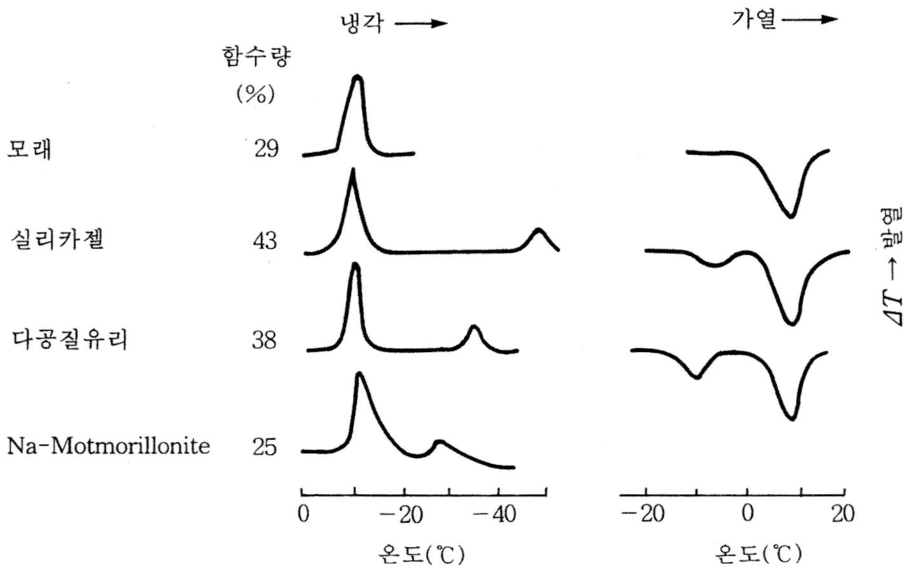

그림 20－9 ▸ 함수무기물의 DTA 곡선

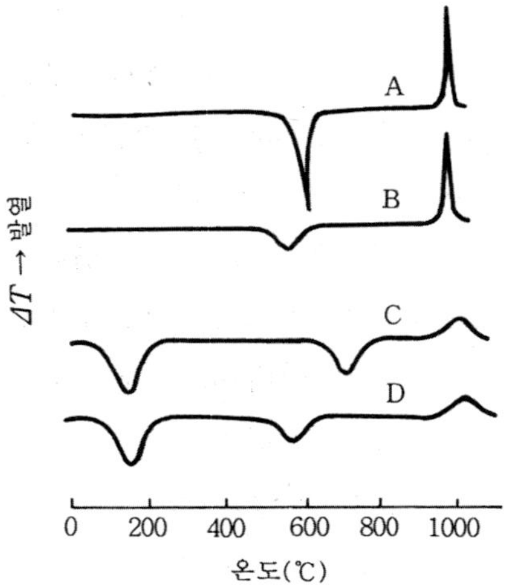

그림 20-10 ▸ 탈수 후에 다시 수화된 gaolinite와 montmorillonite의 DTA 곡선, A : gaolinite, B : gaolinite(700℃ 가열 후 다시 수화된 것(물에 담궜다), C : montmorillonite, D : montmorillonite(700℃ 가열 후 다시 수화된 것(물에 침적))

20.3.2 유기물의 응용

유기고분자의 큰 특징은 중합도와 결정화도를 인위적으로 제어할 수 있고 그렇게 조절하여 원하는 고분자화합물을 합성할 수 있다. 열분석은 고분자 물질의 기계적 성질, 전기적 성질, 광학적 성질 등의 연구에 중요한 자료를 제공한다. 그들의 연구 예는 그림 20-11, 20-12, 20-13, 20-14와 같다.

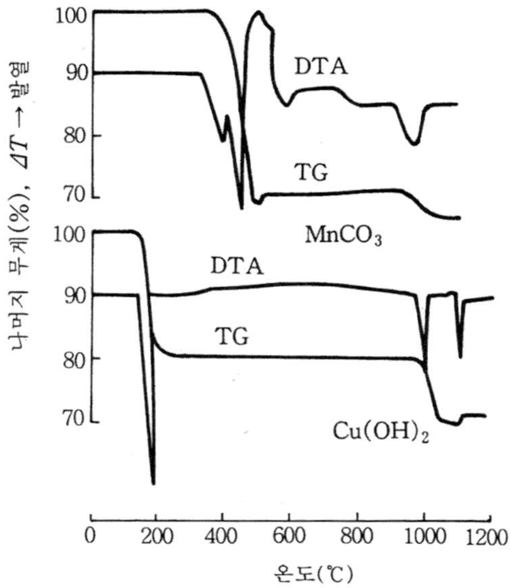

그림 20-11 ▸ $MnCO_3$와 $Cu(OH)_2$의 DTA 및 TG 곡선

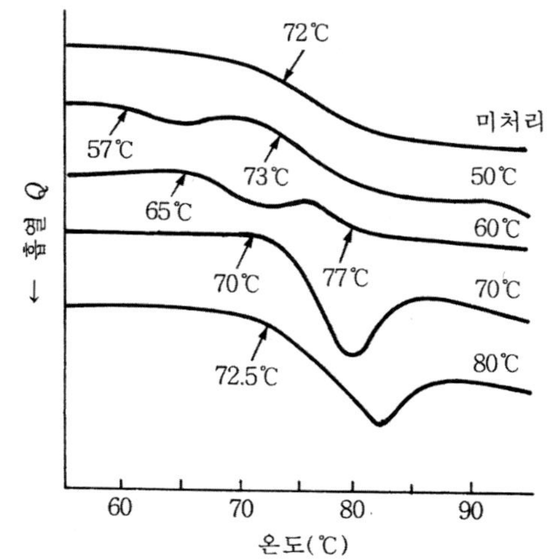

그림 20-12 ▸ 열처리한 vinyl chloride film(M=6.3×10^4)의 DSC 곡선변화. 미처리 시료는 130℃에서 DSC cell에서 5min 유지한 다음 실온에서 급랭. 열처리는 그림에 나타낸 온도에서 4hrs 처리. 승온속도는 8℃/min

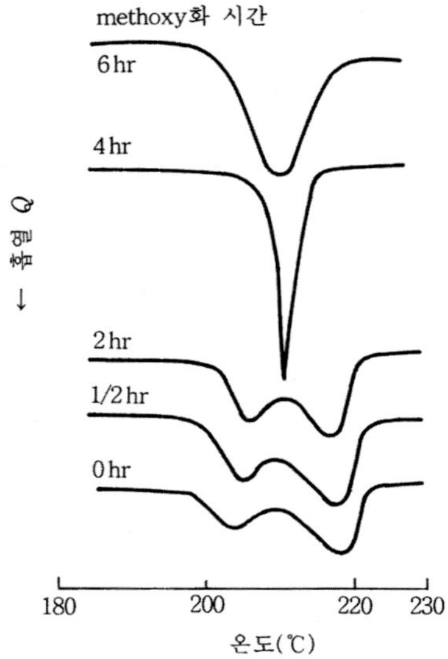

그림 20－13 ▸ 190℃에서 1hr 처리한 nylon6의 methoxy화 시간에 대한 융해거동의 변화

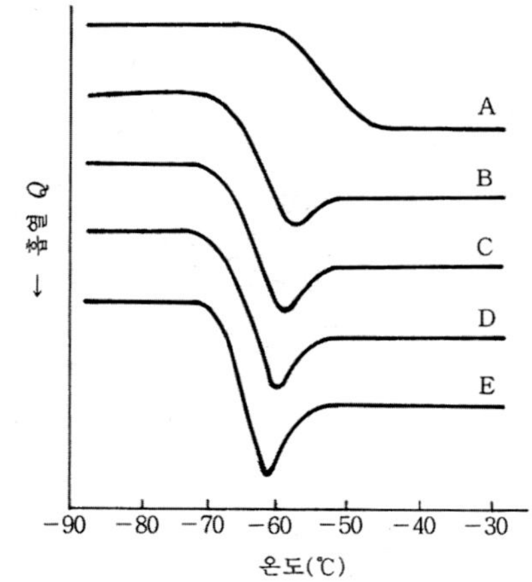

그림 20－14 ▸ 가황고무의 DSC 곡선의 교차다리 정도의 변화. A : 교차다리 밀도($\times 10^3$mol/g), B : 3.8×10^3, C : 9.0×10^3, D : 12.9×10^3, E : 317.4×10^3

20.4 실험

1. 황산소듐의 TG 곡선을 그려라. 황산소듐은 대단히 안정한 염류이다. Sodium zinc uranyl acetate의 TG 곡선을 그린 다음 360℃까지 성분변화를 확인하라. KCl을 이용하여 TG 곡선을 그림 다음 200℃까지 자유물(free water)의 초기 증발과 간격에 결합한 물의 증발을 확인하라. 200℃ 이하에서 KCl 결정을 성공적으로 건조할 수 있는가?

2. 산성 $AlCl_3$ 용액을 NH_4OH로 중화하여 $Al(oh)_3$로 침전하고 걸러라. 그 침전의 TG 곡선을 그려라. 1,000℃까지 무게손실이 나타날 것이다. 1,000℃ 이하에서 항량(constant weight)를 얻을 수 있는가? SiO_2 분말을 이용하여 같은 실험을 되풀이하라. 두 가지 TG 곡선의 차이점을 설명하라.

3. 신선한 햄조각을 이용하여 150℃까지 TG 곡선을 그린 다음 수분증발과 지방손실 때문에 생긴 무게 감소를 계산하라.

4. Benzoic acid를 이용하여 DTA 곡선을 빠른 속도와 느린 속도로 가열한 다음 녹는점과 끓는점 범위의 차이를 비교하라. 어느 속도의 곡선이 더 정확하게 나타나는가? TG 곡선도 그려라. TG 곡선은 녹는점을 나타내지 않지만 끓는점을 나타내는 것에 유의하라. DTA와 TGT 곡선을 비교하라.

연 습 문 제

[20.1] DTA로 얻을 수 있는 정보와 TG로 얻을 수 있는 정보는 어떻게 다른가?

[20.2] DTA와 TG를 합쳐 이용하면 어떤 이점이 있는가?

[20.3] DTA 기기를 설명하라.

[20.4] Dotriacontane 10.2mg과 인듐 표준물(ΔH_{fusion} = 6.8cal/g) 12.1mg을 이용하여 얻은 DSC 곡선은 planimether로 면적을 측정하여 다음 값을 얻었다.

chine rotation(65℃) 158단위, dotriactontane
융융(72℃) 439단위, 인듐 용융 93단위
dotriacontane 전이에너지를 계산하라.

[20.5] 탄산수소소듐을 100~225℃에서 가열하면 분해하여 H_2O와 CO_2를 방출한다. H_2O의 전체 손실량은 36.6%이고, CO_2 손실에 따라 무게 손실은 25.4%이다. 가열할 때 탄산수소소듐의 고체상태 반응을 설명하라.

[20.6] AgCl－AgBr 혼합물의 용융열을 Cl－Be 혼합물 분석에 이용할 수 있다. 왜냐하면 이들의 이온은 모든 비율로 이상 고체용액을 생성하기 때문이다. ΔH_{fusion}(cal/g)은 순수한 AgBr일 때 12.1이고, 순수한 AgCl일 때 2이다. 다음이 용융열값을 갖는 혼합물에 AgCl은 몇 %인가?
(a) 14.1 (b) 20.00 (c) 16.9 (d) 16.05 (e) 19.6

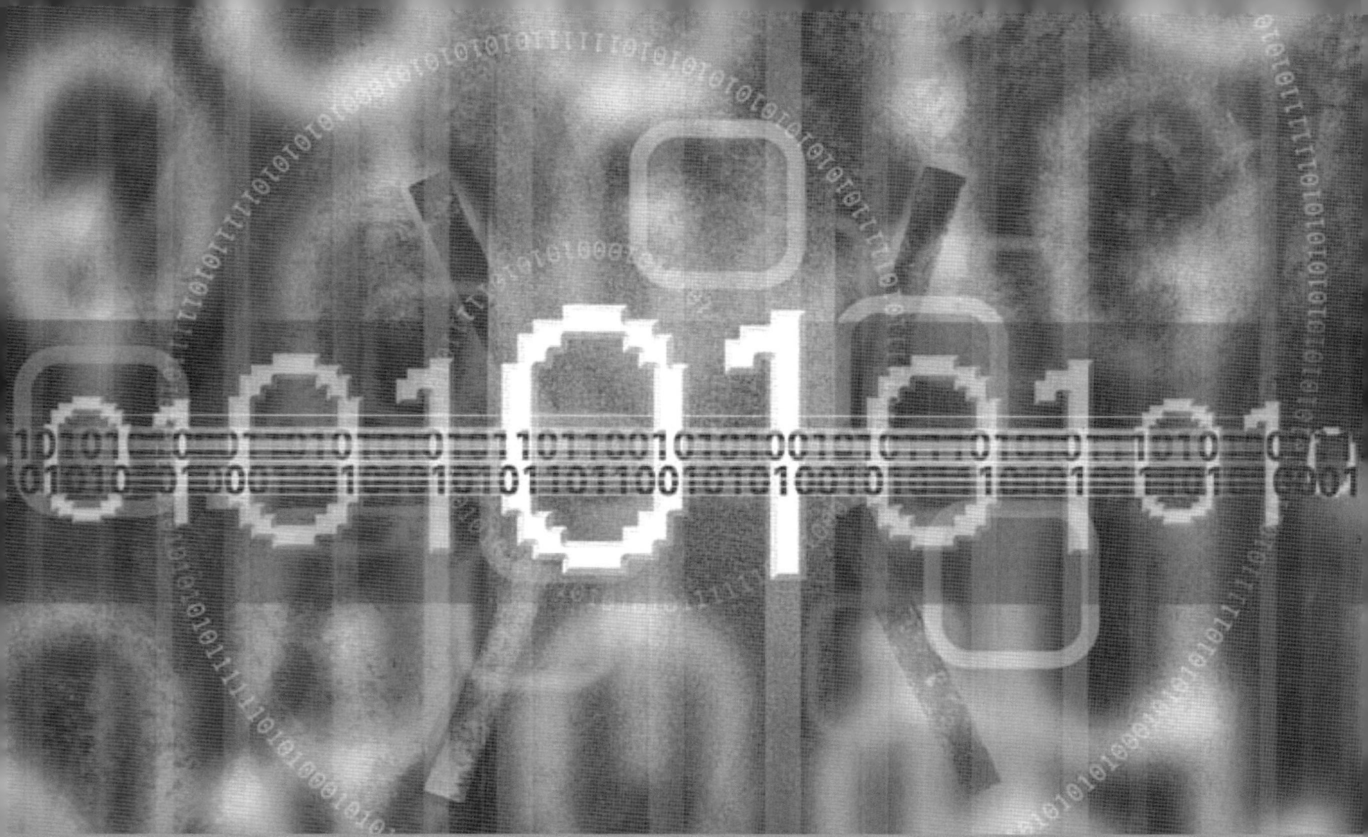

제21장 굴절률법과 편광법

21.1 굴절률법

21.1.1 굴절률법의 원리

복사선이 투명한 매질을 통과할 때 복사선의 전기장(복사선은 전기장과 자기장을 갖는다)은 매질의 원자, 이온 혹은 분자의 결합전자와 상호작용하여 속도를 감소하기 때문에 복사선이 굴절된다. 굴절률은 농도에 비례하고 또한 서로 다른 매질을 통과할 때 굴절한다. 파장 i의 굴절률(refractive index) n_i는 식 (21－1)과 같다.

$$n_i = \frac{c}{v_i} \tag{21－1}$$

v_i는 매질 중 빛의 전파속도이고, c는 진공 중 빛의 속도(진공 중에서는 항상 일정하다)이다. 액체물질의 대부분은 1.3~1.8, 고체는 1.3~2.5의 굴절률을 갖는다.

복사선이 한 매질(예, 공기)에서 다른 밀도의 물질(예, 용액)로 통과할 때 속도차이 때문에(용액 중에서 더 느리다) 그림 21－1처럼 방향이 변한다. 이때 $\sin\theta_1$과 $\sin\theta_2$

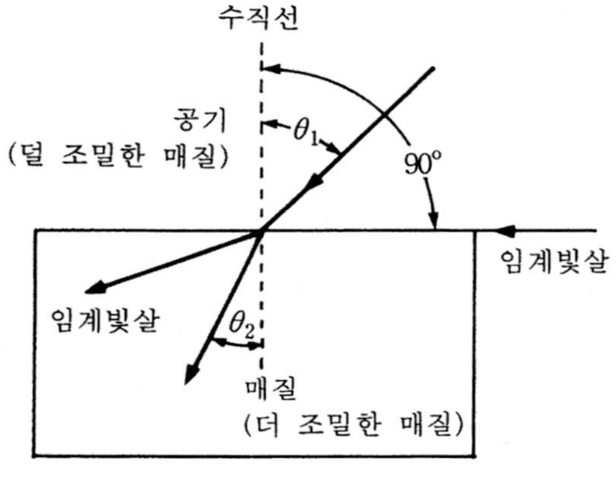

그림 21－1 ▸ 입사각(θ_1)과 굴절각(θ_2)

의 관계는 식 (21－2)와 같다.

$$\frac{\sin\theta_1}{\sin\theta_2} = \frac{n_2}{n_1} = \frac{\nu_1}{\nu_2} \qquad (21-2)$$

여기에서 n_2와 ν_1은 각기 공기 중 빛의 굴절률과 속도이고, n_1과 ν_2는 용액 중 빛의 굴절률과 속도이다. 그러므로 굴절률은 빛의 속도차이에 따르는 굴절각도의 비율이다. 굴절계는 θ_1과 θ_2의 각도를 측정한 다음, 그 각도의 비를 계산한 값을 읽게 설계되어 있다. n_2의 값은 다음과 같이 계산할 수 있다.

$$n_2 = \frac{c}{\nu_2} = \frac{\sin\theta_1}{\sin\theta_2} \qquad (21-3)$$

진공에서 측정한 어떤 매질의 굴절률을 절대 굴절률이라 한다. 굴절률을 측정할 때에는 일반적으로 소듐 전구에서 나오는 소듐 D선을 이용하여 측정한다. 굴절률은 보통 2×10^{-4} ～ $6^{-7}\times10^{-5}$ 정확도로 측정할 수 있다. 굴절률은 공기과 시료용액의 온도변화에 따라 -4×10^{-4} ~ $-6\times10^{-4}deg^{-1}$의 온도계수를 갖는다. 그러므로 굴절률을 측정할 때는 실온을 일정하게 유지하고, 굴절계도 항온을 유지하게 일정온도의 물을 환류하여야 한다.

굴절률은 복사선의 파장 증가에 따라 감소하므로 일정한 소듐 D선(589nm)을 광원으로 이용한다. 이때의 굴절률은 n_D^{20}이라 표시한다. 20은 측정온도(℃)이고, D는 소듐 D선을 뜻한다. 압력이 증가하면 굴절률도 증가하고 n값은 기체 중에서 1기압당 약 3×10^{-4}씩 변하고 액체 중에서는 훨씬 더 작다.

21.1.2 굴절률법 측정장치

굴절계는 임계각 굴절계, 상변위 굴절계, Abbê 굴절계의 세 종류가 있고, 그중에서 Abbê 굴절계를 가장 보편적으로 이용한다.

Abbê 굴절계[그림 21－2(a)]는 2개의 프리즘 사이(~0.1mm)에 시료용액을 놓는다. 위 프리즘은 그림 21－2(a)의 점선 원형을 따라 회전하게 회전 프리즘대에 고정되어

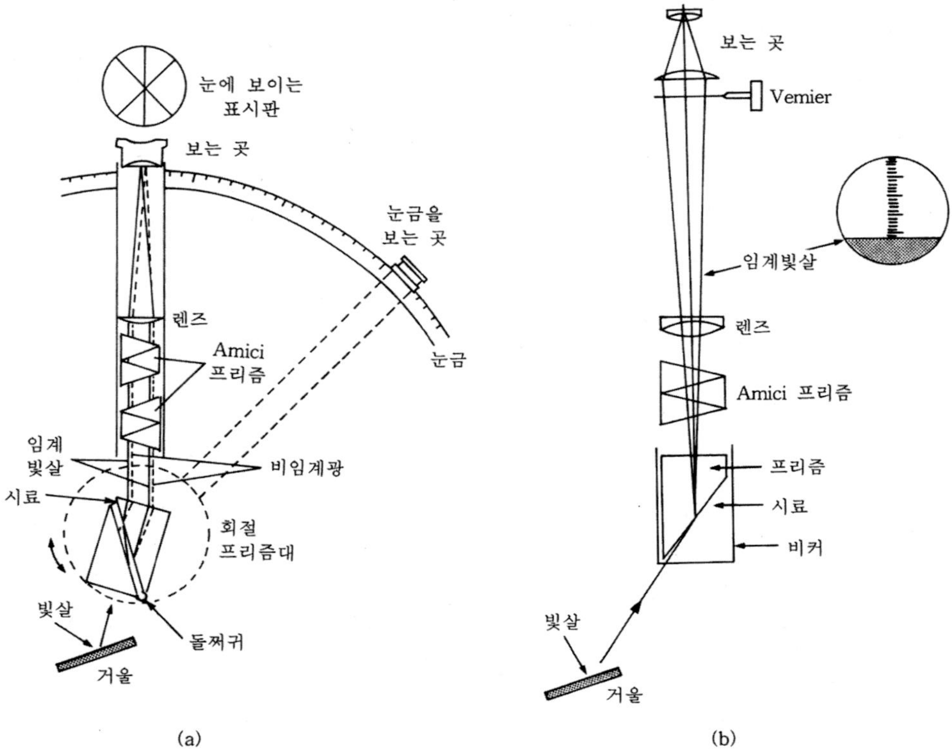

그림 21-2 ▸ (a) Abbê 굴절계, (b) 침액형 굴절계

있다. 아래 프리즘은 시료를 놓고 측정하고 씻을 수 있게 위 프리즘에 돌쩌귀로 매달려 있다. 아래 프리즘의 표면은 거칠게 연마되어 있기 때문에 빛이 반사되어 프리즘에 들어오면 프리즘 표면에서 산란되어 모든 방향으로부터 시료를 향해 통과한다. 이 빛은 시료의 표면과 위 프리즘의 표면 사이에서 굴절되어 Abbê 굴절계에 부착된 현미경으로 들어간다. 서로 회전할 수 있는 Amici 프리즘은 여러 가지 파장의 빛이 나타내는 여러 가지 방향의 입계각 빛살을 모아 소듐 D선의 빛살 방향에 해당하는 백색빛으로 나타나게 만든다. 임계각은 용액 표면에서 90°로 입사광이 용액으로 들어올 때 굴절되는 각도이다(그림 21-3 참조). 식 (21-2)에서 θ_1이 90°일 때 θ_2는 임계각이고, 그림 21-3에서 θ_c는 임계각이다. 수식으로 임계각을 표시하면 식 (21-4)와 같다.

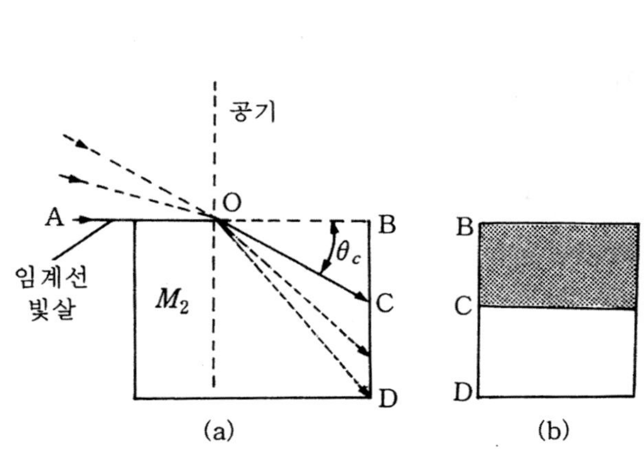

그림 21－3 ▸ (a) 임계각 θ_c와 임계현상 AOC, (b) 임계각으로 생긴 밝은 부분과 어두운 부분의 경계선

$$\frac{n_2}{n_1} = \frac{\sin 90^{\circ}}{\sin\theta_c} = \frac{1}{\sin\theta_c} \qquad (21-4)$$

임계빛살은 전면에서 보면 그림 21－3의 (b)처럼 밝은 부분과 어두운 부분의 경계선으로 나타난다.

실제로 Abbê 굴절계를 이용하여 용액의 굴절률을 측정할 때는 명암의 경계선을 측정한다. 현미경의 대안렌즈에 +표지선이 그려져 있다. 굴절률을 측정할 때는 프리즘의 방향을 회전시켜 명암의 경계선이 +표지선과 일치되게 놓는다. 단색광원(소듐 D선)을 이용하면 명확한 경계선을 읽을 수 있다. 프리즘의 회전 위치는 미리 그어져 있는 눈금에서 읽는다. 이 값은 눈금에 n_D값으로 그어져 있다. 굴절계는 프리즘 주위를 물로 순환시켜 항온을 유지한다. Abbê 굴절계는 간편하고 측정 굴절률 범위가 넓고(n_D= 1.3 ~ 1.7) 소량의 시료를 사용한다는 것이 장점이다.

침액형(immersion) 굴절계는 그림 21－2(b)처럼 시료용액이 들어 있는 비커에 침액형 굴절계를 담그고 굴절률을 측정하는 기기이다. 형태만 다를 뿐이고 용도와 측정법은 Abbê 굴절계와 같다.

21.1.3 굴절률법의 응용

굴절률 측정값은 두 성분 혼합물의 성분분석에 가장 편리하게 이용한다. 굴절률을 측정할 때는 물(n_D= 1.33299)과 톨루엔(n_D= 1.4969), methylcyclohexane(n_D= 1.4231)을 이용하거나 기기제조회사에서 공급하는 물질을 이용하여 미리 보정한 다음 이용한다.

시료의 농도를 100mL당 용질의 g수 혹은 부피 %로 가로축을 취한 다음 굴절률을 세로축에 취하면 선형 검정선이 성립한다. 당류(설탕, 과일 중의 당분)농도, 비가황고무 중 황농도, 합성고무 중 styrene 농도, 증류, 추출, 유리성분 중 SiO_2 함량과 유리 굴절률의 관계, 식물성 기름 중의 불포화도, 파라핀유 중 플루오린화 농도, 석유의 탄화수소 혼합물 중 방향족 화합물 함량 등의 분석방법에 굴절률법을 편리한 분석법으로 많이 이용하고 있다.

12.2 편광법 원리

21.2.1 편광면의 회전

빛은 진동상태에 따라 자연광(natural light)과 편광(polarized light)으로 나눈다. 자연광은 전장(또는 자장)의 진동이 빛의 진행방향에 직각되는 평면 내에서 모든 방향으로 나간다. 편광 중에서 직선편광(linearly polarized light) 또는 평면편광(planely polarized light)은 빛의 진행방향을 포함하는 평면 내에서 빛이다.

빛의 진행방향에 직각되는 평면 내에서 규칙적 원진동 또는 타원진동하면서 진행하는 빛을 원평광(circularly polarized light) 또는 타원편광(elliptically polarized light)이라고 한다. 자연광이 원평광 또는 타원편광과 섞인 빛을 부분편광이라고 한다.

직선편광은 우회전과 좌회전의 두 가지 원편광으로 구성한다. 그림 21－4(a)는 C_{r0}, C_{r1}, C_{r2}, ⋯ C_{l0}, C_{l1}, C_{l2}, ⋯와 같은 우회전과 좌회전 원편광이 시간 0, 1, 2 ⋯에서 나타나는 스펙트럼을 나타낸다. C_{r0}와 C_{l0}의 스펙트럼 합은 P_0, C_{r1}과 C_{l1}

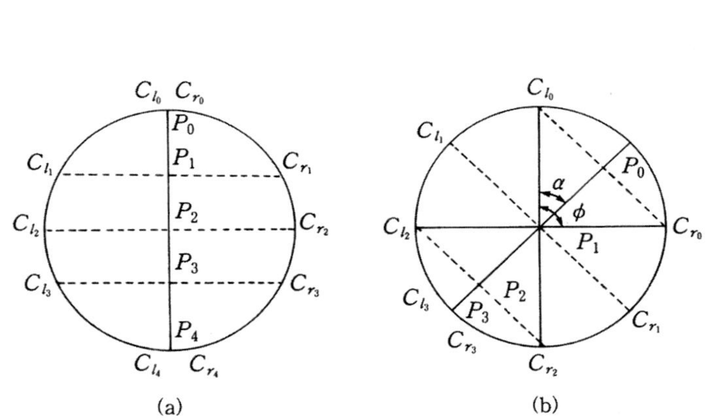

그림 21－4 ▸ 평면편광과 편광회전

의 합은 P_1으로 되어 직선편광을 생성한다. 2개 원편광의 한쪽, 즉 좌회절광이 방위각 90°에 대응하는 만큼 위상이 지연되면(ψ) 그림 21－4(b)처럼 2개 원편광의 벡터합 P_0, $P_1 \cdots$의 평면은 그림 16－4(a)의 위치로부터 45° 기울어진 것으로 변한다. 45°를 편광면의 회전각(angle of rotation α라는 값으로 표시한다)이라고 한다.

빛의 파장을 λ(nm), 빛의 통과거리를 l(cm)이라고 하면 원편광이 대기 중에서 거리 l를 진행하는 시간 중 회전각도 합은 $2\pi l/\lambda$이다. 모든 매질 중에서 우회전 원편광 굴절률을 n_r, 좌회전 굴절률을 nl이라면 원편광이 거리 l를 지나는 시간 중 생기는 위상차 ψ는 식 (21－5)와 같다.

$$\Psi = \frac{nl}{\lambda}(nl - n_r) \qquad (21-5)$$

편광면의 회전각 α는 식 (21－6)과 같다.

$$\alpha = \frac{nl}{\lambda}(nl - n_r) \qquad (21-6)$$

예를 들어 어떤 농도의 설탕용액에 대한 편광면 회전각을 측정할 때 D선(λ＝ 5.893×10^{-8}cm), l＝10cm, α＝99.8°이면 식 (21－6)에 따라 다음과 같다.

$$(nl - n_r) = \frac{99.8^\circ \times 5893 \times 10^{-8}}{180^\circ \times 10} = 3.27 \times 10^{-6}$$

이와 같이 설탕처럼 편광면을 회전하는 물질을 광학활성(optical activity) 물질이라 한다. 광학활성물질(선광성물질)은 비대칭 구조분자로 구성되어 있다. 기체, 액체, 고체, 용액의 상태에서도 광학활성을 나타낸다. 편광면 회전능력은 물질이 존재하는 상태, 온도, 측정할 때 이용하는 빛의 파장에 따라 다른 값을 나타낸다. 용액은 농도와 용매종류에 따라 다른 값을 나타낸다. 광학활성을 나타내는 비대칭 탄소원자, 즉 4개 결합기들이 모두 다른 탄소원자를 갖는 유기화합물, 비대칭 원자가 없어도 비대칭 분자구조를 갖는 분자비대칭(molecular asymmetry) 물질들이다.

이러한 광학활성물질 분자는 1쌍 또는 1쌍 이상의 거울쌍 이성질체(antipode) 또는 거울상(reflected image)이 존재하고 한 벌의 거울상 이성질체 중 한쪽이 우회전하면 다른 쪽은 좌회전한다. 우회전을 좌선성(levo－rotatory)이라 하고, 이 현상을 광학이성질현상(optical isomerism)이라 한다. 거울상 이성질체가 한 분자씩 결합하여 분자화합물을 구성할 때 선광성이 없는 것을 라세미 화합물(racemic compound), 그리고 한 분자에 반대 선광성의 비대칭 원자가 2개 있기 때문에 전체 분자가 광학 비활성을 나타내는 것을 메소형(meso-form)이라고 한다. 그 밖에 이산화규소와 할로젠화알칼리들은 결정일 때 선광성이지만 용액일 때 선광성이 없다. 그리고 어떤 물질은 자장에 있을 때만 선광성을 나타낸다. 이러한 것을 일시적 광학활성이다.

직선편광이 광학활성 물질에 입사하면 우회전 원편광과 좌회전 원편광은 물질분자의 전자구름에 서로 다르게 영향을 준다. 광학활성물질 분자는 분자에 있는 전자전기장 작용이 우회전 원편광과 좌회전 원편광이 서로 다르므로 양쪽 원편광 속도차이를 나타낸다. 그러므로 굴절률차를 나타내고 식 (21－5)에 나타낸 위상차를 나타낸다. 이것에 대응하는 편광면은 식 (21－6)으로 나타낸 값의 회전을 나타낸다. 앞에서 예든 설탕용액은 두 가지 원평광 굴절률차 27×10^{-6}에 따라 99.8의 편광면 회전을 나타낸다.

21.2.2 광회전 측정

(1) 순수한 액체 또는 용액

광학활성 액체물질(순수액체)의 액층길이 1cm, 편광면 회전각 $\alpha°$, 액체밀도 d, 온도 t℃, 사용한 빛의 파장 λ일 때

$$[\alpha]_{\lambda}^{t} = \frac{\alpha}{ld} \tag{21-7}$$

$[\alpha]_{\lambda}^{t}$를 그 물질의 고유광 회전도라고 한다. 광회전도 및 고유 광회전도는 편광면 회전이 우회전($d-$), 즉 시계방향을 +기호, 이것과 반대를 ($l-$), 즉 −기호라고 표시한다. 측정온도는 20°를 일반적으로 기준온도로 사용한다. 측정에 사용하는 빛은 소듐의 황색광, 즉 D선(5895.93Å+5899.96Å) 또는 수은의 녹색광(5460.74Å)을 주로 사용한다.

용액의 경우 100mL 중 시료 g수로 농도(순수한 액체는 밀도의 100배에 해당하는 값)를 C라고 하면 다음과 같은 고유광회전도를 나타낸다.

$$[\alpha]_{\lambda}^{t} = \frac{100\alpha}{l_c} \tag{21-8}$$

물질의 분자량을 M라고 하면

$$[M]_{\lambda}^{t} = [\alpha]_{\lambda}^{t}\frac{M}{100} \tag{21-9}$$

분자광회전도(molecular rotation) 또는 몰광회전도(molar rotation)라고 한다. 고유광회전도 및 분자광회전도는 물질고유의 상수이므로 광회전도를 측정하여 물질을 정성분석할 수 있고, 이미 고유광회전도값이 알려진 물질은 광회전도 측정값으로부터 농도를 계산할 수 있다. 광회전도를 측정하여 물질농도를 측정하는 방법을 광회전법분석(polarimetric analysis)이라고 한다.

온도변화는 측정요기, 시료용액, 밀도, 분자회전도에 영향을 준다. t℃에서 고유광

회전도를 측정하면 이 값으로부터 20℃ 값을 다음처럼 구할 수 있다.

$$[\alpha]^t = [\alpha]^{20}[1-k(t-20)] \qquad (21-10)$$

k는 고유광회전도의 온도계수이고, 물질종류에 따라 다르다. 용매종류와 농도를 함께 기록한다. 넓은 농도범위에 걸쳐 용질분자 간 상호작용이 다르므로 고유광회전도에 영향을 준다. 고유광회전도와 농도관계는 물질에 따라 다르고, 다음 식의 어느 한 가지에 따른다.

$$[\alpha] = A + Bq \quad \text{(직선형)} \qquad (21-11)$$

$$[\alpha] = A + Bq + Cq^2 \quad \text{(포물선형)} \qquad (21-12)$$

$$[\alpha] = A + \frac{Bq}{C+q} \quad \text{(쌍곡선형)} \qquad (21-13)$$

이들의 식에 q는 용액 중 용매의 %, A, B, C는 물질에 따라 결정되는 상수이다. 이들의 상수는 서로 다른 농도에서 고유광회전도를 측정하여 구한다.

결정 : 결정의 고유광회전도는 빛통과결정층의 두께를 mm로 나타내고 1mm에 대응하는 광회전도를 고유광회전도라고 한다. 비등방성 결정은 고유광회전도를 측정하여 알 수 있다.

21.2.3 기기

그림 21－5는 Lipplich 편광계의 배치도이다. A는 집광렌즈, B는 Lipplich 프리즘, C는 편광판, D는 시료관, E는 분석판, F는 초점렌즈, G는 눈금판, H는 각도조절 손잡이, I는 눈, 그리고 J는 광원이다. 이 기기는 편광프리즘을 회전하여 광회전도를 측정한다.

그림 21－6은 수정판 보정장치 편광계이다. A는 집광렌즈, B는 Lipplich 프리즘, C는 편광판, D는 수정판 보정장치, R는 시료관, F는 분석판, G는 초점렌즈, H는 수정결정, I는 눈, J는 광원이다. 이 편광계에서 편광판과 분석판이 편광면에 대하여 서

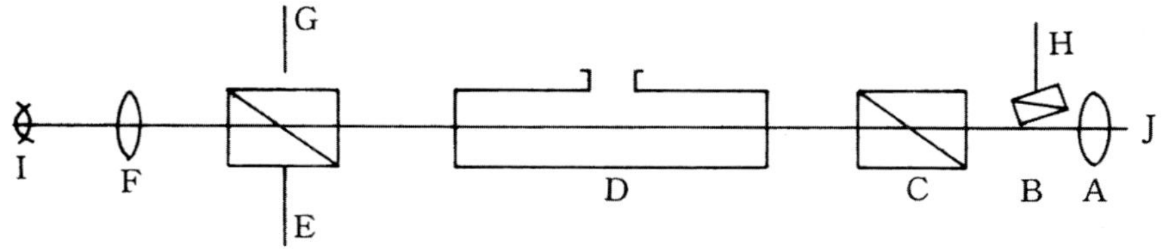

그림 21-5 ▸ Liplich 편광계

로 직각위치에 고정되어 있고, 수정판 보정장치의 눈금으로 광회전도를 읽는다.

광원으로 소듐 D선을 사용할 때 소듐램프, NaCl 증기로 착색된 가스불꽃, 백색광을 적당한 필터로 거른 광원들을 사용한다. 수은램프는 필터로 다른 빛을 거르고 남는 5460.74 Å 빛을 이용한다.

편광판(polariaer)과 분석판(analyzer)의 두 종류 프리즘을 함께 이용한다. 편광판은 자연광을 편광하는 장치이고, 편광을 검출하는 장치는 분석판이다. 편광판과 분석판으로 가장 많이 사용하는 것은 Nicol 프리즘이다. 방해석으로 만든 Nicol 프리즘은 Na D선의 굴절률이 1.4863에 가까운 접착제로 방해석 절단면을 접착한다(그림 21-12).

자연광이 방해석에 들어가면, 다시 말해서 D선이 들어가면 굴절률 1.6585의 정상광과 굴절률이 1.4863의 비정상광으로 나눈다. 이들의 두 가지 빛은 직각평면 내에서 진동하는 직선편광이다. 정상광은 굴절률이 크므로 절단면에서 모두 반사하고 편광판을 나온 빛은 비정상광이다. 그림 21-7의 위 그림처럼 분석판을 편광판과 진동

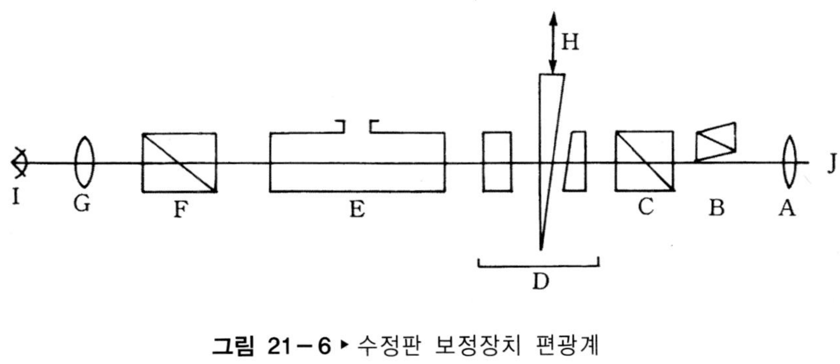

그림 21-6 ▸ 수정판 보정장치 편광계

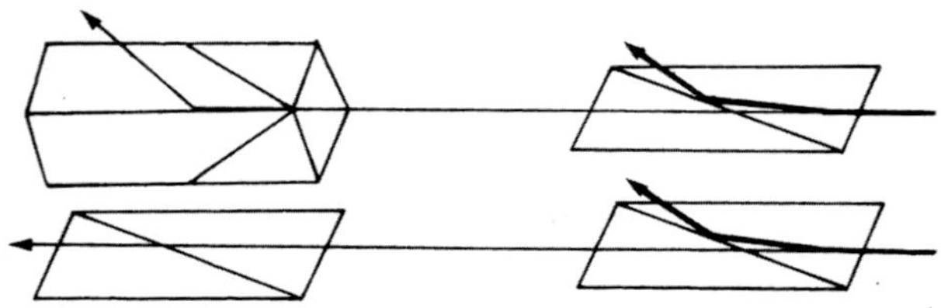

그림 21－7 ▸ Nicol 프리즘 편광판과 분석판

면이 일치하는 위치에 놓으면 가장 밝게 보인다. 그림 21－7의 밑그림처럼 분석판을 90° 회전위치에 놓으면 비정상광이 분석판을 통과하지 못하므로 어둡게 보인다. 이때 편광판 분석판의 중간에 광회전물질을 놓으면 편광판을 나온 빛의 편광면이 회전하므로 분석판의 시야는 회전에 따라 밝아진다. 분석판을 회전하여 광회전 물질의 회전 편광면과 분석판 내의 진동면이 직각위치에 놓으면 가장 어둡게 보인다. 이때 분석판 회전각은 광회전 각도를 나타낸다.

광회전도는 앞에 설명한 거처럼 분석판의 시야가 가장 어두운 위치 혹은 가장 밝은 위치를 육안으로만 보고 광회전 각도를 구하는 것은 실제로 곤란한 문제이다. 광회전도를 정밀하게 측정하는 장치들이 고안되고 있다.

Jellet-Cornu 반－그늘 프리즘(half-shadow prism)(그림 21－8)은 한쪽 절단면을 약간 기울게 접착한다. 양쪽 부분의 편광면이 작은 각도로 어긋나기 때문에 분석판 편광면이 다른 한쪽과 직각위치에 있으면 한쪽이 약간 밝다. 분석판 편광면이 반－그늘 프리즘의 양쪽 편광면과 같은 각도로 되게 양쪽의 밝기(또는 어둠)를 일치하게 분석판을 조절하면 각도를 정밀하게 읽을 수 있다.

Lipplich 프리즘(그림 21－9)은 크고 작은 2개의 편광 프리즘(Glan-Thomson 또는

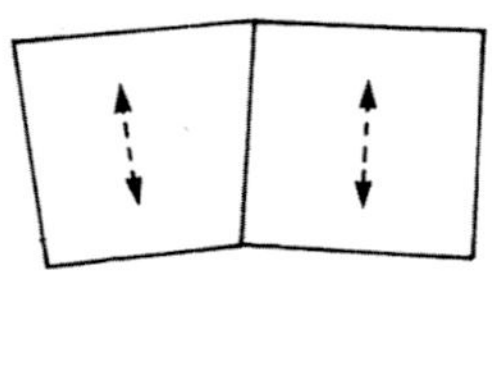

그림 21－8 ▸ Jelet－Cornu 반－그늘 프리즘

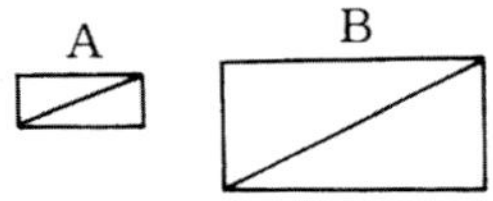

그림 21-9 ▸ Lipplich 프리즘

Nicol prism)으로 구성한다. 시야는 큰 프리즘 B(편광판)와 작은 프리즘 A로 반씩 나눈다. A와 B의 편광면을 작은 각도로 기울여 분석판 시야를 양쪽이 같은 밝기로 조절하여 관찰한다. 그리고 작은 프리즘을 2개, 큰 프리즘을 1개 사용하여 시야를 3개로 나누는 장치도 있다.

Laurant 반파장판(half-wave plate)은 광학축에 평행한 면을 절단한 수정박판으로 편광판 시야의 절반이 덮혀져 있다. 수정판 두께는 이것을 투과한 빛(소듐 D선)은 수정판을 통과하지 않은 것보다 반파장만큼 지연된다. 이 장치는 반-그늘 프리즘과 같은 효과를 나타낸다. 반파장판은 기준광(소듐 D선) 이외의 빛을 사용하는 측정이 곤란하다.

당류의 광회전분석에 사용하는 당도계(saccharimeter)는 수정판 보정장치(quartz compensator)를 이용한다. 이것은 고유광회전도의 분산, 즉 파장에 따른 고유광회전도 변화값이 설탕과 수정이 거의 같으므로 수정을 이용하면 백색광으로 측정할 수 있다.

수정쐐기 1개를 이용하는 수정판 보정 당도계(그림 21-10)의 A는 고정된 우회전성 수정판, C는 고정된 좌회전성 수정쐐기, B는 수평방향으로 움직이는 좌회전성 수

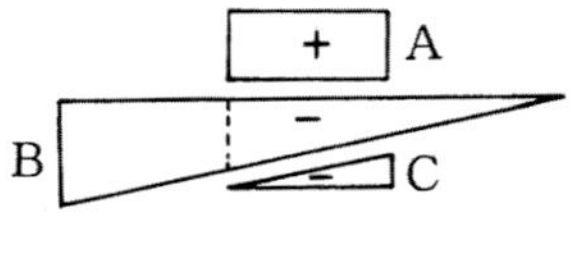

그림 21-10 ▸ 1개 수정쐐기 수정판 수정광도계

정쇄기이다. 그림의 상하방향으로 빛이 통과하면 우회전성 수정과 좌회전성 수정의 광통과 거리는 같으므로 빛이 양쪽에서 상쇄되어 용액을 놓으면 이것을 상쇄하려고 B를 그림의 우측으로 움직여 좌회전성 수정두께를 증가하여야 한다. B에는 이때의 이동거리에 대응하는 광회전도를 나타내는 눈금이 있다.

수정쐐기 2개를 이용하는 수정판 보정 당도계(그림 21－11)의 A와 D는 고정된 좌회전성 및 우회전성 수정쐐기, B와 C는 이동 가능한 좌회전성 및 우회전성 수정이다. 이것을 이용하면 어떤 우회전성 또는 좌회전성 물질도 측정할 수 있다. 수정판 보정 편광계는 고유광회전도의 분산이 설탕과 비슷한 것만 측정할 때 이용할 수 있다.

21.3 실험

21.3.1 굴절률법에 의한 KCl와 NaCl 혼합물의 정량 [JACS., 40, 185(1918)]

KCl과 NaCl 혼합물 중 각 성분함량을 굴절률법으로 정량할 수 있다. 시료로 사용하는 KCl과 NaCl을 재결정하고 강렬하여 항량(constant weight)되게 건조한다. 각 시료를 5.00, 10.00, 15.00, 20.00% 되게 물에 녹이고 20℃에서 소듐 D선을 이용하여 굴절률을 측정한다. 그 결과는 다음과 같다.

KCl 용액 굴절률

KCl %	굴절률(n)
5.00	1.33931
10.00	1.34643
15.00	1.35335
20.00	1.35992

NaCl 용액 굴절률

NaCl %	굴절률(n)
5.00	1.34172
10.00	1.35021
15.00	1.35893
20.00	1.36829

두 가지 굴절률 값을 각 농도(x축)에 대하여 점시하라. KCl과 NaCl을 섞어 20% 되게 만든 용액의 굴절률을 측정한 값은 다음과 같다.

KCl과 NaCl 혼합물 20.00% 용액의 굴절률

KCl %	NaCl %	굴절률(n)
00.00	100.00	1.36829
39.20	60.80	1.36499
53.25	46.75	1.36372
67.67	32.33	1.36190
100.00	00.00	1.35992

이 값을 x축에 NaCl 농도(%)를 취하고 y축에 굴절률을 취하여 점시하라. NaCl 100%는 KCl 0%에 상당한다. 100% NaCl는 100% KCl로 되는 함량변화는 1.36829→1.35992 변화이므로 1.36829→n_x 변화는 100% NaCl→x% KCl 함량변화에 상당한다. 그러므로 다음의 비례식으로부터 x값을 구할 수 있다.

$$\frac{1.3829 - n_x}{1.36829 - 1.35992} = \frac{x}{100}$$

21.3.2 평광법에 의한 sucrose의 고유광회전도와 glucose의 편광회전현상 측정

빛은 어떤 파장범위 내에서 전자기복사선이고, 빛이 진행하는 방향에 대하여 직각으로 단속적으로 전파되는 전기장과 자기장으로 구성되어 있다.

어떤 물질(Iceland 방해석과 같은 물질)은 특정평면에 있는 진동자기장 빛만 통과한다. 이 빛을 편광이라고 말한다. 평광 빛살이 Iceland 방해석의 다른 결정에 편광 빛살이 닿으면 모든 빛살은 이 결정축이 특수한 위치로 배향할 때만 통과한다. 그러나 이것으로부터 90° 회전하면 빛은 통과하지 않는다.

몇 가지 물질은 편광의 편광면을 회전한다. 이 현상을 광학활성이라고 부른다. 이것은 비대칭 때문이다. 고체의 경우 그것은 석영 같은 결정구조에만 나타나고

glucose 분자의 비대칭 때문에 나타날 수도 있다. glucose의 경우는 용액에서도 광학 활성을 나타낸다.

편광면이 회전하는 각도는 빛통과 길이와 용액농도에 비례한다. 온도와 파장의 영향도 받으므로 이들을 고유광회전도로 명시한다. 고유광회전도는 10cm 광통로에서 시료 1g/mL 용액에 의해 생기는 광회전으로 정의한다. 고유광회전 빛은 T℃에서 소듐 D선이다.

$$[\alpha]\frac{T}{D} = \frac{100\alpha}{lc}$$

여기서 α=회전각도

c =g/100mL 농도

l =cm로 나타낸 측정과 길이

$D-$glucose는 pyrane 고리를 갖는 두 가지 형태를 갖지만 첫째 탄소원자의 H와 OH 원자단의 위치배열이 다르다. 이들은 모두 우회전성이지만 서로 다른 광회전도(specific rotation)를 갖는다.

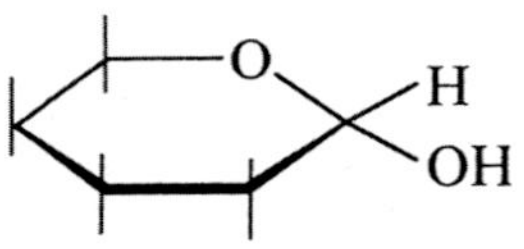

α-D-glucose(+109.6°)

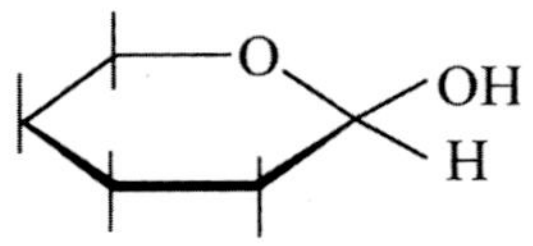

β-D-glucose(+20.5°)

이들의 상호변환은 용액층에서 일어나고 산과 염기에 의하여 촉매반응이 일어나고 평형상태에 도달한다. 이러한 반응은 편광계를 이용하여 추적할 수 있고, 이것을 변광회전 현상(mutarotation)이라 한다. 평형상수는 1이 아니므로 평형에서 고유광회전도 $\alpha-$형태값과 $\beta-$형태값의 중간값을 갖지 않는다.

기기

편광을 측정하는 기기는 다음처럼 기본을 갖는 편광계이다.

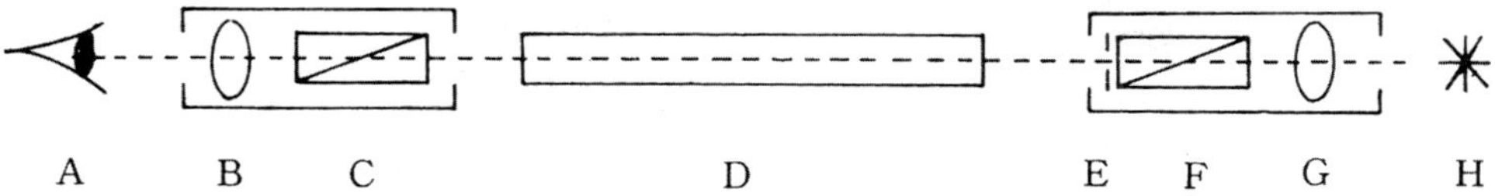

A : 육안,　B : 집광렌즈,　C : 분석판,　D : 시료용기,
E : Nicol 프리즘,　F : 편광판,　G : 초점렌즈,　H : 광원

소듐램프 광원에서 나온 빛은 프리즘 F에 의해 편광된다. 이 편광빛은 2개 Nicol prism을 통과하고 상(phase) 안에서 변하지만 그대로 평면편광을 유지한다. Nicol prism을 회전하면 편광평면은 회전한다. Nicol prism은 같은 위치에 있으므로 다음처럼 편광평면광은 세 부분으로 보인다.

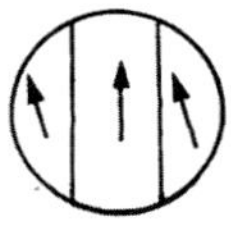

이러한 빛살은 시료용기를 통과한 다음 분석프리즘을 통과한다. 분석프리즘을 중심 빛살과 함께 오른쪽 각도로 회전하면 중심은 어두워지고 모서리 부분은 빛이 있는 상태로 남는다.

분석프리즘을 오른쪽 각도 쪽을 더 회전하면 모서리는 어두워지고 중심은 밝아진다.

중간에 상당하는 각도에서 모든 세 부분이 같은 빛 세기를 갖는 어둡지도 않고 밝지도 않은 반-그늘 각도(half-shadow angle)이다. 이것이 기기의 작업위치(working position)이다. 반-그늘 각도값이 작을수록 어둠-대-밝음상태를 반전하는 작은 회전을 더 민감하게 읽는다. 그러나 빛세기는 대단히 감소하므로 보기

어렵다. 그러므로 반－그늘 각도는 확실하게 읽을 수 있는 충분히 큰 각도를 선택한다.

방법

1. Surose를 5, 10, 15g씩 달아 100mL 물에 녹이고, glucose 10g을 물 100mL에 녹인다.
2. 시료관을 물로 채우고 시계방향 위치로부터 접근하면서 반－그늘 각도를 측정한다. 원판 눈금의 양쪽을 읽고 눈금의 어떤 오차를 감소하기 위하여 결과의 평균값을 구하라. 시계 반대방향 위치로부터 반－그늘 각도로 접근하면서 다시 측정하라. 결과값을 평균하여 최종값을 결정하라. 이것이 편광계의 0값이다.
3. 시료용기를 glucose 용액으로 세 번 헹구고, 앞의 실험처럼 회전광을 측정하라. 그리고 측정시간을 기록하라
4. Glucose 용액의 회전광을 다시 측정하라. 그리고 측정시간을 기록하라
5. Sucrose 측정값을 표로 만들고 증류수를 이용하여 측정한 0 측정값에서 광회전값을 빼서 고유광회전도는 각 용액 측정값으로부터 계산한다. 그리고 그 값을 공식에 대입한다. 광회전도값은 광회전각도를 농도에 대하여 점시한 직선 기울기로부터도 계산할 수 있고, 그것은 평균값을 계산하는 가장 신뢰할 수 있는 방법이다.

   Glucose 용액을 몇 번 측정한 값은 변광회전의 속도상수 계산에 충분하지 않다. 광회전 변화속도를 설명하고 산 또는 염기용액 중에서 더 빠르게 왜 변하는가를 설명하라

연습문제

[21.1] 굴절률은 온도와 압력에 따라 변하지만 고유굴절률 $n_D=(n^2-1/n^2+2)(1/\rho)$는 온도 및 압력변화와 무관하다. ρ는 밀도이고 n은 굴절률이다. 고유굴절률은 순수한 물질의 굴절률 추정에 이용 가능하다. 몰굴절률(molar refraction)은 고유굴절률에 분자량을 곱한 값이다. 고유굴절률 계산은 다음의 원자굴절률을 이용하여 계산한다.

원자굴절률

원자 혹은 원자단	물굴절률(Mn_D)	원자 혹은 원자단	물굴절률(Mn_D)
H	1.100	Br	8.865
C	2.428	I	13.900
C=C	1.733	N(1차 지방족 아민)	2.322
C≡C	2.398	N(2차 지방족 아민)	2.499
O(C=C, carbonyl 중 산소)	2.211	N(3차 지방족 아민)	2.840
O(C−H, hydroxyl 중 산소)	1.525	N(1차 방향족 아민)	3.21
O(C−O−C 에테, 에스터 중 산소)	1.643	N(2차 방향족 아민)	3.59
S(C=S, thiocarbonyl 중 황)	7.97	N(3차 방향족 아민)	4.36
S(S−H mercapto 중 황)	7.69	N(아지드)	2.65
F	1.0	−NO2 작용기(방향족)	7.30
Cl	5.969	−C≡N 작용기	5.459

예를 들어 acetic acid(아세트산)은 20℃에서 굴절률이 1.3698이고, 비중은 1.049이고 분자량은 60.0이다. 아세트산의 고유굴절률 n_D는 다음과 같다.

$$n_D=\frac{[(1.3698)^2-1]}{[(1.3698)^2+2]}\frac{1}{1.049}=0.2155\mathrm{cm^3g^{-1}}$$

몰굴절률은 다음과 같다.

$$M_{nD}=(60.0)(0.2155)=12.93\mathrm{cm^3mol^{-1}}$$

아세트산의 몰굴절률은 다음과 같다.

2개	탄소	= 4.836
4개	수소	= 4.400
1개	carbonyl 산소	= 2.211
1개	hydroxyl 산소	= 1.525
		M_{n_D} = 12.972

연습문제

methyl formate(아세트산과 같은 실험식을 갖지만 1개의 hydroxyl 산소 대신에 1개 에스터 산소를 갖는다)의 몰굴절률을 계산하라.

[21.2] 사염화탄소의 굴절률은 20°에서 1.4573이다. 밀도는 20℃에서 1.595gcm^{-1}이다. 몰굴절률을 계산하라.

[21.3] 다음 화합물의 고유굴절률을 계산하라

화합물	n_D^{20}	d^{20}
벤젠	1.4979	0.879
에탄올	1.3590	0.788
에틸아세트산	1.3701	0.901
톨루엔	1.4929	0.866
나이트로벤젠	1.5524	1.21
물	1.3328	0.998

[21.4] 물 50.0mL에 유기물시료 1g을 녹여 20cm 편광계 시료용기로 측정한 값은 +2.676이다. 증류수로 측정한 값은 +0.016이다. 그 유기물의 고유광회전도를 계산하라.

[21.5] 설탕원액 10g을 물 100mL에 녹이고 20cm 편광계 시료용기를 사용하여 25℃에서 측정한 값은 12.648°이다. 전화당으로 만든 다음 시료용액은 −3.922°이다. 설탕원액 중 설탕 %를 계산하라.

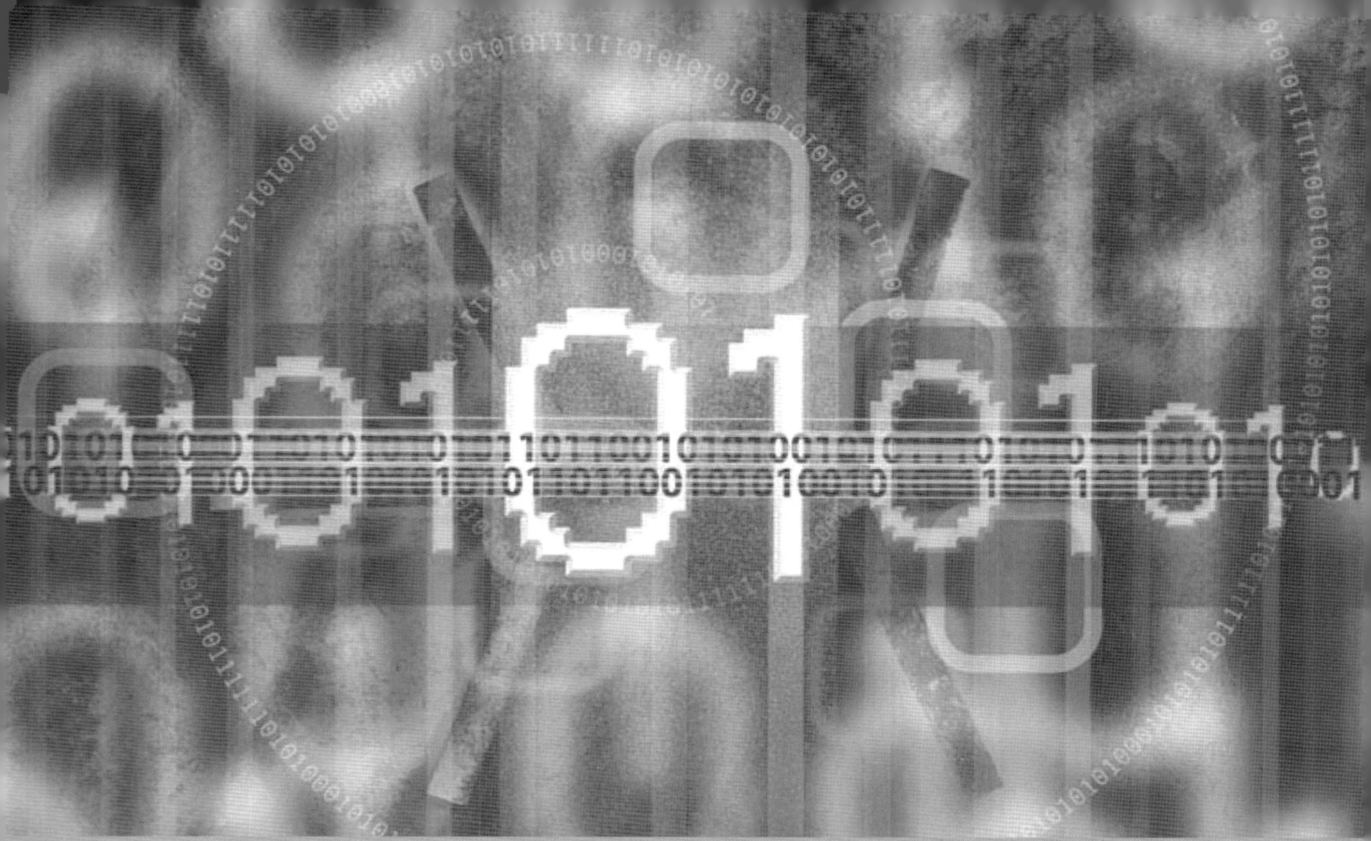

부록

1. 농도단위
2. 물리상수
3. 화학의 알파벳

1. 농도단위

표 1 ▸ 분율

표시	분율	약자	해당량	
			고체	액체[a]
percent	100	%	g/100g	g/100mL
parts per thousand	1000	ppt	g/kg 또는 mg/g	g/liter 또는 mg/mL
milligram percent	100,000	mg%	mg/100g	m/100mL
parts per million	1,000,000	ppm	mg/kg 또는 μg/g	mg/liter 또는 μg/mL
parts per billion	1,000,000,000	ppb	mg/g	ng/mL

a 액체의 비중의 정확하게 1g/mL일 때

예 제

수분함유 고체시료 2.5612 g을 달아 건조한 1.6824 g 중에 크로뮴이 28.5 ppm 포함되었다. 본래의 시료 중 수분함량(%)과 크로뮴의 ppm 농도를 계산하라.

$$\frac{\text{건조시료무게}}{\text{본래의 시료무게}} \times 100 = \%\ H_2O$$

$$\frac{(2.5612 - 1.6824)}{2.5612\,g} \times 100 = 34.3\%\ H_2O$$

$$\text{ppm 건조시료 중} \times \frac{\text{wt. dry 시료}}{\text{wt. wet 시료}} = \text{ppm (수분함유시료 중)}$$

$$28.5\,\text{ppm} \times \frac{1.6824\,\text{g}}{2.5612\,\text{g}} = 18.7\,\text{ppm Cr}$$

예 제

수분 75.8%와 아연 15.5 ppm이 함유된 시료를 건조했을 때 건조시료 중 아연농도(ppm)는 얼마인가?

$$15.5\,\text{ppm} \times \frac{100\%}{(100 - 75.8)\%} = 64.0\,\text{ppm Zn}$$

표 2 ▸ 수치의 SI 접두사

계수	접두사	표시	계수	접두사	표시
10^{18}	엑사(exa)	E	10^{-1}	데시(deci)	d
10^{15}	페타(peta)	P	10^{-2}	센티(centi)	c
10^{12}	테라(tera)	T	10^{-3}	밀리(milli)	m
10^{9}	기가(giga)	G	10^{-6}	마이크로(micro)	μ
10^{6}	메가(mega)	M	10^{-9}	나노(nano)	n
10^{3}	킬로(kilo)	k	10^{-12}	피코(pico)	p
10^{2}	헥타(hecta)	h	10^{-15}	펨토(femto)	f
10^{1}	데카(deca)	da	10^{-18}	아토(atto)	a

표 3 ▸ 접두어를 이용한 SI 단위의 변형크기

접두어	셈 계수	예		표시
kilo–	1,000(10^{3})	1킬로미터	=1,000미터(10^{3}m)	km
		1킬로그램	=1,000그램(10^{3}g)	kg
deci–	1/10(10^{-1})	1데시미터	=0.1미터(10^{-1}m)	dm
centi–	1/100(10^{-2})	1센티미터	=0.01미터(10^{-2}m)	cm
milli–	1/1,000(10^{-3})	1밀리미터	=0.001미터(10^{-3}m)	mm
		1밀리세컨드	=0.001세컨드(10^{-3}s)	ms
		1밀리그램	=0.001그램(10^{-3}g)	mg
micro–	1/1,000,000(10^{-6})	1마이크로미터	=0.000.001미터(10^{-6}m)	μm
		1마이크로그램	=0.000.001그램(10^{-6}m)	μg
nano–	1/1,000,000,000(10^{-9})	1나노미터	=0.000.000.001미터(10^{-9}m)	nm
		1나노그램	=0.000.000.001그램(10^{-9}g)	ng

2. 물리상수

	기호	값
Speed of light	c	$2.997\ 924\ 58 \times 10$ m s^{-1}
Elementary charge	e	$1.602\ 177 \times 10^{-19}$ C
Faraday constant	$F = eN_A$	9.6485×10^{4} C mol^{-1}
Boltzmann constant	k	$1.380\ 66 \times 10^{-23}$J K^{-1}
Gas constant	$R = kN_A$	8.31451 J K^{-19} mol
		$8.205\ 78 \times 10^{-2}$ dm^{3} atm K^{-1} mol^{-1}
Planck constant	h	62.364 L Torr K^{-1} mol^{-1}
	$\hbar = h/2\pi$	$6.626\ 08 \times 10^{-34}$ J s
Avogadro constant	N_A	$1.054\ 57 \times 10^{-34}$ J s
Atomic mass unit	u	$6.022\ 14 \times 10^{23}$ mol^{-1}
Mass of		$1.660\ 54 \times 10^{-27}$ kg
electron	m_e	$9.109\ 39 \times 10^{-31}$ kg
proton	m_p	$1.672\ 62 \times 10^{-27}$ kg
neutron	m_n	$1.674\ 93 \times 10^{-27}$ kg
Vacuum permeability	μ_0	$4\pi \times 10^{-7}$ J s^{2} C^{-2} m^{-1}
		$4\pi \times 10^{-7}$ T^{2} J^{-1} m^{3}
Vacuum permittivity	$\varepsilon_0 = 1/c^2\mu_0$	$8.854\ 19 \times 10^{-12}$ J^{-1} C^{2} m^{-1}
	$4\pi\varepsilon_0$	$1.112\ 65 \times 10^{-10}$ J^{-1} C^{2} m^{-1}
Bohr magneton	$\mu_B = e\hbar/2m_e$	$9.274\ 02 \times 10^{-24}$ J T^{-1}
Nuclear magneton	$\mu_N = e\hbar/2m_p$	$5.050\ 79 \times 10^{-27}$ J T^{-1}
Electron g value	g_e	2.002 32
Bohr radius	$a_0 = 4\pi\epsilon_0\hbar^2/m_3 e$	$5.291\ 77 \times 10^{-11}$ m
Rydgerg constant	$R_\infty = m_e e^4/8h^3c$	1.09737×10^{-15} cm^{-1}
Fine structure constant	$\alpha\mu_0 e2c/2h$	$7.297\ 35 \times 10^{-3}$
Gravitational constant	G	$6.672\ 59 \times 10^{-11}$ N m^{2} kg^{-1}
Standard acceleration of free fall	g	9.806 65 m s^{-2}

3. 화학의 알파벳

Name of letter	Capital	Lower case	Transliteration	Name of letter	Capital	Lower case	Transliteration
alpha	A	α	a	nu	N	ν	n
beta	B	β	b	xi	Ξ	ξ	x
gamma	Γ	γ	g	omicron	O	o	o short
delta	Δ	δ	d	pi	Π	π	p
epsilon	E	ϵ	e short	rho	P	ρ	r
zeta	Z	ζ	z	sigma	Σ	σ	s
eta	H	η	e long	tau	T	τ	t
theta	Θ	θ	th	upsilon	Y	υ	y
iota	I	ι	i	phi	Φ	ϕ	f
kappa	K	κ	k, c	chi	X	x	ch as in German echt
lambda	Λ	λ	l	psi	Ψ	ψ	ps
mu	M	μ	m	omega	Ω	ω	o long

찾아보기

(ㅂ)

(ㅅ)

(ㅇ)

(ㅈ)

(ㅊ)

(ㅋ)

(ㅌ)

(ㅍ)

(ㅎ)

(기타)

저자

건국대학교 이과대학 화학과	박 면 용
영남대학교 공과대학 화학공학부	정 우 식
경상대학교 자연과학대학 화학과	서 무 룡
영남이공대학교 화장품 · 화공계열	김 동 엽
경남정보대학교 신소재응용화학계열	허 광 선

기기분석

2019년 2월 15일 인쇄
2019년 2월 20일 발행

저　　자 | 박면용 외
펴 낸 이 | 김 중 현
펴 낸 곳 | **녹 문 당**
주　　소 | 경기도 파주시 심학산로 12 (서패동)
전　　화 | (031) 957-2711　　FAX | (031) 957-2710
등록번호 | 제406-1997-000055호

I S B N | 978-89-88684-50-8　93430
정　　가 | 25,000원